JN438875

생각이 필요한 식품공학과 물성

FOOD ENGINEERING & RHEOLOGY

생각이 필요한 식품공학과 물성

김병용 · 백무열 · 윤원병
김현석 · 최현욱 · 서동호

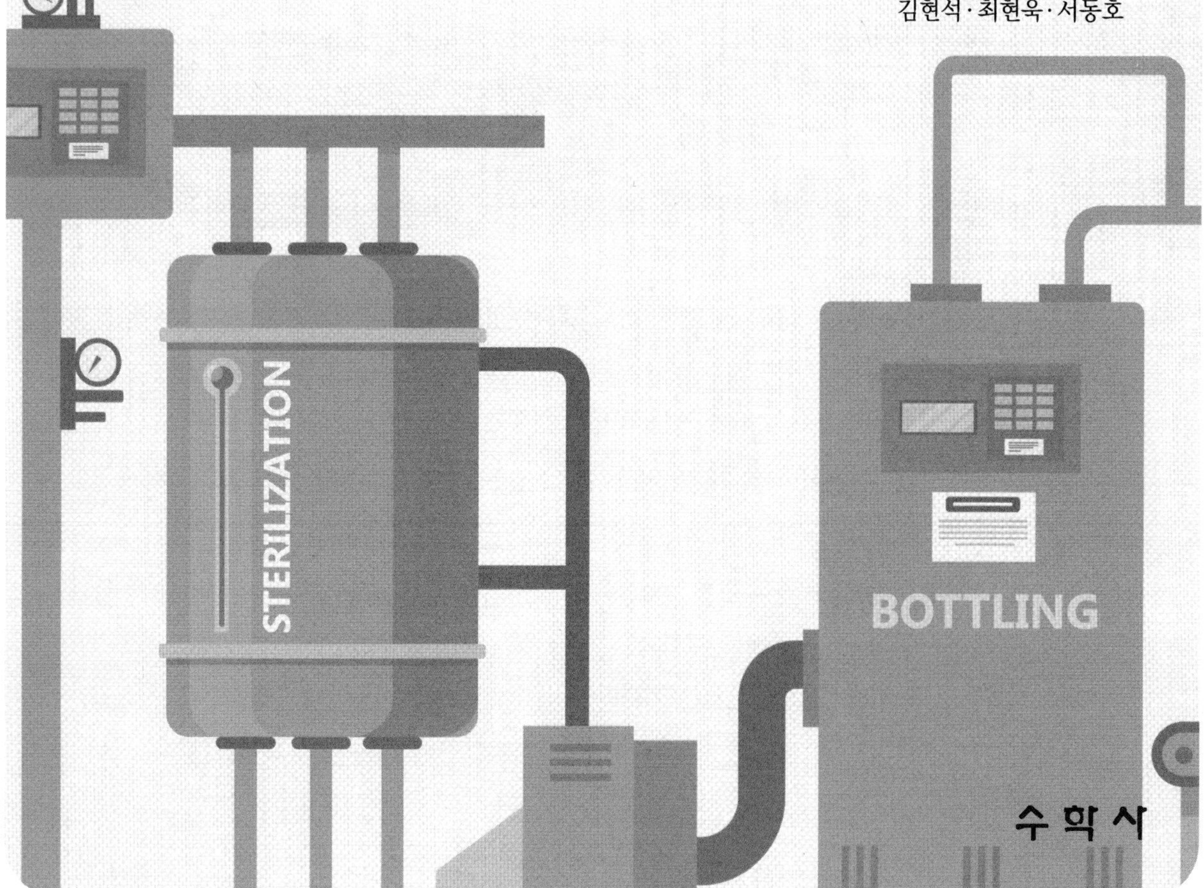

수학사

머리말

30년 넘게 '식품공학'을 강의하면서 가장 중점을 두었던 것은 해당 과목의 이론과 실험을 어떻게 효과적으로 병행하는가 하는 문제였습니다. 또한 학생들이 실제 현장에 나가 다양한 문제와 맞닥뜨렸을 때, 과목에 대한 충분한 이해를 바탕으로 하여 배웠던 지식을 적절하게 활용할 수 있을까 하는 우려를 늘 갖고 있었습니다.

일반적으로 '식품공학'이라는 과목은 개인보다는 공동으로 공부하고 이해해야 더 쉽게 접근할 수 있으나, 실제로 그러한 여건이 마련되기는 어렵다고 여겨집니다. 따라서 이해보다는 암기에 익숙한 학생들은 쉽게 흥미를 잃게 되고 어려운 과목으로 인식하면서 수식과 문제풀이로만 기억하게 됩니다. 이러한 문제를 조금이나마 해결하는 방법으로, 식품공학의 학습 내용에 따라 수업시간에 할 수 있는 기본 문제와 수업 이외에 접근할 수 있는 심화 문제를 다양하게 제시하고 학습 내용과 연관된 실험을 수행하는 것이 바람직하다고 생각했습니다. 그동안 전문가들에 의해 많은 '식품공학' 관련 도서들이 출간되었으나 문제 풀이와 실험 내용이 별개로 다뤄지면서 대부분 이론적 측면에 치중하다 보니 학생들이 '식품공학'이라는 과목에 쉽게 접근하기가 어려웠던 것이 사실입니다.

『생각이 필요한 식품공학과 물성』에서는 우선 단위환산, 물질 및 에너지 수지에 관한 기본적 이해를 돕는 문제를 제시하고, 유체 정력학, 동력학 및 열전달에 대한 기본적인 강의 및 문제 제시, 심화문제 제기 및 실험 내용과 방법 등을 제시하였습니다. 이러한 문제 풀이와 실험의 병행 설명은 이 과목을 이해하는 데 큰 도움이 되리라 생각합니다.

식품 물성은 식품을 평가하는 데 매우 중요한 지표로 사용되고 있으며, 현장에서도 그 중요성을 인식하고 있습니다. 그러나 기본적 평가와 경험적인 평가, 모방적 측정방법 등에 따라 해석이 달라지고 비교 평가도 달라집니다. 물론 식품의 다양한 구성에 따라 모든 물성이 달라지더라도 기본적으로 시료의 모양이나 크기가 우선적으로 고려되고 선행되어야 하며, 물성에 관한 체계적인 학습 내용뿐만 아니라 그에 따른 실험이 반드시 병행되어야 하고 모든 전문 용어가 정확하게 구사되어야 합니다.

이 책은 수업시간에 다루어 왔던 서술적인 기술이나 내용은 가능한 한 배제하고 간단한 수식들로 제시하고 있어 얼핏 토론 등 이해를 위한 장치가 필요하다고 여겨질지도 모르겠으나, 다양하게 제시된 심화 문제를 풀고 거기에 맞는 실험을 계속하다 보면 이해력과 흥미가 증진되는 것을 스스로 느끼게 될 것이라 생각합니다.

부디 이 책이 학생 여러분의 이해력 증진에 밑거름이 되기를 바라며, 앞으로도 지속적으로 보완하여 더욱 쉽고 현장에서 도움이 되는 책으로 거듭나도록 노력할 것을 약속 드립니다. 더불어 출판에 도움을 주신 수학사에 감사의 뜻을 전합니다.

저자 일동

차례

CHAPTER 1

식품공학

CHAPTER 2

식품물성학

부록

Food Engineering

CHAPTER 1

식품공학

Lab 01

중력에 의한 가속도Acceleration due to gravity

가속도(acceleration)는 시간에 따라 속도가 변하는 정도를 나타내는 값이며, 단위로 m/sec^2을 사용하고 크기와 방향을 갖는 벡터량으로 나타낸다. 뉴턴의 운동법칙 중 가속도의 법칙에 의하면 중력도 힘의 한 종류이고, 중력에 의해 나타나는 힘은 물체의 질량(m)과 가속도(a)를 곱한 값으로 구할 수 있다. 따라서 중력이 서로 작용하는 두 물체의 질량과 두 물체 사이의 거리가 중력의 크기에 영향을 미친다고 볼 수 있으며 두 물체의 질량이 클수록, 또 거리가 가까울수록 그 크기가 커진다.

공기저항이 극도로 작다면 물체가 떨어지는 속도는 질량에 상관없이 일정하다. 물체가 떨어지는 속도는 물체에 적용되는 중력(gravitational force)에 의해 결정된다. 지구 표면에서는 중력에 의한 표준 중력가속도 값은 $9.8\ m/sec^2$ 정도이나 지구의 반지름이 일정하지 않기 때문에 정확한 중력 가속도 값은 위치에 따라 조금씩 달라지며, 그 값은 위치에 따라 달리 나타나게 된다.

물체의 평균가속도는 시간에 따라 변하는 속도로 계산할 수가 있는데 초기 속도와 나중 속도를 알아야 하고, 그 변화가 일어나는 데 걸리는 시간을 알아야 한다. 그 식은 가속도$=\frac{\Delta v}{\Delta t}$이며 나온 값은 주어진 시간 동안의 평균가속도이다.

이 실험은 단진자에 의한 중력가속도를 측정하는 방법으로 진자의 주기와 길이를 측정하여 그 지점의 중력가속도를 구하는 것이다. 이 경우 길이는 고정되어 있고 질량을 무시할 수 있는 실에 추를 달아 지면과 수직인 면 위에서 진동시킨다. 단진자의 복원력 F는 $-mg\sin\theta = m\cdot d^2S/dt^2$으로 주어진다. $\sin\theta$가 매우 작다면 그 값을 θ로 근사할 수 있으며 $\sin\theta = S/L$이다(여기서 L은 실의 길이, r은 추의 반지름). 그러므로 $-mg(S/L) = m\cdot d^2S/dt^2$이 되고 $d^2S/dt^2 = -(g/L)\cdot S$이다. 여기에서 $\omega = (g/L)^{1/2}$이고, $\omega = (g/L)^{1/2} = 2\cdot\pi\cdot f = 2\cdot\pi/t$(여기서 f는 진동수, t는 주기)이므로 식을 정리하면 $g = 4\cdot\pi^2\cdot L/t^2$이 된다.

실험 목적

지구 표면에서 중력에 의한 가속도를 어떻게 결정될 수 있는가?

실험 기구

끈, 무게 추, 타이머, 뷰렛 클램프(buret clamp)가 있는 스탠드

실험 방법

1 링 스탠드(ring stand)를 책상 위에 놓고 그림과 같이 클램프에 끈을 연결하고 그 끈에 500 g의 무게를 연결한다.

2 약 10° 정도로 무게를 뒤로 당긴 후 무게를 놓아 주면서 20번 정도 왕복하는 시간을 기록한다.

3 무게 추의 중심부터 끈이 매여 있는 중심부까지 끈의 길이를 잰다.

길이(m)	20번 왕복시간(sec)

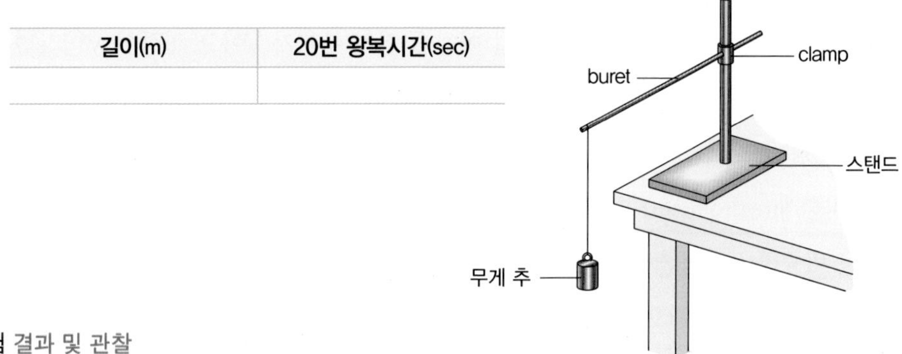

실험 결과 및 관찰

1 왕복하는 단일 시간을 측정한다.

2 아래와 같은 식을 이용하여 중력에 의한 가속도 g(m/sec²)를 계산한다.

$$g = \frac{(4 \cdot \pi^2 \cdot L)}{t^2}$$

L : 길이(m),   t : 단일 왕복하는 시간(초)

3 가속도가 일정하다고 가정하면 한 번 왕복운동을 하는 무게 추는 어떠한 역할을 하는지 설명하시오.

4 끈의 길이가 다르다면 위에서 얻은 결과와 중력에 의한 가속도가 어떻게 달리 나올지를 설명하시오.

5 무게 추 대신 깃털을 달고 같은 측정을 수행했을 때 결과는 어떻게 나타나며, 그 이유가 무엇인지 설명하시오.

Lab 02

액체의 밀도 측정

1) 이론

- **밀도**density : 기본적 상태량으로 단위 용적의 물질이 갖고 있는 질량을 말한다.
- **비중**specific gravity : 어떤 물질의 밀도와 기준 물질의 밀도와의 비를 말하며 기준 물질은 4℃의 물(1 g/mL)이다. 만일 어떤 물질의 부피가 V이고 질량이 M이라면 그 물질의 밀도는 M/V이며 밀도는 일반적으로 온도와 압력에 관계한다. 밀도를 측정하는 방법으로는 다음과 같은 비중병(pycometer), 웨스트필 천칭(Westphal balance), 비중계(hydrometer) 법이 있다.
  - 비중병 : 일정한 온도에서의 부피를 아는 액체의 질량을 측정하는 방법이다. 실험에 주의가 필요하나 정밀한 값을 얻을 수 있다.
  - 웨스트필 천칭 : 아르키메데스 원리를 이용한 것으로 적당한 질량이나 부피를 가진 추를 액체 중에 넣었을 때 추의 질량이 액체의 밀도에 따라서 변화함을 측정하여 밀도를 구하는 방법이다. 간단하나 정확도가 낮다.
  - 비중계 : 아르키메데스의 원리를 이용한 것으로 적당한 질량의 눈금이 있는 부표(hydrometer)를 액체에 띄웠을 때 정지하는 액면의 눈금을 읽는 방법이다. 액체 중에 있는 물체가 받는 부력과 그 액체의 비중이 비례하는 것을 응용한 것으로 일반적으로 가장 많이 쓰이는 방법이다.

실험 목적

유체의 특정한 성질을 나타내는 밀도를 측정함으로써 물질의 동질성에 이용

실험 기구

비중병, 비중계, 수조, 메스실린더, 피펫, 비커, 디지털 저울, 건조기, 실험 용액〔증류수, 소금 용액(2~16%), 설탕 용액(5~20%), 에탄올(20~80%)〕

실험 방법

1 비중병에 물을 채우고 항온조에서 온도(20℃)가 평행이 되도록 한 후 외부 수분을 완전히 제거하고 칭량한다(W′).

2 물을 넣지 않고 건조 상태로 비중병을 측량한다(W_o).

3 실험 용액을 넣고 온도 평형 후 칭량한다(W). 이때 비중병의 외부에 넘친 시료는 깨끗이 닦아낸 후 칭량한다.

4 맞는 밀도의 비중계로 비중을 측정한다.

5 비중병의 부피 $(V) = \dfrac{W' - W_o}{d}$

여기서 d : 일정 온도에서 물의 밀도

용액의 밀도 $(d') = \dfrac{W - W_o}{V} = \dfrac{(W - W_o) \cdot d}{W' - W_o}$

여기서 $(W - W_o)/(W' - W_o)$: 비중

그러므로 용액의 밀도 $d' = (\text{비중}) \times$ 물의 밀도 d

실험 결과

측정방법	비중병(pycometer)							비중계(hydrometer)
시료	농도%	W′	W_o	W	$W-W_o$	$W'-W_o$	d′	d′
소금 용액	2 8 12 16							
설탕 용액	5 10 15 20							
에탄올 용액	20 40 60 80							

실험 관찰

1 20℃에서의 물의 밀도를 구하시오.

2 각 농도에 따른 밀도의 변화를 일반 그래프에 나타내시오.

3 선형성(linearity)을 나타내고 각 용액의 농도에 따른 밀도 변화를 논하시오.

Lab 03
단위 및 단위환산Unit and Conversion

1) 단위계Unit system

(1) 기본단위Unit

	길이	중량	시간	온도
C.G.S.	cm	g	sec	℃
F.P.S.	ft	lb	sec	℉
S.I(System International)	m	kg	sec	°K

(2) 유도단위Derived unit

- 기본단위에서 유도되는 물리적 성질 : 힘(dyne, N, lbf), 일(erg, J), 열(cal, J, Btu), 압력(Pa, N/m^2), Psi(lbf/in^2)

  $1\ N = 1(kg \cdot m)/sec^2$, $1\ J = 1\ N \cdot m$, $1\ cal = 4.2\ J$, $1\ Btu = 252\ cal = 1055\ J$

  $1\ J/sec = 1\ Watt$

2) 단위환산Unit conversion

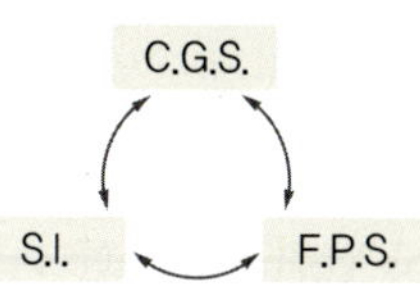

- 길이 : $1\ ft = 12\ inch = 30.48\ cm$, $1\ inch = 2.54\ cm$
- 무게 : $1\ lb_m = 450\ g$
- 온도 : $°K = °C + 273$, $°R = °F + 460$, $°F = 1.8°C + 32$,

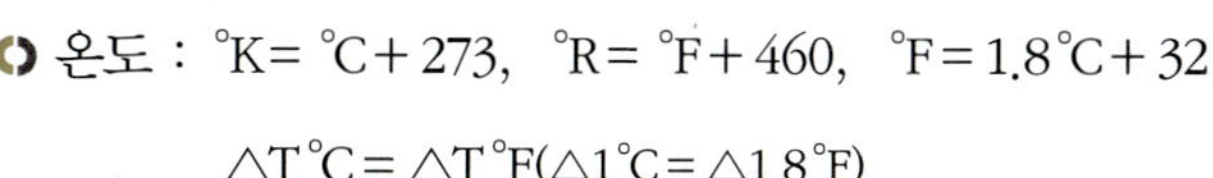

- 힘 : $1\ lb_f = 4.48\ N$, $1\ lb_f \cdot ft = 1.356\ J$
- 중력가속도 : $g = 980.7\ cm/sec^2 = 32.2\ ft/sec^2$

예 1 물의 밀도는 CGS 단위계에서 1 g/cm³이다. FPS 단위계에서의 밀도를 구하시오.

1 g	1 lb_m	$(30.48\ cm)^3$
cm^3	450 g	1 ft^3

$= 62.4\ lb_f/ft^3$

표준 대기압은 수은(밀도=13.6 g/cm³)주의 높이 76 cm에서 가해지는 압력이거나, 물의 높이 1,033 cm에 가해지는 압력이다. 이를 Pa이나 Psi로 고치시오.

$$P = \frac{F}{A} = \frac{m \cdot g}{A} = \frac{V \cdot d \cdot g}{A} = \frac{A \cdot h \cdot d \cdot g}{A} = d \cdot h \cdot g$$

여기서 d : 밀도(density), h : 높이, g : 중력가속도

$$1기압 = (76\ cm)(13.6\ g/cm^3)(980.7\ cm/sec^2) = 1.013 \times 10^6\ g/(cm \cdot sec^2)$$
$$= 1.013 \times 10^5\ N/m^2 = 1.013 \times 10^5\ Pa = 14.7\ lb_f/in^2 = 14.7\ Psi$$

3) 질량과 무게Mass and Force

FPS 시스템에서 질량(mass)의 단위는 lb(pound)이다. 즉 질량(m) = lb_m(pound mass), 힘(F) = lb_f(pound force)이다. S.I 시스템에서 질량은 kg_m, 힘은 kg_f로 쓴다.

그러나 흔히 질량과 힘(혹은 무게)를 혼동하여 사용하는 것이 보통이다. 따라서 서로 간의 뜻은 다르지만, 값은 같게 할 필요가 있다.

SI 단위계에서는 Newton이라는 단위가 있어서 kg_m와 kg_f는 구분하지 않지만 N를 이용하여 무게(kg)와 힘(N)을 분리하여 사용할 수 있다.

$$1\ kg_f = 1\ kg_m \times 9.807\ m/sec^2 = 9.807\ N$$

FPS 단위계도 1 lb_f = 1 lb_m × 32.2 ft/sec^2으로 사용($9.807\ m/sec^2 = 32.2\ ft/sec^2$)하지만 SI 단위계처럼 N이나 dyne의 단위가 없어서 다음과 같이 만들어 사용한다.

$$\frac{lb_f}{lb_m} = 32.2\ ft/sec^2 \cdot \frac{1}{g_c} = 1$$

g_c를 중력 환산계수(Newton's law proportionality factor for the gravitational force unit)라고 하며 이렇게 함으로써 질량의 단위를 힘의 단위로 바꿀 수 있다.

$$g_c = \frac{32.2 \text{ ft}}{\sec^2} \times (lb_m/lb_f) = 32.2(ft \cdot lb_m)/(sec^2 \cdot lb_f)$$

SI 단위계에서는 질량은 kg_m, 힘은 N으로 사용하기 때문에 g_c를 쓸 필요가 없다.

※ $F = mg$ (SI), $F = mg \cdot (1/g_c)$ (FPS)

예 1 **100 lb_m의 물이 파이프를 통해 10 ft/sec의 속도로 흐르고 있다 이 물의 운동에너지를 (ft)(lb_f)로 나타내시오.**

$$F = \frac{1}{2}(mv^2) = \frac{1}{2}(100\ lb_m) \cdot (10\ ft/sec)^2 \cdot \frac{1}{g_c}$$

$$= \frac{1}{2}(100\ lb_m)(10\ ft/sec)^2 \cdot \frac{1\ lb_f \cdot sec^2}{32.2\ ft \cdot lb_m} = 155\ ft \cdot lb_f$$

예 2 **100 lb_m의 공이 10 ft 높이에 있을 때 위치에너지 (ft · lb_f)를 구하시오.**

$$F = mgh\frac{1}{g_c} = (100\ lb_m)(32.2\ ft/sec^2)(10\ ft)(1\ lb_f \cdot sec^2)/(32.2\ ft \cdot lb_m)$$

$$= 1000\ (ft \cdot lb_f)$$

4) 차원Dimension과 무차원비Dimensionless ratio

모든 단위는 차원으로 나타낼 수 있다.

예 길이 (L), 질량 (M), 시간 (t), 온도 (T), 힘 (F), …….

공학적 성질을 차원으로 나타낼 때는 어떤 단위계로 나타내든 그 차원은 같다.

예 밀도 ; FPS : $lb/ft^3 \Rightarrow [M]/[L]^3$

CGS : $g/cm^3 \Rightarrow [M]/[L]^3$

무차원비(dimensionless ratio)는 차원이 없는 값의 비를 말한다.

예 비행기 1000 km/hr

자동차 100 km/hr

사람 1 km/hr인 경우

자동차의 속도를 사람의 100배라고 한다면 쉽게 자동차의 속도가 얼마나 빠른지를 알 수 있다.

예 비중 : 물 1 g/cm³의 밀도에 대한 비교물질의 비

예 상대점도 : 물의 점도에 대한 비교물질의 점도 비

비중이나 상대점도와 같은 것은 차원을 같은 차원으로 나누어 준 것이므로 무차원의 값을 나타낸다. 이 무차원의 비는 유체의 흐름, 열의 전달, 물질 이동에 자주 쓰이며 그 예는 레이놀즈수(Reynolds number, $Dv\rho/\mu$), 프란틀수(Prandtl number), 넛셀수(Nusselt number), 그라스호프수(Grashof number) 등이 있다.

1 N = ? lb_f

$$1\ N = \left|\frac{1\ kg\cdot m}{sec^2}\right|\frac{1\ lb_m}{0.45\ kg}\left|\frac{1\ ft}{0.3048\ m}\right|\frac{lb_f\cdot sec^2}{32.2\ ft\cdot lb_m}\right| = 0.2264\ lb_f$$

1 Bt u= ? cal

$$\frac{1\ Btu}{lb\cdot {}^{\circ}F} = \left|\frac{cal}{g\cdot {}^{\circ}C}\right|\frac{450\ g}{0.45\ kg}\left|\frac{1\ {}^{\circ}C}{1.8{}^{\circ}F}\right| = 252\ cal$$

1 Btu = ? ft · lb_f

$$1\ Btu = 252cal = \left|\frac{252\ cal}{1\ cal}\right|\frac{4.2\ J}{}\left|\frac{1\ kg\cdot m^2}{1\ J\cdot sec^2}\right|\frac{1\ lb_m}{0.45\ kg}\left|\frac{1\ ft^2}{0.3048\ m^2}\right|\frac{1\ lb_f\cdot sec^2}{32.2\ ft\cdot lb_m}\right| = 786\ ft\cdot lb_f$$

1 atm = ? psi

$$1\ atm = \left|\frac{1.013\times 10^5\ N}{m^2}\right|\frac{0.2264\ lb_f}{1\ N}\left|\frac{(0.0254\ m)^2}{1\ in^2}\right| = 14.7\ lb_f/in^2 = 14.7\ Psi$$

예 5 기체상수 = 0°C, 1 기압에서 1 g_{mol}의 가스가 차지하는 부피는 22,414 cm³

PV = nRT에서 $R = \frac{PV}{nT} = \frac{1\ atm\cdot 22.4\ L}{1\ g_{mol}\cdot 273\ {}^{\circ}K} = \frac{0.082\ atm\cdot L}{{}^{\circ}K\cdot g_{mol}} = \frac{8.314\ J}{{}^{\circ}K\cdot g_{mol}}$

FPS에서의 기체상수 R값은?

$$R = \frac{\dfrac{14.7\ lb_f\ (12\ in)^2}{in^2\ (1\ ft)^2}\cdot\dfrac{22{,}414\ cm^3\ (1\ ft)^3}{(30.48\ cm)^3}}{\dfrac{1\ g_{mol}\ (1\ lb_{mol})}{450\ g_{mol}}\cdot\dfrac{273{}^{\circ}K\ (492{}^{\circ}R)}{273{}^{\circ}K}} = \frac{1{,}543\ lb_f\cdot ft}{lb_{mol}\cdot {}^{\circ}R}$$

g_{mol} of O_2 = 32 g 산소 ⇒ $g_{mol} = g_{mass}$/(분자량)

lb_{mol} of O_2 = 32 lb 산소 ⇒ $lb_{mol} = lb_{mass}$/(분자량)

연습문제

1 1 Btu/hr를 lb_f · ft로 바꾸면?

2 표준대기압 14.7 psi에 해당하는 물 높이를 미터법으로 구하면?

3 사과의 비열은 0.86 Btu/(lb · °F)이다. 사과의 비열을 J/(g · °K)로 바꾸면?

4 점도가 4 centi-poise인 액체가 있다. 이 점도를 SI 단위계로 바꾸면?

5 Aluminum의 열전도도는 108 Btu/(ft · hr · °F)이다. 이것을 W/(m · °C)로 고치면?

6 압력이 400 mmHg일 때 이에 상응하는 물의 높이는? 이 압력을 Psi로 고치면?

7 대두유는 다음과 같은 성질을 가지고 있다.

밀도 : 7 lb/gal	비열 : 0.5 Btu/(lb · °F)
점도 : 98 lb/(ft · hr)	열전도도(K) : 0.1 Btu/(hr · ft · °F)

위의 성질을 SI 단위로 다음과 같이 바꾸면?

밀도(density) :	kg/m^3
점도(viscosity) :	Pa · sec
비열(specific heat) :	J/(kg · °K)
열전도도(K) :	W/(m · °K)

8 기체상수 0.082 atm · L/(g_{mol} · °K)를 lb_f · ft/(lb_{mol} · °R)으로 바꾸면?

9 관 안을 흐르는 유체의 Reynold수는 $\frac{(D \cdot v \cdot \rho)}{\mu}$으로 정의된다. 여기서 D는 관의 안지름, v는 유체 속도, ρ는 유체밀도, μ는 유체 점도이다. 무차원임을 증명하면?

10 통조림 내 진공압력이 23 mmHg이다. 이를 kPa 압력으로 환산하면?

심화문제

1 기체상수값 0.082 atm · L/(°K · g_{mol})를 다음의 단위로 고치면?

(1) ft^3 · psi/(lb_{mol} · °R)

(2) m^3 · Pa/(kg_{mol} · °K)

2 Al의 열전도도는 36 lb_f · ft/(ft · hr · °F)이다. W/(m · °C)와 Btu/(ft · hr · °F)로 고치면?

3 30 N/(m^2 · °C)를 lb_f/(ft^2 · °F)의 단위로 고치면?

4 우유의 점도는 8×10^{-4} lb_m/(ft · sec)이다. 이것을 Pa · sec과 centi-poise로 고치면?

5 넛셀수(hD/K)는 유체 흐름을 디자인할 때 필요하고 다음 식에서 구할 수 있다.

$$\frac{h \cdot D}{K} = 0.023 \left(\frac{D \cdot \upsilon \cdot \rho}{\mu}\right)^{0.8} \left(\frac{C_p \cdot \mu}{K}\right)^{0.33}$$

여기서 D : 지름, υ : 속도, ρ : 밀도, μ : 점도,
C_p : 비열(J/kg · °K), K : 열전도도(W/m · °K)

h의 단위는? 위 식 우변의 단위들을 보이시오.

6 그라스호프수(Grashof number) G = ($D^3 \cdot \rho^2 \cdot g \cdot \beta \cdot \Delta T$)/$\mu^2$는 무차원 그룹이며 열 흐름에서 필요한 식이다. D = 튜브 지름, ρ = 유체 밀도, μ = 유체 점도, g = 중력가속도, ΔT = 온도일 때 β의 단위는?

7 옥수수 캔의 진공 측정기(vacuum gauge)가 12 inHg를 나타내었다. 절대압력을 구하고, 이를 Pascal의 단위로 바꾸면? (Hg의 비중은 13.6이고 1 lb_f = 4.448 N)

8 농축기 내 20 inHg의 진공압력을 절대압력(Pa)으로 바꾸고, 또 27 °C에서 물이 끓는 압력(3.567 kPa)을 진공압력(inHg)으로 바꾸면?

Lab 04
물질수지 및 에너지수지Mass and Energy balance

열역학 제1 법칙 : $\Delta E = Q + W$

질량 및 에너지 보존법칙에 준한다. 즉, 질량이나 에너지는 그 형태가 바뀔지라도 그 양은 일정하다.

질량/에너지의 입력(input) = 질량/에너지 출력(output) + 축적(accumulation)

축적이 0이라면 정상 상태(steady state) : 공정이 시간에 따라 변하지 않는다.

축적이 존재하면 비정상 상태(unsteady state) : 공정이 시간의 함수이다.

1) 물질수지Mass balance

모든 식품 제조 공정에는 여러 다양한 성분들이 가해지고 한/여러 개의 제품과 부산물 등이 생산된다. 이 과정에서 물질수지는 수율을 결정하거나 배합비를 결정하는 중요한 기구로 사용된다. 예를 들면 과실로 만드는 잼의 수율과 첨가되는 물질들의 양이 단백질, 지방, 고형분이나 수분 함량과 관련하여 결정된다. 이와 같은 물질수지는 일반적으로 제품의 유속 및 농도를 알아내는 데 사용되거나 혼합·분리 조작, 희석, 농축, 건조 중에서 그 양적 관계를 계산하는 기초 식으로 식품 제조 공정에서 매우 중요한 부분을 차지하고 있다.

물질수지 절차

① 공정도(diagram)을 그린다. (유속이나 성분 표시)

② 계(system)을 선택한다. 경계를 정하고 계를 출입하는 물질의 유속, 양 등을 표시

한다.

③ 기준(basis)을 선택한다. 계를 출입하는 물질의 질량, 유량 등 변하지 않는 것을 정한다.

④ 알지 못하는 양의 부호(symbol)을 정한다.

⑤ 알고 있는 성분과 알고 있지 않은 성분의 물질수지 식을 세운다. 전체 수지 식과 주성분 수지 식을 세운다.

⑥ 식을 푼다.

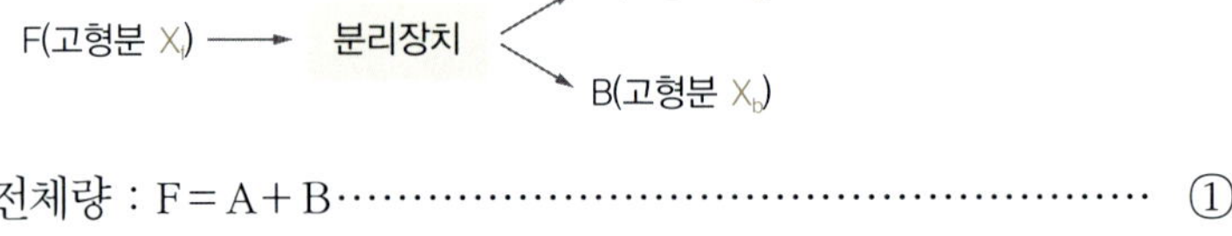

전체량 : $F = A + B$ ·· ①

고형분 : $F \cdot X_f = A \cdot X_a + B \cdot X_b$ ·· ②

물질수지의 성분들은 각 성분들의 무게로 개별적으로 표현된다. 즉 농도는 질량단위(kg, g), 질량(무게가 언급되지 않았을 때), 질량분율(mol fraction, 성분 A질량/전체질량)으로 표기하나, 부피 변화는 혼합 과정 때문에 가급적 피한다. 물질수지 식은 질량의 보존을 수학적으로 나타내며, 공정에 투입되는 모든 질량의 합은 나가는 질량과 공정 내에 축적되는 양과 같다는 법칙이 적용된다.

잼은 과일과 설탕의 혼합 물질로, 그 혼합물을 가열하여 수분을 제거하여 만든다. 다음 그림은 그 공정을 간단히 나타낸 것이다.

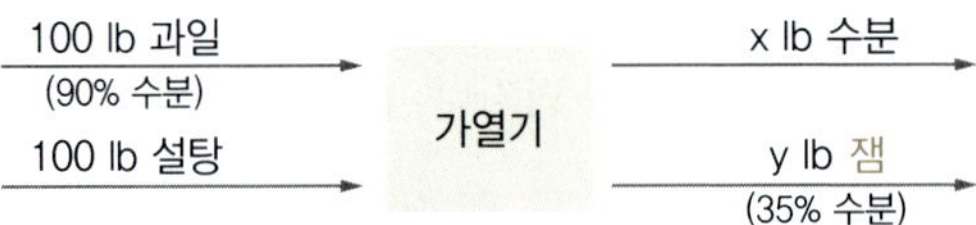

위 공정의 물질수지 식을 세우면

전체 : $100 + 100 = x + y$

수분 : $0.9(100) = x + 0.35y$

(계속)

예 2 건조 우유분말의 공정을 살펴보면

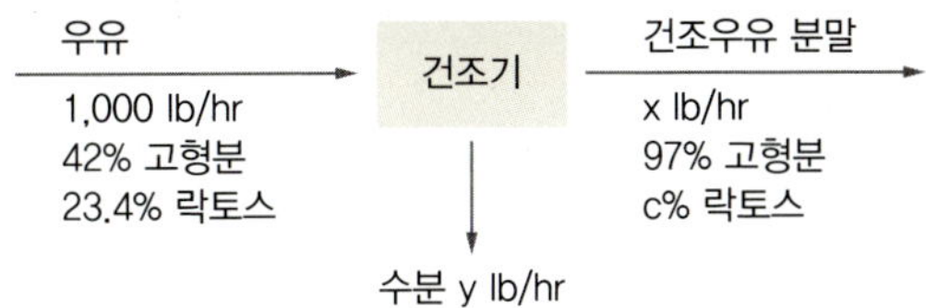

전체 수지 : $1000 = x+y$

고형분 수지 : $0.42(1000) = 0.97x$

락토스 수지 : $0.234(1000) = c \cdot x/100$

예 3 5% 소금물을 20% 소금물로 만들려면 증발시켜야 할 수분의 양을 구하시오.

5% 소금물(F) → 증발기 → 수분(A kg), 20% 소금물(B)

기준의 선택을 임의 1 kg으로 정한다.

전체 물질수지 : $1\ \text{kg} = A + B$

소금 수지 : $0.05(1) = 0 + 0.2B$

물의 수지 : $0.95(1) = A + 0.8B$

$A = 0.75$(= 총 소금물의 75%를 증발시켜야 함), $B = 0.25$

예 4 설탕 용액 100 kg이 다음과 같은 공정에 들어갔을 때 설탕과 수분의 물질수지 식을 세우시오.

85% 설탕, 15% 수분 → 원심분리기 결정기 → A 결정체(80% 결정, 20% 수분), B 수분(수분 내에 설탕 용액 60%)

설탕의 물질수지 : $0.85(100) = 0.8A + 0.2(A \times 0.6) + 0.6B$

수분의 물질수지 : $0.15(100) = 0.2(A \times 0.4) + 0.4B$

예 5 우유(4% 지방, 9% solid-not-fat)와 크림(18% 지방, 7% solid-not-fat)을 섞어 1000 lb의 아이스크림을 만들고자 한다.

(1) 최종 아이스크림이 10.5%의 지방을 갖기 위해서는 어떻게 섞어야 하는지를 구하시오.

(2) 그때의 아이스크림의 solid-not-fat (snf) 함량을 구하시오.

(계속)

우유 x(4% 지방, 9% snf) → 혼합기
크림 y(18% 지방, 7% snf) → 혼합기
혼합기 → 10.5% 지방, 1,000 lb 아이스크림

전체 수지 : $x+y=1{,}000$

지방 수지 : $0.04x+0.18y=0.105(1{,}000)$

$x=535.7$ lb 우유, $y=464.3$ lb 크림

snf 수지 : $0.09(535.7)+0.07(464.3)=1{,}000(\text{snf})$

$\text{snf}=8.07\%$

2) 에너지 수지Energy balance

- 에너지 보존법칙 적용

에너지 입력 = 에너지 출력 + 축적

- 에너지는 여러 형태로 존재 : 열, 일, 내부 에너지, 엔탈피, ……
- 에너지 수지를 적용하기 전 공정 중에서 에너지의 형태가 변할 수 있다는 것을 인식해야 한다.

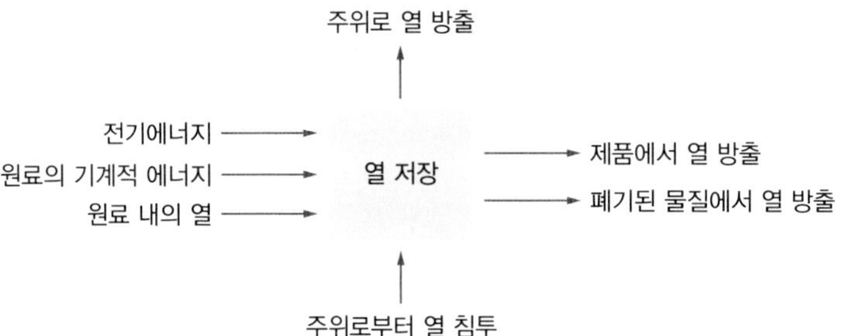

많은 공정은 일정한 압력 하에서 일어난다. 열역학 제1 법칙으로부터,

$$\text{내부에너지 변화}(\Delta U)=\text{열}(Q)+\text{일}(W)=Q-PdV=Q-P(V_2-V_1)$$

$$(U_2-U_1)=Q-P(V_2-V_1)$$

$$(U_2+PV_2)-(U_1+PV_1)=Q$$

$$\text{Let } H_2-H_1=Q$$

$$\therefore \Delta H=Q$$

연습문제

1 20% 소금물을 4%의 소금물로 만들려면 첨가해야 할 수분 양은?

2 3% 지방을 함유한 우유를 40% 지방이 들어 있는 고지방 크림과 혼합하여 20% 지방을 함유한 저지방 크림을 제조하려고 한다. 저지방 크림 100 kg을 만들려면 우유와 고지방 크림을 얼마만큼씩 섞어야 하나?

3 8%의 고형분을 함유한 토마토주스를 증발농축기에 투입하여 시간당 450 kg의 수분을 제거하여 34% 고형분이 들어 있는 농축토마토주스를 만들려고 한다. 시간당 증발농축기에 투입되는 원료 토마토주스의 양을 구하면?

4 우유(지방 함량 3.5%)를 원심분리하여 탈지우유(지방 함량 0.3%)를 얻고자 한다. 이 과정에서 얻은 크림에 지방이 55% 들어 있다면 탈지우유와 크림의 비율은?

5 18% 지방, 35% 단백질, 27.1% 탄수화물, 9.4% 섬유질과 회분, 10.5% 수분을 가지는 콩 1,000 lb가 분쇄, 압착, 추출, 건조 과정을 거쳤다. 분쇄기에서 분쇄된 후 압착기에서 압착 후 기름의 양이 6%로 줄어들었고, haxane을 이용한 추출기에서 0.5% 기름을 함유한 밀가루를 추출한 후 최종 건조기에서 건조시켜 수분 함량이 8%인 밀가루가 나왔다.

(1) 최종적으로 건조시킨 양을 구하면?

(2) 각각의 공정 중 물과 기름의 물질수지 식을 세우면?

6 고형분 8%가 들어 있는 액체 식품 150 kg에 설탕을 섞은 후 다시 수분을 증발시켜 최종 고형분 14%, 설탕 15%로 농축된 제품을 만든다. (단, 설탕은 고형분에 포함되지 않음)

(1) 최종 제품의 양은? hole에서 나오는 열량(kJ/sec)은? (1 Btu = 1.055 kJ)

(2) 첨가된 설탕의 양과 제거되는 수분의 양은?

7 원료 과실(12% 고형분)을 분리장치를 사용하여 전체 과일의 20% 과육 주스와 80%의 여과 주스로 분리하였다. 이때 여과 주스만을 증발기로 보내어 고형분이 60% 되게 농축한 후, 이 농축주스를 과육 주스와 믹서에서 합쳐 고형분이 40%인 최종 제품을 만들었다.

(1) 100 lb당 증발된 물의 양은?

(2) 각각의 고형분(즉, 분리장치에서 나온 여과 주스와 과육 주스의 고형분)은?

(3) 믹서에서 섞인(여과 주스/과육 주스)의 비율은?

따라서 엔탈피는 일정한 압력 하에서 계를 통과하는 열량으로 정의한다.

$$열용량 \quad C_p = \frac{\partial H}{\partial T}$$

$$\Delta H = \int C_p dT = c \cdot m(T_2 - T_1)$$

C_p : 열용량, c : 비열

(비열은 단위질량마다의 열용량과 같다, 비열 = $\frac{열용량}{단위질량}$)

에너지 보존법칙 : $c_1 \cdot m_1(T - T_1) = c_2 \cdot m_2(T_2 - T)$

(1) 현열과 잠열

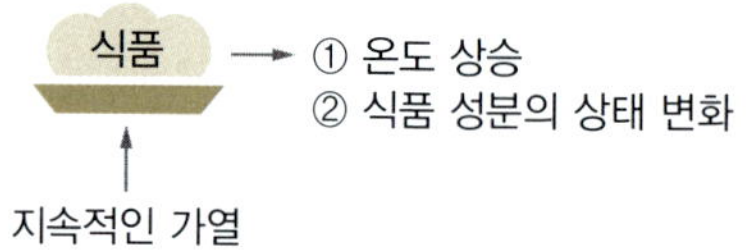

- 가해준 열이 전부 식품의 온도 상승으로 나타날 때 : 현열(sensible heat)
- 계속 열을 가해도 식품이 더 이상 온도가 오르지 않고, 식품 성분의 상태 변화가 일어날 때 : 잠열(latent heat)

열처리 시 공정의 열량

① 온도 변화를 가져오는 현열의 양

$$Q_1 = c \cdot m \Delta T = c \cdot m(T_2 - T_1)$$

여기서 c : 비열, m : 질량, T_1 : 가열 전 온도, T_2 : 가열 후 온도

② 상태의 변화를 가져오는 잠열의 양

$$Q_2 = m \cdot \lambda$$

여기서 λ : 단위무게의 상태 변화에 필요한 잠열(kcal/kg)

식품의 가열과 증발에서 전체 필요한 열량 (Q)

$$Q = Q_1 + Q_2 = c \cdot m \cdot \Delta T + m \cdot \lambda$$

> **예** **10℃ 물 1 kg을 100℃로 증발 시 필요한 열량을 구하시오.**
>
> $Q = Q_1 + Q_2 = 1\ kg \times 1\ kcal/(kg \cdot ℃) \times (100-10)℃ + 1\ kg\ (539\ kcal/kg)$
>
> $= 90\ kcal + 539\ kcal = 629\ kcal$

- 증기건도 x% 증기건도(엔탈피)

  $= H_v$(포화증기의 엔탈피) · x + H_w(포화액체의 엔탈피) · (1 − x)

  90℃에서 증기건도가 90%인 증기의 엔탈피 = 2,660 × 0.9 + 376.9 × 0.1

  = 2431.7 kJ/kg

(2) 증기표Steam Table

물/증기 : 열전달의 매개체

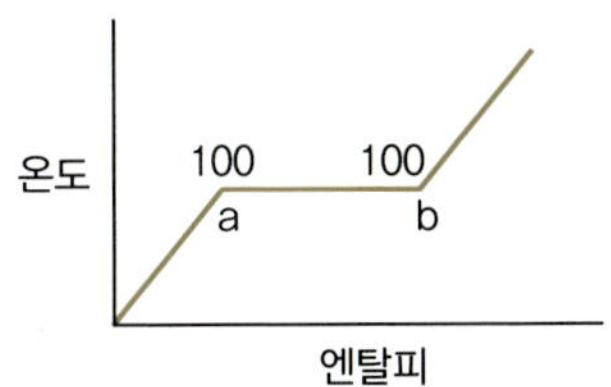

- 포화액체(saturated vapor liquid, a점) : 물이 증기와 평형
- 포화증기(saturated vapor, b점) : 액체의 끓는점 상에 있는 증기. 온도가 낮아짐에 따라 응축(condensation) 발생
- 과포화증기(supersaturated steam) : 끓는점보다 높은 수증기(b점 이상)
- a점과 b점 사이 : 액체-증기의 혼합체

잠열을 알아보기 위해 증기표를 참조한다.

온도 (℃)	압력 (kPa)	비용적		엔탈피		엔트로피	
		포화액체	포화증기	포화액체	포화증기	포화액체	포화증기
18	2.064	0.001001	65.038	75.58	2534.4	0.2679	8.7123
100	101.35	0.0010435	1.6729	419	2676	1.3069	7.3549

물이 끓을 때 필요한 잠열 : 2676 − 419 = 2257 kJ/kg

즉, 잠열은 액체 상태의 수분이 기체 상태로 변하는 데 필요한 에너지이다.

비용적(specific volume) : 1 kg (혹은 lb)의 스팀이 차지하는 부피 m^3 (또는 ft^3)

질량 = (밀도)(부피)이므로 비용적 = 1/(밀도)의 값을 갖는다.

3) 반응속도론 Reaction rate

◐ 반응속도 : 시간에 따른 반응물의 농도 변화

R → P : 일정 시간 동안 반응물의 반응속도 = $(R_2 - R_1)/t_2 - t_1 = -\triangle R/\triangle t$

일정 시간 동안 생성물의 반응속도 = $(P_2 - P_1)/t_2 - t_1 = \triangle P/\triangle t$

$$\text{반응속도} = -\frac{\triangle R}{\triangle t} = \frac{\triangle P}{\triangle t}$$

R → 2P : 반응물이 사라지는 속도보다 생성물의 농도가 2배일 경우이다.

$$\text{반응속도} = -\frac{d[R]}{dt} = \frac{1}{2}\frac{d[P]}{dt}$$

일반적으로 aA + bB → cC + dD

$$-\frac{1}{a}\frac{d[A]}{dt} = -\frac{1}{b}\frac{d[B]}{dt} = -\frac{1}{c}\frac{d[C]}{dt} = -\frac{1}{d}\frac{d[D]}{dt}$$

예 $2H_2 + O_2 \rightarrow 2H_2O$

$$-\frac{d[H_2]}{dt} = -\frac{2d[O_2]}{dt}$$

(1) 미분학적인 속도법칙 Differential rate law

반응물의 농도에 따른 반응속도의 변화는 다음과 같다.

$$aA + bB \rightarrow cC + dD$$

$$-\frac{1}{a}\frac{d[A]}{dt} = -\frac{1}{b}\frac{d[B]}{dt} \propto [a]^x[b]^y = K[A]^x[B]^y$$

- x는 A에 대한 반응차수이고 y는 B에 대한 반응차수이며, 총 반응차수는 x + y이다.
  K : 속도상수(rate constant)
- 반응의 분자수(molecularity) : 간단한 충돌반응을 수반하는 분자의 수를 나타내는 이론적인 개념이다. a + b
- 반응차수(order of reaction) : 반응물 농도의 힘(power)을 나타내는 경험적인 개념으로 차수는 분자 수와 같을 수도 있고 틀릴 수도 있다. 즉, x와 y는 A와 B의 양적인 관계를 나타내는 a와 b와 같을 필요는 없다.

예 $H_2 + I_2 \rightarrow 2HI$

미분반응속도 : $-\frac{d[H_2]}{dt} = k\,[H_2]^1\,[I_2]^1$; 2차 반응

$-\frac{d[H_2]}{dt} = k\,[H_2]^1\,[I_2]^{0.5}$; 1.5차 반응

예 Sucrose + H_2O → Fru. + Glu.

$$\text{반응속도} = -\frac{d[S]}{dt} = k\,[S]\,[H_2O]\,[H^+]$$

양성자가 촉매이며 반응하는 동안 농도 변화는 없으며, H_2O는 매우 많은 양이 필요하다(55 M). 따라서 이 반응의 차수는 $-\frac{d[S]}{dt} = k[S]$; 유사 1차 반응(pseudo 1st order)이 된다.

(2) 적분형 반응속도 Integrated form of reaction rate

시간의 함수로서 농도의 변화를 나타내는 반응속도

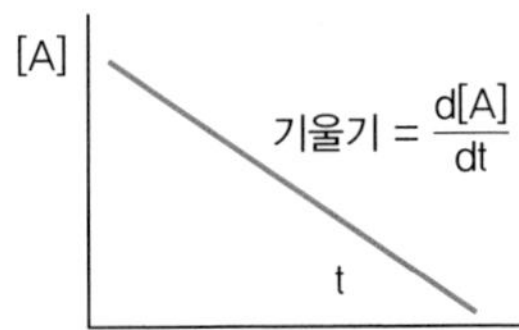

한 개의 반응물에 대한 일반적인 n차 반응식은 다음과 같다.

$$-\frac{dx}{dt} = kx^n$$

적분 형태 : $-\int \frac{dx}{x^n} = k\int dt$

① 1차 반응속도

$n = 1,\quad -\frac{dx}{dt} = kx$

$$\ln\left(\frac{x}{x_o}\right) = -kt$$

$$x = x_o e^{-kt}$$

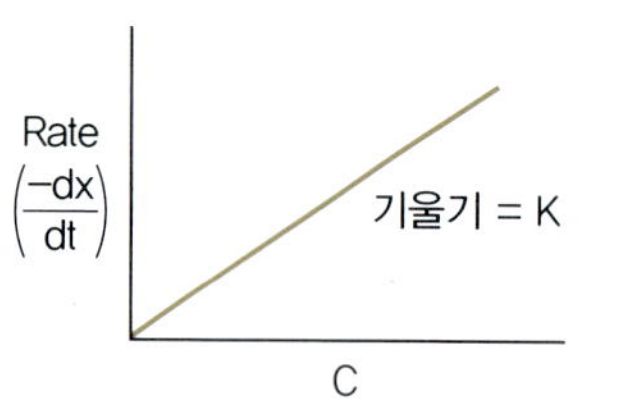

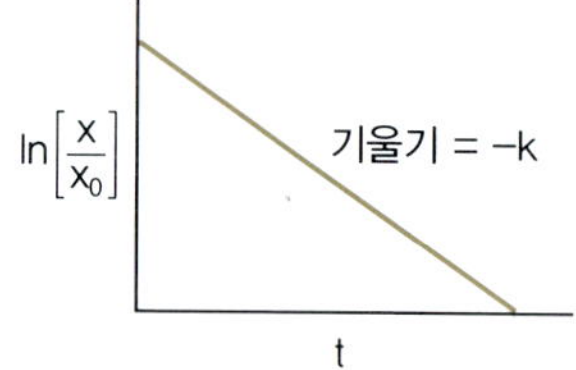

여기서 x_o : 시간 = 0에서의 초기 농도, x : 일정 시간 t 이후에 남아 있는 농도, k : 반응 상수

초기와 남아 있는 농도에 로그(log)를 취하면 시간과 농도의 비에 대한 기울기는 선형을 나타낸다. 이 경우 1st order라 할 수 있으며 시간에 따라 일정한 선형으로 농도가 감소함을 보여 준다.

k의 단위 = sec^{-1}

반응속도는 반응물의 농도에 의존성이 없고 농도의 비($\frac{x_o}{x}$)에 의존한다.

다음 반응은 1차 반응속도에서 나타나는 반감기반응이다.

$$k = \ln\frac{\ln 2}{t_{0.5}} \text{에서 반감기 } t_{0.5} = \frac{0.69}{k}$$

다음은 133℃에서 돼지고기의 티아민(thiamine) 유지 상태를 조사한 결과이다. 반응상수(k) 값을 구하시오.

시간(분)	티아민 보유(%)
1.5	95
5	90
7	80
20	50

반-로그그래프(Semi-log graph)에 그리면 기울기가 -0.0151이 나온다.

∴k = 2.303 × 0.0151 = 0.035/min

$CH_3COOC_2H_5 + H_2O \rightarrow CH_3COOH + C_2H_5OH$

많은 물이 관계 시에 1차 반응속도이며 50분 이후에 20%의 $CH_3COOC_2H_5$가 분해되었다. 속도 상수, 반감기, 75%가 분해될 때의 시간을 각각 구하시오.

(1) $kt = \ln\frac{x_o}{x}$에서 $k = \frac{1}{50}\mathrm{Ln}(\frac{100}{100-20}) = 4.46 \times 10^{-3}\ (\mathrm{min}^{-1})$

(2) $t_{0.5} = \frac{0.693}{4.46 \times 10^{-3}} = 153$분

(3) $t = \frac{1}{k}\mathrm{Ln}(\frac{x_o}{x}) = \frac{1}{4.46 \times 10^{-3}}\mathrm{Ln}(\frac{100}{100-75}) = 311$분

② 2차 반응속도(A와 B의 농도가 정확히 같을 때)

단지 단수의 반응물을 고려해 볼 때 (2A → x + y)

$$-\frac{dx}{dt} = kx^2$$

$$-\int_{x_0}^{x} \frac{dx}{x^2} = \int_0^t k \cdot dt$$

$$\frac{1}{x} - \frac{1}{x_0} = kt$$

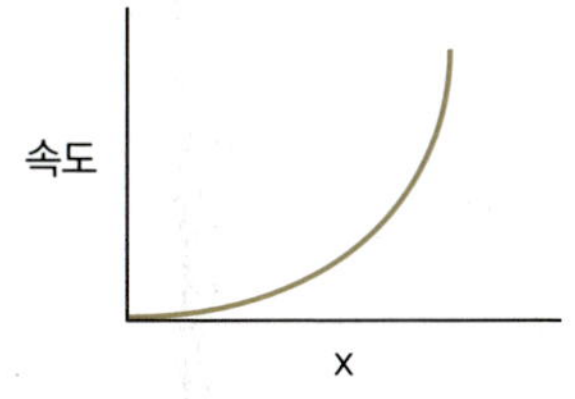

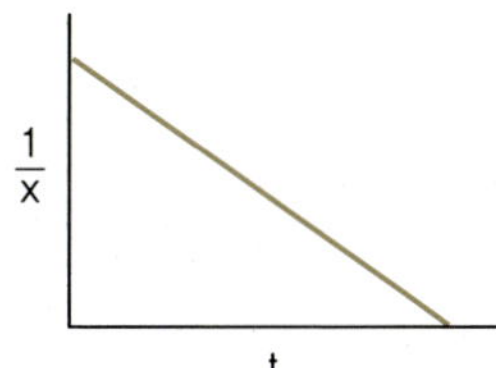

- k 단위 : liter/(mol·time)
- 2차 반응속도는 초기 반응물의 농도에 의존한다.

$$\text{반감기 } t_{1/2} = \frac{1}{k}\left(\frac{2}{x_o} - \frac{1}{x_o}\right) = \frac{2}{kx_o}$$

예 1 **0.02 M CH_3COOCH_3 + 0.02 M NaOH → CH_3COONa + CH_3OH는 이차 반응속도이다. 10분 후에 남아 있는 NaOH의 농도는 0.00464 M이었다.**

(1) 속도 상수를 구하시오.

$$k = \frac{1}{t}\left(\frac{1}{C} - \frac{1}{C_o}\right) = \frac{1}{10}\left(\frac{1}{0.00464} - \frac{1}{0.01}\right) = 11.5\ (\text{Lmol}^{-1}\ \text{min}^{-1})$$

(2) 반감기를 구하시오.

$$t_{1/2} = \frac{1}{kC_o} = \frac{1}{11.5 \times 0.01} = 8.7\text{분}$$

예 2 **0.01M M^{2+} 20 mL와 0.01 M ligand 30 mL가 섞여 있을 때, M^{2+}의 농도를 구하시오.** ($K_f = 10^8$)

$$M^{2+} + L \rightarrow ML^{2+}$$

초기 ML^{2+} 농도 = 20 mL × 0.01 M/50 mL = 0.004 M,

초기 L 농도 = 30 mL × 0.01 M/50 mL = 0.06 M,

M^{2+}를 x로 놓으면 남아 있는 L의 농도 = 0.006 − (0.004 − x)이다.

∴ $10^8 = \dfrac{0.004 - x}{x(0.002 + x)}$에서 x를 구하면 된다.

③ 0차 반응속도

이 반응은 반응물의 농도와 무관하며 속도는 일정하다.

$$x_o - x = k \cdot t$$

k의 단위 : mol/liter·sec

예 불포화지방 + H_2에서 포화지방으로 되는 속도는 지방의 농도와 무관하게 항상 일정하다.

④ 3차 반응속도

현재까지 NO(산화질소)와 관련된 4개의 반응만이 있을 뿐이다.

(1) $2NO + O_2 \rightarrow 2NO_2$ (2) $2NO + Cl_2 \rightarrow 2NOCl$

(3) $2NO + Br_2 \rightarrow 2NOBr$ (4) $2NO + H_2 \rightarrow N_2 + H_2O$

1차 반응속도에서 $t_{1/2}$은 초기 농도와 무관하고 2차 반응속도에서 $t_{1/2}$은 초기 농도에 역으로 관련이 있다.

(3) 반응속도의 온도 의존성

온도는 반응 전이 상태에서와 촉매가 관여한 생성물 반응뿐만 아니라 많은 평형에도 영향을 미친다. 예를 들면 온도는 활성 부위(active site)를 변화시키거나 양자 평형을 변화시킴으로써 촉매 부위의 구조 변화에 영향을 미친다.

Arrhenius (1889)는 에너지를 가지고 있는 분자만이 반응을 일으키며, 이 분자들 간의 충돌에 의해 반응을 진행한다고 하였다. 즉 활성화된 분자들이 충돌했을 때 전이 상태를 통과한다.

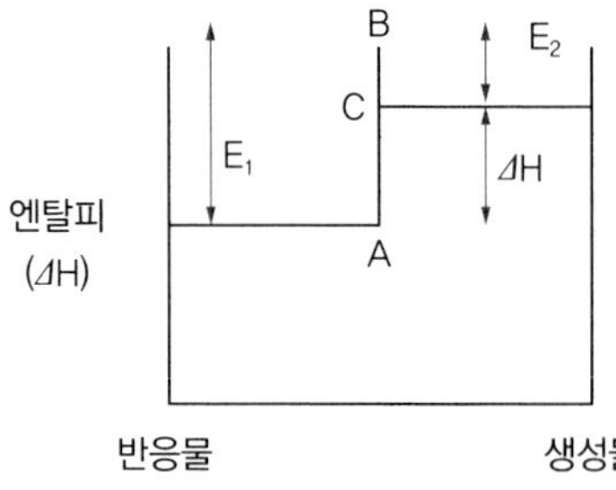

ΔH : 엔탈피
AB : 반응물의 에너지 상태 차이
E_1 : 정반응에서의 에너지
E_2 : 역반응에서의 에너지

여기서 AB − BC = AC, $E_1 - E_2 = \Delta H$

열역학적 이론에서 반트 호프식(van't Hoff equation)이 성립된다.

$$\frac{d\ln K}{dT} = \frac{\Delta H}{RT^2}$$

여기에서 온도는 평형상수에 의존성을 보이고 ln K는 온도와 역으로 비례한다.

Arrhenius (1889)에 의해 다음의 식이 제시되었다.

$$K = Ae^{\frac{-E_a}{RT}}$$

여기서 K : 반응속도상수, T : 절대온도, E_a : Arrhenius 활성화 에너지
A : 빈도 인자로서 반응물 사이에 충돌의 전체 진동수를 의미, $e^{\frac{-E_a}{RT}}$: 볼츠만 분배율(Boltzmann distribution law)과 유사하며 활성화 에너지보다 크거나 같은 에너지를 가지는 충돌 분자 부분

위 식에 로그값을 취하면

$$\mathrm{Ln}K = \mathrm{Ln}A - \frac{E_a}{RT}$$

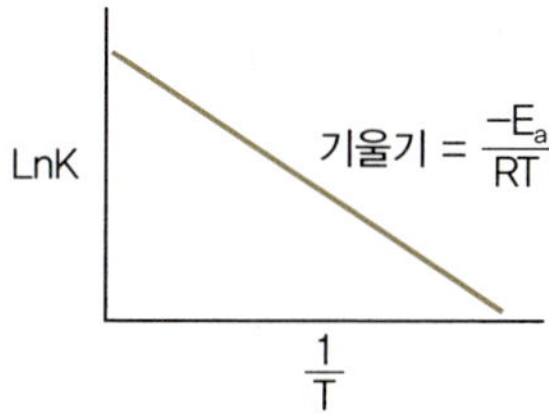

2개의 온도에서의 비율 :

$$\frac{k_2}{k_1} = \frac{Ae^{\frac{-E_a}{RT_2}}}{Ae^{\frac{-E_a}{RT_1}}} \text{에서} \quad \ln\left(\frac{k_2}{k_1}\right) = \frac{E_a}{RT_1} - \frac{E_a}{RT_2}$$

$$\therefore \ln\left(\frac{k_2}{k_1}\right) = \frac{E_a}{R}\left(\frac{T_2 - T_1}{T_1 \cdot T_2}\right)$$

활성화 에너지가 20,000 cal/mol, $T_1 = 37$℃, $T_2 = 27$℃, R = 2 cal/(mol · °K)라면

$$\ln\left(\frac{k_1}{k_2}\right) = \frac{E_a}{R}\left(\frac{T_1 - T_2}{T_1 \cdot T_2}\right) = \frac{20,000}{2}\left(\frac{1}{300} - \frac{1}{310}\right) = 1.075$$

$$\left(\frac{k_1}{k_2}\right) = 2.824$$

∴ 온도가 10℃ 변할 때 반응속도상수는 거의 3배가 변한다.

(계속)

온도가 25°C에서 0°C로 변한다면 반응속도는 얼마나 변하는지를 구하시오.

활성화 에너지 = 11 kcal, R = 1.98 cal/mol · °K

$$\frac{k_{25}}{k_o} = \exp\left[\frac{11000}{1.98}\left(\frac{298-273}{298 \cdot 273}\right)\right] = 5$$

∴ 반응속도는 5배 감소한다. 즉 냉장시켜도 여전히 반응은 진행되며 효소를 냉장에서도 조절하기는 효과적이지 않다.

다음은 일반적인 반응에서 필요한 활성화 에너지이다.

반응 유형(Reaction type)	활성화 에너지(kcal/mol)
확산 조절(diffusion control)	0~8
효소 반응	10~30
가수분해	~15
지방 산화	10~25
비타민 변화	20~30
비효소 갈색화 반응	25~50
효소 파괴	12~200 (broad range)
식물성 세포 파괴	50~150
포자의 열 안정성	50~80
단백질 변성	80~120

연습문제

1 액체 식품 50 kg에 8,000 kJ의 에너지를 투입하여 가열하였다. 액체 식품의 초기 온도가 5°C, 비열이 4 kJ/(kg·°K)이라면 가열 후 식품의 최종 온도는?

2 20°C의 우유(비열 = 4 kJ/(kg·°K))가 열교환기에 0.2 kg/sec의 질량속도로 투입되어 65°C로 가열되어 배출된다. 열교환기를 통해 우유에 공급되는 열 전달속도는?

3 15°C의 오렌지주스(비열 = 3.8 kJ/(kg·°K))가 시간당 400 kg의 속도로 열교환기에 투입된다. 한편 80°C의 온수(비열 = 4.18 kJ/(kg·°K)) 가 초당 0.1 kg의 속도로 열교환기 내를 흘러 30°C로 냉각되어 배출된다. 오렌지주스의 배출 온도는?

4 수증기로 가열하는 솥에 5 kg의 포화수증기가 143.27 kPa에서 응축된다.

(1) 응축되는 과정에서 에너지의 양을 구하면?

(2) 이 에너지를 이용하여 50 kg의 식품(비열 = 4 kJ/(kg·°K))을 가열한다면 온도를 몇 도 올릴 수 있나?

5 우유를 135°C로 가열했을 때 생성되는 압력은? 이때 135°C의 절대압력(absolute pressure)은 313 kPa이다.

6 레토르트가 15 psig를 나타냈으나 온도계에서는 248°F를 보여 주었다. 이 상황이 나타내는 의미는?

7 140°C의 증기를 30°C의 물 1 kg으로 전환할 때 제거해야 하는 열(kJ/kg)은?

8 (1) 230°F의 증기 1 lb를 230°F의 물로 전환할 때 제거해야 할 열은?

(2) 또 140°F의 물로 전환할 때에 제거해야 할 열은?

9 260°F의 증기 1 lb는 80% 증기와 20% 수분을 함유하고 있다. 180°F에서의 물을 응축하는 데 방출해야 할 열은?

10 증발기는 20 inHg의 진공에서 작동한다. 증발기 내부의 온도는?

11 어떤 진공 상태의 압력에서 물이 100°F로 끓는지 계산하면?

(1) inHg 수은 진공

(2) kPa

12 70% 증기건도를 갖고 있는 240°F에서의 증기 엔탈피를 계산하면?

13 40°F에서 180°F로 직접 증기를 넣어 주어 비열 3,559 J/(kg·°K)을 가진 식품 100 kg을 가열하기 위해 첨가되어야 하는 250°F에서의 증기 양은?

14 2개의 수분이 각기 다른 온도에서 보일러의 식품에 섞이고 있다.

물 흐름 1 : 30°C에서 120 kg/분, 물 흐름 2 : 65°C에서 175 kg/분

배출되는 증기(295 kg/분)는 200°C에서 보일러로부터 나간다고 할 때 보일러에 제공해야 할 열량(kJ/분)은? 단, 액상에서 들어가는 운동에너지와 위치에너지는 무시한다.

15 100°C의 포화증기 1,000 kg/hr가 열교환기에서 1기압의 400°C 증기와 섞이고 있다. 300°C, 1기압 하에 있는 과포화증기가 열교환기로부터 배출된다고 할 때

(1) 300°C에서 배출되는 증기의 양은?

(2) 400°C에서의 필요한 용적 유량(m^3/hr)은?

16 0°C에 있는 1,000 kg/hr의 딸기 시럽(C_p = 3.8 kJ/kg·°C)이 10°C에 있는 당/펙틴 용액(C_p = 4.1 kJ/kg·°C) 100 kg/hr와 스팀히터에서 혼합되고 있다. 이 혼합물은 120°C에서 스팀히터로부터 배출되고 있다. 스팀이 250°C에서 실린더형 스팀히터(지름 1.2 m, 높이 1.5 m)로 들어가고 대기압에서 응축되어 나온다.

(1) 250°C의 증기가 히터에 차 있다면 그 무게(kg)는?

(2) 필요한 스팀의 질량 유량(kJ/hr)은?

17 1,000 kPa, 300°C의 증기가 생선을 찌기 위해 혼합기에 사용되었다. 과포화된 증기는 제품을 건조시키는 경향이 있으므로 혼합기에 15°C의 물이 첨가되었다. 혼합기에서 나오는 증기는 0.95의 증기건도를 가지고 있고 그때의 압력은 892 kPa이었다. 얼마나 많은 물이 스팀 kg당 필요한지 계산하면?

18 30°C에서 습한 수증기 혼합물의 엔탈피는 1,584.1 kJ/kg이다. 이 혼합 증기건도(steam quality)는 얼마이며, 이때 수증기의 비용적은?

온도(°C)	증기압(kPa)	비용적(m^3/kg)		엔탈피(kJ/kg)	
		포화액체	포화증기	포화액체	포화증기
30	4.246	0.0010043	32.894	125.79	2,556.3

심화문제

1 진공 농축장치 내의 압력을 U자 마노미터로 측정하니 대기압보다 수은주(밀도 = 13.6 g/cm^3)로 30 cm가 낮았다. 장치 내의 압력을 절대압력(kPa)으로 나타내면?

2 30°C에서 습한 수증기 혼합물의 엔탈피는 1,584.1 kJ/kg이다.
(1) 이 혼합 증기건도(steam quality)는?

(2) 이때 수증기의 비용적은?

온도(°C)	증기압(kPa)	비용적(m^3/kg)		엔탈피(kJ/kg)	
		포화액체	포화증기	포화액체	포화증기
30	4.246	0.0010043	32.894	125.79	2,556.3

3 (1) 지름 4 ft, 높이 6 ft의 원통형 retort에 240°F의 스팀이 차 있다면 스팀의 무게?

(2) 시간당 8,100 lb의 아이스크림 mix〔비열 0.7 Btu/(lb · °F)〕를 40에서 160°F로 가열하려 한다. 240°F의 포화된 증기(증기건도 : 85%)는 210°F의 응축된 상태로 나간다고 할 때 가해야 할 스팀의 양(lb/hr)은?

4 주스가 내부지름 3 cm의 관을 통해 병조림기(bottling machine)로 옮겨지고 그 라인에 마노미터를 설치하였다. 두 마노미터 입구의 압력 차는 50 kPa이다.
(1) 주스의 밀도는?

(2) 병조림기로 시간당 4,000 kg을 지속적으로 공급하기 위해 필요한 속도(m/sec)는? 단, 마노미터 유체는 수은(밀도 = 1.05 × 10^3 kg/m^3)이며 높이의 차이는 15 cm이다.

5 시간당 1,000 lb의 소스를 50°F에서 140°F로 가열하기 위해 필요한 증기의 양(lb)은? 90% 증기건도의 증기는 320°F의 열교환기로 들어가고 180°F와 88 psia에서 나오면서 응축된다. 소스의 밀도 = 60 lb/ft^3, 비열 = 0.96 Btu/(lb · °F)

6 맥주 공장에 취업한 첫날 점심 도시락을 높이 150 m, 지름 3.5m인 탱크 속에 떨어뜨렸다. 운 좋게 회사 내에 다이빙 장비가 준비되어 있었다. 장비에 달려 있는 유리경의 면적은 65 cm^{2}이고, 장비 내부는 1기압으로 유지된다고 가정할 때, 도시락을 꺼내기 위해 다이빙한다면 옷에 달려 있는 유리경은 얼마만 한 힘(N)을 견디어야 할까? 단, 맥주의 비중 = 1.05, 맥주 탱크는 위에서 1기압을 받지 않는다고 가정한다.

7 콜라회사에서는 분당 40병씩 처리하는 충전속도를 보여 준다. 병 하나의 용량은 0.5 gal일 때 충진속도를 초당 8 ft 이상으로 유지하기 위한 관(pipe)의 지름(inch)은? 1 gal = 0.1337 ft^3

8 음료회사에서 1 L의 병을 1.5 L의 병으로 바꾸고자 한다. 1 L의 병을 사용할 때 음료수(비중 1.05)를 분당 80병 채웠다.

(1) 같은 생산라인을 이용하여 1.5 L 병을 채울 경우 분당 처리 가능한 병의 수는?

(2) 시간당 채워지는 음료수의 양(lb/hr)은?

(3) 채우는 속도를 10 ft/sec 이하로 유지하려고 할 경우의 관 굵기는?

9 깎은 감자를 14%에서 93%의 고형분으로 건조하였고, 감자를 깎는 동안 전체 감자의 8%(w/w)의 손실이 있었다. 단, 제거된 감자의 8% 조성은 처음의 감자와 그 조성과 같다고 가정한다.

(1) 감자 1,000 kg에서의 수율(= 초기 무게/최종 무게)은?

(2) 고형분과 물의 물질수지 식을 세우면?

10 20%의 고체 함량을 가지는 cake mix를 만들고자 한다. 220°F의 스팀을 이용하여 80°F의 제품을 회분식 탱크(batch tank)에서 190°F로 가열하였을 때 회분식 탱크로 들어가는 cake mix의 고체 함량(%)은? 단, 이 공정에서 220°F로 들어간 스팀은 80°F로 응축되어 나왔으며 제품의 비열은 다음 식에 의해 구할 수 있다. 비열 = 0.008 M + 0.2 (Btu/lb · °F)이며 이때 M은 수분 함량(%) H_f 80°F = 48 (Btu/lb), H_g 220°F = 1,153 (Btu/lb)

11 50°C의 과일 주스를 열교환기에 시간당 3,600 kg 투입하여 232.1 kPa의 포화수증기로 가열하여 95°C까지 온도를 높이고자 한다. 포화수증기는 열교환기에서 모두 응축되어 110°C로 배출되며 주스의 비열은 3.9 kJ/kg · °K이라고 할 때, 투입되는 포화수증기의 질량속도(kg/sec)는?

12 사과 잼의 표준 배합비는 설탕은 과육의 122%, 펙틴은 과육의 1.2%를 첨가한다. 과육의 초기 고형분은 12%이고 최종 잼의 고형분은 65%이다.

(1) 사과 잼 100 kg을 만드는 데 필요한 사과의 양?

(2) 필요한 펙틴의 양?

(3) 증발시켜야 하는 수분의 양?

13 NaOH를 생산하는 공정에서 10 wt% NaOH 4,000 kg/hr가 1차 증발기에서 18 wt% NaOH 용액으로 증발된다. 이 용액은 2차 증발기로 들어가서 500 wt% NaOH 제품으로 농축된다. 각 증발기에서 제거된 수분의 양과 최종 제품의 양은?

14 NaOH 용액의 제조는 100 kg의 slurry(=25% $Ca(OH)_2$ + 75% H_2O)에 Na_2CO_3 용액(=10% Na_2CO_3 + 90% H_2O)을 섞어서 다음 식과 같이 제조한다.

$$Ca(OH)_2 + Na_2CO_3 \rightarrow 2NaOH + CaCO_3$$

분자량은 Na : 23, Ca : 40, C : 12, O : 16

(1) 생성되는 최종 슬러리(slurry)의 수분 함량은?

(2) 생성되는 NaOH의 양은?

15 18% 기름, 35% 단백질, 27.1% 탄수화물, 9.4% 회분, 10.5% 수분을 가지는 콩 1,000 lb가 분쇄, 압착, 추출, 건조 공정을 거쳤다. 분쇄기에서 분쇄되어 압착기에서 압착된 후 기름의 양이 6%로 줄어들었고, hexane을 이용한 추출기에서는 0.5% 기름을 함유한 밀가루를 추출한 후 건조기에서 건조시켜 수분 함량을 8%로 줄였다.

(1) 최종으로 건조된 양은?

(2) 각각의 공정 중 물과 기름의 물질수지 식을 세우면?

16 2 inch 파이프에 우유(밀도 = 1.035 g/cm^3)가 40 ft/min으로 분리기에 들어가 탈지 우유(밀도 1.04)와 크림(밀도 1.01)으로 두 개의 3/4 inch 파이프에서 분리된다. 각 파이프에서 나오는 탈지 우유와 크림의 속도(ft/min)는?

17 탈지 우유는 전유(whole milk)에서 지방을 제거하여 만든다. 전지 우유의 조성은 물 90.4%, 단백질 3.5%, 탄수화물 5%, 지방 0.1%와 회분 1%로 되어 있다. 전유가 4.5%의 지방을 함유하고 있고 가공 중 다른 손실이 없다고 가정하면 전유의 물과 단백질의 조성은?

18 소시지의 배합 조성 성분은 다음과 같다.

쇠고기 : 10% 지방, 60% 수분, 20% 단백질

돼지고기 : 80% 지방, 8% 수분, 10% 단백질

콩 단백질 : 80% 단백질, 10% 수분

콩 단백질은 전체 무게 함량의 5%를, 수분은 필요한 만큼 첨가한다.

단백질 20%, 수분 함량 60%, 지방 20%의 소시지 100 kg을 만드는 데 쇠고기, 돼지고기 및 수분의 배합 양은?

19 시간당 50,000 kg의 맥주(3% 알코올, 4% 고형분)가 1차 분리기에 들어가서 물(0.03% 알코올, 0.03% 고형분)과 중간 맥주(20% 알코올)로 분리된다. 중간 맥주는 다시 2차 분리기에 들어가서 최종 맥주(35% 알코올)와 얼린 물(1% 알코올, 0% 고형분)로 분리되며, 2차에서 나온 얼린 물은 모두 재순환되어 1차 분리기로 들어간다.

(1) 이 생산 과정을 도표로 그려 나타내면?

(2) 최종 맥주의 함량(kg/hr)과 고형분(%)의 함량은?

(3) 재활용되는 얼린 물의 함량과 중간 맥주의 고형분(%)의 함량은?

20 생선 청어를 살과 기름으로 분리하고자 할 때, 우선 청어를 증기로 찐 후 압착기에서 압착시켜 fish cake와 생선즙(press liquid)으로 분류한다. 생선즙은 분류장치를 거치면서 기름, 물, 고형분만을 함유한 스틱워터(stick water)로 분류되고, 압착기에서 나온 어묵(fish cake)은 건조기를 거치면 최종적으로 청어 살이 된다. 20% 고형분, 15% 기름과 65%의 물로 구성된 청어가 시간당 1,000 lb로 공정 과정을 거치면 100 lb 청어당 15 lb의 증기가 사용되어 찐 후 생선 100 lb당 45 lb의 어묵이 생산된다. 이때 어묵의 기름 함량은 4.5%이다. 분류장치를 나온 스틱워터는 처음 생선 고형분의 20%를 함유하고 있으며, 건조장치에서 나온 어묵은 10%의 수분 함량을 가진다.

(1) 이 생산 과정을 도표로 그려 나타내면?

(2) 분류장치에서 분류된 기름의 양은?

(3) 스틱워터의 양은?

(4) 압착기를 나온 어묵의 고형분은?

(5) 압착기를 나온 어묵의 수분은?

(6) 건조기에서 나온 어묵의 양은?

21 0°C의 1,000 kg/hr의 딸기시럽(C_p = 3.5 kJ/kg·°C)과 10°C의 설탕물/펙틴 100 kg/hr(C_p = 4.0 kJ/kg·°C)가 섞여 120°C에서 가열기를 나오고 있다. 증기건도 90%의 증기가 실린더형 히터(지름 1.0 m, 높이 2.0 m)에 250°C로 들어가서 대기압에서 응축되어 나온다고 할 때

(1) 250°C의 증기가 히터에 차 있다면 그 무게(kg)는?

(2) 필요한 증기의 질량 유량속도(kJ/hr)는?

22 10°C의 주스를 초당 20 kg으로 스팀가열기에서 가열하기 전에 열교환장치에서 예열시키고, 스팀가열기에서 나온 200°C의 주스는 냉각장치에서 식혀 130°C로 나가게 된다. 물은 50°C로 냉각장치에 들어가고 110°C로 열교환장치에 들어간다. 단, 주스의 비열 = 3.0 kJ/kg·K, 물의 비열 = 4.0 kJ/kg·K이다.

(1) 이 과정에서 초당 흐르는 물의 양(kg/sec)은?

(2) 열교환장치에서 나오는 사과주스의 온도는?

(3) 사과주스에 의해서 스팀가열기에 들어가는 열의 양(kJ/sec)은?

(4) 포화증기가 분당 180 kg로 히터에 들어가고 응축되어 나왔을 때, 상의 변화에 따른 포화수증기의 엔탈피(kJ/kg)는?

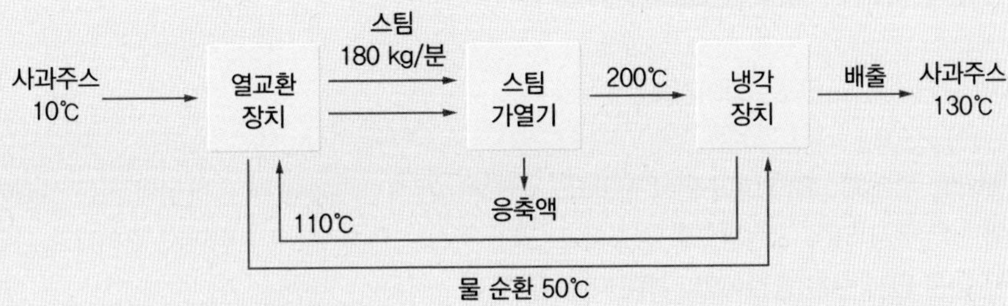

23 압력이 143.27 kPa인 포화수증기로 당근으로 데치기하고자 한다. 25°C에서 400 kg/hr의 당근〔비열 = 4 kJ/(kg · °K)〕과 600 kg/hr의 물을 데치기에 투입하는 데 데치기에서 배출되는 당근, 물, 응축수 온도는 90°C이다. 당근의 수분 함량은 일정하다고 가정하고 이 공정에서 열손실이 60 kW일 때 투입되는 포화수증기의 시간당 속도(kg/sec)는? 단, 물과 응축수의 엔탈피는 같다.

24 A지점의 압력은? 단, Hg의 비중=13.6이고, 등유의 비중=5이다.

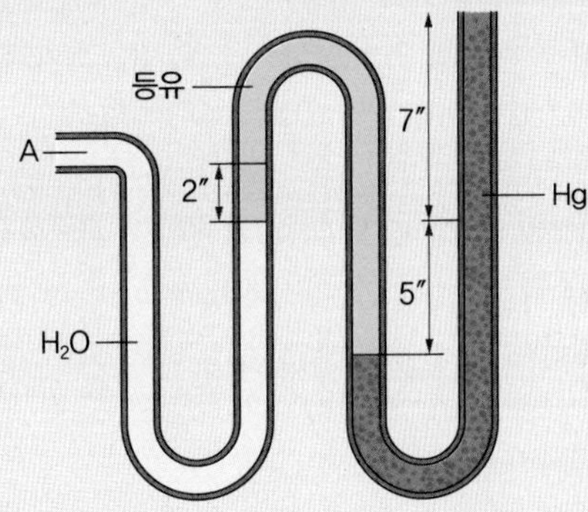

25 거리 X를 구하면? (C_6H_6의 밀도 = 0.9 g/cm³)

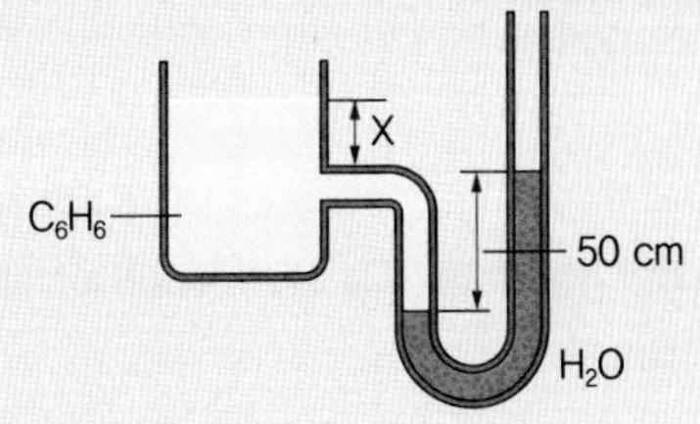

26 온도가 40°C이고 고형분이 15%인 주스〔가열 전 비열 : 3.0 kJ/(kg·°K)를 가열 후 비열 9 kJ/(kg·°K)〕를 1,002 kPa의 포화수증기를 직접 접촉시켜 섞은 후 110°C로 가열하였다. 주스는 분당 120 kg으로 투입되었으며, 가열 후 최종 주스의 고형분의 함량이 10%로 되었다. (기준 온도를 0°C로 정하고, 수증기는 배출되지 않는다.)

(1) 최종 생산되는 주스의 양(kg/sec)은?

(2) 투입되는 포화수증기의 온도(°C)는?

(3) 이 공정에서 요구되는 증기건도는?

27 증발기에 100,000 Btu/hr의 열이 전달되고 있으며 이 증발기에서 24.1 inHg의 진공 상태에서 주스가 10%에서 50% 고형분으로 농축되고 있다. 주스는 증발기에 끓는점에서 들어가고 나오며 첨가된 열은 단지 수분 증발에만 사용된다고 할 때,

(1) 포화증기의 엔탈피는?

(2) 시간당 증발되는 수분의 무게는?

(3) 10% 주스가 시간당 가공될 수 있는 양은?

28 14.7 psig와 85% quality의 스팀이 토마토소스를 스팀기에서 가열하고 있다. 스팀기의 효율이 80%(스팀에 의해 주어진 열의 80%가 제품을 가열하는 데 사용)이라면, 얼마만큼의 소스가 10 lb의 스팀에 의해 70°F에서 180°F로 가열될 수 있을까? 단, 증기는 포화액체로 스팀기를 나온다고 가정한다. 〔토마토소스의 밀도 = 8.7 lb/gal이고, 비열 = 0.95 Btu/(lb·°F)〕

29 100°C의 포화수증기가 시간당 1000 kg씩, 1기압의 420°C 과포화수증기와 열교환기에서 섞이고 1 기압하에서 300°C의 과포화수증기로 나오고 있다.

(1) 300°C에서 수증기의 양은?

(2) 420°C 스팀의 용적 유량속도(m^3/hr)는?

30 1,000 kPa, 300°C의 증기가 생선을 찌기 위해 혼합기에 사용되었다. 과포화된 증기는 제품을 건조시키는 경향이 있으므로 혼합기에 15°C의 물이 첨가되었다. 혼합기에서 나오는 증기는 95%의 증기건도를 가지고 있고 그때의 압력은 892 kPa이다. 증기 kg당 필요한 수분의 양은?

31 사과소스 3,000 lb/hr를 50에서 140°F로 가열하는 데 필요한 증기의 양(lb/hour)은? 증기건도 90%의 증기는 320°F로 열교환기를 들어가고 180°F와 88 psia에서 응축되어 나온다. 사과소스 밀도 = 60 lb/ft^3, 비열 = 0.96 Btu/(lb·°F)

	포화액체 엔탈피(Btu/lb)	포화증기 엔탈피(Btu/lb)
180°F	148	1,138.2
320°F	290.43	1,185.8

32 250°F의 포화수증기가 10 ft/sec의 속도로 파이프(길이 20 ft, 지름 4 inch)를 통해서 압출성형기를 나오고 있다.

(1) 파이프 속을 흐르는 유체의 전단응력(shear stress) 식은?

(2) 벽 면에서의 전단응력(kPa)은?

(3) 스팀의 질량 유량속도는?

(4) hole에서 나오는 열량(kJ/sec)? (1 Btu = 1.055 kJ)

온도(°F)	증기압(psia)	비용적		엔탈피	
		포화액체	포화증기	포화액체	포화증기
250	29.82	0.017	13.826	218.6	1,164

33 중력을 이용하여 강아지에게 물과 우유를 주기 위해 물통의 높이를 정하고자 한다. 물을 먹는 강아지의 입 내부의 압력은 적어도 30 psig 이상 필요로 할 때, 물과 우유의 최소 높이는? (우유 비중= 0.88)

34 120°C의 포화증기가 지름 4 inch 구멍에서 초당 15 ft로 나오고 있다

(1) 구멍을 나오는 증기의 질량 유량속도(kg/sec)는?

(2) 식품을 가열하는 데 사용한 증기는 100°C에서 응축된다고 할 때 구멍을 통해서 나오는 열에너지(kJ/sec)는?

35 밀도가 1,020 kg/min^{3}인 유체가 분당 6 L씩 6 m 길이의 파이프를 흐르고 있으며 그 길이에서의 압력 강하는 40 kPa를 나타낸다. 파이프의 바깥지름이 2 cm이고 두께가 2 mm이며 층류라고 가정할 때, 유체의 속도(m/sec) 및 점도(poise)는? 푸아죄유(Poiseuille)의 방정식 $Q = \pi R^4 \cdot \triangle P/(8\eta L)$

36 액체 식품이 두 개의 평판 사이에 있으며 평판 아래 면이 4,500 dyne/cm^{2}의 힘을 받아 갑자기 움직인다고 할 때 다음 데이터가 구해졌다.

아래 면이 움직인 거리(cm)	0	0.2	0.4	0.6	0.8
속도(cm/sec)	78	66	54	42	30

(1) 뉴턴형 유체인지를 증명하면?

(2) 이 유체의 점도(centipoise)와 $lb_m/(ft \cdot sec)$는?

37 유체의 동점성률(kinematic viscosity=점도/밀도)이 4×10^{-5} m^2/sec이고 밀도가 950 kg/m^3인 유체가 50 cm 길이의 튜브를 3×10^{-3} kg/sec로 통과하고 있다. 가로지르는 튜브의 압력 강하는 5×10^5 Pa이라고 할 때 튜브의 지름(cm)은?

38 293°K에서 오스트발트(Ostwald) 점도계를 통과하는 물이 걸린 시간은 342초이고, 같은 양의 용매는 271초이다. 이 용매의 점도(poise)는? 용매의 밀도는 0.984 g/cm^3이고 물의 점도는 0.01 Pa·sec이다.

39 모세관 점도계(capillary viscometer)에서 전단응력은 $\triangle P \cdot r/(2L)$이다. 이를 이용하여 뉴턴 유체에서의 푸아죄유식을 유도하고 그 식으로부터 고유 점도를 구하는 방법에 대한 모든 식을 논하시오.

40 회전점도계를 이용해 토마토케첩의 점도를 구하고자 한다. 토마토케첩은 뉴턴 유체라고 가정하면, 내부 추(bob)의 반지름 = 2 cm, 컵 반지름 = 6 cm, 높이 = 10 cm이고 점도 $= (M/(4\pi h\Omega))(1/R_b^2 - 1/R_c^2)$의 식을 이용할 때,

(1) 모멘텀이 70 dyne·cm일 때 내부 추 벽면에서의 전단응력(Pa)은?

(2) 0 rpm이 사용되었다면 내부 추 벽면에서의 점도는?

41 일정 온도에서 유기화합물 X가 반응 튜브에서 5 cm/초의 속도로 이동함으로써 이성질체 Y로 변환되었고 일정 튜브에서의 Y의 농도는 다음과 같다.

길이	%Y	길이	%Y
0	0	170	28.9
25	5	290	44.1
50	9.5	400	55.2
100	18.2		

(1) X에서 Y로 변환 시의 반응차수는?

(2) X의 70%가 Y로 변환되었을 때의 튜브 길이는?

42 다음 두 반응의 데이터는 다음과 같다.

$$FeO\ (s) + CO\ (g) \longrightarrow Fe\ (s) + CO_2\ (g) \quad K_1 = P_{CO_2}/P_{CO}$$

$$Fe_3O_4\ (s) + CO\ (g) \longrightarrow 3FeO\ (s) + CO_2\ (g) \quad K_2 = P_{CO_2}/P_{CO}$$

T(°C)	K_1	K_2
600	0.871	1.15
700	0.678	1.77
800	0.552	2.54
900	0.466	3.43
1,000	0.403	4.42

(1) Fe, FeO, Fe_3O_4, CO, CO_2와 CO가 평형 상태에서 모두 공존하는 온도를 구하고 그래프를 그리면?

43 슈도모나스(Pseudomonas) 효소는 리파아제를 생성하며 아레니우스 활성화 에너지는 20 kcal/mol이다. 80°C에서 얻은 데이터를 반-로그 도표(semi-log graph)에 그렸을 때에 선형으로 나타났으며 그때의 기울기는 2×10^{-3} sec^{-1}이다. 기체상수를 2 cal/(mol · °K)라고 했을 때,

(1) 효소를 50% 불활성화시키는 데 80°C에서 가열에 필요한 시간은?

(2) 120°C에서 불활성화의 반응속도 상수는?

(3) 120°C에서 6초 동안 가열할 때 얻는 불활성 퍼센트는?

44 다음은 온도에 따른 N_2O_2의 분해를 나타낸 데이터이다. 활성화 에너지를 그래프를 이용하여 구하면?

K(sec^{-1})	4.92×10^{-3}	0.0216	0.095	0.326	1.15
온도(°C)	5	15	25	35	45

45 물에서 benzene diazonium chloride의 분해를 여러 온도에서 측정하였다.

$$C_6H_5N_2Cl + H_2O \longrightarrow C_6H_5OH + N_2$$

질소의 분출로 인한 압력의 변화를 측정하였고 그 결과는 다음과 같다. 활성화에너지를 그래프와 계산식을 이용하여 구하시오.

온도(°C)	15	20	25	30	35	40	45
K (sec^{-1}) $\times 10^{-3}$	9.3	20	43.5	99.2	207	428	818

46 기름이 3 in. pipe를 통해 0.5 ft/sec로 저장 탱크에서 여과기로 이동하고 있다. 질량 유량속도(lb/sec)는? 기름의 비중 = 0.92, 점도 = 42 cP

다시 여과기에서 가공실로 이동시킬 때 이동속도를 3 ft/sec 이하로 유지하기 위해서 사용해야 할 파이프의 크기는?

47 고점도의 요거트(밀도 = 0.95 g/cm^3, 점도 50 cP)가 튜브를 흐르고 있다. (Re = 1,500). 마노미터 유체의 밀도가 13.6 g/cm^{3}이라면 마노미터에서의 높이(h)는?

48 케첩을 안지름 1.4 cm, 길이 1.2 m의 튜브를 통과시켜 다음의 데이터를 얻었다. 유동지수(n)와 점조도 지수(C)를 구하고 유체의 특성을 나타내시오.

유량속도 (cm^3/sec)	ΔP(dyne/cm^2)
107.5	50.99×10^{-4}
67.83	42.03×10^{-4}
50.89	33.07×10^{-4}
40.31	29.62×10^{-4}
10.10	15.56×10^{-4}

Lab 05

유체의 정력학과 동력학

1) 유체의 정력학Fluid statics

유체 저장에 관련된 역학으로 유체의 높이와 압력과의 관계

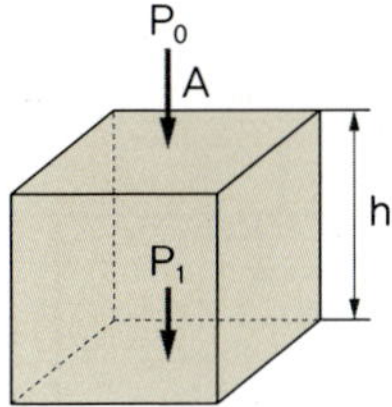

압력(P) : 힘(force)/단위면적(unit area)

$$P = \frac{F}{A} \quad \cdots\cdots ①$$

여기에 Newton의 법칙을 적용하여

$$F = mg$$

여기서 F : 작용하는 힘, m : 질량, g : 중력가속도이므로

$$질량(m) = 부피(V) \times 밀도(\rho) = A \cdot h \cdot \rho$$

$$\therefore\ F = A \cdot h \cdot \rho \cdot g \text{ (S.I)} \quad \cdots\cdots ②$$

$$F = A \cdot h \cdot \rho \cdot g/g_c \text{ (fps)}$$

② 식을 ①에 대입하면

$$F = A \cdot h \cdot \rho \cdot g/A = \rho \cdot g \cdot h \text{ (S.I)} : \rho \cdot g \cdot h/g_c \text{ (fps)}$$

일반적으로 유체에 의해 생기는 압력은 높이 h(head)와 밀도에 의해 결정된다. 즉, P = head × 밀도로 용기 밑면 A에서 작용하는 압력 $P_T = P_o + P_1$

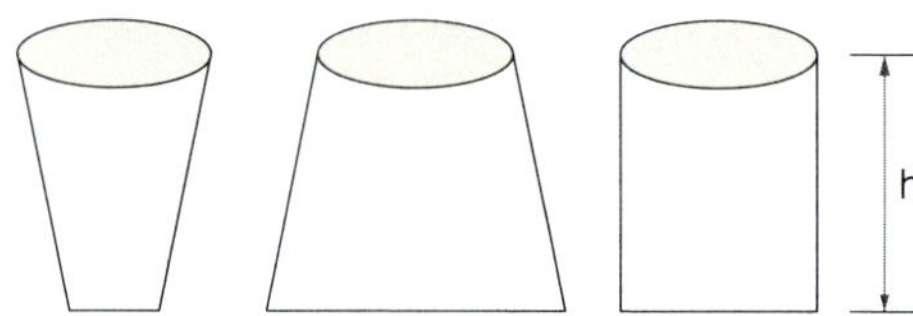

압력의 단위 : lb_f/in^2 = Psi

Psia (lb_f/in^2 absolute, 절대압력)와 Psig (lb_f/in^2 gauge, 게이지압력)가 있는데 기계장치 속의 압력이 대기압보다 얼마나 높은가를 나타낸다. 즉, 대기압을 제외한 압력으로, 대기압은 게이지 압력이 0이다.

∴ 절대압력(Psia) = 대기압력(14.7 Psi) + 게이지 압력(Psig)

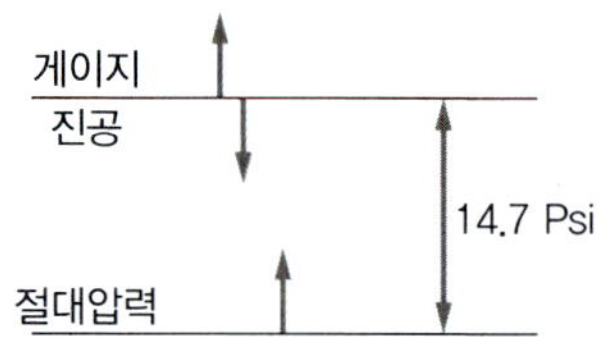

진공Vacuum = 대기압과 절대압력과의 차이 = − 게이지 압력

∴ 절대압력 = 대기압 − 진공

1기압 = 76 cmHg = 10.36 mH_2O = 1.013×10^5 N/m^2 = 14.7 Psi

예 1 **각 액체가 담겨 있는 바닥에서의 압력을 나타내시오.**

$P_1 = h_{oil} \cdot \rho_{oil}$

$P_2 = h_{water} \cdot \rho_{water} + P_1(= h_{oil} \cdot \rho_{oil})$

$P_3 = h_{mercury} \cdot \rho_{mercury} + P_2$

$\quad = h_{mercury} \cdot \rho_{mercury} + h_{water} \cdot \rho_{water} + h_{oil} \cdot \rho_{oil}$

$P_o = P_3 +$ 대기압

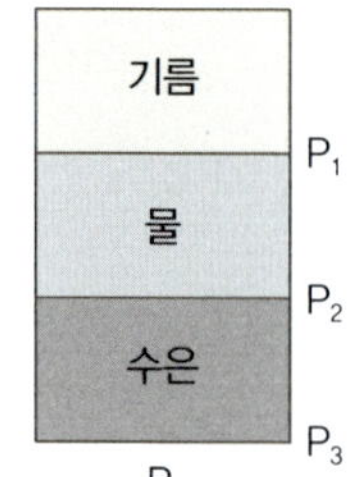

예 2 **용기에 물이 10 ft 채워졌을 때 전체 압력은?**

$P_T = P_o + P_1 = 14.7\ lb_f/in^2 + 62.4\ lb_m/ft^3 \times 1\ lb_f/lb_m \times 10\ ft \times 1\ ft/144\ in^2$

$\quad = 14.7 + 4.33 = 19\ lb_f/in^2$

(계속)

예 3 저장 탱크 내에 밀도가 0.917 g/cm³인 기름이 있다. 탱크 밑바닥의 압력은? SI 단위계와 fps 단위계는?

(1) $P_T = P_o + P_1 = 1\ atm + 917\ kg/m^3 \times 5\ m \times 9.807\ m/sec^2$

$= 1.013 \times 10^5\ Pa + 0.450 \times 10^5\ Pa = 1.463 \times 10^5\ Pa$

(2) $h = 5\ m = 16.4\ ft \quad \rho = 0.917\ g/cm^3 = 57.2\ lb_m/ft^3$

$P_T = P_o + P_1 = 14.7\ Psi + 57.2\ lb_m/ft^3 \times 16.4\ ft$

$= 14.7\ Psi + 6.51\ Psi = 21.21\ Psi$

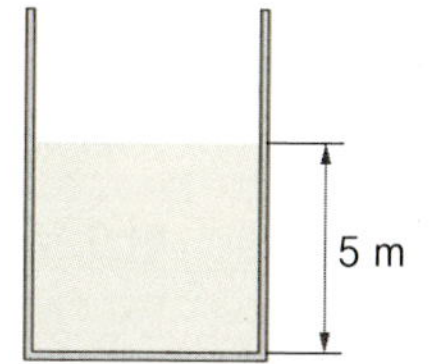

예 4 식품 공장에서 연료가 얼마나 남아 있는지를 파악하는 데 적용할 수 있다. 물이 담겨 있는 압력게이지에 20 Psi로 나와 있다면 그때의 높이는?

$$20\ Psi = 14.7\ Psi + 62.4\ lb_m/ft^3 \times 1\ ft^3/(12\ in)^3 \times \text{높이}(h)$$

여기서 높이(h) : 146.7 inch

예 5 유속 측정기(manometer) : 압력 차이나 유속을 측정하는 중요한 기기

$P_a + (\rho \cdot \cancel{Z_m} + \rho \cdot h_m) g/g_c = P_b + (\rho \cdot \cancel{Z_m} + \rho_m \cdot h_m)\ g/g_c$

$P_a - P_b = (\rho_m - \rho) \cdot h_m \cdot g/g_c$

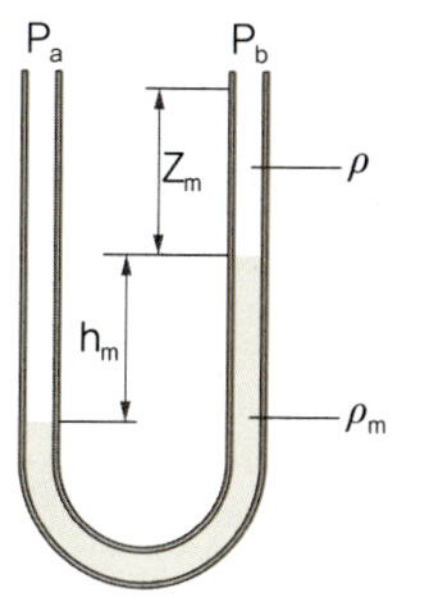

(1) 층류Laminar flow와 난류Turbulent flow

유체의 흐름 상태는 층류와 난류로 나뉘는데 두 개의 구분은 레이놀즈(Osborne Reynold, 1883)에 의해 구분되었다.

- 층류 : 낮은 유속에서는 물감 액은 주류(main stream)와 같은 방향으로 섞이지 않고 흐른다.
- 난류 : 유속이 증가함에 따라, 물감 액의 색이 엷어지고 소용돌이(eddy)가 생성된다.

- 난류의 특징 : 에너지를 함유하고 있으며 회전(rotation) 속도는 소용돌이의 크기에 따라 달라진다.

① 평판 위를 흐를 때

고체-액체의 접점(interface)에서 유체속도는 0(표면에 근접한 속도는 매우 작음)이며, 표면으로부터 멀어질수록 속도는 커지며 난류로 변한다.

∴ 경계층(boundary layer)은 점성 바닥층(viscous sub-layer), 완충층(buffer layer), 난류 구역(turbulent zone)으로 구성된다.

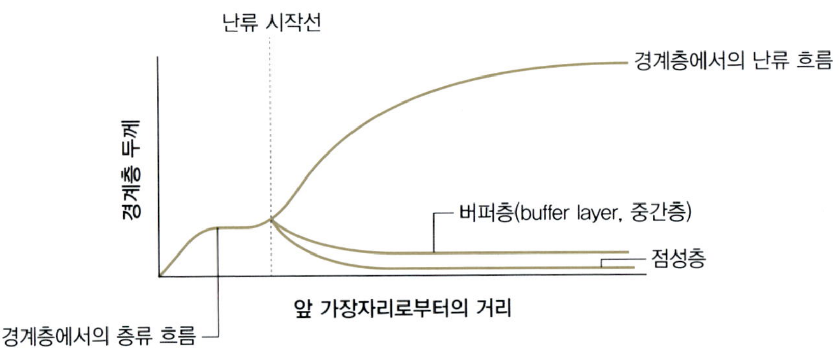

② Tube를 흐를 때

유체의 흐름 상태는(층류, 난류) 레이놀즈수(Reynold number, N_{Re})에 의해 결정된다.

$$\text{레이놀즈수} = \frac{D \cdot v \cdot \rho}{\mu}$$

여기서 D : 튜브의 지름(m), v : 유체의 속도(m/sec), ρ : 유체의 밀도(kg/m^3), μ : 유체의 점도(kg/(m · sec)

$$\therefore \text{레이놀즈수} = \frac{m \cdot m \cdot kg \cdot m \cdot sec}{sec \cdot m^3 \cdot kg} \quad : \text{무차원 그룹}$$

$Re < 2100$: 층류

$Re > 4000$: 난류

$2100 < Re < 4000$: transition flow(층류 또는 난류)

물이 안지름 0.0254 m인 파이프를 통해서 초당 0.00227 m^3의 유량으로 흐르고 있다. 이때 물의 온도가 25°C이라면 층류인가 난류인가?

관의 단면적 : $\pi D^2/4 = \pi(0.0254\ m)^2/4$

(계속)

속도 v = 유량(m^3/sec)/단면적 = 0.00227/π(0.0254 m)^2/4 = 4.48 m/sec

25℃에서 물의 점도 : 0.8937 × 10^{-3} kg/(m·sec)
물의 밀도 : 997 kg/m^3

$$\therefore \text{레이놀즈수} = D \cdot v \cdot \rho/\mu = \frac{(0.0254\ m)(4.48\ m/sec)(997\ kg/m^3)}{0.8937 \times 10^{-3}\ kg/(m \cdot sec)}$$

= 126,944 : 난류

2) 유체의 동력학

유체의 운동은 질량, 속도, 위치, 압력 등의 에너지에 영향을 받는다.

∴ 유체역학은 물질수지와 에너지 수지를 필요로 한다.

(1) 물질수지Mass balance

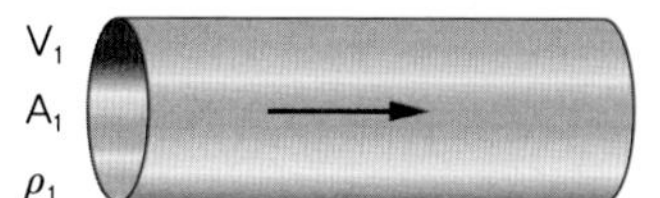

A : 파이프 단면적
V : 속도
ρ : 밀도

용적 유량속도(volume flow rate) Q = 부피/시간 = A·L/t = 면적 × 속도

$$Q = A \cdot V = \text{일정}$$

$$A \cdot V = A' \cdot V'$$

질량 유량속도(mass flow rate) $\dot{m}$

$$Q = A \cdot V$$

$$\rho = \text{질량/부피} = (\text{질량/시간})/(\text{부피/시간}) = \dot{m}/Q$$

$$\therefore \dot{m} = Q \cdot \rho$$

$$\dot{m} = A \cdot V \cdot \rho = \text{일정}$$

$$A \cdot V \cdot \rho = A' \cdot V' \cdot \rho' = \text{일정} = \text{연속 방정식(equation of continuity)}$$

예 1 우유가 내부 지름 1.37 in인 파이프를 시간당 5,000 lb로 흐르고 있다. 우유의 비중이 1.03이라고 할 때 흐르는 속도(ft/sec)를 구하시오.

$v = m/(A \cdot \rho) = 4\ m/(\pi D^2 \cdot \rho)$

$= 4/\pi(5{,}000\ lb/hr)\ (1/1.37\ in)^2(1/1.03)(1\ ft^3/62.4\ lb)$

$(1\ hr/3{,}600\ sec)\ (12\ in/ft)^3 = 2.11\ ft/sec$

예 2 배출속도(v)를 구하시오.

양쪽의 질량 유량속도는 같다.

$m = A \cdot V \cdot \rho = A' \cdot V' \cdot \rho'$

$\rho = \rho'$, $A \cdot V = A' \cdot V'$이므로

$\pi D^2/4\ (v) = \pi D'^2/4\ (v')$

$v' = v \cdot D^2/D'^2 = (4\ ft/sec)(1.87\ in)^2/(1.37\ in)^2 = 7.45\ ft/sec$

예 3 사과소스(밀도 = 64 lb/ft³)가 시간당 10,000 lb 흐르고 있다. 속도를 6 ft/sec 이하로 유지하려면 파이프 두께(inch)를 구하시오.

$m = A \cdot V \cdot \rho = \pi D^2/4\ (v)\ (\rho)$

$$D^2 = \frac{4\ m}{\pi \cdot v \cdot \rho} = \frac{4(10{,}000\ lb/hr)(1hr/3{,}600\ sec)(12\ in/ft)^2}{\pi\ (6\ ft/sec)\ (64\ lb/ft^3)}$$

$= 1.326\ in^2$

$\therefore\ D = 1.15\ inch \Rightarrow$ D가 1.15 inch보다 큰 파이프를 사용

예 4

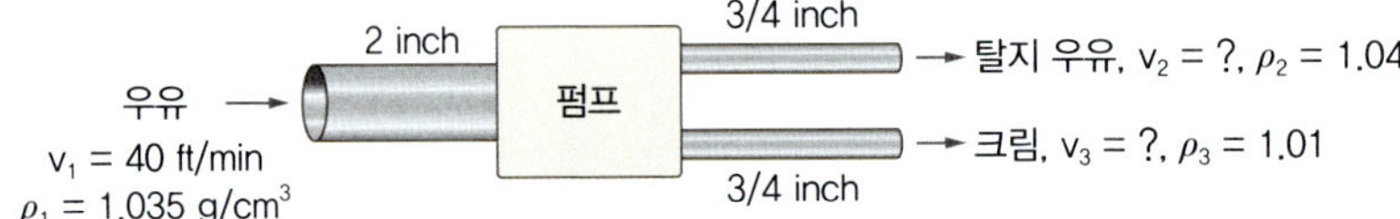

$A_1 = \pi(2\ in/1\ 2\ ft)^2/4 = 2.18 \times 10^{-2}\ ft^2$

$A_2 = A_3 = \pi(3/4\ in/12\ ft)^2/4 = 3.07 \times 10^{-3}\ ft^2$

$\rho_1 = 1.035\ g/cm^3 \times 62.4 = 64.58\ lb/ft^3$

$\rho_2 = 64.9$ $\rho_3 = 63.02$

입력 양 = 출력 양

$m = A_1 \cdot V_1 \cdot \rho_1 = A_2 \cdot V_2 \cdot \rho_2 + A_3 \cdot V_3 \cdot \rho_3$ ---------------- ①

$Q = A_1 \cdot V_1 = A_2 \cdot V_2 + A_3 \cdot V_3$ ------------------------- ②

$$V_2 = \frac{A_1 \cdot V_1 - A_3 \cdot V_3}{A_2}$$

(계속)

② → ① $A_1 \cdot V_1 \cdot \rho_1 = A_2 \cdot \rho_2(A_1 \cdot V_1 - A_3 \cdot V_3)/A_2 + A_3 \cdot V_3 \cdot \rho_3$

$A_1 \cdot V_1 \cdot \rho_1 = A_1 \cdot V_1 \cdot \rho_2 - A_3 \cdot V_3 \cdot \rho_2 + A_3 \cdot V_3 \cdot \rho_3$

$\therefore A_1 \cdot V_1 \cdot (\rho_1 - \rho_2) = A_3 \cdot V_3 \cdot (\rho_3 - \rho_2)$ ---------- ③

각 값을 ②와 ③식에 대입

$(2.18 \times 10^{-2}\ ft^2) \cdot (40\ ft/min) = v_2(3.07 \times 10^{-3}\ ft^2) + v_3(3.07 \times 10^{-3}\ ft^2)$

$(2.18 \times 10^{-2}\ ft^2)(40\ ft/min)(64.58 - 64.9) = v_3(3.07 \times 10^{-3}\ ft^2)(63.02 - 64.9)$

위의 식을 풀면

$v_2 = 235.7\ ft/min$, $v_3 = 48.4\ ft/min$

(2) 에너지 수지 Energy balance

- 에너지 보존법칙의 적용　에너지 입력 = 에너지 출력 + 축적
- 에너지는 여러 형태로 존재 : 열(heat), 일(work), 내부에너지(internal energy), 엔탈피(enthalpy) 등

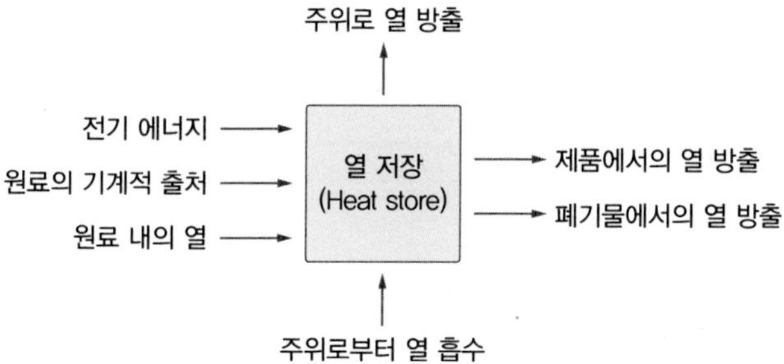

유체의 에너지 변화 : • 기계적 에너지(위치, 운동, 압력 에너지)
• 열에너지
• 마찰 에너지

유체가 이동할 때 에너지 형태는 변하여도 전체 에너지는 일정하다. 즉, 들어오는 유체의 기계적 에너지 = 나가는 유체의 기계적 에너지 = 일정

① 위치에너지 E_p

$$E_p = m \cdot gh\ (J) \quad 또는 \quad \frac{m \cdot g \cdot h}{g_c}$$

유체 1 kg에 대한 위치에너지 : $g \cdot h$ 또는 $g \cdot h/g_c$

② 운동에너지 E_k

$$E_k = F \cdot \int_{r_0}^{r_1} dr = \int_{r_0}^{r_1} F \cdot dt \cdot \frac{dr}{dt} = m\int_{t_0}^{t_1} a \cdot vdt = m\int_{t_0}^{t_1} (\frac{dv}{dt})v \cdot dt$$

$$= m\int_{v_0}^{v_1} v \cdot dv = \frac{mv_1^2}{2} - \frac{mv_0^2}{2} = \frac{mv^2}{2}$$

∴ 유체 1 kg에 대한 운동에너지 : $\frac{v^2}{2}$ 또는 $\frac{v^2}{2 \cdot g_c}$

③ 압력에 의한 에너지/작업을 수행하는 유체의 양

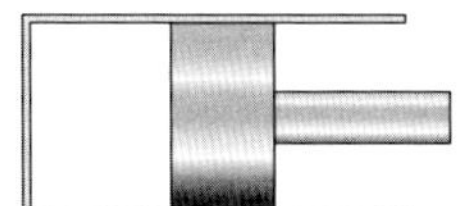

피스톤 해제 시 : $W = p \cdot V = p \cdot L \cdot A$

$$\frac{p \cdot L \cdot A}{\text{단위질량}(A \cdot L \cdot \rho)} = \frac{p}{\rho}$$

$$\text{미분형} \ \frac{g}{g_c}\frac{dh}{dL} + \frac{d(v^2/2)}{g_c \ dL} + \frac{1}{\rho}\frac{dp}{dL} = 0$$

$$\underbrace{h_1 \cdot g/g_c}_{\text{위치頭}} + \underbrace{v_1^2/2g_c}_{\text{속도頭}} + \underbrace{p_1/\rho_1}_{\text{압력頭}} = h_2 \cdot g/g_c + v_2^2/2g_c + p_2/\rho_2 = \text{일정}$$

$$\frac{(h_1 - h_2)g}{g_c} + \frac{(v_1^2 - v_2^2)}{2g_c} + (\frac{p_1}{\rho_1} - \frac{p_2}{\rho_2}) = 0$$

$$\frac{\Delta h \cdot g}{g_c} + \frac{\Delta v_2}{2g_c} + \frac{\Delta p}{\rho} = 0$$: 베르누이 방정식(Bernoulli equation)

단위 : J/kg, $(lb_f \cdot ft)/lb_m$

유체의 흐름에 작용하는 기계적 에너지의 정의와 단위

에너지의 종류	공식	1 kg 기준 공식	단위
위치에너지	mgh	gh	J/kg, $(lb_f \cdot ft)/lb_m$
운동에너지	$\frac{mv^2}{2}$	$\frac{v^2}{2}$	J/kg, $(lb_f \cdot ft)/lb_m$
압력에너지	$m(\frac{p}{\rho})$	$(\frac{p}{\rho})$	J/kg, $(lb_f \cdot ft)/lb_m$
펌프에너지	W_s	W_s	J/kg, $(lb_f \cdot ft)/lb_m$
마찰저항	$m(\frac{\Delta p_f}{\rho})$	$(\frac{\Delta p_f}{\rho})$	J/kg, $(lb_f \cdot ft)/lb_m$

실제로 유체에 가해야 할 일의 양(펌프의 일)

$$W_p = \frac{\Delta h \cdot g}{g_c} + \frac{\Delta v_1^2}{2g_c} + \frac{\Delta p}{\rho} + \frac{\Delta p_f}{\rho} \text{ (마찰)}$$

총 샤프트 일(shaft work, W_s) : 터빈(turbine)이나 엔진을 가지고 있는 기계라면 shaft를 돌려서 일을 한다. 외부에서 일을 해 준다고 해도 shaft를 통해서 일을 하고 이러한 일의 효과를 shaft 일이라고 한다.

$$\text{펌프의 shaft work} = \text{펌프의 일} \times \dot{m} \text{ (질량의 유량속도)}$$

연습문제

1 v_2와 P_2를 구하면?

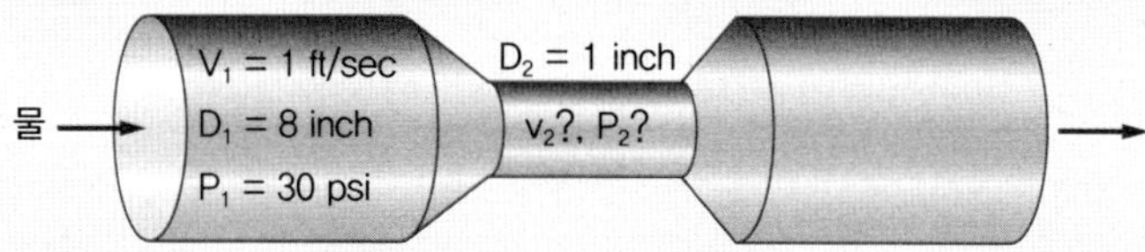

2 탱크에서 내려오는 물의 속도를 무시할 때 입구에서 나오는 물의 초당 유출량은?

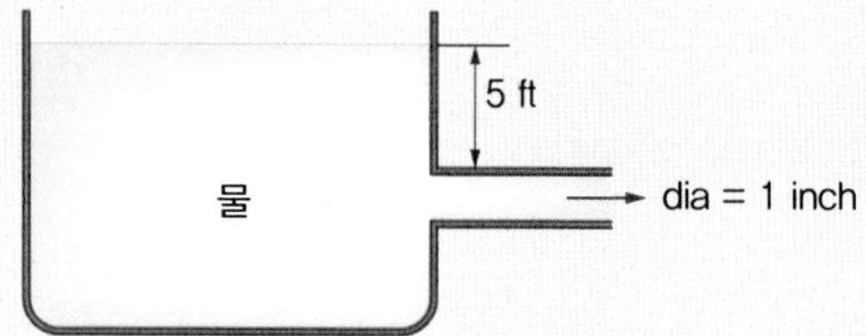

3 V_1을 구하고, 2 inch 배출구로 나가는 압력(psi)과 유량(gal/분)을 구하면? (1 gal = 0.1337 ft^3)

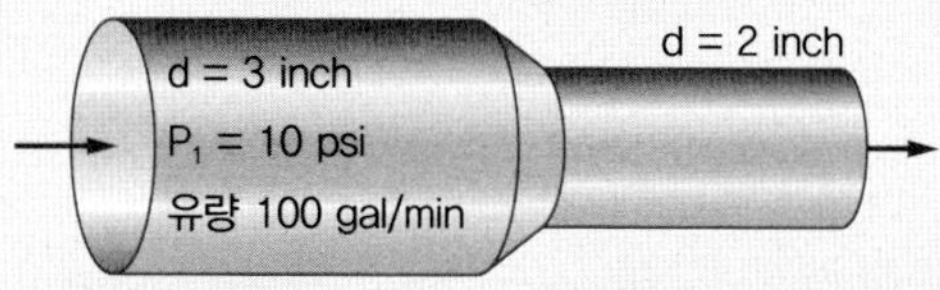

4 입구 지름이 0.6 m인 venturi meter를 6 m^3/sec의 공기가 흐르도록 하였다. 이 흐름은 입구와 들어간 목 부분(throat)에 연결된 마노미터에서 0.1 m의 알코올의 높이를 나타내었다. 알코올의 비중은 0.8이고 공기의 밀도는 1.246 kg/m^3이라고 할 때,

(1) 0.1 m 알코올의 압력은?

(2) 입구의 속도는?

(3) 이 문제와 관련해서 베르누이 방정식을 쓰시오.

(4) 들어간 목 부분(throat)의 지름은?

5 탱크의 물은 일정하게 유지되며 파이프나 노즐의 마찰 손실은 없다고 가정할 때,

(1) 노즐에서의 나가는 용적 유량속도(ft^3/sec)는?

(2) A, B, C와 D에서의 압력과 속도들은?

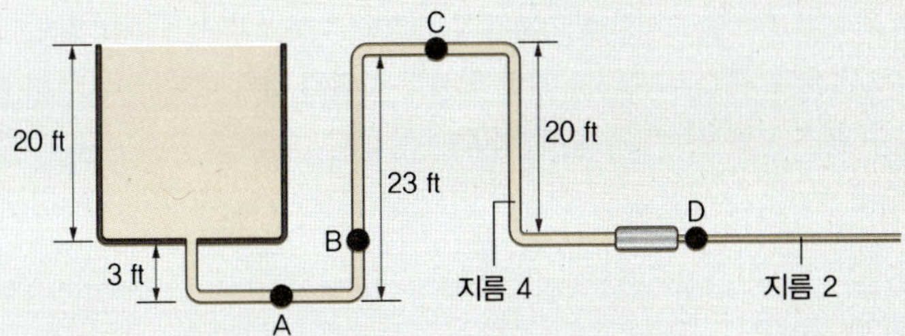

6 점도가 높은 요구르트가 관을 통해 흐르고 있으며 레이놀즈수는 1,500이다. 마노미터 유체의 밀도는 13.6 g/cm^{3}일 때 마노미터에 나타나는 높이를 구하면? (요구르트 밀도 = 0.95 g/cm^3, 점도 = 50 cP)

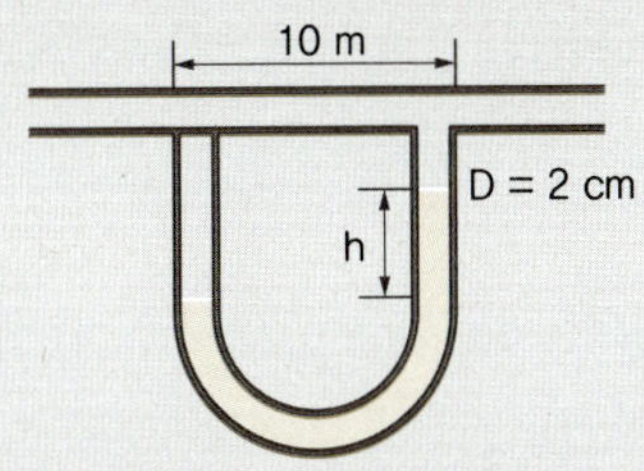

7 물(밀도 = 1 g/cm^3)이 수평 관을 통해 흐르고 있다. 수평 관 단면 1(I.D. = 8 cm)에서 물의 속도는 1.6 m/sec이고 압력은 180 kPa이다. 이 수평 관이 줄어들어 단면 2에서는 안지름이 반으로 줄어들었다고 할 때,

(1) 마찰에너지 손실이 없다고 할 경우, 단면 2에서의 압력은?

(2) 단면 2에서의 압력이 50 kPa로 감소하기 위해서는 단면 2에서 안지름은?

8 펌프가 물(밀도 = 1,000 kg/m^3, 점도 = 3×10^{-4} Pa·sec)을 열린 탱크 1에서 총 길이 150 m를 통해서 탱크 1보다 80 m 위에 있는 열린 탱크 2로 이동하고자 한다. 펌프 입구의 내부지름은 6 cm이고 배출되는 내부지름은 5 cm이다. 마찰 손실이 존재하지 않다고 가정하고 배출 부분의 배출속도는 3 m/sec라고 할 때,

(1) 처음 열린 탱크 1이 매우 크다고 가정할 때 도표(diagram)를 그리면?

(2) 층류인지, 난류인지를 계산식으로 증명하면?

(3) 펌프 입구 쪽에서의 속도는?

(4) 펌프의 샤프트 일(shaft work, J/sec)은?

(5) 필요한 펌프의 압력(△P, kPa)은?

9 지름 2 mm, 길이 0.3 m인 모세관을 가지고 주스(점도 = 1.13×10^{-3} Pa·sec, 밀도 = 875 kg/m^3)의 흐름을 측정하고자 한다. 주스가 흐르는 동안 모세관 사이의 압력 강하는 0.06 m 물(water)로 나타날 때에 주스의 용적 유량속도(m^3/sec)와 레이놀즈수는?

심화문제

1 지름이 2 m인 원통형 탱크에 간장을 2 m 높이까지 채우고자 한다. 탱크에 연결된 관(내부지름 = 2.5 cm)을 통해 간장이 초당 4 m의 속도로 투입된다면 탱크를 채우는 데 소요되는 시간은?

2 50,000 L의 전유(1,120 kg/m³ 밀도, 5% 지방)가 탈지우유(0.5% 지방)와 크림(50% 지방)으로 7시간 내에 원심분리기에서 분리되었다. 탈지우유와 크림 각각의 분리속도(kg/hr)는?

3 같은 양의 기름(비중 = 0.887)이 파이프 A(지름 = 2 inch), 파이프 B(지름 = 3 inch)와 파이프 C(지름 = 1.5 inch)를 흐르고 있다. 파이프 A의 속도가 30 gal/min일 때,

(1) 각 파이프의 질량 유량속도(lb/sec)는?

(2) 파이프 C에서의 속도는?

4 밀도를 알지 못하는 유체가 두 종류의 manometers에서 측정되었고, 한쪽이 막힌 마노미터(one closed manometer)의 압력(P_{atm})은 763 mmHg를 나타내었다. a 지점에서 b 지점까지의 압력 강하(mmHg)는?

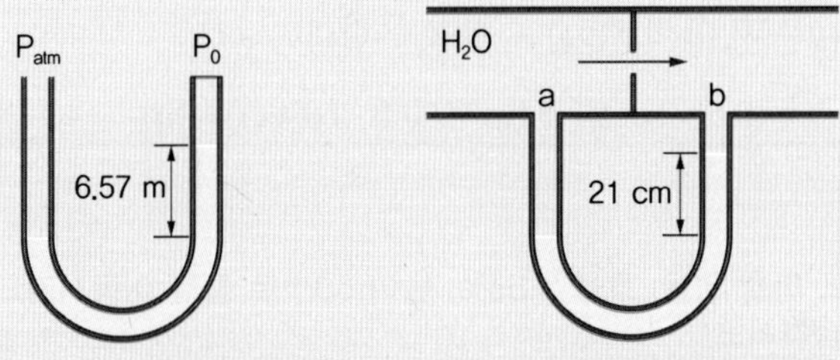

5 유체(μ = 13.2 cP, ρ = 978 kg/m³)가 다음과 같이 흐르고 있다. 층류를 유지하기 위해 필요한 튜브의 최대 지름은?

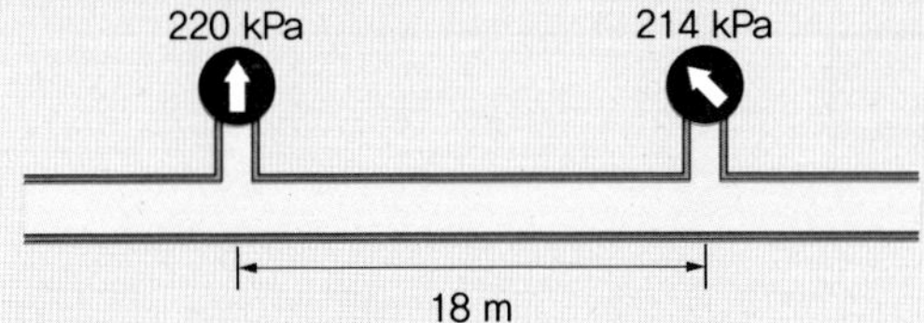

6 물이 흐르고 있는 관 지름이 일정한 수평 관 내의 두 점 간 압력 차이를 사염화탄소(밀도 = 1600 kg/m³)를 밀봉한 U자관 마노미터로 측정한 결과 85 mm였다. 두 점 사이의 압력 차이는?

Lab 06
베르누이Bernoulli식의 보정

$$\frac{h_1 \cdot g}{g_c} + \frac{v_1^2}{2g_c} + \frac{p_1}{\rho_1} + nW_p = \frac{h_2 \cdot g}{g_c} + \frac{v_2^2}{2g_c} + \frac{p_2}{\rho_2} + h_f$$

1) 펌프의 일Pump work

펌프는 유체 흐름의 에너지를 증가시키는 데 사용되며, 유체의 흐름을 유지시키는 데 사용한다.

- 펌프의 동력(hp) $= W_p(\text{ft} \cdot \text{lb}_f/\text{lb}_m) \times$ 질량 유량(lb_m/sec)

$$= (\text{ft} \cdot \text{lb}_f/\text{sec})/[1\ \text{hp}/(550\ \text{ft} \cdot \text{lb}_f/\text{sec})] = \text{hp}$$

예 1 100 gal/min, 2 inch 파이프, 마찰 없음, 효율 : 55%, 높이 50 ft로 물을 이동시키고자 할 때 몇 마력의 펌프를 사용해야 하는지 답하시오.

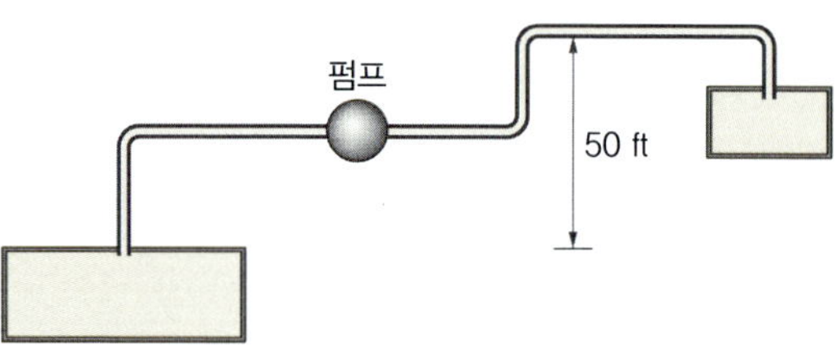

대기압하 : $P_1 = P_2$, $v_1 = 0$

$$h_1 \cdot g/g_c + v_1^2/2g_c + p_1/\rho_1 + nW_p = h_2 \cdot g/g_c + v_2^2/2g_c + p_2/\rho_2 + h_f$$

$h_2 \cdot g/g_c + v_2^2/2g_c - nW_p = 0$

$$v_2 = \frac{Q}{A} = \frac{100(\text{gal/min})\ 0.1337(\text{ft}^3/\text{gal})\ (1\ \text{min}/60\ \text{sec})}{\pi(2/12\ \text{ft})^2/4} = 10.22\ \text{ft/sec}$$

$50(\text{ft} \cdot \text{lb}_f/\text{lb}_m) + (10.22\ \text{ft/sec})/2g_c = 0.55\ W_p$

$\therefore\ W_p = 93.85\ (\text{ft} \cdot \text{lb}_f/\text{lb}_m)$

(계속)

hp = W_p × 질량 유량속도($\dot{m}$)이므로

$\dot{m} = \rho \cdot v \cdot A = 100(gal/min) \cdot 0.1337(ft^3/gal) \cdot (1\ min/60\ sec) \cdot \rho$

$= 0.2228\ ft^3/sec \times 62.4\ lb/ft^3 = 13.9\ lb_m/sec$

펌프의 hp $= 13.9\ lb_m/sec \times 93.85\ (ft \cdot lb_f/lb_m)/550\ ft \cdot lb_f/sec$

$= 2.36$ hp

∴ 3마력 펌프를 사용하면 충분하다.

예 2 **비중 : 1.84, 펌프 효율 : 60%, 마찰 : 10 ft·lbf/lbm (30 J/kg), 3″ 파이프 단면적 : 0.0513 ft², 2″ 파이프 단면적 : 0.0233 ft², 높이 50 ft로 물을 이동시키고자 한다.**

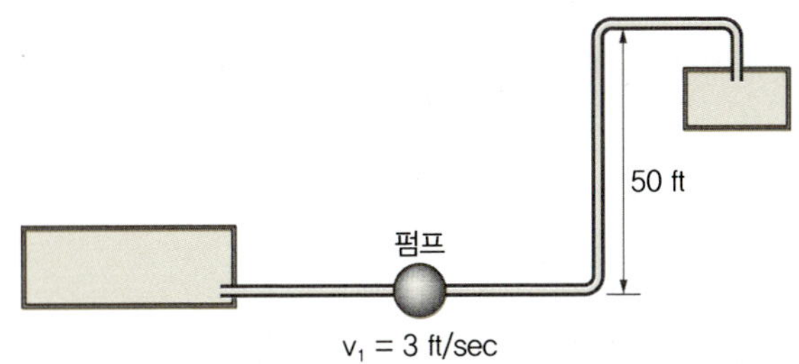

(1) 이때 필요한 펌프의 동력은?

$$h_1 \cdot g/\cancel{g_c} + v_1^2\cancel{/}2g_c + p_1\cancel{/\rho_1} + nW_p = h_2 \cdot g/g_c + v_2^2/2g_c + p_2\cancel{/\rho_2} + h_f$$

$v_2 = 3\ ft/sec \times 0.0513/0.0233 = 6.61\ ft/sec$

$0.6\ W_p = 50 + 6.61/64.4 + 10 = 60.1\ ft \cdot lb_f/lb_m$

$W_p = 100.17\ ft \cdot lb_f/lb_m$

(2) 펌프에 의해 생겨난 압력은?

펌프의 입구 연결부의 높이 = 배출 부분의 높이 $h_1 = h_2$

$$h_1 \cdot g\cancel{/g_c} + v_1^2/2g_c + p_1/\rho_1 + nW_p = \cancel{h_2} \cdot g/g_c + v_2^2/2g_c + p_2/\rho_2 + \cancel{h_f}$$

$(v_1^2 - v_2^2)/2g_c + nW_p = (p_2 - p_1)/\rho_2$

∴ $[(3^2 - 6.61^2)/(2 \times 32.2) + 60.1] \times (1.84 \times 62.4) = (p_2 - p_1)$

$(p_2 - p_1) = 6{,}838.6\ (lb_f/ft^2)$: 펌프에 의한 압력 발생

질량 유량속도 $= A \cdot v \cdot \rho = 0.0513 \times 3 \times 1.84 \times 62.4 = 17.7$ lb/sec

∴ 동력(power) $= (m \cdot W_p)/550 = 17.7 \times 101.17/550 = 3.25$ hp ($= 2.42$ kW)

2) 마찰Friction

유체를 다루는 공학적 측면에서는 기계적 에너지 외에 마찰에너지도 유체 흐름에 관여한다. 즉, 열역학 제1 법칙인 ΔE(내부에너지 변화) = Q(열) + W(일)에서 일은 총에너지에서 방출된 열을 뺀 값으로 마찰은 에너지의 열로 전환을 의미한다. (단위 : 에너지/단위질량으로 표시)

- **마찰 손실** : 유체가 관(pipe)을 흐를 때 관 표면과의 마찰(skin friction)에 의해 생기는 에너지 손실을 의미한다.
  - 마찰에 영향을 미치는 인자로는 파이프 지름 및 길이, 유체속도, 유체 성질(밀도, 점도), 파이프 내부 표면의 거칠기(roughness) 등이 있다.

(1) 곧은 관에서의 표면마찰

① 하겐-푸아죄유 식Hagen-Poiseuille equation(층류인 경우)

$$W = -\Delta P dV(\text{한 일})/\rho V(\text{단위질량}) = \Delta P \cdot L \cdot A/\rho \cdot A \cdot L = \Delta P/\rho$$

즉, 표면의 마찰력은 무시하고 압력 강하는 도관을 흐르면서 생겨난다는 Poiseuille 식으로부터 유도된다.

$Q = \pi R^4 \Delta P/(8L\eta)$으로부터

$$\Delta P = (8 \cdot L \cdot \eta)Q/\pi R^4 = (8 \cdot L \cdot \eta)(v \cdot \pi R^2)/\pi R^4 = (32 \cdot L \cdot \eta)(v)/D^2$$

$$\therefore \text{마찰 손실} = \Delta P/\rho = (32 \cdot L \cdot \eta \cdot v)/(D^2 \rho \cdot g_c)$$

② 패닝 식Fanning equation(층류/난류인 경우)

층류인 경우 :

$$\Delta P = [(32 \cdot L \cdot \eta \cdot v)/(D^2)][(Dv\rho/\eta)/\text{레이놀즈수}] = 2v^2 \cdot L \cdot \rho(16/\text{레이놀즈수})/D$$

$$\therefore \text{마찰 손실} = \Delta P/\rho = 2v^2 \cdot L \cdot (16/\text{레이놀즈수})/D$$

$$16/\text{레이놀즈수} = \text{마찰계수}(\text{friction factor}, f)$$

난류인 경우 : $\Delta P/\rho = (2v^2 \cdot L \cdot f)/D$

여기서 f : 난류인 경우 레이놀즈수와 관의 상대적 거칠기(ε/D)로 정해짐

ε : 등가조도(equivalent roughness) (돌출부의 높이, 실험 수치)

D : 파이프의 지름, ΔP : 유압 강하(frictional pressure drop), v : 유체속도

ρ : 밀도, L : 관의 길이, D : 지름, $\Delta P/\rho$: 마찰에너지 손실

마찰계수는 무디 도표(Moody diagram)를 이용해서 구할 수 있다.

- **층류인 경우** : f = 16/레이놀즈수로, 파이프의 거칠기와 무관하다. 파이프 벽은 고정 경계층(stationary boundary layer)이고, 파이프 내의 액상의 소용돌이 같은 움직임은 없다.
- **난류인 경우** : 무디 도표를 이용해서 구한다.

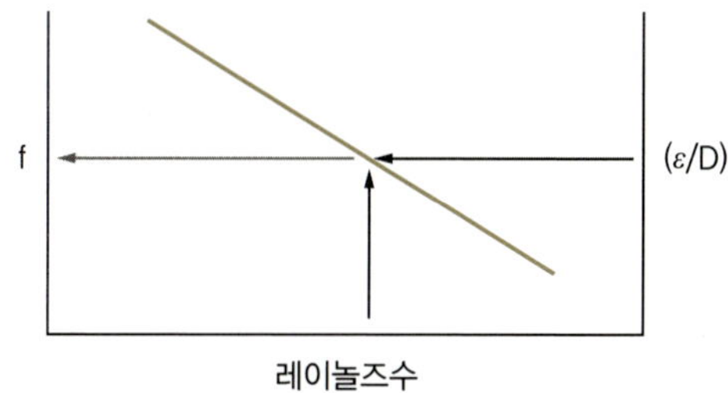

예 1 **레이놀즈수 : 34,000, 매끄러운(smooth) 파이프, f=0.0057**

예 2 **레이놀즈수 : 1,340, f = 16/Re, f = 0.0119**

예 3 **바깥지름 2″ (안지름 1.87″), 길이 100 ft인 강관을 통해 분당 50 gal의 물이 흐르고 있다. 마찰 손실(h_f)은? 물의 점도=0.00066 lb/(ft·sec)**

$$v = \frac{Q}{\text{면적}} = \frac{50\ \text{gal/min} \times 0.1337\ \text{ft}^3/\text{gal} \times 1\ \text{min}/60\ \text{sec}}{(\pi/4)(1/87\ \text{in})^2 \times (1\ \text{ft}^2/144\ \text{in}^2)} = 5.84\ \text{ft/sec}$$

$$\text{레이놀즈수} = \frac{Dv\rho}{\eta} = \frac{5.84\ \text{ft/sec} \times 1.87\ \text{in} \times 62.4\ \text{lb/ft}^3(1\ \text{ft}/12\ \text{in})}{0.00066\ \text{lb/(ft}\cdot\text{sec)}} = 85{,}800$$

$$\frac{\varepsilon}{D} = \frac{0.00015\ \text{ft}(12\ \text{in}/1\ \text{ft})}{1.87\ \text{inch}} = 0.00096 = 0.001, \quad \therefore f = 0.0057$$

$$h_f = \frac{4 \cdot f \cdot (L/D) \cdot v^2}{2g_c} = \frac{4 \times 0.0057 \times (100\ \text{ft})(12\ \text{in})(5.84\ \text{ft/sec})^2}{(1.87\ \text{in})\ (1\ \text{ft})\ 2 \times g_c}$$

$$= 7.748\ \text{lb}_f \cdot \text{ft/lb}_m$$

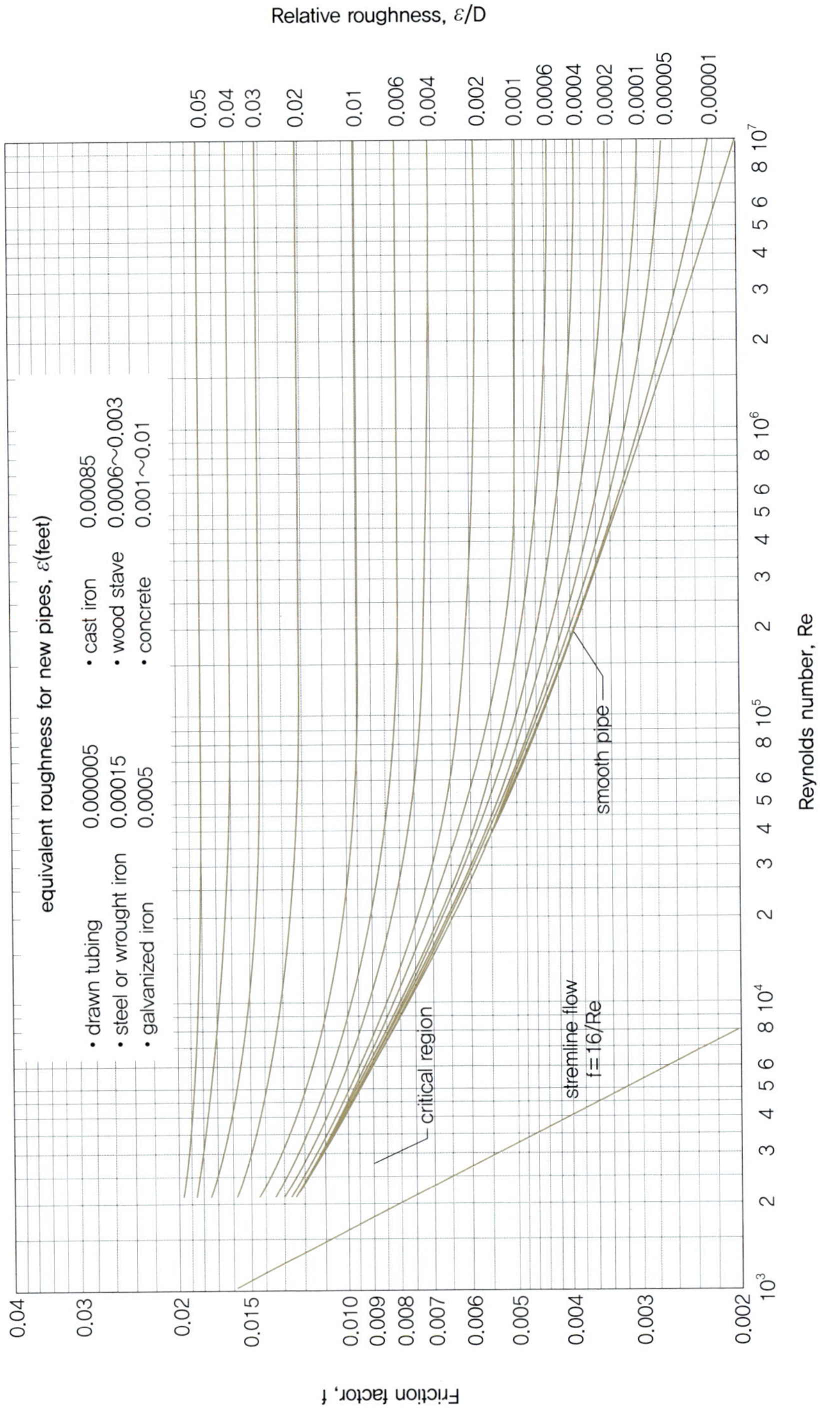

무디 도표Moody Diagram

Lab 07

파이프의 표면마찰Pipe Skin Friction

실험 목적

일정 속도로 유체가 흐르는 원형 파이프 내부가 평균 유속의 흐름일 때, 생성되는 마찰두를 조사하기 위함이다.

실험 기구

유압 벤치(hydraulic bench), 파이프 마찰장치(길이 = 500 mm, 지름 = 3 mm), 초시계, 온도계

실험 이론

$$h_f = f \cdot \frac{4 \cdot L \cdot V^2}{d \cdot 2g}$$

매끈한 파이프 $Re = \frac{DV\rho}{\mu}$

층류(laminar flow) $f = \frac{16}{Rey\ \#}$

$$h_f = f \cdot \frac{32 \cdot v \cdot \rho \cdot L}{g \cdot \rho \cdot d^2}$$

여기서 h_f : 마찰 손실, μ : 점도, L : 파이프 길이, v : 속도, ρ : 밀도, d : 파이프 지름, g : 중력가속도

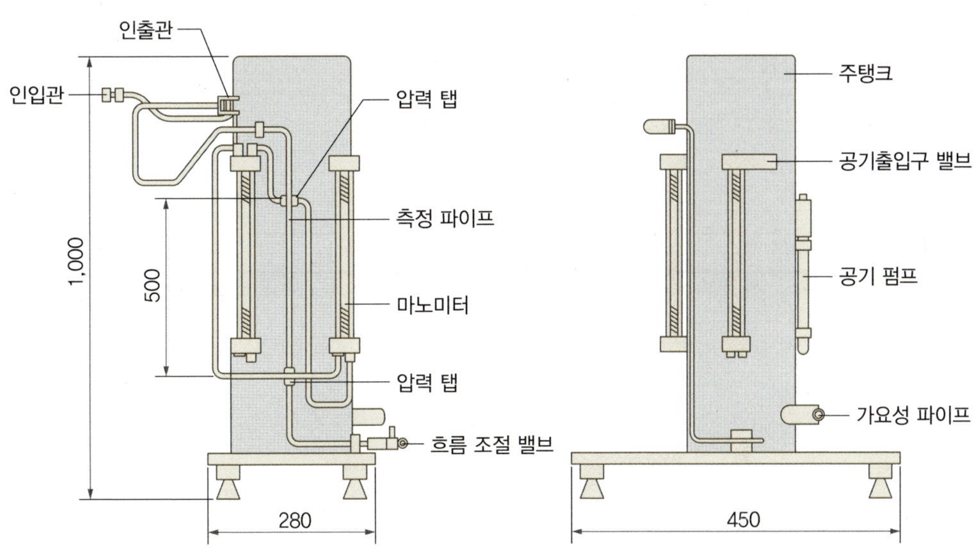

실험 방법

1 파이프의 길이와 지름을 측정한다.

2 실험 벤치에 파이프 마찰장치 기구를 연결하고 실험하고자 하는 부분의 파이프를 실험 벤치에 연결한다.

3 유량 조절 밸브를 열고 마노미터를 고정한다. 모든 공기를 배출시키기 위해 물을 순환시켜 준다.

4 파이프 클립을 닫고 마노미터의 기준선을 읽는다. 유속이 최대일 때를 측정하기 위해 유속 조절 밸브를 끝까지 열고 마노미터의 높이를 기록하고 유량을 측정한다. 유량을 달리하기 위해 밸브를 여는 정도를 달리하여 반복한다.

5 물의 마노미터 높이는 공기 밸브와 펌프를 이용하여 조절할 수 있다. 낮은 흐름을 위해서 head tank의 조절 밸브와 공급 밸브를 닫고, 주입 파이프를 벤치로부터 연결시키지 않은 상태에서 head tank와 연결시키고, head tank 주입구를 실험 벤치에 연결시킨다.

천천히 실험 벤치밸브를 열고, 물을 head tank에 채운 뒤 물이 배출 파이프에서 빠져나올 때까지 유량 조절 밸브를 이용하여 조절한다. 측정용 실린더를 이용하여 물의 양을 측정하고 계산하여 유속을 측정한다. 물의 온도를 측정한다.

실험 결과 및 고찰

마노미터의 높이를 측정한 것을 이용하여 각 값을 구하여 다음 표에 작성한다.

측정 파이프 지름 = ________ mm

측정 파이프의 길이 = ________ mm

물의 온도 = ________ ℃

부피(L)	시간(s)	마노미터에서 물의 높이(mm)	마찰계수	마찰 손실	압력 강하

1 로그(마찰계수, f) 대 로그(Reynold number)의 그래프를 그린다.

2 흐름이 층류인지 난류인지를 판명하고, 이 흐름이 난류라면 마찰계수 값이 어떻게 변하는지 예측한다.

3 유체 흐름속도에 따라 마찰계수 값이 어떻게 변하는지 설명한다.

4 사용된 모든 계산식을 나타낸다.

연습문제

1 안지름이 3.5 cm, 길이 200 m인 아연 도금 강관을 통해 분당 50 L의 우유를 보낼 때 나타나는 에너지 손실은? 단, 우유의 밀도 = 1,028 kg/m^3, 점도 = 2.12×10^{-3} kg/(m·sec)

2 분당 50 L의 흐름에서 마찰에 의한 압력 강하가 70 kPa을 나타내는 강관(지름 1인치)의 길이는? 단, 유체의 밀도 = 1,000 kg/m^3, 점도 = 2 c-poise이다.

3 98% 황산 용액(비중 1.836, 점도 26 cP)이 68°F에서 2인치 두께의 파이프 1,000 ft를 통해 흐르고 있다. 유체속도가 매우 적은 대기압에 노출되어 있는 큰 탱크에서 높이 10 ft 위에 있는 압력 10 psig의 탱크로 분당 15 gal씩 이동시키기 위해서 70% 효율의 펌프가 가져야 할 동력은? 단, 표면마찰만 존재(1 gal = 0.1337 ft^3, 1 hp = 550 lb_f·ft/sec)

심화문제

1 김 교수는 지난 4월 학회 참석차 해외에 나갔을 때 집에 있는 화분에 물을 줄 수 없게 되자 긴 튜브(안지름 0.4 mm)를 압력이 대기압보다 100 kPa 더 높은 큰 저수조를 설치하고 튜브 끝을 화분에 꽂아 두었다. 20°C 기온에서 매일 1 L의 물을 주도록 하려면 튜브의 길이는? 단, 높이는 없고 저수조 끝에서 나오는 물의 속도는 무시하고 튜브의 표면마찰만 존재한다.

2 소방서에서 급수 본관과 소화전 사이의 마찰 손실을 알고자 한다. 최고 main 압력(85 psig) 하에 있는 물이 지름 2 inch 파이프를 통해 열린 소화전을 통해 나가는 양은 1000 gal/min이다. 급수 본관은 큰 저수조이고 소화전보다 10 ft 아래에 있다. 급수 본관에서 배출하는 지점까지의 마찰 손실은? 단, 대기압은 15 psia, 펌프는 없다고 가정한다.

3 20°C의 물(점도 1×10^{-3} Pa·sec)을 0.01 m^3/sec의 속도로 높이 10 m의 탱크로 옮기자 한다. 모든 강관의 안지름은 10 cm이며 사용된 펌프의 효율은 50%라고 할 때 필요한 펌프의 동력(kW)은? 모든 마찰은 존재한다.

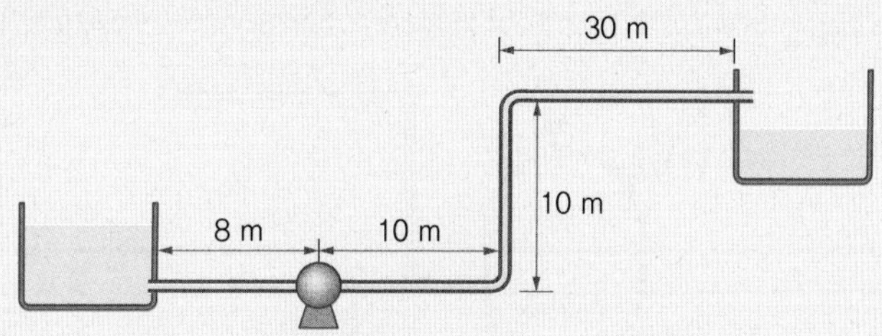

4 맥주가 매끈한 관을 통해 다음과 같이 전달되고 있으며 정밀여과기(microfilter)가 설치되어 있다.
L_{eq} (A에서 B지점) = 15 m, L_{eq} (C에서 D지점) = 25 m

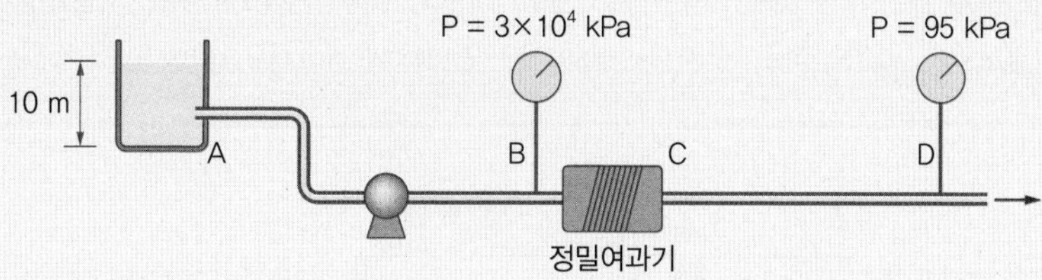

(1) 효율이 75%인 펌프가 필요로 하는 kW는?

(2) 새 정밀여과기에서의 마찰 손실의 등가 길이(L_{eq})는? 단, 맥주 비중 = 1.09, 점도 = 1.9 cP, 파이프 지름 = 1.5 cm, 흐르는 속도 = 0.371 kg/sec이다.

5 안지름이 2.22×10^{-3} m이고 길이가 30 cm인 모세관을 이용하여 유체(밀도 = 875 kg/m^3, 점도 = 0.00113 Pa·sec)의 흐름 속도를 측정하고자 한다. 모세관을 흐르는 동안에 0.06 m의 물 높이(밀도 =

1 g/cm³)에 해당하는 압력 강하를 나타낼 때,

(1) 이 흐름이 층류라고 가정할 때 레이놀즈수는?

(2) 용적 유량속도(m^3/sec)는?

(3) 패닝 식을 이용하여 압력 강하를 구하면?

6 큰 탱크에 우유(밀도 = 900 kg/m^3, 점도 = 0.001 Pa·sec)가 내부지름 2 cm, 총 길이 40 m의 경사 관을 통해 초당 0.5 L로 흘러내리고 있다. 관의 상대조도가 0.001이라고 하면 일정한 유량속도를 유지하기 위해 탱크의 액면과 경사 관의 출구 사이의 높이 차이는? 단, 탱크는 대기압에 노출되어 있으며, 마찰도 존재한다.

7 생맥주는 압력을 받는 큰 통에서 제공되는데 큰 통 내부는 맥주가 채워져 있다. 맥주의 밀도를 ρ, 점도를 μ, 관의 지름을 D라고 하고 모든 이음새의 상당(equivalent) 길이를 L_{eq}라고 할 때 통에 달려 있는 압력기는 난류의 흐름에서 다음과 같은 유동률과 관계가 있음을 증명하면?

$$P_{통} = \rho(g/g_c)h + [(4 \cdot f \cdot L_{eq}/D) + 1][8\rho/\pi^2 \cdot D^4 \cdot g_c)]Q^2 \quad \text{(Q는 용적 유량)}$$

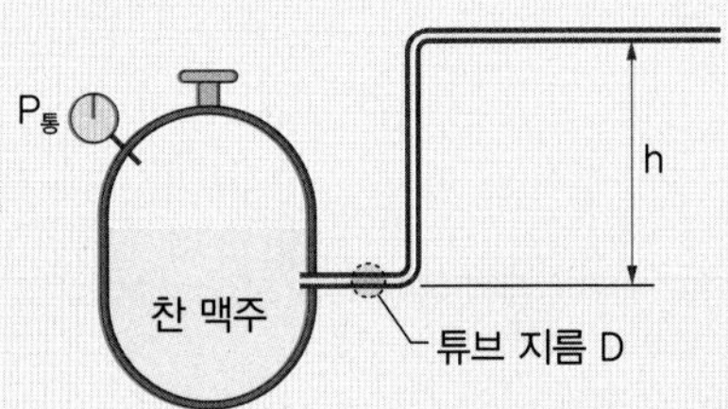

8 1기압에 있는 큰 저장 탱크의 기름을 50 psig의 작은 용기로 옮기려고 한다. 기름의 흐름 속도는 3 inch 안지름과 강관 450 ft에서 시간당 23,000 lb이다. 모든 마찰(표면, 축소, 이음쇠)을 구하면? 단, 기름의 밀도 = 52 lb/ft^3, 점도 = 3.4 C-poise, 90° 관(elbow) K_f = 0.9, gate 밸브 : 5.6, check 밸브 : 2.6

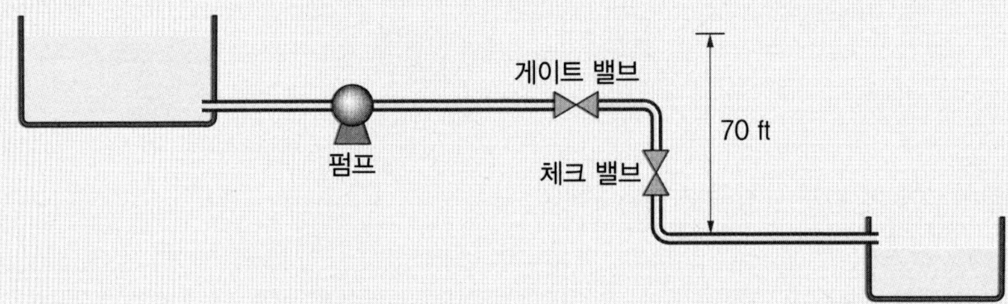

9 물이 20°C에서 초당 5 L로 저수조에서 전달되고 있다. 모든 파이프는 4인치 스케줄번호(schedule#) 40으로 되어 있고 펌프 효율이 65%라고 할 때에 총 마찰 손실과 필요한 펌프의 동력(watt)은?

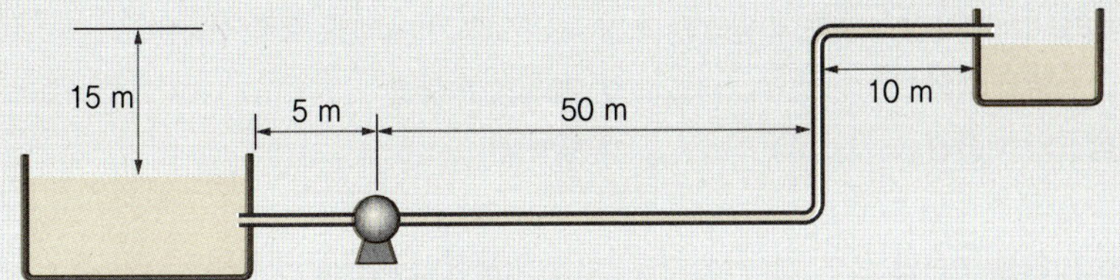

10 큰 탱크에 있는 물〔C_p = 4.2 kJ/(kg·K), 점도 = 1.005×10^{-3} Pa·sec〕이 20 cm 강관과 모두 열려 있는 밸브로 흐르고 있다. 0.2 m^3/sec의 흐름을 유지하기 위해 필요한 파이프의 길이는? 단, 축소 부분은 무시한다.

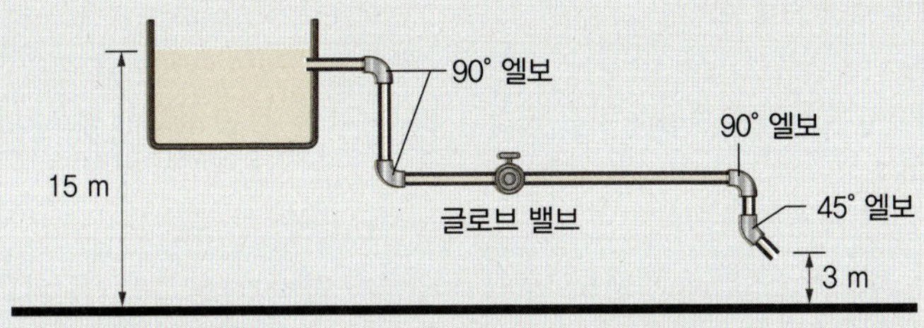

(1) 레이놀즈수는?

(2) 마찰계수(f)는?

(3) 총 L_{eq}은?

(4) 이음쇠에 의한 L_{eq}은?

(5) 글로브 밸브를 게이트(gate) 밸브로 교체할 때 0.2 m^3/sec의 속도를 유지하기 위해 필요한 파이프의 최대 길이는?

11 초당 1.2 lb로 파이프를 흐르는 물(비중 : 1.0, 점도 : 1.3 cP)이 있다.

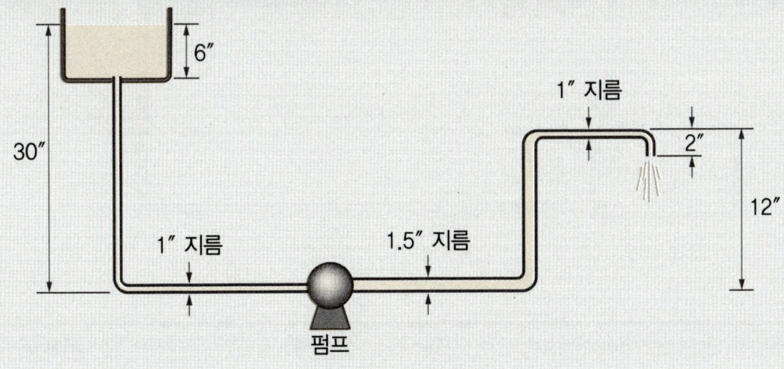

(1) 다음의 운동에너지와 흐름에 필요한 초당 에너지(lb_f·ft/sec)를 각각 구하면?

a. 급수탱크 중앙

b. 펌프의 흡입관

c. 펌프의 배출관

d. 출구관

(2) 다음의 위치에너지와 흐름에 필요한 초당 에너지($lb_f \cdot ft/sec$)를 각각 구하면?

a. 급수탱크 중앙　　　　　　　　　b. 펌프의 흡입관

c. 펌프의 배출관　　　　　　　　　d. 출구관

(3) 마찰 손실을 무시한 경우, 단지 베르누이식을 이용하여 다음을 구하면?

a. 펌프의 입구 압력

b. 펌프의 배출 압력(Psi) : 배출 대 출구로 풀 것

(4) 60% 효율의 펌프가 작동한다면 마찰 손실 없이 필요한 펌프의 동력(hp)은? 펌프에서 빼기(minus) 사인이 뜻하는 것은?

(5) 급수탱크에서 펌프까지 전체의 마찰 손실이 30 $lb_f \cdot ft/lb_m$라면 필요한 펌프의 동력은? 단, 효율은 60%이다.

12 68°F에 있는 주스가 조압(surge) 탱크로부터 50갈론 드럼(drum) 탱크로 전달되고 있는데 1 hp의 펌프를 사용한다. 주스는 분당 60 갈론으로 흐르며 파이프라인은 150 ft 길이의 강관(I.D.=1.87)과 3개의 엘보를 가지고 있다. 엘보의 마찰 손실은 4 ft 곧은 관에서의 마찰 손실과 같다. 68°F에서의 주스는 밀도=9.8 lb/gal, 점도=0.004 lb/(ft·sec)이고, 1 gal=231 in^3=3.785 L

(1) 층류인지 난류인지를 답하고, 충분한 계산상의 증거를 제시하면?

(2) 파이프라인에서의 마찰 손실은? $h_f = \dfrac{2 \cdot f \cdot L \cdot v^2}{g_c \cdot D}$

(3) 전체 펌프의 일은? (1hp=550 $lb_f \cdot ft/sec$)

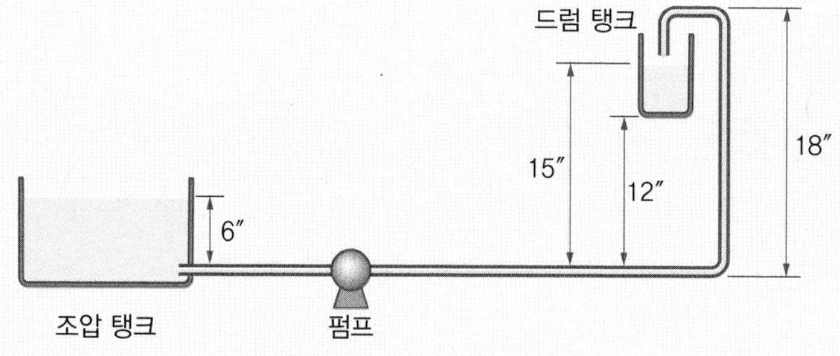

13 주스가 68°F 대신 32°F에서 수송되는 것과 주스 성분 외에 모든 조건이 12. 문제와 같다면 1 hp의 모터는 분단 60 gal을 옮기는 데 적절한지 답하면? 단, 주스는 밀도=9.85 lb/gal, 점도=0.0098 lb/(ft·sec)

14 설탕 용액(비중=1.3, 점도=60 cP)이 8 m/sec로 펌프되고 있다. 파이프는 매끈한 파이프이고 내부 지름은 5 cm이다. 첫 번째 파이프 입구에 대한 파이프의 L_{eq}가 6.5 m일 때, 두 펌프($P_2 - P_3$) 사이

의 파이프 L_{eq}는? 첫 번째 펌프의 효율은 73%이고, 동력(power)은 20 kW이며, 처음 펌프의 입구와 출구에서의 압력은 같다고 가정하며, 이 공정에서의 마찰계수 = 0.008이다. P_1과 P_2 압력도 같다고 가정한다.

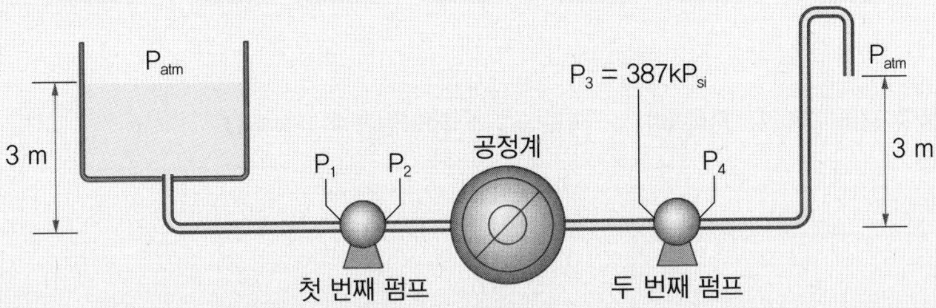

15 철로 된 2 mile 길이의 관을 통해 하루에 300만 gallon의 물(밀도 = 63 lb/ft^3)을 운반하고자 한다. 출구 쪽의 관이 입구 쪽 관보다 175 ft 높으며, 다음과 같이 두 종류의 관을 설치하고자 하는데 그 가격은 다음과 같다.

a) 10 inch 지름의 길이 1 ft당 80원 b) 1 ft 지름의 길이 1 ft당 120원

동력비용은 40년 수명의 관에 대해 50원/(kW·hr)일 때 가장 경제적인 관은? 단, 펌프 효율은 80%이고 표면마찰만 존재하며, 물의 점도 = 1.04×10^{-3} lb/ft·sec이고 유입 및 유출되는 물의 속도는 같으며 두 탱크는 대기에 노출되어 있다고 가정한다.

※ 힌트 : 원/year = 동력비용 + 2 mile 관에 대한 초기 비용/40 year

16 물〔점도 = 0.000672 lb/(ft·sec)〕이 35 psig에 있는 큰 메인탱크에서 전체 길이 175 ft의 파이프를 통해 메인탱크보다 22 ft 위의 1기압에 노출된 탱크로 이동시키고자 한다. 분당 275 gallon의 물을 흐르게 하기 위해 필요한 파이프의 최소 지름은? 단, 펌프의 일 = 0.231 $lb_f \cdot ft/lb_m$, 각 탱크에서의 속도는 무시하고 단지 표면마찰만 존재한다고 가정한다.

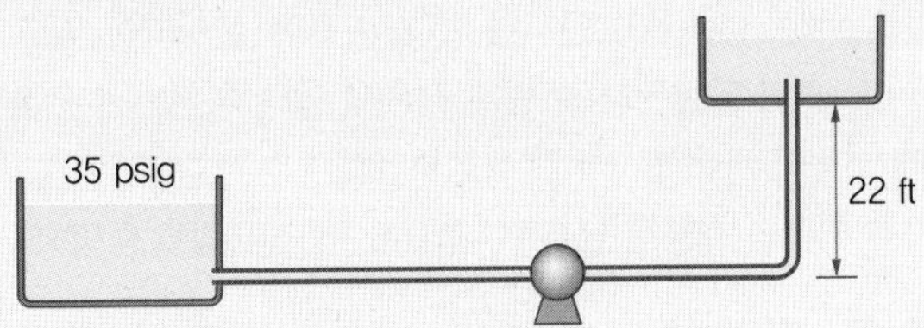

(1) 총 마찰 손실($lb_f \cdot ft/lb_m$)은?

(2) 속도 v와 지름 D와의 관계식을 구하면?

(3) 마찰계수 f와 지름 D와의 관계식 및 값(Fanning식 이용)은?

(4) 레이놀즈수와 지름 D 및 속도 v와의 관계식을 구하면?

(5) 호칭 치수 2 inch와 3 inch 사이의 파이프를 이용하여 f/D^5의 값을 (3)과 비교하면?

(6) 다음 표를 계산하여 완성하시오. (계산식을 모두 보여줄 것)

(7) 위의 문제에서 정확한 지름을 구하면?

호칭 치수 (in)	파이프 지름 (ft)	속도 v	레이놀즈수	ε/D	f	D^5	f/D^5
2							
2.5							
3							

17 분당 50 L로 흐르는 유체의 마찰 때문에 생성되는 압력 강하 70 kPa를 야기하는 강관의 전체 등가길이(안지름 = 1 inch)는? 단, 유체의 밀도 = 1 g/cm^3, 점도 = 2 cP이다.

18 물을 포함한 저장탱크에서 0.22 ft^3/sec의 방류가 바람직하다면 방류 지점에서의 탱크 내 물의 높이 H(ft)는? 강관이 사용되고, 점도 = 2.33×10^{-4} lb/ft·sec, $K_f = 0.75$, $K_c = 0.4$이다. (펌프일은 무시)

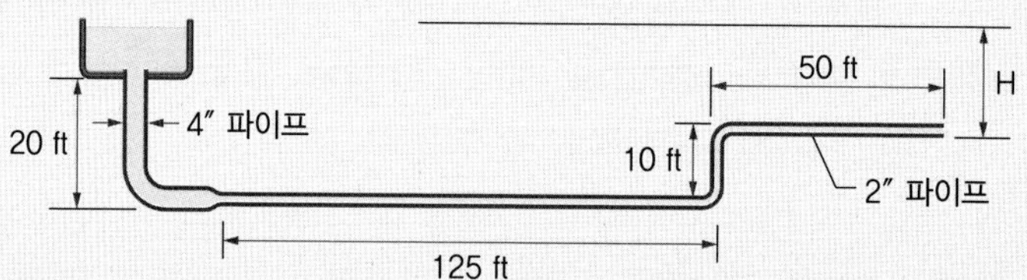

19 피토관을 사용하여 표준 대기압하에서 20°C 공기의 유속을 측정하고자 한다. 부착한 마노미터가 20 cm의 물 높이를 나타내었다. 이때 공기의 유속(m/sec)은? 〔PV = nRT, R = 0.082 L·atm/(K·mol)〕

20 지름 6 cm의 유량계(orifice meter)가 안지름 15 cm 관에 설치되어 있고 관을 통해 기름(밀도 = 0.878 g/cm^3, 점도 = 4.1 cP)이 운반된다. 유량계 전후의 압력 차이는 수은(밀도 = 13.6 g/cm^3)이 들어 있는 manometer에서 높이 차이 10 cm로 측정되었다.

(1) Orifice 계수가 0.61이라면 흐름은 난류로 나타나는데 난류임을 증명하시오.

(2) 관을 통해 흐르는 기름의 질량 유량(kg/sec)은?

21 20°C 물의 유속을 유량계로 측정하고자 한다. 파이프 안지름은 1인치이고 마찰력 손실 보정(C)은 0.60이며 orifice 지름과 파이프 지름의 비는 0.1이다. 마노미터 내의 오일의 비중은 1.1이고 그때의 높이 차이는 1.5 in이다.

(1) 분당 흐르는 물의 흐름 속도를 구하면?

(2) Orifice 막으로 인한 동력손실(hp)을 구하면?

Lab 08

이음쇠Bending과 fittings에서의 마찰 손실

곧은 관에서의 표면마찰은 층류와 난류에 따라 하겐-푸아죄유 식이나 패닝식을 이용하여 구하는데 곧은 관이 갑자기 넓어지거나 좁아진 경우와 펌프, 밸브나 90도 엘보와 같은 관 부속품(fitting)이 파이프 내에 있는 경우 표면마찰 외에 또 다른 에너지 손실이 일어난다. 이러한 경우 생성되는 마찰 손실은 실험실적 자료나 근사값을 이용하여 구하고 있다.

1) 급격한 확대에서의 마찰 손실

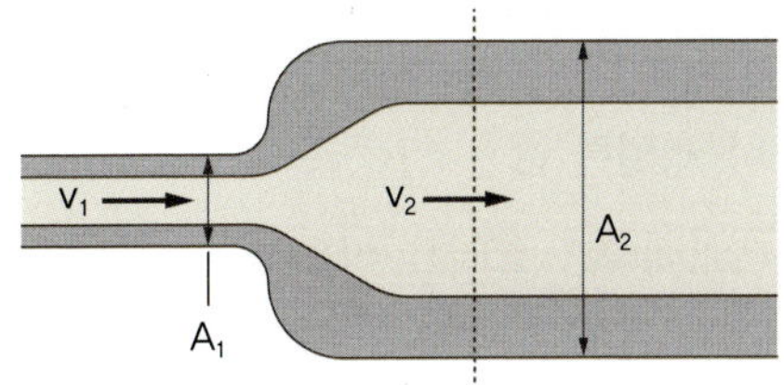

파이프가 곧은 관에서 갑자기 넓어지면 벽과 분리현상(jet 현상)일어나고, 소용돌이 현상(vortex motion)을 보여 준다. 이때 마찰이 창출(h_{fe})된다.

베르누이 식에서 $\dfrac{p_1 - p_2}{\rho} = \dfrac{v_2^2 - v_1^2}{2g_c + h_{fe}}$

$$(p_1 - p_2) = [(v_2^2 - v_1^2)/2g_c + h_{fe}] \cdot \rho \quad \cdots\cdots ①$$

F = ma에서 $\Delta P \cdot A = m(dv/dt) \Rightarrow dP \cdot A = \dot{m} \cdot dv$

모멘텀 식에서 $(p_1 - p_2) \cdot A_2 \cdot g_c = \dot{m}(v_2 - v_1)$

$$p_1 - p_2 = \frac{\dot{m}(v_2 - v_1)}{A_2 \cdot g_c} = \frac{A_2 \cdot v_2 \cdot \rho (v_2 - v_1)}{A_2 \cdot g_c} \quad \cdots\cdots ②$$

①=② $\frac{v_2^2 - v_1^2}{2g_c} + h_{fe} = \frac{v_2 \cdot (v_2 - v_1)}{g_c}$

따라서 $h_{fe} = \frac{2v_2^2 - 2v_2 \cdot v_1 - v_2^2 + v_1^2}{2g_c} = \frac{v_1^2 - v_2^2}{2g_c}$

$v_2A_2 = v_1A_1$이므로

$$h_{fe} = \frac{v_1^2(1 - A_1/A_2)^2}{2g_c} = \frac{K_e \cdot v_1^2}{2g_c} \quad [\text{여기서 } K_e = (1 - A_1/A_2)^2]$$

여기서 K_e : 확대 손실계수(expansion-loss coefficient), v_1 : 작은 도관에서의 평균속도

2) 급격한 축소에서의 마찰 손실

- 마찰 손실은 작은 도관 입구의 속도두에서 일어난다. 큰 도관의 변화 부분에서는 흐를 수 없고 벽과의 접촉이 없어진다.

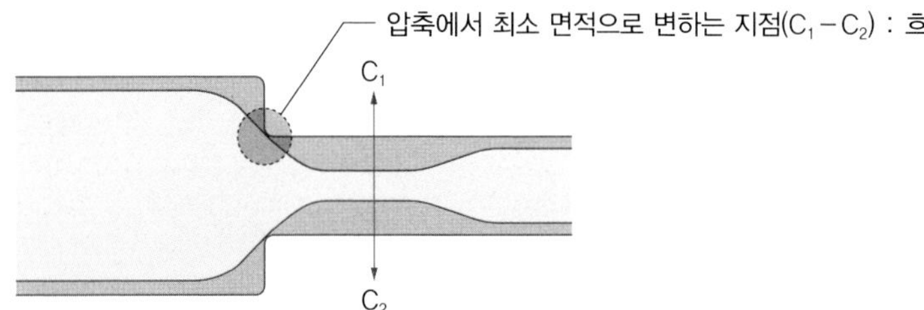

$$h_{fc} = \frac{K_c \cdot v_2^2}{2g_c}$$

$K_c = 0.4(1 - \frac{A_1}{A_2})$: 난류인 경우 경험적인 식, K_c : 축소 손실계수(contraction loss coefficient)

실험적으로 $K_c < 0.1$: 층류이며 이때 K_c는 무시

3) 이음쇠 및 밸브에서의 마찰 손실

- 이음쇠나 밸브는 유체의 일정 흐름을 방해하고 마찰을 일으킨다. 특히 많은 이음쇠를 가진 짧은 파이프라인에서는 더 큰 마찰을 일으킨다.

$$-h_{ff} = \frac{K_f \cdot v_1^2}{2g_c}$$

여기서 v_1 : 이음쇠에서의 파이프의 평균속도, K_f : 이음쇠의 손실계수 실험값

이음쇠나 밸브의 손실계수 K_f 값은 다음과 같이 실험적으로 구할 수 있다.

Handbook of fluid dynamics :

90° elbow : 0.9, 90° elbow w/ joint : 1.5, 45° elbow: 0.6, Tee 관 : 1.8

Globe 밸브 : 10, Gate 밸브 : 0.2(wide open), 5.6(half-open)

마찰 손실 및 펌프를 포함한 최종 베르누이 식은 다음과 같다.

$$\frac{(h_1-h_2)g}{g_c}+\frac{v_1^2-v_2^2}{2g_c}+\frac{p_1-p_2}{\rho_1}+nW_p=\frac{V^2}{2g_c}\,\frac{4f\cdot L+K_c+K_e+K_f}{D}$$

여기서 V : 파이프에서의 평균 속도

실험 목적

유체가 흐르는 과정에서 이음새 부분에서의 손실과 그 특성에 대한 이해

실험 기구

유압 벤치(hydraulic bench), 파이프 마찰장치(길이 = 500 mm, 지름 = 3 mm), 초시계, 클램프

실험 이론

파이프의 이음새와 밸브에서 속도의 에너지 손실은 다음과 같이 표현된다.

$$h_2 = K \cdot (\frac{V^2}{2g})$$

여기서 K : 손실계수, v : 유속

실험 방법

1 주입구(inlet pipe)로 연결된 파이프와 물이 차는 부피 측정용(volumetric) 탱크를 유압 벤치와 연결한다.

2 유압 벤치의 밸브, 게이트(gate) 밸브, 유량 조절(flow control) 밸브를 열어 실험 기구 안으로 물이 들어가게 한다.

3 배관에 물이 차면 짧은 길이의 튜브를 공기 연결부에 연결하고, 유량 조절 밸브는 닫고 공기 제거 스크루(air bleed screw)를 열어 마노미터가 물로 가득 찰 때까지 수도꼭지를 열어 둔다.

4 마노미터 튜브의 높이는 공기 연결부에 붙어 있는 수동 펌프를 통해 높일 수 있고, 공기 제거 스크루를 통해 낮출 수 있다.

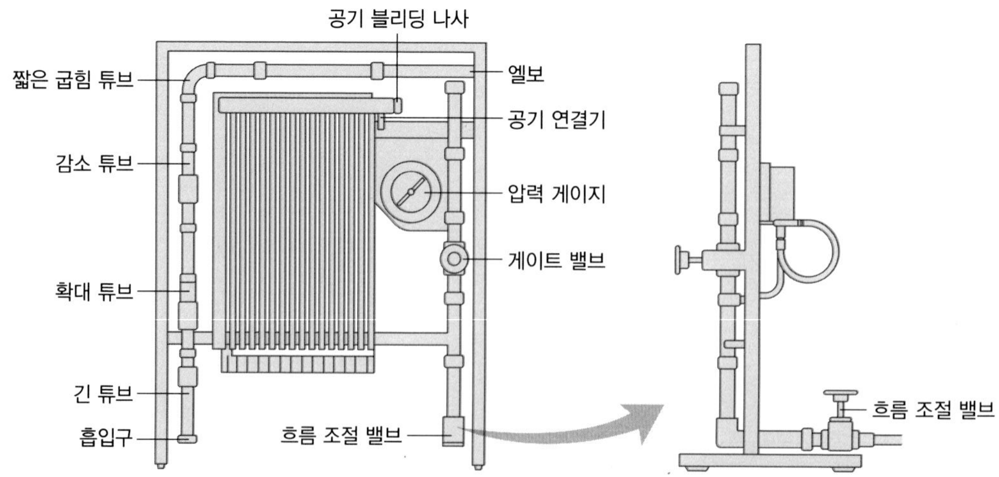

5 공기 제거 스크루는 에어밸브를 통한 공기의 흐름을 조절하므로 수동 펌프를 이용할 때는 반드시 열려 있어야 한다. 기계의 시스템 내에서 수동 펌프의 압력을 유지하기 위해서는 스크류가 펌핑 이후에 닫혀 있어야 한다.

6 유량 조절 밸브를 살짝 열고 각각의 마노미터의 눈금을 확인하여 물의 흐름을 측정한다.

7 이후에 관 이음쇠(mitre bend)의 꼭지(tapping) 2개를 닫는다. 유량 조절 밸브를 완전히 열어 게이트밸브를 닫는다.

실험 결과 및 토론

다음의 표를 채우시오.

이음쇠	H1 (mm)	H2 (mm)	H1-H2 (mm)	부피 (L)	시간 (초)	용적유량 (L/sec)	속도 (m/sec)	$V_2/2g$	K
확대									
축소									
긴 튜브									
짧은 굽힘 튜브									
엘보									
게이트 밸브		게이지값							

파이프의 면적 = 301.7 mm^2, 확대 파이프의 지름 = 26.2 mm

축소 파이프의 지름 = 19.48 mm

서로 다른 유속으로 동일한 실험을 반복한다.

게이트 밸브에 대하여 서로 다른 위치에서 동일한 실험을 반복한다.

토론

1 높이 h는 속도의 제곱값에 따라 다양하게 변하는가?

2 유속에 따라 K값이 어떻게 변하는가? K값은 일정한가?

3 h와 유체 속도 간의 그래프를 그리시오.

4 h와 속도의 제곱 간의 관계를 그래프로 그리시오.

Lab 09

벤투리 유량계를 이용한 유속 측정

공학도는 파이프 내의 유체 흐름속도와 선택된 펌프의 압력을 측정할 수 있어야 한다.

1) 흐름의 측정

(1) 압력 측정기

① 피에조미터 튜브Piezometer tube

유체가 흐르는 방향에 대하여 수직으로 튜브를 설치하여 유체가 파이프 벽면에 작용하는 압력의 크기를 튜브의 높이로 측정한다.

$$P = \rho \cdot g \cdot h$$

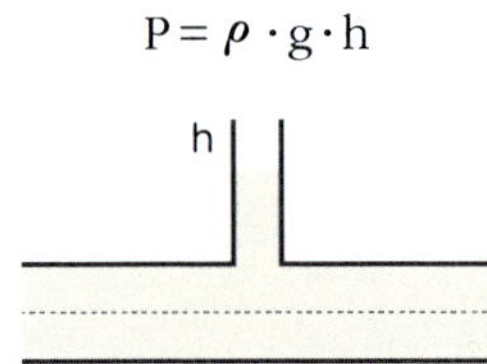

② U-tube

U-tube 안에 튜브 속의 유체와 섞이지 않는 액체를 넣고 튜브 내의 액체 밀도와 높이로 압력을 계산한다.

$$P = \rho_m \cdot g \cdot h_m$$

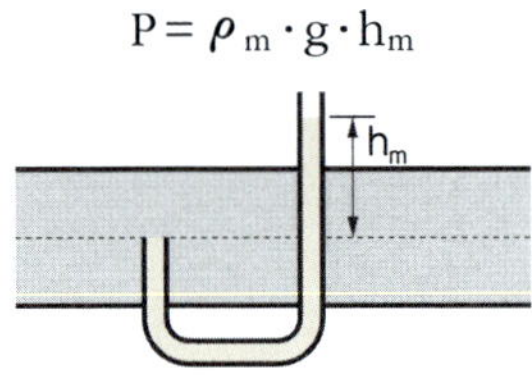

(2) 유속 측정기

- 마노미터(manometer) : 압력 차이를 측정하는 기기

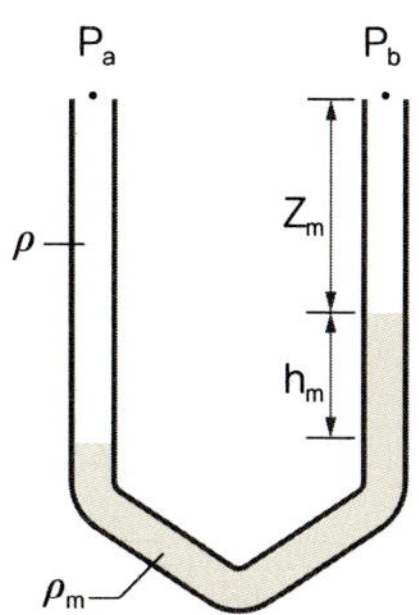

$$Pa + (\rho \cdot Z_m + \rho \cdot h_m)g/g_c = P_b + (\rho \cdot Z_m + \rho_m \cdot h_m)g/g_c$$

$$\therefore\ P_a - P_b = (\rho_m - \rho) \cdot h_m \cdot g/g_c$$

① 피토튜브Pitot tube

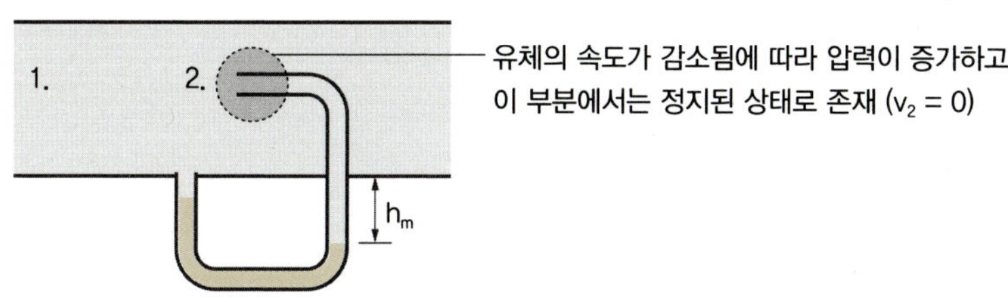

- 비압축 유체이며 1과 2 사이에서는 마찰 손실이 없다고 가정한다.
- 다만 한 곳에서만 속도를 측정하므로 평균 속도는 아니다.
- Manometer로 압력 증가를 측정한다.

$$\frac{h_1 \cdot g}{g_c} + \frac{v_1^2}{2g_c} + \frac{p_1}{\rho} = \frac{h_2 \cdot g}{g_c} + \frac{v_2^2}{2g_c} + \frac{p_2}{\rho}$$

$$\frac{v_1^2}{2g_c} + \frac{(p_1 - p_2)}{\rho} = 0$$

$$\therefore\ v_1 = \sqrt{2g_c \cdot \frac{(p_1 - p_2)}{\rho}}$$

마노미터로부터 $(p_1 - p_2) =$ 압력 강하 $= (\rho_m - \rho) \cdot h_m \cdot \frac{g}{g_c}$

$$v_1 = \sqrt{2g \cdot h_m \cdot \frac{(\rho_m - \rho)}{\rho}}$$

② 벤투리미터Venturi meter

마찰 손실을 줄이기 위해 서서히 배관 크기를 줄인 기기이다. 역시 두 점 사이의 압력차를 측정한 후 속도를 계산한다.

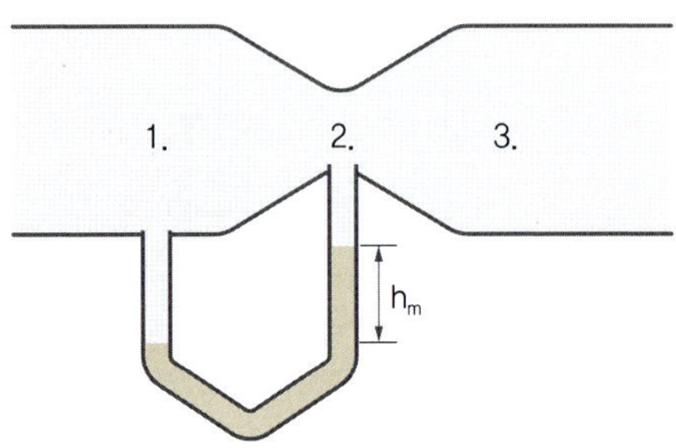

- 베르누이(Bernouilli) : 관이 줄어들 때 유속은 빨라지고 압력은 저하된다.

$$\frac{v_1^2}{2}+\frac{p_1}{\rho}=\frac{v_2^2}{2}+\frac{p_2}{\rho}$$

$$v_1A_1=v_2A_2\text{이므로 } \frac{v_1^2}{2}+\frac{p_1}{\rho}=\frac{(v_1A_1/A_2)^2}{2}+\frac{p_2}{\rho}$$

$$\therefore\ v_1=C\sqrt{2\cdot\frac{(p_1-p_2)}{\rho}\times\frac{A_2^2}{A_1^2-A_2^2}}$$

여기서 C : 마찰력 손실 보정(0.95~1)

압력 차이 (p_1-p_2)는 속도가 v_1에서 v_2로 감에 따라 생성되며 다시 원위치 지점 3으로 오면 속도가 원위치 하지만 압력 차이는 마찰 손실 때문에 완전히 돌아오지 않는다.

③ 오리피스 유량계Orifice meter

격막장치를 설치하고 격막 내의 압력 차를 측정한다. 갑작스런 축소로 마찰력이 크게 작용한다.

$C_o=0.61$일 때 레이놀즈수 > 3,000

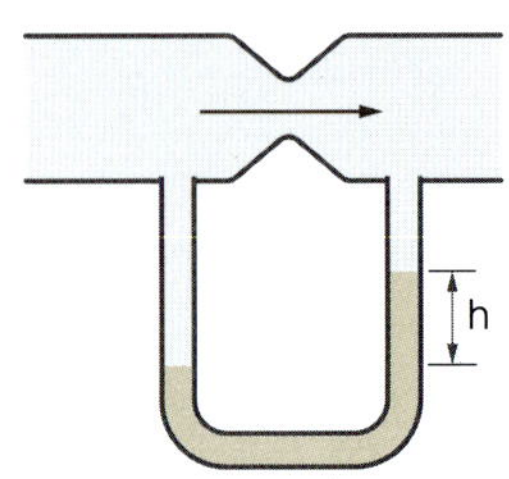

$$\frac{C_o\sqrt{2(p_1-p_2)/\rho}}{\sqrt{1-\beta^4}}$$

여기서 C_o : 오리피스 계수(orifice coefficient, 실험적으로 결정), β : 오리피스 지름과 파이프 지름의 비율

- 유량속도가 증가 시 압력차(△P)도 증가하며 높이 h도 증가한다.
- △P와 속도와의 관계는 $\beta(D_{orifice}/D_{pipe})$에 따라 다르게 나타난다.

장점 : 값이 싸고 공간을 적게 차지하며 오리피스판을 쉽게 변화시켜 유체 흐름속도를 조절할 수 있다.

단점 : 많은 동력 손실을 야기한다(압력 손실, 일의 저하)

④ 로터미터Rotameter

- 이전의 측정장치들(orifice, venturi)은 면적이 일정하고 흐름에 변화를 주는 장치 ⇒ △P에 변화
- 다른 카테고리인 면적계(area meters)로서 △P는 거의 일정하나 흐름속도에 따라 흐름 면적이 다양한 기기이다.

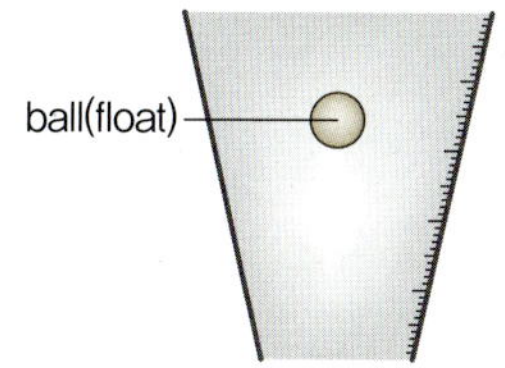

실험 목적

좁아지는 관을 흐르는 물을 통한 베르누이 이론의 타당성을 조사하기 위함이다.

실험 기구

유압벤치(hydraulic bench), Bernoulli 이론 증명장치, 초시계

실험 이론

파이프에서 두 부분의 흐름을 이용하여 세운 베르누이의 식은 다음과 같다.

$$\frac{v_1^2}{2}+\frac{p_1}{\rho g}+h_1=\frac{v_2^2}{2}+\frac{p_2}{\rho g}+h_2$$

이 장치에서 $h_1=h_2$이고 $P=\rho \cdot g \cdot h$이다.

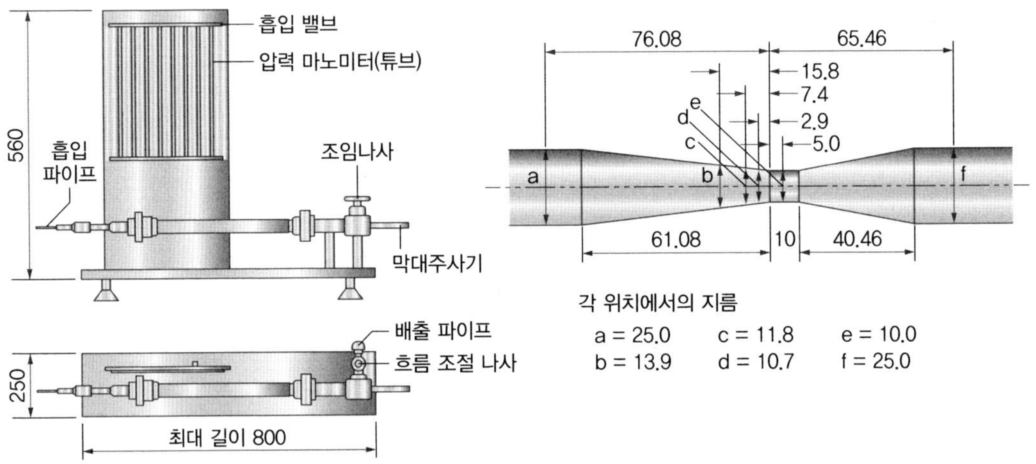

실험 방법

1. 적당한 높이에서 장치를 유압 벤치에 연결한다.
2. 장치의 압력을 나타내는 마노미터 튜브에 물을 조심히 채우고, 모든 공기를 제거한다.
3. 공급되는 물의 양과 유속을 조절하는 밸브를 조절함으로써 원하는 수치까지 올리거나 내려서 실험한다. 또한 주입구에 공급하는 물의 양과 유속을 조절하는 밸브를 조절하여 유속과 압력을 구한다. 이때 압력은 마노미터의 가장 높은 부분과 낮은 부분의 차이로 구한다.
4. 평행한 관의 끝부분에 probe를 주입하고, 관이 좁아지는 방향으로 probe를 시간당 1 cm씩 이동시킨다. 관의 끝부분(시작점)으로부터 이동한 거리와 그때의 마노미

터 값을 기록한다.

5 같은 방법으로 유속과 압력에 차이를 주어 반복 실험한다. 이때 밸브를 열고 닫음으로써 유속과 압력에 변화를 준다.

※ 주의 : 수렴하고 갈라지는 형상의 압력은 유속 조절 밸브에서 떨어져 있는 조절 나사를 사용하여 설정할 수 있다.

실험 결과 및 고찰

다음의 표를 채워 완성하시오.

튜브 No.	단면적 지름 (mm)	단면적 넓이 (mm^2)	마노미터 높이 (mm)	용적 유량 (L/sec)	프로브 거리 (mm)	프로브 마노미터 높이(mm)	유체속도 (m/sec)
1							
2							
3							
4							
5							
6							

1 각 밸브를 조절함에 따른 각 지점의 유속을 구하시오.

2 각 지점의 이론 속도를 구하시오.

3 위에서 구한 실험 속도와 이론적 속도가 일치하는지 비교하시오.

2) 액체에 담긴 물체의 흐름

앞에서 파이프 내부에 흐르는 유체 흐름 및 전달과 마찰 손실을 언급하였는데, 지금부터는 물에 잠긴 고체 주위의 유체 흐름에 대하여 고려해 보자.

(1) 견인력drag force(끌려가는 힘)

유체 흐름과 같은 방향으로 흐르는 유체에 의해 야기되는 힘.

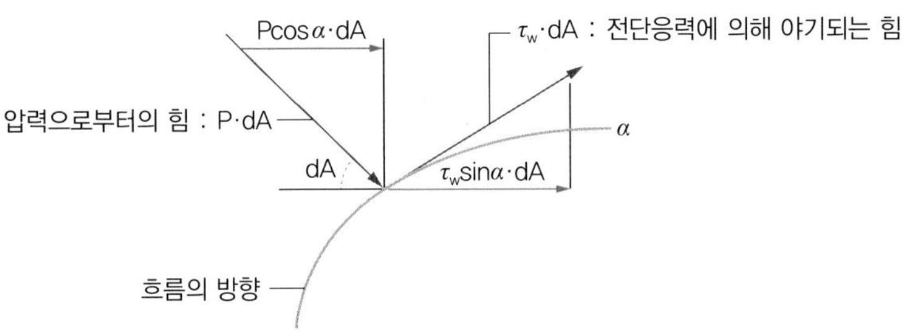

전체 견인력 = $\tau_w \sin\alpha \cdot dA$(벽면 항력, wall drag) + $P\cos\alpha \cdot dA$(형상 항력, form drag)

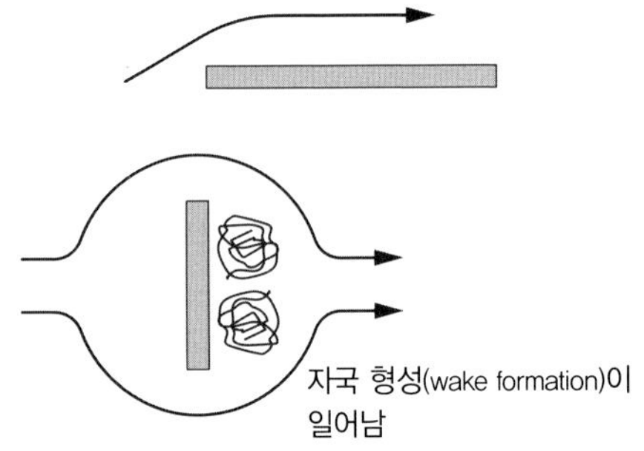

물체의 단면이 흐름의 방향과 평행일 때
벽면 전단응력(wall shear stress)만이 존재

물에 담긴 물체는 흐름에 대해 각(angle)이 존재
평면에 의한 표면마찰 외에 다른 마찰이 존재

∴ 전체 견인력 : 벽면 전단으로부터 오는 벽면 항력과 압력으로부터 오는 형상 항력으로 구성되어 있다.

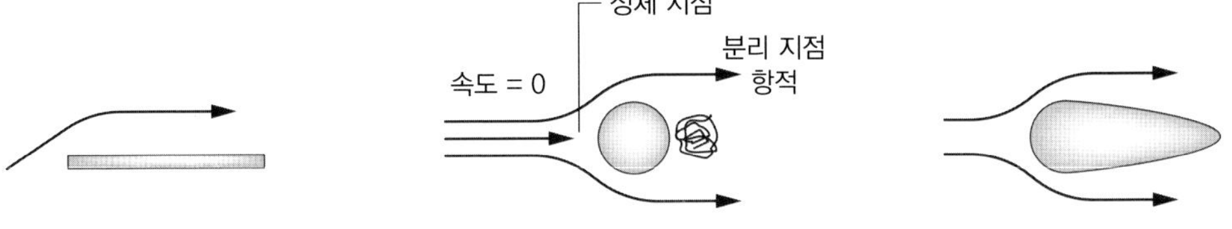

즉 흐름의 패턴이나 견인력은 담긴 물질의 모양이나 흐름의 속도에 따라 변하고 다루

기에는 너무 복잡하여 수적인 방법을 사용해야 한다.

(2) 항력계수drag coefficient

담긴 물체의 기하학적 구조가 전체 견인력을 결정하는 주된 요소이다. 기하학적 구조와 고체 물질의 흐름 관계는 마찰 손실과 레이놀즈수와의 관계와 유사하다.

f(마찰 손실) = (견인력/단위면적)과 〔밀도 × 속도두($v^2/(2 \cdot g_c)$)〕와의 비

$$f = \frac{\tau}{\rho \cdot v^2/2 \cdot g_c} = \frac{F/A}{\rho \cdot v^2/2 \cdot g_c} = \frac{(\triangle P \cdot \pi \cdot R^2)/(2 \cdot \pi \cdot R \cdot \triangle L)}{\rho \cdot v^2/2 \cdot g_c}$$

$$\therefore \frac{\triangle P}{\rho} = \frac{2 \cdot f \cdot v^2 \cdot \triangle L}{D \cdot g_c}$$

같은 방법으로 담긴 물질을 통과하는 흐름에서는

$$C_D(\text{항력계수}) = \frac{\text{견인력/면적 } A_p}{\rho \cdot v^2/2 \cdot g_c}$$

$$C_D = \frac{F_D/A_p}{\rho \cdot v^2/2 \cdot g_c}$$

여기서 FD : 총 견인력 $N \cdot lb_f$, C_D : 무차원, ρ : 유체의 밀도 lb_m/ft^3, v : 유체속도 ft/sec,
A_p : 투시 면적, 원 : $\pi D_p^2/4$, 실린더 : $L \cdot D_p$

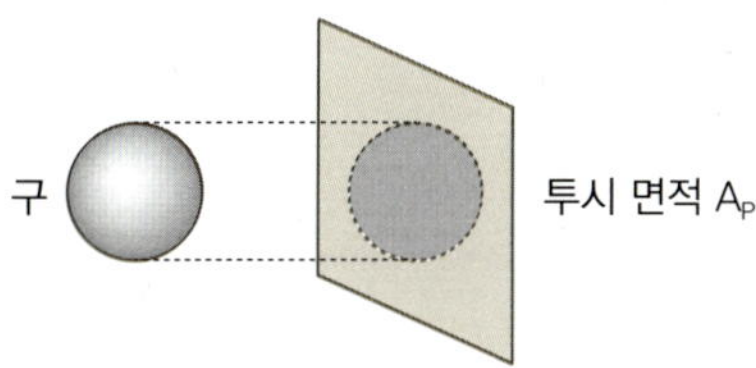

$$\text{총 견인력(Total drag force)} \quad F_D = \frac{C_D \cdot \rho \cdot v^2 \cdot A_p}{2 \cdot g_c}$$

항력계수 C_D는 레이놀즈수와 관계가 있으며 실험적으로 구한다.

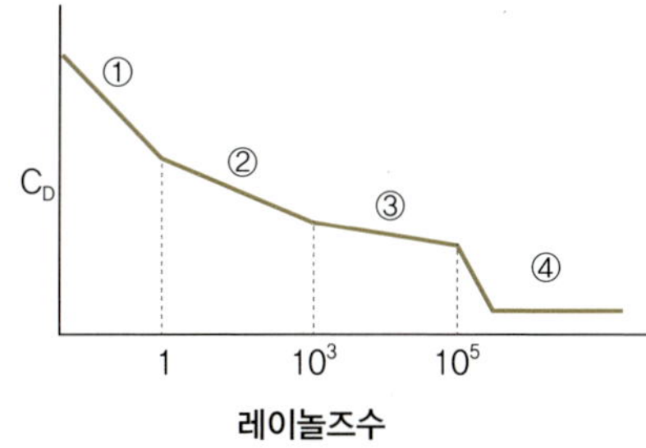

구간 1 : 극도로 적은 미동 흐름(creeping flow) : 낮은 레이놀즈수(1~2)

구에 대한 견인력은 스토크 법칙(stoke's law)과 같다.

벽면 전단은 단지 점성력(viscous force)에만 의한다.

먼지 입자와 같이 작은 입자가 아주 낮은 속도로 낮은 점도의 유체/기체를 움직일 때 받는 저항 계산.

즉, $F_D = \frac{\pi \cdot \mu \cdot D_p \cdot v}{g_c} + \frac{2 \cdot \pi \cdot \mu \cdot D_p \cdot v}{g_c} \Rightarrow F_D = \frac{3 \cdot \pi \cdot \mu \cdot D_p \cdot v}{g_c}$

$= \rho \cdot v^2/(2 \cdot g_c) \times \pi \cdot D_p^2/4 \times 24 \cdot \mu/(D_p \cdot v \cdot \rho)$

$\Downarrow$ $\qquad$ $\Downarrow$

$\rho \cdot v^2 \cdot A_p/(2 \cdot g_c)$ $\qquad$ C_D

$\therefore C_D = 24\mu/(D_p \cdot v \cdot \rho) = 24/$레이놀즈수

구간 2 : 2 < 레이놀즈수 < 500

미동 흐름에서는 층류 흐름의 엷은 유체층이 물질을 둘러싼다.

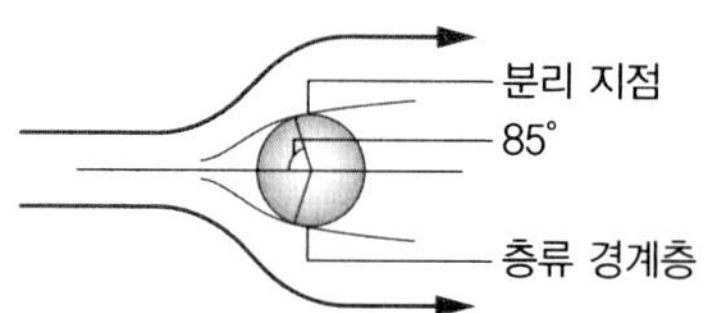

레이놀즈수가 증가함에 따라 구 뒤에서 소용돌이가 형성하며 경계층이 구로부터 분리되는 항적(wake)을 나타낸다. 즉 분리 지점(separation point)이 구의 뒤(Re = 1)에서 정체 지점(stagnation point)으로부터 약 85°까지 이동한다. 이 구역의 윗부분에서의 경계층은 매우 엷으나 여전히 층류로서 작용한다.

(중간의 법칙) $C_D = 18.5/(\text{레이놀즈수})^{0.6}$

구간 3 : 500 < 레이놀즈수 < 2×10^5

분리 지점은 85°에 머물러 있고 항력계수는 거의 일정하다.

$$F_D = 0.055 \cdot \frac{\pi \cdot \rho \cdot (D_p \cdot v)^2}{g_c} \Rightarrow C_D = 0.44$$

구간 4 : 레이놀즈수 > 2×10^5

경계층은 난류로 바뀌며 분리 지점은 90도 이상의 뒤에서 나타난다.

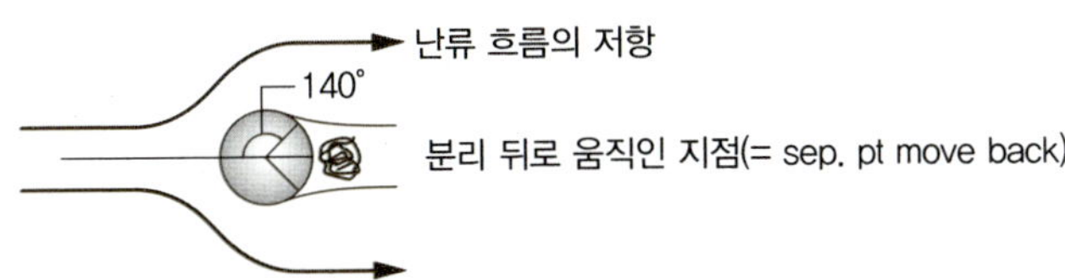

이 변화는 C_D를 급격하게 낮추는 역할을 하며 레이놀즈수가 증가함에 따라 다시 증가하게 된다. 이 범위에서 관성력(inertial forces)은 점성력보다 크다.

37℃ 1기압 하의 공기(밀도 = 1.13 kg/m³, 점도 = 1.9 × 10⁻⁵ Pas·sec)가 지름 40 mm인 구를 향해 20 m/sec로 흐르고 있을 때 F_D와 C_D를 구하시오.

$$\text{레이놀즈수} = \frac{D\cdot v\cdot \rho}{\mu} = \frac{0.04\times 20\times 1.13}{1.9\times 10^{-5}} = 4.8\times 10^{-4}$$

C_D 대 레이놀즈수의 그래프에서 $C_D = 0.48$

$$\therefore F_D = \frac{C_D\cdot \rho\cdot v^2\cdot A_p}{2\cdot g_c}$$

$$= \frac{0.48\times 1.13\times (400)\times [\pi(0.04)^2]}{4}\times\frac{1}{2}$$

$$= 0.136\ \text{N}$$

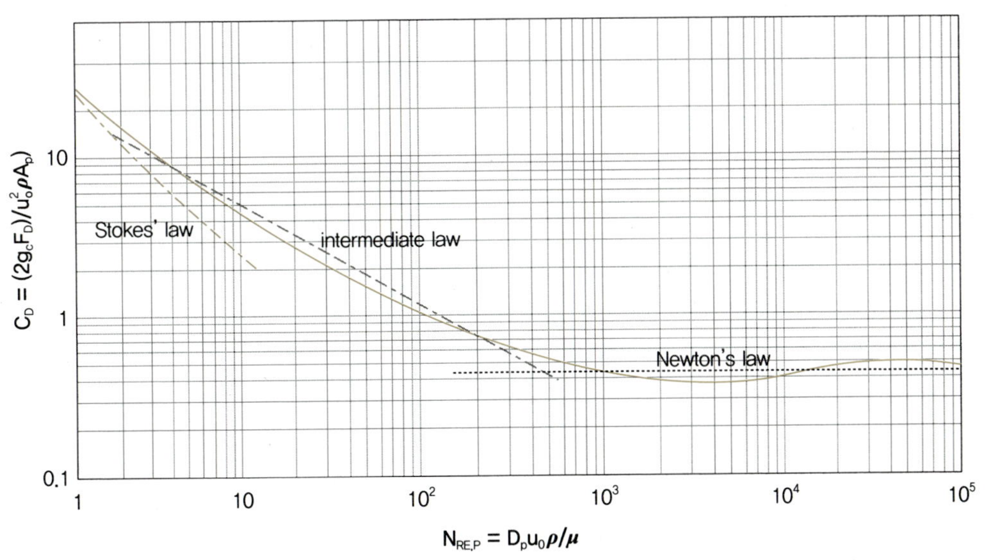

구에 대한 항력계수와 레이놀즈수와의 관계

3) 유체의 전달과 흐름의 측정Transportation and measuring of fluids

공학적 관점에서 유체의 전달에서의 문제점을 파악하고 흐름의 속도를 알아내는 것이 중요하다.

(1) 파이프(또는 튜브)

- 보통 단면은 원형이며, 다양한 크기와 벽의 두께 및 다양한 재료로 구성되어 있다.
- 파이프 : 무겁고 거친 벽면과 상대적으로 큰 지름 및 20~40 ft 길이로 구성되어 있다.
- 튜브 : 얇고 부드러운 벽면과 여러 코일(몇 백 feet 길이)로 구성되어 있다.
- 크기 : 지름과 벽면의 두께는 일정하게 명기되어 있다.

  액면의 강관(steel pipe) 공칭 치수(nominal size) : 지름 1/8 in~12 in

  벽면의 두께는 스케줄 번호(schedule number)로 표기 : 관의 내압 안정성을 나타낸다.

$$1,000\ p/s$$

여기서 p : 내부 working press,　s : 허용할 수 있는 stress(일반적인 식품 공업은 40S 사용)

(2) 밸브

- 열고 닫음을 조절함으로써 유체 흐름을 막거나 조절하는 역할을 한다.

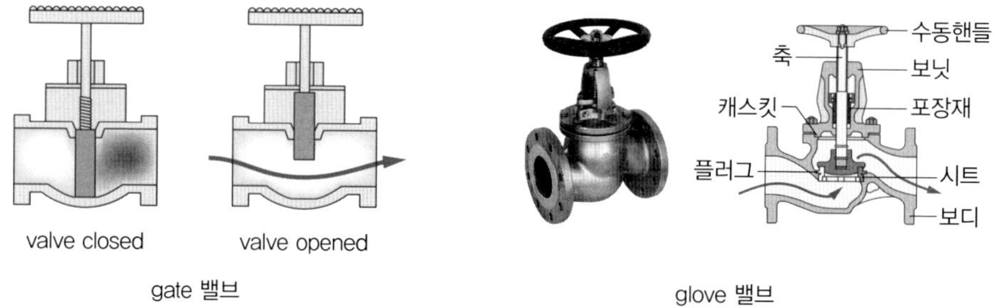

gate 밸브　　glove 밸브

- 유량 흐름을 조절하기보다는 열고 닫는 데 주로 사용한다.
- 더 쉽게 유량 조절을 한다.

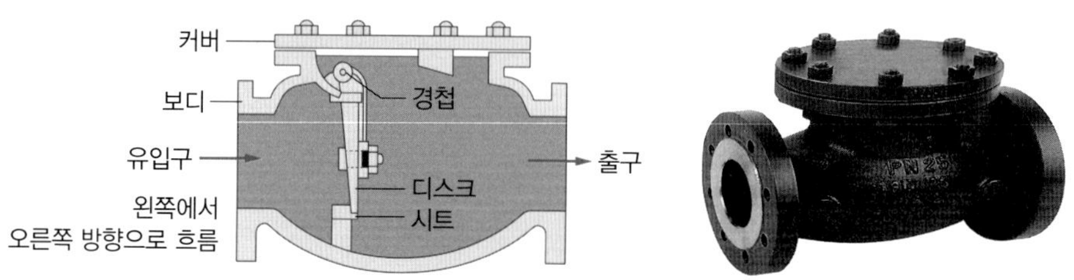

스윙 체크 밸브(swing check valve)
오른쪽으로 움직이면 유체가 흐르도록 열리고 왼쪽으로 움직이면 닫힘

(3) 펌프

- 유체는 펌프나 압축기(compressor)에 의해 움직이므로 펌프는 유체의 흐름 속도를 증가시키거나 유체의 압력을 높이는 데 사용된다.
- 펌프에서 유체의 밀도는 변하지 않으나 압축기에서는 변한다.
- 식품 공정에서 펌프의 설치는
  ① 저장고로부터 유체를 흐르게 하는 데 필요한 에너지를 제공한다.
  ② 파이프의 출구에서 일정한 양으로 유체가 나오게 하는 데 사용된다.
- 일반적으로 저장고와 출구 탱크에서는 베르누이식($P_1 = P_2$)을 적용하는데, 펌프에서도 베르누이식($h_1 = h_2$)이 적용된다.

① 용적식 펌프Positive displacement pump(왕복 펌프)

유체가 피스톤이나 플런저(plunger)에 의해 옮겨짐으로써 움직이며, 유체에 압력을 가하는 데 있어서는 필연적으로 낮은 용량(capacity)이 일반적이다.

a. 왕복 펌프Reciprocating pump(plunger pump, piston pump)

- Down stroke : 흡입 밸브가 닫히며 피스톤이 배출 체크밸브를 통해 유체가 움직이게 한다.
- Up stroke : 유체가 흡입 밸브를 통해서 들어오며 배출 체크밸브는 닫힌다.
- 배출 기압 : 1500 atm 이상, 효율 40~90%, 크기에 따라 다양하다.
- 수명이 길지만 비싸고, 100~500 rpm을 나타내며, 벨트나 기어에 연결되어 있다.

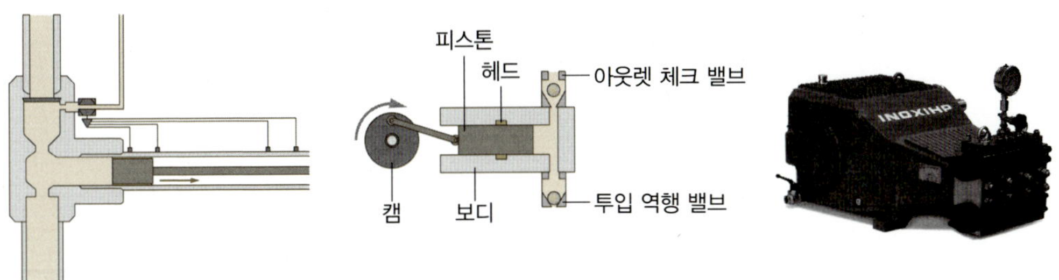

b. 회전 펌프Rotary pump(gear pump, screw pump)

- 기름과 같이 점도가 높은 유체에 적합하다.
- 체크 밸브가 없다.

- 배출에서부터 흡입 공간까지 유출(leakage)이 최소화된다.
- 작동 속도는 제한적이다.
- 배출 기압 : 200 atm 이상이며 벨트나 기어를 이용한다.
- 가격과 크기가 중간 정도이며, rpm은 100~1,000이다.

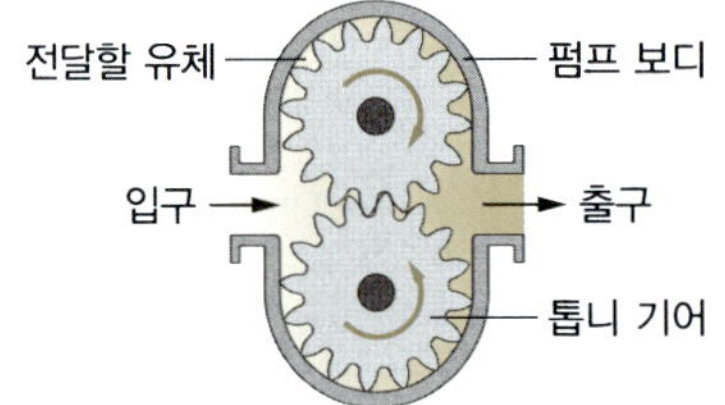

② **원심 펌프**Centrifugal pump

- 가장 일반적인 펌프이다.
- 축에 대해 회전하는 프로펠러에 의해 유체를 전달한다.
- 간단하며 0~40 psi, 1,700 rpm 이상
- 모터에 직접 연결하며 수명이 길고, 가격이 저렴하며 크기가 작다.
- 마모가 있으며 효율성이 낮다.

Lab 10

열전달Heat transfer

- 요리, 건조, 굽기, 살균, 냉동 시 열의 이동이 일어난다.
- 열전달은 동적인 과정이다. 즉, 열 전달속도는 온도차(△T)에 의해 좌우(△T가 클수록 열 전달속도는 빨라짐)된다.

∴ △T는 열전달의 추진력(driving force)이고 열전달 매체는 열의 흐름에 저항하는 공기, 물, 절연막(insulator) 등이다.

$$\text{전달 속도} \propto \frac{\text{추진력}}{\text{저항}} = \frac{\text{온도차}(\triangle T)}{\text{매체의 열 흐름에 대한 저항}(\triangle x)}$$

- **열전달의 정상 상태**steady state : 가공 중 온도가 일정하게 변화하며 열전달 중 열 축적이 없는 경우
  열전달 속도가 일정
  열전달의 비정상 상태unsteady state : 가공 중 온도가 불규칙하게 변화하며 열전달 중 열의 축적이 있는 경우
  열 전달속도는 시간의 함수
- **열전달 방법**
  - 전도(conduction) : 한 분자 또는 원자에서 옆에 있는 분자 또는 원자로 열에너지가 이동하는 현상. **예** 벽을 통한 열전달
  - 대류(convection) : 유체의 찬 부분과 더운 부분이 혼합되면서 열이 전달되는 현상. **예** 용기에 물을 끓일 때
  - 복사(radiation) : 열에너지가 전자기파(electromagnetic wave)의 형태로 한 물체에서 방출되어 공간을 통해 다른 물체에 흡수되는 현상. **예** 전자레인지

일반적으로 고체 : 열전도에 의한 전달

액체 : 열전도와 대류에 의한 전달

기체(공간)를 통한 전달 : 복사에 의한 전달

1) 열전도Heat conduction

(들어오는 열전달 속도) = (나가는 열전달 속도) + (열 축적 속도)

(1) 단층평판에서의 열전달

푸리에의 법칙 Fourier's Law : 전도에 의해 열이 이동될 때의 기본 법칙

$$\text{열전달 속도} \propto \frac{\text{면적, 온도차}}{\text{열의 이동거리}}$$

정상 상태에서 (열 축적 없이 열전달 속도가 일정), 열이 x 방향으로만 이동하는 경우에 열전달 속도는 다음과 같다.

$$Q \propto \frac{A, \triangle T}{x} \qquad \therefore Q = \frac{-K \cdot A \cdot \triangle T}{x}$$

여기서 K : 열전달계수(thermal conductivity), A : 면적, △T : 온도차, x : 두께, Q : 열전달 속도

- 위의 식에서 마이너스 기호 : 열이 흐르는 방향 쪽으로 온도가 감소한다, 즉 더운 곳에서 찬 곳으로 열이 전달되고 변화도의 sign은 열 흐름과 반대를 나타낸다.

K의 단위 : Btu/(ft·hr·°F), Kcal/(m·hr·℃) 등으로 열전도의 정도를 나타내는 중요한 기준

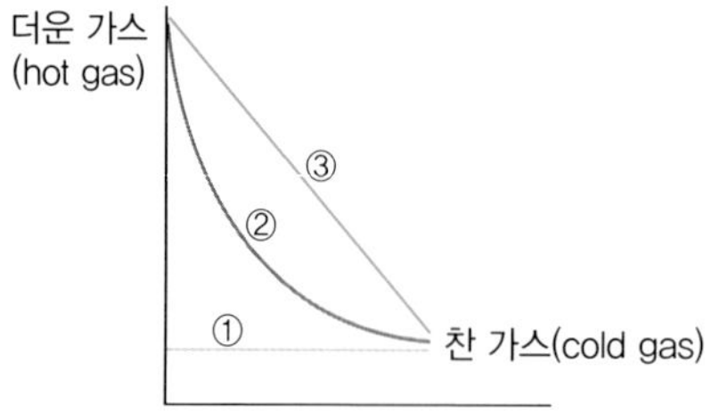

① 고온의 벽에 급작스럽게 접촉했을 때의 흐름
② 시간 t에서 가열하는 동안의 흐름
③ 정상 상태에서의 흐름

(2) 다층 평판에서의 열전달 Heat transfer in series

여러 개의 다른 재질로 된 벽을 통한 열의 이동

예 냉장이나 냉동실의 벽(열전달 속도∝재질의 K값과 두께)

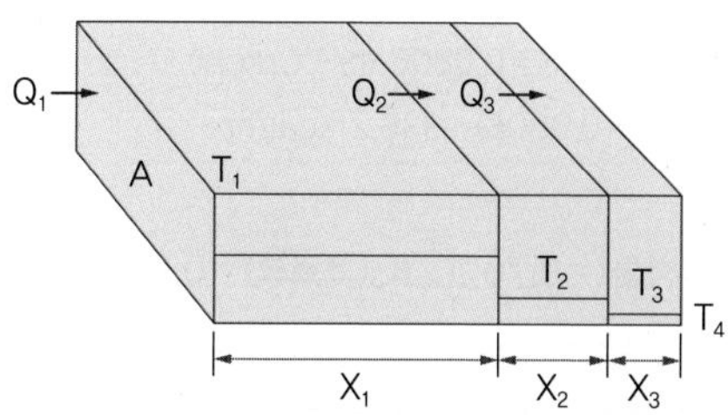

시간에 따른 열 변화가 없다면(정상 상태),

① 정상 상태에서 각 층을 통한 열의 이동속도 Q는 같으므로

$$Q = Q_1 = Q_2 = Q_3$$

② 각 층마다 Fourier 법칙이 적용

$$Q_1 = -K_1 \cdot \frac{A_1 \cdot \triangle T_1}{x_1} \qquad Q_2 = K_2 \cdot \frac{A_2 \cdot \triangle T_2}{x_2} \qquad Q_3 = K_3 \cdot \frac{A_3 \cdot \triangle T_3}{x_3}$$

$$Q = -K_1 \cdot \frac{A_1 \cdot \triangle T_1}{x_1} = K_2 \cdot \frac{A_2 \cdot \triangle T_2}{x_2} = K_3 \cdot \frac{A_3 \cdot \triangle T_3}{x_3}$$

③ 각 면적 $A = A_1 = A_2 = A_3$가 되어야 하므로

$$A \cdot \triangle T_1 = Q(\frac{x_1}{K_1}), \qquad A \cdot \triangle T_2 = Q(\frac{x_2}{K_2}), \qquad A \cdot \triangle T_3 = Q(\frac{x_3}{K_3})$$

좌변은 좌변과, 우변은 우변과 모두 더하면,

$A(\triangle T_1 + \triangle T_2 + \triangle T_3) = Q(x_1/K_1 + x_2/K_2 + x_3/K_3)$

$\triangle T_1 + \triangle T_2 + \triangle T_3 = (T_1 - T_2 + T_2 - T_3 + T_3 - T_4) = T_1 - T_4$이므로,

$$\therefore Q = \frac{A \cdot \triangle T}{\frac{x_1}{K_1} + \frac{x_2}{K_2} + \frac{x_3}{K_3}}$$

여기서 $(x_1/K_1 + x_2/K_2 + x_3/K_3) = 1/U$로 놓으면 $Q = U \cdot A \cdot \triangle T$

예 1 $x_1 = 0.12$ m, $x_2 = 0.05$ m, $x_3 = 0.05$ m, $K_1 = 0.6$ kcal/(m·hr·°C), $K_2 = 0.67$, $K_3 = 0.031$, $A = 20$ m^2, 외부 온도 = -2°C, 내부 온도 = 30°C일 때 전체 열전달 속도를 구하시오.

$R_1 = x_1/(A \cdot K_1)$

$= 0.12 \text{ m}/[20 \text{ m}^2 \times 0.6 \text{ kcal}/(\text{m} \cdot \text{h} \cdot °\text{C})] = 0.01(\text{hr} \cdot °\text{C/kcal})$

$R_2 = 0.0037(\text{hr} \cdot °\text{C/kcal})$, $\quad R_3 = 0.0806\ (\text{hr} \cdot °\text{C/kcal})$

$\therefore Q = 32/(0.01 + 0.0037 + 0.0806) = 339.2$ kcal/hr

예 2 K_1(콘크리트) = 0.69 J/(m·hr·°C), K_2(벽돌) = 0.76, K_3(코르크) = 0.043

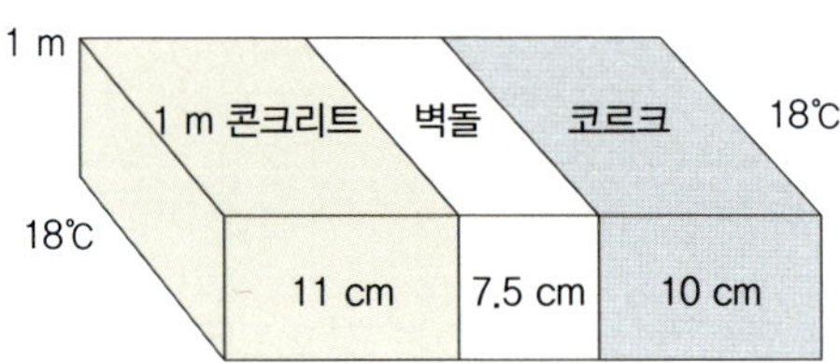

(1) 전체 Q를 구하시오.

콘크리트층 : $(x_1)/(K_1) = 0.11/0.69 = 0.16$

벽돌층 : $(x_2)/(K_2) = 0.075/0.76 = 0.10$

코르크층 : $(x_3)/(K_3) = 0.10/0.043 = 2.33$

$\Delta T = 18 - (-18) = 36$°C, $\quad A = 1$ m^2,

$1/U = (x_1/K_1 + x_2/K_2 + x_3/K_3) = (0.16 + 0.1 + 2.33) = 2.6$

$U = 1/2.6 = 0.38$ J/(m^2·hr·°C)

$\therefore Q = U \cdot A \cdot \Delta T = 0.38 \times 1 \times 36 = 13.7$ J/hr

(2) 벽돌과 코르크 사이의 온도를 구하시오.

$Q = K_3 \cdot \dfrac{A_3 \cdot \Delta T_3}{x_3} \Rightarrow 13.7 = (1/2.331) \times 1 \times \Delta T_3$

$\Delta T_3 = 32$°C, $\quad T - (-18) = 32$ $\qquad$ ∴ 코르크와 벽돌 사이의 온도 T = 14°C

(3) 원통을 통한 열전도Conduction through cylindrical surface

- 통조림과 같은 실린더형 식품과 스팀을 수송하는 파이프에 적용한다.

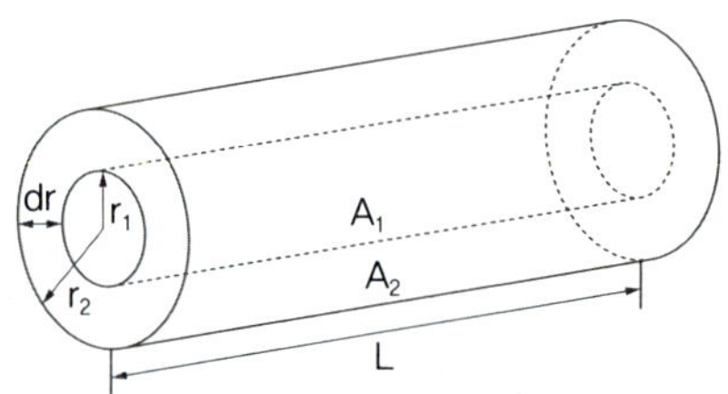

- 정상 상태에서 열은 반지름 방향으로 전달되며, 열이 전달되는 면적은 원통의 표면적($2\pi rL$)이다. r이 커짐에 따라 안쪽에서 바깥쪽으로 갈수록 면적은 커진다.
- 미소한 두께 dr을 통한 열전달 식은 푸리에의 법칙을 따른다.

$Q = \frac{-K \cdot A \cdot \triangle T}{x}$ 열전달 거리 x 대신 r을 대입하면,

$$Q = -K(2\pi r \cdot L)(\frac{dT}{dr})$$

$$\frac{dr}{r} = \frac{-K(2\pi r \cdot L)dT}{Q}$$

$$\int_{r_1}^{r_2} \frac{dr}{r} = \frac{-K(2\pi \cdot L)}{Q}\int_{T_1}^{T_2} dT$$

$$\ln(\frac{r_2}{r_1}) = \frac{-K(2\pi \cdot L)(T_2 - T_1)}{Q}$$

$$\therefore\ Q = \frac{-K(2\pi \cdot L)(T_2 - T_1)}{\ln(\frac{r_2}{r_1})}$$

여기서 분자·분모에 $(r_2 - r_1)$을 곱하고 $\ln(\frac{r_2}{r_1}) = \ln(\frac{2\pi r_2 \cdot L}{2\pi r_1 \cdot L})$을 대입하면,

$$Q = \frac{K(2\pi \cdot L)(r_2 - r_1)(T_2 - T_1)}{\ln(\frac{2\pi r_2 \cdot L}{2\pi r_1 \cdot L})(r_2 - r_1)}$$

대수 평균 반지름 A_{lm}은 r에 따라 변화하는 면적의 평균값을 의미한다.

$$A_{lm} = \frac{(2\pi \cdot L)(r_2 - r_1)}{\ln(\frac{2\pi r_2 \cdot L}{2\pi r_1 \cdot L})} = \frac{A_2 - A_1}{\ln(\frac{A_2}{A_1})}$$

$\therefore\ Q = \frac{-K \cdot A_{lm} \cdot (T_2 - T_1)}{(r_2 - r_1)}$ 일 때 $A_{lm} = \frac{A_2 - A_1}{\ln(\frac{A_2}{A_1})}$

예 1 **다음 그림과 같은 보일러에서의 열 손실을 구하시오.**

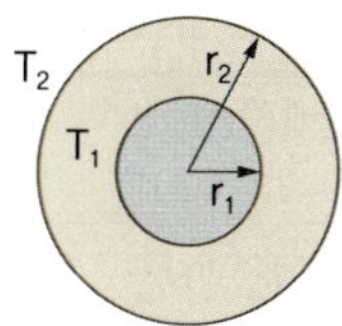

$r_1 = 30\ mm = 0.03\ m$, $r_2 = 80\ mm = 0.08\ m$

$K = 0.2\ W/(m \cdot ℃)$, $L = 1\ m$, $T_1 = 30℃$, $T_2 = 150℃$

(계속)

$$A_{lm} = \frac{(2\cdot\pi\cdot L)(r_2 - r_1)}{Ln(2\pi r_2 L/2\pi r_1 L)} = \frac{2\cdot\pi\cdot(0.08-0.03)}{Ln(8/3)}$$

$$= 0.3203\ m^2$$

$$\therefore\ Q = \frac{0.2\ W/(m\cdot{}^\circ C)\times 0.3203\ m^2 \times (150-30)^\circ C}{0.05\ m} = 153.7\ W$$

예 2 **실린더 모양의 튜브〔K=0.15 W/(m·K), 내부 반지름=5 mm, 두께=15 mm〕가 냉각 코일(cooling coil)로 사용된다. 내부로는 2℃의 찬물이 흐르고 외부 표면온도는 24℃이며, 전체 열손실은 15 W라고 할 때 파이프의 길이를 구하시오.**

$r_1 = 0.005$, $r_2 = 0.02\ m$

$A_1 = 2\pi\cdot r_1\cdot L = 2\pi\cdot 0.005\cdot L = 0.0314\ m^2$, $A_2 = 2\pi\cdot r^2\cdot L = 0.1257\ m^2$

$$A_{lm} = \frac{(2\cdot\pi\cdot L)(r_2 - r_1)}{Ln(2\pi r_2 L/2\pi r_1 L)} = \frac{0.1257L - 0.0314L}{Ln(0.1257/0.0314)} = 0.068L\ m^2$$

$$\therefore\ 15 = \frac{K\cdot A_{lm}\cdot\Delta T}{\Delta r} = \frac{0.15(0.068L)(24-2)}{0.02-0.005}$$

$L = 1.0\ m$

예 3 **보일러 관(안지름 105 mm, 두께 9 mm, 길이 1 m, K=5 kcal/m·hr·℃)의 바깥 부분은 2 cm 두께의 석면(K=0.08 kcal/m·hr·℃)으로 감아 보온을 하고 있다. 관 내벽 온도를 150℃, 석면의 표면 온도를 30℃라고 할 때 석면으로 인한 열의 손실이 얼마나 줄어들지를 구하시오.**

$$A_{lm} = \frac{2\pi(0.009)}{Ln(0.114/0.105)} = 0.687\ m^2,\quad A'_{lm} = \frac{2\pi(0.02)}{Ln(0.134/0.114)} = 0.777\ m^2$$

$$Q = \frac{\Delta T}{\left(\frac{\Delta r_1}{A_{lm}\cdot K}\right) + \left(\frac{\Delta r_2}{A'_{lm}\cdot K}\right)} = \frac{150-30}{\left(\frac{0.009}{5{,}000\cdot 0.687}\right) + \left(\frac{0.002}{0.777\cdot 80}\right)} = 3{,}448.8\ kcal$$

$\therefore$ 45,800 − 3,448.8 = 42,351.2 kcal가 줄어든다.

(4) 다층 원통Multiple cylinder에서의 열전달

- 3개 층의 다른 두께 : Δr_a, Δr_b, Δr_c
- 각 층에서의 온도 차이 : ΔT_a, ΔT_b, ΔT_c

$$Q = \frac{(K\cdot A_{lm}\cdot\Delta T_a)}{\Delta r_a} = \frac{(K\cdot A_{lm}\cdot\Delta T_b)}{\Delta r_b} = \frac{(K\cdot A_{lm}\cdot\Delta T_c)}{\Delta r_c}$$

$$\therefore\ Q = \frac{\Delta T_{overall}}{[\Delta r/(K\cdot A_{lm})]_a + [\Delta r/(K\cdot A_{lm})]_b + [\Delta r/(K\cdot A_{lm})]_c}$$

(5) 빈 구Hollow sphere에서의 전도

일차원 전도의 다른 경우

$$\frac{Q}{A} = \frac{-K \cdot \Delta T}{\Delta x} = \frac{-K \cdot \Delta T}{\Delta r}$$

열전달이 일어나는 단면적과 부피 : $A = 4 \cdot \pi \cdot r^2$, $v = 4/3 \cdot \pi \cdot r^2$

$$\frac{Q}{4\pi}\int_{r_1}^{r_2}\frac{dr}{r^2} = -K\int_{T_1}^{T_2} dT$$

$$Q = \frac{4\pi \cdot K(T_1 - T_2)}{\left(\frac{1}{r_1} - \frac{1}{r_2}\right)}$$

온도는 반지름에 따른 함수로서 쌍곡선(hyperbolically)으로 나타난다.

2) 대류에 의한 열전달

유체를 가열하거나 냉각할 때 대류현상이 일어난다.

① 자연대류 : 유체 가열 시 나타나는 대류 현상으로 찬 유체나 더운 유체 사이의 밀도 차에 의해 유체가 이동한다.

② 강제대류 : 펌프, 교반기, 송풍기에 의해 강제 로 유체가 이동하는 것으로, 열전달 속도가 빨라서 공업적으로 사용된다.

(1) 대류convection 실험식

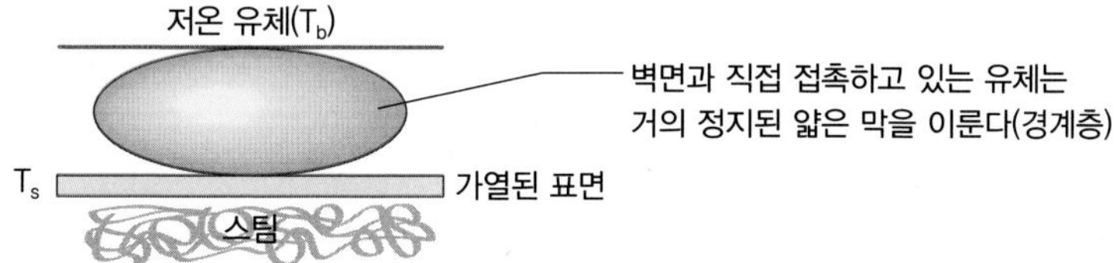

따라서 이 부분에서 열전달은 전도에 의해 이루어진다고 볼 수 있다. 유체의 열전도도 K=0.07−0.3 kcal/(m·hr·℃)이고 금속의 K값에 비하여 작기 때문에 유체의 얇은 막을 통과할 때 저항을 가장 많이 받게 된다.

고체 표면과 유체 사이의 대류에 의한 전열은 경험적 식으로 구하며, 전열계수인 h값에 의해 좌우된다.

$$Q = h \cdot A \cdot \triangle T = h \cdot A \cdot (T_s - T_b)$$

여기서 Q : 전열속도(kcal/hr), A : 단면적 m^2, T_s : 고체 표면 온도, T_b : 유체 온도, h : 표면 열전달계수

- h의 단위 : kcal/($m^2 \cdot hr \cdot$ ℃), Btu/($ft^2 \cdot h \cdot$ ℉)
- h : 유체속도, 유체 성질, 경막(film)의 성질 등에 영향을 받으므로 실험적으로 구한다.

표면 열전달계수의 범위

		Btu/($ft^2 \cdot hr \cdot$ ℉)	W/($m^2 \cdot$ ℃)
증기	적상(dropwise) 응축	5,000~20,000	30000~100,000
증기	필름 응축 시	1,000~3,000	6,000~20,000
물	끓을 때	300~9,000	1,700~50,000
유기물	증기/응축	200~400	1,000~2,000
물	가열하는 동안	50~3,000	300~20,000
기름	가열 혹은 냉각	10~300	50~1,500
증기	과열	5~20	30~150
공기	강제대류	2~15	10~100
공기	자연대류	0.5~2	2~10

자료 : W.H. McAdams, Heat Transmission 3rd Edition, p5, McGraw-Hill Book Company, 1954.

h의 계산 및 예측

- h값 : 무차원 그룹에 의해 실험실적으로 구한다. 즉 에너지의 모멘텀 수지 식이 무차원 그룹으로 전환 시 3개 그룹이 탄생(h에 관한 이론식도 있으나, 대부분 차원 분석에 기초를 둔 실험식이 사용)

넛셀수(Nusselt number, Nu#) = $h \cdot D/k$

그라스호프수(Grashof number, Gr#) = $(D^3 \cdot \rho^2 \cdot g \cdot \beta \cdot \triangle T)/\mu^2$ (수직 시 : L^3, 수평 시 : D^3)

프란틀수(Prantl number, Pr#) = $(C_p \cdot \mu)/K$ (프란틀수 = 동점도/열 확산계수 = $(\mu/\rho)/(K/\rho \cdot C_p)$)

여기서 D : 지름, K : 열전도도(thermal conductivity), L : 파이프 길이, ρ : 밀도, D : 용기 지름, g : 중력가속도, β : 열팽창계수(1/K 또는 1/R), C_p : 비열, μ : 점도, L : 길이

• 열팽창계수(β)

상태 방정식 PV = nRT

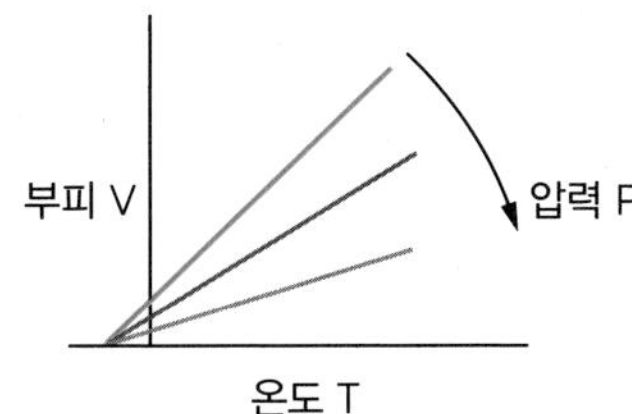

기울기 : $(\partial V/\partial T)p$
용적 V의 온도에 대한 변화 : β

$\beta = 1/V(\partial V/\partial T)p$

$V = P/(nRT)$, $(\partial V/\partial T)p = nR/P$이므로

$\beta = P/(nRT) \cdot (nR/P) = 1/T(= 1/\text{절대온도})$

① 자연대류

자연대류 식의 중요 그룹 : 레이놀즈수(Re), 프란틀수(Pr), 그라스호프수(Gr)

상관관계 : 넛셀수(h·D/K) = K〔그라호프수·프란틀수〕^{n}

시스템	L	(Gr·Pr)의 범위	K	n
수직 평판 실린더	높이	$10^4 \sim 10^9$	0.59	1/4
		$10^9 \sim 10^{12}$	0.13	1/3
수평 편판 실린더	지름	$10^3 \sim 10^9$	0.53	1/4
		$10^9 \sim 10^{12}$	0.12	1/3
윗부분이 가열판 혹은 아랫부분이 냉각판	너비	$10^5 \sim 2 \times 10^7$	0.54	1/4
		$2 \times 10^3 \sim 3 \times 10^9$	0.14	1/3
아랫부분이 가열판 혹은 윗부분이 냉각판	너비	$3 \times 10^5 \sim 3 \times 10^{10}$	0.27	1/4

수직 원통 용기(vertical plane and cylinder)에서 모든 물리적 성질은 〔$(T_w + T_b)/2$〕의 온도에서 구한 값을 이용한다.

$10^4 < Pr \cdot Gr < 10^9$ 범위에서 $Nu = 0.59\ (Pr \cdot Gr)^{1/4}$

$10^9 < Pr \cdot Gr < 10^{12}$ 범위에서 $Nu = 0.13\ (Pr \cdot Gr)^{1/3}$

여기서 h값을 구한 후 Q값을 구한다.

a. 자연대류에서 단순화 형태의 식

공기의 경우 ① 101.3 kPa(= 1기압)

② $L^3 \cdot \triangle T < 4.7\ m^3 \cdot {}^\circ K$

③ $266^\circ K < T_f < 533^\circ K$

수직인 경우

Pr·Gr	FPS 단위계	SI 단위계
$10^4 < Pr \cdot Gr < 10^9$	$h = 0.28(\triangle T/L)^{1/4}$	$h = 1.37(\triangle T/L)^{1/4}$
$10^9 < Pr \cdot Gr < 10^{12}$	$h = 0.18(\triangle T)^{1/3}$	$h = 1.24(\triangle T)^{1/3}$

지름 1 m, 길이 1.2 m인 수직 원통형 조리용기의 벽면에서의 대류에 의한 열손실을 구하시오. ($T_w = 60^\circ C$, $T_b = 20^\circ C$) ⇒ $T_f = (T_w + T_b)/2 = 40^\circ C$이고 40°C에서의 공기 성질 : 점도 = 0.0191 cP = 0.0191 × 3.6 kg/(m·hr), 비열 = 0.24 kcal/(kg·°C), $\triangle T = 60 - 20 = 40^\circ C$, 열전도도 K = 0.0228 kcal/(m·hr·°C), $\beta = 1/(273 + 40) = 1/313$, $\rho = 1.09\ kg/m^3$, L = 1.2 m

$$(Gr \cdot Pr) = \frac{(1.2\ m)^3(1.09\ kg/m^3)^2(9.8\ m/sec^2)(1/313^\circ K)(40^\circ K)[0.24(kcal/kg \cdot {}^\circ C)]}{(0.0228\ kcal/(m \cdot hr \cdot {}^\circ C)[0.01911 \times 3.6\ kg/(m \cdot hr)]\ (1\ hr/3{,}600\ sec)^2}$$

$$= 5.06 \times 10^9 > 10^9$$

$$\therefore h = 1.24(\triangle T)^{1/3} = 1.24(40)^{1/3} = 4.24\ kcal/(m^2 \cdot hr \cdot {}^\circ C)$$

$$\therefore Q = h \cdot A \cdot \triangle T = 4.24\ kcal/(m^2 \cdot hr \cdot {}^\circ C) \cdot \pi \cdot D \cdot L \times 40^\circ C = 639.4\ kcal/hr$$

b. 내부(h_i)와 외부(h_o) 표면 열전달계수를 구하는 경우

a) 이중 열교환기Double heat exchanger의 경우

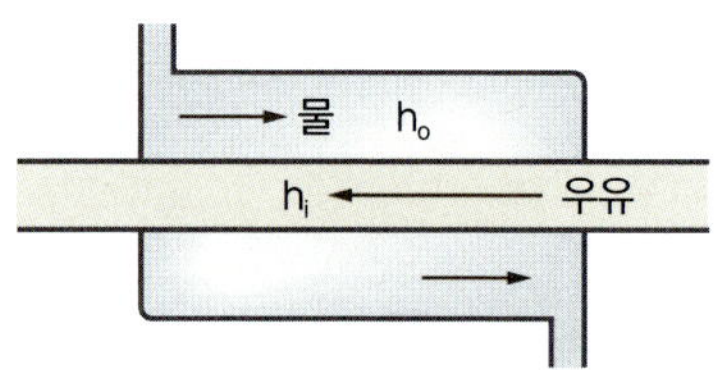

둘 다 강제대류이므로 강제대류 공식에 대입하여 h_i와 h_o를 각각 구한다.

b) 단일 관Single tube에서 외부의 h_o를 구하는 경우

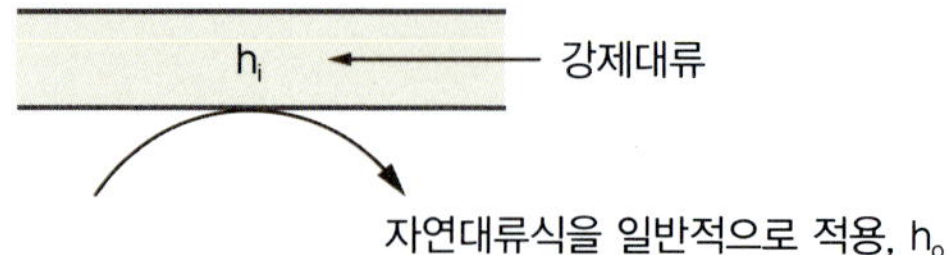

c) 단일 관에서 튜브와 수직으로 공기가 불어넣는 경우

- 공기가 부는 속도에 따라 국소적 열의 흐름이 달라진다. 일반적으로 앞면과 뒷면이 옆면보다 열 흐름이 더 많다.
- 또한 속도에 따라 형태 마찰(form friction)이나 벽면 마찰(wall friction)이 달라진다. 공기의 경우 프란틀수가 온도에 무관하므로 식에서 넛셀수는 레이놀즈수(Reynold number, Re)와의 관계만 존재한다.

  $h \cdot D/k = \Psi(D \cdot v \cdot \rho)$, 유체의 C_p, μ, K가 사용

  $T_f = (T_w + \Upsilon)/2$를 사용. Υ = 평균 벌크 온도

  따라서 실린더로 흐르는 유체의 흐름식은 다음과 같다.

$$\frac{h \cdot D}{K} \cdot \left(\frac{C_p \cdot \mu}{K}\right)^{-0.3} = 0.35 + 0.56\left(\frac{D \cdot v \cdot \rho}{\mu}\right)^{0.52}$$

② **강제대류 열전달Forced convection**

- 가열 유체가 파이프 내부에서의 흐름이 가장 일반적이다.
- 뜨거운 목욕탕에서 물을 휘저으면 더 뜨겁게 느껴진다. ⇒ 더 많은 열의 전달
- 강제대류는 강제로 유체를 고체 표면으로 이동시킬 때의 열전달이므로 유체의 흐름 상태에 크게 영향을 받으며 강제대류에서의 흐름의 상태는 레이놀즈수로 나타낼 수 있다.

a. 관내에서의 강제대류

a) 층류인 경우($Re < 2,100$)

$$\text{넛셀수} = h \cdot D/K = 1.86\ Re^{1/3} Pr^{1/3} (D/L)^{1/3} (\mu_b/\mu_s)^{0.14}$$

μ_b : 벌크 온도에서 유체 점도, μ_s : 벽면 온도일 때 유체 점도(튜브 표면)

b) 난류인 경우($Re > 10^4$, $L/D > 60$: 긴 튜브)

$$\text{넛셀수} = h \cdot D/K = 0.023\ Re^{0.8} Pr^{1/3} (\mu_b/\mu_s)^{0.14}$$

만약 $L/D < 60$인 경우(짧은 튜브), $[1+(L/D)^{0.7}]$을 곱한다.

c) $10{,}000 > Re > 2{,}100$일 때 파이프의 Re 결정 후 h값을 구한다.

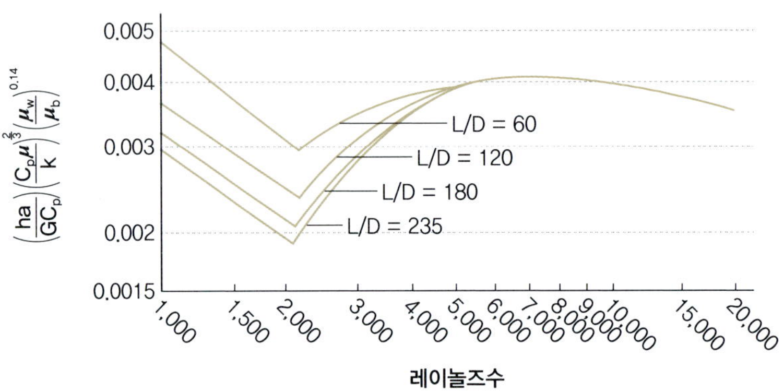

전이 상태에서의 레이놀즈수와 열전달 상수와의 관계

b. 평판인 경우

a) 층류인 경우($Re < 5 \times 10^5$)

$$\text{넛셀수} = \frac{h \cdot D}{K} = 0.664\ Re^{0.5}\, Pr^{1/3}$$

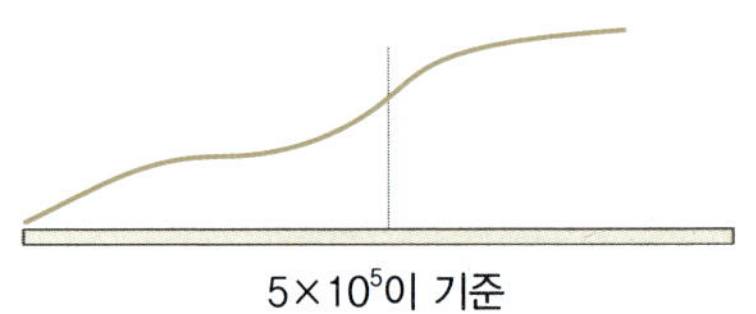

b) 난류인 경우($Re > 5 \times 10^5$)

$$\text{넛셀수} = \frac{h \cdot D}{K} = 0.036\ Re^{0.8}\, Pr^{1/3}$$

3) 총괄 열전달Heat conduction and convection(U)

- 전도와 대류가 합쳐지며 총괄 열전달계수로 표현된다.
- 열전달에 관여하는 모든 요인을 하나로 묶어 총괄 전열계수로 표시한다.

(1) 평판에서의 열전달

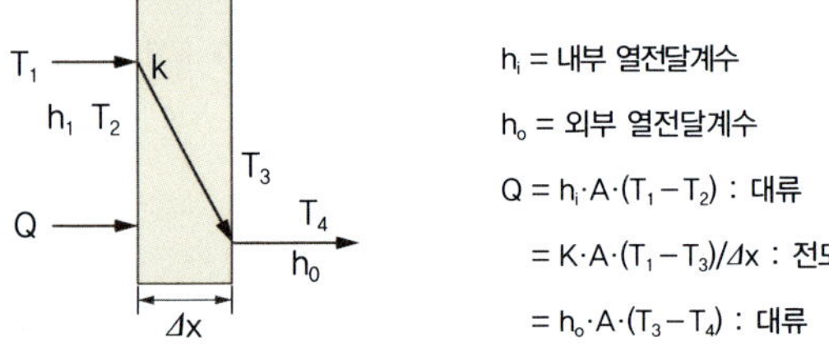

$$\therefore \ A \cdot (T_1 - T_2) = \frac{Q}{h_i}, \quad A \cdot (T_2 - T_3) = \frac{Q \cdot \triangle x}{K}, \quad A \cdot (T_3 - T_4) = \frac{Q}{h_o}$$

$$A \cdot (T_1 - T_2) + A \cdot (T_2 - T_3) + A \cdot (T_3 - T_4) = \frac{Q}{h_i} + \frac{Q \cdot \triangle x}{K} + \frac{Q}{h_o}$$

$$A \cdot (T_1 - T_4) = Q(\frac{1}{h_i} + \frac{\triangle x}{K} + \frac{1}{h_o})$$

$$\therefore \ Q = \frac{A \cdot (T_1 - T_4)}{(\frac{1}{h_i} + \frac{\triangle x}{K} + \frac{1}{h_o})}$$

$\frac{1}{U} = (\frac{1}{h_i} + \frac{\triangle x}{K} + \frac{1}{h_o})$이라면 $Q = U \cdot A \cdot \triangle T_{overall}$

여기서 U : 총괄 열전달계수(overall heat transfer coefficient), $Btu/(ft^2 \cdot hr \cdot {}^\circ F)$

(2) 실린더 벽에서의 열전달

가정 : 파이프의 길이에 다른 온도는 일정하게 유지된다.

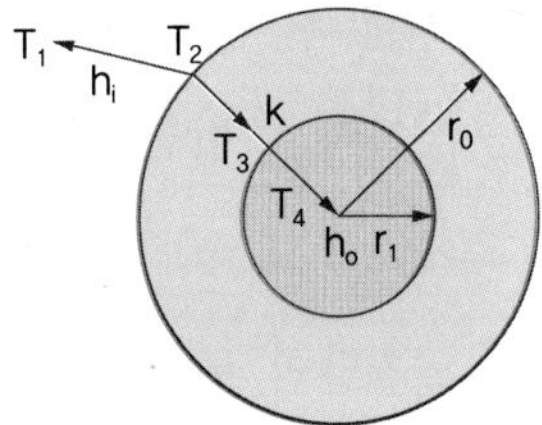

$$Q = h_i \cdot A_i \cdot (T_1 - T_2) = K \cdot A_{lm} \cdot (T_2 - T_3)/\triangle r = h_o \cdot A_o \cdot (T_3 - T_4)$$

마찬가지로

$$(T_1 - T_2) = \frac{Q}{h_i \cdot A_i}, \quad (T_2 - T_3) = \frac{Q \cdot \triangle r}{A_{lm} \cdot K}, \quad (T_3 - T_4) = \frac{Q}{h_o \cdot A_o}$$

$$(T_1 - T_4) = \frac{Q}{\frac{1}{h_i \cdot A_i} + \Sigma \frac{\triangle r}{K \cdot A_{lm}} + \frac{1}{h_o \cdot A_o}}$$

$$\therefore \ Q = \frac{T_1 - T_4}{\frac{1}{h_i \cdot A_i} + \Sigma \frac{\triangle r}{K \cdot A_{lm}} + \frac{1}{h_o \cdot A_o}}$$

여기서 $\frac{1}{U} = \frac{1}{h_i \cdot A_i} + \Sigma \frac{\triangle r}{K \cdot A_{lm}} + \frac{1}{h_o \cdot A_o}$

- 단순화 작업 : $Q = U \cdot \bar{A}(T_1 - T_4)$. 그러나 $\bar{A}$는 불분명하므로 A_i이나 A_o를 임의로 사용하기 위한 방법이다.

각 항에 A_o/A_o를 곱한다.

$$Q = U_o \cdot A_o \cdot (T_1 - T_4)$$

U_o : 바깥 면적에 따른 총괄 열전달계수, $1/U_o = \{A_o/(h_i \cdot A_i) + \Sigma \triangle r \cdot A_o/(K \cdot A_{lm}) + [1/(h_o)]\}$

각 항에 A_i/A_i를 곱한다.

$$Q = U_i \cdot A_i \cdot (T_1 - T_4)$$

Ui : 내부 면적에 따른 총괄 열전달계수, $1/U_i = 1/(h_i) + \Sigma \triangle r \cdot A_i/(K \cdot A_{lm}) + [A_i/(h_o \cdot A_o)]$

$$\therefore Q = U_o \cdot A_o \cdot (T_1 - T_4) = U_i \cdot A_i \cdot (T_1 - T_4)$$

- 윗 공식을 이용하여 A_i나 A_o를 사용 시, 전체 열전달속도는 같은 값이 나온다.
- 중요한 점은 h_i와 h_o를 구하는 것이며 이 값들은 유체의 성질과 흐름의 따른다.

Fouling

- 표면으로 인한 부가적 저항이 열전달의 흐름에 생겨나고 총괄 열전달 계수값을 감소시킨다.
- 튜브 벽면의 부식찌꺼기는 열전달계수 외에 부가적 열전달계수(fouling coefficient)를 추가하게 한다.

$$\therefore U_o = \frac{1}{\frac{A_o}{h_i \cdot A_i} + \frac{A_o}{h_{di} \cdot A_i} + \frac{1}{h_{do}} + \Sigma \frac{\triangle r \cdot A_o}{K \cdot A_{lm}} + \frac{1}{h_o}}$$

외부 튜브 표면에 의한 부식물에서 오염계수(fouling factor)는 $\frac{A_o}{A_i \cdot h_{di}} + \frac{1}{h_{do}}$이며 내부 튜브 표면인 경우 오염계수는 $\frac{A_i}{A_o \cdot h_{do}} + \frac{1}{h_{di}}$이다.

- 찌꺼기는 제거가 어려우나 모래분사(sandblast)나 화학적으로 처리할 수 있다.
- 찌꺼기의 축적을 최소화하기 위해 유체를 빠른 속도로 이동시켜야 하며 일반적으로 3 ft/sec 이상의 속도를 유지하여야 한다. 염 축적이나 부식물도 제거하여야 한다.

예 1 포화수증기가 267°F에서 3/4 inch 강관(ID = 0.824 in, OD = 1.05 in) 길이 1 ft에서 흐른다. 파이프는 1.5 in의 두께로 절연시켜 둘러싸여 있다. 단, $h_i = 1{,}000$ Btu/(ft²·hr·°F), $h_o = 2$ Btu/(ft²·hr·°F), $K_{metal} = 26$ Btu/(ft·hr·°F)이고 $K_{절연체}$는 0.037 Btu/(ft·hr·°F)이다.

(1) 주위 온도가 80°F라면 U_o 기반 열손실을 구하시오.

(2) 내부 면적을 기준으로 할 때 총괄 열전달계수(U_i)를 구하고 그때의 열량 Q를 구하시오.

$r_i = 0.412/12$ ft, $r_1 = 0.525/12$ ft, $r_o = 2.025/12$ ft

A_i 영역 $= 2 \cdot \pi \cdot L \cdot r_i = 2 \cdot \pi \cdot (1)(0.412/12) = 0.2157\ ft^2$

A_1 영역 $= 2 \cdot \pi \cdot L \cdot r_1 = 2 \cdot \pi \cdot (1)(0.525/12) = 0.275\ ft^2$

A_o 영역 $= 2 \cdot \pi \cdot L \cdot r_o = 2 \cdot \pi \cdot (1)(2.025/12) = 1.06\ ft^2$

$A_{lm\ pipe} = (A_1 - A_i)/Ln(A_1/A_i) = (0.275 - 0.2157)/Ln(0.275/0.2157) = 0.245$

$A_{lminsul} = (A_o - A_1)/Ln(A_o/A_1) = (1.06 - 0.275)/Ln(1.06/0.275) = 0.583$

$$(1)\ Q_o = \frac{(267-80)\cdot A_o}{A_o/(h_i \cdot A_i) + (r_1 - r_i)\cdot A_o/(K \cdot A_{lmpipe}) + (r_o - r_1)\cdot A_o/(K \cdot A_{lminsul}) + (1/(h_o)}$$

$$= \frac{187 \times 1.06}{\frac{1.06}{(1000 \times 0.2157)} + \frac{1.06(0.525-0.412)}{26 \times 0.245 \times 12} + \frac{1.06(2.025-0.525)}{0.037 \times 0.583 \times 12} + \frac{1}{2}}$$

$$= \frac{198.22}{0.0049 + 0.00157 + 6.14 + 0.5} = 29.8\ \text{Btu/hr}$$

$$(2)\ Q_i = \frac{(267-80)\cdot A_i}{1/(h_i) + (r_1 - r_i)\cdot A_i/(K \cdot A_{lmpipe}) + (r_o - r_1)\cdot A_i/(K \cdot A_{lminsul}) + [A_i/(A_o \cdot h_o)]}$$

$$= \frac{187 \times 0.2157}{\frac{1}{(1{,}000)} + \frac{0.2157(0.525-0.412)}{26 \times 0.245 \times 12} + \frac{0.2157(2.025-0.525)}{0.037 \times 0.583 \times 12} + \frac{0.2157}{(1.06 \times 2)}}$$

$$= \frac{40.34}{0.001 + 0.00032 + 1.25 + 0.1017} = 29.8\ \text{Btu/hr}$$

예 2 공기가 200개의 원통 다관식(shell and tube) 열교환장치(3/4″ OD 16 BWG 구리관, 길이 5 ft)를 통해 흐르고 있다. 튜브의 바깥부분은 152.92 psia의 포화수증기가 필름의 응축 상태로 되어 있고, 튜브 내 공기의 평균온도는 212°F라고 할 때에

(1) 열 전달속도(Btu/hr)를 구하시오.

(2) 증기의 응축속도(lb/hr)를 구하시오.

(3) 공기의 흐름속도를 구하시오. 단, $\triangle T_{air} = 100$°F, 공기 $C_p = 0.25$이다.

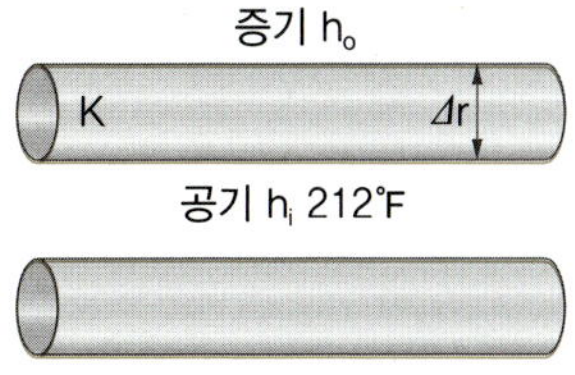

(1) U_i를 활용하여

- 3/4″ OD 16 BWG 구리관

  $\triangle r = 0.065$ inch, $A_i = \pi \times 0.62 \text{ in} \times 5 \text{ f} = 0.81116 \text{ ft}^2$

  $A_{lm} = \pi \cdot D_{lm} \cdot L = \pi \cdot x(5 \times 12 \text{ in})\, x(0.75 - 0.62)/Ln(0.75/0.62)$

  $= 128.8 \text{ in}^2 = 0.89 \text{ ft}^2$, $D_o = 0.75$ in, $D_i = 0.62$ in

- $K_{copper} = 217$ Btu/hr·ft·°F
- 증기 도표 : $T_s(152.92 \text{ psia}) = 360°F$
- $h_o = 2{,}000$ Btu/(hr·ft²·°F), $h_i = 10$ Btu/(hr·ft²·°F)

$$U_i = \frac{1}{1/h_i + A_i/(A_o \cdot h_o) + A_i \cdot \triangle r/(A_{lm} \cdot K)}$$

$$= 1/[(1/10) + 0.62/(0.75 \times 2{,}000) + (0.81116 \times 0.065/12)/(0.89 \times 217)]$$

$$= 9.956 \text{ Btu/(hr} \cdot \text{ft}^2 \cdot °\text{F)}$$

$$\therefore Q = U_i \cdot A_i \cdot (T_s - T_o) = 9.956 \times (0.81116 \text{ ft}^2/\text{tube}) \times (200 \text{ tube}) \times (212 - 360)$$

$$= -239{,}060 \text{ Btu/hr}$$

(2) 수증기의 경우 :

입력		출력
질량유량(lb/hr) 152.92 psia 포화증기 → 1195.2 Btu/lb_m	[ ]	→ 질량유량(lb/hr) 153.92 psia 포화액체 332.35 Btu/lb_m

$\therefore Q = \triangle H \cdot m \Rightarrow -239{,}060 = m \cdot (332.35 - 1195.2) = 277$ lb steam/hr

공기의 경우 : $Q = c \cdot m \cdot \triangle T \Rightarrow -239{,}060 = (0.25)(100)\, m$

$\therefore m = 9{,}562.4$ lb/hr 질량유량(lb/hr) → 200°F → $\triangle T = 100°F$

예 3 **파이프 내부(K=26 Btu/hr·ft·°F)를 흐르는 알코올은 물로 식힌다. 파이프는 스케줄 번호 40, 1인치(안지름 1.049인치, 바깥지름 1.315인치)일 때 U_o를 구하시오. 단, 알코올 $h_i = 30$ Btu/(ft²·hr·°F), 물 $h_o = 300$ Btu/(ft²·hr·°F), 내부 오염계수 = 1,000 Btu/(ft²·hr·°F), 외부 오염계수 = 500 Btu/(ft²·hr·°F).**

$$D_i = \frac{1.049}{12} = 0.0874 \text{ ft}, \quad D_o = \frac{1.315}{12} = 0.1096 \text{ ft}, \quad x = \frac{0.133}{2} = 0.011 \text{ ft}$$

$$D_{lm} = \frac{D_o - D_i}{Ln(\frac{D_o}{D_i})} = \frac{0.1096 - 0.0874}{Ln(\frac{0.1096}{0.0874})} = 0.0983$$

$$U_o = \frac{1}{\frac{0.1096}{(0.0874 \times 1{,}000)} + \frac{0.1096}{(0.0874 \times 180)} + \frac{0.0111 \times 0.1096}{26 \times 0.0983} + \frac{1}{300} + \frac{1}{500}}$$

$$= 71.3 \text{ Btu/(ft}^2 \cdot \text{hr} \cdot °\text{F)}$$

4) 복사 열전달radiation heat transfer

- 열에너지가 전자기파의 형태로 한 물질에서 방출되어 공간을 통해 다른 물체에 흡수되는 과정이며, 복사에너지가 다른 물체에 도달하면 흡수·반사·투과된다. 복사는 온도, 표면구조와 기하학적 배열에 따라 달라진다.

(1) 복사열을 전부 흡수하는 물체 : 흑체black body인 경우

스테판–볼츠만 법칙(Stefan–Boltzman's law)

$$Q = \sigma \cdot A \cdot T^4$$

σ : Stefan–Bolzman 상수 4.88×10^{-8} kcal/(m^2·hr·K^4)

1.73×10^{-9} Btu/(ft^2·hr·R^4)

5.676×10^{-8} W/(m^2·K^4)

여기서 A : 면적, T : 절대온도(°K, °R)

(2) 복사열을 일부만 흡수 : 회색체gray body인 경우

$$Q = \sigma \cdot \varepsilon \cdot A \cdot T^4$$

ε : 복사율(emissivity), 복사능 : $a < \varepsilon < 1$

- **흡수되는 열**net heat of absorption

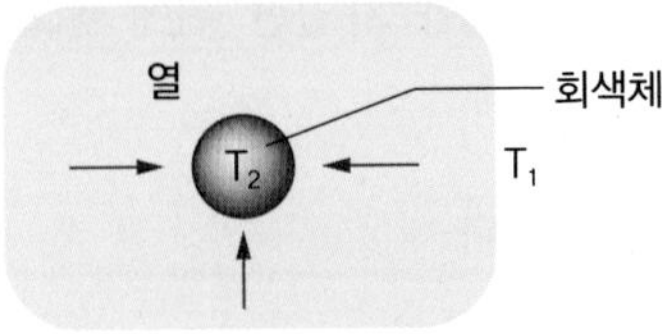

A₁(주위의 큰 면적), $T_1 > T_2$

- 불투명한 고체에 의한 빛 흡수는 부피 문제가 아니고 표면 현상이다. 즉 고체 내부는 관심 밖이다. 따라서 복사체와 피복사체의 온도차가 △T라면,

$$Q = \sigma \cdot \varepsilon \cdot A \cdot (T_1^4 - T_2^4)$$

Lab 11

열전도도 측정

실험 목적

열전도의 원칙을 이해하고 여러 물질의 열전도도를 결정하기 위함이다.

실험 기구

1. 가열판(hot plate)
2. 사각형 모양의 a. 고무판
   b. 나무판
   c. 석면판(asbestos)
3. 열전도선(thermocouple wire)
4. 다점 기록계(multi-point recorder)

실험 방법

1 사각형 모양의 판들을 차례로 모아 가열판 위에 놓고, 측정 전에 평형온도에 도달할 때까지 가열판을 가열한다.

2 측정방법과 기구 배치를 설명한다.

3 전도에 의한 열전달 원칙을 복습한다.

4 다음과 같이 열전도선이 위치한 온도를 기록한다.

a. 나무판과 고무판 사이

b. 고무판과 석면판 사이

c. 나무판의 바깥 표면

d. 공기의 온도

5 각 물질들의 두께를 측정한다.

실험 결과 및 고찰

1 각 열전도선이 위치한 실험장치를 스케치한다.

2 Y축 온도, X축 각 가열판으로부터 떨어진 거리(두께)에 대한 그래프를 그린다.

3 좋은 열전도체는 기울기가 더 큰지 작아지는지(즉, 단위 두께에 따른 온도 변화가 더 큰지 작은지)를 관찰한다.

4 고무판의 열전도도가 0.15 W/m·K이라면 고무판의 단위면적당 전도에 의한 열 전달속도(Q/A)를 계산하시오.

5 나무판에서의 단위면적당 열 전달속도(Q/A)가 고무판에서보다 큰지, 작은지, 아니면 같은지를 비교해 보시오.

6 각 물질들의 열 전달속도를 이용하여 각 물질들의 열전도도 K값을 계산하시오.

7 온도 측정의 정확도가 ±1°F라면 온도 측정으로 얻을 수 있는 고무판의 열전도도의 % 에러(error)는?

8 열 전달속도와 실험 데이터를 이용하여 나무판 표면 공기에서의 표면 열전달계수 h값을 계산하시오.

관찰 데이터			계산 데이터		
열전도선	온도(°F)	물질판	두께(in)	△T(°F)	열전도도(Btu /hr·ft·°F)
1		공기층			
2		나무판			
3		고무판			
4		석면판			

나무 표면 위 공기층의 표면 열전달계수 ________________ Btu/(hr)

연습문제

1 공학 실험실의 벽(전체 면적 100 ft^2)은 그림과 같이 외부는 3 inch의 벽돌(K = 0.04 Btu/ft · hr · °F)과 1 inch의 목재(K = 0.05 Btu/ft · hr · °F)와 1 inch의 종이판(K = 0.02 Btu/ft · hr · °F)으로 구성되어 있다. 외부 온도는 20°F이고 내부 온도는 80°F일 때,

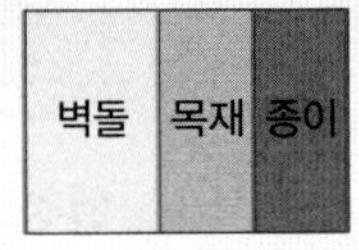

(1) 열 흐름속도(Btu/hr)는?

(2) 1 kW의 전기비가 시간당 50원이라면 한 달(30일) 동안 소비되는 전기비는? (1 Btu = 252 cal)

(3) 벽돌과 목재 사이의 온도는?

(4) 32°F에서 건물이 얼 때 어는 지점의 재질과 위치는?

(5) 벽이 깨져 새로운 종이판을 설치하고자 한다. 설치 시 벽의 온도를 70°F로 유지하고자 하면 설치할 종이판의 두께는?

2 냉장고는 12 mm의 내부 소나무, 100 mm 두께의 코르크와 외부는 70 mm의 콘크리트로 제조되어 있다. 냉장고 내부 벽면의 표면온도는 250°K이고 외부 콘크리트 벽의 표면온도는 300°K이다. $K_{소나무}$ = 0.15, $K_{코르크}$ = 0.04, $K_{콘크리트}$ = 0.8 W/(m · °K)일 때

(1) 1 m^2의 벽 면적에 대한 열손실은?

(2) 소나무/코르크가 접한 부분의 온도는?

(3) 0°C에 도달되는 지점은?

3 물이 안지름 0.05 m 관을 통해 흐른다. 관 벽의 두께는 0.01 m, K는 50 W/m · K이다.

(1) 관의 내벽과 외벽의 온도가 각각 70°C와 69.5°C라면 관 1 m당 열손실은?

(2) 위의 관을 두께 0.03 m 단열재(K = 0.2 W/m · K)로 보온하였더니 단열재 바깥온도가 25°C로 낮아졌다. 관 1 m당 열 손실은?

4 방의 천장은 2 cm 두께의 목재〔K = 0.5 W/(m · °K)〕로 되어 있다. 천장 온도(18°C)가 실내온도(20°C)보다 2°C 차이가 나기 위해서는 천장 절연재〔K = 0.03 W/(m · °K)〕 두께는? 단, 방안의 h = 0.2 W/(m^2 · °K), 밖의 온도는 30°C이고 h = 20 W/(m^2 · °K)이다.

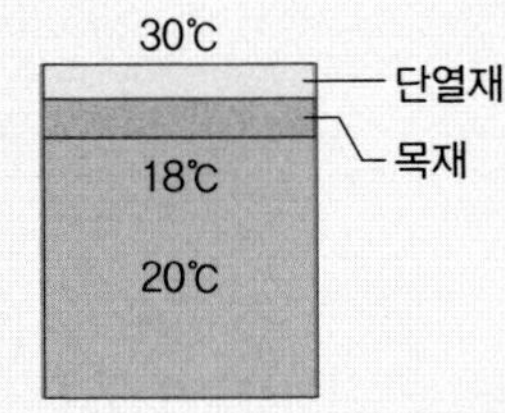

Lab 12

비정상 상태에서의 **열전달** Unsteady State Heat Transfer

정상 상태는 온도가 시간에 따라 변화하지 않은 열 이동을 설명한다. 그러나 대부분의 식품공업에서의 열전달은 전열속도가 시간에 따라 변화하는 비정상 상태에서 이루어진다.

입력 Q_1 → 식품 → 출력 Q_2

$Q_1 = Q_2$

- **비정상 상태** : 온도는 시간의 함수를 가지며 식품의 온도가 상승한다. 열전달 메커니즘 ∝ 시간과의 함수로서 고체 식품의 냉각 및 동결, 통조림의 가열살균 등에서 나타난다.

1) 비정상 상태에서의 기본 식

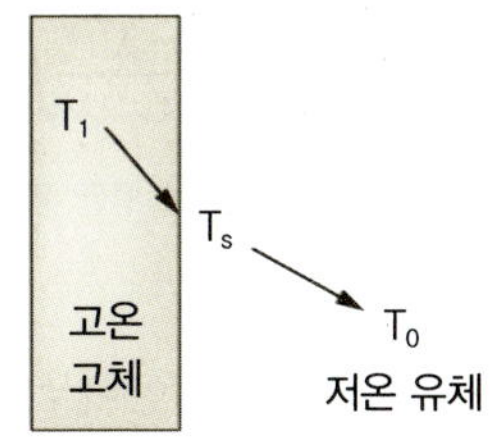

고온 고체를 저온의 액체에 넣었다고 하자.

내부 : 고체 내에서 표면까지 전도로 열전달 : $Q_{in} = k \cdot A(T_i - T_s)/x$

외부 : 고체 표면에서 저온 유체까지 대류로 전달 : $Q_{out} = h \cdot A(T_s - T_o)$

내·외부 저항비를 구하려면

$$\frac{Q_{out}}{Q_{in}} = \frac{h \cdot A(T_s - T_o)}{k \cdot A(T_i - T_s)/x} = \frac{h \cdot x(T_s - T_o)}{k(T_i - T_s)}$$

평형 상태라면 $Q_{out} = Q_{in}$

$$\frac{h \cdot x}{k} = \frac{T_i - T_s}{T_s - T_o}$$

여기서 $h \cdot x/k$는 비오트수(Biot number : 내부와 외부 저항의 크기를 비교하는 값)

(1) 내부 저항을 무시할 수 있는 경우

① 식품 내의 온도가 일정(고체의 온도가 위치에 상관없이 균일)

② 매우 낮은 저항성

③ 높은 열전도도

⇒ 유체 사이의 대류 열전달만을 사용. 즉, Ti와 Ts 차이가 거의 없다.

⇒ 비오트수 < 0.1일 때는 내부 저항 무시

고체의 온도가 dt 시간 후에 dT만큼 냉각되었다면,

$$\frac{-C_p \cdot \rho \cdot v \cdot dT}{dt} = h \cdot A(T_s - T_o)$$

표면에서의 열손실 = 표면을 통하여 흐르는 열

냉각 $\frac{-dT}{dt} = \frac{h \cdot A(T_s - T_o)}{\rho \cdot C_p \cdot v}$

$$\int_{T_s \to T_i}^{T_s \to \bar{T}} \frac{dT}{T_s - T_o} = \frac{h \cdot A}{\rho \cdot C_p \cdot v} \int_0^t dt$$

여기서 $\bar{T}$는 t시간 후의 평균 온도

$\ln\frac{(\tilde{T} - T_o)}{(T_i - T_o)} = \frac{-h \cdot A \cdot t}{\rho \cdot C_p \cdot v}$: 모든 대류, 전도를 고려한다면 h 대신 U 값을 넣을 수도 있다.

$$\frac{(\tilde{T} - T_o)}{(T_i - T_o)} = \exp\left(\frac{-h \cdot A \cdot t}{\rho \cdot C_p \cdot v}\right) \quad \cdots\cdots ⓐ$$

$\tilde{T}$: 시간 t에서의 평균 온도, T_o : 고체가 접하고 있는 유체의 온도, T_i : 초기의 온도, t : 가열/냉각 시간

위의 식은 고체물질에 대한 시간-온도의 변화를 나타낸다. 이 식을 활용하기 위해서는 표면/부피의 비율을 알아야 한다. 즉, 정확도를 위해서 $h \cdot x/k < 0.1$일 때만 적용

① 구인 경우 : $x = \frac{V}{A} = \frac{4\pi \cdot r_3/3}{4\pi \cdot r^2} = \frac{r}{3}$

② 긴 실린더인 경우 : $x = \frac{V}{A} = \frac{\pi \cdot D^2 \cdot L/4}{\pi \cdot D \cdot L} = \frac{D}{4} = \frac{r}{2}$

③ 무한 평판인 경우 : $x = \frac{(2x)^2 \cdot L}{(2xL) \cdot 4} = \frac{x}{2}$

일정 시간 t에서의 온도는 ⓐ 식에서 구할 수 있다.

t = 0에서 t = t시간 동안 전달되는 총 열전달속도는

$$총\ Q = \int_0^t Q(t)dt = \int h \cdot A(T_i - T_o)\ \exp(\frac{-h \cdot A \cdot t}{\rho \cdot C_p \cdot v})dt$$

시간 t에서 $Q = h \cdot A(\tilde{T} - T_o) = h \cdot A(T_i - T_i)\ \exp(\frac{-h \cdot A \cdot t}{\rho \cdot C_p \cdot v})$

$$(\tilde{T} - T_o) = (T_i - T_o)\ \exp(\frac{-h \cdot A \cdot t}{\rho \cdot C_p \cdot v})$$

$$\therefore\ Q = \rho \cdot C_p \cdot v(T_i - T_o)[1 - \exp(\frac{-h \cdot A \cdot t}{\rho \cdot C_p \cdot v})]$$

저항이 많으면 표면 온도와 내부 온도 사이의 급격한 변화가 없으나 저항이 적으면 순식간에 같아지므로 x 값을 규정하기가 쉽지 않다.

(2) 내부 저항이 존재하는 경우

① 표면 온도가 매질과 유사할 경우

② 매우 높은 저항성

③ 낮은 열전도도

⇒ 즉 비오트수가 40보다 클 경우, 내부 저항이 없는 경우에서 나타난 $\check{T}$보다 더욱 더 천천히 식는다.

즉 대류 열전도계수(h)가 클 경우 고체 표면 온도는 유체 온도와 같다.

∴ 열 축적이 오직 고체 내부의 저항 때문에 생기는 경우이다.

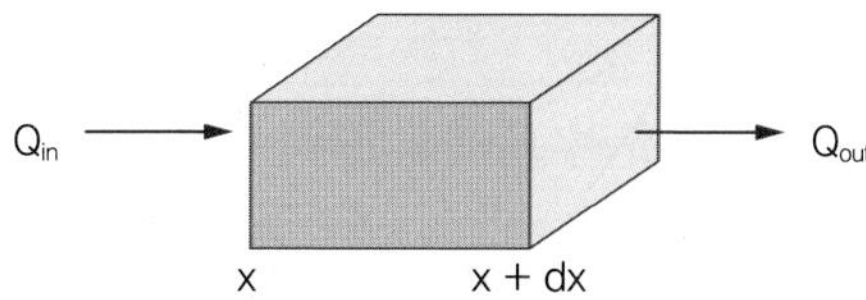

단위시간당 들어오는 열량 : $\frac{\partial Q_1}{\partial t} = -k \cdot dy \cdot dz \cdot \frac{\partial T}{\partial x} = Q_{in}$ ·························· ①

단위시간당 나가는 열량 : $\frac{\partial Q_2}{\partial t} = -k \cdot dy \cdot dz \cdot \partial(\frac{T}{\partial x} + \frac{\partial T}{\partial x} \cdot dx) = Q_{out}$ ………… ②

이 물체의 밀도 ρ, 비열 C_p인 경우, 단위시간당 축적되는 열량은

$$Q = m \cdot C_p \cdot dT = \rho \cdot C_p \cdot dx \cdot dy \cdot dz \cdot (\frac{\partial T}{\partial t}) \text{ ………………………… ③}$$

에너지 수지 : ①−②=③

$$-k \cdot dy \cdot dz \cdot \partial T/\partial x + -k \cdot dy \cdot dz \cdot \partial(\frac{T}{\partial x} + \frac{\partial T \cdot dx}{\partial x}) = \rho \cdot C_p \cdot dx \cdot dy \cdot dz \cdot (\frac{\partial T}{\partial t})$$

$$k\,(\frac{\partial T^2}{\partial x^2}) = \rho \cdot Cp \cdot (\frac{\partial T}{\partial t})$$

$$(\frac{\partial T}{\partial t}) = (\frac{k}{\rho \cdot C_p})(\frac{\partial T^2}{\partial x^2}) = \alpha \cdot (\frac{\partial T^2}{\partial x^2})$$

열 확산계수 $\alpha = (k/\rho \cdot C_p)$

푸리에 수 $= \alpha \cdot t/x_1^2$: 무차원

3차원의 비정상 상태의 전열식

$$(\frac{\partial T}{\partial t}) = (\frac{k}{\rho \cdot C_p})(\frac{\partial^2 T}{\partial x^2} + \frac{\partial^2 T}{\partial y^2} + \frac{\partial^2 T}{\partial z^2})$$

미분방정식 $\Rightarrow (T_o - \check{T}) = \exp[-a^2 \cdot \alpha \cdot t(A\cos\alpha\, x + B\sin\alpha\, x)]$

$\frac{T - T_o}{T_i - T_o} = \frac{4}{\pi}\sum_{n=1}^{\infty}\frac{1}{n}\sin\frac{n\pi x}{2H}\exp[(\frac{-n\pi}{2})^2\frac{\alpha t}{H^2}]$: 무한평판

무한평판, 실린더형, 구 모양에 따라 다른 미분방정식이 세워지고, 각각의 거니-루리 도표(Gurney-Lurie chart)가 만들어진다.

고체 표면과 매체(medium) 간의 온도는 무시(즉, 표면온도가 일정 시 적용)한다.

푸리에수가 0.1보다 큰 경우 처음 항목만 남는다.

위의 식을 도표로 만든 것이 Gurney-Lurie 도표

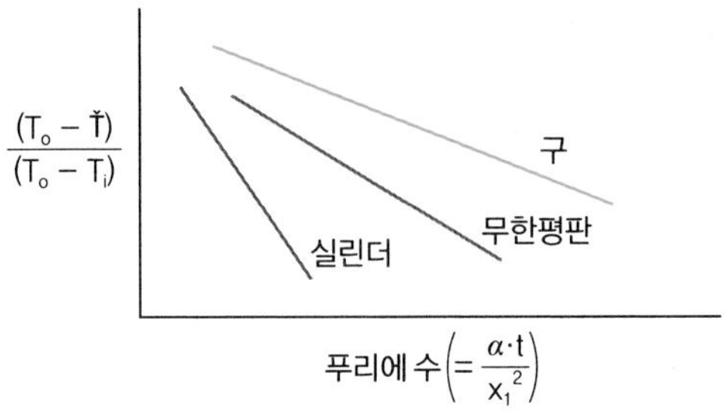

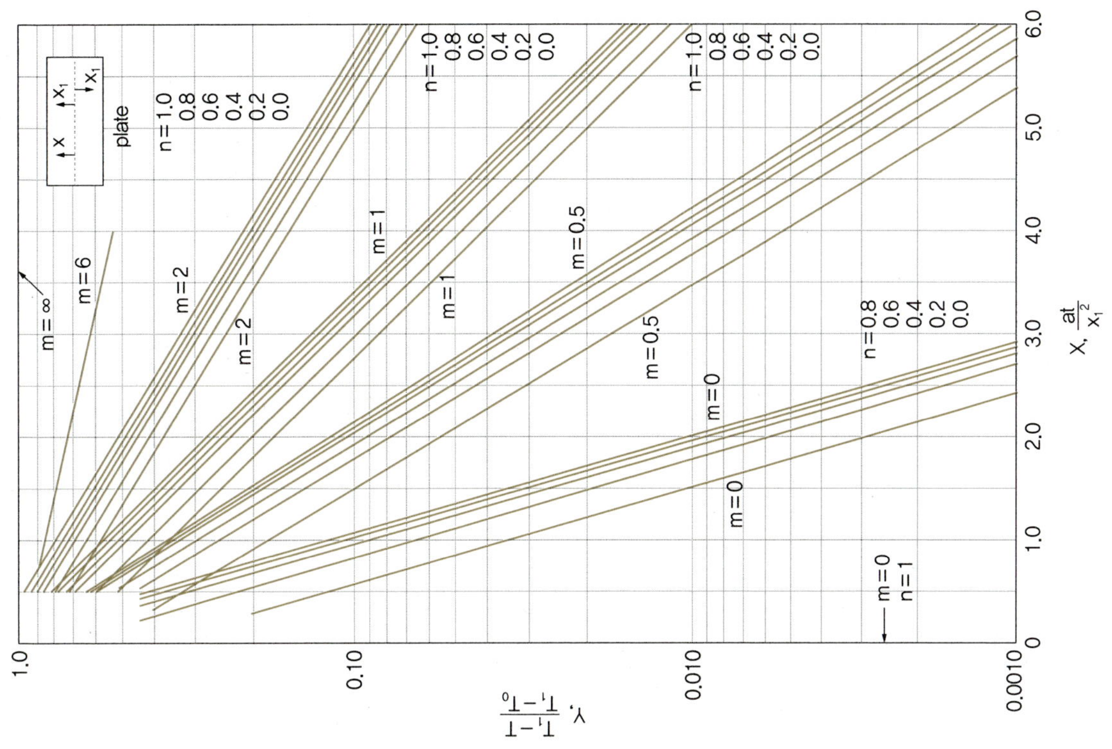

무한 평판의 비정상 상태의 온도 분포

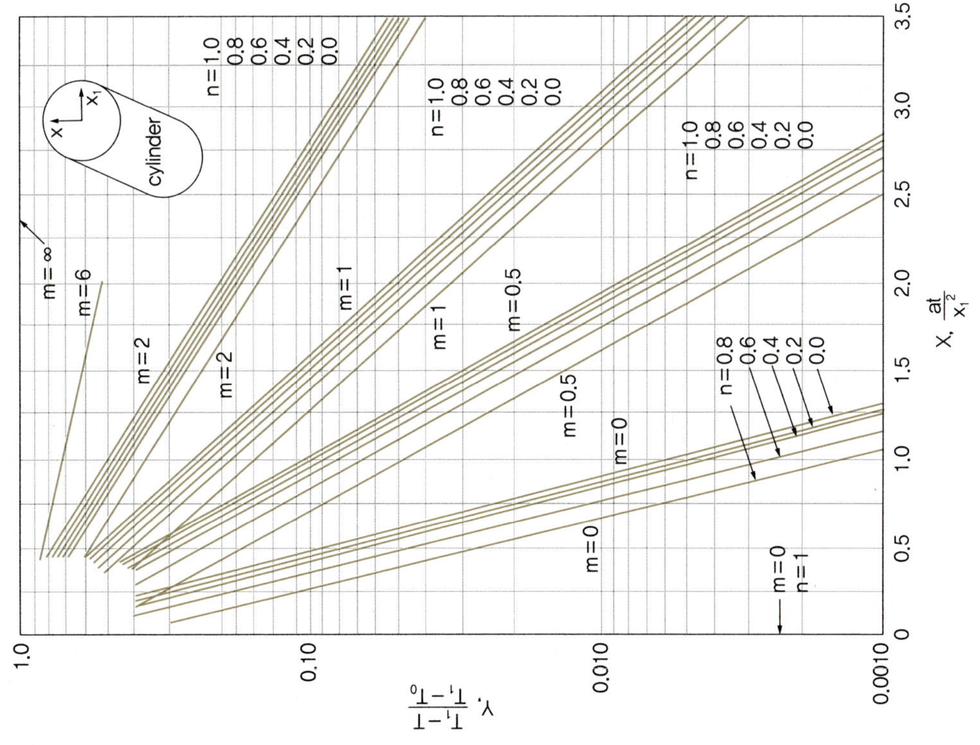

무한 원기둥의 비정상 상태의 온도 분포

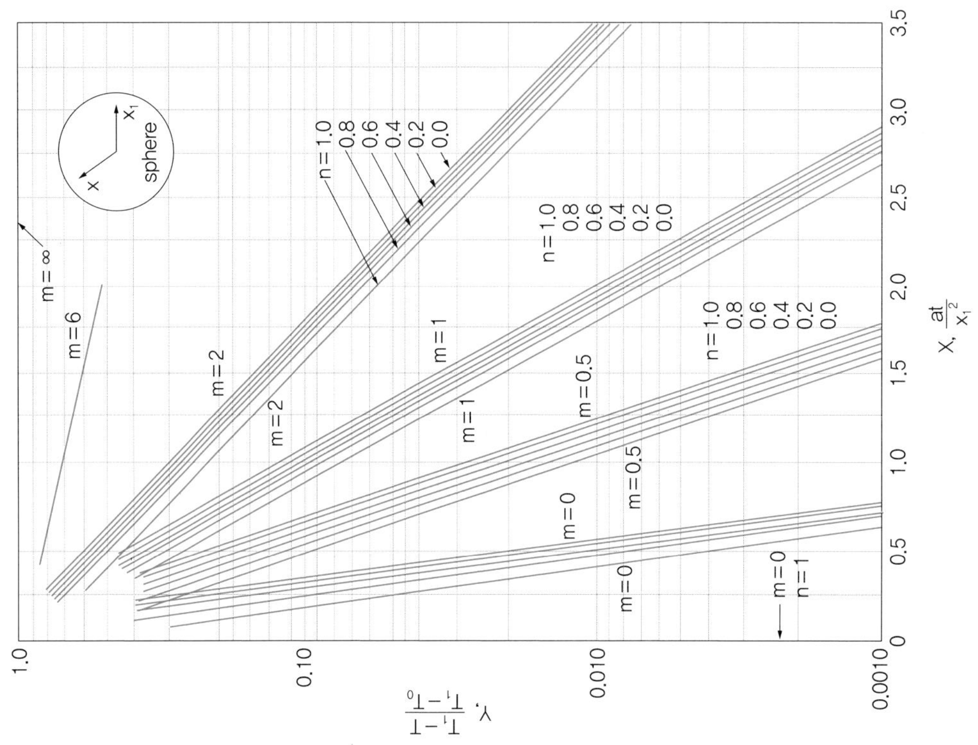

구의 비정상 상태의 온도 분포

① **거니-루리Gurney-Lurie 식**

Y축 : $\frac{(T_o - \tilde{T})}{(T_o - T_i)}$

X축 : $(\frac{\alpha \cdot t}{{x_1}^2})$: $\alpha = (\frac{k}{\rho \cdot C_p})$, x_1 = 고체 반지름

$m = \frac{1}{\text{비오트수}}$, $n = (\frac{x}{x_1})x$ = 임의의 거리

n = 0이라면 위치는 한가운데

n = 1이라면 위치는 표면

거니-루니 선도(Gurney-Lurie) 식 : 시간에 따른 어떠한 위치에서도 온도를 결정할 수 있는 차트

② **2차원 및 3차원일 경우**

x 방향 : $\frac{(T_o - \tilde{T}_x)}{(T_o - T_i)} = F_x$ ($\tilde{T}$: 임의의 시간 t에서의 온도)

$m = \frac{1}{비오트수}(= \frac{k}{h \cdot x}, \quad n = \frac{x}{x_1}, \quad x축 = (\frac{\alpha \cdot t}{x_1{}^2})$

Y방향 : $\frac{(T_o - \tilde{T}_y)}{(T_o - T_i)} = F_y$

$m = \frac{1}{비오트수}(= \frac{k}{h \cdot y}, \quad n = \frac{y}{y_1}, \quad x축 = (\frac{\alpha \cdot t}{y_1{}^2})$

Z방향 : $\frac{(T_o - \tilde{T}_z)}{(T_o - T_i)} = F_z$

모든 방향에서의 동시 열전달은 $F_x \cdot F_y \cdot F_z = \frac{(T_o - \tilde{T}_{x,y,z})}{(T_o - T_i)}$

∴ $\check{T}_{x,y,z}$: 중앙에서부터 x, y, z지점에서의 온도

짧은 실린더 반지름 x, 높이 2y

x 방향 : 실린더 차트에서 F_x

y 방향 : 무한 평판 차트에서 F_y

$F_x \cdot F_y = \frac{(T_o - \tilde{T}_{x,y})}{(T_o - T_i)}$

예 1 **초기 온도 20℃인 소시지(지름 10 cm, 높이 30 cm)를 116℃의 수증기에서 가열한다. 2시간 후에 소시지의 중심 온도를 구하시오. 단, 소시지의 길이 쪽으로는 열전달이 없다. 소시지의 K = 0.5 J/(m·s·℃), C_p = 3,300 J/(kg·℃), ρ = 1,070 kg/m³, h=1,200 W/(m²·℃)**

비오트수 $= \frac{h \cdot x}{k} = \frac{1,200 \times 0.05}{0.5} = 120, \quad m = \frac{1}{120} = 0, \quad n = \frac{0}{0.05} = 0$ (중심이므로 x = 0)

x축 : $\frac{k \cdot t}{(\rho \cdot C_p) \cdot x_1{}^2} = \frac{0.5 \times 2 \times 3,600}{3,300 \times 1,070 \times (0.05)^2} = 0.4$

y축 : 0.13

$\frac{(\check{T}_x - T_o)}{(T_i - T_o)} = 0.13 = \frac{(\check{T}_x - 116)}{(20 - 116)} \qquad ∴ \check{T}_x = 103.5℃$

소시지를 2시간 가열 시 중심 온도는 103.5℃

예 2 **위의 문제에서 y축에서도 열전달이 일어난다고 가정하고 풀어 보시오.**

비오트수 $= \frac{h \cdot y}{k} = \frac{1,200 \times 0.15}{0.5} = 360, \quad m = \frac{1}{360} = 0, \quad n = \frac{0}{0.15} = 0$

x축 : $\frac{k \cdot t}{(\rho \cdot C_p) \cdot y_1{}^2} = \frac{0.5 \times 2 \times 3,600}{3,300 \times 1,070 \times (0.15)^2} = 0.045$

(계속)

y축 : 0.95

전체 열전달 : 0.13 × 0.95 = 0.1235

$$\frac{(\check{T}_x - T_o)}{(T_i - T_o)} = 0.1235 = \frac{(\check{T}_x - 116)}{(20 - 116)} \qquad \therefore \check{T}_x = 104.1\,^\circ\text{C}$$

결론적으로 일반적인 열전달은 x축으로 흐르며 y축으로는 미비한 상태이다.

예 3 **초기 온도 29.4℃인 콩 통조림(지름 68 mm, 높이 140 mm)을 115.6℃의 수증기에서 0.75시간 x축에서만 가열하였을 때 중심 온도를 구하시오. 수증기의 h = 4,540 W/(m²·℃) 콩의 K = 0.83 J/(m·s·℃), $\alpha = 2\times10^{-7}$ m²/sec**

비오트수 $= \frac{h \cdot x}{k} = \frac{4{,}540 \times 0.034}{0.83} = 186$, $\quad m = \frac{1}{186} = 0$, $\quad n = \frac{0}{0.034} = 0$ (중심이므로 x = 0)

x축 : $\frac{k \cdot t}{(\rho \cdot C_p) \cdot x_1^2} = \frac{2 \times 10^{-7} \times 0.75 \times 3{,}600}{(0.034)^2} = 0.47$

y축 : 0.10

$$\frac{(\check{T}_x - T_o)}{(T_i - T_o)} = 0.10 = \frac{(\check{T}_x - 115.6)}{(29.4 - 115.6)} \qquad \therefore \check{T}_x = 106.98\,^\circ\text{C}$$

예 4 **위의 3번 문제에서 y축에서도 열전달이 일어난다고 가정하고 중심 온도를 구하시오.**

비오트수 $= \frac{h \cdot x}{k} = \frac{4{,}540 \times 0.07}{0.83} = 383$, $\quad m = \frac{1}{383} = 0$, $\quad n = \frac{0}{0.07} = 0$

x축 : $\frac{k \cdot t}{(\rho \cdot C_p) \cdot y_1^2} = \frac{2 \times 10^{-7} \times 0.75 \times 3{,}600}{(0.07)^2} = 0.11$

y축 : 0.8

전체 열전달 : 0.1 × 0.8 = 0.08

$$\frac{(\check{T}_x - T_o)}{(T_i - T_o)} = 0.08 = \frac{(\check{T}_x - 115.6)}{(29.4 - 115.6)}$$

$\therefore \check{T}_x = 108.7\,^\circ\text{C}$

실험 목적

비정상 상태에서의 고형 식품의 열전달 패턴과 식품 가공과 관련된 관찰

실험 기구

1. 크기가 다른 오렌지
2. 얼음 수조
3. 온수 수조(hot waterbath)
4. 열전대(thermocouples)
5. 다점 온도기록계

실험 방법

1 오렌지의 중앙에 열전도선을 맞추어 넣는다.

2 각각의 오렌지 부피를 측정한다.

3 오렌지를 얼음 수조에 넣고 온도 평형에 이르도록 한다.

4 오렌지를 얼음 수조에서 온수 수조로 옮긴다.

5 다점 온도기록계를 이용하여 시간에 따른 온도를 기록한다.

실험 결과 및 고찰

1 기구와 설치를 묘사하고 스케치한다.

2 각 오렌지의 열 침투곡선(온도 대 시간)을 위한 데이터를 구한다.

3 세미 로그 그래프(semi log graph)에 오렌지 두 개의 시간에 따른 열 침투곡선을 그린다. 즉, 3주기 세미 로그 그래프에 Y축에는 $T_o - T_c$, x축에는 시간을 그린다(T_o : 수조 온도, T_c : 오렌지 온도).

4 다시 3주기 세미 로그 그래프에 Y축 $(T_o - T_c)/(T_o - T_i)$, x축에는 시간을 그린다(T_i = 초기 온도).

5 3번에서 그린 그래프를 이용하여 큰 오렌지가 특정한 온도에 도달하는 시간을 구한다.

6 더 높은 수조온도나 더 낮은 초기 오렌지 온도를 사용하였다면, 0시간에서의 세로 좌표 값은 다음과 같은 그래프에서 더 높은지 또는 더 낮은지, 아니면 같은지를 답하시오.

(1) 3번에서 그린 그래프

(2) 4번에서 그린 그래프

7 각각의 오렌지 부피로 평균 반지름을 구한다.

8 20, 40, 60분의 가열시간 동안 큰 오렌지의 중앙 온도를 차트로 구한다.

9 관찰된 데이터와 계산된 데이터를 비교한다.

수조 온도 : 40°C(~104°F)

오렌지 성질 :

비중 : 0.96

비열 : 0.92 Btu/(lb · °F)

열전도도 : 0.30 Btu/(hr · ft · °F)

표면 열전달계수 : 125 Btu/(hr · ft^2 · °F)

오렌지 크기 : 오렌지 A 오렌지 B

부피(mL) ________ ________

평균 지름(inch) ________ ________

시간(분)	오렌지 A		오렌지 B		
	온도(°F)	$T_o - T_c$(°F)	온도(°F)	$T_o - T_c$(°F)	$T_o - T_c/T_o - T_i$

T_o : 수조 온도, T_c : 오렌지 온도

오렌지 B의 계산calculated된 온도와 실험 실적experimental 온도 비교

시간(분)	계산된 온도(°F)	실험 실적 온도(°F)
15		
30		
45		

오렌지 B가 45°C(113°F)에 도달하는 데 걸리는 시간은?

연습문제

1 쿠키를 굽는 데 쓰는 얇은 알루미늄 평판(1 m × 2 m × 0.5 cm)을 230°C의 오븐에서 꺼내어 21°C 공기 중에서 식히려고 한다. 열전달계수는 6 W/(m^2 · °K)이다. 평판의 열전도도는 207 W/(m · °K), 비열은 0.9 kJ/(kg · °K), 밀도는 2,707 kg/m^{3}이다. 평판의 온도가 손으로 만질 수 있는 40°C까지 식히는 데 걸리는 시간은?

2 지름 8 cm, 높이 20 cm, 실린더형 통에 -20°C로 냉동된 아이스크림이 있다. 20°C의 실외 온도에서 1시간 후의 아이스크림은 0°C로 녹을까? 모든 면에서 열 전달이 일어난다고 가정한다. 단, 아이스크림의 K = 4 W/(m · °K), C_p = 2 kJ/(kg · °C), ρ = 10^3 kg/m^3, h = 5 W/(m^2 · °C) Ln〔T − T_o/(T_i − T_o)〕 = −hA · t/(ρ · C_p · V).

3 지름이 7 cm 높이 12 cm인 실린더 모양의 복숭아 통조림의 초기 온도가 29.4°C이었다. 이 통조림이 수직으로 쌓여 있고 여기에 115.6°C의 스팀이 0.75시간 동안 공급될 때 통조림의 중앙 온도는? 단, 스팀의 열전달계수는 4,540 W/m^2 · °K이고 복숭아 통조림의 열전도도는 0.83 W/m · °K, 열 확산계수는 2.007 × 10^{-7} m^2/sec이다.

4 11월 11일 12시에 식품생명공학과의 파티를 시작하려고 한다. 메뉴는 반경 2 ft 구형의 칠면조와 반지름 2 inch인 구형의 호박 파이이다. 이 음식들을 맛있게 요리하기 위해서는 내부 온도의 변화를 정확히 예측하는 것이 필요하다.

(1) 처음 온도가 80°F인 호박이 400°F의 증기솥(steam cooker; h = 2 Btu/hr · ft^2 · °F)에서 요리가 될 때 1시간 후 호박의 내부 중앙온도는? 단, 호박의 K = 10 Btu/(hr · ft.°F), C_p = 1.5 Btu/(lb · °F), 밀도 = 200 lb/ft^{3}이다.

(2) 40°F에 저장되었던 칠면조를 굽기 위해 400°F의 기름 조리기〔h = 4,500 Btu/(hr · ft^2 · °F)〕에 넣었는데 칠면조의 내부 중앙온도가 364°F에 도달하면 충분히 익어 파티를 시작할 수 있다. 파티를 12시에 열기 위해서는 칠면조를 굽기 시작해야 하는 시간은? 단, 칠면조의 K = 60 Btu/(hr · ft · °F), C_p = 1.5 Btu/(lb · °F,) 밀도 = 100 lb/ft^3

심화문제

1 외부 온도는 30°F이고, 집(총면적 1,000 ft²)의 내부 온도를 70°F로 유지하고자 한다. 벽을 통해서 손실되는 열 전달속도는? 단, 대류 현상은 없으며, 1 Btu = 1,055 J

(1) 1 inch 두께〔K = 0.05 Btu/(hr · ft · °F)〕의 단일 판자인 경우에 한 달 전기값은?

(2) 2개의 판자 사이에 3 inch 두께의 절연체〔K = 0.02 Btu/(r · ft · °F)〕가 끼어 있다. 가열 전기비 가격이 1 kW · hr = 10원일 때 한 달 전기값은?

2 110°C의 스팀이 1.5인치 호칭지수(nominal) 스케줄 번호 80 강관〔K = 20 W/(m · °K)〕에서 시간당 응축되고 있다. 스팀 쪽의 h값은 1,000 W/(m² · °K)이고 파이프의 바깥공기 쪽 h값은 10 W/(m² · °K)이다. 강관의 길이는 1 m이고 주위 공기의 온도는 10°C이라고 할 때,

(1) U_i를 이용하여 주위로 손실되는 열 흐름(W)을 계산하면?

(2) 이때 스팀의 양(kg/hr)은?

(3) 2.587 cm 두께〔K = 0.05 W/(m · °K)〕의 절연체가 파이프를 싸고 있다면 한 달에 절약되는 전기비는? 단, U_o를 기준으로 해서 계산하는데 전기비는 1 kW = 시간당 100원으로 가정한다.

3 강관(안지름 6 in, 바깥지름 8 in, 길이 1 ft)이 2인치 두께의 절연체로 싸여 있다. 파이프 내부 온도는 400°F이고 절연체의 외부 온도는 100°F이다.

(1) 열 손실(Btu/hr)은?

(2) 파이프와 절연체 사이의 온도는? 단, $K_{파이프}$ = 20 Btu/(hr · ft · °F), $K_{단열재}$ = 0.04 Btu/(hr · ft · °F), 대류는 무시한다.

4 발효 튜브탱크(바깥지름 = 12 m)는 내부 유리〔두께 = 1 cm, K = 0.8 W/(m · °K)〕와 외부 강철〔두께 = 1 cm, K = 45 W/(m · °K)〕로 구성되어 있다. 내부 온도는 50°C이고 외부 온도는 15°C이다. 모든 표면 열전달계수를 무시할 때 유리와 강철 경계 사이의 온도는?

5 1 inch 스케줄 번호 40(안지름 1.05 inch, 바깥지름 1.3 inch)의 파이프를 흐르는 우유가 물에 의해 식고 있다. 파이프의 K = 26 Btu/(hr · ft · °F)일 때 총괄 열전달계수는? 단, 우유 h_i = 100 Btu/(hr · ft² · °F), 물의 h_i = 300 Btu/(hr · ft² · °F), 내부 h_{di} = 1,000 Btu/(hr · ft² · °F), 외부 h_{do} = 500 Btu/(hr · ft² · °F)이다.

(1) 바깥지름을 기준으로 했을 때의 U_o는?

(2) 내부 지름을 기준으로 했을 때의 U_i는?

6 15°F의 냉매가 호칭 치수 3/4 inch 구리 튜브(스케줄 번호 80)를 흐르고 있다. 튜브 밖 표면에 수분이 응축되는 것을 막기 위해 단열재〔glass wool; K=0.025 Btu/(hr·ft·°F)〕로 튜브 밖을 절연시켰다. 절연물질 밖의 표면에 수분 응축을 막기 위한 단열재의 최소 두께는? 단, 외부 온도는 70°F이고 이슬점 온도는 45°F이다. 단열재와 외부 공기 사이의 h 값은 $0.5(\triangle T)^{1/4}$로 표현되고, △T는 단열재와 외부 공기 사이의 온도 차이(°F)이며 h의 단위는 Btu/(hr·ft²·°F)이다. 튜브의 내부 벽과 냉매 사이의 대류계수(convective coefficient)가 매우 커서 냉매 내의 열 저항은 없고, 튜브의 열 저항도 없다고 가정한다. 또 $A_{lm단열재}=A_o$로 가정한다.

7 40 psia의 포화수증기가 스케줄 번호 40 1.5인치 강관을 통해 5 ft/sec로 흐르고 있다. 파이프 내부 표면이 응축되는데 h는 1,500 Btu/(hr·ft²·°F)이고 주위의 공기온도는 80°F이며 외부의 표면 열전달계수는 3 Btu/(hr·ft²·°F)일 때

(1) 강관 10 ft 당 열손실(Btu/hr)은?

(2) 2인치의 마그네시아(magnesia) 85%로 단열시켰을 때 파이프 10 ft당 열손실(Btu/hr)은?

(3) 10 ft 파이프에서 응축되는 증기의 양(lb_m/hr)은?

8 수직형 실린더(지름=76 mm, 높이 120 mm)의 표면이 124°C로 유지되고 있는데 20°C의 공기에 의해 자연대류로 열손실이 일어나고 있다. 열손실은 실린더의 표면과 윗면에서 일어난다고 한다. 프란틀수(Pr#) × 그라스호프수(Gr#)는 10^4~10^9의 범위에 있고 L_{eq}는 지름의 0.9배이다. 실린더 전체 면적에서의 열전달은?

9 냉동기〔4×6×3 m(높이)〕를 제조하고자 하는데 벽과 천장은 1.7 mm 강철〔K=14.2 W/(m·°K)〕, 폼(foam) 10 cm〔K=0.034 W/(m·°K)〕, 코르크〔K=0.043 W/(m·°K)〕와 1.27 cm 목재〔K=0.43 W/(m·°K)〕로 구성되어 있다. 냉동기 내부는 -40°C이고 바깥 온도는 32°C이다. 목재 쪽의 h=5 W/(m²·°K)이고 강철 쪽의 h=2 W/(m²·°K)이다.

(1) 바깥공기의 이슬점이 29°C일 때, 바깥벽의 수분이 응축이 되지 않을 코르크의 두께는?

(2) 벽과 천장을 통해서 전달되는 열 전달속도(W)는?

10 (1) 130°C의 증기를 함유하고 있는 1.5인치 호칭지수(nominal) 스케줄 번호 40 강관을 통해서 주위로 흐르는 열 손실속도는? 단, 증기 쪽의 h=11,400 W/(m²·°K)이고 바깥쪽의 h=5.7 W/(m²·°K)이다. 평균 주위 공기의 온도는 15°C이고 파이프의 K는 45 W/(m·°K)이다. U_o를 이용해서 계산하시오.

(2) 파이프가 두께 5 cm 절연체〔insulator; K=0.07W/(m·°K)〕로 싸여 있다면 1달 동안 절약되는 에너지(J)는? 단, 증기와 바깥의 h는 같다고 가정한다.

11 내부 온도 30°C에서 0°C로 전환될 수 있는 냉장고〔3 m × 3 m × 4 m(높이)〕를 만든다.

벽과 천장 : 3 mm PVC 내부〔K = 0.15 W/(m · °K)〕

4 cm 코르크판〔K = 0.04 W/(m · °K)〕

15 cm 섬유유리〔K = 0.015 W/(m · °K)〕

3 mm PVC 외부 h_{inside} = 8 W/m^2 · °K, $h_{outside}$ = 20 W/(m^2 · °K)

바닥 : 3 mm 타일〔K = 0.3 W/(m · °K)〕, 10 cm 콘크리트〔K = 1.0 W/(m · °K)〕

접촉 대지의 표면온도 : 10°C

공기 출입 : 사람이 출입할 때 공기는 1 m^3/hr〔공기 C_p = 1,000 J/(kg · °K)〕가 들어온다.

식품 : 고기〔무게 = 1 kg, 비열 = 3,000 J/(kg · °K)〕를 5시간 내에 30°C에서 0°C로 냉장시키고자 할 때 이 모든 상황에서 고려되어야 할 총 열의 손실은?

12 높이 1 ft, 400°F로 가열된 수직 벽이 공기 100°F와 접촉하고 있다.

T_w = 벽면 온도, T_b = 주위 온도

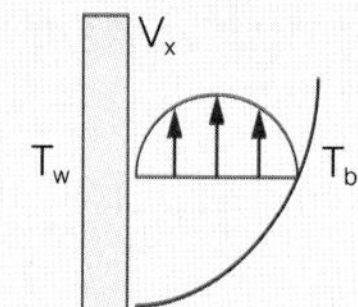

(1) 표면 열전달계수〔Btu/(hr · ft^2 · °F)〕는?

(2) 벽의 1 ft^2 면적에서의 열전달속도(Btu/hr)는?

(3) (2)번을 간편식을 사용하여 다시 풀어 보면?

13 (1) 800°F의 강철 공(반지름 1인치)이 250°F의 매질에 담겨 있다. h=2 Btu/(hr · ft^2 · °F)일 때 1시간 후 공의 온도는? 단, K = 25 Btu/(hr · ft · °F), 밀도 490 lb_m/ft^3, C_p = 0.11 Btu/(lb_m · °F)이다.

(2) 1시간 후에 제거된 열량(Btu/hr)은? 공의 부피 = $4\pi r^3/3$, 면적=$4\pi r^2$이다.

14 기름〔비중 = 0.82, 비열 = 0.46 Btu/(lb · °F), 점도 = 45.7 × 10^{-4} lb/(ft · sec), K = 0.073 Btu/(hr · ft · °F)〕이 95°F에서 190°F로 1인치 강철 스케줄 번호 40에서 시간당 14,300 lb로 흐르고 있으며 증기가 10 psig에서 응축되는 2번째 파이프로 덮여 있다. 응축이 되는 증기의 h = 1,500 Btu/(hr · ft^2 · °F)라고 할 때 필요한 파이프의 길이는? 단, U_i로 계산한다.

15 시간당 14,000 lb의 기름을 90°F에서 190°F로 1인치 강관 스케줄 번호 40으로 가열하고자 한다. 이 파이프는 증기가 10 psig에서 응축되는 2번째 파이프로 둘러싸여 있다. 기름의 비열은 0.4 Btu/(lb · °F), 비중은 0.8, 열전도도는 0.08 Btu/(hr · ft · °F), 점도는 6 cP, 응축되는 증기의 h는 1,000 Btu/(hr · ft^2 · °F)이라고 할 때,

(1) 증기 내부의 h_i〔Btu/(hr · ft^2 · °F)〕는?

(2) U_i 값은?

(3) 필요한 파이프의 길이(ft)는?

16 0.5 inch 스케줄 번호 40(길이 5 ft)를 180°F의 뜨거운 물이 0.05 ft/sec의 유속으로 흐르고 있으며 관의 내벽 온도는 항상 80°F를 유지하고 있다.

(1) 이러한 상태에서 2초 후 물의 배출온도는?

(2) 총 열의 손실량은? 단, Q = c·m·△T를 이용한다. 만약 비오트수가 10보다 작다면 내부 저항은 무시한다. K = 140 Btu/ft·hr·°F, μ_b/μ_s = 0.5, 밀도 = 60 lb/ft³, C_p = 1 Btu/(lb·°F), 점도 = 0.3×10^{-3} lb/(ft·sec)

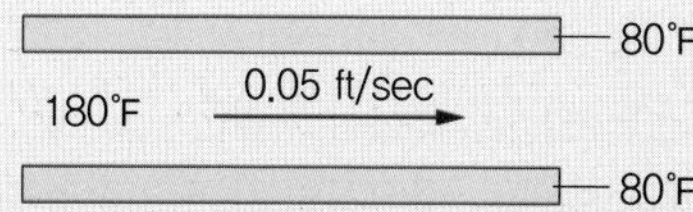

17 알코올이 2중관 열교환장치 내부로 120°F로 들어가고, 물은 향류식으로 50°F로 들어가 100°F로 나가고 있다. 내부 파이프의 면적은 다음과 같다면, A_i = 1.02 ft², A_o = 1.32 ft², 두께 = 0.13 inch이고 K = 26 Btu/(hr·ft·°F). 표면 열전달계수 h_i = 180, h_o = 300 Btu/(hr·ft²·°F)이다. 물의 흐름속도는 시간당 1,000 lb이며 비열은 1 Btu/(lb·°F)이고 알코올의 흐름속도는 시간당 2,200 lb이며 비열은 0.5 Btu/(lb·°F)이라고 할 때, 열교환기에 필요한 파이프의 수는? 단, 여학생은 A_i를 기준으로, 남학생은 A_o를 기준으로 계산한다.

18 공기가 뜨거운 사각형 수조(210°F)에 담겨 있는 8개의 직선 강관(1 inch 스케줄 번호 40)을 통해서 데워지고 있다. 담겨 있는 관의 길이는 2 ft이고 공기속도는 50 ft/sec이며, 내부 압력이 1기압으로 일정하게 유지되고 관 벽과 주위의 점도가 같다고 가정할 때, 공기가 60°F로 들어간다면

(1) h의 값은?

(2) 수조를 나올 때 온도는? 단, $Q = C_p \cdot m \cdot \triangle T = h \cdot A \cdot \triangle T_{lm}$을 이용해서 풀이하는데 정확한 온도를 구하는 데 시간을 너무 할애하지 않도록 한다. 공기 밀도 = 0.063 lb/ft³, 비열 = 0.242 Btu/(lb·°F), 점도 = 1.4×10^{-5} lb/(ft·sec), K = 0.0168 Btu/(ft·hr·°F)이다.

19 200 lb의 물이 절연된 고압증기멸균기(autoclave)에서 70°F에서 190°F로 코일 내부〔길이 = 40 ft, ID = 0.85 in, OD = 1 in, K = 220 Btu/(hr·ft·°K)〕의 증기에 의해 가열된다. 코일 내부의 증기 온도는 212°F이고 물이 이렇게 가열되는 데 40분 걸렸으며 증기 쪽의 h = 2000 Btu/(hr·ft²·°F)이다.

(1) 이때 교반기로 물을 휘저으면 물 쪽의 h 값은 2배로 커진다고 할 때 필요한 가열시간은?

(2) 300°F의 증기가 사용된다면 가열시간은?

20 동그란 캔디〔비열 = 0.5 Btu/(lb·°F), K = 0.05 Btu/(hr·ft·°F), 밀도 = 50 lb/ft³, 점도=0.002 lb/(ft·sec)〕의 표면 열전달계수는 다음 식으로 구할 수 있다.

$$\text{넛셀수} = 2 + 0.6(Pr)^{1/3}(Re)^{1/2}$$

지름이 0.5 inch인 캔디가 400°F의 성형기에서 60°F의 냉각기로 10 ft/sec의 속도로 옮겨진다.
(1) 표면 열전달계수 값은?

(2) 캔디의 온도가 100°F로 식을 때의 시간(sec)은?

(3) 내부 저항을 무시한다고 가정한 후 (2)번 문제를 풀어 보면?

21 초기 온도가 20°C인 소시지(지름 = 10 cm, 길이 = 30 cm)를 116°C의 수증기로 가열하고자 한다. 2,200분 후에 소시지의 중심 온도는? 단, 소시지의 열전도도 = 0.5 W/(m · °K), 밀도 = 1,070 kg/m^2, 비열 = 3,300 J/(kg · °C)이고 증기 속에서 소시지의 표면 열전달계수 = 1,200 W/(m^2 · °K)이다. X축(실린더)과 Y축(무한 평판)으로 모두 열전달이 일어난다고 가정한다.

22 안전 차단장치가 길이 10 cm인 실린더(5 cm O.D.)의 내부 전기장치와 연결되어 있다. 실린더의 중심선에서 1 cm 떨어진 센서가 녹으면 전기회로는 라인을 정지시키는데 센서의 녹는 온도는 300°C이다. 차단장치 근처에서 불이 나서 930°C에 이르렀을 때, 생산 라인이 멈출 때까지 걸리는 시간은? 단, 방의 온도는 30°C이고, 금속의 열 확산계수 = 4.15 × 10^{-2} cm^2/sec이며, 불과 금속 실린더 사이의 경막계수(film coefficient)는 무시한다.

23 구형의 멜론(지름 12 in)이 90°F에서 추수되어 냉장고(35°F)에 저장되고 있다. 멜론의 밀도 = 62 lb/ft^3, 비열 = 0.9 Btu/(lb · °F), K = 0.25 Btu/(ft · hr), h = 150 Btu/(ft^2 · hr · F)일 때
(1) 멜론의 중앙 온도가 40°F에 도달되는 시간은?

(2) 하루가 지난 후 멜론의 평균 온도는?

24 구형의 수박(12 inch 지름)이 냉장고에 저장되어 있다. 초기 수박의 온도는 65°F이고 냉장고 온도는 35°F이다. 수박의 밀도 = 60 lb/ft^3, 비열 = 1 Btu/(lb · °F), 열전도도 = 25 Btu/(hr · ft · °F), 표면 열전달계수 = 0.5 Btu/(hr · ft^2 · °F), 수박의 내부 온도가 10시간 내에 50°F에 도달하면 먹으려고 하는데 가능할까?

25 온도 4°C, 두께가 50 mm인 평판 버터를 25°C에 방치하였다. 버터 옆면은 단열되고 버터의 윗면과 아랫면은 실온에 노출되어 있다. h = 8 W/(m^2 · °K)이며 버터의 K = 0.197 W/(m · °K), 비열 = 2.3 kJ/(kg · °K), 밀도 = 998 kg/m^{3}이다.
(1) 5시간 후의 버터 표면온도는?

(2) 5시간 후 표면에서 15 mm 지점의 온도는?

26 뜨거운 기름 5 gal이 분당 이중 관 열교환장치에 들어가 250에서 120°F로 나오며, 식히는 데 사용하는 물은 70°F로 분당 10 gal으로 투입되고 있다. 열교환장치의 길이는 12 ft, 지름은 1.5 inch라고

할 때, 12 ft짜리 튜브가 몇 개 필요할까? 단, U_o = 105 Btu/(hr·ft^2·°F), 기름의 C_p = 0.55 Btu/(lb·°F), 밀도 = 52 lb/ft^3, 물의 C_p = 1 Btu/(lb·°F)이다.

(1) 병류식은?

(2) 향류식은?

27 알코올이 이중 열교환기에 115°F로 들어가서 찬물에 의해 식혀진다. 물은 향류식으로 50°F로 들어가 100°F로 나온다. 파이프는 내부지름 1 in, 외부지름 1.3 in, 두께 0.1 in로 되어 있다. 강관의 K = 26 Btu/(hr·ft·°F). h_i = 180, h_o = 300 Btu/(hr·ft^2·°F), 물〔C_p = 1 But/(lb·°F)〕은 시간당 1,000 lb로 흐르며, 알코올〔C_p = 0.5 Btu/(lb·°F)〕은 시간당 2,200 lb로 흐른다.

(1) U_o값은?

(2) 필요한 파이프의 길이는?

28 액체 식품〔비열 = 3.89 kJ/(kg·°K)〕이 이중 열교환기 속을 흐르고 있다. 10°C의 액체 식품은 초당 0.6 kg의 속도로 열교환기를 들어가 50°C로 나온다. 80°C의 뜨거운 물이 열교환기로 들어가서 초당 1 kg의 속도로 향류식으로 흐른다. 물의 평균비열 = 4.1 kJ/(kg·°K)이고 내관의 지름 = 10 cm 이다.

(1) 물의 출구 온도는?

(2) 로그 평균 온도 차이는?

(3) 총괄 열전달계수 U_i가 1,800 W/(m^2·°K)일 때 열교환기의 길이는?

(4) 병류식이라 가정하여 (3) 문제를 풀면?

29 소스〔C_p = 0.55 Btu/(lb·°F)〕를 데우는 조리도구가 고장 나서 새로 만들어야 한다. 그런데 파이프(지름 = 0.75 inch)의 길이가 12 ft짜리만 있어 여러 개의 파이프를 합쳐 다발의 열교환장치를 만들어야 한다. 열은 250°F의 증기에 의해 공급되고 배출 증기의 온도는 120°F이다. 8000 lb의 소스를 70°F에서 100°F로 데우고자 할 때, 병류식과 향류식에서 필요한 파이프의 수는? 단, 대부분 U_o = 100 Btu/(hr·ft^2·°F)이다.

(1) 병류식은?

(2) 향류식은?

2) 가열 및 열교환장치

식품의 가열 : 요리법(frying, baking, boiling, roasting), 데치기(blanching), 저온살균(Pasteurization), 고온살균(sterilization)

(1) 원료

열은 다음과 같은 4개의 주된 에너지를 출처로 하여 얻는다.

① 고체 연료 : 나무, 석탄

② 액상 연료 : 원료유(fuel oil), 파라핀, 등유(kerosene)

③ 가스 연료 : 석탄 가스(coal gas), 천연 가스(natural gas), 석유 가스(petroleum gas)

④ 전기적 에너지 : ①에서 ③에 의해 얻거나, 핵연료(nuclear fuel) 또는 수력 발전으로 얻는다.

(2) 증기와 성질 및 종류

① 증기 : 가장 경제적이며 유제품의 열처리 공정에서 가장 많이 사용한다.
⇒ 열교환장치에 사용

② 증기의 물리적 성질 : 무색이며 공기보다 가볍다.

③ 건조 포화증기 : 모든 물이 증발할 때 생기며, 단지 적절한 열이 수분을 증발시키는 데 더해져 사용된다.

④ 습증기(wet steam) : 습증기는 이슬방울 같은 수분이나 박무(mist)를 함유하고 있으며, 증발이 완전히 일어나지 않았으므로 더 많은 열이 모든 수분을 증발하는 데 필요하다.

⑤ 과열 증기(super heated steam) : 포화 온도보다 높은 수증기로, 일정한 압력을 유지하면서 증기가 보일러에서 제거된 후 특별한 과열 증기 코일을 이용하여 건조 포화증기에 열을 더하여 생기는 스팀이다.

- 열량은 다음과 같은 단위를 사용한다.

  1 Btu/lb = 2,326 J/kg

  1 $ft \cdot lb_f/lb_m$ = 2.989 J/kg

  1 cal = 4.187 J

$1\ Btu/(lb_m \cdot °F) = 1\ cal/(g \cdot °C)$

$1\ J/sec = 1\ Watt$

(3) 열교환기Heat exchanger의 원리

열교환기 : 식품을 가열 또는 냉각시키는 데 사용한다.

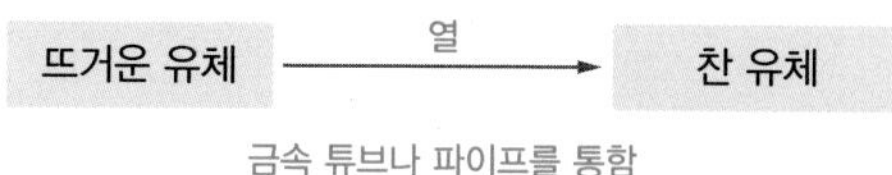

열교환기의 전달방법

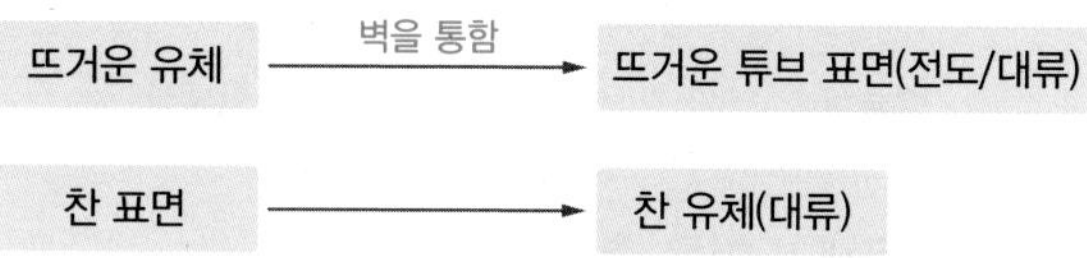

기본 구조

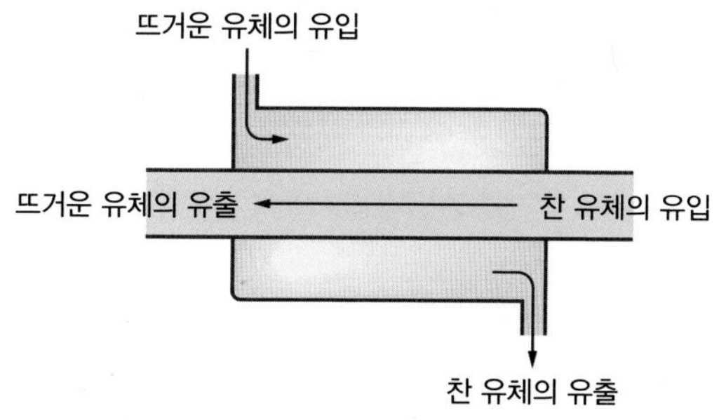

항류식 열 교환장치

주로 식품 유체는 내부 튜브, 가열 매체는 외부 덮개(jacket)를 이용한다.

증기와 식품이 같은 방향 : 병류식(cocurrent flow)

증기와 식품이 다른 방향 : 항류식(countercurrent flow)으로 열전도율이 높다.

튜브는 다양한 온도 변화가 일어나며 위치에 따라 온도가 변화하는 로그 평균 온도차(log mean temperature difference, LMTD)를 고려하여야 한다.

$$LMTD(= \triangle T_{lm}) = \frac{\triangle T_1 - \triangle T_2}{Ln(\triangle T_1 / \triangle T_2)}$$

관 밖을 흐르는 더운 유체가 잃는 총열량

$$Q = U \cdot A \cdot \triangle T_{lm}$$

여기서 U : 총열전달계수(overall heat transfer coefficient), A : 열전달 표면적,
$\triangle T_{lm}$: 열교환기 입구와 출구 사이의 로그 평균 온도차

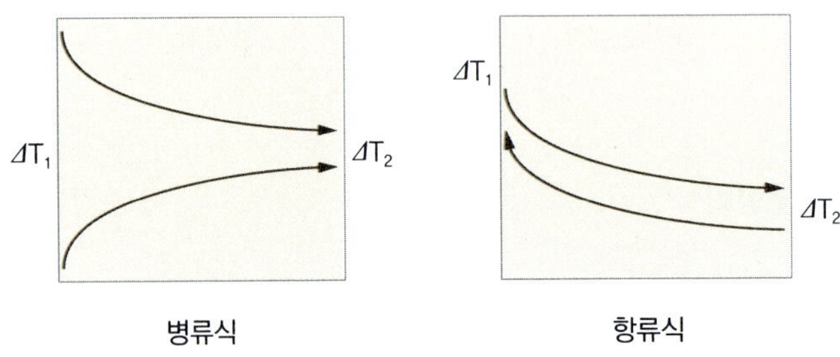

관 속을 흐르는 차가운 유체가 얻은 총열량

$$Q = W \cdot C_p \cdot \triangle T$$

정상 상태에서는 뜨거운 유체가 잃은 열량은 찬 유체가 얻는 열량과 같아야 한다.

$$Q = U \cdot A \cdot \triangle T_{lm} = W \cdot C_p \cdot \triangle T$$

이 식은 열교환기의 면적과 길이와 같은 설계를 구하는 데 많이 이용한다.

예 1 **120°F의 우유를 냉각시키기 위하여 온도가 50°F로 일정하게 유지되는 수조에서 65°F로 냉각시키고자 한다. 지름 1 inch 관을 설치할 때 우유와 물 사이의 총열전달계수 U = 160 Btu/(ft² · hr · °F), 우유의 비열 = 0.93 Btu/(lb · °F), 우유의 비중 = 1.039라고 하면 이때 필요한 관의 길이를 구하시오.**

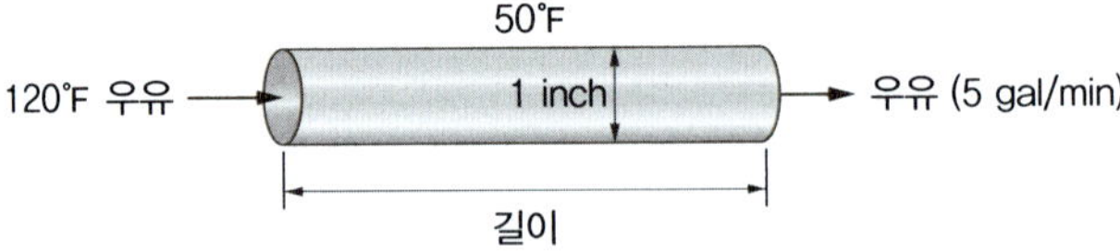

W = 유량 × 밀도 = 5 gal/min × 0.1337 ft³/1 gal × 60 min/hr × 1.039 × 62.4

= 2,600 lb/hr

$\triangle T = 120 - 65 = 55$

$A = \pi \cdot D \cdot L = \pi \cdot (1/12\ ft)(L\ ft) = \pi \cdot L/12\ ft^2$

$$\triangle T_{lm} = \frac{[(120-50)-(65-50)]}{Ln(70/15)} = 36°F$$

(계속)

$Q = U \cdot A \cdot \triangle T_{lm} = W \cdot C_p \cdot \triangle T$ 식에 대입하면,

$(2,600)(0.93)(55) = (160)(\pi \cdot L/12)(36)$

$\therefore$ L = 88 ft

예 2 **원유〔crude oil; 비열 = 0.56 Btu/(lb·°F)〕가 열교환장치를 통해서 시간당 2,000 lb로 흐르고 있으며, 총 열전달계수 U = 80 Btu/(hr·ft²·°F)이고 90°F에서 200°F로 가열된다. 초기 450°F의 등유〔kerosene; 비열 = 0.6 Btu/(lb·°F)〕에 의해 열이 제공되고 있다. 두 유체 사이의 최소 온도 차이가 20°F라고 할 때, 병류식과 항류식에 따른 필요한 열교환장치의 면적을 각각 구하고, 필요한 등유의 흐름속도를 구하시오.**

총 열부하(total heat load) $Q = W \cdot C_p \cdot \triangle T$

$= \{2,000\ lb/hr\,[0.5\ Btu/(lb \cdot °F)]\}\,(200 - 90)°F$

$= 132,000$ Btu/hr

① 병류식

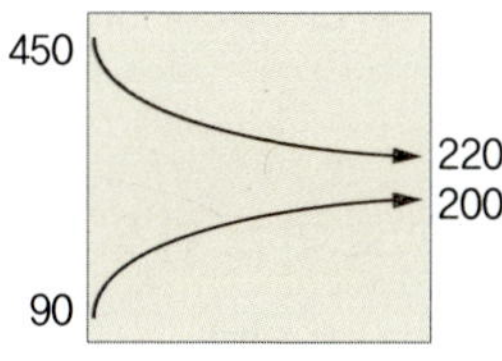

$$\text{등유 흐름속도} = \frac{132,000}{(0.6)(450-220)} = 893\ lb/hr$$

$$\text{면적} = \frac{132,000}{80(360-20)/\ln(360/20)} = 13.1\ ft^2$$

② 항류식

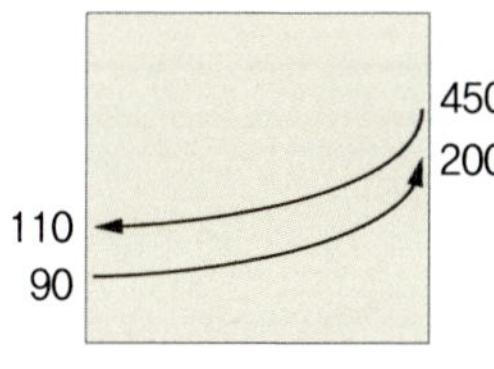

$$\text{등유 흐름속도} = \frac{132,000}{(0.6)(450-1100)} = 604\ lb/hr$$

$$\text{면적} = \frac{132,000}{80(250-20)/\ln(250/20)} = 16.9\ ft^2$$

(4) 열교환기의 종류

① 2중관 열교환기double pipe heat exchanger

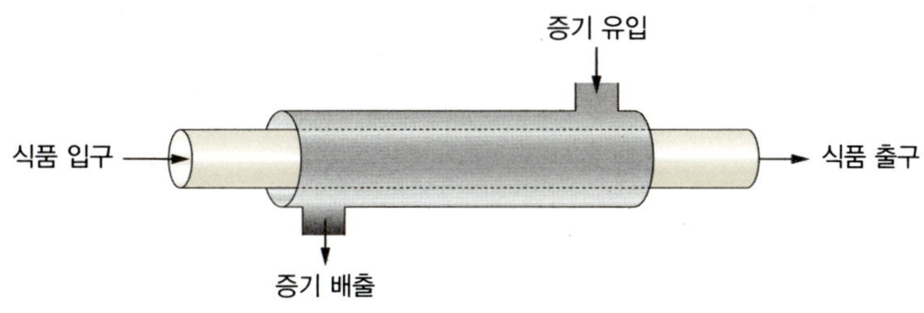

중심이 같은 2개의 관으로 구성되어 있으며, 낮은 흐름속도에 유용하다.

열교환 계산 : 1. 두 유체의 입구와 출구의 온도와 유량으로부터 다음과 같은 열수

지를 취하고 LMTD를 구한다.

$$Q = W_h \cdot C_{ph}(T_1 - T_2) = W_c \cdot C_{pc}(T_3 - T_4)$$

2. 각 표면 열전달계수와 관 벽의 저항으로부터 총열전달계수 (U)를 계산한다.
3. 위 식의 계산 결과를 다음 식에 대입하여 요구하는 열교환기의 면적을 구한다.

$$Q = U \cdot A \cdot \triangle T_{lm}$$

② 다관형 열교환기shell and tube heat exchanger

흐름속도가 매우 큰 예열기, 가열기, 냉각기 등에 사용한다. 부피가 작은 데 비해 넓은 전열 면적을 얻는 것이 장점이다. 청소가 어렵지만 가장 보편적으로 사용된다.

③ 판형 열교환기plate heat exchanger

두께 1~1.2 mm, 폭 0.3 m, 높이 0.9 m의 스테인리스강으로 만든 판을 여러 장 겹쳐 조립하여 만들며, 주로 우유 살균, 과즙의 살균이나 냉각에 사용된다.

장점 : 짧은 시간에 고온 가열이 가능하고 좁은 장소에서 사용할 수 있다.
청소가 쉽고 유지가 간편하다.
판의 수를 가감할 수 있으므로 용량 조절이 가능하다.

단점 : 비교적 고압이나 점도가 높은 유체는 사용하기 힘들다.

④ 회전식 열교환기

2중관 열교환기와 유사하나 내부를 회전시키는 과정이 추가되어 있다. 고점도와 비뉴턴 유체를 다루는 데 적당하나 많은 양을 취급하기 곤란하다.

Lab 13

가열 살균Heat Processing

열처리로 식품 중의 미생물을 살균하여 식품에 안정성과 저장성을 부여한다.

식품의 가열살균법

- 저온살균(Pasteurization) : 100℃ 이하(~65℃)에서의 열처리
  병원성 미생물(pathogenic)균을 살균한다.
- 고온살균(Sterilization) : 100℃ 이상(121℃ 기준)에서의 열처리
  미생물을 완전히 죽인다(실제로는 완전 사멸 불가능).
  영양학적/관능적 문제를 일으킨다.

미생물의 내열성에 영향을 미치는 인자

① 미생물의 농도에 의한 영향 : 미생물의 농도가 많을수록 사멸 시간이 길다. 따라서 원료 선택이 중요하다.

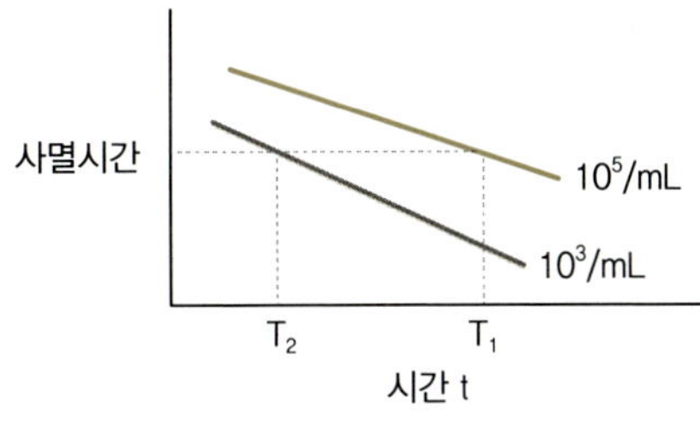

② pH에 의한 영향 : 가장 영향이 크다.

보통 pH 6.0 이상 : 비 산성식품(non-acid food)

pH 4.5~6 : 저 산성식품(low acid food)

pH 4.5 이하 : 산성식품(acid food)

이때, 부패미생물은 pH 5.3 이하에서 생육이 억제되고, 식중독을 일으키는 미생물은 pH 4.5 이하에서 생육이 저해를 받으며, 일부 곰팡이는 pH 3.7 이하에서 생육이 저해된다.

따라서 pH 4.5가 살균 공정에서 가장 중요한 분기점이며, 일반적으로 pH 4.5 이상인 식품은 고온살균, pH 4.5 이하인 식품은 저온살균을 추천한다.

기준 미생물로는 저산성식품인 경우 *Clostridium Botulinum*, 육류 제품인 경우 *Cl. Sporogenes*을 기준으로 삼는다.

1) 미생물의 사멸과 열처리

미생물의 사멸속도 : 1차 반응

$$\frac{dN}{dt} = -KN$$

N : 미생물의 수(균 수/mL), t : 가열시간, K : 사멸 속도계수, $\frac{dN}{dt}$: 균의 사멸속도

$$\int_{N_0}^{N} \frac{dN}{N} = -\int_0^t K \cdot dt$$

N_0 : 초기 균 수, N : 시간 t에서의 균 수

$$\log \frac{N}{N_0} = \frac{-K \cdot t}{2.303}$$

(1) D값Decimal reaction time

D값은 생균 수를 1 log cycle(1/10로 감소) 감소시키는 데 필요한 시간이다. 즉, 생균 수의 90%를 사멸시키는 데 걸리는 시간을 말한다.

$$\log \frac{N}{N_0} = \frac{-Kt}{2.303} \Rightarrow \log \frac{1}{10} = \frac{-K \cdot t}{2.303} \Rightarrow D = \frac{2.303}{K}$$

$$\therefore\ t = D \cdot \log \frac{N_o}{N}$$

- D값은 미생물의 내열성을 나타내는 값으로 미생물의 초기 농도와는 무관하다.
- $D_{121℃}$ = 2분 : 121℃에서 균을 90% 사멸하는 데 걸리는 시간이 2분이라는 의미이다.
- D값이 적으면 살균에 걸리는 시간이 짧고 살균도 쉽다.
- D값이 크면 살균에 소용되는 시간이 길고 살균도 어렵다.

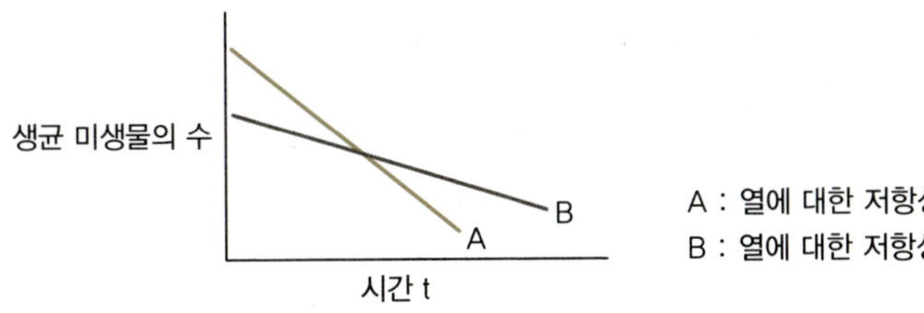

초기 농도가 5 × 10⁶/mL인 포자 현탁액을 121℃에서 10분간 열처리 후 생균 농도가 30/mL로 감소하였다. 이 포자의 $D_{121℃}$를 구하시오.

$$D_{121℃} = \frac{10}{\log \frac{5 \times 10^6}{30}} = 1.92\text{분}$$

(2) Z값(온도 의존 요소)

미생물의 내열성은 고온에서 약해지며, 내열성의 척도인 D값은 온도 상승에 따라 로그적으로 감소한다.

Z값 : D값이 1/10로 감소하는 데 필요한 온도 상승

온도 변화에 따른 미생물의 상대적 내열성의 척도

Z값이 클수록 온도 상승에 대한 내열성이 크고 온도의 영향을 적게 받는다.

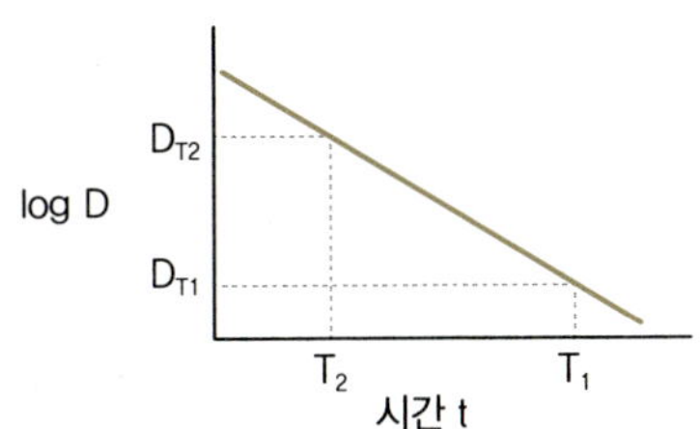

내열성 감소와 살균온도의 관계

$$\frac{dD}{dT} = -KD \cdots\cdots ①$$

온도 T_1에서의 D_{T1}, 온도 T_2에서의 D_{T2}에 의해 ① 적분하면

$$\log \frac{D_{T_2}}{D_{T_1}} = \frac{K}{2.303}(T_1 - T_2)$$: 열 저항 곡선

여기서 $Z = \frac{2.303}{K}$이라면 $\log \frac{D_{T_2}}{D_{T_1}} = \frac{(T_1 - T_2)}{Z}$

$T_1 = 121^\circ C$이라면 $\log \frac{D_T}{D_{121}} = \frac{(121-T)}{Z}$

통조림의 경우

	$D_{121^\circ C}$	Z(°C)
pH > 4.5에서	2~5	8~12
pH < 4.0에서	0.5~1	4.4~5.6
4.5 > pH > 4.0	0.1~0.5	6~10

- *Cl. Botulinum*과 *Cl. Sporogenes* 포자는 최대 Z값이 10°C이다.
- 약산성 식품의 경우 포자의 Z값을 10°C(=18°F)로 간주하고, 일반적으로 강산성 식품의 경우는 포자의 Z값을 5°C(=9°F)로 간주한다.
- 식품의 미생물 사멸은 온도가 높아짐에 따라 급격히 빨라지지만, 식품 중 효소의 불활성화는 미생물의 사멸보다 늦게 진행한다. 따라서 HTST에서의 우유 살균 기준은 효소의 불활성화로 한다.

B. subtilis의 포자를 열처리하여 초기 농도의 10^{-5}으로 생균 농도를 감소시켰다. 이때 121°C에서 20분, 125°C에서 5.54분이 걸렸다면 이 균의 Z값을 구하시오.

$D_{121^\circ C} = \frac{20}{\log \frac{1}{10^{-5}}} = 4$분, $D_{125^\circ C} = \frac{5.54}{\log \frac{1}{10^{-5}}} = 1.11$분

$\log \frac{4}{1.11} = \frac{125-121}{Z}$ $Z = 7^\circ C$

(계속)

예 2 *Cl. sporogenes*의 농도가 1 mL당 10^6인 산성식품이 있다. 이 식품을 121℃에서 0.21분, 116℃에서 0.45분간 열처리 시 생균 농도가 1 mL당 10^3과 10^4으로 각각 감소하였다. 110℃에서 이 균의 D값을 구하시오.

$$D_{121℃} = \frac{0.21}{\log\frac{10^6}{10^3}} = 0.07\text{분}, \quad D_{116℃} = \frac{0.45}{\log\frac{10^6}{10^4}} = 0.23\text{분}$$

$$\log\frac{0.23}{0.07} = \frac{121-116}{Z} \qquad Z = 9.9℃$$

121℃와 비교하면

$$\log\frac{D_{T_2}}{D_{T_1}} = \log\frac{0.07}{D_{T_1}} = \frac{100-121}{9.9}$$

$$D_{T_1} = 0.93\text{분}$$

예 3 3×10^5 포자를 가지고 있는 미생물 A의 D값은 121℃에서 1.5분이고 8×10^6 포자를 가지고 있는 미생물 B의 D값은 121℃에서 0.8분이다. 두 포자를 가진 미생물들을 121℃에서 가열하고 있다. 이 미생물들의 부패 확률 1/1,000 이하를 유지하려면 121℃에서 얼마나 가열하여야 하는지 그 시간을 구하시오.

$t = -D\log(N_0/N)$을 이용하면

미생물 A : $t = 1.5\log\frac{3\times10^5}{0.001} = 12.72$분, 미생물 B : $t = 0.8\log\frac{3\times10^6}{0.001} = 7.92$분

(3) 가열 살균시간의 설정

① 열 저항 곡선Thermal Resistance Curve

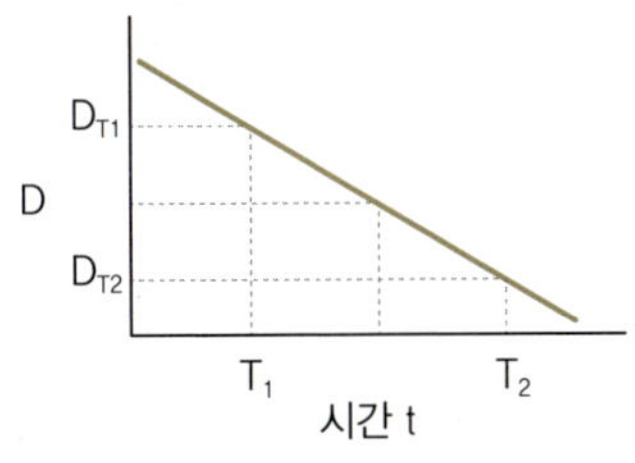

$$\log\frac{D_1}{D_2} = \frac{(T_2 - T_1)}{Z}$$

② 가열치사 시간 곡선Thermal Death Time Curve(F_o값)

미생물을 완전히 사멸시키는 데 걸리는 시간이지만 식품의 균을 완전 살균하기는 어렵기 때문에 초기 농도(N_o)에 대한 잔존 균의 농도(N)의 비율을 살균의 기준으로 삼는다. *Cl. Botulinum*이 10^{-12}개/mL(= 10^{12} mL에 1개의 균)을 살균 기준으로 할 때 가열 과정

에서 포자 수를 최소한 원래의 10^{-12}배로 줄여야 한다.

$$\frac{N_o}{N} = 10^{-12}$$

$$t = D \cdot \log\frac{N_o}{N} \quad \Rightarrow \quad t = D \cdot \log 10^{12} = 12D$$

그러므로 TDT(가열치사 시간)＝nD로 표시〔여기서 n : 균의 감소계수(reduction factor), D : 온도 T에서의 D값〕된다.

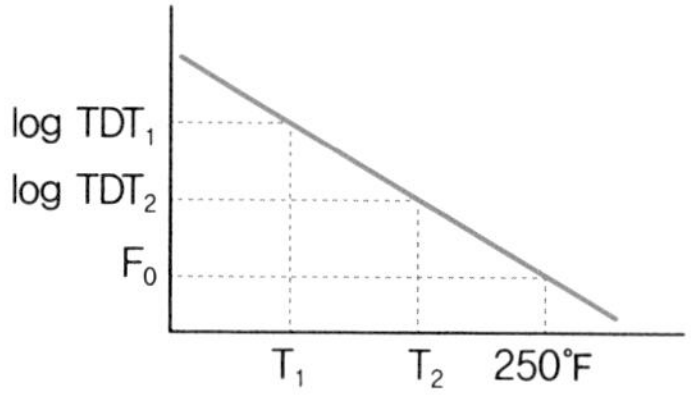

$$\log\frac{TDT_1}{TDT_2} = \frac{(T_2 - T_1)}{Z}$$

- 작은 Z값(18°F) : 감소 시간이 18°F 증가 시 10배 감소한다.
- 큰 Z값(50°F) : 치사 시간을 10배 감소시키는 데 50°F 증가시켜야 한다.

그러므로 작은 Z값이 온도 의존성이 더 높고 큰 Z값은 온도에 영향을 덜 받는다.

- 같은 미생물이라면 Z값은 열저항 그래프(D값)에서나 가열치사 시간(F값)에서나 같다.
- Z값 상의 모든 점들은 살균에 있어서 같은 효과를 만들어 낸다.
- 기준 온도 121°C에서 Z값이 10°C인 경우의 가열치사 시간을 F_o라고 한다.

TDT＝nD로 표기

$F_T = nD_T$: 살균온도 T에서의 F값

$$\log\frac{TDT_1}{TDT_2} = \frac{(T_2 - T_1)}{Z} \quad \Rightarrow \quad \log\frac{TDT_1}{TDT_{250°F}} = \frac{(250°F - T_1)}{Z}$$

$$\log\frac{F_T}{F_o} = \frac{(250°F - T_1)}{Z}$$

F_T(임의의 온도 T에서의 TDT＝$F_o 10^{\frac{250-T}{Z}}$

예 1 **F_o값이 8분에 상응하는 230°F에서의 살균시간을 구하시오.**

$\frac{F_o}{F_{230}} = 10^{\frac{T-250}{18}}$ $\frac{8}{F_{230}} = 10^{\frac{230-250}{18}}$ $F_{230} = 103.3$분

예 2 **우유를 143°F에서 30분, 161°F에서 15초 살균하였을 때 160°F에서의 F값과 Z값을 구하시오.**

$Z = \frac{161-143}{\log 30 - \log 0.25} = 8.66°F$ $F_{160} = \frac{30}{10^{\frac{160-143}{8.66}}} = 0.33$분

③ 활성화 에너지와 Z값의 관계

$$\ln\frac{K_{T_1}}{K_{T_2}} = \frac{E_a}{R}\left(\frac{1}{T_2} - \frac{1}{T_1}\right)$$

$K_T = \frac{2.303}{D_T}$이므로 $\ln\frac{D_{T_2}}{D_{T_1}} = \frac{E_a}{R}\left(\frac{1}{T_2} - \frac{1}{T_1}\right)$

$$\frac{E_a}{R}\left(\frac{T_1 - T_2}{T_1 \cdot T_2}\right) = \frac{T_1 - T_2}{Z} = \log\frac{D_{T_2}}{D_{T_1}}$$

$$\therefore E_a = 2.303\frac{R \cdot T_1 \cdot T_2}{Z}$$

일반적인 식품 성분의 Z값, D값, 활성화 에너지 값은 다음과 같다.

성분	Z(°C)	E_a [10^6 J/(°K·mol)]	D(분)
비타민	25~31	80~130	100~1,000
색소	25~44	40~130	5~500
효소	7~56	50~420	1~10
포자	7~12	220~350	0.1~5

(4) L값Lethal Rate(치사율)

L : 상대적 살균시간의 역수 : 상대적 살균시간 $= \frac{F_T}{F_{ref}} = \frac{\text{임의의 온도에서 사멸시간}}{\text{기준 온도에서 사멸시간(kill time)}}$

$$\therefore L = \frac{F_{ref}}{F_T} = 10^{\frac{T - T_{ref}}{Z}}$$

여기서 $T_{ref} = 121°C$, $Z = 10°C$: 섭씨 시스템, $T_{ref} = 250°F$, $Z = 18°F$: 화씨 시스템

B. stearothermophilus(Z = 10°C)에서 열처리하여 균 농도를 10^{-4}으로 감소시키는 데 15분 걸렸다. 살균온도를 125°C로 하여 15분 살균할 때의 균 치사율을 구하시오.

$L = 10^{\frac{125-121.1}{10}} = 2.45$ 즉, 치사율이 2.45배 증가

$F_{125} = F_0 10^{\frac{121.1-125}{10}} = 15 \times 0.4074 = 6.11$분

다음 데이터에서 L값을 이용하여 공정의 F값을 구하시오.

시간(분)	온도(°F)	L값
0	120	-
10	195	0.00088
20	240	0.261
30	244.5	0.495
40	247.8	0.755
50	250	1
60	188	0.00036

(1)

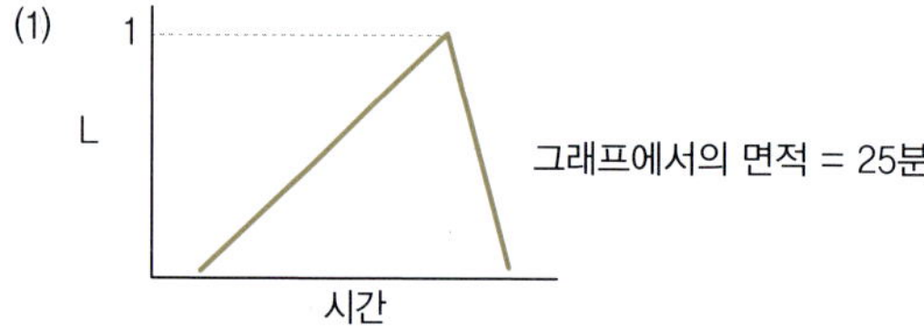

(2) 공정 F = 10(0.00088 + 0.261 + 0.495 + 0.755 + 1 + 0.00036) = 25.12분

각 L값과 시간 t를 곱하면 총 공정 F값이며, 이때 미생물의 F_0값이 정해지면 그에 맞는 살균시간이 정해진다.

2) 열 침투 곡선Heat penetration curve

(1) 살균 공정

- 무균 공정(aseptic processing) : 식품을 살균하고 미리 살균해 놓은 용기에 담는 방법으로, 우유, 주스 등에 적용한다.
- 통조림 공정(retort processing) : 용기와 함께 살균하는 것으로 대부분의 살균방법에 해당한다.

열의 매체(수증기)가 식품에 가해지며 이때 식품의 초기 온도와 열 매체온도가 정해진다. 식품의 온도 상승이 일어나며 이는 표면 열전달계수, 용기 크기 및 모양, 열전도도,

열 매체온도, 식품의 초기 온도 및 식품의 물리적 성질에 따라 달리 나타난다.

- 액체 식품 : 용기 내에서 대류에 의한 열전도가 일어난다.
- 고체 식품 : 전도에 의해 가열되며 유동성이 없으므로 살균에 매우 긴 시간이 필요하다. 예 고추장, 된장

일정한 시간 후의 온도는 식품의 위치에 따라 달리 나타나므로 가장 늦게 가열되는 부분(냉점, cold point)을 살균의 기준 온도로 삼는다. 이러한 시간에 따른 식품 온도의 변화 상태를 나타내는 그래프를 열 침투곡선이라고 한다. 즉, 냉점에서 가열살균할 때 열 침투곡선을 측정하게 된다.

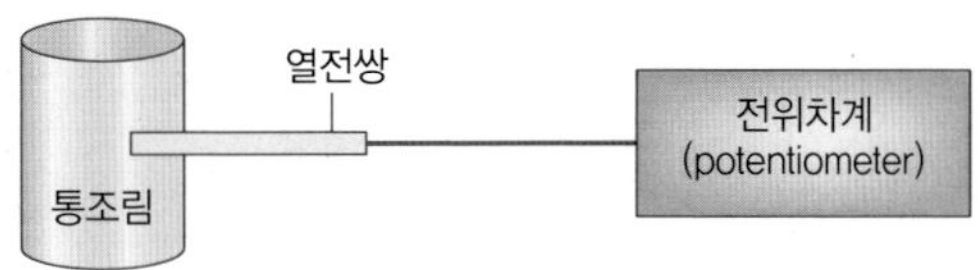

특히 레토르트에서는 식품을 밀봉, 고온 증기를 가열하면서 시간에 따른 냉점의 온도 변화를 기록한다. 일반적으로 열전달은 비정상 상태이며 거의 용기의 열 저항성은 무시한다.

$\frac{T - T_o}{T_i - T_o} = \exp(\frac{-h \cdot A \cdot t}{C_p \cdot \rho \cdot V})$를 이용하여 침투곡선을 그릴 수 있다.

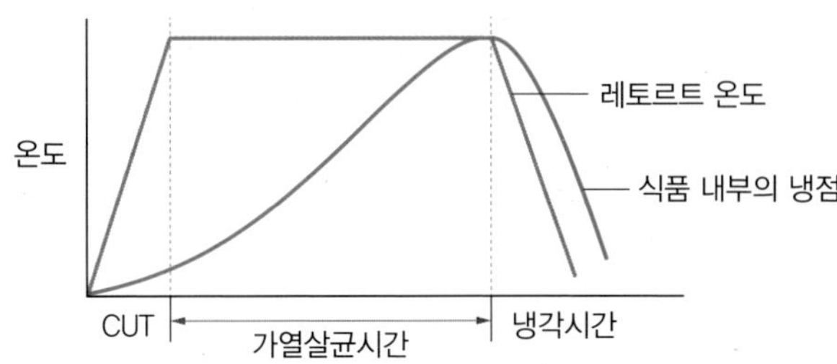

여기서 CUT(come-up-time) : 레토르트 온도가 살균온도에 도달하는 데 걸리는 시간

(2) 살균 공정 시간의 계산 설계

① 일반법General method

1. 열 침투 측정 테스트가 특정 컨테이너에서 수행되며, 그 식품의 온도-시간 데이터를 산출한다.

2. 데이터를 이용하여 치사율(lethal rate) 그래프를 그려 그래프 내의 면적을 구하거나, 주어진 시간 범위 내에서 치사율을 계산하여 모두 더하여 구한다. 즉, 공정 $F_o = L(T_1) \times t_1 + L(T_2) \times t_2 + \cdots\cdots L(T_n) \times t_n$

3. 그래프로부터 F_o값을 구하고 미생물의 F_o값에 합당한 공정 시간을 구한다. 즉, 공정 $F_o \geq$ 미생물의 F_o

a. TDT를 이용할 때

$\log\frac{N_o}{N} = \frac{t}{D}$에서

시간 $\triangle t$가 $t=0 \rightarrow t=t_1 : \log\frac{N_o}{N_1} = \frac{\triangle t_1}{D_{T_1}}$

시간 $\triangle t$가 $t=t_1 \rightarrow t=t_2 : \log\frac{N_1}{N_2} = \frac{\triangle t_2}{D_{T_2}}$

$\vdots$

시간 $\triangle t$가 $t=t_{n-1} \rightarrow t=t_n : \log\frac{N_{n-1}}{N_n} = \frac{\triangle t_n}{D_{T_n}}$

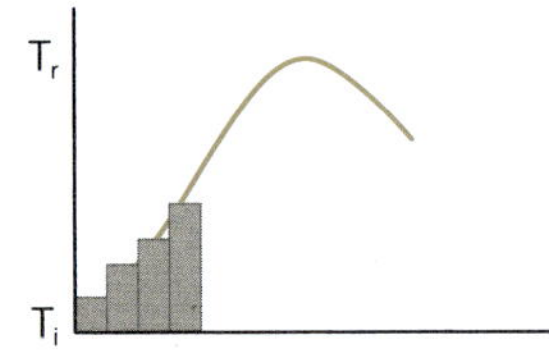

$$\log\frac{N_o}{N_n} = \frac{\triangle T_1}{D_{T_1}} + \frac{\triangle T_2}{D_{T_2}} + \cdots + \frac{\triangle T_n}{D_{T_n}}$$

$$\log\frac{N_o}{N_n} = n = \int_0^t \frac{1}{D_T}dt = \int_0^t \frac{1}{D_{121} \cdot 10^{\frac{121-T}{Z}}} dt$$

냉점의 온도가 T_i에서부터 상승해 갈 때 각 순간 온도에서의 D값

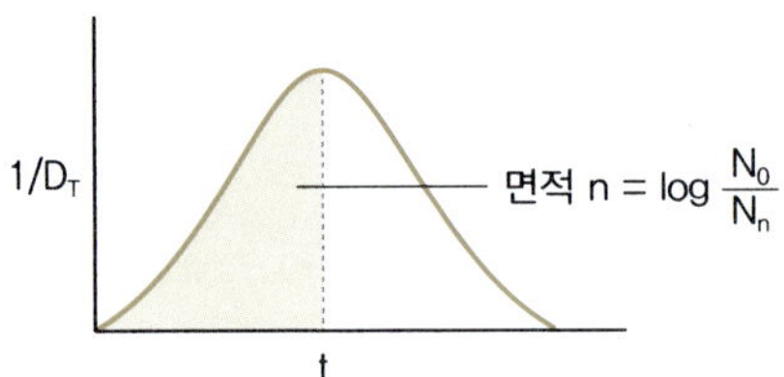

b. 치사율을 이용할 때

$D_T = D_{121} \cdot 10^{\frac{121-T}{Z}}$

$$n=\int_0^t \frac{1}{D_{121}\cdot 10^{\frac{121-T}{Z}}}dt=\int_0^t \frac{10^{\frac{T-121}{Z}}}{D_{121}}=\int_0^t \frac{L}{D_{121}}$$

$$\therefore\ n\cdot D_{121}=F_o(\text{Process } F_o)=\int_0^t L\cdot dt$$

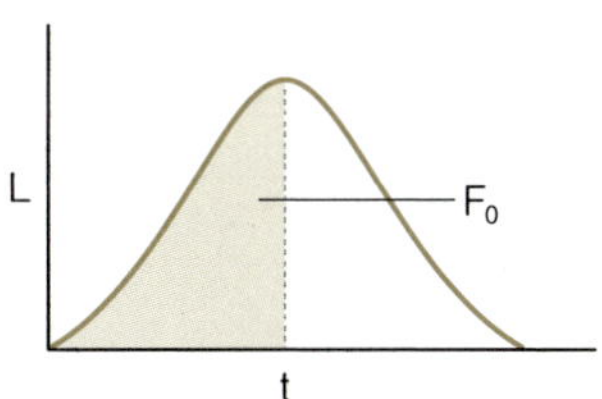

각 온도에서 치사율의 합이 F_o에 도달할 때까지 면적을 그린 후 실제 살균온도 T에서의 가열살균 시간을 구할 수 있다.

예 **초기 온도 70℃인 식품을 120℃ 수증기로 가열살균하고자 하며 온도와 시간에 대한 데이터는 다음과 같다.**

시간(sec)	T(℃)	T_r-T(℃)
0	70	50
600	85	35
1,000	104.8	15.2
1,200	110	10
1,500	114.7	5.3
2,000	118.1	1.9

위와 같은 조건에서 *Cl. Botulinum*의 D_{121}=20초, Z=10℃일 때, 이 균의 생균 농도를 초기 농도의 10^{-9}으로 감소시키는 데 필요한 열처리 조건을 구하시오.

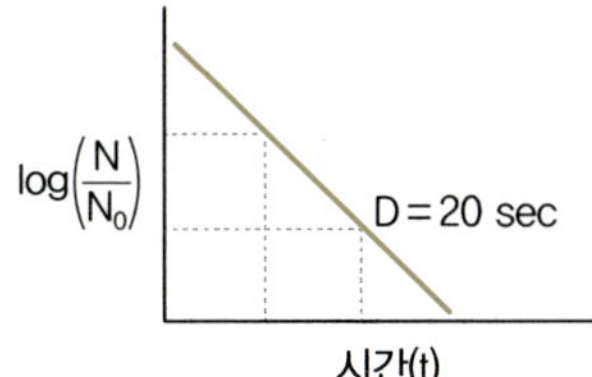

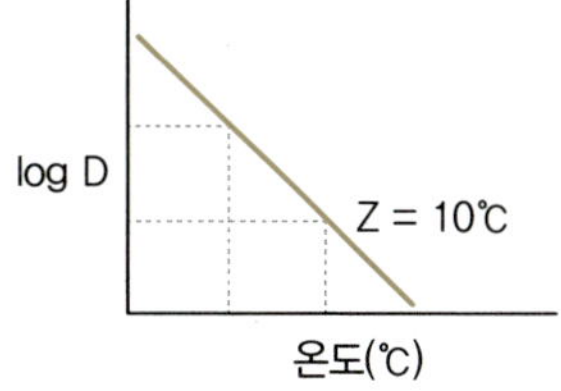

- $m=\log\frac{N_o}{N}=\int_0^t \frac{1}{D_t}dt$를 적용

시간(sec)	$D_T=D_{121}10^{\frac{121-T}{10}}$	$1/D_T$
600	63.2×10^3	1.6×10^{-5}
1,000	6.6×10^2	1.5×10^{-3}

(계속)

(계속)

시간(sec)	$D_T = D_{121} 10^{\frac{121-T}{10}}$	$1/D_T$
1,200	2×10^2	5.0×10^{-3}
1,500	6.8×10	1.5×10^{-2}
2,000	3.1×10	3.2×10^{-2}

이 경우 면적이 9가 될 때까지의 시간을 구하면 1,740초(sec)

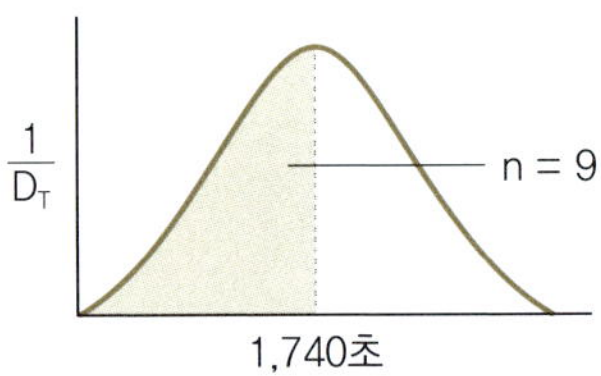

- 치사율 = $L = \frac{F_0}{F_T} = 10^{\frac{T-121}{z}}$를 이용한다.

시간(sec)	$L = 10^{\frac{T-121}{z}}$
600	3.16×10^{-4}
1,000	3.02×10^{-2}
1,200	1.0×10^{-1}
1,500	2.95×10^{-1}
2,000	6.46×10^{-1}

$F = mD$에서 미생물의 $F_0 = 9 \times 20 = 180$초(sec)

면적 F_0가 180초가 될 때까지 면적으로 구하면 필요한 열처리 시간은 1,740초

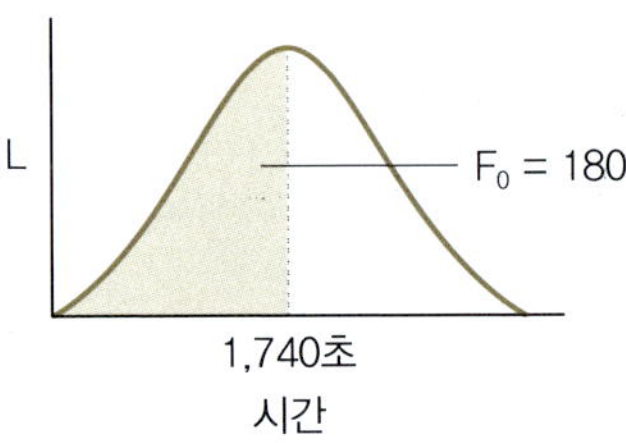

- $\int \frac{1}{TDT} dt = 1$: 완전살균을 뜻한다.
- 일반적인 방법은 시간-온도의 데이터를 직접 사용한다. 또한 F_0값도 시간-온도 데이터로부터 직접 구한다.

② 공식법Formular method

통조림의 열 침투 자료로서 이 방법은 새로운 처리 시간값을 계산할 수 있다.

- 가열 매체온도가 변하거나 냉각온도가 변할 때

- 초기 식품의 온도가 변할 때
- 같은 식품이 다른 크기의 통조림 캔에 담겨 있을 때
- F_o값에 대한 여러 변수의 효과를 측정하는 연구에 사용된다.

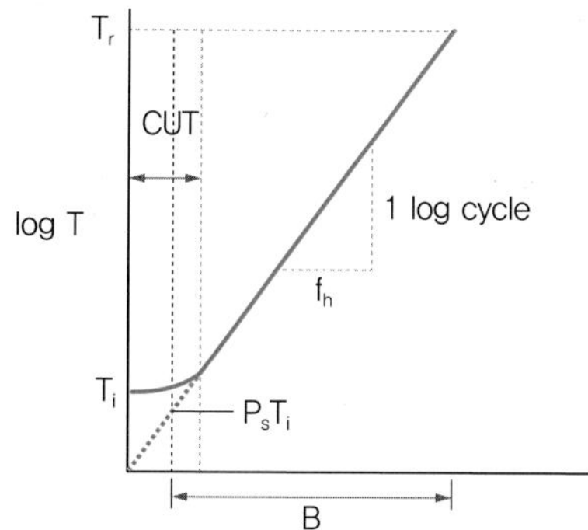

P_sT_i : 유사(pseudo) 초기온도 : 수정한 0시간

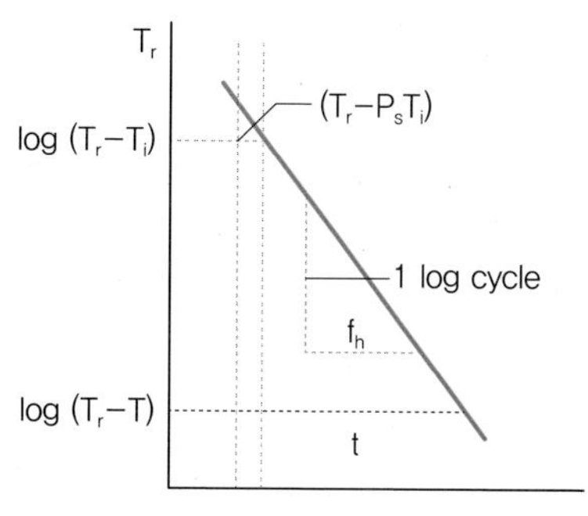

T : 냉각이 시작될 때의 냉점의 온도

여기서 f_h(온도 응답 변수)는 레토르트의 온도가 1 log cycle 변하는 데 걸리는 시간으로, 레토르트와 냉점과의 온도차를 1/10으로 줄이는 데 소요되는 시간. 이 값이 작을수록 열 침투속도는 빨라지고 통조림 내의 온도가 빨리 상승하며 식품의 종류나 용기의 크기에 따라 달리 나타난다.

$$\log\frac{(T_r - P_sT_i)}{(T_r - T)} : 1 = t : f_h$$

$$t = f_h \cdot \log\frac{(T_r - P_sT_i)}{(T_r - T)}$$

여기서 P_sT_i를 제거하기 위해 지연계수(lag factor) $j_H = \frac{(T_r - P_sT_i)}{(T_r - T_i)}$로 놓으면

$$\therefore\ t = f_h \cdot \log\frac{j_H \cdot (T_r - T_i)}{(T_r - T)}$$

f_h와 j_H값을 열 침투곡선에서 구하면 시간과 온도의 함수로 나타낼 수 있다. 즉, 임의의 가열시간에 따르는 냉점의 온도 변화를 알 수 있다.

$$\therefore\ B(\text{Processing time}) = f_h \cdot \log\frac{j_H \cdot (T_r - T_i)}{g}$$

여기서 $g = T_r - T$, $g : f_h$, 가열 처리시간, Z값, 레토르트 온도 및 냉각수 온도의 함수이다.

f_h/F_o값과 g값과의 관계를 $T_r - T$에 관련시켜 검토할 때 g값을 구하는 방법

① f_h값을 온도-시간의 그래프에서 구한다.

$$\text{실린더 캔에서 열 확산율} = \frac{K}{\rho \cdot C_p} = \frac{0.398 \cdot a^2}{f_h}$$

여기서 a : 반지름

② 살균 레토르트 온도 하에서 기준 미생물의 F_o값과 Z값

③ 레토르트 온도에서의 가열 치사시간(U)

$$U = F^{Z}_{Tr} = F_o \cdot 10^{\frac{121 - T_r}{Z}}$$

④ f_h/U를 계산하고 R로 놓는다(부록 참조).

⑤ f_h, U, Z, m + g의 관계식으로부터 g값을 구한다.

여기서 m : 냉점(중앙에서 최대 온도)과 냉각수와의 온도차,　g : 레토르트 온도와 냉점 온도 사이의 온도차

∴ $m + g = T_r - T_c$: 미생물을 사멸시키는 추진력

Ball은 Z값과 m + g값이 주어지면 그때의 f_h/U는 특정한 g값을 갖는다고 함

⑥ $j_H - \frac{(T_r - P_sT_i)}{(T_r - T_i)}$는 열 침투곡선에서 결정한다.

P_sT_i : 열 침투곡선에서 일직선을 만들어 구한다. 즉, 보정된 0시간(레토르트 온도에 도달하는 시간의 42%)으로부터 수직으로 그어진 점선의 교차점. 살균온도 도달시간(come-up time)이 10분이라면 4분 동안만이 레토르트 온도에서의 시간으로 간주한다.

특히 회분식 레토르트(batch type retort)에서는 가열온도가 레토르트 온도에 도달하고 나서부터 작업시간을 읽는다. 우리가 구한 가열시간(process time, B)에는 처음 살균온도 도달시간이 포함되어 있다. 따라서 레토르트 온도에 도달하기 전의 살균온도 도달시간의 42%를 감안하면 살균의 작업시간(P_t)을 다음과 같이 확인할 수 있다.

$$B = P_t + 0.4\ \text{CUT}$$

∴ $P_t = B - 0.4$ CUT만큼 살균하라고 작업 지시해야 한다.

Ball의 가정 : 가열곡선에서의 f_h = 냉각곡선에서의 f_c

$$j_c = \frac{(T_c - T_o)}{(T_c - T)} = 1.41, \quad T_c = \text{냉각수 온도, } 22^\circ\text{C}$$

예 **완두콩 퓌레를 반지름 0.112 ft, 높이 0.333 ft의 통조림통에서 가열살균하고 있다. 가열온도는 240°F이고 초기 온도는 140°F, 냉각온도는 60°F일 때 240°F에서의 공정 시간을 구하시오.**

시간(분)	온도(°F)	시간(분)	온도(°F)
0	224	40	0
10	230	50	10
20	233.2	60	20
30	235	70	30

$K_{product}$ = 0.48 Btu/(hr·°F·ft), 밀도 = 68 lb/ft^3, 비열 = 0.89 Btu/(lb·°F)

그래프에서 $f_h = 38$분

250°F에서의 *Cl. Botulinum*의 Z = 17.9°F, $F_o = 2.45$분

$$U(240°F에서) = F_T = 2.45 \times 10^{\frac{250-240}{17.9}} = 8.86$$

$$\frac{f_h}{U} = \frac{38}{8.86} = 4.29$$

냉각수의 온도가 60°F이므로 m + g = 180°F

그림에서 g = 4.7 – 4.8, 표에서 g = 4.83

4.83 = 240 – T에서 T = 235.2°F

① 그래픽 방법 : 온도 T에 도달하는 데 필요한 시간을 그리고, 그 그래프로부터 유사 초기 온도와 j_H값을 구한다.

$$\therefore t = f_h \cdot \log\frac{j_H(T_r - T_i)}{(T_r - T)} \qquad \therefore t = 38\log\frac{1.03(240-140)}{240-235.17} = 50.5분$$

② 내부 저항이 있는 열전달 식으로부터

$$\frac{T_r - T}{T_r - T_i} = \frac{240-235.17}{240-140} = 0.047$$

Gurney-Lurie 도표에서

$$\frac{k \cdot t}{\rho \cdot C_p \cdot x^2} = 0.55 = \frac{0.48t}{(68)(0.89)(0.112)^2}$$

t = 52분

③ 내부 저항이 없는 열전달 식으로부터(고체 온도가 균일한 금속제 용기를 사용)

$$\frac{T_r - T}{T_r - T_i} = \exp^{\left(\frac{-hAt}{\rho C_p V}\right)}$$로부터 시간 t를 구한다.

이때 증기의 표면 열전달계수를 구하여야 한다.

3) 열 침투곡선으로부터 미생물의 F_o 추정을 구하는 방법

(1) 열 침투곡선에서 얻은 데이터를 이용하는 방법

가열곡선이 직선일 때 열처리 공정을 다시 평가하는 것으로 $f_h = f_c$, Z = 18°F로 가정한다.

① 온도-시간의 데이터로부터 다음의 값들을 구한다. : T_r, T_i, T, f_h, j_h, Z값

② g값을 계산한다.

$$\log g = \frac{-t_B}{f_h} + \log j_H(T_r - T_i)$$

③ 가열하는 동안의 처리 시간을 정한다.

④ f_h/U값을 결정한다. (그래프나 표로 구한다.)

⑤ $U = F_{T_r} = F_o \cdot 10^{\frac{121-T}{Z}}$ 로부터 U값을 계산한다.

⑥ 미생물의 F_o값을 다음 식으로부터 구한다.

$$F_o = U \cdot 10^{\frac{T-121}{Z}}$$

(2) 노모그래프 방법Nomographic(Olson과 Stevens)

- Ball이 제시한 같은 데이터를 이용하며, 다만 계산이 필요 없다.
- 유연성이나 융통성이 없다.
- $f_h = f_c$, $j_c = 1.41$, $Z = 18°F$로 가정한다.
- Graph 이용법

① Ball의 처리시간(t_b) ⑨와 f_h ⑧a 혹은 ⑧b를 연결한다. : ⑦에서 만남

② ⑧에서 계속 연결한 $T_r - T_i$, ⑦값과 j ⑤ 값을 연결한다. : ⑥을 통과

③ 실제 주어진 공정값인 $T_r - T_i$, ⑦에서 만난 지점과 ⑥의 점을 연결하면 g값을 얻을 수 있다. : ⑤에서 만남

④ ⑤에서 선을 따라 내려오고 ④에서 만난 값과 f_h②값을 연결한다. : ③을 통과

⑤ 레토르트 온도(T_r)에서의 ④와 ③을 연결한다. : F_o①값을 구한다.

$T_i = 45°F$, $T_r = 245°F$, $f_h = 50$분, $j=2.0$, $t_B = 104$분일 때,

(1) 그래프, 계산식, 노모그래프를 이용하여 각각 g값을 구하시오.

(2) 계산식과 노모그래프를 이용하여 F_o값을 구하시오.

(1) • 그래프로부터 g값을 구하면

$$j_H = 2 = \frac{245-(P_sT_i)}{245-45} \qquad P_iT_i = 155°F$$

내부 온도 $T = 241.8°F$에서 $t_B = 104$분

$\therefore\ g = 245 - 241.8 = 3.2°F$

• 노모그래프 : 3.3°F

(계속)

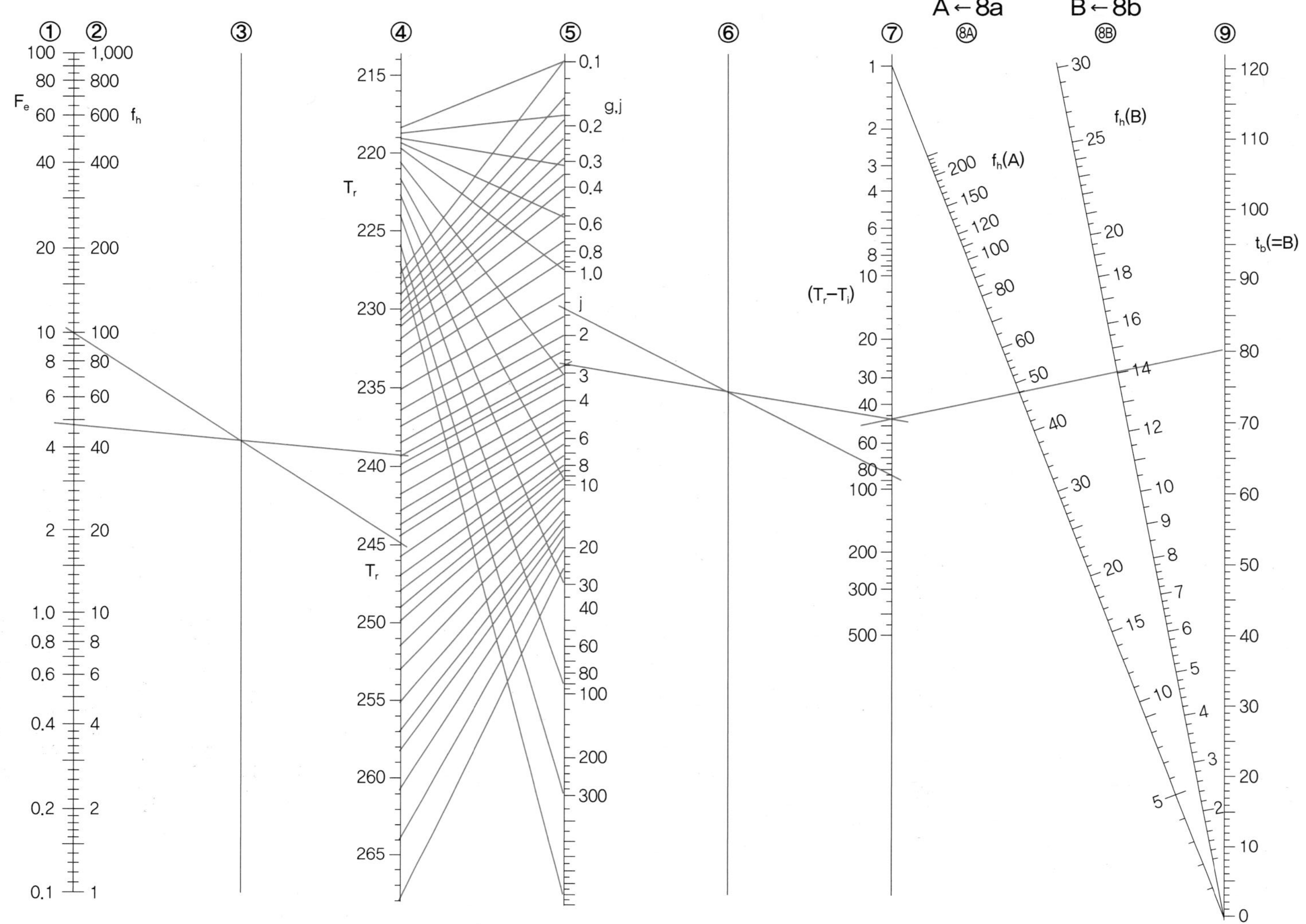

열 공정 문제 해결을 위한 Nomo그래프

자료 : American Can Company

- 계산식 : $\log(T_r - T) = -\frac{t_B}{f_h} + \log j(T_r - T_i)$

$\log g = -\frac{104}{50} + \log 2(245 - 45) \quad g = 3.3$

(2) • 계산식 : $\log g = 0.522$에서 $R = 2.98 = \frac{f_h}{U}$

$U = \frac{f_h}{R} = \frac{50}{2.98} = 16.8$분

$F_o = U \cdot L = U \times 10^{\frac{T_r - 260}{z}} = 16.8 \times 10^{\frac{245 - 250}{18}} = 8.85$

- 노모그래프에서 $F_o = 8.8$

4) 열 공정 평가Evaluation of thermal process

(1) 미생물적 관점

- 부패 혐기성 미생물이 존재(PA3679)
- 열처리 공정은 포자(spore)의 농도에 따라 다양하게 접근한다.
- *Staphylococcic*와 같이 포자를 형성하지 않는 미생물의 TDT도 중요하다. Enterotoxin을 형성하고 식품의 독성을 유발하며 열에 저항성이 강하다.

(2) 영양 성분 파괴의 관점

① **티아민**Thiamine(thiazol + pyrimidine)

- 열에 불안정하며 가열하는 동안 손실이 일어난다.
- Thiamine 손실은 1차 반응이며, 온도에 대한 의존성도 아레니우스식(Arrhenius equation)을 따른다. 여기서 활성화 에너지는 thiamine 분자의 파괴를 나타낸다.
- Thiamine 보존은 pH에 따라 다르게 나타난다.

  pH 3.5 ⇒ 7.0 : Thiamine 보존성이 떨어진다.

  pH가 고정되고 온도가 상승함에 따라 thiamine 보존성이 떨어진다.

  pH와 온도가 고정되고 열에 노출되는 시간이 길수록 보존성이 떨어진다.

② **판토텐산**pantothenic acid(vitamine B)

- 에너지 방출에 중요한 요소
- 부신피질 및 신경호르몬, Coenzyme A 생성 및 항체 생성에 필수적인 판토텐산 활성도는 온도와 pH에 의존한다.

- 판토텐산 손실도 1차 반응이다.
- 열처리 중 많은 양의 손실이 일어나지만, 일부는 열 안정성이 있다고 보고되어 있어 많은 연구가 필요하다.

(3) 물리적 요소 : 수분, 유연성tenderness, 절단성cuttability

- 육류의 부드러움(tenderness)은 내부 색과 연관되어 있으며 그 색은 온도와 관련이 있다.
- 근섬유의 열에 의한 응고와 결합 조직의 수화가 부드러움과 연결된다.
- 고기의 수분 함량과 고기로부터 나오는 육즙은 통조림 고기의 열에 의한 영향력을 보여 주는 척도이다.

5) 가열살균장치

살균장치 : 살균 목적으로 일정 온도 하에서 일정 시간 가열 처리하는 장치로, 살균온도 조절시간, 살균하는 데 걸리는 시간, 냉각시간 등은 짧을수록 좋다. 회분식과 연속식의 살균기가 있다.

(1) 회분식Batch type

① 레토르트 살균기autoclave

- 가압살균기로 수증기와 냉각수가 공급되며 수증기의 압력과 온도를 읽을 수 있는 압력계 및 온도계가 설치되어 있다.
- 증기 공급 → 가열 → 살균 → 증기 공급 중단 → 냉각수 공급 → 냉각 단계
- 통조림 살균에 크게 사용되며 구조가 간단하다.

② 증기재킷 주전자steam jacketed kettle

- 액상의 식품에 사용한다.
- 열전달 면적이 적고 그 효과도 낮은 단점이 있으나 구조가 간단하다.

③ 직접 증기 분사direct steam injection

- 고체상의 식품에 주로 사용한다.
- 어육 연제품, 어묵 등을 밀폐실에 넣고 수증기로 직접 찌는 동시에 살균을 한다.
- 햄과 같이 훈연에 의한 살균방법도 있다.

(2) 연속식Continuous type

컨베이어 벨트(conveyer belt)의 수단으로 연속하여 가열, 살균, 냉각의 기능을 발휘한다.

① 열교환장치heat exchanger

- 점도가 낮은 액상 식품의 살균장치로 주로 이용된다.
- 원료 우유 → 판형 열교환기에서 예열 → 포화수증기에 의해 가열 → 탱크에 담음 → 균질기(homogenizer)에서 처리

② 고형 식품의 경우는 통조림에 한정

- 연속식 침지 살균기에서 침지하며 이동 : 포장두부의 살균 등
- 연속식 열수 분무로 살균하며 이동 : 맥주병 살균 등
  예열 → 살균 → 예냉 → 냉각 → 세척

③ 무균 공정aseptic process

- 과즙, 우유, 요거트 등의 액체 식품에 사용한다.
- 그 외 HTST와 같이 열변성을 받기 쉬운 유체 식품의 살균에 적당한 살균법과 UHT와 같이 150℃에서 0.5~1.5초 살균하는 방법 및 70℃ 이하에서 살균하는 저온살균법 등이 있다.

실험 목적

1. 통조림 식품의 열 특성을 이해하고 열 침투기기에 익숙해지기 위함이다.
2. 열 침투속도에 대한 식품의 일관성을 나타내기 위함이다.

실험 기기

1 2-303×406 캔과 뚜껑

2 Ecklund 구리 콘스탄탄 열전도선

3 레토르트 온도를 측정하기 위한 열전도선

4 다점 온도 기록계

5 레토르트

6 통조림 밀봉기

7 두부 및 콩

실험 방법

1 Ecklund 열전도선을 303×406 통조림 캔 중앙에 이르도록 맞추어 끼운다.

2 각 통조림 캔에 1/8 inch의 빈 공간(head space)을 남겨 두고 두부와 콩을 채운다.

3 각 통조림을 밀봉한다.

4 열전도선이 작동하는지를 확인하면서 레토르트에 통조림을 놓고 다점 온도 기록계의 온도를 체크한다.

5 90분 동안 가열온도를 올리고 정확한 온도를 체크한다.

6 증기 공급을 끊고 압력을 제거하여 레토르트에 찬물을 공급해 식힌다.

실험 결과 및 고찰

1 레토르트 온도, 냉각수 온도, 시간, 가열과 냉각 동안의 통조림 온도, 일정 온도까지 도달하는 데 필요한 시간 등을 기록한다.

2 3 cylce semi-log 용지에 가열온도와 시간을 나타내도록 한다.

3 그려진 열 침투곡선으로부터 각 통조림 캔의 f_h값을 결정한다.

4 지연 요소 j_H값을 계산한다. 이때

$$j_H = \frac{T_r - T_{psi}}{T_r - T_i}$$

여기서 j_H : 가열 침투곡선의 지연 요소, T_r : 레토르트 온도, T_{psi} : pseudo 초기온도, T_i : 가열 전 초기 통조림 온도

5 통조림 캔이 상업적인 살균 제품이 될 수 있는 시간(B)을 f_h, j_h값을 이용하여 다음과 같은 열 침투곡선으로부터 계산한다.

$$B = f_h\{\log[j_H(T_r - T_i)] - \log g\}$$

여기서 B : 수정 안 된 살균에 필요한 이론적 시간, g : 레토르트 온도, T_r과 냉각수의 가장 차가운 온도와의 차이

g값은 다음과 같은 조건에서 작성된 표로부터 구하도록 한다.

$$Z = 18^{\circ}F \qquad U = F\ 10^{\frac{250 - T_r}{Z}}$$

여기서 두부의 F : 2.5분, 콩 : 3.5분

6 어떤 유형의 식품이 f_h값에 어떻게 영향을 미치지 설명하면?

7 큰 f_h값과 작은 f_h 값의 차이는?

8 두부의 f_h값이 콩보다 훨씬 큰 것은 무슨 의미인가?

	콩(Bean)	**두부(Soy curd)**
f_h(분)		
T_i		
T_{psi}		
j_H		
U(분)		
f_h/U		
g(°F)		
B(분)		

연습문제

1 다음은 균의 현탁액을 121°C에서 열처리한 후 생존균 수를 측정한 것이다. 사멸 속도계수(K)는?

열처리 시간	생존균 수	열처리 시간	생존균 수
0	5.05×10^6	4	2.50×10^5
2	1.10×10^6	6	5.60×10^4

2 세균포자 수가 mL당 800개인 배양액을 여러 개의 용기에 나누어 245°C에서 50분 동안 살균하면서 10분마다 다음과 같은 생존 데이터(포자 수/mL)를 얻었다. D_{245}값과 생존곡선 방정식은?

시간	포자 수/mL	시간	포자 수/mL
0	800	30	6
10	150	40	1.2
20	30	50	0.2

3 D값이 1.5분인 어떤 미생물을 기준으로 하여 계산한 가열 치사시간이 3분인 경우에, 초기 오염도가 10포자/can인 통조림의 살균 후 오염도는?

4 포자액의 D값이 여러 온도에서 측정되었다. 이 포자의 Z값은?

온도(°C)	D(분)	온도(°C)	D(분)
104	27.5	113	4.0
107	14.5	116	2.1
110	7.5		

5 완두콩 통조림을 가열살균하는 동안 시간당 온도에 대한 데이터를 다음과 같이 얻었다. 이 공정에 대한 F_o값은?

시간(분)	온도(°C)	시간(분)	온도(°C)
0	15	16	118
2	55	18	117
4	79	20	116
6	95	22	114
8	105	24	111
10	110	26	108
12	113	28	100
14	116		

6 열처리한 미생물의 D값은 온도에 따라 다음 표와 같을 때, 열저항곡선(thermal resistance curve)을 그리시오. 또 Z값과 121°C에서의 D값은?

온도(°C)	D값(분)	온도(°C)	D값(분)
104	31.9	116	2.01
108	12.7	120	0.80
112	5.01	124	0.32

7 다음은 완충 용액을 서서히 가열할 때의 온도-시간 데이터이다. Z=18°F라고 가정할 때 250°C에서의 F값은? 단, 온도에 따른 치사율을 합친 값과 그래프를 이용한 방법을 모두 구하시오.

시간(분)	온도(°F)	시간(분)	온도(°F)
0	120	40	248
10	195	50	250
20	239.5	60	188
30	244.5		

8 6 oz. 캔에 포장되어 있는 채소가 포함된 고기 스튜를 가열할 때의 온도-시간 데이터는 다음 표와 같다. 250°F에서 공정 시간은 25분, 살균온도 도달시간(come-up-time)은 16분일 때

(1) 249°F, 250°F, 251°F를 최대값으로 하여 semi-log 그래프를 그리면?

(2) 이 공정의 치사율을 그래프로 나타내면? (Z= 18°F)

(3) 치사율의 합을 이용하여 구한 F_o값은?

시간(분)	온도(°F)	시간(분)	온도(°F)
0	45	24	237.5
2	48	26	242
4	54	28	245
6	64	30	246.8
8	79	32	248
10	97	34	248.7
12	119	36	249
14	145	38	249.5
16	174	40	250
18	203	42	250
20	220.5	44	238
22	231		

9 다음은 열 침투 데이터를 나타낸 표이다. f_h와 j_H값을 그래프를 그려 구하면? 단, T_{ret} = 247°F, 살균 온도 도달시간 = 10분이다.

시간(분)	온도(°F)	시간(분)	온도(°F)
0	100	28	234.5
4	102	32	239
8	127	36	242
12	167	40	244
16	197	44	245
20	215	48	246

심화문제

1 미생물의 가열살균방법과 pH의 역할에 대하여 설명하면?

2 활성화 에너지 $= \frac{2.303 \cdot R \cdot T_1 \cdot T_2}{Z}$ 식을 아레니우스식에서 유도하면?

3 고기의 티아민의 열 감소에 필요한 활성화 에너지는 20 kcal/mol이다. 남아 있는 티아민 농도를 시간에 따른 semi log 그래프에 그리면 일직선으로 나타났다. 속도 상수(rate constant)는 80°C에서 $5 \times 10^{-4}\ min^{-1}$이라고 할 때,

(1) 티아민 이 온도에서 40% 감소하는 데 필요한 시간(hr)은?

(2) 120°C에서의 속도 상수는? 단, 식은 $Ln(\frac{K_{T_1}}{K_{T_2}}) = \frac{-E_a}{R(1/T_1 - 1/T_2)}$

4 *Cl. Botulinum*을 99.999% 불활성화시키는 데 필요한 F_o는 1.1분이다. 이 균(Z = 18°F)을 275°F에서 12D로 불활성시키기 위한 F값은?

5 다음 표는 다양한 살균온도에서 미생물의 생균 수를 측정한 결과이다. 이 데이터로 각 온도에 따른 D값과 Z값을 그래프를 그려 구하면?

온도(°C) / 시간(분)	122	124	126
0	1.0×10^7	1.0×10^7	1.0×10^7
2	5.4×10^6	3.5×10^6	1.6×10^6
4	3.0×10^6	1.2×10^6	2.5×10^5
6	1.7×10^6	4.2×10^5	3.8×10^4
8	9.4×10^5	1.5×10^5	6.2×10^3
10	5.2×10^5	5.0×10^4	1.0×10^3

6 5번 문제의 표와 그래프를 이용하여 활성화 에너지(activation energy, kJ/mol)를 구하면?

7 (1) 126°C에서 구한 D값과 Z값을 이용하여 120°C에서 포자 수를 10^2에서 10^{-6}으로 낮추는 데 걸리는 시간은?

(2) $T_2 = T_1 + 10$°C인 조건에서 Q_{10}값은 K_{T_1}/K_{T_2}으로 나타낸다. 열 저항곡선(thermal resistance curve)을 이용하여 계산한 Q_{10} 값은?

(3) 활성화 에너지를 122°C와 124°C의 범위에서 활성화에너지와 Z 관계식에서 구하시오. 위의 6번 문제와 왜 차이가 나는지를 설명하면?

8 시간-온도에 대한 데이터가 다음 표와 같을 때

시간(분)	0	10	20	30	40	50
온도(°F)	195	210	220	235	240	195

(1) TDT식을 이용한 그래프 방법으로 완전 살균($\int \frac{1}{TDT} = 1$, 미생물의 F값과 동일)하는 데 걸리는 시간은? 단, 미생물의 $F_o = 2$분이다.

(2) 그래프를 이용한 L값을 가지고 구한 공정 시간은?

9 통조림 내의 미생물을 허용 수준까지 살균하는 데 F_o값이 121°C에서 10분이었다. 같은 통조림을 111°C에서 6분간 살균한 후 살균온도를 급격하게 120°C로 올렸다. 이때 통조림을 120°C에서 더 살균해야 하는 시간은? 단, Z = 10°C이다.

10 세균 포자의 사멸 속도상수가 각 온도에서 다음 표와 같이 측정되었다. 이 세균의 사멸에 대한

(1) 활성화 에너지(kJ/mol)는?

(2) 각 온도에서의 D값은?

(3) 그래프를 이용하여 Z값을 구하면? 단, 기체상수 값 = 8.314 J/(°K·mol)

온도(°C)	105	107	110	113	116
반응속도상수 K(sec^{-1})	0.00082	0.0012	0.0022	0.0041	0.0076

11 (1) D값과 Z값의 정의는?

(2) 5% 덱스트로스 내의 *Bacillus*균의 D값은 105°C = 87.8분, 110°C = 32분, 115°C = 11.7분, 120.5°C = 2.4분, 123.5°C = 1분이다. 이때 열저항 그래프(thermal resistance graph)를 그리고 Z값을 구하면?

(3) Z값은 온도 범위에서 일정한 값을 보여 주는지 그 결과를 설명하면?

12 L값을 이용하여 공정시간을 구하면?

시간(분)	30	40	50	60	70
온도(°F)	212.5	225	230.5	235	238.2

(1) 공정 F값은?

(2) 살균에 대한 공정시간($F_o = 2$분)을 그래픽 방법에 의한 L값을 이용하여 구하면?

13 250°F에서 살균 시 j_H, f_h와 공정시간을 구하면? 단, CUT=3분, 미생물 F_o=10분, Z=18°F, 초기 온도=180°F이다.

(1) 열 침투곡선을 그리면? 단, Z=18°F이다.

(2) 그래프와 수치 방법을 이용하여 구한 L값으로 F_o를 구하면?

(3) 제품의 f_h와 j_H는?

(4) 살균시간은? 냉각수=70°F이다.

시간(분)	온도(°F)	시간(분)	온도(°F)	시간(분)	온도(°F)
5	190	20	235	35	246.7
10	210	25	241	40	248
15	225	30	244.8	45	248.8

14 f_h=30분, j=1.0인 통조림 식품에 $D_{250°F}$=1.2분인 미생물이 캔당 50의 비율로 존재한다. T_i=150°F, T_r=250°F인 경우, 이 공정에 대한 F_o값이 6분으로 계산된다. 이 조건에서 공정시간은? 그러나 이 미생물 자료를 다시 분석한 결과 미생물의 Z값이 18°F가 아니라 14°F이었다. 레토르트의 온도를 248°F로 하여 앞선 공정에 따라 계산된 시간만큼 열처리하였을 때 변패가 일어날 확률은?

15 PA3679의 D값은 250°F에서 3분이고 z값은 20°F이다. 280°F에서 계산된 z값이 18°F이라면 5D 공정에 필요한 살균시간은? 미생물이 실제로 Z값이 20이라고 한다면 280°F(z=18)에서 살균하는 동안 통조림 1개당 100개의 균에서 변패가 일어날 확률은?

16 D_{121}이 0.24분, Z값이 10°C인 *Clostridium* 포자를 115°C에서 가열살균하려고 한다. 가열 살균지수 m=12로 한다면 F_{115}는?

17 f_h 값의 정의는? 이때 f_h값이 적을 경우 열 침투속도의 변화는?

18 다음의 가열곡선은 이미 정해진 데이터이다. f_h=20분, 지연 요소=1.4, 레토르트 온도=250°F, 초기 온도=50°F일 때 가열 살균시간=30분이다. 미생물의 F_o값은?

19 통조림 고기 스튜가 레토르트에서 가열되었고 다음과 같은 데이터를 얻었다. 초기 온도=40°F, 레토르트 온도=240°F, f_h=40분, j_H=1.4이고 CUT=10분, 공정시간=100분이다.

(1) g값과 F_o를 살균 식으로부터 구하면?

(2) 노모그래프를 이용하여 g값과 F_o를 구하면?

Lab 14
식품냉동Food Freezing

냉동 : 식품을 얼리는 조작으로 식품의 보존 수단으로 이용된다. 1880년대 암모니아 냉동 기계 개발을 시작으로 1930년 급속 냉동방법이 개발되었다.

1) 식품의 동결

(1) 동결에 부수되는 현상

① 동결 팽창 : 순수한 0℃ 물이 얼음으로 되면 9%의 팽창이 일어난다.

② 미생물의 생육 억제 및 반응속도 감소 : 얼음 형성으로 인해 미생물 대사에 필요한 수분 감소가 일어난다.

③ 용질의 농도 증가에 따른 식품 조직의 감소 및 변성 : 용질의 결정화로 인해 pH가 변하고 단백질 응고 현상이 일어나며, 이러한 현상이 과도하게 진행되어서 비가역시 드립(drip) 현상이 나타난다.

- 드립 현상 : 단백질의 수분 유지 능력이 감소하여 다시 녹일 때 수분이 흘러나오는 현상으로 품질의 저하를 일으킨다.

④ 물과 얼음의 물리적 성질은 다음과 같다.

- 밀도는 4℃ 물에서 1 g/mL로 최대이며 얼음보다 더 크다.
- 비열 : 물의 경우 거의 변화 없이 1 cal/g·℃로 얼음의 약 2배 정도이다.
- 열전도도 : 얼음의 경우 같은 온도에서 물의 4배(2 kcal/m·hr·℃)
- 열확산도 : 온도 변화를 일으키는 속도를 나타내며, 얼음이 물보다 10배 정도 온도 변화가 빠르다.

(2) 식품의 동결 현상

① 동결 : 현열을 제거하고 다시 냉동 잠열을 제거하는 과정. 냉동 잠열 : 144 Btu/lb.

② 동결점 : 식품 중에 얼음 결정이 생성되기 시작하는 온도로, 보통 -1~-2℃.

③ 과냉각(super cooling) : 빙결점 이하가 되어도 얼음 결정이 생성되지 않는 경우.

④ 냉동 곡선

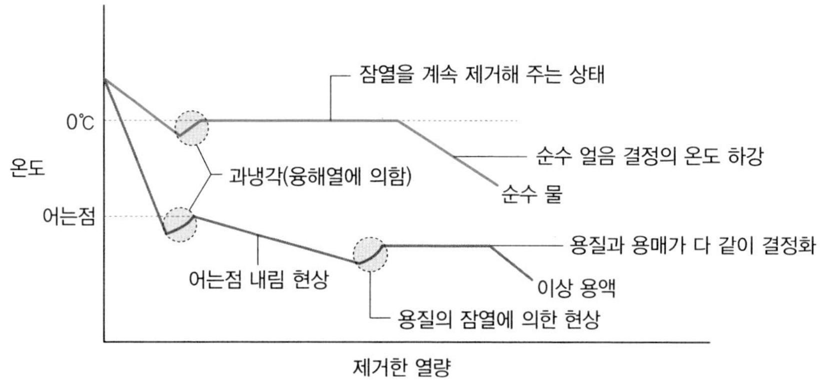

물과 용액의 냉동 곡선

(3) 어는점 내림 온도($\triangle T_f$)

순수 용매의 어는점 : 1기압 하에서 액체와 고체상이 평형을 이루는 온도

용매에 용질 첨가 시 어는점이 낮아지고(freezing point depression), 식품 중에 있는 수용액의 농도에 비례한다.

$$\triangle T_f = \frac{m \cdot R \cdot T_o^2}{1{,}000 \cdot \triangle H}$$

여기서 m : 농도(molality : 용매 1,000 g에 녹아 있는 용질의 mol 수), R : 기체상수(1.987 cal/mol·K), T_o : 순수 물의 어는점(°K), △H : 순수 물의 잠열(융해열), 80 cal/g 또는 1,436 cal/mol

위의 식에서 m(중량 몰 농도, molality) 외에는 모두 일정한 값을 가지므로 다음과 같이 쓸 수 있다.

$$\triangle T_f = K_f \cdot m$$

여기서 K_f : 어는점 내림 상수(freezing point depression constant, °K/mol)로 물(H_2O) : 1.86, 벤젠(C_6H_6) : 5.12, 초산(CH_3COOH) : 3.90이다.

예 1 **과실 성분 중 어는점 내림에 영향을 미치는 당분의 함량이 15%, 수분 함량이 80%이며, 당분의 MW가 180일 때 과일의 어는점 온도는?**

$$\triangle T_f = \frac{1.987\ cal/(mol \cdot {}^\circ K) \times (273{}^\circ K)^2 \times m}{1{,}000 \times 79.6\ cal/g}$$

80 g → 15 g : 1,000 g → x g　　x = 187.5 g ⇒ m = 187.5/180 mol = 1.042

$\triangle T_f = 1.94{}^\circ K$　∴ -1.94℃에서 언다.

예 2 **45.2 g의 설탕이 316 g의 물에 녹아 있다. 어는점 온도는?**

일정한 값인 $K_f = 1.86\ {}^\circ K/mol$

$$m = \frac{\left(\frac{45.2\ g \times 1{,}000\ g}{316\ g}\right)}{342.3\ g/mol} = 0.418\ mol$$

$\triangle T = 1.86 \times 0.418 = 0.78\ {}^\circ K$　∴ 어는점 온도 = 273 − 0.78 = 272.3 °K

(4) 동결률 Ice fraction(α)

① 어는점 이하의 어느 온도에서 식품의 총 수분 함량에 대해 얼음으로 변한 수분량의 비율로, α = 얼음의 무게/(얼음 + 수분의 무게)

② α값이 80%가 되면 관능적으로 동결된 것이라 생각한다. 식품 중에 물이 얼음으로 변하면 용액의 농도가 상승하고 어는점이 낮아진다. 그 어는점 변화에 따라 동결률도 변화하며 쇠고기와 같은 냉동 저장식품은 냉각온도, 엔탈피와 수분 함량에 따른 동결률표를 얻을 수 있다.

③ 냉동 도표를 이용하여 냉동 과정 중 동결률과 비동결률을 구할 수 있으며 이들은 식품의 냉각온도, 엔탈피, 수분 함량에 따라 변한다.

(5) 냉동 부하 Refrigeration load

식품을 동결하여 저장할 때 제거해야 하는 열량. 즉, 초기 온도가 어는점 이상인 식품을 어는점 이하의 목표 온도까지 동결시키기 위해 제거해야 할 열량으로 원료 열부하가 가장 크며, 이외에 조명등, 작업자 체온, 열손실 및 공기의 교환 등이 있다.

냉동 중 원료 열 부하

$$Q = m[C_p(T_i - T_f) + L + C_p'(T_f - T)]$$

여기서 m : 식품 무게, C_p : 어는점 이상에서 식품의 비열, T_i : 초기 온도, T_f : 빙결점, L : 빙결 잠열, C_p' : 빙결점 이하에서의 식품의 비열, T : 최종 온도

$$C_p = 0.008\ M + 0.2, \quad C_p{}' = 0.003\ M + 0.2\ \text{kcal/(kg·°C)}$$

여기서 M : 수분 함량(%), 빙결잠열 L = M × 0.8 (kcal/kg), L = M × 1.44 (Btu/lb)

예 1 **4°C 쇠고기(수분 함량 75%) 450 g을 -18°C로 냉동할 때 냉동 부하와 동결률을 구하시오.**

-18°C에서의 엔탈피 : 50 kJ/kg

4°C에서의 엔탈피 : 330 kJ/kg

Q = m·△H에서 450 g에 대하여 냉동 부하는 0.45 kg × (330 − 50) = 126 kJ

-18°C에서의 동결률은 92%이나 수분 함량이 75%이므로 고형분은 25%

92 × 0.75 = 69%가 동결률, 비동결률은 75 × (100 − 92)/100 = 6%

예 2 **20°C 물 1 kg을 -20°C의 얼음으로 냉동시킬 때의 냉동 부하를 구하시오.**

$Q = m[C_p(T_i - T_f) + L + C_p{}'(T_f - T)]$에서

$m = 1$ kg, $C_p = 0.008\ M + 0.2 = 1$ kcal/(kg·°C), $T_i = 20$°C, $T_f = 0$°C, $T = -20$°C

$L = \frac{80\ M}{100} = \frac{80 \times 100}{100} = 80$ kcal/kg, $C_p{}' = 0.003\ M + 0.2 = 0.5$ kcal/(kg·°C)

$\therefore\ Q = 1[1(20 - 0) + 80 + 0.5(0 + 20)] = 110$ kcal

예 3 **500 kg의 콩을 25°C에서 -18°C로 냉동할 때 제거해야 할 열량을 구하시오. 단, 콩의 어는 점 : -1°C, L= 27 kcal/kg, $C_p = 0.8$, $C_p{}' = 0.4$이다.**

$Q = 500[0.8(25 + 1) + 27 + 0.4(-1 + 18)] = 27{,}300$ kcal

동결시간Freezing time

동결시간은 다음과 같이 정의된다.

① 중심온도(thermal center) : 가장 늦게 냉각되는 부위

② 공칭 동결시간(normal freezing time) : 초기 온도 0°C의 균일한 식품을 중심온도가 빙결점보다 10°C 낮아질 때까지 걸리는 시간

③ 유효 동결시간(effective freezing time) : 초기 온도가 T_1으로 균일한 식품을 중심온도가 목적하는 어는 최종 온도 T_2까지 내리는 데 걸리는 시간

④ 동결속도(freezing rate) : 단위시간당 얼음 형성이 진행되는 속도(cm/hr)

(6) 동결시간의 계산

① 플랑크식Plank equation

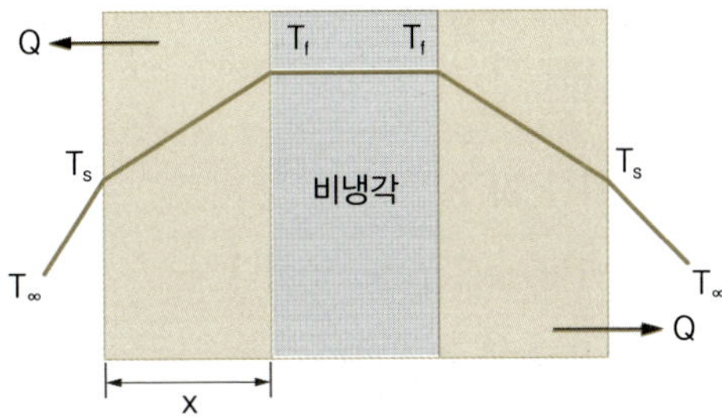

시간 t에서의 대류에 의해 이동하는 열 : $Q = h \cdot A \cdot (T_o - T_\infty)$ ························ ①

두께 x층을 통해 전도되는 열 : $Q = \dfrac{k \cdot A(T_f - T_o)}{x}$ ························ ②

주어진 시간(dt) 동안 두께(dx)가 언다고 가정하면 어는 물질의 kg 질량 $= A \cdot dx \cdot \rho$

여기에 λ(J/kg)를 곱하고 시간으로 나누면 단위시간당 어는 데 필요한 열량 계산

$$Q = \frac{A \cdot \rho \cdot \lambda \cdot dx}{dx} \quad \cdots\cdots\cdots ③$$

①과 ②에서 표면온도(T_s)를 제거하기 위해 ①식의 표면온도(T_s)를 ②에 대입

$$T_s = (\frac{Q}{h \cdot A} + T_\infty)$$

$$\therefore\ Q = \frac{k \cdot A}{x}(T_f - \frac{Q}{h \cdot A} - T_\infty) \ \Rightarrow\ Q = \frac{h \cdot x}{(h \cdot x + k)} \cdot \frac{k \cdot A}{x}(T_f - T_\infty)$$

분자와 분모를 $(h \cdot k)$로 나누면 $Q = \dfrac{A \cdot (T_f - T_\infty)}{(\frac{x}{k} + \frac{1}{h})}$ ························ ④

③ = ④이므로

$$\frac{A \cdot \rho \cdot \lambda \cdot dx}{dt} = \frac{A \cdot (T_f - T_\infty)}{(\frac{x}{k} + \frac{1}{h})}$$

$$\int_0^t (T_f - T_\infty) = \lambda \cdot \rho \cdot \int_{x=0}^{x=\frac{a}{2}} (\frac{x}{k} + \frac{1}{h}) \cdot dx \ \Rightarrow\ t = \frac{\lambda \cdot \rho}{(T_f - T_\infty)}(\frac{x^2}{2k} + \frac{x}{h})\Big|_{x=0}^{x=\frac{a}{2}}$$

$$t_f = \frac{\rho \cdot \lambda}{T_f - T_\infty}(\frac{a}{2h} + \frac{a^2}{8k})$$

일반적인 식 : $t_f = \dfrac{\rho \cdot \lambda}{T_f - T_\infty}(\dfrac{Pa}{h} + \dfrac{Ra^2}{k})$

P = 1/6 구, 1/4 실린더, 1/2 평판

R = 1/24 구, 1/16 실린더, 1/8 평판

플랑크식 : $t_f = \frac{\rho \cdot \lambda}{T_f - T_\infty}(\frac{Pa}{h} + \frac{Ra^2}{k})$

위의 플랑크식이 사용되기 위한 가정 :

① 식품의 초기 온도는 어는점(freezing point)이다.

② 정상 상태의 열전달이 얼음층에 존재한다.

③ 열전도도는 일정하다.

4 inch 두께의 장방형 쇠고기를 -30℃ 냉동기로 냉동하고자 한다. 쇠고기 동결점이 20°F일 때 냉동되는 데 걸리는 시간을 구하시오.

단, h = 100 Btu/(ft^2·hr·°F), λ = 110 Btu/lb, ρ = 68 lb/ft^3, K = 0.9 Btu/(ft·hr·°F)

냉동 소요시간 $t = \frac{110 \times 68}{29-(-30)}\left[\frac{\frac{1}{2}(4 \times \frac{1}{12})}{100} + \frac{\frac{1}{8}(4 \times \frac{1}{12})^2}{0.9}\right] = 2.2$ hr

② 뉴만 식Neumann formular

표면온도가 0℃이며 순간적으로 냉매의 온도가 된다고 가정한다.

a. 얼릴 때 : $v_1 = \frac{T_1}{\mathrm{erf}\lambda}\mathrm{erf}\frac{x}{2(\frac{k_1}{\rho_1 C_1}\cdot t)^{1/2}}$

b. 녹일 때 : $v_2 = V - \left(\frac{V - T_1}{\mathrm{erfc}\lambda\left[\frac{\frac{k_1}{\rho_1 C_1}}{\frac{k_2}{\rho_2 C_2}}\right]^{1/2}} \cdot \mathrm{erfc}\frac{x}{2(\frac{k_2}{\rho_2 C_2})^{1/2}}\right)$

c. λ를 정하기 위해 시행착오(trial and error) 방법으로 다음 식을 이용한다.

$$\frac{e^{-\lambda^2}}{\mathrm{erf}\lambda} = \frac{k_2(\frac{k_1}{\rho_1 C_1})^{1/2}\cdot(V - T_1)\cdot \exp-(\frac{k_1\lambda^2}{\rho_1 C_1}/\frac{k2_1}{\rho_2 C_2})}{k_1(\frac{k_2}{\rho_2 C_2})^{1/2}\cdot T_1 \cdot \mathrm{erfc}\left[\lambda(\frac{k_1}{\rho_1 C_1}/\frac{k_2}{\rho_2 C_2})\right]^{1/2}}$$

여기서 v_1 : 어는 부분에서의 온도, v_2 : 녹는 부분에서의 온도, V : 초기 온도, T_1 : 빙결온도
x : 평판 표면으로부터의 거리, k_1 : 얼은 식품의 열전도, ρ_1 : 얼은 식품의 밀도, C_1 : 얼은 식품의 비열
k_2 : 녹은 식품의 열전도도, ρ_2 : 녹은 식품의 밀도, C_2 : 녹은 식품의 비열
erf : 오차함수(error function : 통계와 확률에서 오차의 분포를 나타내는 함수)

$$\frac{1}{\sqrt{2\pi}}\int_0^x \exp^{(-x^2)}dx$$

erfcx : coerror function이라 하며 1－오차함수(erfx)로 구할 수 있다. (부록 참고)

예 **2 inch 두께의 쇠고기가 -20°F의 양면 냉동기와 접촉해 있다. 처음 수분 함량 75%의 쇠고기 온도가 40°F이고 빙결점은 23°F이다. 뉴만 방법을 이용하여 다음을 구하시오. 단, $k_1=0.6$ Btu/(hr·ft·F), $\rho_1=60$ lb/ft³, $C_1=0.458$ Btu/(lb·F), $k_2=0.33$ Btu/(hr·ft·F), $\rho_2=66$ lb/ft³, $C_2=0.833$ Btu/(lb·F)이다.**

(1) 고기가 빙결점에 도달하는 시간을 구하시오.

(2) 고기의 중앙이 0°F에 도달하는 데 걸리는 시간을 구하시오.

시행착오를 거쳐 λ=0.1로 가정한다.

$$\frac{e^{-0.1^2}}{\mathrm{erf}\,0.1}=\frac{0.33\left[\frac{0.6}{60(0.458)}\right]^{1/2}\cdot(V-T_1)\cdot\exp-\left[\frac{0.6\lambda^2}{60(0.458)}\Big/\frac{0.33}{66(0.833)}\right]}{0.6\left[\frac{0.33}{66(0.833)}\right]^{1/2}\cdot T_1\cdot\mathrm{erfc}\left[\frac{0.6}{60(0.458)}\Big/\frac{0.33}{66(0.833)})^{1/2}\right]}$$

$$=\frac{\lambda\cdot(108)(3.14)}{(0.458)(43)}=9.7\lambda$$

40°F 초기 온도
23°F 빙결온도
-20°F 냉동기 온도 → 0°F로 가정

표면온도를 0으로 하는 것이 필요하다.
초기 온도 V=40+20=60°F
빙결온도 T_1=23+20=43°F
쇠고기의 잠열 L : 144(0.75)=108 Btu/lb

$$\frac{0.99}{0.0398}-\frac{0.415\cdot e-0.0364}{\mathrm{erfc}\,0.191}=9.7\lambda$$

$$24.87-\frac{0.4}{1-0.075}=9.7\lambda$$

만약 λ=0.1, 24.4 ≠ 0.975
만약 λ=0.5, 3.78 ≠ 4.85
만약 λ=0.4, 5.28 ≠ 3.88
여기서 λ=0.46

(1) 고기가 빙결점에 도달하는 시간은 V(초기 온도)가 T_1(빙결온도)가 될 때
즉 $V=T_1$

$$v_1=\frac{T_1}{\mathrm{erf}\lambda}\cdot\mathrm{erf}=\mathrm{erf}\frac{x}{2(\frac{k_1t}{\rho_1C_1})^{1/2}}\text{에서}$$

$$\mathrm{erf}\lambda=\mathrm{erf}\frac{x}{2(\frac{k_1t}{\rho_1C_1})^{1/2}}\Rightarrow 0.46=\frac{\frac{1}{12}\mathrm{ft}}{2(0.146)t^{1/2}}$$

∴ t=0.39 hr

(계속)

(2) 0°F에 도달하는 데 걸리는 시간

$$\frac{v_1}{T_1} \cdot \mathrm{erf}\lambda = \mathrm{erf}\frac{x}{2(\frac{k_1 t}{\rho_1 C_1})^{1/2}}$$

$$\frac{0+20}{43} \mathrm{erf}\,0.46 = \mathrm{erf}\frac{0.0834}{2(0.146)t^{1/2}}$$

$\therefore$ t = 1.85 hr

일반적으로 식품을 직접 냉동기에 접촉하기보다는 공기를 이용하여 냉동시킨다. 이 경우 표면 열전달계수를 등가 두께(x_e)로 바꾸어야 한다.

공기에서 냉동 시 : $x_e = K_2/h$　　K_2 : 개시 물질의 열전도도

양면이 모두 냉동 시 : $x_e + x'$　　x' : 평판 두께의 반

예 **공기로 냉동시킨다고 가정한다. 공기의 온도 = −20°F, 초기 온도 = 40°F, 표면 열전달계수 = 3 Btu/(hr·ft²·°F)일 때 앞의 문제를 풀고, 플랑크식을 적용하여서도 풀어 보시오.**

$\lambda = 0.46$　　$x_e = K_2/h = 0.33/3 = 0.11$ ft

$\therefore$ $x_e + x' = (0.11 + 0.0834)$ ft

(1) 빙결점에 도달하는 데 걸리는 시간

$$0.46 = \frac{0.1934}{2(0.146)t^{1/2}}$$

t = 2.09 hr

(2) 0°F에 도달하는 데 걸리는 시간

$$\frac{0+20}{43} \cdot \mathrm{erf}\,0.46 = \mathrm{erf}\frac{0.1934}{2(0.146)t^{1/2}}$$

t = 10.6 hr

(3) 플랑크식으로 풀 경우 (단, 어는점 : 23°F)

$$t = \frac{(108)(66)}{23-(-20)}\left[\frac{0.167(0.5)}{3} + \frac{(0.167)^2(0.125)}{0.6}\right]$$

t = 5.6 hr

Neumann과 Plank 식은 차이가 큰 편이나 아직 확실하게 검증되지는 않았다.

2) 냉장고에서 냉매의 흐름과 계산

냉동톤refrigeration ton(RT) : 냉동 능력을 표시하는 표준 단위

1RT= 0℃ 물 1,000 kg을 24시간 만에 0℃ 얼음으로 만드는 능력

미국의 1RT는 물 2,000 lb를 사용한다.

144 Btu/lb × 2,000 lb = 288,000 Btu/24 hr = 12,000 Btu/hr

즉, 시간당 12,000 Btu의 열량을 제거할 수 있는 능력이 1RT이다.

냉매 (부록 참조)

암모니아 경우 냉동 톤을 나타내는 표준 조건 : 20 lb의 입구 압력, 169 lb의 배출 압력.

일반적으로 무색, 무취의 독성이 없는 프레온 가스(freon gas)를 사용한다.

증기압축식 냉동 사이클 : 주로 가정용 냉장고

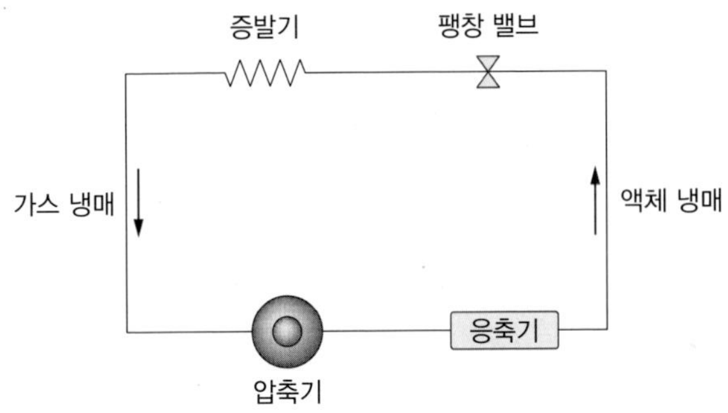

- 압축기(compressor) : 압축기가 작동할 때 냉매 가스가 입구에서 들어온다. 저압력 기체인 냉매가 압력과 온도가 증가함에 따라 압축되어 뜨거운 냉매 가스가 응축기로 들어간다. 즉, 고압 고온의 과열증기로 단열압축(adiabatic compression)된다.
- 응축기(condensor) : 일정한 압력과 온도에서 열이 방출됨에 따라 응축이 일어나 냉각 액체로 냉매가 변하여 액체를 담는 탱크에 저장된다. 이 탱크에서 팽창 밸브(expansion valve)를 통해 낮은 압력으로 액체 냉매가 흐른다. 열손실은 변화가 없고 압력만 떨어진다(isothermal expansion).
- 증발기(evaporator) : 냉각 기능을 수행한다. 즉, 냉매가 열을 흡수함으로써 냉장 효과가 나타나고, 냉매 가스는 압축기로 들어간다. 실제로 냉동기에서 효과를 내는 부분이다.

(1) 냉장에 사용되는 열역학이론

① 등온 가역 변화

T가 일정하므로 $\Delta T=0$이 되고 열역학 제1 법칙($\Delta U=Q+W$)에서 $\Delta U=0$

$$dQ+dW=0$$

$dQ=-dW=p \cdot dV$와 $pv=nRT$에서 $dQ=(nRT) \cdot dV/V$

$$Q=-W=(nRT)\ln(V_2/V_1)=(nRT)\ln(P_1/P_2)$$

② 단열 가역 변화

일의 출입은 있으나 열의 출입은 없다. $Q=0$

$$dU=dW=-p \cdot dV$$

$dU=Cv \cdot dT$이므로 $dU=dW=-p \cdot dV=Cv \cdot dT$

$$\therefore Cv \cdot dT+p \cdot dV=0$$

$$dU=dW=\frac{(\frac{\partial U}{\partial T})_v}{(\frac{\partial H}{\partial T})_p} \cdot \Delta H=\frac{C_v}{C_p} \cdot \Delta H$$

$$\therefore \text{행하여지는 일 } W=\frac{\Delta H}{\gamma}, \quad \text{여기서 } \gamma=\frac{C_p}{C_v}$$

(2) 몰리에 도표Mollier chart

- 위와 같은 열역학 성질을 압력-엔탈피 도표로 나타낸 것으로 이 도표를 이용하여 냉장 시스템의 능력과 power를 결정한다.
- 증기-액체 압력-엔탈피 관계를 나타낸 선
  단열 가역 압축(= 일정한 엔트로피)을 통한 압력-엔탈피 관계
  압력-엔탈피에 따른 비용적(specific volume) 관계를 나타낸 선으로 구성되어 있다.

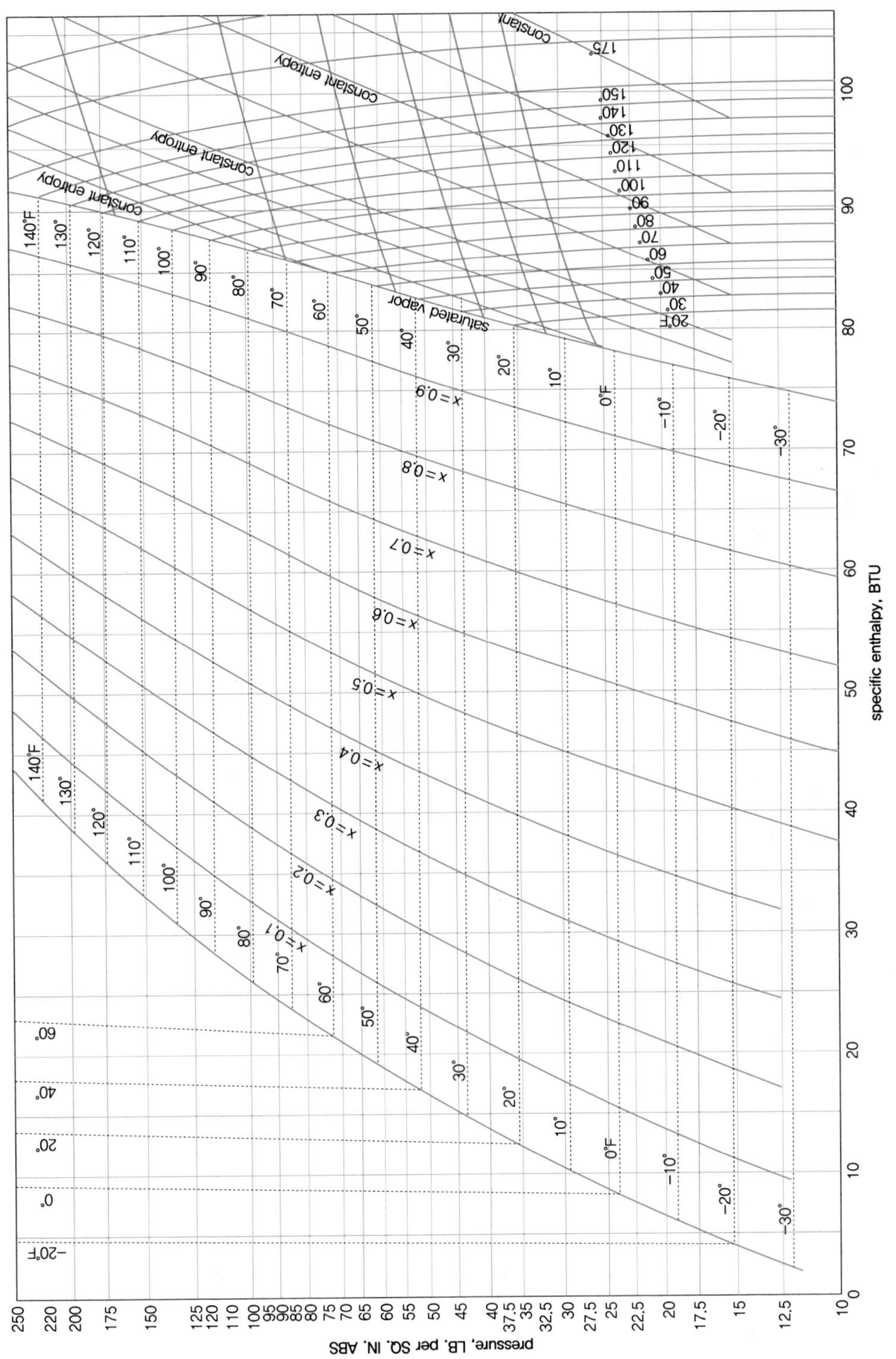

몰리에 도표Mollier diagram

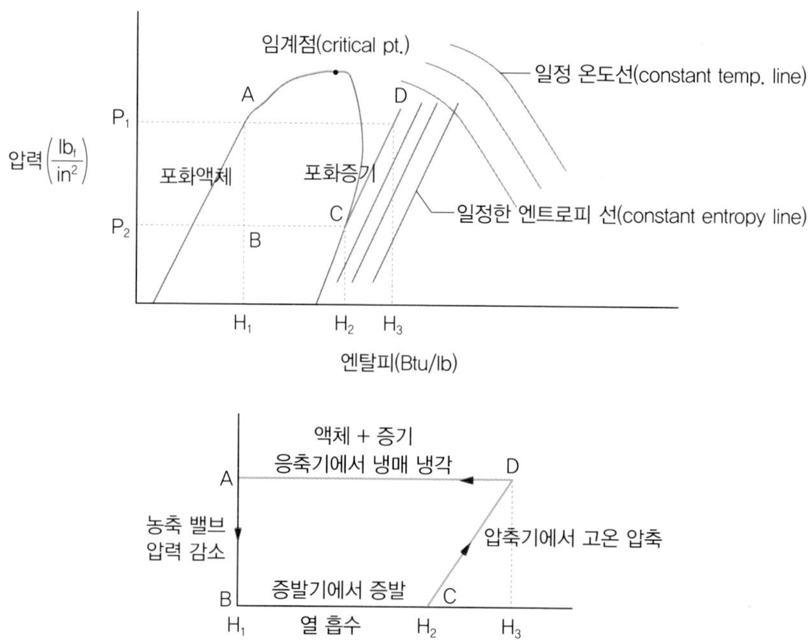

농축 밸브를 통과하는 높은 압력의 액화 냉매(A)는 등엔탈피(constant enthalpy)에서 정온 팽창한다. 이 밸브를 통과한 직후 낮은 압력으로 나간다(B). 냉매가 증발기에서 식품으로부터 열을 흡수함에 따라(BC 선) 냉매는 증발기에서 H_2를 갖는 포화증기로 C를 떠난다. 압축기 압력을 증가시키면 그 변화로서 등엔탈피선과 평행한 CD 선을 따라간다(전기에너지가 공급되어 증기가 단열압축할 때 엔트로피는 일정한 값을 가짐). 냉매가 압축기를 떠날 때(D) H_3의 엔탈피를 갖게 된다. 응축기에서 열은 분산되고 그 엔탈피 감소는 AD 선으로 나타나며 응축기를 떠나는 냉매의 엔탈피는 A를 나타낸다.

① 냉각 능력(cooling capacity, refrigeration effect, kcal/kg) : 냉매 1 kg이 주위 물체로부터 흡수한 열량 = $(H_2 - H_1)M$ (여기서 M : 냉매 양)

② 응축기 부하(condenser duty) : 흡수된 열이 응축기에서 방출되며 방출되는 열량 = $(H_3 - H_1)M$

③ 압축기의 일(Work compressor) : 압축기로 압축할 때 필요한 동력의 엔탈피 변화 = $(H_3 - H_2)M$

④ 성적계수(coefficient of performance, COP) : 냉장고의 효율을 나타내며 압축기에 의한 작업량에 대한 증발기에서 얻게 되는 열량.

예 냉장 시스템에서 최저 온도를 나타내는 증발기의 온도는 -30°F이고 최고 온도를 나타내는 응축기에서의 온도는 100°F이다. 1 ton의 냉매 필요량 12($C_p/C_v = 1.14$)를 사용했을 때 다음의 값들을 구하시오.

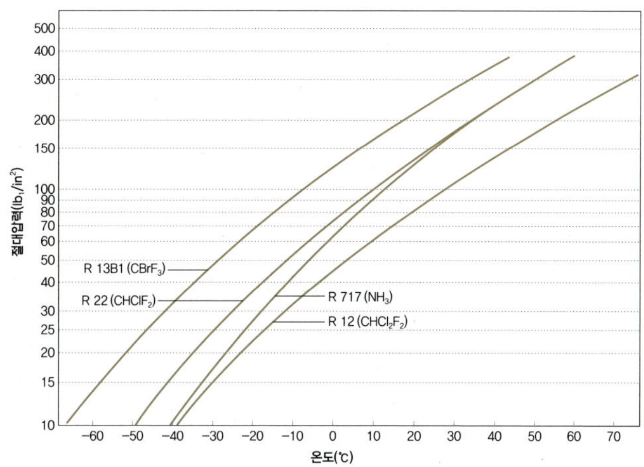

일반적으로 사용되는 냉매의 온도에 다른 증기압

(1) 높은 쪽 압력 : 100°F일 때 133 psia

(2) 낮은 쪽 압력 : -30°F일 때 12.3 psia

(3) 냉각 능력(cooling capacity)

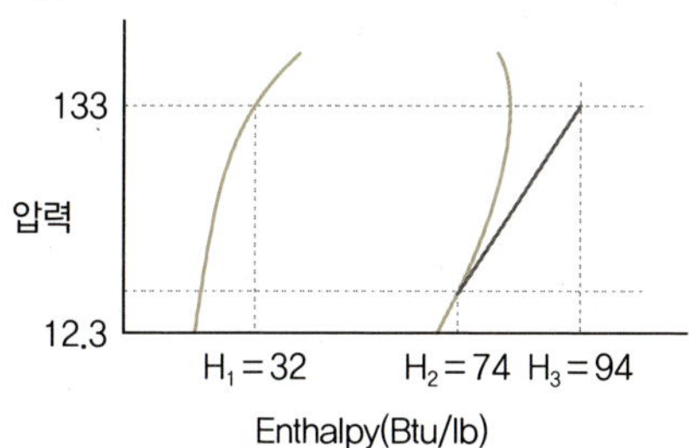

냉각 능력 $= H_2 - H_1 = 42$ Btu/lb

(4) $COP = \frac{H_2 - H_1}{H_3 - H_2} = \frac{74 - 32}{94 - 74} = 2.1$

(5) 이론적인 hp/tons $= \frac{4.715}{\gamma \cdot COP} = \frac{4.715}{(1.14)(2.1)} = 1.97$

(6) 시간당 흐르는 냉매의 양을 구하시오.

$(\text{냉동 톤}) = \frac{H_2 - H_1}{12,000} M$

$\frac{M}{\text{냉동 톤}} = \frac{12,000}{H_2 - H_1} = \frac{12,000 \text{ Btu/hr}}{42 \text{ Btu/lb}} = 286 \text{ lb냉매/hr}$

(7) 찬물이 75°F에서 응축기로 들어간 후 85°F로 나왔을 때 물의 순환 속도(lb/hr)를 구하시오.

$Q = m\triangle H = c \cdot m \cdot \triangle T$에서 286 lb/hr = 1〔Btu/(lb·F)〕· m · (85 − 75)°F

m = 1,773.2 lb/hr

$$COP = \frac{H_3 - H_1}{H_3 - H_2} = \frac{\text{냉동 효과}}{\text{압축열}}$$

COP가 클수록 작은 열량으로 냉동 효과가 커진다.

⑤ 압축기 필요 동력

$$\text{압축에 필요한 일 } W = \frac{\Delta H}{\gamma} = \frac{H_3 - H_2}{\gamma} \text{ Btu/lb}$$

필요 동력 : $\frac{\dot{M}(H_3 - H_2)}{\gamma}$ (냉매의 양이 많을수록 압축기의 전기 소모량이 커지고 응축기 부하가 커짐)

$COP = \frac{H_2 - H_1}{H_3 - H_2}$이므로 위의 식에 대입하면,

$$\text{필요 동력} = \frac{H_2 - H_1}{\gamma \cdot COP} \cdot \dot{M}$$

1 냉동톤 = 12,000 Btu/hr이고 냉장 능력을 tons으로 표기하면,

$$\text{Ton당 냉장 능력} = \frac{H_2 - H_1}{12000} \cdot \dot{M}$$

$$\therefore \text{ 필요 동력} - 12,000 \cdot (\text{tons})/(\gamma \cdot COP)$$

$hp/tons = 12,000/(\gamma \cdot COP) \cdot (1\ hp/2545\ Btu/hr)$

$= 4.715/(\gamma \cdot COP)$

3) 냉동 설비, 방식 및 해동

(1) 주요 냉동 설비

① 압축기 : 기체 상태의 냉매를 압축한다.

- 피스톤형(piston type) 압축기 : 지름 1 inch 이하의 피스톤을 이용하며 가정용
- 로터리(rotary) 압축기
- 기어(gear) 압축기
- 원심(centrifugal) 압축기

② 응축기 : 압축기에서 압축된 기체를 포화온도로 냉각시켜 액체로 응축한다.

- 공냉식(air cooled) 응축기 : 송풍장치를 이용하여 냉각

• 쉘 튜브식(shell tube) 응축기 : 튜브 사이에 물을 통과시켜 냉각, 회수 및 재사용
• 겸용 응축기
• 증발식 응축기 : 물을 팬으로 뿌려 주어 튜브 속의 냉매 증기가 냉각 및 응축

③ 증발기 : 냉매가 기체로 증발할 때 냉매는 증발열을 주위로부터 흡수한다.

(2) 냉동 및 냉각 방식

① 급속동결법(sharp freezing) : 자연 순환하는 저온의 공기로 냉동시키는 방법으로, 자연대류에 의한 표면 열전달계수의 값이 적다. 육류에 적용. -20~-30℃
② 송풍동결법(air blast freezing):강제 순환하는 저온의 공기로 냉각. -20~-40℃
③ 접촉동결법(contact freezing) : 저온의 금속판 사이에 식품을 끼워 동결시키는 것으로, 금속판 내부로 냉매가 통하여 냉각된다. 동결시간이 짧고 소용 면적이 작으나 원료 표면과 냉각판 접촉이 긴밀해야 한다.
④ 담금동결법(immersion freezing) : 저온의 액체에 식품을 담가 응결시킨다. 고체와 액체 사이의 열전달계수가 크며, 불규칙한 모양의 제품 동결에 적합하고 개별 급속동결이 가능하다. 과거에는 저온 액체로 식염수가 주로 사용되었으나 현재는 propylene glycol과 ethylene glycol의 50% 수용액을 많이 사용한다.
⑤ 2상동결법(two phase freezing) : 액화 가스를 이용하여 식품을 동결하는 법으로, 주로 액체 질소를 사용한다. 액체 CO_2 가스를 분무하여 식품과 접촉시켜 동결하며, 장거리 수송 트럭에 적용한다.

(3) 해동

일반적으로 해동에 걸리는 시간은 냉동시간보다 길다.

① 실온 냉동 : 녹는 식품의 표면에서 재결정 생성, 영양 파괴, 미생물 번식이 가능하다. 육류나 과실류에 적용한다.
② 온수 해동 : 냉동식품을 비교적 짧은 시간에 해동하며, 냉동 채소류에 적용할 수 있다.
③ 뜨거운 공기 해동 : 냉동식품을 conveyer에 실어 움직이는 동안 뜨거운 공기를 적용한다. 대단위 공장, 냉동 어류, 냉동 빵, 케이크류에 사용한다.
④ 전자레인지

실험 목적

1 실험 실적으로 구한 냉동시간과 예견 식으로부터 구한 냉동시간을 비교하기 위함

2 냉동시간에 대한 용질의 효과를 보기 위함

실험 기구

1 냉동기(-20℃)

2 열전도선과 다점 온도기록계

3 사과

4 염 용액(20%)

실험 방법

1 선택한 사과의 크기, 밀도, 당도(%brix), 수분 함량을 확보한다.

2 사과의 중앙에 열전도선을 삽입한다.

3 열전도선을 물과 염 용액 그릇에 담가 둔다.

4 열전도선을 다점 온도기록계에 연결하고 시간에 따른 온도 변화를 기록한다.

실험 결과 및 고찰

1 각 시료의 냉장온도 변화와 시간을 그래프에 나타낸다.

2 사과의 냉동시간을 계산하기 위해 플랑크식을 이용한다.

$$t_f = \frac{\rho \cdot \triangle H_f}{T_f - T_\infty}\left[\frac{Pa}{h_c} + \frac{Ra^2}{K^2}\right]$$

밀도, $\triangle H_f$값은 다음과 같은 물리적 값으로 적용한다.

사과 : C_p(냉동온도 이상) : 3.6 kJ/kg·K, C_p'(냉동온도 이하) : 1.84 kJ/kg·K, 84% 수분 함량, 잠열($\triangle H_f$) : 80 cal/g

h, K 값은 $Q = h \cdot A \cdot (T_s - T_\infty)$, $A = -K \cdot A \cdot \frac{T_f - T_s}{X}$에서 구한다.

사과의 냉동시간은 초기 온도에서 -10℃까지의 시간으로 규정한다.

그래프에서부터 냉동시간을 찾아내고 냉동시간은 식을 이용하여 계산한다.

3 염 용액의 어는점 내림(freezing point depression)을 찾아낸다. 물과 염 용액의 냉동시간은 초기 냉동점(잠열이 제거되는 기간)으로 정한다.

4 사과의 고형분에 의한 결과를 토론하고 물과 염 용액의 냉동 곡선과 비교한다.

5 사과에 공기가 많을 경우 냉동시간에 대한 영향을 논하시오.

크기(dimensions)	
냉동 사과의 밀도	
초기 냉동온도	
초기 제품 온도	
냉동 매체(medium) 온도	
최종 제품 온도	
계산된 냉동시간/냉동온도	
물	
염 용액	
사과	
실험 실적 냉동시간/냉동온도	
물	
염 용액	
사과	

연습문제

1 수분 63%, 지방 10%, 비지방 고형분 12%, 설탕 15%의 조성을 갖는 아이스크림 믹스의 어는점은? 어는점 내림에 관여하는 성분은 설탕이고, M·W은 342이다. 또한 비지방 고형분 중 55%는 설탕이다.

2 10°C의 쇠고기(수분 함량 80%) 50 kg을 -20°C로 냉동시켰을 때 다음을 구하면?

(1) 냉동 부하

(2) 동결률

(3) 비동결률

3 우유〔비열=3.8 kJ/(kg·°K)〕와 귤〔비열=4 kJ/(kg·°K)〕 1,000 kg씩 각각 20°C에서 4°C로 냉장하려고 한다. 어느 것이 더 많은 냉동 톤을 필요할지 계산하면?

4 -30°C의 냉동기〔h=40 W/(m^2·°K)〕를 이용하여 무한평판 쇠고기를 냉동시킨다. 초기 식품 온도가 5°C, 초기 동결온도는 -2°C, 고기 두께는 0.6 m이다. 이것을 -20°C까지 냉동시키는 데 걸리는 시간? 단, ρ = 1,500 kg/m^3, 잠열 = 250 kJ/kg, K = 5 W/(m·°K)이다.

5 하루 8시간으로 운영하는 공장에서 두께 2 cm 동결고기를 하루에 3,000 kg 생산한다. 초기 온도 5°C인 고기는 -30°C의 찬 공기가 순환하는 냉동기에 투입되어 최종 -10°C로 냉동된다. 찬 공기와 고기 사이의 표면 열전달계수는 30 W/(m^2·°K), 고기의 동결점은 -2°C, 비동결 고기의 밀도는 950 kg/m^3, 융해잠열은 200 kJ/kg이다. 동결고기의 열전도도는 2 W/(m·°K)이고, 비동결 고기와 동결고기의 비열은 각각 4와 1.5 kJ/(kg·°K)이다.

(1) 동결고기를 만드는 데 필요한 열 제거속도(kW)는?

(2) 동결시간(분)은?

6 저장창고가 R-12 냉매를 이용하여 20°F로 유지되고 있다. 증발기와 응축기의 온도가 각각 10°F와 90°F이고, 냉동 부하는 25 ton일 때

(1) 냉매 순환속도(lb/min)는?

(2) 냉동 능력은?

(3) COP는?

(4) 소요 동력(hp)은?

(5) 응축기 부하는?

7 6 ft 두께의 언 생선을 트럭으로 4시간 동안 저장고에 넣어 이동하고자 한다. 이동한 후의 생선 온도는 0°F이고 트럭 내의 온도는 40°F일 때, 고기 표면의 상태는? 단, 내부저항은 있다고 가정하고, 밀도 = 1.5 lb/ft³, $K_{fish\ frozen}$ = 1.0 Btu/(hr·ft·°F), h = 100 Btu/(hr·ft²·°F), $C_{fish\ frozen}$ = 0.29 Btu/(lb·°F)이다.

8 (1) 30°C에서 초당 1 ton의 물을 -10°C의 얼음으로 얼릴 때 필요한 냉동 부하는? 단, 물의 잠열 = 80 kcal, $C_{p물}$ = 1 cal/(g·°C), $C_{p얼음}$ = 0.5 cal/(g·°C)이다.

(2) 로그 평균온도가 10°C이고 총열전달계수가 20 W/(cm²·°K)일 때 필요한 증발방의 표면적(m²)은?

심화문제

1 물과 얼음의 밀도, 비열, 열전도도 및 열확산도를 비교하면?

2 식품의 동결에 부수되는 현상과 동결곡선을 설명하시오.

3 냉장고에서 등온 팽창과 단열 압축이 적용되는 곳과 그 곳에서 이루어지는 일들을 $\triangle U = Q + W$에서 유도해 보면?

4 플랑크식은 전도, 대류식과 시간당 일정한 거리를 얼릴 때 필요한 열량의 3가지 식에서 유도된다. 3가지 식을 차례대로 나열하면?

5 초기 온도 5°C의 50 kg 쇠고기(수분 함량 75%)를 -30°C로 냉동하고자 한다. 냉동 부하와 동결률, 그리고 비동결률을 구하면?

6 수분 64%, 지방 10%, 비지방 고형분 12%(비지방 고형분의 50%는 젖당), 설탕 14%의 조성을 갖는 아이스크림믹스의 어는점은? 단, 어는점 내림에 관여하는 성분은 젖당과 설탕이며 둘의 M·W은 340이다.

7 냉장장치에서 팽창 밸브에 들어가기 전 냉매의 액체온도는 80°F이고 나오는 액체와 기체의 혼합가스의 온도는 5°F이며, 증발기를 통과한 후 냉매의 기체 온도는 5°F이다. 압축기에서 나오는 냉매의 과포화 기체온도는 115°F이고, 냉각기를 나오는 냉매 액체의 온도는 80°F이다. R-12 냉매의 순환속도는 10 lb/min이다. 단, 포화액체는 5°F일 때 12 psig, $H_{liq} = 10$ Btu/lb, $H_{vap} = 60$ Btu/lb이고, 80°F일 때 93 psig, $H_{liq} = 30$ Btu/lb, $H_{vap} = 80$ Btu/lb이며, 과포화증기는 115°F일 때 93 psig, $H_{vap} = 90$ Btu/lb이다.

(1) 위의 냉장장치를 그리고(온도 및 압력 표시), 냉동 사이클을 설명하시오.

(2) 팽창 밸브에서 나오는 냉매에서의 액상과 기체 상태의 비율(%)은?

(3) 증발기에서 냉매에 의해 흡수되는 열의 양(Btu/min)은?

(4) 응축기에서 열손실이 일어나는데 그때의 열손실(Btu/min)은?

(5) 압축기에 제공되어야 하는 동력(hp)은? (1 hp = 2,545 Btu/hr)

8 -2°C의 냉매 12가 들어 있는 열교환장치를 이용하여 20°C에서 4°C로 우유〔비열 = 4 kJ/(kg·°K)〕를 냉장시키고자 한다. 열교환장치의 총 열전달 면적은 20 m^2이고, 총열전달계수는 1,000 W/(m^2·°K)이며 $C_v/C_p = 0.88$일 때

(1) 이 냉장장치로 처리할 수 있는 우유의 양(kg/sec)은?

(2) 이 냉장장치의 최고압력이 200 psia일 때 이 냉장장치의 COP는?

(3) 응축기 부하(Btu/lb)는?

(4) 이 냉장장치의 냉동 톤은? (1 Btu = 1,055 J)

(5) 냉매의 순환속도(lb/min)는?

(6) 이 냉장장치에 필요한 압축기의 동력(hp)은?

(7) 냉매가 60°F로 응축기에 들어가 90°F로 나온다면 식히는 물의 순환속도(lb/min)는? 〔물의 비열 = 1 Btu/(lb·°F)〕

9 초기 온도 20°C의 빵 100 g〔지름 = 10 cm, 높이 6 cm, K = 2 kJ/(hr·m·°K)〕을 12분 동안 위와 아래에서 접촉 냉동시키고자 한다. 빵의 동결온도는 −5°C이고 1 kg의 빵을 냉동시킬 때 0.5 kg의 냉매가 필요하고, 초기 4 kg 냉매〔비열 = 1.5 kJ/(kg냉매·°K)〕의 온도는 −55°C이며 냉동 후 냉매의 최종 온도는 −35°C이다(냉매의 잠열 무시).

(1) 플랑크식을 이용하여 냉동 과정에서의 표면 열전달계수〔kJ/(hr·m^2·°K)〕를 구하면?

(2) 위의 빵에 두께 0.2 cm인 종이〔K = 0.02 KJ/(hr·m·°K)〕와 0.2 cm의 골판지〔K = 0.01 kJ/(hr·m·°K)〕로 포장할 경우 빵의 동결시간(hr)은? 단, 두께는 동일하다고 가정한다.

(3) 플랑크식이 보정되어야 하는 이유 2가지를 들면?

10 구형의 닭(밀도 = 1,000 kg/m^3, 부피 = 0.014 m^3)을 −30°C의 냉동장치 내의 컨베이어를 이용하여 −18°C로 냉동하고자 한다. 초기 닭의 온도는 5°C이고 동결점은 −2°C이다. 컨베이어는 분당 3 m씩 움직이며 구형 닭의 지름은 0.3 m로 가정한다. 단, h = 22 W/(m^2·°K), K = 1.2 W/(m·°K), 닭의 간격 = 0.3 m이다. △H = 280 kJ/kg, 1 Btu = 1,055 J, P = 1/6, R = 1/24, 1 Btu = 1,055 J = 252 cal

(1) 동결시간(hr)은?

(2) 컨베이어의 길이는?

(3) 이 시스템에 필요한 냉동 톤은? (kJ/sec ⇒ RT)

11 하루 8시간으로 운영하는 공장에서 두께 2 cm 동결고기를 하루에 3,000 kg 생산한다. 초기 온도 5°C인 고기가 -30°C의 찬 공기가 순환하고 있는 냉동기에 투입되어 최종 -10°C로 냉동된다. 찬 공기와 고기 사이의 표면 열전달계수는 30 W/(m^2·°K), 고기의 동결점은 -2°C, 비동결 고기의 밀도는 950 kg/m^3, 융해잠열은 200 kJ/kg이다. 동결고기의 열전도도는 2 W/(m·°K)이다. 비동결 고기와 동결고기의 비열은 각각 4와 1.5 kJ/(kg·°K)이다.

(1) 동결고기를 만드는 데 필요한 열 제거속도(kW)는?

(2) 동결시간(분)은?

12 초기 온도가 -20°C인 구 모양의 고기(지름 6 cm)를 냉장온도 5°C의 공기가 순환되는 트럭으로 2시간 동안 수송하고자 한다. 단, $K_{고기}$=0.3 W/(m·°C), 밀도=0.8 g/cm^3, 비열=4 kJ/(kg·°C), $h_{공기}$=20 W/(m^2·°C)이며, 다음의 계산 과정을 제시하시오.

(1) 고기 표면의 온도는?

(2) 고기 한가운데가 얼 때의 시간은?

13 순환공기(32°C)의 내부 온도를 0°C로 유지하는 냉각장치〔1×1×0.5 m(높이)〕를 만들고자 한다. 벽과 천장은 2 cm 코르크판〔k=0.1 W/(m·°K)〕이고 내부 벽의 h=10, 외부 벽의 h=40 W/(m^2·°K)이다. 또한 마루는 1 cm 타일〔k=0.4 W/(m·°K)〕이며 흙과 접촉온도는 10°C이고 공기 침투는 없다고 가정한다. 이때 소〔500 kg, 비열 3,000 J/(kg·°K)〕를 도축하여 5시간 내에 32°C에서 0°C로 냉장시키고자 할 때 설치한 냉장장치에서의 필요한 냉장 톤을 벽면에서의 손실과 원료 부하만을 고려하여 계산하면?

Lab 15
식품의 건조 특성

이 건조 실험에서는 여러 식품(버섯, 마늘, 감자)의 건조 특성을 알아보고, 건조도표를 이용하여 이들 식품의 건조속도 기간을 결정한다.

1) 배경

식품을 건조하는 과정은 운동량, 열과 질량 전달, 식품의 물리적 성질, 건조공기와 수증기의 복합물과 식품의 거대 및 미세 구조가 관련된 복합적인 현상이다. 건조에는 많은 건조 메커니즘이 존재하나, 식품의 건조를 좌우하는 것으로는 식품의 구조뿐만 아니라 건조 조건, 수분 함량, 크기, 표면 전달속도, 평형 수분 함량과 같은 건조 변수에 따라 변화가 일어난다.

건조 메커니즘은 3 종류로 분류된다.

① 표면으로부터의 증발(evaporation)

② 모세관에서의 액상 흐름

③ 액상이나 증기로의 확산(diffusion)

첫 번째 메커니즘은 수분에 대한 열과 질량 전달의 원칙에 따른다. 두 번째 메커니즘은 표면장력이 로그 수분 함량(혹은 수분 활성도)에 비례 시 확산과 비교하기가 어렵다. 세 번째 메커니즘은 적절한 힘이 사용되었을 때 픽스(Fick)의 열전달 제2 법칙이 적용된다.

모든 고형 물질들은 일정 온도와 습도를 가진 공기와 접촉하였을 때 일정한 평형수분 함량을 갖는다. 이 물질들은 평형 값에 도달하는 데 일정 기간 동안 수분을 잃거나 얻게 될 것이다. 그래프는 여러 식품의 특정한 등온 평형수분 함량 변화를 나타낸 것이

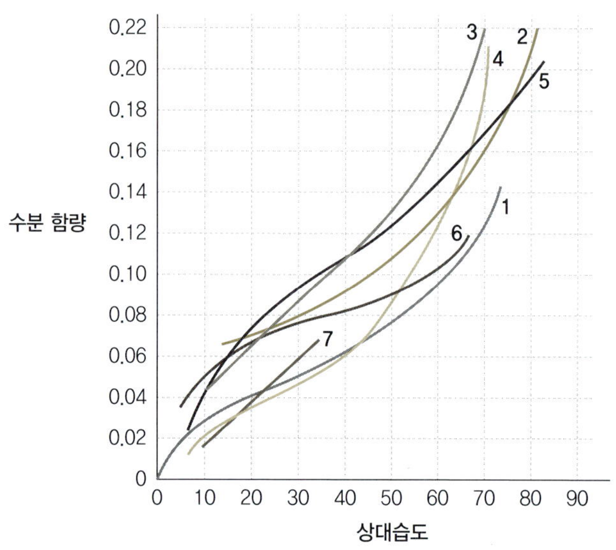

다. 평형수분 함량 곡선은 여러 식품의 주위 온도에 따르기도 한다.

일반적으로 건조에 사용되는 열매체인 공기는 고체 식품과 직접 접촉하며 건조가 일어난다. 전도에 의해 일어나는 건조에서는 열매체가 뜨거운 전도 표면과 분리하여 건조를 시키며 그 예로는 드럼건조기가 있다.

건조기를 선택하고 설계할 때 고려해야 할 점은 ① 식품의 성질 : 열역학적(thermo-physical) 성질, 전달계수들, 가연성(flammability)과 독성, ② 건조 특성 : 초기·최종 평형수분 함량, 필요한 건조시간, 건조온도, ③ 건조식품의 특징 : 순도, 거품성, 물리적, 화학적 및 표면성질과 관련된 제약 등이 있다. 옆의 표는 과일과 채소를 건조할 때 권하는 조건을 보여 준다.

2) 식품의 건조 목적 및 건조방법

- 건조는 일반적으로 식품에서 수분을 제거하는 공정으로, 보통 수분은 열에 의해 증기로 제거되며 다음과 같은 목적에 의해 건조공정을 사용한다.
- 식품을 건조 시 무게와 부피의 감소로 인해 수송이 편리하고, 수분 제거로 미생물의 작용이 억제되어 저장성이 증대되며, 건조 과정 중 색, 맛, 향미가 형성됨으로써 상품의 가치를 상승시키는데 건조의 사용 목적이 있다.
- 건조방법은 다음과 같은 방법으로 이루어진다.

과일과 채소의 추천하는 건조방법

식품	데치기	선반(kg/m²)	건조온도	최종 수분(d.b)
아스파라거스	4~5분 스팀	7.3	57℃	0.053
그린콩	2~4분 88℃	7.3	90℃/30분 66℃/30분 60℃/4.5시간	0.053
비트	5~7분 95℃	19.6	처음 95℃ 두 번째 52℃	0.053
양배추	3분 95℃	4.9~6.1	82℃	0.042
당근	6~8분 88℃	6.1	71℃	0.042
셀러리	1~2분 스팀	5~6	55℃	0.042
옥수수	2분 99℃	7.8	74℃	0.053
시금치	2분 스팀	3.7~6.5	77℃	0.042
완두콩	1~2분 끓는 물	4.9	66℃	0.053
감자	3~6분 95℃	7.3	71℃	0.075
사과슬라이스	0.5% 바이설파이드	7.3~9.8	처음 74℃ 두 번째 71℃	0.177~0.316
살구	데치기 안 함	9.8	66℃	0.177~0.25
복숭아	데치기 안 함	13	68℃	0.25
배	데치기 안 함	14.7	66℃	0.177~0.25

가열 공기의 흐름과 접촉하여 건조되며, 주로 대류에 의한 건조를 시키는 열풍건조, 주로 전도에 의해 건조되는 열 면과 직접 접촉에 의한 건조, 초단파와 고주파의 발열작용을 이용하여 열을 발생시켜 건조를 시키는 복사 및 초단파 건조, 동결식품을 감압하여 얼음을 승화시킴으로써 건조시키는 동결건조법이 있다.

3) 공기의 성질

열풍에 의해 식품 내부의 수분이 표면으로 이동하고, 표면에서 증발되면서 공기 중으로 이동한다. 수분이 수증기로 변할 때 공기 중에서 증발잠열의 제공이 필요하다. 따라서 공기는 열의 공급원이 되며 증기의 운반 매체가 되며 건조속도는 식품이 접하고 있는 공기의 습도에 좌우된다.

(1) 절대습도 Absolute humidity(H_a)

습한 공기에 포함되어 있는 수증기 양으로 건조공기 1 kg(lb)에 동반하는 수증기의 kg(lb) 수.

$$H_a = \text{동반된 수증기의 kg수/건조공기의 kg수}$$

$$H_a = \frac{18 \cdot X_w}{29 \cdot X_a} \quad \cdots\cdots ①$$

여기서 X_w : 수증기의 몰분율, X_a : 건조공기의 몰분율

몰분율 X_w와 X_a는 분압의 항으로 표시할 수 있다.

$$P_a \cdot V = n_a RT \quad \cdots\cdots ②$$

$$P_w \cdot V = n_w RT \quad \cdots\cdots ③$$

$$(P_a \cdot V + P_w \cdot V) = (n_a + n_w)RT \quad \cdots\cdots ④$$

②와 ③을 ④로 각각 나누면

$$\frac{P_a}{P_a + P_w} = \frac{n_a}{n_a + n_w} = X_a \quad \cdots\cdots ⑤$$

$$\frac{P_w}{P_a + P_w} = \frac{n_w}{n_a + n_w} = X_w \quad \cdots\cdots ⑥$$

①, ⑤, ⑥으로부터

$$H_a = \frac{18 \cdot X_w}{29 \cdot X_a} = \frac{18 \cdot P_w}{29 \cdot P_a} = \frac{18}{29}\left(\frac{P_w}{P_T - P_w}\right)$$

여기서 P_T : 전압(14.7 Psi)

- 포화습도(saturated humidity, H_s) : 공기가 수증기로 포화되었을 때, 즉 주어진 온도와 압력 하에서 건조공기 1 kg에 동반할 수 있는 최대 수증기의 양

$$H_s = \frac{18}{29}\left(\frac{P_s}{P_T - P_s}\right)$$

여기서 P_s : 포화수증기압

- 포화도(saturation degree, H_d) : 동일 온도에서의 포화습도의 비

$$H_d = \frac{H_a}{H_s}$$

(2) 상대습도Relative humidity(%RH)

$$\text{상대습도} = \frac{\text{Partial pressure of water in the air}}{\text{Pressure of saturated water vapor at the same temperature}} \times 100$$

$$= \frac{\text{공기 중 수분의 분압}}{\text{동일 온도에서 물의 포화증기압}} \times 100 = \frac{P_w}{P_s} \times 100$$

예 1 **100˚F, RH=60%인 공기의 절대습도를 구하시오. 단, 100˚F에서 포화습도=0.9503 psi이다.**

$0.6 = P_w/0.9503$ $P_w = 0.570$

$$H_a = \frac{18 \times 2.76}{29 \times (14.7 - 0.570)} = 0.025(\text{lb증기/lb건조공기})$$

예 2 **80˚F(26.7˚C), 101.3 kPa에 있는 공기는 2.76 kPa의 수증기압을 가지고 있다. 이때 다음을 구하시오.**

(1) 절대압력 **(2) 포화습도(Hs)**

(3) 상대습도

(1) 80˚F에서의 포화증기압, Ps = 0.507 psia (= 3.5 kPa)

$$H_a = \frac{18 \times 2.76}{29 \times (14.7 - 2.76)} = 0.01742(\text{kg증기/kg건조공기})$$

(2) $H_s = \frac{18 \times 3.5}{29 \times (101.3 - 3.5)} = 0.02226(\text{kg증기/kg건조공기})$

(3) $\%RH = \frac{P_w}{P_s} \times 100 = \frac{2.76}{3.5} \times 100 = 78.9\%$

(3) 습윤 비열 Humid heat(C_s)

건조공기 1 kg과 이에 동반되는 H kg의 수증기를 1℃ 올리는 데 필요한 열량

공기-수증기계 : $C_s[\text{kcal/(kg건조공기}\cdot℃)] = C_{p\text{공기}} + C_{p\text{증기}} \cdot H = 0.24 + 0.45H$

$C_s[\text{kJ/(kg건조공기}\cdot℃)] = C_{p\text{공기}} + C_{p\text{증}} \cdot H = 1.005 + 1.88H$

(4) 습윤 용적 Humid volume(V_H)

건조공기 1 kg과 이에 동반하는 수증기 H kg이 차지하는 부피

$$\begin{aligned} PV_o &= nRT \\ +\,PV_1 &= nRT \\ \hline P(V_o + PV_1) &= (W/M + W'/M)RT \end{aligned}$$

At 1기압에서 총 $V_H = (W/M + W'/M)(22.4T/273)$

$$V_H = \left(\frac{m^3}{\text{kg 건조공기}}\right) = 22.4\left(\frac{T + 273}{273}\right)\left(\frac{1}{29} + \frac{H}{18}\right)$$

(5) 습한 공기의 엔탈피

건조공기 1 kg의 엔탈피와 수증기 1 kg의 엔탈피의 합으로 공기를 건조온도까지 가열할 때 소요되는 에너지의 양을 결정한다.

$$H(\text{엔탈피}) = 0.24\triangle T + (0.45\triangle T + \lambda_w)H$$

여기서 λ_w : 온도 T에서의 증발잠열

(6) 이슬점Dew point

일정한 습도의 건조공기와 수증기의 혼합물을 냉각시켜 공기 중의 수증기가 응축이 일어날 때의 온도이다. 이슬점에서는 물이 수증기로 변하는 기화 속도와 수증기가 물로 응결되는 속도가 같으나, 이슬점 온도 이하에서는 액화 속도가 기화 속도보다 빨라서 물방울이 생긴다. 응결된 물방울이 공기 중에 있으면 안개나 구름이 되고, 고체 표면에 맺히면 이슬이라고 한다.

4) 단열 포화Adiabatic saturation

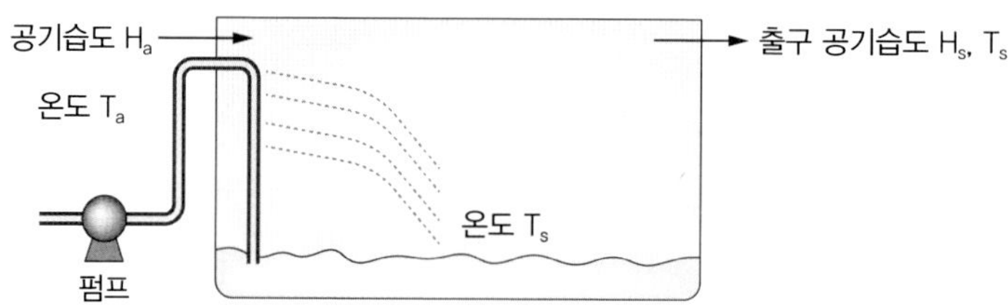

초기 절대습도 H_a, 온도 T인 불포화 공기가 분무실을 통해 연속적으로 흐른다고 가정한다. 분무실을 통과하는 공기는 불포화 상태이며 물과 공기에서 공급되는 증발열을 이용하여 물이 공기 중으로 증발된다.

공기가 증발 수증기로 인해 충분이 습한 상태인 경우 수증기 일부가 응축되며 응축잠열을 방출한다. 오랜 시간이 경과한 후 수증기 응축과 증발이 평형을 이루고 온도 T_s도 일정해지면 이때의 T_s 온도를 단열 포화온도라고 한다.

엔탈피 수지를 살펴보면 수증기에서 받은 열량 = 공기가 제공하는 열량이다.

$$\therefore\ (H_s - H_a)\cdot\lambda_w = C_s(T_i - T_s)$$

$$\frac{H_a - H_s}{T_a - T_s} = \frac{-C_s}{\lambda_w} = -(C_{pair} + C_{pw} \cdot H)/\lambda_w$$

여기서 H_s : 포화온도에서의 포화습도,　λ_w : 포화온도에서의 증발잠열

T_s가 주어지면 H_s와 λ_w는 일정한 값을 가지며 H_a와 T_a의 관계가 직선으로 나타난다. 즉, 단열 냉각선이 주어진다.

H_a = 0.03 kg수분/kgDA, 87.8°C인 공기가 수분과 접촉하여 단열 포화되었다. 90%까지 습도가 도달되도록 냉각되었을 때 최종 온도와 습도를 구하시오. 또 100% 포화되었을 때의 최종 온도와 습도도 구하시오.

(1) 습도 도표에서 H_a = 0.03, T_s = 87.8°C

(2) 포화라인으로 올라가서 온도와 습도를 보면 H_a = 0.0505 kg수분/kgDA, T_s = 40.5°C

5) 습구온도Wet bulb temperature(T_s)

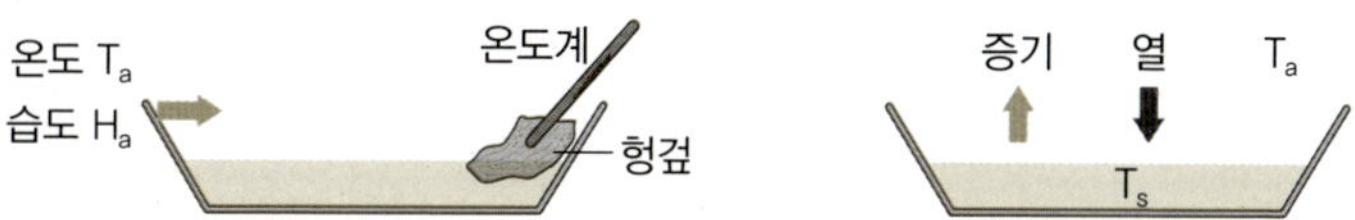

- 젖은 헝겊에서

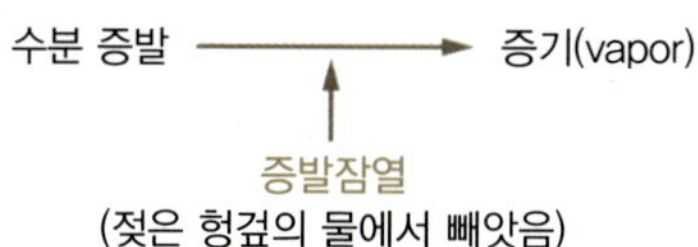

따라서 물은 냉각되고 공기의 온도보다 낮아진다.

- 반대로 온도 차이로 인하여 공기에서 온도계로 열이 이동한다.

동적 평형

수분 증발로 인한 증발잠열 ⇄ 공기로부터 온도계로 전달되는 현열

↓

따라서 헝겊과 물의 온도가 일정하고 습구온도로 나타남

다량의 연속적인 공기가 소량의 물과 짧은 접촉이 이루어지므로 증발하는 수증기의 양은 작고 공기의 온도와 습도는 일정하게 된다.

평형 상태에서의 열수식

공기에서 물로 전달되는 현열 = 증발 시 사라진 열량

$$h \cdot A \cdot (T_a - T_s) = k_g \cdot A \cdot (H_o - H_a) \cdot \lambda_w$$

여기서 h : 공기와 수분 사이의 표면 열전달계수, A : 면적, T_a : 공기의 건구온도, T_s : 공기의 습구온도(표면 온도),
k_g : 물질 이동계수〔건조물 무게 lb/(ft·hr)〕 시간당 일정 면적을 통과한 증기의 양,
H_s : 습구온도에서의 공기의 포화습도, H_a : 공기의 습도, λ_w : 습구온도에서의 증발잠열(Btu/lb)

∴ 헝겊 표면의 물 증발 추진력은 습구온도에서 물의 증기압과 공기 중의 수증기 분압차로 나타낼 수 있다.

실험적으로 $\dfrac{h_c\text{〔Btu/(ft}^2\cdot\text{hr}\cdot{}^\circ\text{F)〕}}{C_s\text{〔Btu/(lb}\cdot{}^\circ\text{F)〕}} = k_g\left(\dfrac{\text{lb}}{\text{hr}\cdot\text{ft}^2}\right)$

$$C_s = C_{pair} + C_{pwater} \cdot H = 0.24T + 0.45H_a$$

$$\therefore \frac{H_a - H_s}{T_a - T_s} = -\frac{C_s}{\lambda_w} = (C_{pair} + C_{pwater} \cdot H)/\lambda_w$$

공기-물 관계에서는 $H_s = \dfrac{18 \cdot P_s}{29(P_T - P_s)}$의 근사식이 성립한다. 그러므로 습구온도가 단열포화온도와 거의 동일한 값을 갖는다.

공기-알코올 관계에서는 $\dfrac{h_c}{C_s} = k_g$식이 성립되지 않는다. 그러므로 습구온도와 단열포화온도가 같지 않다.

건구온도는 젖은 헝겊으로 싸지 않은 일반 온도계로 공기의 습도에는 영향을 받지 않는다.

6) 습도 도표Psychrometric chart

1기압 하에서 공기와 수증기의 혼합물의 여러 가지 성질을 온도의 함수로 표시한 도표이다. 즉, 습도와 공기-수증기 혼합물의 실제 온도를 나타낸 것이다.

습구온도, 건구온도, 상대습도, 절대습도, 습윤공기의 비용적(specific volume) 중 2가지를 알면 도표로 모든 것을 직접 구할 수 있다.

(1) 사용법

① 습구온도(35℃)와 건구온도(60℃)에서 올린 교차점을 A

② 수평선을 그어 오른쪽의 절대습도와 만나는 점 B(= 절대습도)

③ 포화곡선과의 교점 C(공기의 이슬점)

④ A에서 엔탈피 선을 따라 올라가면 D(엔탈피)

⑤ A를 지나 상대습도 곡선으로부터 E(상대습도)

⑥ 습윤공기의 용적은 비용적선을 내삽하여 구한다.

⑦ 35℃의 습구온도선과 포화곡선의 교점(F)에서 수평선 G(포화습도, H_s)

건조기로 들어가는 공기의 건구온도는 60℃이고 이슬점의 온도는 26.7℃이다. 습도 도표를 이용하여 절대습도, 상대습도, 비열 및 용적을 구하시오. 단, 이슬점의 온도는 공기-수분이 100% 포화되었을 때 이다.

절대습도 : 0.0225 kg수분/kg건조공기

절대습도 0.0225의 습도인 60℃ 공기가 냉각되어 26.7℃가 되면 이슬점이다.

RH = 18%

비열 : 1.005 + 1.88H = 1.005 + 1.88(0.0225) = 1.047 kJ/(kgDA · °K)

용적 : 0.977 m^3/kgDA

$$22.4\left(\frac{60+273}{273}\right)\left(\frac{1}{29}+\frac{0.0225}{18}\right) = 0.976 \ m^3/kgDA$$

(2) 공기의 가열 시

- 공기의 가열, 냉각, 증습, 탈습 과정에서의 변화 과정
- 공기 가열(혹은 냉각) 시 수분 첨가나 수분 제거 없이 단지 온도만 상승한 경우. 이

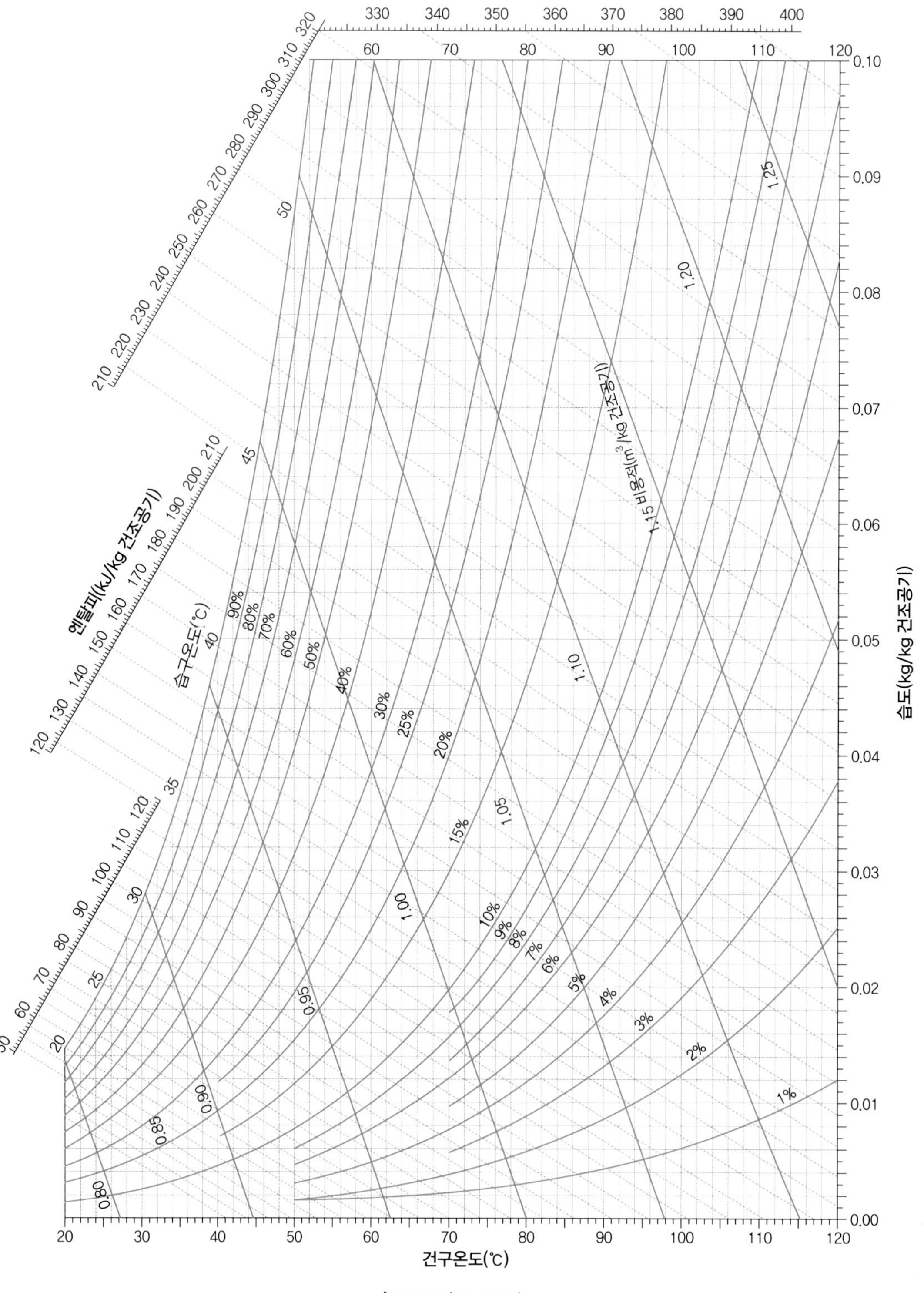

습구도표(SI 단위계)

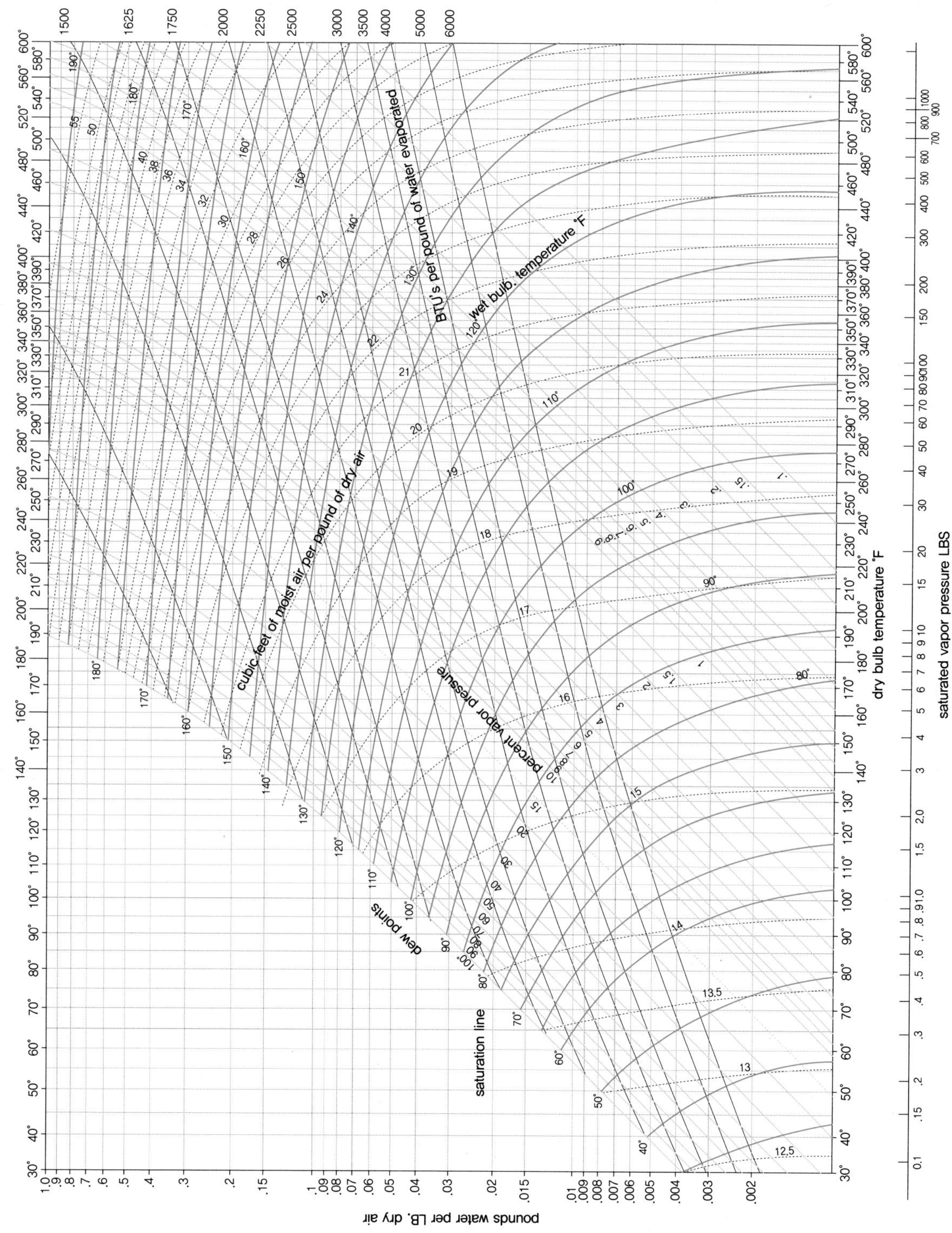

습구도표(English 단위계)

경우는 공기의 절대습도는 불변인 항습 과정이다.

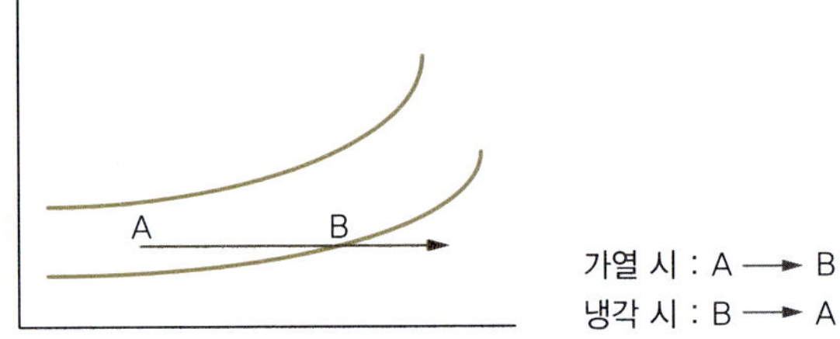

습한 공기를 A → B로 가열 시 필요한 열량 : $Q = m(H_B - H_A)$

여기서 H_B, H_A는 각각의 엔탈피

예 건구온도 30℃, 상대습도 80%인 외부 공기가 초당 10 m³으로 건구온도 80℃까지 가열할 때 필요한 열량을 구하시오.

건구온도 30℃에서 수직선으로 올려 상대습도 80%의 교점 : A 상태

A 상태 : $H_a = 0.0215$ kg수분/kgDA

엔탈피 = 85.2 kJ/kgDA

비용적 $V = 0.89\ m^3/kgDA$

가열된 공기는 건구온도 80℃, $H_a = 0.0215$ kg수분/kgDA이므로 A 상태에서 수평선을 그어 건구온도 90℃에서 수직선과의 교점 : B 상태

B 상태 : 엔탈피 = 140 kJ/kgDA

상대습도 = 7%

$$\therefore Q = m(H_B - H_A) = \frac{10\ m^3/sec}{0.89\ m^3/kgDA} \cdot (140 - 85.2)\frac{kJ}{kgDA} = 615.7\ kJ/sec$$

(3) 공기의 혼합

상태가 다른 두 공기를 혼합할 때 혼합공기의 상태를 습도 도표로 구할 수 있다.

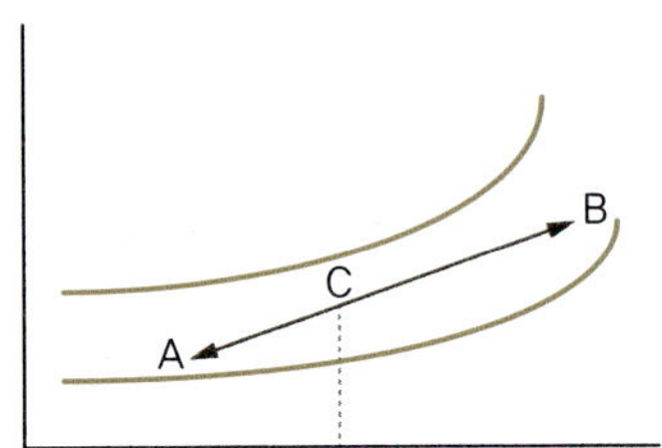

다른 상태의 공기를 A와 B로 표시

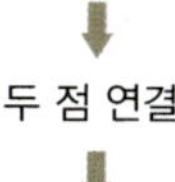

두 점 연결

이 직선을 각 상태의 공기 무게에 반비례하게 나눈다.

두 공기의 무게가 같을 경우 A와 B의 가운데 점이 C이다.

예 **온도 30℃, 상대습도 60%인 외부 공기 20 m^3/sec와 온도 70℃ 상대습도 30%인 배출공기 10 m^3/sec가 섞이고 있다. 혼합공기의 건구온도와 습도를 구하시오.**

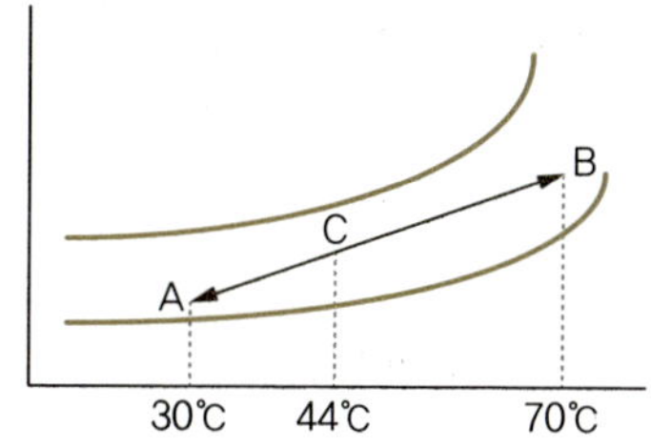

배출 가스와 외부 공기 가스의 혼합 비율 = 1 : 2

AC 쪽이 양이 많은 외부 공기 쪽이다.

∴ 점 C로 표시되는 혼합 공기의 건구온도는 44℃이고 그때의 습도는 0.032이다.

(4) 건조 공정

- 건조기에서 열풍을 불어 식품을 건조하는 과정
- 식품 건조 시 가열공기가 갖고 있는 에너지는 수분 증발에 쓰이므로 건구온도는 낮아지고 공기 수분(습도)은 많아진다.
- 건조에 필요한 열은 전부 열풍에 의하여 공급되며 주위의 열 이동은 없다. 즉, 단열 과정이므로 식품에 공급되는 현열은 수분이 증발 시 필요한 잠열로 소비한다.

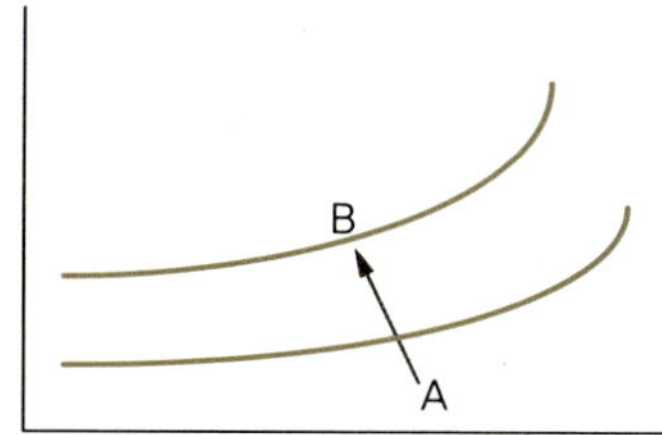

예 1 **온도 50°C, RH 10%인 열풍을 쌀 건조에 사용하였는데 배출 증기는 포화 상태에서 배출되었다. 건조공기 1 kg당 제거되는 수분량을 구하시오.**

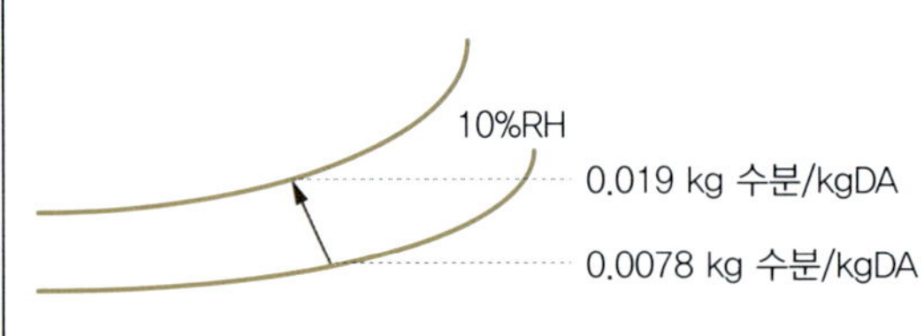

∴ 건조공기 1 kg당 제거되는 수분의 양 = (0.019 − 0.0078) = 0.0112 kg수분/kgDA

예 5 **건조기에 130°F, 25%RH의 공기가 들어가서 120°F, 75%RH로 배출되고 있다. 건조공기당 얻을 수 있는 수분의 양을 구하시오.**

130°F, 25%RH = 0.024 lb수분/lbDA

120°F, 75%RH = 0.059 lb수분/lbDA

∴ 건조공기는 0.059 − 0.024 = 0.035 lb H_2O를 얻을 수 있다.

7) 식품의 건조이론

가장 효율적인 수분 제거를 위해 식품 속 수분의 양, 존재 상태 및 수분 이동 메커니즘을 이해해야 한다.

(1) 수분 함량

- 건량 기준(dry weight basis) : 수분 무게/건조 고체 단위무게

$$\frac{m_T - m_s}{m_s}$$

여기서 m_T : 습한 공기의 총무게(= 건조고체 + 수분), m_s : 건조고체 무게

- 습량 기준(wet weight basis) : 수분 무게/습한 물체의 단위무게

$$\frac{m_T - m_s}{m_T}$$

건조 공정 계산에서는 건조가 진행됨에 따라 총무게 감소한다. 습량 기준 시 매우 복잡해지므로 계산을 단순화하기 위해 건량 기준을 사용한다.

(2) 평형 수분 함량Equilibrium moisture content, EMC

- 건조의 한계를 나타내는 평형 조건 : 수분 함유하는 식품이 장시간 공기와 접촉할 경우 식품이 함유하고 있는 수분의 증기압과 공기의 수증기 분압이 같아져 평형에 도달하고 고체 부분은 일정한 수분 함량을 갖게 된다. 이때의 수분 함량을 평형 수분 함량이라고 한다.

  식품 수분의 증기압 > 공기 중의 수증기 분압 : 식품은 탈수 현상이 나타난다.

  식품 수분의 증기압 < 공기 중의 수증기 분압 : 식품의 수분 함량이 증가한다.

이와 같이 평형 상태에서 그 식품의 수분 함량을 그 조건에서의 EMC라고 하며 식품과 평형 상태를 이루고 있는 공기의 상대습도를 평형상대습도(ERH)라고 한다. 즉 한 식품의 수분 함량이 흡습/탈습에 의해 변동이 일어나지 않는 상대습도로 이상적인 저장 습도를 뜻한다.

(3) 수분활성도Water activity(a_w)

- 일반적으로 식품의 수분 함량은 대기 중의 RH에 영향을 받는다.
- 미생물이 실제로 이용할 수 있는 수분의 양으로 %수분 함량과는 큰 연관이 없다. 미생물의 번식, 효소반응, 비효소반응 등과 같이 식품 저장 중에 일어나는 품질 변화는 수분활성도에 좌우된다.

$$a_w = \frac{RH}{100} = \frac{P_w}{P_s} = \frac{\text{식품 중의 수분 증기압}}{\text{순수한 물의 포화증기압}}$$
$$= \frac{\text{물의 몰수}}{\text{물의 몰수} + \text{용질의 몰수}}$$

수분 25%, 설탕 20%인 식품의 수분활성도(a_w)를 구하시오.

$$a_w = \frac{\frac{25}{18}}{\frac{25}{18} + \frac{20}{342}} = 0.960$$

(4) 등온 흡습곡선Sorption isotherm curve

- 일정 온도에서 EMC와 RH와의 관계를 나타낸 곡선
- 식품 중의 수분이 어느 정도 강하게 결합되어 있는지를 나타낸다.
  수분 결합 능력이 낮은 성분으로 구성된 식품 : EMC가 낮음
  수분 결합 능력이 큰 성분으로 구성된 식품 : EMC가 큼
  식품의 등온 흡습곡선은 S자 형태이며 3개의 구간으로 나뉜다.
- 등온 흡습곡선은 온도에 영향을 받는다.

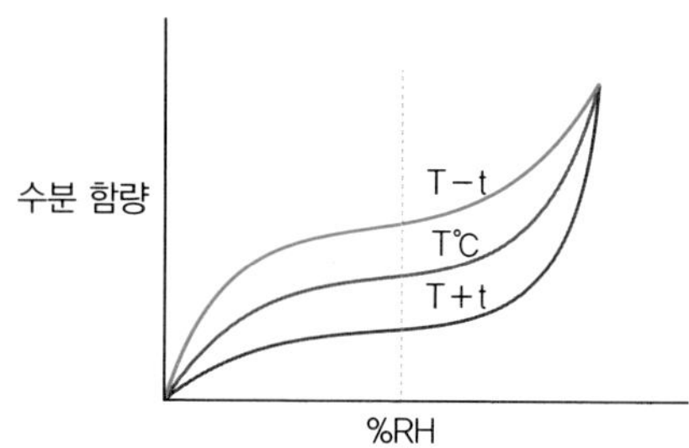

온도가 올라감에 따라 RH에 대응하는 수분 함량은 낮아진다.
온도가 낮아짐에 따라 RH에 대응하는 수분 함량은 높아진다.

① 등온 흡습곡선 이론

고체 물질 표면에 증기의 단분자층(monomolecular layer)의 흡착에 근거한다.

a. 브루나우어 이론Brunauer theory

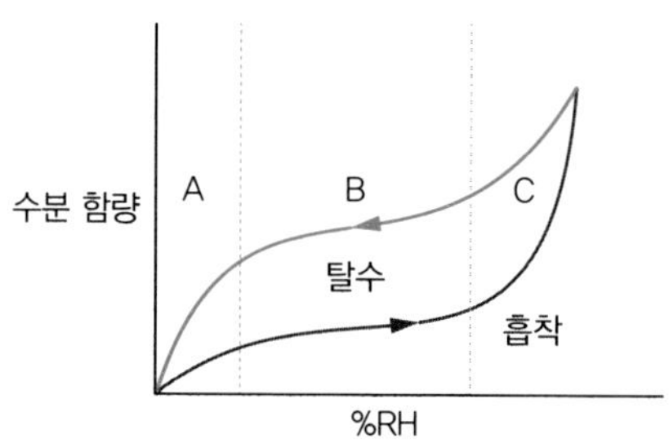

A : 수분 함량의 5~10%에 해당되는 식품 내의 물 분자들이 단분자층을 형성하는 영역. 상대습도가 올라감에 따라 수분 함량이 급격히 증가하는 지역

B : 다분자층 영역(multimolecular layer regime)으로, 식품의 물 분자가 다분자층을 나타내는 영역

C : 모세관 응축 영역(capillary condensation regime)으로, 식품의 다공질 구조(모세관)에 수분이 자유로이 응결하고 식품 속에서 물이 용매로 작용하는 영역이다. 대부분의 건조식품은 단일 혹은 다분자층을 형성하는 수분 함량을 가지고 있다.

b. 록랜드 이론Lockland theory

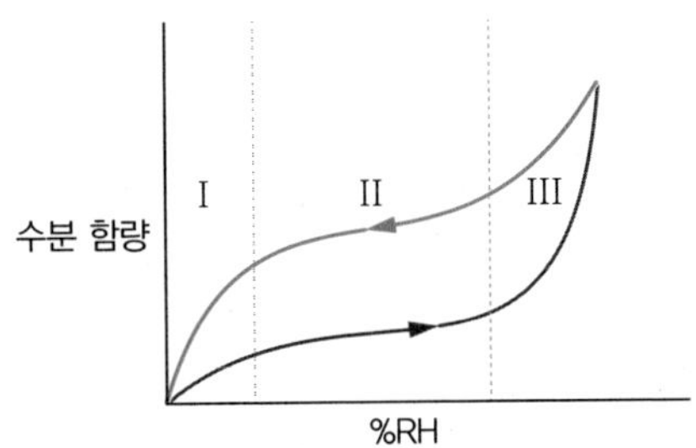

Type I : 식품의 평형 수분 함량이 단분자층을 형성하는 수분 함량보다 적은 영역으로, 식품 속의 물 분자들이 카복실기(carboxyl group)나 아민기(amine group)와 이온 결합되어 결합수로 존재한다. 강한 결합으로 운동성이 제한된다.

Type II : 식품의 평형 수분 함량이 단분자층 형성 수분 함량이며, 수소결합을 이룬다.

Type III : Type II 이상의 수분 함량을 나타내는 영역으로, 품질 저하의 화학반응, 효소반응 촉진, 미생물 증가가 일어나며 자유수로 존재한다.

- 일반적으로 가장 좋은 저장성을 나타내는 수분 함량은 식품 속에 있는 물 분자들이 단분자층을 형성하는 수분 함량과 일치한다. 단분자층에서는 식품 속의 성분들이 대기에 노출되어 산패 또는 유지의 산화 등을 방지한다.
- a_w 0.8 이상 : 이때의 수분활성도는 용질과 물의 함량에 의존한다. 불용성 고체의 영향은 무시한다.

  a_w 0.2~0.8 : 불용성 고체의 영향이 증가한다.
  물이 고체 표면에 모세관 응축과 다분자층으로 흡착한다.
  일부의 용질은 수화된 형태로 존재한다.
  물은 액상으로 존재하나 물의 이동성은 고체 표면과의 인력으로 제한된다.
  정상적인 빙결점에서 얼지 않는다.

a_w 0.2 이하 : 물 분자가 건조 고체 표면에 단분자층으로 흡착하며 액체 상태가 아니다.

식품을 안전하게 저장할 수 있는 수분 함량(단분자층의 수분 함량).

단분자층을 이루는 데 필요한 수분 함량은 BET 식으로 구한다.

• BET 식(Brunauer-Emmett-Teller equation, BET equation)

$$\frac{a_w}{W(1-a_w)} = \frac{1}{W_m \cdot C} + \frac{(C-1)a_w}{W_m \cdot C}$$

여기서 W : 함수율(식품의 수증기압에 해당하는 100 g의 식품 중 수분의 양), W_m : 단분자층에 흡착한 수분 함량, C : 에너지 상수(흡착열과 관련된 상수)

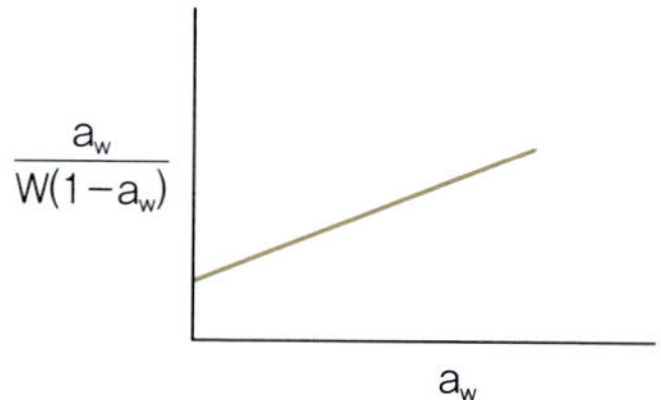

기울기 : $(C-1)/(W_m \cdot C)$, 절편 : $1/(W_m \cdot C)$에서 W_m을 구할 수 있다.

예 **다음은 어떤 식품의 수분활성도와 평형 수분 함량의 관계를 나타낸 것이다. BET 공식을 이용하여 단분자층(W_m)의 수분 함량을 구하시오.**

수분활성도(a_w)	평형 수분 함량	수분활성도(a_w)	평형 수분 함량
0.1	0.060	0.5	0.120
0.2	0.084	0.6	0.144
0.3	0.100	0.7	0.168
0.4	0.117	0.8	0.228

$\frac{a_w}{W(1-a_w)} = \frac{1}{W_m \cdot C} + \frac{(C-1)a_w}{W_m \cdot C}$에서

a_w (X축)	$a_w/W(1-a_w)$ (Y축)
0.1	1.852
0.2	2.976
0.3	4.286
0.4	5.698

기울기 $(C-1)/(W_m \cdot C)$와 절편 $1/(W_m \cdot C)$에서

∴ $W_m = 0.0507$ kg수분/kg건조고체

(5) 자유수와 결합수

자유수free water : 증기압이 순수한 물의 증기압과 같은 물

- 염류, 당류, 수용성 단백질을 녹이는 물로 용매로서 작용한다.
- 수분활성도가 1이며 높은 습도에서도 증발이 가능하다.
- 재료의 표면, 공동(cavity), 모세관에 존재하며 기계적 분리로 제거한다.

결합수bound water : 순수한 물보다 증기압이 낮아 수분 활성이 1보다 작은 물

- 불포화 공기 중에서 부분 증발하며 장시간 건조 후 건조공기와 평형 상태를 이룬다(평형 수분 함량).
- 식품 중의 결합수로 카복실기(carboxyl group)나 아미노기(amino group)와 이온결합되어 있는 물 분자, 수산화기·아마이드기와 수소결합되어 있는 물 분자, 모세관 또는 가용성 성분에 의한 증기압이 낮아진 물의 3가지 형태로 존재한다.

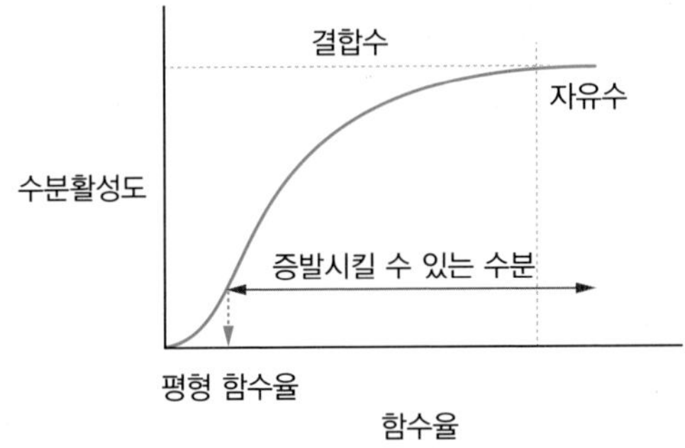

8) 건조곡선

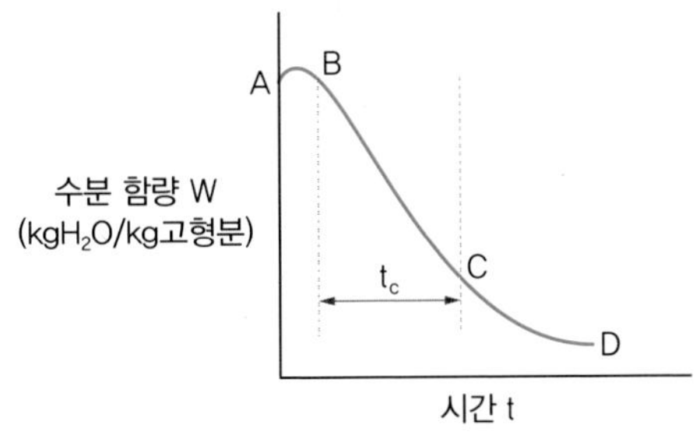

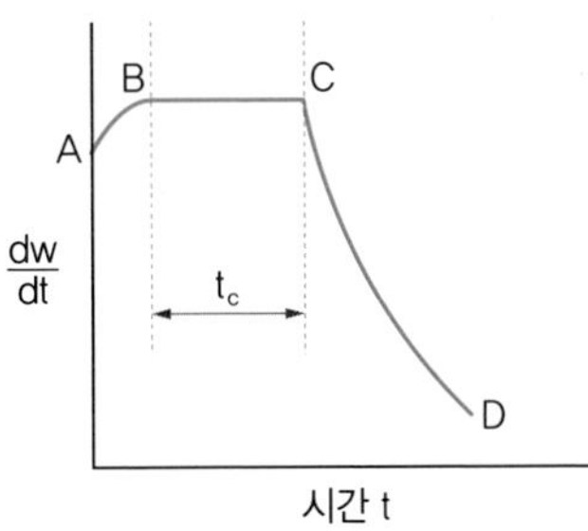

건조시간에 따른 수분 함량의 감소를 나타내는 곡선이며, 각 곡선의 기울기는 시간에 따른 수분 함량 변화(dw/dt)는 특정 시간에서의 건조속도이다.

AB : 예비 건조 기간(setting down stage)

식품 표면온도가 열풍과 평형을 이루도록 하는 가온 단계

건조속도가 약간 증가하나 의미가 없는 과정이다.

BC : 항률 건조 기간(constant drying rate period)

식품 표면에 있는 수분이 증발되는 단계

고체 표면은 젖어 있으며 물로 된 막(water wet film)이 존재한다.

고체 표면온도는 습구온도이다.

CD : 감율 건조 기간(falling drying rate period)

농도 차이에 의해 내부 수분이 외부로 이동하는 단계

전체 건조시간을 좌우한다.

고체 온도는 건구온도에 접근한다.

점 C : 항율 건조 기간이 감율 건조 기간으로 옮겨가는 지점으로, 임계 수분 함량 (critical moisture content)이라 부른다.

예를 들어 사과의 건조곡선을 살펴보면,

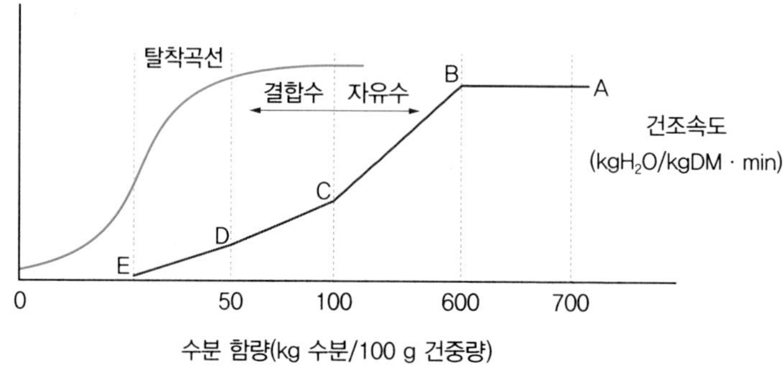

AB : 항률 건조기(7 kg수분/kgDM ⇒ 6 kg수분/kgDM)

- 고체 표면은 충분히 젖어 있으며 물로 된 막을 형성하고 수분활성도 a_w가 1인 자유수가 증발하는 과정이다.
- 건조 표면은 습구온도
- 수분 증발속도는 고체 표면에 영향을 받지 않고 열풍의 고체 표면으로의 열전달속도에 좌우된다.

- 물질 이동속도와 열전달속도가 평형을 이루고 건조속도는 일정하다.
- 고체 내부에서 표면으로 수분의 이동속도가 표면에서의 증발속도보다 빠르다. 따라서 표면이 젖어 있을 때까지는 항률 건조가 계속된다.

BC : 감율 건조 제1기(6 kg수분/kgDM 이하)

- 건조속도는 수분 함량에 따라 직선 감소한다.
- 표면은 더 이상 수분으로 덮여 있지 않고 내부 수분이 표면으로 이동 증발한다.
- 여전히 수분활성도 a_w가 1이지만 표면으로 이동이 계속되며, B를 임계 수분 함량이라 부른다.
- 건조속도는 조직 내 수분의 이동속도에 좌우된다.

CD : 감율 건조 제2기(1.2 kg수분/kgDM 이하)

- C에서 시작하며 수분 함량은 수분활성도 a_w가 1 이하인 결합수이다.
- 건조 층이 식품 내부로 이동하며 수분 증발은 표면보다 식품 내부에서 일어난다.
- 모세관 응축이나 다분자층에서 고체에 흡착된 수분이 증발한다.
- 순수한 물의 증발열보다 크다.

DE : 수분 함량 0.3 kg 이하로 다른 감율 건조기

- 다분자층 또는 단분자층으로 흡착된 수분 증발 기간이다.
- 증발은 DE에서 끝난다.
- E는 평형 수분 함량이며 열풍과 건조 물체가 평형 상태이며, 이 점 이하에서는 건조 끝.

9) 식품의 건조속도 측정방법

(1) 항률 건조 기간(수분 제거율과 건조율이 일정)

① 건조속도 곡선을 이용하는 경우

① 건조 실험을 통해 실험 데이터를 얻는다.
초기 수분 함량부터 최종 수분 함량까지 건조될 때 걸리는 시간을 포함(건조고체 2 kg)

② 시료를 오븐에 넣어서 항량이 될 때까지 건조하여 건조고체 무게를 구하고 건량을 계산한다.

건량 = (전체 수분 − 건조고체)/건조고체 함량

t(hr)	W(kg)	W′ (건량)
0	5.0	(5 − 2)/2 = 1.5
0.1	4.5	(4.5 − 2)/2 = 1.25
0.2	4.0	(4 − 2)/2 = 1
⋮	⋮	⋮
1	2.5	(2.5 − 2)/2 = 0.25

③ 주어진 조건에서 평형수분 함량(EMC, W*)를 결정한다.

W* = kg 평형수분 함량/kg 건조고체

④ 일정 시간에 대하여 자유수(W)를 구한다.

W = kg 자유수/kg 건조고체 = W′ − W* = 전체 수분 함량 − 평형수분 함량

⑤ 수분 함량 변화 대 시간

건조속도 대 수분 함량, 또는 건조속도 대 시간을 그린다.

예 1 **건조곡선으로부터 항률 건조시간을 구하시오.**

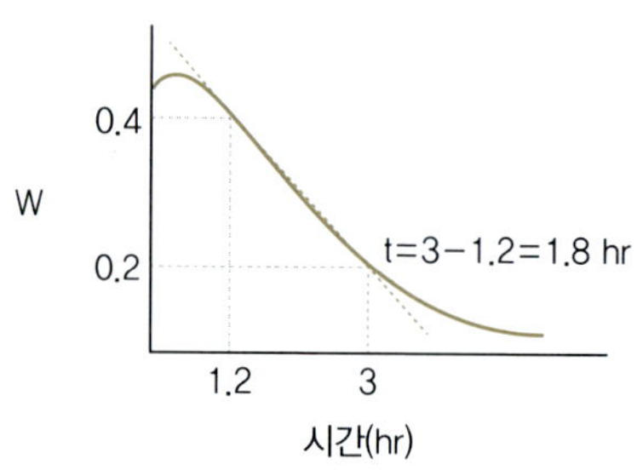

$$\frac{-dW}{dt} = \frac{kg\,H_2O}{kgDS \cdot 시간}$$ ⇒ 건조고체 M kg과 건조에 노출된 면적을 고려

$$\frac{-dW}{dt} \times \frac{M(건조고체\ 무게)}{A(표면적)} = 건조속도\ R\left(\frac{kg\,H_2O}{hr \cdot m^2}\right)$$

$$dt = \frac{-M}{A \cdot R} \cdot dW$$

$$\int_0^t dt = \frac{-M}{A \cdot R}\int_{W_0}^{W_t} dW$$

여기서 w_0 : 초기 수분 함량, w_t : 임의시간 t에서의 수분 함량

(계속)

항온건조는 w_o와 w_f 사이에 존재하므로 $R = R_c =$ 일정

∴ 항률 건조시간 $t = \frac{M}{(A \cdot R)}(W_o - W_f)$

또한 $\frac{A \cdot R}{M} = \frac{dW}{dt}$이므로 항률 건조시간 $t = \frac{W_o - W_f}{(\frac{dW}{dt})}$

예 2 초기 수분 함량 75%(습량)인 식품을 60%(습량)으로 건조시킬 때 걸리는 시간을 구하시오. 단, 수분 함량이 1.1 kg수분/kgDM 이상 시 수분활성도 = 1, 항율 건조속도 dw/dt = 0.15 kg수분/(kgDM · min)이다.

초기 수분 함량(건량) = 0.75 kg수분/0.25 kgDM = 3 kg수분/kgDM

최종 수분 함량(건량) = 0.6 kg수분/0.4 kgDM = 1.5 kg수분/kgDM

또는 $0.6 = x/(0.25 + x)$ $x = 0.375$ kg수분/kgDM

∴ 0.375 kg수분/0.25 kgDM = 1.5 kg수분/kgDM

$(A \cdot R)/M = dw/dt = 0.15$ kg수분/kgDM이므로

$t = 3 - 1.5/0.15 = 10$분

② 물질 전달계수를 사용할 경우

고체 표면에 물이 덮여 있으므로 물의 증발은 고체 표면에 영향을 받지 않는다. 즉, 수분 증발은 열풍이 제공하는 열의 이동속도에 따른다.

수분 증발속도가 열의 이동속도보다 크면 냉각이 일어나며 증발속도가 떨어진다.

∴ 고체 표면에서의 수분이 이동하는 추진력은 표면과 공기 중의 수증기 분압의 차이와 같다.

- 물질 이동식 : $\frac{-dw}{dt}(\frac{lb\,H_2O}{hr}) = k_g \cdot A(P_s - P_a) = k_g \cdot A(H_s - H_a)$

여기서 $-(dw/dt)$: 단위시간당 증발 수분량, k_g : 물질 이동계수〔$lb/(ft^2 \cdot hr)$〕, A : 건조 표면적
H_s : 표면 습도(표면 포화습도), H_a : 공기습도, P_s : 표면에서 물의 수증기압, P_a : 공기 중의 수증기압

∴ $(\frac{dw}{dt})_c \times \lambda_w = (\frac{lb\,H_2O}{hr})(\frac{Btu}{lb\,H_2O})$ = 증발 시 단위시간당 사라진 열량

- 열 전달속도식 : $(\frac{dQ}{dt})_c \frac{Btu}{hr} = h \cdot A(T_a - T_s)$

여기서 h : 열전달계수〔$Btu/(hr \cdot ft^2 \cdot F)$〕, T_a : 공기의 건조속도, T_s : 증발 표면온도(습구온도)

항률건조에서는 열전달속도와 물질 이동속도가 평형을 이루므로 평형 상태에서의

열수식 : $(\frac{dw}{dt})_c \cdot \lambda_w = h \cdot A(T_a - T_s)$

$$\therefore \left(\frac{dw}{dt}\right)_c = k_g \cdot A(H_s - H_a) = \frac{(h \cdot A)(T_a - T_s)}{\lambda_w} \quad (\text{kg수분/hr})$$

여기서 $\frac{d\overline{w}}{dt}$: 건조고체당 수분 함량(kg수분/kgDM/hr)

$$\therefore -\left(\frac{d\overline{w}}{dt}\right)\left(\frac{k_g \cdot H_2O/k_gDM}{hr}\right) = \frac{h \cdot A'(T_a - T_s)}{\lambda \cdot M}$$

여기서 A′ : 유효 표면 면적, 증발되어 완전 고체 시 표면적 M = ρ(건조고체 밀도) × d(건조고체 두께) × A′ 이므로

$$\therefore \text{건조속도} - \left(\frac{d\overline{w}}{dt}\right)_c = \frac{h(T_a - T_s)}{\lambda \cdot \rho \cdot d}$$

건조속도 곡선을 이용하거나 물질 전달계수를 이용하여 모두 건조속도를 구할 수 있지만, 항률 건조속도를 알기 위해서는 표면 열전달계수 h값을 실험적으로 추정해야 하므로 좀 더 부정확하다고 할 수 있다.

수평으로 열풍이 불 때 : $h = 0.0204G^{0.8}$ (SI 단위)

$h = 0.0128G^{0.8}$ (fps단위)

수직으로 열풍이 불 때 : $h = 1.17G^{0.37}$ (SI 단위)

$h = 0.37G^{0.37}$ (fps단위)

여기서 G(공기의 질량속도) : $kg/hr/m^2$, $lbm/hr/ft^2$, h(표면 열전달계수) : $W/(m^2 \cdot K)$, $Btu/(hr \cdot ft^2 \cdot F)$

$$-\int_{W_o}^{W_c} d\overline{w} = \frac{h \cdot (T_a - T_s)}{\lambda \cdot \rho \cdot d}\int_0^t dt$$

$$\therefore \text{건조시간 } t = \frac{\lambda \cdot \rho \cdot d(W_o - W_c)}{h(T_a - T_s)}$$

여기서 W_o : 고체 초기 수분 함량, W_c : 임계 수분 함량

(2) 감률 건조 기간Falling drying rate period

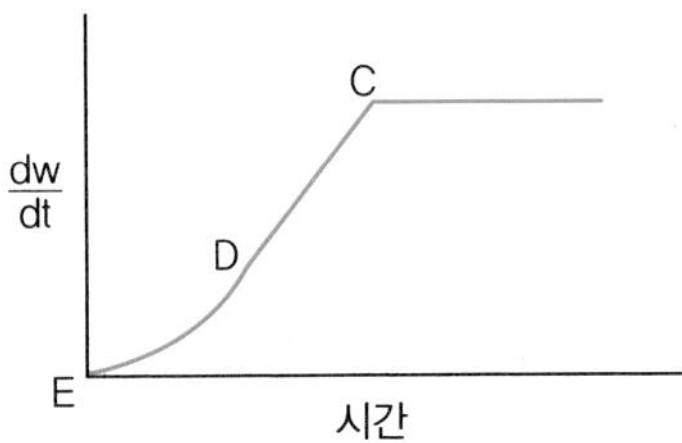

CD : 수분 함량에 비례하여 건조속도가 감소한다. 표면층이 건조되는 시간.

DE : 건조층이 내부로 이동되는 기간으로, 수분 증발속도가 수분 이동속도보다 크다.

고체 내부에서의 수분 이동 메커니즘

① 모세관 현상(capillary movement)에 의한 수분 이동 : 다공성 물질에서 일어나며 수분이 증발함에 따라 내부 수분이 모세관 힘에 의해 표면으로 이동한다.

② 농도 차이에 의한 액체 수분 이동(liquid diffusion) : 수분의 농도나 수증기 분압 차이에 따라 이동하는 확산 이동으로 콜로이드나 젤의 건조에서 나타난다.

③ 수증기 분압 차이에 의한 증기 확산 이동(vapor diffusion) : 증발면이 고체 내부로 이동하며 내부에서 증발된 수분이 수증기의 분압차에 의해 건조층을 통하여 증가 상태로 이동하며 진공 동결 공정에서 나타난다.

④ 고체 표면에 흡착한 액체층의 표면 확산(surface diffusion) : 고체 내부에 흡착한 액체 수분이 표면을 따라 고농도에서 저농도로 이동하며 결합수의 이동에 적용된다.

① 감률 건조속도가 수분 함량에 비례하여 감소하는 경우(CD line)

모세관 현상에 의한 수분 이동 메커니즘이 적용

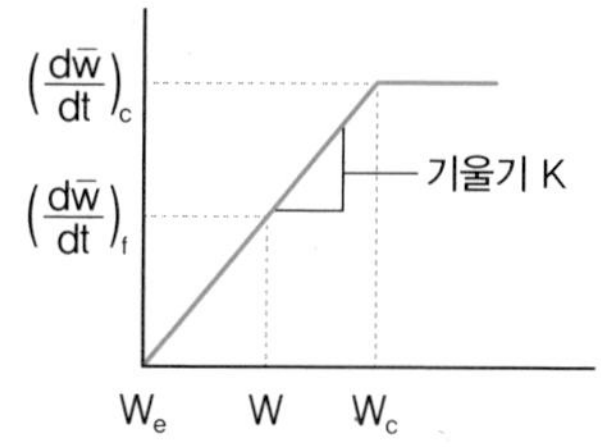

$$(\frac{d\bar{w}}{dt})_f = -K(W - W_e) \cdots\cdots ①$$

여기서 $(\frac{d\bar{w}}{dt})_f$: 감률 건조기에 들어간 t시간 후 건조속도, W : t시간 후의 수분 함량

$$K = \frac{-(\frac{d\bar{w}}{dt})_c}{W_c - W_e} \cdots\cdots ②$$

②를 ①에 대입하면

$$(\frac{d\bar{w}}{dt})_f = \frac{W - W_e}{W_c - W_e}(\frac{d\bar{w}}{dt})_c$$

$$(\frac{d\bar{w}}{dt})_f = \frac{h \cdot (T_a - T_s)}{\lambda \cdot \rho \cdot d} \quad \frac{W - W_e}{W_c - W_e}$$ 〔증발 수분량/(건조고체·시간)〕

$$t \rightarrow 0 \quad \Rightarrow \quad W \rightarrow Wc \qquad t \rightarrow t_f \quad \Rightarrow \quad W \rightarrow W$$

$$t_f = \frac{\lambda \cdot \rho \cdot d(W_c - W_e)}{h \cdot (T_a - T_s)} \cdot \ln\frac{W_c - W_e}{W - W_e}$$

따라서 건조시간은 시료 두께에 비례한다.

예 **앞의 건조곡선을 이용한 예제에서 최종 수분 함량 8%(습량)까지 건조시키는 데 걸리는 시간을 구하시오. 단, 임계 수분 함량 이후에는 수분 함량에 비례하여 건조속도가 진행되며 이때 $W_c = 1.1$ 이상에서는 항률건조, 이하에서는 감률건조가 진행되고 평형 수분 함량은 0이라고 가정한다.**

최종 수분 함량 = 0.08/0.92 = 0.0869 kg수분/kgDM

$$\therefore\ t = \frac{\rho \cdot \lambda \cdot d(W_o - W_c)}{h \cdot (T_a - T_s)} + \frac{\rho \cdot \lambda \cdot d(W_c - W_e)}{h \cdot (T_a - T_s)} \cdot \ln\frac{(W_c - W_e)}{(W - W_e)}$$

$$t = \frac{3 - 1.1}{0.15} + \frac{1.1}{0.15} \ln\frac{1.1}{0.0869} = 31.3\text{분}$$

② 건조속도가 수분 함량에 비례하여 감소하지 않은 경우(DE line)

- 식품 내부의 수분 이동이 주로 확산에 의해 일어나며 대부분의 건조시간을 차지한다.
- 쉐우드(Sherwood)는 확산계수가 일정할 경우 평판 고체의 수분과 시간과의 관계식을 제시하였다.

$$\frac{\partial w}{\partial t} = D\left(\frac{\partial^2 w}{\partial x^2} + \frac{\partial^2 w}{\partial y^2} + \frac{\partial^2 w}{\partial z^2}\right)$$

$$\frac{W - W_e}{W_c - W_e} = \frac{8}{\pi^2}\left[\exp^{-Dt(\frac{\pi}{2d})^2} + \frac{1}{9}\exp^{-9Dt(\frac{\pi}{2d})^2} + \cdots\right]$$

여기서 D : 액체 수분의 확산도, ft^2/hr, d : 평판의 두께

여기에서 시간이 큰 경우에는 두 번째 항은 무시된다.

$$\frac{W - W_e}{W_c - W_e} = \frac{8}{\pi^2}\left[\exp^{-Dt(\frac{\pi}{2d})^2}\right]$$

$$t_f = \frac{-4d^2}{\pi^2 D}\left(\ln\frac{W - W_e}{W_c - W_e} - \ln\frac{8}{\pi^2}\right)$$

여기서 건조시간은 두께의 제곱에 비례하며 $\frac{W - W_e}{W_c - W_e} < 0.6$ 범위에서 적용된다. 위의 식을 미분 형태로 바꾸면 건조속도를 구할 수 있다.

$$\left(\frac{d\overline{w}}{dt}\right)_f = \frac{-D\pi^2}{4d^2}\,W - W_e$$

일반적으로 D는 10^{-5}~10^{-8} cm^2/sec의 범위에 있다.

10) 건조속도와 시간

지금까지 설명한 건조속도를 정리해 보면, 일반적인 건조속도는 다양한 건조속도 기간을 보여 주며, 건조곡선은 3가지의 건조속도 기간으로 나뉜다.

① 항률 건조속도 기간 : 이 기간에는 건조가 포화된 표면으로부터 수분이 증발되어 건조가 일어난다. 이 기간의 건조속도는 표면 열전달계수, 표면적, 공기온도에 의해 결정되며 고체 내부의 상태에는 영향을 받지 않는다.

건조시간 : $t = \dfrac{W_o - W_f}{\left(\dfrac{dW}{dt}\right)}$ $\quad t = \dfrac{\rho \cdot d \cdot \lambda}{h \cdot (T_a - T_s)} \cdot (W_o - W_f)$

건조속도 : $-\left(\dfrac{dW}{dt}\right) = \dfrac{h}{\rho \cdot d \cdot \lambda}(T_a - T_o)$

② 1st 감률 건조속도 기간 : B점까지를 나타내며, 항류 건조속도의 끝은 임계 수분 함량을 나타낸다. 고체의 표면은 더 이상 수분으로 포화되어 있지 않으며, 건조속도는 수분 함량의 감소와 더불어 감소한다. 점 C에서는 표면 수분층이 완전히 증발된 시기이며 수분 함량의 감소와 더불어 건조속도는 고체 내부에서의 수분 이동속도에 영향을 받아 나타나는 시기이다.

건조시간 : $t = \dfrac{\rho \cdot d \cdot \lambda (W_c - W_e)}{h \cdot (T_a - T_s)} \ln \dfrac{(W_c - W_e)}{(W - W_e)}$

건조속도 : $-\left(\dfrac{dW}{dt}\right) = \dfrac{h}{\rho \cdot d \cdot \lambda}(T_a - T_s) \cdot \dfrac{(W - W_e)}{(W_c - W_e)}$

③ 2nd 감률 건조속도 기간 : C에서 D의 기간은 건조속도가 고체 외부의 상태에 거의 독립적으로 나타난다. 수분 전달은 액체 확산, 모세관 이동 및 증기 확산의 조합으로 나타난다.

건조시간 : $t = \dfrac{-4d^2}{\pi^2 \cdot D}\left(\ln \dfrac{W - W_e}{W_c - W_e} - \ln \dfrac{8}{\pi^2}\right)$

건조속도 : $-\left(\dfrac{dW}{dt}\right) = \dfrac{D \cdot \pi^2}{-4d^2}(W - W_e)$

11) 건조장치

(1) 선반 건조기Tray dryer(선반, 캐비닛, 구획건조기)

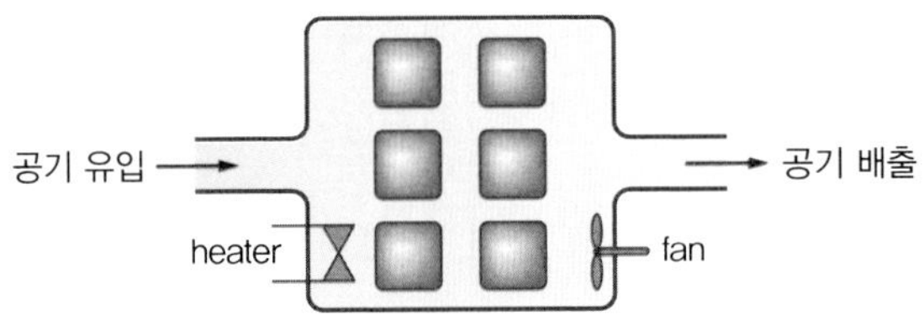

(2) 진공 선반 간접 건조기Vacuum-shelf indirect dryer

- 선반식 건조기와 유사하며 진공 상태에서 작동한다.
- 건조 시 온도에 민감하고 쉽게 산화되는 물질에 사용되나 사용 가격이 비싸다.
- 독성물질이나 고가의 용매를 가지고 건조하고자 할 때 사용한다.

(3) 연속 터널 건조기Continuous tunnel dryer

- 고체가 담긴 선반(tray)이 고온 가스가 있는 터널을 통과하며 연속적으로 건조한다.
- 더운 공기의 흐름은 병류식, 항류식과 혼합식이 모두 가능하다.
- 많은 식품이 이 방식으로 건조된다.

(4) 회전건조기Rotary dryer

- 회전하는 구멍이 있는 실린더로 구성되어 있으며 보통 출구가 약간 기울어져 있다.

(5) 드럼 건조기Drum dryer

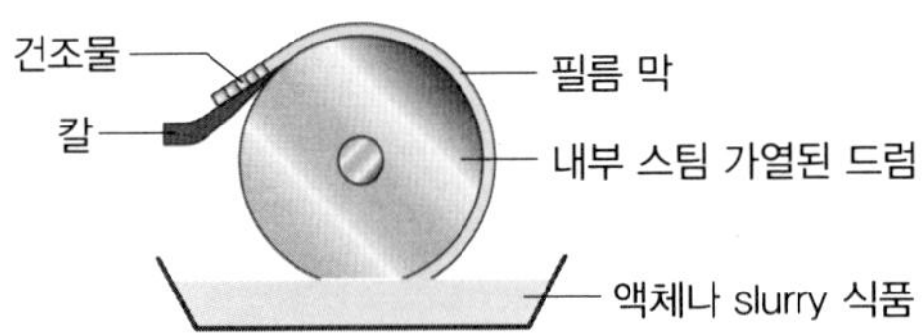

Slurry 식품이나 페이스트 식품에 적합하다.

(6) 분무건조기Spray dryer

- 고온의 건조기에 액을 분무하여 건조한다.
- 열변성에 의한 품질 저하를 방지할 수 있으며 연속 작업이 가능하다.

- 분말포장에 적합하여 저장성을 높인다.
- 우유, 커피, 달걀과 같이 수분 농도가 높은 액체의 건조에 유용하다.
- 즉석식품의 높은 보급에 따라 일반적 건조방법으로 사용된다.

◐ 분무건조는 다음과 같이 두 단계로 이루어진다.

① 분무 과정(atomization) : 작은 크기의 액으로 만들어 표면적을 증가시킨다.

② 건조 단계 : 뿜어 주는 노즐(nozzle) 크기에 따라 수분 증발을 용이하게 한다.

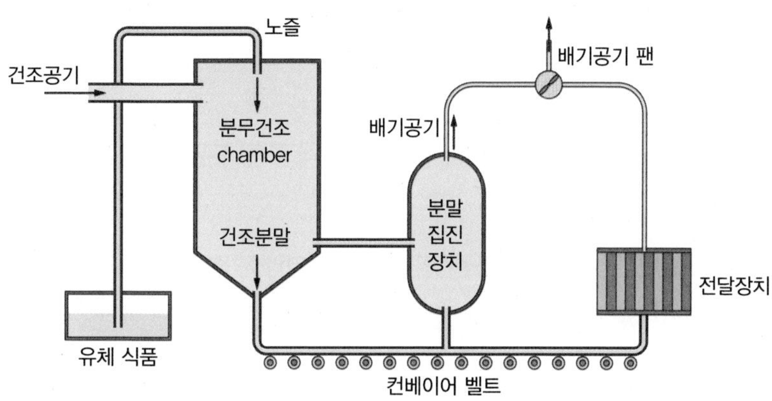

건조 진행 단계

ⓐ 분무 과정 : 노즐을 통해 나가며 액체 방울 크기는 10~1,000 μm

ⓑ 분무 공기와 접촉 : 분무건조 챔버에서 접촉하며 접촉방법에 따라 건조속도와 정도에 영향을 미친다.

ⓒ 분무로 인한 수분 증발 : 액체 방울 표면에서 증발한다. 표면은 건조공기의 습구온도와 유사하며 주로 항률 건조 단계이다.

ⓓ 건조 분말의 집진 : 공기에서 건조식품을 분리 회수하는 단계로, 집진장치(cyclon)의 수는 1~2개 정도이다.

◐ 분무건조에서의 물질수지

식품 내의 수분 + 뜨거운 공기에 있는 수분 = 건조식품 내의 수분 + 배출공기의 수분

◐ 분무건조에서의 에너지수지

건조기에 들어가는 공기의 엔탈피 + 식품의 엔탈피 = 배출공기의 엔탈피 + 건조식품의 엔탈피 + 열손실(UAΔT)

질량이 M인 액체 방울의 건조속도 : $\frac{dW}{dt} = \frac{3(1+M)h(T_a - T_s)}{4 \cdot r \cdot \rho \cdot \lambda}$

건조 후의 제품 특성

- 공급률과 공급 농도가 커지면 입자 크기와 밀도가 커진다.
- 표면장력이 크면 큰 입자가 형성되고 입자 크기의 분포도는 좁아진다.
- 접촉속도가 커지면 열과 물질 전달이 커져 건조속도가 가속된다.
- 온도는 거의 무시되며 식품의 점도, 농도, 표면장력, 분무 정도가 중요하다.

(7) 동결건조기

- 의약품에서 먼저 시작하였고 1960년대 들어 식품에 적용되었다. 우리나라는 1970년대 커피에 처음 적용하였다.
- 설비비용이 많이 들어가나 식품의 향기, 조직, 영양적 손실이 거의 없다. 또한 열변성이 거의 없고 복원성이 좋으며 향기 유지나 보존성이 길다.

① 원리

a. 식품을 -40℃로 급냉시켜 식품 중의 물을 얼음이 되게 한다.

b. 삼중점(triple point) 이하의 조건에서 얼음의 승화로 수분이 제거된다.

c. 얼음 승화 후에는 흡착된 수분을 25℃에서 증발시킨다.

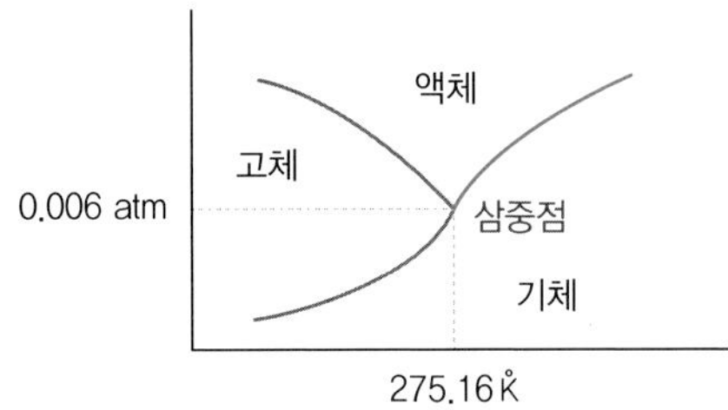

② 구조 : 진공 상태에서

증발기 : 승화잠열의 공급하는 가열장치

응축기 : 건조 중에 생긴 수증기를 응축

③ 질량 및 에너지 수지

- 얼음 표면에서 승화 현상을 통한 수분 이동

$$승화속도(G, m^3/sec) = \frac{A \cdot P \cdot (P_i - P_s)}{x}$$

여기서 P : 투과도(Permeability), P_i : 얼음층의 수증기압, P_s : 건조층의 수증기압

• 이에 해당하는 승화잠열이 공급되는 열전달

$$열전달(Q, Btu/sec) = \frac{k \cdot A \cdot (T_s - T_i)}{x}$$

여기서 k : 열전달계수, T_s : 건조층 표면온도, T_i : 내부 냉동온도, x : 건조층 두께

• 고체 내 가스의 확산은 투과도로 측정

즉 일정한 압력과 일정 두께의 고체를 통해서 투과되는 가스 $m^3/sec/(m^2 \cdot 면적)$

$$\therefore \left(\frac{m^3 \text{ 가스}}{sec \cdot m^2 \cdot atm/m}\right)\left(\frac{m^2\ atm}{m}\right) = \frac{m^3}{sec}$$

④ 투과도Permeability

일정한 시간 동안 일정 면적을 통해서 통과하는 가스의 양을 나타내는 흐름(flux).

• Step Ⅰ : Fick의 확산법칙

$$J = -DA\left(\frac{dc}{dx}\right) \quad \cdots\cdots ①$$

여기서 J : 가스의 흐름(mol/sec), D : 확산계수(cm^2/sec), C : 가스의 농도(mol/cm^3)

• Step Ⅱ : Henry의 법칙

$$dc = Sdp에서\ dp = (1/S)dc \quad \cdots\cdots ②$$

여기서 S : 용해도 상수

①과 ②에서 $J = -DAS\left(\frac{dp}{dx}\right)$

여기서 DS : 투과 상수 (B)

$$\therefore\ J = -BA\left(\frac{dp}{dx}\right) \text{ 또는 } B = \frac{Jdx}{A \cdot dp} = \frac{(\text{가스 양})(\text{두께})}{(\text{시간})(\text{면적})(\text{압력 차})}$$

	분자 지름($\times 10^{-8}$)	D($\times 10^{-7}$ cm^2/sec)	S	B
O_2	2.92	21	0.07	1.5
N_2	3.15	15	0.035	0.53
CO_2	3.23	11	0.9	10

CO_2가 분자량은 제일 크지만 O_2보다 4~5배 빠른 투과도를 보이고, O_2는 N_2보다 4~5배 빠른 투과도를 나타낸다.

⑤ 동결건조의 효율

- 식품 조직, 밀도, 건조층 두께, 입자 크기, 표면온도와 진공도에 의존한다.
- 물 분자를 제거할 때 물과 탄수화물의 수소결합이 이루어지면 탄수화물과 탄수화물의 수소결합도 생성되어 안정화를 이루고, 휘발성 성분의 투과도를 감소시켜서 휘발성 성분을 보유하고 유지한다.
- 반면 냉동 건조식품에 물을 첨가하면 수소결합이 치환되어 휘발성 성분의 손실이 일어난다.

식품의 건조 효율 : (건조에 기여한 열량)/(건조공기와 함께 투입된 열량)

총괄 건조 효율 : (수분 증발에 사용한 열량)/(사용한 연료의 총열량)

분무건조 : 20~50%, 드럼 건조기 : 35~80%

12) 건조 기술 연구

- 건조기를 이용한 건조식품의 제조에는 최적의 건조 조건 등이 많이 밝혀져 있으나 여전히 많은 제품 설정과 그 조건에 독창성이 필요한 실정이다.
- 제품 설정 이후에는 열처리 조건, 시료 크기 및 적재량, 온도 변화에 따른 건조속도, 풍속 및 풍향 등 최적의 조건이 설정되어야 하며, 건조기의 종류도 결정해야 한다. 또한 건조 후 제품의 색, 향, 조직감 등이 조사되어야 하고 저장 시의 수분 흡습 특성도 밝혀져야 한다.
- 다음은 다양한 식품의 건조 조건을 제시하고 있다.

① 당근류 : 절단(1× 1× 1 cm) → 15 또는 30% 설탕 용액 침지(25℃, 2분) 6회 반복 → 증기 열처리(110℃, 8분) → 건조(80℃, 5시간)

② 양파류 : 절단(1× 1× 1 cm) → 침지(0.2% 소듐 에리소르브산, 5분) → 원심 분리 → 열풍 건조(80℃, 1시간)

③ 쇠고기 : 15% 소금, 2% 간장, 40% 콘 시럽, 0.2% 질산나트륨 → 100℃, 30분간 침지/열처리 3회 반복 → 열풍 건조(90℃, 6시간)

④ 양배추 : 절단(1× 1 cm) → 열처리(100℃, 2분) → 0.2% 구연산, 0.2% 소금, 30% 설탕액에 침지(실온 3분간 6회) → 열풍 건조 (70℃, 4시간)

⑤ 표고버섯 : 0.2% 메타중아황산칼륨, 0.1% 구연산 첨가 → 열처리 (100℃, 3분) → 2% 콘 시럽, 1% 설탕, 2% 소금, 0.16% 메타중아황산칼륨 첨가 후 건조

⑥ 쌀 : 0.05% 구연산 용액에 3시간 침지 → 증기에 찜(20분) (또는 가압솥 121℃, 5분) → 알파화시킨 후 유동성 건조기로 건조(온도 40℃, 공기 압력 1.5 kg/cm^2, 90분)

(1) 건조기 사용

① 열풍건조기 : 과일이나 채소류의 고체 식품을 대량으로 건조

② 유동층 건조기 : 입자제 및 분제, 입자가 작은 과실이나 채소류 건조

③ 진공 동결건조기 : 육류 및 가금류 건조

④ 분무건조기 : 인스턴트커피, 분유, 향료, 달걀노른자, 달걀흰자위 등 짧은 건조시간으로 열에 약한 유체 식품을 선택

(2) 건조 품목 선정

- 차류, 젤로(jello), 육포, 건포도, 스낵류, 유아 식품, 핫케이크나 옥수수 전분
- 감자는 클램차우더(clam chowder), 프렌치프라이, 그레이비(gravy) 등에 사용
- 국수, 파스타류, 케이크류
- 땅콩의 볶음 공정은 땅콩의 품질에 지대한 영향을 미치며 땅콩잼류에서는 지방 산화와도 밀접한 관계가 있으므로 주의 깊게 공정을 처리해야 한다.

실험 목적

1 강제 순환 오븐에서 시료(버섯, 마늘, 감자, …)의 시간에 따른 수분 변화와 수분 손실속도를 구하도록 한다.

2 항률 건조속도 기간인지 또는 감률 건조속도 기간인지를 결정하기 위해 수분 함량의 함수로서 수분 손실속도를 분석하기 위함이다. 또한 서로 다른 수분 이동 메커니즘을 살펴보기 위함이다.

3 다양한 삼투 과정에 의한 최적의 건조 시료를 결정하기 위함이다.

실험 기구

강제 대류형 건조기, 무게 저울, 다점 온도기록계, 버섯, 마늘, 감자

실험 방법

1 시료의 크기를 측정하고 표면 면적을 계산하며, 건조하고자 하는 시료의 무게를 측정한다.

2 진공 오븐에서 시료의 수분 함량을 측정한다.

3 초기 시간(t = 0)에 시료의 무게를 측정한다. 초기에는 일정한 시간(1분) 간격으로 시료 무게를 측정하고 15분 이후에는 5분 간격으로 무게를 측정한다. 적어도 45분 동안 건조 과정을 계속한다.

4 평형 수분 함량을 계산하기 위해 24시간 동안 건조 후의 최종 시료 무게를 측정한다.

실험 결과 및 고찰

1 외삽법(extrapolation)을 이용하여 시료 무게 변화 대 평형 무게에 도달하는 시간을 그리도록 한다.

2 초기 수분 함량에 근거를 두고 건조기에서 건조된 시료의 고형분 무게를 계산하고 평형 수분 함량을 결정하도록 한다.

3 수분 함량 대 시간의 그래프를 그린다.

4 수분 손실률(dw/dt) 대 시간 또는 dw/dt 대 수분 함량 변화를 그리도록 한다.

5 색의 변화를 측정하고 다른 그룹의 시료와 비교하도록 한다.

6 건조 시료에서 가장 좋은 브랜칭(branching) 방법을 정한다.

식품의 건조 특성을 나타내는 데이터

1. 시료의 수분 함량
   초기 중량 ____________________g;　　건조된 중량 ____________________g
   수분 함량, 습기준(wet basis) __________%, 건조 기준(dry basis) __________%
   건조기에서 건조물의 중량 ____________________g

2. 시료 크기 ____________________m ____________________m ____________________m
   표면 면적 ____________________m^2; 부피 ____________________m^3

3. 공기 조건
   건구온도 ____________________℃,　습구온도 ____________________℃

4. 평형 수분 함량, 건기준(dry basis) (X_e) ____________________

시간	시료 중량	수분 함량	수분 손실	수분 손실 속도	수분 함량	자유수
min	g	g	g			

연습문제

1 건조기로 들어가는 공기의 온도는 80°C(d·b)와 42°C(w·b)이다.

(1) 습도 도표를 이용하여 절대습도, 상대습도, 습윤공기비열(humid heat), 습윤비용적(humid volume), 이슬점과 엔탈피를 구하고 그 계산식도 제시하시오.

(2) 위의 상황에서 조교가 커피를 준비하다 물을 30 mL를 쏟았을 때 변화된 사무실(5×5×4 m)의 절대습도는?

2 보존 기간을 측정하는 경우의 공기의 표준 조건은 24°C와 RH 70%가 사용된다. 주위 공기의 온도와 습도는 각각 30°C와 90%RH이며, 건조기의 부피는 1,000 m^3이다. 시간당 공기 순환을 5번 시킨다고 할 때, 주위 공기로부터 표준 조건으로 제시하기 위해 제거해야 하는 수분의 양(kg)은?

3 케이크를 열풍건조기로 건조 시 각 tray의 규격은 3 ft × 4 ft × 2 inch이다. 케이크 밀도는 50 lb/ft^3이고, 수분(d·b)은 300%이다. 최종 100% 수분(d·b) 제품의 3,000 lb 케이크에 필요한 식판 개수는?

4 다음은 식품의 건조시간에 따른 식품의 무게를 재서 나타낸 것이다. 이 식품의 초기 수분 함량은 24.7%(습기준)이었다.

건조시간(hr)	식품 무게(kg)	건조시간(hr)	식품 무게(kg)
0	4.944	2.2	4.580
0.4	4.875	3.0	4.492
0.8	4.808	4.2	4.394
1.4	4.709		

(1) (kg 수분 함량/kg 고형분) 대 건조시간의 그래프를 그리면?

(2) 평균 항률 건조속도(kg수분/hr)와 임계 수분 함량(%, 건조 기준)은?

(3) 위 조건에서 감률 건조속도가 모세관 현상에 기인된다고 할 때, 10%(d·b)까지 건조시키는 데 필요한 총 건조시간은? 단, 평형 수분양은 5%(d·b)이다

5 초기 수분이 60%(습량 기준)와 100 lb의 고형분을 가진 식품을 150°F, 10%RH 조건의 더운 공기로 6%(건조 기준)까지 건조시키려고 한다. 임계 수분량은 15%(건조 기준)이고 평형 수분량은 5%(건조 기준)이다. 식품 표면적은 3 ft^2이고, 열전달계수가 50 Btu/(hr·ft^2·°F)일 때 항률건조와 감률건조 시간은? 단, 잠열은 970 Btu/lb이다.

6 1기압 25°C에서의 공기는 2.4 kPa의 부분증기압을 나타내며 이 온도에서의 포화증기압은 3.2 kPa일 때 절대습도 및 상대습도는?

심화문제

1 건조곡선을 그리고, 그에 따른 수분의 이동 메커니즘을 설명하면?

2 등온 흡습곡선을 설명한 브루나우어(Brunauer) 이론과 록랜드(Lockland) 이론을 각각 설명하면?

3 수분활성값에 따른 식품의 품질 변화를 논하고, 설탕(MW=342) 20%와 설탕 40%의 수분 활성을 계산하면?

4 온도가 26.7°C(80°F)이고 압력은 1기압인 방안의 공기는 2.76 kPa의 부분압력을 가진다. 이때의 절대습도, 포화습도 및 상대습도는?

5 초기 450% 수분 함량(d·b)의 가루 10 kg에 수분을 첨가하여 수분 함량 20%(w·b)의 제품을 만들고자 한다. 고형분 1 kg당 제거해야 할 수분의 양(kg)은?

6 수분 25%(w·b)의 감자 6,000 kg이 수분 10%(w·b)로 건조되었을 때
(1) 처음과 최종의 수분 함량(d·b)은?

(2) 제거해야 할 수분의 양(kg)은?

7 1 기압하에서 창고 내 공기의 온도를 35°C(포화증기압=6 kPa)로 유지하려고 한다. 공기 중 수분의 분압이 2.85 kPa일 때 공기의 절대습도, 포화습도, 상대습도, 습윤공기 비열〔kJ/(kg·°K)〕, 습윤공기 부피 및 엔탈피(kJ/kgD·A)는?

8 80% 수분(w·b)을 가진 식품을 212°F에서 10%(w·b)로 건조시키고자 한다. 초기 식품의 온도가 70°F라면 식품의 단위무게당 필요한 총에너지(E)는? 단, 971 Btu/lb, 식품 비열=0.9 Btu/(lb·°F)이고, E=수분 변화량에 의한 것과 식품 변화에 필요한 에너지이다.

9 건조기에 공급되는 공기의 건구온도는 62°C이고 습구온도는 32°C이다. 이것을 코일로 104°C까지 가열한 다음 건조기 안에서 그 공기는 단열 상태에서 건조가 진행되고 90% 포화되어 건조기를 나간다고 할 때
(1) 최초 공기의 이슬점, 절대습도, 상대습도, 습윤공기의 부피는? 단, 계산식도 제시한다.

(2) 초당 19.5 m^3로 들어가는 공기를 62°C에서 104°C까지 가열할 때 필요한 열(kcal/sec)은?

(3) 건조기에서 나오는 공기의 온도와 절대습도(kg수분/kgD·A)는?

(4) 들어가는 공기 19.5 m^3에 대해 증발하는 물의 양(kg수분/sec)은?

10 겨울철에 사과를 열풍 건조시키려고 하는데 바깥 기온은 32°F이고 %RH는 40%이었다. 이 조건의 공기를 150°F로 가열한 후 사과를 건조시켰고 나갈 때의 공기는 100°F와 50%RH이었다. 여름철의 바깥 기온이 85°F이고 40%RH이며 겨울철과 같은 건조속도를 나타낸다고 가정하면 나갈 때의 온도가 105°F일 때의 %RH는? 단, 여름철에도 150°F로 가열하고 공기 흐름은 시간당 1 ft^3이라고 가정한다.

11 (1) 오늘 날씨는 65°F이고 30%RH이다. 공학실의 크기가 6,000 ft^2라면 공학실에 있는 수증기(water vapor)의 양(lbH_2O)은?

(2) 같은 크기의 건조실(110°F, 10%RH)과 통로를 만들어 공기를 통하게 했을 때 전체 방의 온도, 절대습도, 상대습도는?

(3) 이 상태에서 조교가 장난을 치다가 물 0.05 ft^3을 쏟았으며 이는 모두 수증기가 되었다고 할 때에 변화된 온도 및 절대습도는? 단, 습구온도가 같고 물의 밀도 = 62.4 lb/ft^3이다.

12 건조기를 이용하여 식품을 수분 함량 40%(d·b)에서 10%(d·b)까지 건조시키는 데 2시간이 걸렸다. 건조속도는 수분 함량 15%까지는 일정하게 유지된다. EMC가 2%(d·b)라면 수분 함량을 40%에서 4%까지 감소시키는 데 걸리는 총 건조시간은?

13 150%(건량) 수분 함량을 가진 900 kg의 식품을 80°C, 10%RH의 공기로 건조시키려고 한다. 임계 수분 함량은 20%(건량)이고 평형 수분 함량은 2%(건량)를 가진다. 식품의 표면적은 4 m^2, 열전달계수는 500 kJ/(hr·m^2·°C), 잠열은 2,000 kJ/kg이다. 14시간 건조한 후 식품의 수분 함량은?

14 다음은 어떤 식품의 수분활성도와 평형 수분 함량(kg수분/kg고형분)의 관계를 나타낸 것이다. BET 공식을 이용하여 단분자막층의 수분(kg수분/kgDS)은?

수분활성도(a_w)	평형 수분 함량	수분활성도(a_w)	평형 수분 함량
0.1	0.060	0.5	0.120
0.2	0.084	0.6	0.144
0.3	0.100	0.7	0.168
0.4	0.120	0.8	0.228

15 미역의 건조 공정은 115°F의 건조공기 72,000 m^3/min이 필요하다. 대기의 온도는 75°F이고 68%RH일 때 수분의 제거 없이 위의 공정 조건을 만들기 위해 필요한 열량(Btu/hr)은? C_p(공기) = 0.24 Btu/(lb·°F), C_p(수증기) = 0.45 Btu/(hr·°F)이다.

16 고체 식품을 항률 건조 기간 동안 시간당 50 lb의 수분을 제거하여 건조시키고자 한다. 임계 수분 함량은 30%(d·b), 평형 수분 함량은 4%(d·b)이다. 초기 식품이 500 lb의 건조고체와 300 lb의 수

분을 가지고 있다면 최종 식품의 수분 함량이 8%(d·b)가 되기 위해 필요한 총 시간은?

17 16번 문제의 데이터를 이용하였을 때, 시간당 얼마나 많은 공기의 용적(ft^3)이 150°F와 H_a = 0.03의 항률 건조 상태로 들어가서 H_a = 0.05로 나오겠는가?

18 면적 24 $inch^2$, 두께 2 inch 케이크의 양쪽 면을 습구온도 80°F, 건구온도 120°F에서 공기(밀도 = 32 lb/ft^3)로 건조시키고자 한다. 공기는 케이크의 면과 수직으로 2.5 ft/sec의 유속으로 흐른다. 케이크의 밀도는 120 lb/ft^3이고 평형 수분 함량은 무시하며 이 조건에서 임계 수분 함량은 9%(d·b)이다. 수분 이동이 모세관 이동의 메커니즘을 따른다고 할 때 초기 수분 20%(d·b)인 것을 2%(d·b)의 최종 수분 함량으로 건조시키는 데 필요한 총 시간은? 단, 잠열은 1,050 Btu/lb로 가정한다.

19 고형분의 무게가 500 kg, 수분 무게는 300 kg인 식품을 회분식 건조 공정으로 8%(d·b)까지 수분을 제거하려고 한다. 항률 건조 기간 동안의 건조속도는 50 kg수분/(h·m^2)이고, 임계 수분 함량과 평형 수분 함량은 각각 30%(d·b)와 5%(d·b)이다. 단, 면적은 1 m^2으로 가정한다.

(1) 8%(d·b)까지 수분을 제거하는 데 걸리는 시간은?

(2) 절대습도가 0.015 kg수분/kg건조공기의 65°C 열풍을 이용하였다면 시간당 필요한 열풍(m^3/hr)은? 단, 항률 건조 기간 동안의 배출공기의 절대습도는 0.03 kg수분/kg건조공기이다. 습윤 공기를 구하는 공식과 습도 도표를 이용하는 방법을 모두 사용해야 한다.

20 초기 150%(d·b)를 가지고 있는 2,000 lb의 식품이 180°F와 10%RH(잠열 = 970 Btu/lb)를 가지고 있는 뜨거운 공기로 건조되고 있다. 임계 수분 함량은 20%(d·b)이고 EMC는 2%(d·b)이다. 식품의 표면적은 35 ft^2이고 표면 열전달계수는 35 Btu/(hr·ft^2·°F)이며 이 식품은 14시간 후에 제거된다.

(1) 항률 건조 기간까지 제거해야 할 수분의 양(lb)은?

(2) 감률 건조 기간 동안 필요한 시간은?

(3) 최종 수분 함량(%건조 기준)은?

21 처음 수분 함량(60% 습량)을 가진 식품(두께 = 4 in, 길이 = 12 in, 너비 = 10 in.)을 180°F의 공기로 모든 표면에서 건조시키고자 한다. 임계 수분 함량은 15%(건량)이고 평형 수분 함량은 5%(건량)이다. 초기 70°F, 80%RH인 공기가 건조기에서 180°F로 가열되고, 열전달계수는 60 Btu/(hr·ft^2·°F)이다. 항률 건조 기간과 감률 건조 기간(단, 액체 확산만 적용)에서의 건조속도(lb_m수분/hr)는? 단, K_g = 4 h(lb_m/ft^2·hr), D = 0.853 ft^2/hr 공기 중 수증기 확산계수, 식품 밀도 = 45 lb/ft^3이다.

22 다음은 식품의 건조시간에 따른 식품의 무게를 측정한 결과이다. 이 식품의 초기 수분 함량은 90%(w·b)이었다.

건조시간(min)	식품 무게(kg)	건조시간(min)	식품 무게(kg)
0	24	40	8
10	18	50	6.2
20	13	60	5.2
30	10	70	4.5

(1) (kg수분 함량/kg고형분) 대 건조시간의 그래프는?

(2) 항률 건조 속도(kg수분/분)와 임계 수분 함량(kg수분/고형분)은?

(3) 위 조건에서 감률 건조 속도가 모세관 현상에 기인한다고 할 때 0.4 kg수분/고형분까지 건조시키는 데 필요한 총 건조시간은? 단, 평형 수분도=0이다.

Lab 16
공정의 차원해석Dimensional Analysis

1) 개념

산업화된 규모의 공정 설계는 실험 실적 규모와 파일로트 규모의 결과를 바탕으로 설계되어야 한다. 이와 같은 스케일 업(scale-up) 과정에서 오류를 최소화하고 효율성을 높이기 위하여 도입된 방법이 차원해석(dimensional analysis)이다. 관 내 흐름에서 층류의 유동은 유체의 물리적 현상을 기반으로 해석적인 해를 얻을 수 있으며, 여러 조건에서 유체의 거동을 예측할 수 있는 모델들이 개발되었다. 하지만 난류의 경우 층류와 같이 해석적인 해를 얻기가 매우 어렵기 때문에 유체가 적용되는 환경(공정)에 적절한 실험을 진행하여 유체의 거동을 예측하고 있다. 차원해석은 유체의 거동 또는 다른 전달 현상(열전달과 물질 전달)의 거시적 거동을 나타내며, 필요한 실험 인자들의 수를 최소화하는 데 사용되는 기법이다. 차원해석은 거시적 거동을 나타내는데 필요한 최소한의 실험 인자와 그 묶음들 간의 관계를 이용하여 구하고자 하는 거동이 적용되는 대상의 규모(scale)에 관계없이 적용하는 것이 큰 장점이다. 이와 같은 장점은 실험실적 규모로 얻은 결과를 파일로트 규모와 현장 규모로 적용시키는 데 매우 유용하며, 공정 설계 시 중요한 역할을 하게 된다. 여기에서는 식품의 가공 공정에 반드시 포함되는 관 내 유체의 유동 시 유체의 거동을 나타내는 차원해석을 예로 들어 차원해석의 이론과 응용을 다루어 보기로 한다.

2) 버킹엄Buckingham 이론

차원해석은 차원의 일관성(consistency)에서 시작한다. 차원의 일관성은 어떤 식을 구성하는 각 항의 차원이 동일함을 의미한다. 공학에서 주로 사용되는 물리량을 나타내기 위한 기본 차원은 일반적으로 7가지(질량, 길이, 시간, 온도, 물질의 양, 전류의 세기, 빛의 세기)이나 전달현상에 주로 사용되는 차원은 질량, 길이, 시간, 온도, 물질의 양이며, 여기에서 다루는 유체의 역학적 거동을 해석하는 데 다루는 차원은 질량[M], 길이[L], 시간[T]이다. SI단위 체계를 사용할 경우 해당 단위는 kg, m, sec.이다. 유체의 거동을 표현하는 수식을 구성하는 다양한 항들은 차원의 일관성에 적용을 받으며 기본 차원의 곱으로 구성된다. 버킹엄(Buckingham) 이론에 따르면 유체의 거동을 나타내는 수식이 n개의 독립된 차원으로 이루어진 *M*개의 변수(parameter)로 구성될 경우 ($M-n$)개의 무차원항(dimensionless group)으로 유체의 거동을 대표적으로 표현할 수 있다는 것이다.

차원해석의 이해를 위하여 지름 D의 공 모양 물체에 대하여 유체가 작용하는 힘(F)을 예로 들어 설명하고자 한다. 공 모양 물체에 작용하는 힘(F)이 유체의 평균속도()와 유체의 성질〔밀도(ρ), 점도(μ)〕과 공 모양 물체의 기하학적 특징인 지름(D) 간의 상관관계로 표현할 수 있다고 가정하면, 다음과 같은 함수 관계로 나타낼 수 있다.

$$F = f(D,\ v_m,\ \rho,\ \mu) \quad \cdots\cdots\cdots ①$$

이때 각 항의 차원을 기본 차원으로 표현하면 다음의 표와 같다.

구성 항	F	D	v_m	ρ	μ
기본 차원	$[\frac{ML}{T^2}]$	[L]	$[\frac{L}{T}]$	$[\frac{M}{T^3}]$	$[\frac{M}{LT}]$

버킹엄 이론을 적용하면 위의 식 ①에는 3개의 기본 차원이 포함되어 있으며 5개의 변수(F, D, v_m, ρ, μ)로 구성되므로 $(5-3)=2$개의 무차원수로 물리적 거동을 나타낼 수 있게 된다. 임의의 2개의 무차원수를 선택하는 방법은 다양하며, 그중 일반적으로 사용하는 방법을 소개하면 다음과 같다. 관심 있는 2개의 변수를 F와 로 설정하고 이 두 변수를 이용하여 무차원수를 도출하려면, 선택한 각 변수를 다른 3개의 변수에 각각 적절한 멱승을 취한 후 이들의 곱으로 나누어 무차원수를 만들 수 있다. F의 경우 다음과 같이 무차원화를 할 수 있다.

$$\frac{F}{\rho^{\alpha} D^{\beta} v_m^{\gamma}} = [\frac{ML}{T^2}][\frac{L^3}{T}]^{\alpha}[\frac{1}{L}]^{\beta}[\frac{T}{L}]^{\gamma} \quad \cdots\cdots\cdots ②$$

모든 항이 무차원화되어야 하므로 각 기본 차원(M, T, L)에 대하여 다음과 같이 미지의 멱승값을 구할 수 있다.

$$M : 1 - \alpha = 0$$

$$T : -2 + \gamma = 0$$

$$L : 1 + 3\alpha - \beta - \gamma = 0$$

위의 연립방정식을 풀면 $\alpha = 1$, $\beta = 2$, $\gamma = 2$가 나오므로 이를 각 변수의 멱승으로 적용하면 F를 이용한 무차원수는 다음과 같이 된다.

$$\text{무차원수 (1)} : \frac{F}{\rho D^2 v_m^2} \quad \cdots\cdots ③$$

앞에서 유도한 무차원수는 항력계수(drag coefficient)로 잘 알려진 무차원수의 근간이 된다. 동일한 방법으로 에 대하여 무차원수를 만들 경우 다음과 같이 된다.

$$\text{무차원수 (2)} : \frac{\mu}{\rho D v_m} \quad \cdots\cdots ④$$

이것은 익숙한 레이놀즈수(Reynold number)의 근간이 된다. 실제로 사용하는 레이놀즈수는 우리가 유도한 무차원수 (2)의 단순한 역수이며, 이는 사용의 편리를 얻기 위한 경우나 실험에 의한 보다 높은 상관관계를 얻는 경우에 유도되는 무차원수의 무차원성을 유지하면서 계수를 첨가하거나 역수를 도입하는 방법으로 변형되어 발전한 것이다. 현재 사용하는 항력계수와 레이놀즈수는 다음 식과 같다.

$$C_D = \frac{8F}{\pi \rho D^2 v_m^2} \quad \cdots\cdots ⑤$$

$$Re = \frac{\rho D v_m}{\mu} \quad \cdots\cdots ⑥$$

버킹엄 이론으로 도출된 무차원수의 중요한 특징 중 하나는 유도된 2개의 무차원수가 서로 독립적이란 것이다. 이는 항력계수 항에는 F가 존재하고, 레이놀즈수에는 μ가 존재한다. 이는 앞서 가정한 $F = f(D, v_m, \rho, \mu)$의 상관관계를 유도한 2개의 무차원수의 관계로 간단히 표현할 수 있다.

$$C_D = f(Re) \quad ⑦$$

이와 같은 관계를 도출할 수 있는 것은 무차원수를 만들 때 사용하였던 초기의 가정이 적절하였기 때문이다. 이와 같이 초기의 적절한 가정을 세우는 것은, 주어진 거동에 대하여 우리가 얻고자 하는 물리량에 대한 정확한 정의와 함께 현상에 대한 물리적 통찰력을 필요로 하는 부분이다. 새로운 물리현상을 무차원수로 나타내려면 그만큼 많은 물리적 통찰력이나 경험을 필요로 하기도 한다.

이렇게 도출된 무차원수는 현상을 해석하는 데 많은 편리함을 제공한다. 공 모양 물체에 대한 항력에 관한 이론적 지식이 없을 경우 무차원수는 실험의 횟수를 현격하게 줄여줄 수 있다. 만약 항력계수에 대한 물리적 지식이 전혀 없고 무차원수의 개념도 없을 경우 항력(F)에 대하여 다른 모든 변수들(D, v_m, ρ, μ)의 값을 변화시키면서 상호관계를 관찰하여야 한다. 변수 한 개당 10개의 다른 값들을 변화시키면서 실험을 진행한다고 가정하더라도 매우 많은 수의 실험을 진행하여야만 한다. 하지만 식 ⑦에 따르면 하나의 지름 (D)과 하나의 유체(ρ, μ)를 이용하여 평균속도(v_m)만을 변화시켜 얻은 값으로도 항력계수(C_D)와의 상관관계를 알 수 있다. 추가적으로 얻은 결과를 검증하기 위해서 다른 유체나 지름이 다른 공 모양 물체를 이용한 실험이 필요할 뿐이다. 이와 같은 접근법은 공학과 과학의 역사를 통하여 검증된 방법으로 항력계수와 레이놀즈수는 다음과 같은 관계를 가지고 있다.

$$C_D = \frac{24}{Re}(1 + 0.15Re^{0.687}) \qquad Re < 1,000 \quad ⑧$$

$$C_D = 0.44 \qquad 10^3 < Re < 10^5 \quad ⑨$$

$$C_D = 0.1 \qquad Re > 10^5 \quad ⑩$$

위의 상관관계는 비교적 정확한 값을 나타내며 다양한 유체역학의 응용 분야에서 사용된다.

레이놀즈수의 경우 차원해석을 통하여 난류의 정도와 흐름의 특성을 나타내는 데 많이 사용되고 있다. 레이놀즈수는 유체의 거동을 해석하는 데 많은 분야에서 사용하고 있으며, 그중 기하학적 유사성(geometrical similarity)과 동역학적 유사성(dynamic similarity)을 구분하는 데 중요한 역할을 한다. 기하학적 유사성이란 형상의 유사성으로 시스템을 대표하는 길이 차원의 비가 같은 경우이며, 동역학적 유사성은 시스템을 대표하는 힘에 대한 차원의 비가 같은 경우를 의미한다. 이와 같은 유사성은 규모가 다른 상태에서 실험한 결과를 해석하고 응용하는 데 매우 중요한 역할을 하며, 이에 대한 간단한 예를 살펴보면 다음과 같다.

예 **공기를 이용한 냉각장치(길이 8 m)를 설치하여 공기의 부피유량을 0.6 m^3s^{-1}로 유지하려고 한다. 이때 냉각장치를 실제로 설치하기 전에 1/10 규모로 물을 사용하는 냉각기를 이용하여 내부의 유체 흐름을 평가하려고 한다. 1/10 규모의 냉각기에서 압력 강하를 측정한 것을 바탕으로 설치하려고 하는 8 m 규모 냉각기의 압력 강하와 유체 특성을 예측하는 과정을 차원해석으로 설명하시오. 단, 유체 흐름에서 압력 강하(ΔP)는 부피 유량(W_L), 길이(L), 유체 특성인 점도(μ)와 밀도(ρ)의 함수관계(식 ⑪)이며, 해당하는 변수의 값들은 측정이 가능하거나 알고 있는 값들이다.**

$$\Delta P = f(W_L,\ L,\ \mu,\ \rho) \quad \cdots\cdots ⑪$$

i) 1단계 : 무차원수의 도출

식 ⑪과 같은 관계식은 5개의 변수와 각 변수를 이루는 3개의 차원으로 구성된다. 버킹엄 이론에 따르면 5－3＝2개의 무차원수로 이 시스템을 표현할 수 있다. 첫 번째 무차원수는 관 내 흐름을 나타내는 대표적인 무차원수인 레이놀즈수를 생각할 수 있다. 하지만 도관의 지름과 유체의 유속에 대한 정보가 없으므로 레이놀즈수는 우리가 알고 있는 식 ⑥으로 직접적으로 계산할 수 없다. 주어진 변수들의 조합으로 레이놀즈수와 유사한 의미의 또 다른 무차원수 유량계수(flow coefficient)를 만들 수 있다.

$$\text{유량계수} = \frac{W_L\rho}{\mu L}\ [=]\ \frac{(m^3s^{-1})(kgm^{-3})}{(kgm^{-1}s^{-1})(m)} \quad \cdots\cdots ⑫$$

두 번째 무차원수는 관심 있는 변수인 압력 강하(△P)와 관련된 무차원수이다. 압력에 포함된 차원인 질량 차원(M)은 주어진 밀도(ρ)를 나누므로 사라지게 되고, 이때 차원은 다음과 같다.

$$\frac{\Delta P}{\rho}\ [=]\ \frac{(kgms^{-3})}{(kgm^{-3})}\ [=]\ \frac{m^2}{s^2}\ [=]\ \frac{L^2}{T^2} \quad \cdots\cdots ⑬$$

남아 있는 차원을 없애기 위하여 다른 두 변수인 W_L과 L을 이용하면 다음과 같이 또 다른 무차원수 압력계수(pressure coefficient)를 만들 수 있다.

$$\text{압력계수} = \frac{\Delta PL^4}{\rho W_L^2}\ [=]\ f\left(\frac{m^2m^4}{s^2(m^{\sigma}s^{-2})}\right) \quad \cdots\cdots ⑭$$

문제에서 주어진 식 ⑪의 관계식은 식 ⑫와 식 ⑭에서 유도한 두 개의 무차원수의 관계로 표현이 가능하다.

$$\frac{\Delta PL^4}{\rho W_L^2} = f\left(\frac{W_L\rho}{\mu L}\right) \quad \cdots\cdots ⑮$$

(계속)

ii) 2단계 : 무차원수에 적용할 실험 데이터

사용되는 각 유체(공기와 물)의 특성은 다음 표와 같으며, 이는 측정도 할 수 있고 참고문헌을 통해서도 쉽게 얻을 수 있다.

	$\rho \cdot (kg \cdot m^{-3})$	$\mu(Pa \cdot s)$
공기	1.29	1.71×10^{-5}
물	1,000	0.89×10^{-3}

위의 실험값과 물성값들을 통하여 식 ⑮의 무차원수 2개 값을 다음과 같은 단계를 거쳐 계산할 수 있다.

(i) 두 무차원수에 물성값을 대입하여 실험값을 미지수를 포함한 값으로 표현

$$\frac{W_L \rho}{\mu L} = \frac{1{,}000 W_L}{0.89 \times 10^{-3} \times 0.8} = 1{,}404 \times 10^3 W_L \quad \cdots\cdots ⑯$$

$$\frac{\Delta P L^4}{\rho W_L^2} = \frac{\Delta P \times 0.8^4}{1{,}000 W_L^2} = 4{,}096 \times 10^{-4} \frac{\Delta P}{W_L^2} \quad \cdots\cdots ⑰$$

$W_L(L \cdot s^{-1})$	1.0	2.0	4.0	6.0	8.0
ΔP(bar)	0.031	0.088	0.250	0.460	0.707

(ii) 실험값을 대입한 무차원수의 산출

식 ⑯과 식 ⑰은 실험을 통하여 얻은 값인 W_L과 ΔP의 값을 대입하면 식 ⑮의 두 무차원수의 관계를 나타내는 식으로 표현할 수 있다.

$\frac{W_L \rho}{\mu L}$	1,404	2,808	5,618	8,427	11,236
$\frac{\Delta P L^4}{\rho W_L^2}$	1.270	0.901	0.640	0.532	0.452($\times 10^6$)

두 무차원수의 관계를 그림으로 표현하면 좀 더 명확해진다.

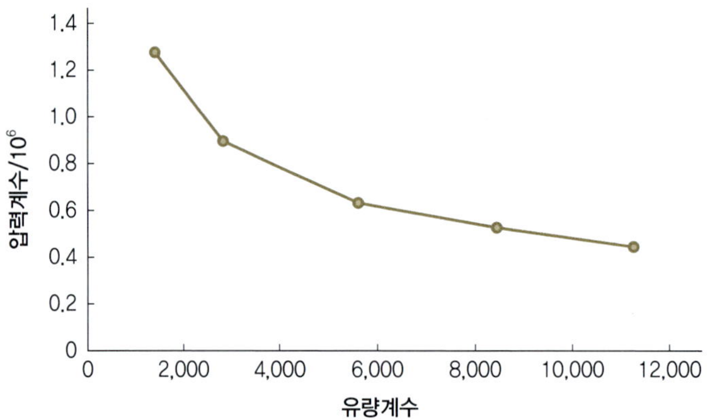

실험을 통하여 얻은 무차원 압력계수와 무차원 유량계수의 관계

이와 같이 차원해석으로 구한 관계는 유체의 종류나 크기에 관계없이 두 무차원수 간의 관계를 나타낼 수 있다.

(계속)

iii) 3단계 : 무차원수의 관계를 실제 공정 규모에 적용

두 무차원수의 관계를 실제 공정에 적용하면 다음과 같이 구하고자 하는 압력 강하값을 구할 수 있다. 실제 공정의 형상 인자와 공기 특성값을 이용하여 위의 그림 x축의 값에 해당하는 유량계수를 계산하면 다음과 같다.

$$\frac{W_L \rho}{\mu L} = \frac{1.29 \times 0.6}{1.71 \times 10^{-5} \times 8.0} = 5,658$$

유량계수 값에 해당하는 압력계수의 값을 앞의 그림에서 찾으면 0.638×10^6이다. 이를 이용하여 압력 강하값을 다음과 같이 구할 수 있다.

$$\Delta P = \frac{0.638 \times 10^6 \times 1.29 \times 0.6^2}{8.0^4} = 72.3 \text{ Nm}^{-2}$$

이번 예제는 무차원수의 개념을 도입하여 실제 공정에서 사용하는 냉각기의 압력 강하값을 구하는 것이다. 무차원수의 개념을 도입할 경우 형상이 유사한 경우 실험실이나 파일로트 규모에서 소규모의 적은 횟수의 실험으로 대규모의 냉각기가 필요로 하는 압력 강하값을 유추할 수 있다.

Lab 17

공정의 경제성 분석Economics analysis

1) 개념

산업화된 규모에 사용되는 공정의 경제성 평가는 매우 중요하다. 실제로 공정의 경제성은 제품이 원료로 입고되어 가공 공정을 거쳐 출고된 후 판매되는 과정을 통하여 정확하게 평가될 수 있으나, 공정의 설계 단계에서부터 기본적인 경제성 평가가 이루어져야 하며 이를 바탕으로 최종적인 생산 공정의 설치 및 운전 조건이 결정된다. 여기에서 다루는 공정의 경제성 분석은 가공 공정을 통하여 최종 제품에 부과되는 비용(cost)에 영향을 주는 공정의 요인과, 이를 바탕으로 한 공정의 경제성 평가방법에 대하여 논하려고 한다.

2) 비용 : 설비비와 운영비(고정비와 변동비)

가공식품 공장을 설계할 경우 가공 공정과 관련된 주요 비용은 다음과 같다.

① 기계 장비와 플랜트, 배관, 계측설비, 건물 (일반적으로 전체 설비비는 주요 기계 장비 비용의 3.5~4배 정도 소요)

② 원부재료비

③ 유틸리티(전기, 스팀, 냉각수 및 기타 서비스)

④ 인건비

⑤ 간접비

⑥ 유지보수비

⑦ 세금 및 보험

일반적으로 비용은 설비비(capital-related cost, 위의 예 ①번 항목)와 가공 공정을 운영하면서 지출하는 운영비(operating cost)로 구분할 수 있다. 또한 유사한 개념으로 고정비(fixed cost)와 변동비(variable cost)로도 분류할 수 있다. 변동비는 실제 생산 공정이 운영되며 발생하는 비용이며, 고정비는 생산 공정의 운영 여부에 관계없이 발생하는 비용을 가리킨다. 예를 들면 ②번 항목의 원부재료비나 ③번 항목의 유틸리티 비용은 대표적인 변동비로 공정이 운영되고 생산이 이루어지는 규모(양)에 따라 그 비용은 변화된다. 하지만 설비 투자비용과 같은 고정비 성격의 비용은 생산이 이루어지지 않는 경우에도 지출되는 비용이다. 인건비의 경우 실제 공정에서 발생하는 비용과 관리 차원에서 고정적으로 발생하는 비용이 모두 포함되므로 변동비와 고정비의 개념을 모두 포함한다고 볼 수 있다.

3) 가격 구조 설정

공정설계 시 공정 운영에서 발생하는 비용을 산출하기 위해서는 설비비와 운영비를 구분하여 산출하여야 한다. 설비비는 공정에 필요한 설비의 구입 및 설치와 관련된 비용으로 설비의 특성에 따라 그 가격이 결정된다. 반면 공정에 직접 관련된 운영비의 경우 설계하고자 하는 공정의 물질 및 에너지 수지에 의하여 결정된다. 물질 및 에너지 수지를 통하여 단위원가(unit cost)를 산출할 수 있으며 이는 주어진 원부재료비와 함께 해당 공정에 투입되는 인력과 서비스 및 유틸리티 비용도 산출할 수 있는 근거가 된다. 이와 같은 방법은 식품의 가공 공정에 범용할 수 있는 비용 분석으로 공정의 경제성 평가의 기본이 된다. 아래 예를 통하여 공정에 사용되는 비용의 정의, 비용의 산출방법과 이를 요약하여 표현하는 방법에 대하여 학습하기로 한다.

예 1 **사탕수수 즙을 활용하여 에탄올을 생산하는 공정 설계를 하려고 한다. 공장에서는 순도 95%의 에탄올 200 m^3/일 생산을 목표로 할 때 아래에서 주어진 정보를 바탕으로 공정의 경제성을 나타내는 표를 완성하시오.**

공정의 경제성을 나타내기 위해서는 공정을 위하여 사용된 설비비, 가동 기간 중 발생하는 운영비, 그리고 연간 매출을 산출하여야 한다.

i) 설비

설비와 설치비용은 견적을 기반으로 75억 원을 산정하고, 프로젝트 완료 후 설비의 잔존 가치는 20억 원으로 가정

(계속)

한다. 단, 설비를 이용하여 에탄올을 생산하는 프로젝트는 전량 생산(full production) 기준으로 11년이며, 설비비에는 잔존 가치와 감가상각에 대한 시간 개념이 도입된다.

ii) 연간 비용과 매출

운영비와 매출은 1년을 기준으로 연간 사용되는 비용을 산출하며, 시간의 개념이 비용과 직접적으로 연관이 있다.

운영비 (operating cost)	비용(억 원)
원부재료비 (원당 등)	214.8
유틸리티 (물, 전기, 스팀)	31.4
인건비 및 간접비	4.6
세금, 보험, 및 유지 관리비	6.8
총계	257.6
매출 (Revenues)	**비용(억 원)**
에탄올	273.0
이스트 부산물	36.3
총계	309.3

주1) 년 350일을 운영한다고 가정

주2) 원부재료비, 서비스, 제품의 가격은 물질수지와 단위 원가를 기준으로 산출

iii) 설비비, 연간 운영비, 매출 정리표

항목	비용(억 원)
설비비	75
연간 운전비	257.6
연 매출	30.93

iv) 누적 수익 계산을 위한 연간 운영 및 수익 지표 설정

일반적으로 설비 및 시설이 완공된 후 시험운전 등의 기간을 거쳐 수년이 지나야 설치한 공정의 최대 생산량(full capacity)을 달성할 수 있으나, 본 예제에서는 설치 후 2년 후 최대 생산량을 가동할 수 있다고 가정하였다. 이때 연간 수익지표는 다음과 같이 나타낼 수 있다. 해당 연도의 순이익(net income)은 매출(sales, R)에서 운영비(operation 또는 running, O)와 설비비(capital, K)를 차감한 금액이다.

$$순이익 = R - O - K \quad \cdots\cdots ①$$

누적수익(cumulative income)은 해당 연도 순이익을 프로젝트가 마무리되는 12년도까지의 연차적인 합을 의미한다. 이를 연차적인 표로 나타내면 다음과 같다.

(단위 : 억 원)

연도	설비비(K)	운영비(O)	매출(R)	순이익	누적 수익
0	37.5	0	0	-37.5	-37.5
1	37.5	0	0	-37.5	-75.0
2	0	257.5	309.3	51.7	-23.3
3	0	257.5	309.3	51.7	+28.4
4	0	257.5	309.3	51.7	80.1
⋮	⋮	⋮	⋮	⋮	⋮
12	(-)20	257.5	309.3	71.7	513.7

(계속)

프로젝트가 마무리 되는 해의 설비비 (-)20억 원은 설비의 잔존 가치를 의미한다. 위와 같은 경우 프로젝트 시작 후 3년이 지난 시점부터 누적수익이 발생하는 구조로 매우 좋은 현금 흐름(cash flow)를 나타내는 비용구조이며, 공정의 경제성이 높다고 할 수 있다. 하지만 이 예제의 경우 해당 연도에 발생하는 순이익 잉여금(net annual surplus)이 모두 누적수익에 반영된 상태이나, 실제 공정에서의 경제성 평가에는 시간의 흐름에 따라 추가적으로 발생 가능한 비용과 수익을 고려하여야 한다.

4) 돈의 시간 가치와 할인Discounting, 순현재가치net present value, NPV

앞에서 계산된 돈의 가치는 현재와 미래가 모두 평가되었다. 실제 돈의 가치는 현재가치(present value, PV)와 미래가치(future value, FV)가 다르다. 주요한 이유는 인플레이션에 따른 돈의 시간에 따른 가치와, 이자율에 따른 돈의 시간적 가치이다. 이자율 (i)에 대한 돈의 현재가치와 n년도 이후의 미래가치의 관계는 아래 식과 같이 계산할 수 있다.

$$PV \rightarrow FV = PV(1+i)^n \quad \text{②}$$

$$FV \rightarrow PV = \frac{FV}{(1+i)^n} \quad \text{③}$$

이와 같이 돈의 시간에 따른 가치는 현재가치와 미래가치를 상호 보상적으로 표현할 수 있다. 아래 표는 시간에 따른 돈의 가치를 현재가치의 관점과 미래가치의 관점에서 보상적으로 표현한 예이다.

(i = 0.1, n = 3)

연차	수익	FV(3차 연도 기준)	PV(0차 연도 기준)
0	100	133.1	100
1	100	121	90.91
2	100	110	82.64
3	100	100	75.13
누적 수익	400	464.1	348.68

위에서 계산한 것과 같이 연차별로 동일한 수익금을 누적한 수익금과 시간에 대한 가치를 현재 또는 미래를 기준으로 보정하여 누적한 수익과는 차이가 있으며, 이와 같이 돈에 시간 가치를 부여하는 것이 경제성을 평가함에 있어 보다 실질적인 방법으로 간주되고 있다. 특히, 현재가치를 기준으로 미래의 수익을 평가하는 방법을 할인(discounting)이라고 하며 주로 사용하는 방법이다.

초기년도(0차년도)의 현재가치를 C라고 할 경우 각 해당 연도의 현재가치는 식 ③에 따라 다음과 같이 표현할 수 있다.

$$PV = \frac{C}{(1+i)^n} \quad \cdots\cdots ④$$

이와 같은 할인에 따라 예제에서 다루었던 에탄올 생산 공정의 순이익을 할인된 각 해당 연도의 현재가치(discounted net revenue)로 표현하면 다음 표와 같다.

(연이자율은 10%와 20%로 산정하여 I = 0.1과 0.2로 적용하여 계산)

연도	이익	PV(i = 0.1)	ΣPV(i = 0.1)	PV(i = 0.2)	ΣPV(i = 0.2)
0.0	-37.5	-37.5	-37.5	-37.5	-37.5
1.0	-37.5	-34.1	-71.6	-31.3	-68.8
2.0	51.7	42.7	-28.9	35.9	-32.8
3.0	51.7	38.8	10.0	29.9	-2.9
4.0	51.7	35.3	45.3	24.9	22.0
⋮	⋮	⋮	⋮	⋮	⋮
12.0	71.7	22.8	239.8	80.0	120.0
종계	513.7		239.8		119.8

위의 표 4번과 6번 칸에 나타낸 할인된 현재가치의 최종 누적 합계를 해당 프로젝트의 순현재가치(net present value, NPV)라고 한다. 이는 프로젝트를 통해서 얻을 수 있는 경제성을, 현재가치를 기준으로 하여 미래가치로 할인하여 얻을 수 있는 누적수익률을

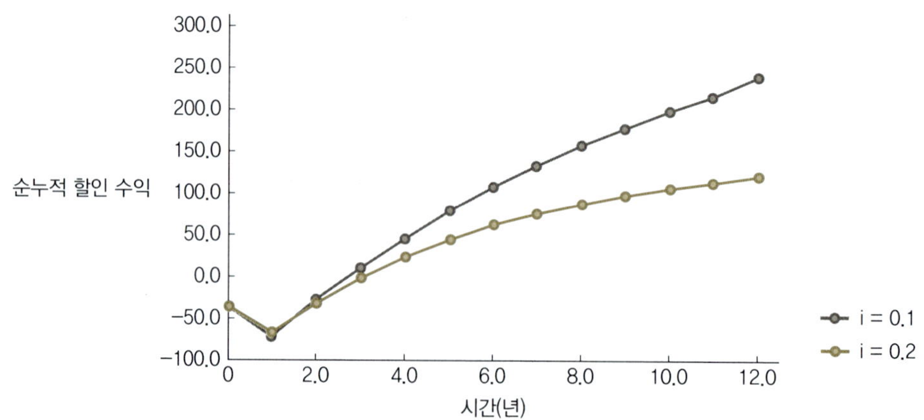

이자율에 따른 현금 흐름의 비교(이자율 10%와 20% 적용)

의미한다. 이자율이 높을수록 미래가치의 할인율은 높아지게 되며, 손익분기점(break even point)에 도달하는 시간(discounted payback time)은 더 길어진다. 아래 그림에 나타낸 것과 같이 이자율을 20%(0.2)로 적용할 경우 10%(0.1)인 경우보다 손익분기점에 도달하는 시간이 길어지며, 순누적 할인수익(net cumulative discounted income)이 적은 것을 알 수 있다.

5) 이자율과 기회비용Opportunity cost

앞에서 다룬 예제에서 보았듯이 이자율이 높아질수록 프로젝트의 순현재가치는 낮아진다. 이와 같이 이자율은 공정에 투자하는 투자자의 입장에서 지금 공정에 투자한 비용이 프로젝트 기간 동안 가져올 수 있는 수익률에 대한 상대적인 지표로 사용될 수 있다. 예를 들어 투자자는 에탄올 공정에 투자하지 않더라도 투자금을 다른 대체 사업에 투자할 수도 있고, 안정적인 이자율을 담보로 투자금을 은행에 예치하거나 다른 곳에 빌려 줄 수도 있다. 이와 같은 모든 경우가 투자자의 입장에서는 대체적인 투자 수단이 될 수 있다. 이때 안정적인 이자율을 얻기 위하여 은행에 예치할 경우를 기준으로 적용된 할인율을 투자 자본의 기회비용(opportunity cost)이라고 한다.

만약 프로젝트 기간 동안 투자금액에 할인율을 적용한 순현재가치(NPV)가 이자율로 얻을 수 있는 수익보다 낮을 경우, 즉 NPV < 0인 경우 해당 프로젝트는 투자하기에 적합하지 않다.

6) 프로젝트나 공정의 경제성 평가 요약

앞에서 언급한 방법에 따라 진행하고자 하는 프로젝트나 공정의 경제성 평가는 다음과 간단히 정리할 수 있다.

(1) 경제성 평가에 필요한 자료 항목

① 설비비(capital cost)

② 운영비(operating cost)

③ 매출(revenue)

④ 이자율(interest/discount rate)

(2) 경제성 평가와 의사 결정 수행

① 연간 순비용(net annual cost flow) 산출

② 순현재가치(NPV) 산출

③ NPV > 0 : 프로젝트나 공정의 수행 (NPV < 0 : 프로젝트나 공정의 수정)

7) 고정비와 변동비를 고려한 경제성 분석

앞에서 이야기한 경제성 평가는 공정의 운영률을 확정하고 경제성 분석을 수행하였다. 반면 실제 공정이 운영되는 동안 발생하는 비용은 생산량이나 공정의 가동률에 따라 적용되는 비용이 달라진다. 이때 생산량과 가동률에 관계없이 지출되는 비용을 고정비(fixed cost)라 하고, 생산량이나 가동률에 따라 변화되는 비용을 변동비(variable cost)라고 한다. 예를 들어 설비비나 관리비와 같은 간접비성 인건비는 생산량이 전체 생산량의 100%이든 50%이든 관계없이 고정적으로 지출되는 고정비인 반면에, 원부재료비, 직접비성 인건비, 유틸리티(스팀, 전기 등) 등 여러 항목은 생산량의 변화에 따라 지출이 변하는 변동비이다. 앞서 사용한 에탄올 공정을 이용하여 생산량에 따른 손익분기점의 산출방법에 대하여 예를 통하여 알아보기로 한다.

예 2

예 1에서 사용한 에탄올 공정을 단순화시켜 고정비는 설비비, 간접비성 인건비, 고정적으로 지출되는 보험과 유지관리비로 구성하고, 변동비는 원부재료비, 유틸리티(물, 전기, 스팀 등) 등으로 가정하여 생산량에 따른 손익분기점에 대한 평가를 내리시오.

i) 고정비 산출

연생산량(annual production)을 기준으로 하여 모든 생산량과 이에 따른 비용을 계산한다. 실제 공정에서 생산되는 에탄올의 일 생산량을 U m^3이라고 하면 연생산량은 연간 생산일수(350일)에 따라 350U가 된다. 이때 연간 고정비(annual fixed cost)는 연간 설비비 기여도*(C), 간접비성 인건비(L), 각종 세금(T)에 따라 다음과 같이 산출된다. 단, *연간 설비비 기여도 = 75억/13년 = 5.7억/년

$$F = C + L + T = 5.7 + 4.6 + 6.8 = 17.17(\text{억 원}) \quad \cdots\cdots ⑤$$

ii) 변동비 산출

연간 변동비(annual variable cost)는 한계 변동비**(marginal variable cost, V)와 생산량(U)의 곱으로 산출할 수 있다. 단, **한계비용(marginal cost)은 단위 생산량에 따른 비용을 의미하며, 이는 한계 고정비와 한계 변동비로 구분한다. 예 2에서는 한계 변동비(V)를 상수로 간주하나 일반적으로 실제 공정에서 한계 변동비는 생산량의 증감에 따라 변화된다. 일 생산량이 200 m^3/day일 때 원부재료비와 부대비용이 246.2억 원일 경우, 한계 변동비용(V, 즉, m^3/day의 생산량당 발생하는 비용)은 다음과 같다.

(계속)

$$V = \frac{246.2억\ (원)}{200} = 1.23억\ (원)$$

전체 공정의 생산량은 U m^3/day이므로 연간 변동비는 식 ⑤와 같다.

$$V \times U = 1.23 \times U \quad ⑥$$

iii) 연간 생산비 및 매출액의 산출

연간 생산비용(annual cost of production, C)은 연간 고정비(F)와 연간 변동비($V \times U$)의 합으로 식 ⑦과 같다.

$$C = F + V \times U = 17.17 + 1.23 \times U \quad ⑦$$

연간 매출액(R)은 생산량에 따른 단위 매출액(unit income, S)과 생산량(U)의 곱이다.

$$R = S \times U \quad ⑧$$

앞의 예제에서 사용한 공정에서 발생할 수 있는 연간 매출액 309.3억 원과 에탄올의 단위 매출액(S)을 390,000(원/m^3)으로 가정할 경우 연간 매출액(R)은 식 ⑨와 같다.

$$R = \frac{309.3 \times U}{2000} = 1.54U \quad ⑨$$

iv) 생산량에 따른 손익분기점의 산출

어떤 공정에서 연간 수익을 내기 위해서는 R > C이어야 한다. 이를 도식화하면 다음 그림과 같다.

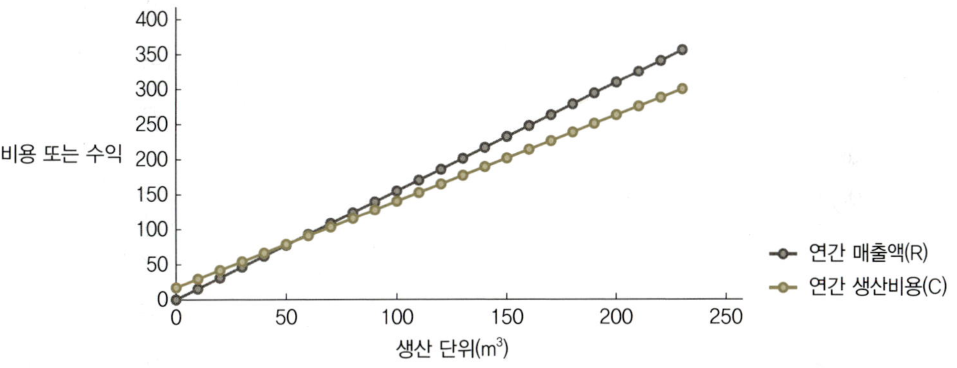

생산량에 따른 비용과 손익분기점

위의 그림에서 생산량이 적으면(< 54.43) 비용이 수익보다 적음을 알 수 있으며, 생산량을 일정 이상 생산하면서부터 수익이 발생하는 손익분기점(54.43)에 도달할 수 있음을 알 수 있다. 손익분기점 R=C인 경우이므로 이는 식 ⑦과 식 ⑨로부터 간단히 산출할 수 있다.

$$1.54U = 17.17 + 1.23 \times U \quad ⑩$$

$$U = 54.43\ (m^3/day)$$

이와 같은 계산은 간단하게 손익분기점에 해당하는 생산량을 결정하는 데 사용할 수 있으나, 실제 공정에서 한계비용은 상수가 아닌 생산량에 따른 함수이므로 이를 고려하여 설계를 하여야 한다.

Food Rheology

CHAPTER **2**

식품물성학

Lab 01

색Color Additives

왜 색을 사용하는가?

① 식품이 가진 색의 자연적 변화(natural variation)를 수정하기 위해

- 좀 더 일정하고 받아들일 만한 색과 관련
- 먹는 경험이나 품질과는 관계가 없음

② 식품 가공 시의 변화(processing variation)을 수정하기 위해

- 첨가한 색이 자연식품과 동일하게 보이도록 함. 예 버터, 그레이비(gravy), 달걀 노른자

③ 합성 가공식품(fabricated food) 때문에

- 맛살, 낮은 콜레스테롤이나 지방 식품 ⇒ 색 보정하거나 무색 처리

1) 공인 착색제Certified colorant

(1) 염료Dye

- 수용성 물질에 녹음으로써 색을 발현한다.
- 투명한 식품(음료) 등에 사용되며 FDA의 사용 한계성은 없다.
- 형태 : 분말, 과립(granular), 수용액, 페이스트, 액상/건상의 혼합물
- 빛, 환원제, 열처리 공정에 의한 색도 변화가 적으나 많은 빛의 노출은 피해야 한다.
- 4개의 공인된 염료

① Az(Red #2, #4, #40, Yellow #5, #6) : 금속에 민감한 염료로 금속 캔에 접촉하면 색이 없어지거나 이온을 형성한다.

② Triphenylmethane(Blue #1, Green #3

③ Fluorescein(Red #3) : 레토르트 식품에 열 안전성을 가진다.

④ Sulfonated indigo(Blue #2) : 빛에 민감하나 오랜 기간 색을 보존한다(사탕류).

- 화학적 합성으로 제조한다.
- 고순도, 높은 착색력(tinctorial strength), 효율적인 가격
- 일정하고 안정적인 품질을 유지한다.

(2) 안료Lake

- 분산(dispersion)에 의해 색 발현 : 물에 녹는 염료를 금속염과 반응시켜 용제에 녹지 않은 물질로 만든 안료이다.
- 색소는 제조 기술에 따라 달리 나타나며 색 발현력(color power)은 반투명한 염료양에 비례하지 않는다.
- 식품의 코팅 색을 내거나, 건식 혼합 식품, 지방 식품에 적합하다.
- 염료보다 빛, 화학적, 열 안정성이 더 뛰어나나 가격이 비싸다.

2) 비공인 착색제Uncertified colorant

- '자연'의 착색제 : 모든 자연 착색제가 식품에 유용하지는 않다.
- 어떤 물질이라도 다른 물질에 색감을 제공할 수 있다.
- 단점 : 낮은 착색력(tinctorial strength), 높은 가격, 높은 pH 민감성, 낮은 열과 빛 안정성, 복잡한 제조 공정, 불균일한 품질과 불안정한 공급 등.

(1) 비공인 착색제의 분류

① 카로티노이드Carotenoids

- β-카로틴, β-아포-8'-카로티날, 칸타잔틴(canthaxanthin), 잔토필(xanthophyll)
- 제조가 많이 이루어지며 대부분 식물성 기름에 사용된다.
- 장점 : 색도, 투명도, 아스코르브산에 안정, pro-vitamin A
- 단점 : 산소와 빛에 불안정, 기름이나 지방에 제한적 용해성, 높은 가격
- 지방 용해성으로 인해 마가린, 아이스크림, 식물성 기름에 사용한다.
- 잔토필 : 생선이나 고기에 핑크, 골금색을 내기 위해 사용한다.

② **캐러멜**Caramel

- 탄수화물을 열처리하여 분해(덱스트린)한 비정형 복합물질이다.
- 여러 식품의 등전점(isoelectric point)에 민감하다.
- 등급 : 내산성, 빵과 제과용, 건조 캐러멜
- 가격이 저렴하며 초콜릿, 탄산음료, 루트비어(root beer) 등에 갈색을 내기 위해 사용한다.

③ **이산화티타늄**Titanium dioxide

- 불투명도가 높은 흰색의 색소로 분산에 의해 색도가 발현된다.
- 덜 정제하면 흰색 페인트로 사용할 수 있다.

④ **카민**Carmine(red color)

- 선인장을 먹고 사는 연지벌레로부터 제조하나 가격이 비싸고 공급량이 매우 적다.
- 적색의 색도를 띠며 레토르트 제품에 안정성을 보인다.

⑤ **안소시아닌**Anthocyanine

- 식물에서 추출하며 낮은 pH에서도 높은 색도를 발현한다.
- 색조(hue)는 출처에 따라 다양하게 나타난다. 크랜베리, 비드, 포도 표피, 보라색 옥수수, 블랙베리 표피, 로셀라 꽃
- pH가 올라감에 따라 색이 사라지며 오직 산성식품에서만 유용성이 있다.

⑥ **올레오레진**Oleoresins

- 아시아 허브 뿌리로부터 노란색의 울금(tumeric)
- 적색의 파프리카

3) 착색제의 바람직한 성질

① 식품에 사용되는 착색제는 안전해야 한다.

② 착색제는 무미, 무취해야 하며 관능적 성질들은 해롭지 않아야 하며 다른 색과 잘 섞여야 한다.

③ 착색제는 빛, 산화/환원, pH 변화 및 미생물에 대해서 안정성을 유지해야 한다.

④ 착색제는 높은 발색력을 가져야 한다.

⑤ 착색제는 바람직한 색의 범위, 채도, 명도를 가져야 한다.

⑥ 착색제는 높은 수용성 성질을 가져야 하며 비싸지 않아야 한다.

⑦ 지방이나 기름에 용해력이 높아야 한다.

⑧ 착색제는 용해력이 낮다면 쉽게 폐기된다.

4) 색도 측정

- 3가지의 색으로 색을 표현
  - CIE 표준 색도계
- 눈으로 느끼는 색감으로 표현〔색을 벡터(vector) 개념으로 표시〕
  - Munsell 색도계, Hunter 색도계

(1) CIE 표준 색도계

x(적색), y(녹색), z(청색)의 3가지 원색을 조합하여 색도를 나타낸 것으로, x와 y에 사람이 인지할 수 있는 색을 CIE 색도 도표로 나타내었다. 즉, 가시광선(380~770 nm)의 파장에 해당하는 색을 양변에, 적색과 청색의 혼합색(보라)을 밑변으로 하는 표색법이다.

(2) Munsell 색도계

- Munsell 색도계는 색상(hue), 명도(value), 채도(chroma)의 형식으로 표시한다.
- 어떤 물리적 개념은 아니지만 널리 사용되는 개념이다. 컵이 5G 5/10이라면 5G에 해당하는 초록색이 명암 5, 채도 7에 해당한다는 것을 나타낸다.

  ① 색상(Hue) : 사과는 빨갛고, 레몬은 노랗고, 하늘은 파랗다.

  ② 명도(value) : 밝은 색(light color)은 레몬, 어두운 색(dark color)은 자몽 등

  ③ 채도(chroma) : 탁한 색(dull)은 바나나, 배 등이고, 선명한 색(vivid)은 레몬 등

(3) Hunter 색도계

CIE 색도 도표는 이론적이나 숫자와 색이 선형 관계가 아니며, Munsell 색도계는 색 표현에는 알맞으나 기기적 측정에는 부적합하다. 따라서 빛의 반사력과 침투력을 측정하는 망막 구조의 한계성이 존재한다.

Hunter 색도계는 3개의 필터〔x(적색), y(녹색), z(청색)〕를 통해서 나타나는 에너지의 차이를 전기적인 에너지로 변환시켜 명도, 색상과 채도로 다음과 같이 나타낸다.

명도(=밝기) L : 흰색~어두운 색

색상(color) +a : 적색 -a : 초록색

+b : 노란색 - b: 파란색

또한 Hunter 색도계는 L, a, b값을 이용하여 색의 차이를 나타내는 색차지수(color difference)를 나타낼 수 있다.

$$\text{색차지수} = (\triangle L^2 + \triangle a^2 + \triangle b^2)^{1/2}$$

여기서 색차지수가 0.1 이하이면 우리 눈에서 색의 차이를 인지하지 못하며, 0.5 이상인 경우는 육안으로 색의 차이를 인지할 수 있다.

실험 목적

특정 식품의 색상을 비교함으로써 공인 착색제와 비공인 착색제에 대한 경험을 얻고자 하며, 현재 상업적으로 사용하는 기기에 대한 적응성을 갖고자 한다.

실험 기구

색채계(Colorimetry), 전분 용액, 다양한 착색제

실험 방법

1 시중에서 판매하는 토마토소스와 초콜릿 시럽을 준비한다. 이와 유사한 제품을 전분 용액과 착색제를 이용하여 제조한다.

2 조직감과 색도를 타깃 시료와 가능한 한 동일하게 만드는데 향(flavor)은 고려치 않는다.

3 각 착색제는 높은 용해성으로 쉽게 용해되며 강한 발색력을 가지고 있으므로 과다한 착색제의 사용을 금하고 천천히 조금씩 착색제를 넣도록 한다.

4 타깃 시료와 유사 제조 제품의 색도를 색채계를 이용하여 측정하고 색의 차이를 계산한다.

실험 결과 및 고찰

	토마토소스(tomato sauce)		초콜릿시럽(chocolate flavored syrup)	
	유사 제품(analog)	타깃 제품(target)	유사 제품(analog)	타깃 제품(target)
L*				
a*				
b*				
△E				

1 여러 착색제의 적절성을 관찰하고 색상을 내는 데 애로사항을 토론하시오.

2 제조한 제품들과 타깃 제품과의 색상 차이가 어떻게 다른지를 묘사하시오.

Lab 02
가스의 **샤를 법칙**Charles' law

1) 온도에 대한 부피 의존성

풍선이나 자전거 타이어는 가스의 작용을 나타내는 데 이용할 수 있다. 따뜻한 날씨일 때 풍선이나 타이어들이 팽창했다면, 추운 날씨에는 온도가 떨어짐에 따라 내부 공기는 수축하게 된다. 이를 따뜻한 실내로 들여 놓으면 내부 공기가 새지 않거나 외부 기압에 변동이 없다면 처음의 크기로 되돌아올 것이다.

샤를(Charles)의 법칙은 부피의 변화에 대한 온도 효과를 설명하고 있다. 분명히 부피는 온도가 올라감에 따라 증가하고, 온도가 떨어지면 감소한다. 수학적 표현을 빌리면 압력이 일정한 조건에서 부피는 온도와 비례한다.

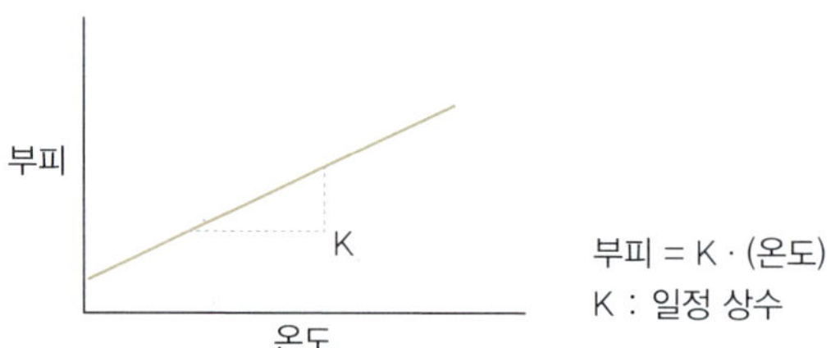

이번에는 고정 양의 가스가 모세관 튜브에 담겨 있으며, 튜브의 한쪽은 밀폐되어 있고 반대쪽 끝 가까이에는 약간의 오일을 묻혀 둔다. 이 '액체 플러그(liquid plug)'는 튜브 속에 갇힌 공기가 새는 것은 막되 온도 변화에 따라 팽창하거나 압축된 공기가 자유롭게 앞뒤로 움직일 수 있도록 한다. 모세관 튜브가 원통형일 때 그 공간에 갇혀 있는 공기의 부피는 공기가 들어 있는 공간의 길이(L)와 면적(A)의 곱으로 나타낼 수 있다.

$$공기의\ 부피 = A \times L$$

면적 A는 변화가 없으며 매우 작기 때문에 공기의 부피는 대략 공기가 들어 있는 공간의 길이와 같다. 그러므로 샤를 법칙은 온도에 대한 길이의 비율은 일정하다고 언급할 수 있다.

실험 목적

샤를(Charles) 법칙에서 제시된 온도-부피의 관계를 관찰하고, 수학 상수(mathematical constant)를 구하고 이해하는 데 있다. 이를 위해서는 고정적인 가스의 부피를 온도 변화에 따라 관찰한다. 온도에 따른 부피의 변화가 일반적으로 일정하다고 여겨지면, 데이터는 온도-부피 변화 간의 직선을 보여 주기 위한 그래프를 그린다. 이 그래프를 이용하여 가스의 부피가 이론적으로 0이 되는 온도를 절편에서 추론할 수 있으며, 이때의 이론적인 온도를 '절대 0(absolute zero)'이라 할 수 있다. 즉, 절대 영도(캘빈온도)는 온도-부피의 직선으로부터 구하며, 절대 0은 캘빈 0도이다.

측정 과정

온도계(0~100℃), 1 L 비커, 오일로 차단된 유리 모세관 튜브, 고무줄

기구 조립은 다음과 같다. 모세관 튜브가 'liquid plug'를 가지고 있지 않다면 3인치

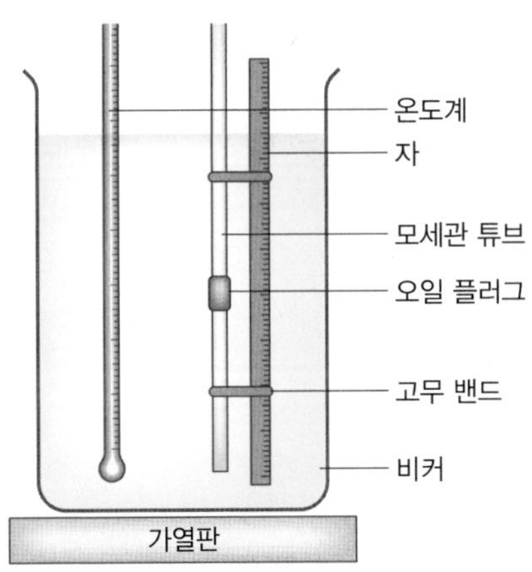

바늘이 있는 주사기 내에 오일을 담고, 그 주사기 바늘을 모세관 튜브에 넣는다. 오일이 튜브의 0.5인치 길이에 이르도록 빠르게 주입한다. 이 경우 8인치의 모세관 튜브에서 약 5인치 길이의 공기 공간을 막게 된다. 기구를 조립한 후 온도계를 비커의 바닥에 닿지 않도록 설치한다.

측정 그래프

데이터로부터 절대 0을 구하기 위해 그래프 용지의 온도 범위를 최대한 늘린다. Y축에 모세관 튜브의 길이를 놓고, x축에는 온도를 섭씨(℃)로 나타내 그린다. 그래프의 각 점으로부터 최적 직선을 x축에 닿을 때까지 그린다. X축에 닿은 온도는 이론적으로 공기의 부피가 0이었을 때의 온도이고, 이를 '절대 0(absolute zero)'이라고 한다.

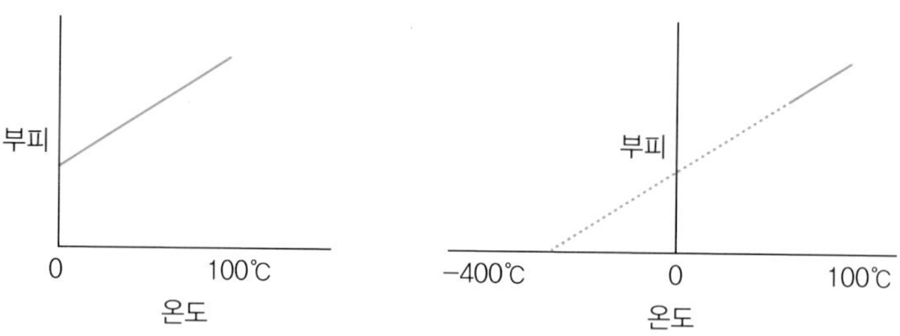

실험 결과

1 섭씨 온도를 캘빈 온도로 전환한다.
2 각 데이터에서 일정 값 K를 얻기 위해 모세관 튜브의 길이를 온도로 나눈다.
3 부피 대 온도(0℃)에서 시작하는 그래프를 그린다.
4 부피 대 −350℃에서 100℃까지의 온도를 나타내는 그래프를 그린다.

	길이(mm)	온도(℃)	절대온도(°K)	상수 K(Constant K)
1				
2				
3				
4				
5				
6				
7				

그래프에서 절대 0 : ____________ ℃

실험 관찰

1 온도가 10℃ 증가 시 늘어나는 부피를 구하시오.

2 단위온도(℃)당 증가하는 부피의 양을 구하시오.

3 일정한 K값에 대한 % 범위를 구하기 위해 아래의 식을 이용하여 계산하시오. 이것은 실험값의 정확성을 측정하는 것이다.

$$\text{퍼센트 범위} = \frac{(\text{가장 높은 K값}) - (\text{가장 낮은 K값})}{(\text{K의 평균값})} \times 100$$

4 측정기기의 설치방법과 측정 과정들은 일정한 K값의 계산에 영향을 미칠 수 있다. 온도가 정확하게 공기의 온도와 일치하는지, 또한 공기가 차지하는 공간의 길이가 온도 외에 다른 인자에 영향을 받는지 등을 감안할 때, 일정한 K값이 나타나지 않고 영향을 미칠 수 있는 실험적인 문제점을 2가지 이상 제시하시오.

Lab 03

표면장력Surface Tension

공기와 접촉하고 있는 물의 표면은 물에 의해 당겨진다. 즉, 액체와 공기가 만나는 계면에서 안쪽으로 끌어당겨지는 경향이 있다. 이때 끌어당기는 힘은 액체와 분자 간의 서로 다른 밀도에 의한 반데르발스(van der Waals) 힘의 결과로 생기며, 결과적으로 표면의 면적을 최소화시키려는 경향을 나타내므로 액상의 경우 구 모양을 형성하게 된다. 따라서 표면장력(γ)은 내부 쪽으로 표면에서 수직으로 작용하는 힘, 또는 단위면적(dA)에 대한 표면적을 늘리는 데 필요한 에너지의 양(W)으로 정의된다.

dW = 표면장력(γ)·dA로 정의되며, 표면장력의 단위는 J/m^2 또는 $N \cdot m^{-1}$이다.

열역학 제1 법칙 du = dq + dw에서 총 일량(total work) dw는 PV와 non-PV 일(= 표면 작업 기간)의 합으로 나타낸다.

$$\therefore\ dw = dw_{pv} + dw_{non\text{-}pv} = -pdv + \gamma \cdot dA$$

열역학 제2 법칙으로부터 dq = T·ds,

$$\therefore\ du = Tds - PdV + \gamma \cdot dA \quad \cdots\cdots ①$$

깁스 자유에너지(Gibb's free energy)의 정의로부터 G = H − TS = U + PV − Ts

$$\therefore\ dG = du + PdV + Vdp - Tds - Sdt \quad \cdots\cdots ②$$

①, ②로부터 $dG = Vdp - Sdt + \gamma \cdot dA$ ⋯⋯ ③

일정한 압력과 온도에서 ③식은 $dG = \gamma \cdot dA$

$$\therefore\ \gamma = \left(\frac{\partial G}{\partial A}\right)_{PT}$$

그러므로 표면장력은 열역학적으로 표면적의 증가 변화에 대한 깁스의 자유에너지 변화량으로 정의된다. 표면장력이 +값을 가지면 깁스의 자유에너지도 +값으로 증가하여 열역학적으로 역행하는(unfavorable) 상황이 되기 때문에 순행하는 상황이 되기 위해 표면의 면적을 줄이려 한다.

보통 물의 표면장력은 72.75 dyne/cm이고 수은은 476 dyne/cm 정도이다.

1) 라플라스 식Laplace equation

거품이나 방울은 평형 상태에 존재하면 표면적을 줄이려는 경향이 있으며, 이는 방울이 수축함에 따라 생기는 내부에너지의 증가와 균형을 이루고자 한다. 이 결과 방울의 내부와 외부 사이에 압력 차이가 존재하며, 내부 압력은 반지름 r의 함수로 나타나게 된다.

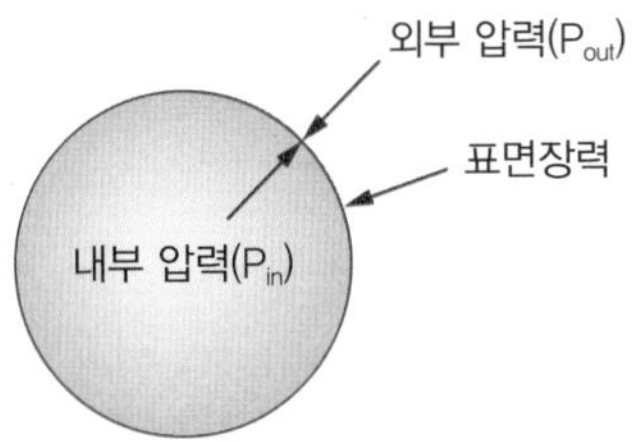

① 내부 압력이 P_{in}이라면 외부로 작용하는 힘은 다음과 같다.

$$F = P \cdot A = P_{in} \cdot 4\pi r^2$$

② 내부에서 향하는 힘 = 외부 압력으로 인한 힘 + 표면장력

③ 표면을 늘리기 위해 필요한 일 $W = \gamma \cdot dA$

표면적($4\pi r^2$)에서 반지름이 dr만큼 변한다면,

$$dA = 4\pi(r + dr)^2 - 4\pi r^2 = 8\pi r dr$$

그러므로 $dw = \gamma \cdot 8\pi r \cdot dr$ ·· ④

$dw = F \cdot dr$에 ④식을 대입하면 $F = 8\pi r \cdot \gamma$

평형 상태에서 $4\pi r^2 \cdot P_{in} = 4 - P_{out} = 2\gamma/R$이 유도되고, 곡률(curvature)에 의한 압력 차이는 표면장력과 반지름의 함수로 나타낼 수 있다.

2) 모세관 오름Capillary rise

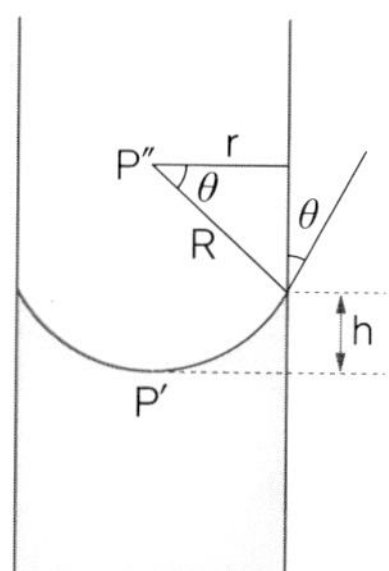

유리 모세관을 액상 내에 놓았을 때, 액체는 유리벽에 달라붙고 옅은 필름막이 표면을 덮는다. 필름이 내부 벽을 오를 때, 반데르발스나 수소결합에 의해 물 분자를 위로 당기며 커브 모양이 생겨난다.

이 모양은 물기둥의 무게에 의해 생기는 압력과 액체 곡률에 의한 압력의 재분포 균형이 이루어질 때까지 계속 상승하게 된다.

곡률의 반지름 R과 모세관 반지름 r이 다를 경우 다음과 같다.

$$\cos\theta = \frac{\text{모세관 반지름}}{\text{곡률의 반지름}}$$

곡률에 의한 압력 강하 $\triangle P = \frac{2\gamma}{R} = \frac{2\gamma \cdot \cos\theta}{R}$ ·· ⑤

액체를 지지하는 기둥(column)의 힘 $F = \pi r^2 \cdot h \cdot (\rho_l - \rho_g) \cdot g$

$\Rightarrow P = \frac{F}{A} = h \cdot (\rho_l - \rho_g) \cdot g$ ·························· ⑥

⑤=⑥의 평형 상태에서

$$\frac{2\gamma \cdot \cos\theta}{R} = h \cdot (\rho_l - \rho_g) \cdot g$$

$$\therefore h = \frac{2\gamma \cdot \cos\theta}{r \cdot (\rho_l - \rho_g) \cdot g}$$

접촉각이 0일 경우 $h = \frac{2\gamma}{r \cdot (\rho_l - \rho_g) \cdot g}$

3) 응집력Cohesion과 접착력Adhesion

액체 간에 서로 부딪히는 것을 응집력(cohesion)이라 하고, 액체와 벽 사이에 끄는 것을 접착성(adhesion)이라 한다.

접착력 > 응집력 : 벽은 젖고 액체가 벽을 따라 올라간다.

접착력 < 응집력 : 모세관의 벽에서 내려가게 된다.

보통 응집력 : $\triangle G = 2\gamma_A = \boldsymbol{\omega}_{AA}$ (=$\boldsymbol{\omega}$는 같은 물질끼리의 응집력)

접착력 : $\triangle G = \boldsymbol{\omega}_{AB} = \gamma_A - \gamma_B - \gamma_{AB}$ (접착력의 일)

$\boldsymbol{\omega}_{AA}$와 $\boldsymbol{\omega}_{AB}$의 차이를 확장계수(spreading coefficient of B over A)(=$S_{B/A}$)

따라서 보통 액상의 $S_{B/A} = \gamma_{w/air} - \gamma_{oil/air} - \gamma_{oil/w}$

20℃에서 물에 대한 확장계수

액상	$\gamma_{w/air}$		$\gamma_{oil/air}$		$\gamma_{oil/w}$	
n-헥사데칸	72.8	-	30	-	52.1	= -9.3 : 물에 대해 퍼지지 않는다.
n-옥탄	72.8	-	21.8	-	50.8	= 0.2 : 순수 물에 대해 퍼진다.
n-옥탄올	72.8	-	27.5	-	8.5	= 36.8 : 오염물에서도 퍼진다.

일반적으로 식품에서는 표면장력을 줄이기 위해 계면활성제(surfactant)를 넣는다. 식품(샐러드드레싱, 휘핑크림, 마가린, 밀크셰이크 등)에서는 오일이 코팅되어 에멀션 상태로 유지하기 위해 양친매성(amphipathic) 성질을 가진 계면활성제를 넣는다. 계면활성제의 종류로는 레시틴, 검, 흰자질, 모노-D-글리세라이드 등이 있다.

실험 목적

1 실온에서 액상의 표면과 계면장력을 구하기 위함이다.

2 물의 표면장력에 대한 계면활성제의 영향을 조사하기 위함이다.

실험 기구

표면장력계(tensiometer), 유리 용기

실험 방법

1 액체의 표면장력 : 보정된 링(ring) 표면장력계를 이용하여 유체 내부에 잠긴 링을 유체 표면으로부터 당길 때의 문자판 눈금을 읽는다. 데이터를 적고 유체의 표면장력과 확장계수(spreading constant)를 계산한다.

2 물의 표면장력에 대한 계면활성제 효과 : 표면장력계를 이용하여 서로 다른 농도의 계면활성제를 포함한 용액의 표면장력을 측정한다.

3 액체의 계면장력(Interfacial tension) : 25 mL 비커 2개에 물 10 mL씩을 각각 담고 한 비커에는 기름 10 mL를, 다른 비커에는 에탄올 10 mL를 넣는다. 그 후 액상의 계면에서 링을 당기는데 이때 나타나는 문자판 눈금을 읽는다.

실험 결과 및 고찰

1 각 표면장력 값들을 계산하고 문헌에 나와 있는 값과 비교한다.

2 각 용액의 표면장력 값을 계산하고 로그(logarithmic) 농도 대 표면장력 값을 그래프로 나타내고 계면활성제의 영향을 나타내도록 한다. 또한 각 용액의 응집력의 일(work of cohesion)을 계산하도록 한다.

3 각 계면에서의 계면장력을 계산하도록 한다. 점착력의 일을 계산하고 확장계수를 구하도록 한다.

4 두 액체 사이의 계면장력과 확장계수가 에멀션을 형성하는데 어떻게 중요한지를 토론하도록 한다.

표면장력 값의 데이터

시료	온도(˚C)	문자판 눈금		평균
		1	2	
물				
기름				

물의 표면장력에 대한 계면활성제의 효과

계면활성제 : ____________________

계면활성제 무게 (%)	온도(℃)	문자판 눈금		평균
		1	2	
0.01				
0.1				
1.0				

액체의 계면장력

계면	온도(℃)	문자판 눈금		평균
		1	2	
기름/물				
에탄올/물				

Lab 04

고유 점도 측정 Intrinsic viscosity measurement

1) 이론

모세관 점도계(capillary viscometer)는 일정 길이의 모세관에 일정 부피의 유체가 통과하는 시간을 측정하여 점도를 구하는 유리기구로, 오스트발트 점도계(Ostwald viscometer), 우베로드 점도계(Ubbelohde viscometer), 캐논-펜스케 점도계(Cannon-Fenske viscometer) 등이 사용된다. 이러한 모세관 점도계는 가격이 저렴하고 측정이 간단한 반면에 점도가 높은 시료나 비뉴턴성 유체의 점도 측정에는 적합하지 않다.

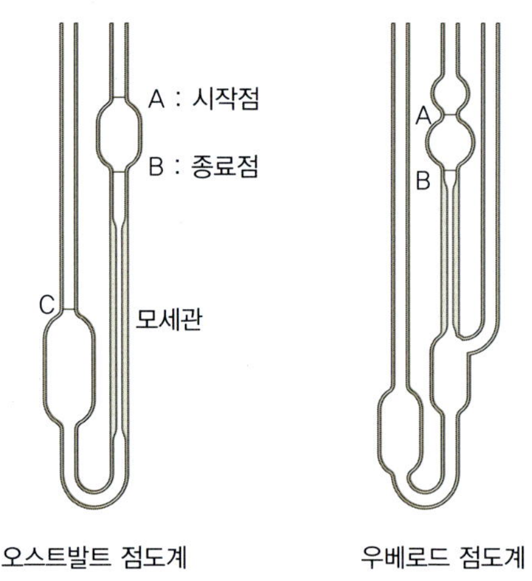

모세관 점도계

모세관 점도계에 의한 유체의 점도 측정에는 하겐-푸아죄유 방정식(Hagen-Poiseuille equation)에서 유도된 다음의 공식을 사용할 수 있으나 모세관의 반지름, 길이, 높이 및 시료의 부피를 미리 계산하여 점도계 상수(k)로 제공하는 보정 모세관점도계(calibrated capillary viscometer)를 이용하면 유체의 통과시간(t) 측정만으로 쉽게 점도를 구할 수 있다.

$$\eta = \frac{\pi r^4 \triangle P}{8L \cdot Q}$$

여기서 η : 점도, r : 모세관 반지름, L : 모세관 길이, Q : 유체 용적 유량, $\triangle P$: 압력

오스트발트 점도계를 이용한 점도 측정법은 다음과 같다. 일정한 온도에서 측정하고자 하는 유체를 모세관 점도계의 표선 C까지 채우고 점도계의 다른 쪽에서 유체를 표선 A의 상부까지 흡입한 다음 유체가 표선 A에서 표선 B까지 흘러내릴 때까지의 시간을 측정한다. 여기에 점도계 상수를 곱하여 동점도(kinematic viscosity)를 구한다. 또한 모세관 점도계는 물과 같이 점도를 알고 있는 액체를 기준 유체로 하여 하겐-푸아죄유 방정식에서 유도된 관계식을 사용하여 유체의 상대 점도(relative viscosity), 비점도(specific viscosity), 고유 점도(intrinsic viscosity)를 측정한다.

$$\frac{\frac{\eta_s}{\rho_s}}{\frac{\eta_o}{\rho_o}} = \frac{t_s}{t_o}$$

여기서 η_s : 시료의 점도, ρ_s : 시료의 밀도, t_s : 시료의 모세관 통과시간,
η_o : 물의 점도, ρ_o : 물의 밀도, t_0 : 물의 모세관 통과시간

상대 점도(η_r) : $\eta_r = \frac{\eta_s}{\rho_o} = \frac{\rho_s \cdot t_s}{\rho_o \cdot t_o}$

비점도(η_{sp}) : $\eta_{sp} = \frac{\eta_s - \eta_o}{\eta_o} = \eta_r - 1$

고유 점도($[\eta]$) : $[\eta] = \lim_{c \to 0} \frac{\eta_s - \eta_o}{\eta_o \cdot C} = \lim_{c \to 0} \frac{\eta_{sp}}{C}$

여기서 C : 시료의 농도

고유 점도는 농도별 시료의 비점도(η_{sp})를 측정하고 시료 농도(C)를 독립변수(x), 비점도/농도(= η_{sp}/C)를 종속변수(y)로 하는 일차회귀(linear regression) 모델식의 절편으로 구한다. 고유 점도는 단백질과 같은 고분자 화합물의 구조 변화, 분자량의 예측 등에 이용된다.

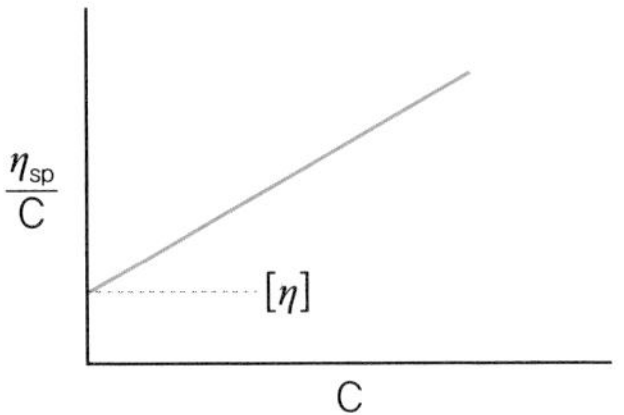

고유점도와 분자량과의 관계(Mark- Houwink law)

$$[\eta] = aM^b$$

여기서 a : 일정한 값(10^4~10^7 사이), b : 일정한 값 0.6~1.0 사이

여기서 a와 b는 각 용매-용질계에서 알고 있는 분자량의 시료를 이용하여 경험적으로 구한다.

예 단백질이 변성되면 단백질의 구조가 무작위적 코일로 변화하고 용액 내에서 유효 용량이 증가하게 되며, 이에 따른 고유 점도가 증가한다.

실험 목적

모세관 점도계(Cannon-Fenske viscometer)를 이용하여 여러 용액의 점도를 측정

실험 방법

1 25℃에서 점도계 관내를 흐르는 시간(efflux time)을 측정하기 위한 점도계의 사용법을 설명 듣는다.

농도(mg/mL)	밀도(g/mL)	시간(sec)	비점도	고유 점도(mL/mg)
1				
2				
3				
4				
5				

2 비점도/농도(Y축) 대 용액의 농도에 대한 그래프를 그린다.

3 데이터에 나타난 최적의 직선에 대한 기울기와 절편값을 구한다.

4 고유 점도를 절편으로부터 구한다.

Lab 05

비뉴턴 유체Non-Newtonian fluid의 점도 측정

1) 점도viscosity(η)

- 물성학(Rheology)의 일종

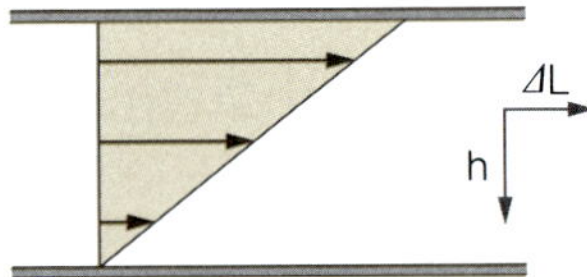

$$전단응력(\tau) = \frac{힘(F)}{면적(A)} \qquad 전단속도(\dot{\gamma}) = \frac{전단변형률}{시간(t)} = \frac{\triangle L/h}{t} = \frac{v}{h}$$

$\frac{F}{A} \propto \frac{v}{h}$(단위면적당 작용하는 힘은 두 평면 사이의 속도 차에 비례하고 거리에 반비례)

∴ 전단응력(shear stress) = (점도) · (전단속도)

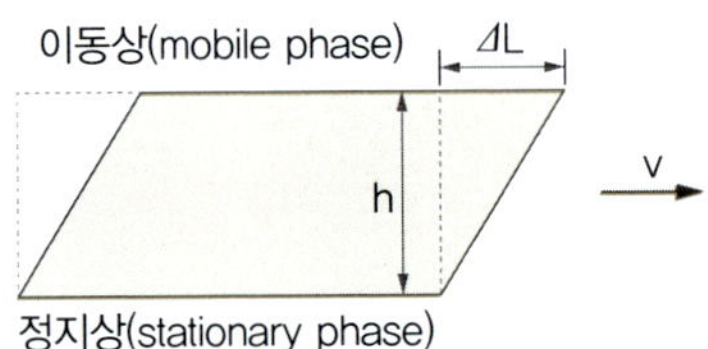

$$\tau = \eta \cdot \frac{dv}{dh} \quad \Rightarrow \quad 점도\ \eta = \frac{\tau(dyne/cm^2)}{\dot{\gamma}(sec^{-1})}$$

$\frac{dv}{dh}$는 유체 층의 속도 기울기로, 속도가 흐름에 직각 방향인 거리에 따라 얼마나 빠르게 변화하는가를 가늠하는 척도이다.

$$전단속도(shear\ rate) = \frac{dv}{dh}〔= 속도\ 기울기(velocity\ gradient)〕$$

CGS 단위 : $dyne/cm^2/sec^{-1}$ = Poise

SI 단위 : $\eta = \frac{\tau\,(N/m^2)}{\dot{\gamma}(sec^{-1})} = Pa \cdot sec$

◐ 뉴턴Newton의 점도식을 따르는 유체 : 뉴턴 유체(Newtonian fluid)

일정한 힘에 따라 일정한 속도로 유동하는 저분자 액체(물, 아세톤, 글리세린)

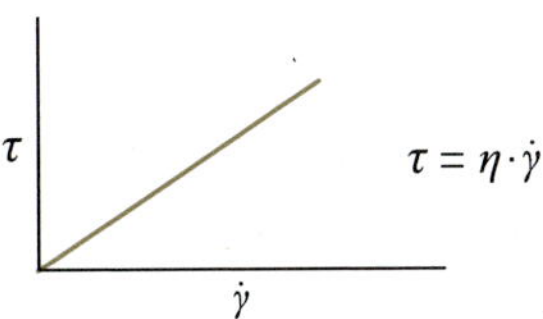

◐ 뉴턴Newton의 점도식을 따르지 않는 유체 : 비뉴턴 유체(non-newtonian fluid)

힘과 유동속도 관계가 곡선(풀, 소스류, 전분, 페인트)

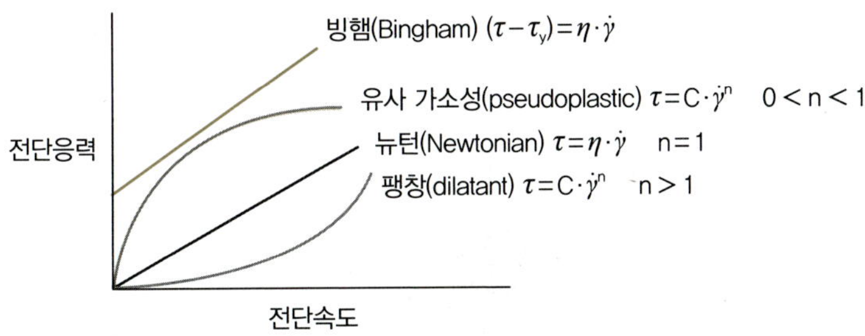

여기서 C : 점도계수, 안정계수(consistency coefficient), n : 유동지수(flow behavior index)

◐ 시간 의존 유체

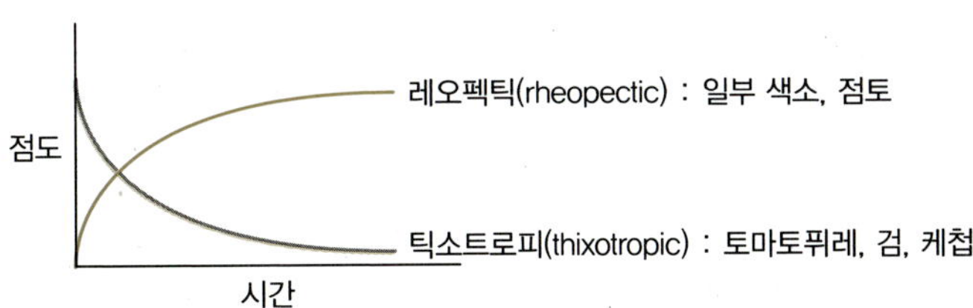

◐ 동점도($\frac{\eta}{\rho}$) : 물에 근거를 둔다(20℃ H_2O에서 1.0038 centistokes).

$$\frac{\eta}{\rho} = \frac{\frac{N \cdot sec}{m^2}}{\frac{kg}{m^3}} = \frac{m^2}{sec}$$

관내에 흐르는 유체의 유속에 따른 압력 강하 계산에 사용 ⇒ 운동하는 유체의 역학적 계산에 쓰인다.

- **겉보기 점도**Apparent viscosity : 특정한 전단속도와 관련된 기울기에서 구하며, 비뉴턴 유체에 뉴턴 방정식이 적용될 때의 점도.

2) 점도계Viscometer

기구 내 유체의 유동식을 창출하기 위해 사용된다.

(1) Telescopic shear 점도계

뉴턴 유체를 담은 큰 실리더에 담겨 있는 고형 실린더의 움직임을 고려.

가정 :

- 내부 실린더는 일정한 속도로 위아래로 움직이며 항상 액체 속에 잠겨 있다.
- 움직이는 속도는 매우 느리고 움직이는 실린더의 끝에서의 흐름의 효과는 무시한다.

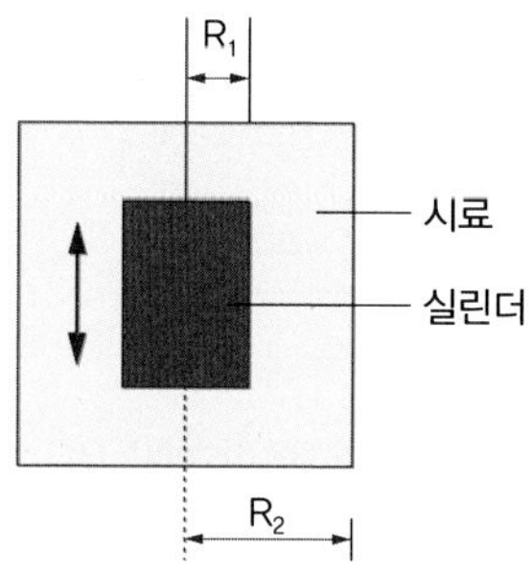

실린더 사이에서 유체 내의 전단응력은 ①과 같다.

$$\tau = \eta(\frac{-dv}{dr}) \quad \cdots\cdots ①$$

$F = \tau(2\pi rL)$을 ①에 대입하면 $\frac{F}{(2\pi rL)} = \eta(\frac{-dv}{dr}) \Rightarrow -dv = \frac{F}{2\pi L\eta} \cdot \frac{dr}{r}$

R_1과 R_2 사이에서 적분하면

$$-\int_{V_1}^{0} dv = \frac{F}{2\pi L\eta} \cdot \int_{R_1}^{R_2} \frac{dr}{r}$$

$$v_1 = \frac{F}{2\pi L\eta} \cdot \ln\frac{R_2}{R_1}$$

여기서 v_1 : 고형 실린더의 움직이는 속도

다시 정리하면 $\eta = \frac{F}{2\pi L v_1} \cdot \ln\frac{R_2}{R_1}$

① 점도는 위의 식에서 펌핑 운동 없이 측정할 수 있다.

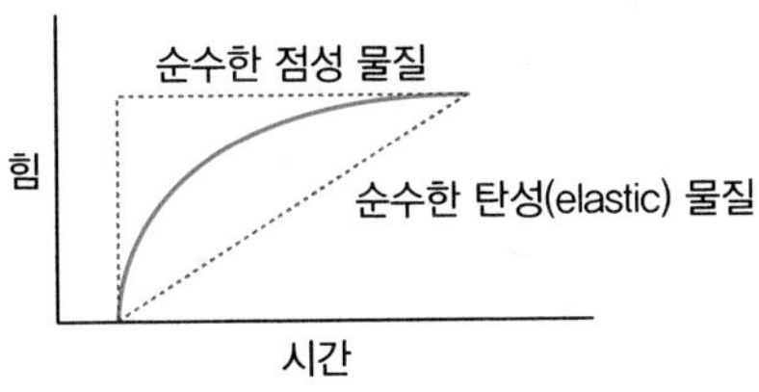

② 내부 실린더에서의 전단속도를 나타내는 식은 다음과 같다.

$$\eta = \frac{F}{2\pi L v_1} \cdot \ln\frac{R_2}{R_1} = \frac{\tau}{\dot{\gamma}} = \left(\frac{F}{2\pi R_1 L}\right) \cdot \frac{1}{\dot{\gamma}}$$

$$\dot{\gamma} = \frac{v}{R_1 \ln\left(\frac{R_2}{R_1}\right)}$$

③ 탄성 성질 Elastic property

뉴턴 유체의 경우를 생각해 보면 두 실린더 사이에 탄성물질이 존재한다고 가정했을 경우, 힘 대 변환 거리는 다음과 같이 생각할 수 있다.

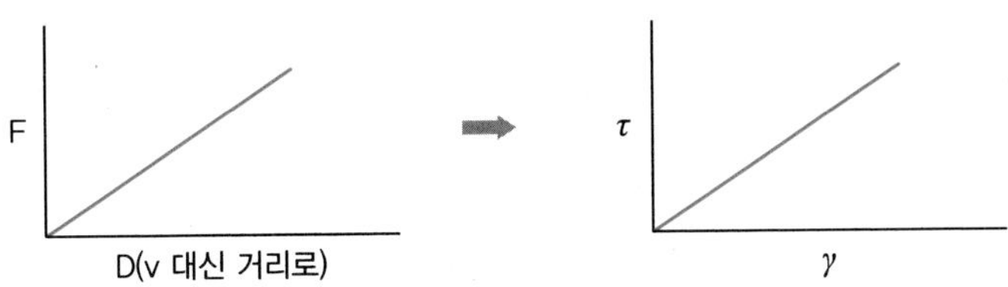

따라서 전단응력과 전단변형(shear strain) 상태로 변환되며, 뉴턴 유체에서 사용되었던 식이 유사하게 변환될 수 있다. 탄성물질의 총 힘은 ①과 같다.

$$F = \tau \cdot (2\pi r L) \quad \cdots\cdots ①$$

여기서 새로운 식을 적용하면 $\tau = G\left(-\frac{dD}{dr}\right)$ ⋯⋯ ②

여기서 $G = \frac{\tau}{\gamma}$ = 전단탄성(shear modulus)

①식과 ②식을 합치면

$$-\int_{D_1}^{0} dD = \frac{F}{2\pi LG}\int_{R_1}^{R_2}\frac{dr}{r} \quad \Rightarrow \quad G = \frac{F}{2\pi LD_1}\cdot \ln(\frac{R_2}{R_1})$$

④ 내부 실린더의 전단변형은 다음과 같다.

$$r_1 = \frac{D_1}{R_1 \ln(\frac{R_2}{R_1})}$$

여기서 D : 이동속도(cross head speed) × 움직인 시간

점성 및 탄성 성분을 가진 식품의 경우

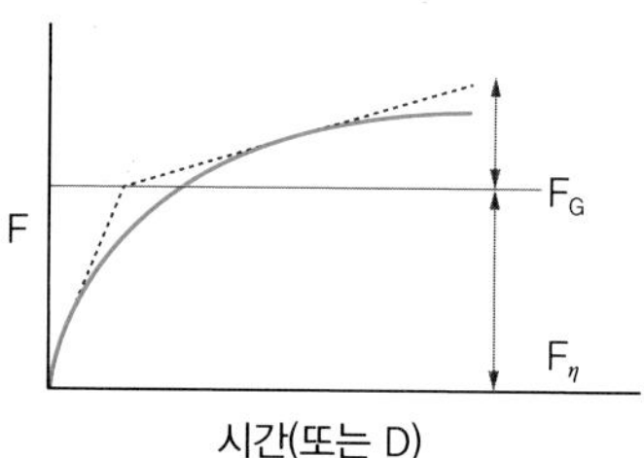

병렬 가정(Kelvin model)을 전제할 때, 다음의 식을 얻을 수 있다.

$$G = \frac{F_G}{2\pi LD}\cdot \ln(\frac{R_2}{R_1}) \qquad \eta = \frac{F_n}{2\pi Lv_1}\cdot \ln(\frac{R_2}{R_1})$$

(2) 모세관 점도계(Capillary viscometer)

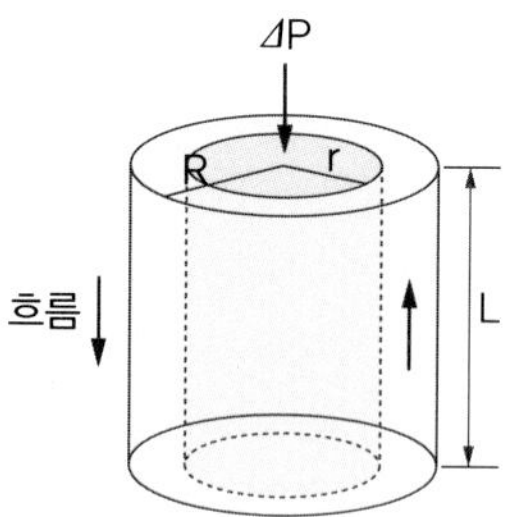

가정 :

- 유체는 비압축성이다.
- 속도는 반지름의 함수이며 벽면(wall) 효과는 없다.

- 벽면에서의 속도는 0(층류)이다.
- 흐르는 동안 열의 발생은 없다. (온도=일정)

이때 점도는 흐름의 속도, 가해진 압력 및 튜브의 기하학적 구조에 의해 결정된다.

$$F = \tau(2\pi r L) = \Delta P(\pi r^2)$$

여기서 $2\pi r L$: 벽면과 유체 사이에 작용하는 표면면적

흐름이 정상적(steady)이고, 벽과 단말(end) 효과가 없다면, 흐름을 방해하는 점성의 힘은 흐르는 방향으로 실린더 기둥(column)을 움직이는 힘이다. 즉, 정상 상태에서 속도는 일정하며, 가속도는 고려하지 않는다.

$$\therefore\ \tau = \frac{\triangle P \cdot r}{2L}$$

① 뉴턴 유체의 흐름

$$-\frac{dv}{dr} = \frac{\tau}{\eta} \quad \Rightarrow \quad -\frac{dv}{dr} = \frac{\triangle P \cdot r}{2L} \quad \cdots\cdots\cdots\cdots\cdots\cdots\cdots\cdots\cdots\cdots ①$$

$$-\int_v^0 dv = \frac{\triangle P}{2L\eta}\int_r^R r dr$$

$$v = \frac{\triangle P}{4L\eta}(R^2 - r^2) = \frac{\triangle PR^2}{4L\eta}(1 - \frac{r^2}{R^2}) \quad \cdots\cdots\cdots ②$$: 속도는 반지름의 함수

부피 흐름에서 단면적에 대한 위 식을 적분하면 푸아죄유의 식을 얻을 수 있다.

체적 유량률 $q = \int_0^R v \cdot 2\pi r dr$

위 식의 v를 ②식의 v에 넣어 정리하면,

$$q = \int_0^R (\frac{\triangle PR^2}{4L\eta})(1 - \frac{r^2}{R^2}) \cdot 2\pi r dr$$

$$q = \frac{\pi R^2 \triangle P}{2L\eta}\int_0^R (r - \frac{r^3}{R^2})dr = \frac{\pi R^2 \triangle P}{2L\eta}(\frac{R^2}{2} - \frac{R^4}{4R^2})$$

$$q = \frac{\pi R^4 \triangle P}{8\eta L} \quad \cdots\cdots\cdots\cdots\cdots\cdots\cdots\cdots\cdots\cdots\cdots\cdots ③$$: 층류에서의 푸아죄유 식

①과 ③을 벽면에서의 전단속도 식으로 정리하면

$$(-\frac{dv}{dr})_w = \frac{4q}{\pi R^3} = \frac{4\bar{v}}{R}$$

여기서 v : 평균 속도

$$\tau = -\eta(-\frac{dv}{dr}) = \eta(\frac{8\bar{v}}{D})$$: 전단응력 τ와 $\frac{속도}{지름}$ 관계로 나타내어진다.

가장 간단한 유리 모세관 점도계(glass capillary viscometer) : 0.014 centistoke/second

이론 :

$$\frac{\eta_s}{\eta_o} = \frac{t_s \cdot \rho_s}{t_o \cdot \rho_o} : (= \frac{\eta_s/\rho_s}{\eta_o/\rho_o} = \frac{t_s}{t_o})$$

$$\eta_{relative} = \frac{\eta_s}{\eta_o}$$

여기서 η_o : 용매 점도, η_s : 용액 점도

$$\eta_{specific} = \frac{\eta_s - \eta_o}{\eta_o} = \frac{\eta_s}{\eta_o} - 1$$

$$[\eta] = \lim_{c \to 0} \frac{\eta_s - \eta_o}{\eta_o \cdot C}$$

여기서 C : 농도

- 고유 점도 : 결합력은 제거된 점도로 거시 분자의 모양이나 부피, 분자량과 같은 성질에 따라 달리 나타난다.

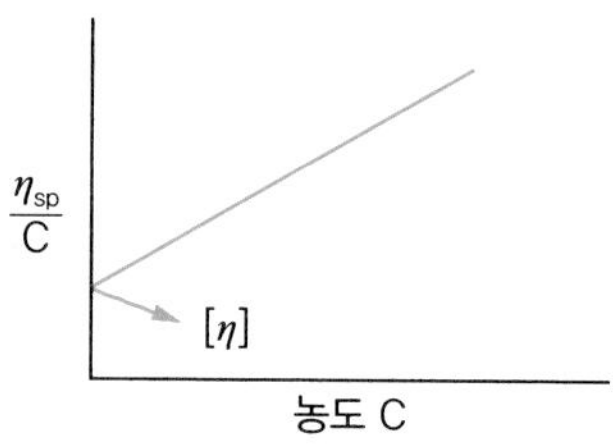

(3) 회전 점도계Rotational viscometer

- 회전 점도계는 유체 내에서 일정한 속도로 회전자(rotor)를 회전시킬 때 회전자의 회전과 회전속도에 필요한 회전력(torque)을 측정하여 점도를 구한다. 회전 점도계는 원통형 컵 내부에 작은 원통(bob)이 있어서 회전하고, 고정된 외부 컵 사이의 유체에서 발생하는 점성에 의한 토크를 측정하여 점도를 측정한다. 회전 점도계는 전단응력-전단속도 그래프 작성에 필요한 전단속도 범위에서 가동할 수 있으므로 뉴턴 유체와 비뉴턴 유체의 점도 측정에 모두 사용할 수 있으며, 비뉴턴 유체는 전

단속도에 따른 점도 변화를 측정할 수 있다.

- 모세관 점도계는 여러 온도와 시간에 따른 측정 조건에 한계성을 보이며 청소하기도 불편하다.

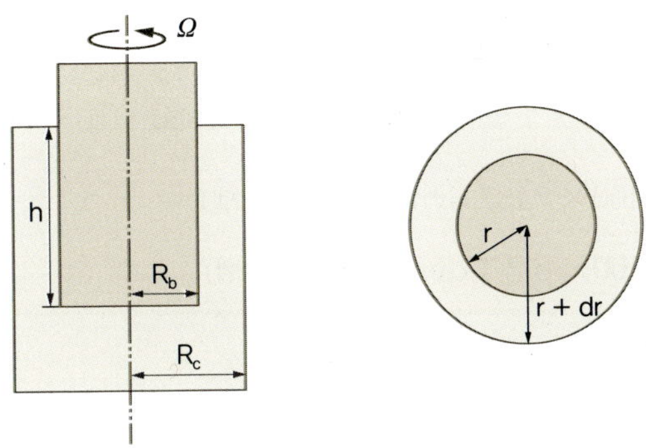

여기서 Ω : 내부 실린더의 각속도, R_b : 내부 실린더의 반지름, R_c : 외부 실린더의 반지름, h : 내부 실린더의 유체 높이

회전 물질의 점성 저항(viscous drag)은 속도의 함수로 측정할 수 있다.

가정 :

층류 흐름이며 유체와 실린더 사이에 미끄럼 현상은 없다.

M(외부 토크, 모멘트) $= 2\pi r^2 h\tau$

$$\tau = \frac{M}{2\pi r^2 h}$$

$$(v + dv) = (r + dr)(w + dw) \quad \Rightarrow \quad v + dv = \cancel{rw} + rdw + wdr + \cancel{dr}dw$$

무시

$$\frac{dv}{dr} = w + r\frac{dw}{dr}$$

ω는 강체운동(rigid body motion)으로 회전과는 상관없다. 즉, 속도 변화 dv는 $\omega \cdot dr$과는 무관하며 강체에서 ω는 항상 일정하다. 따라서 $r\frac{dw}{dr}$만이 $\frac{dv}{dr}$에 관여한다.

① 뉴턴 유체의 흐름

$$\tau = \eta(-\frac{dv}{dr}) = \eta(-r\frac{dw}{dr})$$

$$-dw = (\frac{M}{2\pi h\eta})(\frac{dr}{r^3})$$

$$\int_{\Omega}^{0} -dw = \int_{R_b}^{R_c} \left(\frac{M}{2\pi h\eta}\right)\frac{dr}{r^3}$$

$$\eta = \left(\frac{M}{4\pi \cdot h \cdot \Omega}\right)\left(\frac{1}{R_b^2} - \frac{1}{R_c^2}\right)$$

$$\therefore\ \Omega\left(\frac{rad}{sec}\right) \Rightarrow rpm \cdot \frac{2\pi}{60}$$

M = 눈금 읽기/100 × 7,187 dyne cm (RV 모델)

= 눈금 읽기/100 × 673.7 dyne cm (LV 모델)

② 소성 유체plastic fluid의 흐름

$$-\frac{dv}{dr} = -r\frac{dw}{dr} = \frac{1}{\eta}(\tau - \tau_y) \quad \cdots\cdots ①$$

$$\tau = \frac{M}{4\pi r^2 h} \quad \cdots\cdots ②$$

②식의 전단응력 τ를 ①식에 대입하면 다음과 같은 식이 구해진다.

$$-r\frac{dw}{dr} = \frac{1}{\eta}\left(\frac{M}{2\pi r^2 h}\right) - \frac{\tau_y}{\eta}$$

R_b와 R_c 사이에서의 각속도 변화를 적분하면,

$$\int_{\Omega}^{0} -dw = \frac{1}{\eta}\ \frac{M}{2\pi h}\int_{R_b}^{R_c}\frac{dr}{r^3} - \frac{\tau_y}{\eta}\int_{R_b}^{R_c}\frac{dr}{r}$$

$\Omega = \left(\frac{1}{\eta}\right)\left(\frac{M}{4\pi h}\right)\left(\frac{1}{R_b^2} - \frac{1}{R_c^2}\right) - \frac{\tau_y}{\eta}\ Ln\frac{R_c}{R_b}$ 식이 구해진다.

$$-\frac{dv}{dr} = \frac{(\tau_w - \tau_y)\Omega}{\left(\frac{M}{4\pi h}\right)\left(\frac{1}{R_b^2} - \frac{1}{R_c^2} - \tau_y Ln\frac{R_c}{R_b}\right)} \qquad \tau_w = \frac{M}{2\pi R_b^2 h}$$

③ 비뉴턴 유체의 흐름

$\tau = C\left(-r\frac{dw}{dr}\right)^n$ ······ ①

모멘텀 식은 $M = 2\pi r^2 h \cdot \tau$ ······ ②

식 ①과 ②로부터

$$M = 2\pi r^2 h \cdot C(-r\frac{dw}{dr})^n$$

$$-d\boldsymbol{\omega} = (\frac{M}{2\pi hC})^{1/n}(\frac{1}{r^{\frac{n+2}{n}}})dr$$

$$-\int_{\Omega}^{0} d\boldsymbol{\omega} = (\frac{M}{2\pi hC})^{1/n}\int_{R_b}^{R_c}(\frac{1}{r^{\frac{n+2}{n}}})dr$$

$$\Omega = (\frac{M}{2\pi hC})^{1/n} \cdot \frac{n}{2} \cdot (\frac{1}{R_b^{2/n}} - \frac{1}{R_c^{2/n}})$$

$$\therefore \log\ \Omega = (\frac{\log\frac{n}{2}[1-(\frac{R_b}{R_c})^{2/n}]}{C^{1/n}}) + \frac{1}{n}\log \tau_w$$

절편 기울기

- 흐름(Flow)을 나타내는 식으로는 다음과 같다.
  ① Power 법칙 식 : $\tau = K\,\dot{\gamma}^n \log\tau = \log K + n\log\dot{\gamma}$
  ② Herschel-Bulkley 모델 식 : $\tau = \tau_y + K\dot{\gamma}^n$
  ③ Casson 모델 식 : $\sqrt{\tau} = \sqrt{\tau_y} + M\sqrt{\gamma}$

(4) 그 외 식품에 사용되는 점도계

① 점조도 측정기

점조도(consistency)는 유체가 중력에 의해 흐르는 정도를 나타내는 것으로, 유체의 실증적(empirical) 비교 점도를 말한다. 유동성 식품의 점조도를 측정하는 장치를 점조

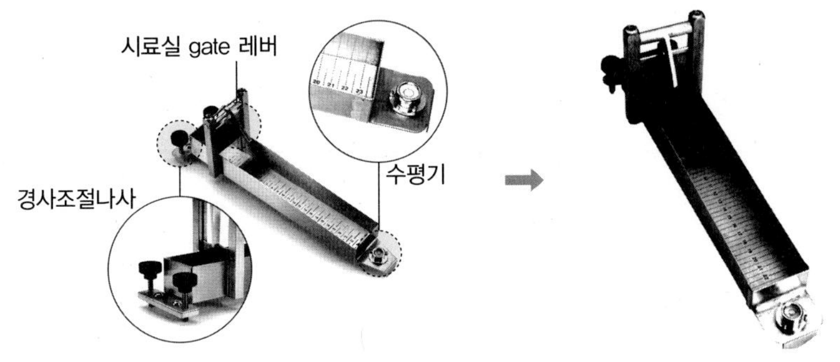

Bostwick 점조도 측정기

도 측정기(consistometer)라고 하며, 대표적 장치로는 일정 조건에서 주어진 시간 동안 시료의 흐르는 거리를 측정하는 보스윅 점조도 측정기(Bostwick consistometer)가 있다. 보스윅 점조도 측정기는 눈금이 표시된 홈통(trough) 형태의 용기를 수평으로 놓고 용기 끝에 위치한 시료실에 일정량의 시료를 채운 뒤 출구(gate) 레버를 올렸을 때 일정 시간 동안 시료가 흘러가는 거리를 측정하여 점조도를 구한다. 이러한 보스윅 점조도 측정기는 측정방법이 간단하고 분석이 신속하여 점조가 품질 지표인 케첩, 소스, 이유식, 수프, 샐러드드레싱과 같은 식품의 생산 현장과 품질관리실험에서 널리 사용된다.

② **아밀로그래프**Amylograph

전분의 호화, 가열 안정성 및 지연(setback) 특성을 점도로 측정하는 방법이다. 아밀로그래프의 점도는 고유 점도 단위인 Brabender unit (BU)으로 표시한다.

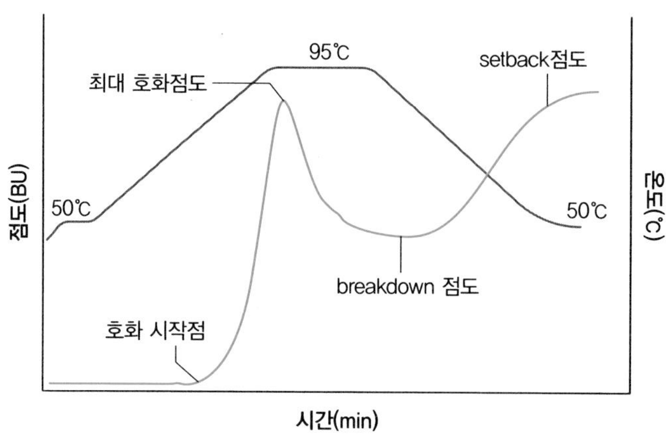

전분의 아밀로그램(amylogram)

아밀로그래프는 전분 현탁액을 일정 속도로 교반하면서 가열(95℃)/가열 유지(95℃)/냉각(50℃) 사이클의 점성 변화를 통하여 전분의 호화 개시온도, 최대 호화 점도, 팽윤 호화전분의 가열 안정성, 전분 젤(gel)의 특성에 대한 정보를 제공한다. 아밀로그래프는 전분의 품질 특성 평가, 밀가루의 호화 특성 측정, 맥아의 α-아밀레이스 활성 측정 등에 활용된다. 한편 신속 점도 분석기(rapid visco analyzer, RVA)는 아밀로그래프보다 적은 양의 시료를 사용하여 동일한 정보를 얻을 수 있고, 가열/냉각 순환 조절이 쉬워 아밀로그래프를 대신하여 사용이 확대되고 있다.

이상과 같이 다양한 점도 측정방법이 있으며 식품에 따른 점도 측정방법을 다음과 같이 나타내었다.

파리노그래피(Farinograph) : 반죽 형성 능력/형성된 반죽의 성질을 측정한다. 즉, 반죽되는 동안의 점도의 변화 형태를 기록한다.

반죽의 수치와 제빵 특성, 빵의 품질

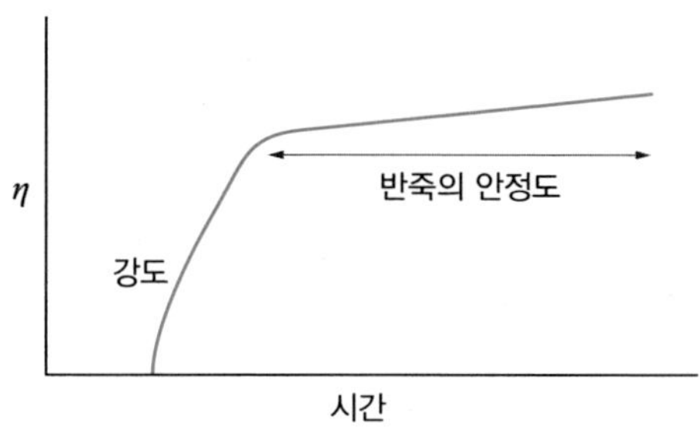

엑스텐소그래프(Extensograph) : 반죽에 수직으로 힘을 작용시킬 때 늘어나는 정도.

실험 목적 |

브룩필드 점도계를 사용하여 토마토케첩의 흐름을 측정하기 위함이다.

실험 방법

1 브룩필드 점도계를 선택하고 조작한다.

(1) 스핀들

(2) 회전속도 : ___________rpm

(3) 0~100% 범위의 회전 다이얼을 읽는다.

Full scale 토크 = 7187 dyne-cm : RV 모델

Full scale 토크 = 673.7 dyne-cm : LV 모델

LV 모델의 토크 = 회전 다이얼 숫자/100×673.7

2 상온에서 지정된 스핀들을 정착한 브룩필드 점도계를 사용한다.

3 강의시간에 주어진 내용을 토대로 파워 법칙의 흐름식을 적용한다.

4 회전속도(rpm)에 따른 회전 다이얼 숫자를 점도계로 구하고, 원통(bob)의 각속도 (Ω)를 계산한다.

5 가능한 한 많은 회전속도를 이용하여 측정하며 운동량(momentum)을 계산하고 벽면에서의 전단응력을 다음 식을 이용하여 구하도록 한다.

$$\tau_w = \frac{M}{2\pi R_b^2 h}$$

6 M 대 Ω을 정규 그래프에 그리고, 항복응력(yield stress)을 구하도록 한다.

$$\tau_y = \frac{M_y}{2\pi R_b^2 h}$$

7 Ω 대 $(\tau_w - \tau_y)$를 log-log 그래프에 그리고, 간단한 선형 식을 세우도록 한다.

8 선형 식의 기울기로부터 n값을 구하도록 한다.

9 선형 식의 절편으로부터 C값을 다음 식으로부터 구하도록 한다.

$$\log\Omega = \log\left\{\frac{n/2\left[1-(R_b/R_c)^{2/n}\right]}{C^{1/n}}\right\} + \frac{1}{n}\log\tau$$

10 비뉴턴 식을 이용하여 전단속도를 구하고, $(\tau_w - \tau_y)$ 대 전단속도를 그래프에 그리

도록 한다.

11 점도와 전단속도를 그리도록 한다.

12 9번의 식으로부터 뉴턴 식을 유도하도록 한다.

13 캐손 모델 식으로부터 항복응력을 구하도록 한다.

실험 목적 II

다양한 식품 전분과 식품의 적용에 대한 연구

실험 과정

1 일반 전분과 변성전분의 비교(농축, 젤화, 동결/해동 안정성) : 각 전분 7.5%를 물에 넣고 190°F에서 3분간 휘젓는다. 뜨거운 전분을 비커에 넣은 후 일정 시간 동안 식힌다. 비슷한 전분을 전날 준비한 후 냉동고에 넣었다가 실험 전에 녹이도록 한다. 각 전분들의 점도, 젤의 상태, 투명도 및 시너레시스(syneresis) 등 관찰된 특징에 대해 알아본다.

전분 종류	종류	변성
아미오카	생 찰옥수수	아님
Frigex W	변성 찰옥수수	가교, 에스터화
WNA-A	변성 찰옥수수	가교(cross-linked)
타피오카	생 타피오카	아님
Purity 69A	변성 타피오카	가교(cross-linked)
Crystal gum	타피오카 덱스트린	덱스트린화(dextrinization)
Melojel	생 옥수수 전분	아님

2 부피 밀도(bulk density)의 평가(증량제) : 건조 타피오카, 옥수수 전분, BA-23-C를 50 cc씩 넣고 무게를 측정한다. 증량제(bulking agent)의 식품 적용성을 알아본다.

3 소수성(hydrophobicity)의 평가(살포제) : 일반 건조 옥수수 전분과 가교시켜 만든 변성전분 Dry-Flo를 물이 담긴 비커에 얇은 층의 형태로 위에 놓는다. 손가락을 넣어 젖는 정도와 길이를 알아보고 살포제(dusting agent)의 식품 적용성을 알아본다.

4 푸딩의 전분 비교

(1) 가열한 푸딩 : Frigex W, WNA-A, Purity 69-A, Melojel, 타피오카 등의 전분을 이용하여 가열 푸딩을 준비한다.

Pudding 배합	물	설탕	NFDM	전분	기름	향료, 착색제
	74.3%	11.0%	6.7%	5.8%	2.0%	소량

각 성분들을 500 mL로 만들기 위해 이중냄비(double boiler)에 넣고 190°F에서 10분 동안 가열한 후 식힌다.

(2) 인스턴트 푸딩(instant pudding; 호화 전분) : 인스턴트 푸딩을 제조하기 위해 다음과 같은 전분을 준비한다. H-50A(가교), National 78-1551(생전분), Textaid-A(가교)

배합비	전분	설탕	피로인산 사나트륨	인산(수소이) 나트륨	소금	기름	향료
	7.7%	75.6%	2.5%	1.5%	0.7%	0.7%	0.5%

기름을 뺀 250 g의 모든 건조 성분들을 섞은 후 4컵의 우유를 천천히 넣고 2분 동안 섞는다. 공기가 너무 많이 들어가지 않도록 하며 냉장고에 20분 동안 넣어 둔다. 위에서 열거한 전분류들이 만들어질 인스턴트 푸딩에 어떤 바람직한 특징을 부여할지와, 반대로 바람직하지 않은 특징은 무엇인지를 관찰한다. 또한 이 푸딩/인스턴트 푸딩에 어떠한 전분을 추천할 수 있는지 살펴본다.

5 신속 점도/아밀로 그래프(Rapid Visco/Amylo graph) : 시료의 호화 성질은 신속 점도 분석기(rapid visco analyzer)를 이용하여 측정한다. 전분 3 g을 25 mL의 물에 넣고 50°C를 유지하며 1분 동안 담가 둔다. 이를 다시 12°C/min으로 95°C까지 가열한 후 90°C에서 3.3분 동안 유지하였다가 50°C로 식히고 2분 동안 유지한다. 점도(RVU) 대 시간과 온도에 대한 그래프를 관찰한다.

실험 목적 III

식품의 친수 콜로이드〔hydrocolloid(gum)〕의 점도 측정 및 기능성 성질의 관찰

실험 과정

1 젤화(gelation) 성질

(1) 여러 다양한 jello-type 디저트를 만들고, 경도(hardness), 응집력(cohesiveness), 녹음(meltdown), 식감(mouth-feel)과 같은 젤 특징을 알아본다.

(2) 각 3% 용액의 젤라틴, 한천(agar), k-카르기난(+0.5% KCl), I-카르기난(+0.5% $CaCl_2$), sodium alginate(+0.5% $CaCl_2$), hydroxypropyl methylcellulose(HPMC)를 뜨거운 물에 넣고 녹인다. k-카르기난(+0.5% KCl)과 로커스트콩검(locust bean gum)의 농도를 2 : 1, 1 : 1, 1 : 2로 제조하고, 잔탄검(xanthan gum)과 로커스트콩검의 비율을 2 : 1, 1 : 1, 1 : 2의 비율로 제조한다. 검(gum)을 모두 녹인 후 50 mL의 비커에 넣고 냉장고에서 식힌다. 이 시료들의 파손 강도, 파손 변형을 측정하고 TPA 측정과 비교한다.

2 점도 측정

(1) 0.5% 용액의 sodium alginate, 잔탄검, 구아검과 carboxymethyl cellulose (CMC; 7HF, 고점성)와 2% 낮은 CMC(7LF)를 준비한다. 가열을 했다면 충분히 식히도록 하고 브룩필드 점도계를 이용하여 낮은 속도에서 점차 높은 속도로 점도를 측정하고, 다시 가장 높은 회전속도로 측정하면서 점차 낮은 속도로 가는 과정으로 점도를 측정한다. 각 검들의 점도 대 rpm을 그래프로 나타내고 각 검의 식품에 적용성을 관찰한다.

(2) 위의 구아검과 잔탄검을 믹서기를 이용하여 강하게 휘저으며 즉시 점도를 측정한다. 다시 5분 후에 점도를 측정하여 어떠한 차이가 있는지를 관찰한다.

(3) 브룩필드 점도계를 이용하여 다음 2개의 팬케이크 시럽의 점도를 측정한다. 2종류 검의 몇 %가 각 시럽의 점도와 동일한 점도를 나타내는지를 조사한다.
시럽 A : 25℃일 때 800 cp, 시럽 B : 25℃일 때 20 cp

3 필름 형성(film forming) 성질

(1) 알긴산나트륨(sodium alginate)을 이용하여 양파 링을 제조한다.

배합비	양파	밀가루(flour)	소금	알긴산나트륨(sodium alginat)
	2,000 g	320 g	10 g	20 g

5%의 염화칼슘을 함유한 수조에 넣은 후 튀기도록 한다. 시판되는 양파 링과 조직감을 비교한다.

Lab 06

비뉴턴 페이스트의 점도 측정

실험 목적

압출(extrusion) 데이터로부터 흐름 모델을 만들기 위함이다.

(1) 이론 : Van Wazer는 일반식을 풀기 위해 Rabinowitch-Mooney 식을 제시하였다.

$$Q=\int_0^R 2\pi r \cdot v \cdot dr$$

$$(-\frac{dv}{dr})_w=\frac{(3+b)}{4}\cdot\frac{4Q}{\pi R^3}$$

$$\text{여기서 } b=\frac{d\log 4Q/\pi R^3\ (=\text{전단속도})}{d\log \triangle PR/2L\ (=\text{전단응력})}$$

이 식은 특별한 흐름 모델식이 아닌 일반적인 식이다. 그래프로 표현하기 위해 다음과 같은 방법으로 데이터를 분석한다.

데이터 분석

(1) 구성

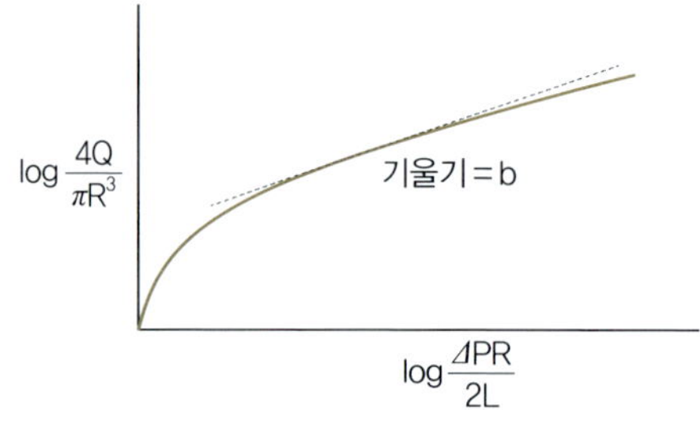

(2) Log $4Q/\pi R^3$ 대 log $\triangle PR/2L$의 그래프로부터 그림과 같이 직선 부분을 구하여 b 값을 구하고, 벽면에서의 전단속도인 $(-dv/dr)_w$를 구하도록 한다.

$4Q/\pi R^3$	$\triangle PR/2L$ 또는 τ_w	b	$(-dv/dr)_w$ 또는 γ_w

(3) 모델(Models)

① 캐손(Casson) 식

$$\sqrt{\tau_w} = M\sqrt{\gamma_w} + \sqrt{\tau_y}$$

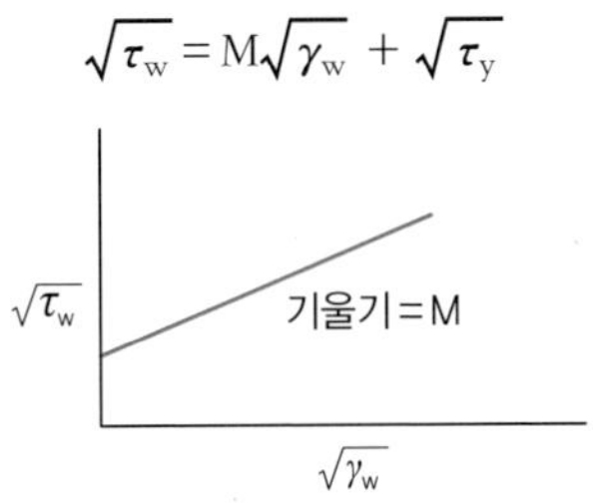

캐손 식은 $\sqrt{\tau_w}$ 대 $\sqrt{\gamma_w}$에서 직선을 구할 수 있다면 흐름을 나타내는 매우 적합한 식이 될 것이다. 특히 이 식은 간단한 과정으로 식품의 항복응력(yield stress, τ y)을 구하는 데 매우 유용하다.

② 항복응력을 가진 파워 법칙 식

$$\tau_w - \tau_y = C \cdot \gamma_w^n \text{ 또는 } \log(\tau_w - \tau_y) = \log C + n \cdot \log \gamma_w$$

이 모델 식에서 항복응력을 구하는 것이 항상 간단한 것은 아니다. 그러나 캐손 모델 식이 적합한 식으로 존재한다면, 항복응력은 파워 법칙(Power law) 식으로부터 구할 수 있다. 만약 구할 수 없다면 τ_w 대 γ_w를 그린 후 구해야 한다.

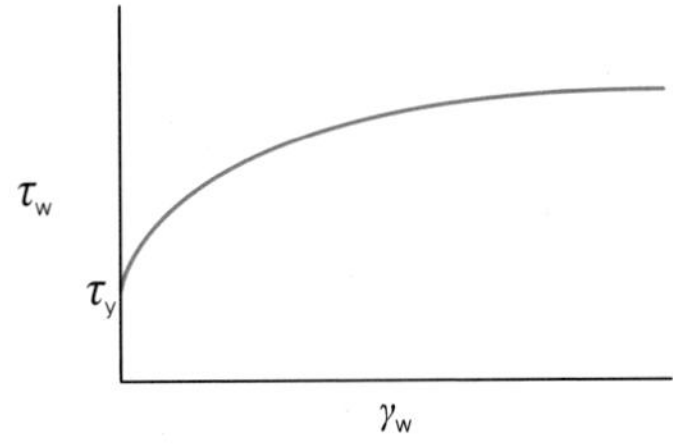

항복응력은 그래프로부터 추정하거나 τ_w 대 γ_w의 다항식을 이용하여 컴퓨터로 구해야 한다.

$$\tau_w = A_1 + A_2\gamma + A_3\gamma^2 + A_4\gamma^3$$

이 경우에 A_1 항복응력은 τ_y이다. 파워 법칙 상수 C와 n은 $\log(\tau_w - \tau_y)$ 대 log γ_w 사

이의 선형 관계식으로부터 다음과 같이 할 수 있다.

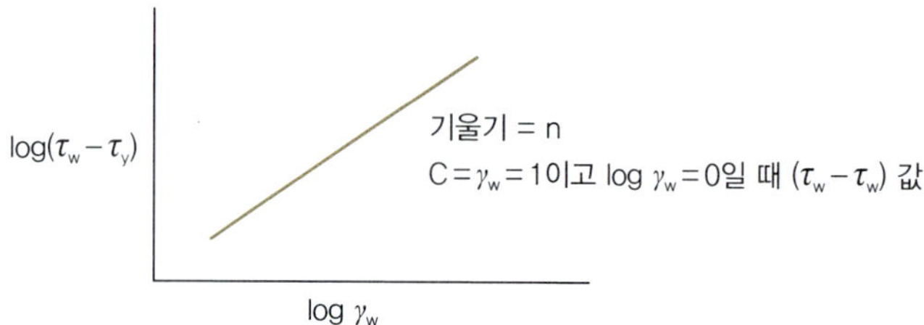

실험 방법

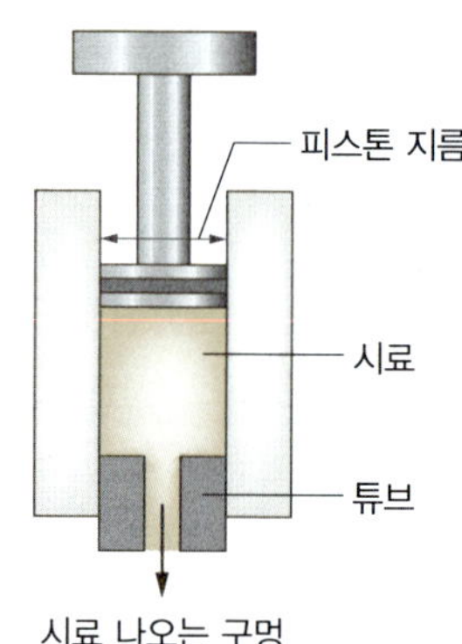

$$\text{전단응력} = \frac{\triangle P \cdot r}{2L} = \frac{\dfrac{\triangle F}{\text{피스톤 면적}} \cdot \text{튜브 반지름}}{2 \cdot \text{튜브 길이}}$$

$$\text{전단속도} = \frac{4Q}{\pi \cdot r^3} = \frac{4 \cdot (\text{피스톤 면적} \times \text{크로스헤드 속도})}{\pi \cdot \text{튜브 반지름}^3}$$

1 각 실험 조건에서의 크로스헤드 속도(cross head speed)와 힘을 기록한다. 피스톤의 마찰 값과 다른 종말 효과(end effect)와 같은 조절 요소가 추가된 수정된 힘의 값을 구하도록 한다.

피스톤 지름 = ____________mm,   내부 튜브의 지름 = ____________mm

2 비압축성을 가정하여 크로스헤드 속도와 피스톤 면적으로부터 용적 유량속도(Q)를 구하고 전단속도를 계산한다.

3 힘을 피스톤 면적으로 나눈 △P를 구하고, 전단응력을 계산한다.

4 데이터 분석 과정에 따라 두 개 모델의 상수 값들을 구한다.

5 어느 모델이 적합한지를 토론한다.

연습문제

1 설탕 용액의 고유 점도를 어떻게 결정하는지 다음의 내용대로 서술하시오.
(1) 점도계 선택은?

(2) 어떻게 실험을 수행하였는지 설명하면?

(3) 표를 작성하기 위한 변수들을 설명하면?

(4) 표의 변수로부터 어떻게 고유 점도를 계산하는지를 설명하면?

(5) 푸아죄유 식으로부터 상대점도를 구하는 방법을 논하면?

2 회전 점도계를 이용하여 유체의 점도를 측정하고자 한다.
(1) 기록하여야 하는 데이터는?

(2) 각속도(rad/sec)와 운동량(momentum)을 구하는 방법과 식을 구하면?

(3) $\Omega=(\frac{M}{2\pi hC})^{1/n}\frac{n}{2}[\frac{1}{(R_b)^{2/n}}-\frac{1}{(R_c)^{2/n}}]$의 식은 파워 법칙 유체의 점도를 구하는 식이다. 여기서 M, Ω, h, R_b, R_c, n과 C는 무엇을 뜻하는지 설명하면?

(4) 위의 식 (3)을 뉴턴 유체에 적용할 때의 식으로 바꾸면?

(5) 위의 식 (3)에서 C를 결정하는 방법은?

(6) 캐손 식을 사용하여 어떻게 항복응력(yield stress)을 구하는지 설명하면?

(7) 파워 법칙 모델과 Herschel-Bulkley 모델의 식을 구하면?

(8) 항복응력을 가진 유사 가소성 유체(pseudoplastic fluid)에서의 전단응력과 전단속도에 대한 그래프를 그리면?

(9) 튜브 점도계와 회전 점도계에서의 전단응력과 전단속도를 각각 구하면?

(10) 주어진 푸아죄유 식 $Q=\pi R^4\triangle P/(8\eta L)$에서 Q, R, $\triangle P$, η과 L이 무엇을 나타내는지 답하고, 고유 점도를 구하는 방법을 설명하면?

(11) 위의 식은 유체의 어떤 유형에 적용되는가?

(12) 50 $kg_f \cdot sec/cm^2$을 Pa·sec 단위로 바꾸면?

3 토마토케첩의 흐름 특성을 알기 위하여 브룩필드(Brookfield) 점도계를 사용하고자 한다. 점도를 측정하기 위해 원통(bob)의 반지름 = 0.02, 길이 = 0.34 m, 컵의 반지름 = 0.02 m의 기구가 사용되었으며 다음의 데이터를 얻었다.

RPM	0.5	1.0	2.5	5	20	100
Torque (dyn·cm)	46.4	50.5	59.0	68.4	80.0	95.3

케첩의 흐름 특성을 다음의 방법으로 분석하고 Herschel-Bulkley 모델을 이용하여 분석하였다. 다음을 각각 계산하면?

(1) 각속도(Ω), Torque(N·m), 전단 응력(shear stress)

(2) Ln(전단 응력)과 LnΩ의 그래프 및 기울기

(3) Ln(전단 변형)과 Ln(전단속도)의 그래프 및 기울기, 최종 Herschel-Bulkley 모델

4 실온에서 유체 식품에 대한 물성학적 흐름 모델을 결정하고자 한다. 이 유체 식품은 항복응력을 가지고 있고, 매우 낮은 전단속도에서 좀 더 흐름성을 보고자 한다.

(1) 이 유체 식품의 특징을 나타내기 위한 점도계를 설정하고 그 이유를 설명하시오.

(2) 유체 식품의 특성을 나타내는 변수들을 사용하여 전단속도와 전단응력을 어떻게 구하는지 설명하시오.

(3) 항복응력이 존재하는 유체 식품을 위한 캐손 모델과 파워 법칙 모델 상수들을 어떻게 구하는지를 설명하시오.

5 식 $(-\frac{dv}{dr}) = [\frac{(3+b)}{4}] \cdot \frac{4Q}{\pi \cdot R^3}$는 Rabinowitch-Mooney 식이라 부른다.

(1) 식 $(-\frac{dv}{dr})_w = [\frac{(3+b)}{4}] \cdot \frac{4Q}{\pi \cdot R^3}$은 비뉴턴 유체에서 사용되는데, 뉴턴 유체의 경우에는 이 식이 어떻게 표현되는지를 답하면?

(2) b값이 어떻게 정해지는지를 답하면?

(3) 튜브의 구멍 지름 : 5 mm, 피스톤 지름 : 40 mm, 시료가 닿는 길이 : 85 mm이고, 크로스헤드 속도에 따른 분출이 있을 때 나타나는 힘은 다음과 같다. 이때 뉴턴 유체라 가정할 경우의 전단속도는?

크로스헤드 속도(mm/min)	5	20	50	100	200
힘 (kg_f)	5	12.5	21	34	57.5

(4) 전단응력(Pa)은?

(5) b값은?

(6) 위의 데이터를 이용하여 비뉴턴 유체의 전단응력 대 전단속도를 그래프로 나타내면?

Lab 07

체적 탄성률Bulk modulus 측정

1) 명명법Nomenclature

(1) 응력Stress

① 가정 : 다루고자 하는 물질이 동질성과 등방성을 가지고 있다.

동질성(homogeneous) : 모든 물질의 조성이나 규격이 같음

등방성(Isotropic) : 힘이 어떤 방향으로 작용하든 같은 성질을 가지고 있으며 방향에 무관함

② 응력 : 물체의 어느 한 점에서 힘의 강도(intensity) 또는 그 점을 통해서 주어진 면에 가해지는 힘의 성분

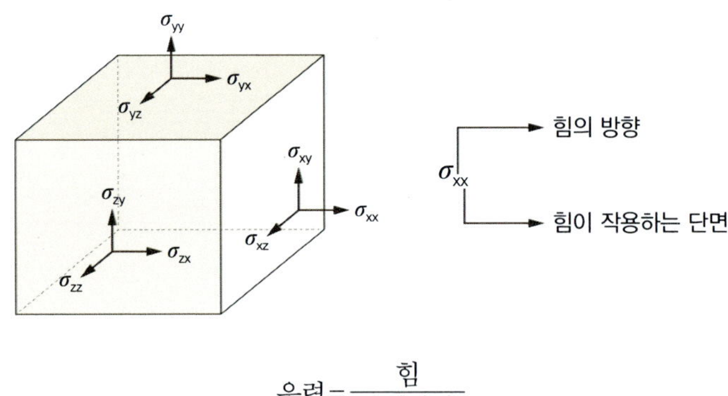

$$응력 = \frac{힘}{단위면적}$$

③ 아래 기입한 문자(subscript)가 다르면 전단(shear) 동작이 일어날 것이고 같으면 수직의(normal) 동작이 일어날 것이다.

④ 응력의 총 18개 구성 : 3성분 × 6면이 있으며 반대쪽의 면은 동일하다.

$$\therefore \text{ 응력 텐서(stress tensor)} = \sigma_{ij} = \begin{vmatrix} \sigma_{xx} & \sigma_{xy} & \sigma_{xz} \\ \sigma_{yx} & \sigma_{yy} & \sigma_{yz} \\ \sigma_{zx} & \sigma_{zy} & \sigma_{zz} \end{vmatrix}$$

$\sigma_{yz} = \sigma_{zy}$은 동일하므로 6개의 성분이 응력 상태를 규정한다.

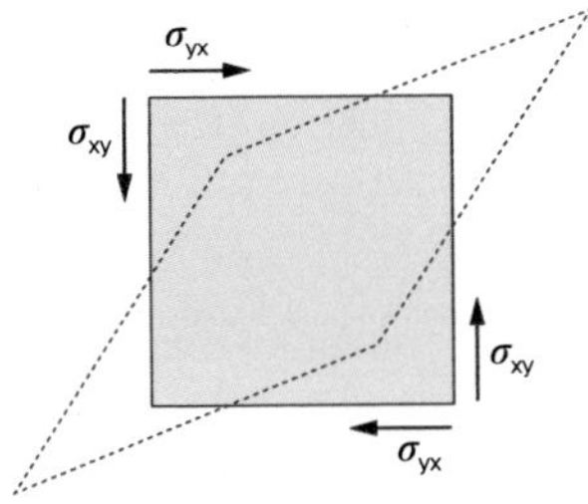

즉, $\sigma_{xy} = \sigma_{yx}$

그렇지 않다면 회전할 것이다.

σ_{xx}, σ_{yy}, σ_{zz} : 수직응력(normal stress : 작용하는 면에 수직 방향)

σ_{xy}, σ_{yz}, σ_{xz} : 전단응력(shear stress)

(2) 변형 Strain

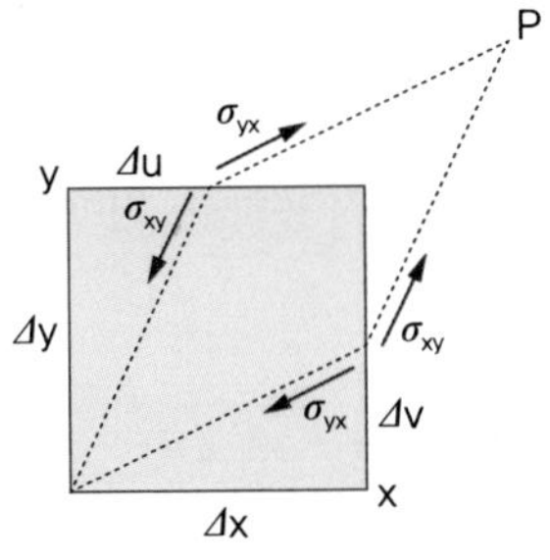

점 P의 움직임을 고려해 볼 때,

u는 x 방향에서 P의 변형 거리

v는 Y 방향에서 P의 변형 거리

따라서 $\frac{\Delta v}{\Delta x} = \frac{\gamma}{2}$

유사하게 $\frac{\Delta u}{\Delta y} = \frac{\gamma}{2}$

$\therefore$전체 전단 변형 $\gamma = \frac{\Delta v}{\Delta x} + \frac{\Delta u}{\Delta y} = \frac{\partial v}{\partial x} + \frac{\partial u}{\partial y}$

부분 미분 형식 :

수직변형률		전단변형률	
	$\varepsilon_{xx} = \frac{\partial u}{\partial x}$		$\varepsilon_{xy} = \varepsilon_{yx} = \frac{1}{2}(\frac{\partial v}{\partial x} + \frac{\partial u}{\partial y})$
	$\varepsilon_{yy} = \frac{\partial v}{\partial y}$		$\varepsilon_{xz} = \varepsilon_{zx} = \frac{1}{2}(\frac{\partial w}{\partial x} + \frac{\partial u}{\partial z})$
	$\varepsilon_{zz} = \frac{\partial w}{\partial z}$		$\varepsilon_{yz} = \varepsilon_{zy} = \frac{1}{2}(\frac{\partial w}{\partial y} + \frac{\partial v}{\partial z})$

2) 이론

(1) 힘/응력

① 수직력(Normal force) : 힘의 성분이 작용하는 면에 수직으로 작용한다.

예 힘의 방향에 따라 장력(tensile) 또는 압축력(compressive force)

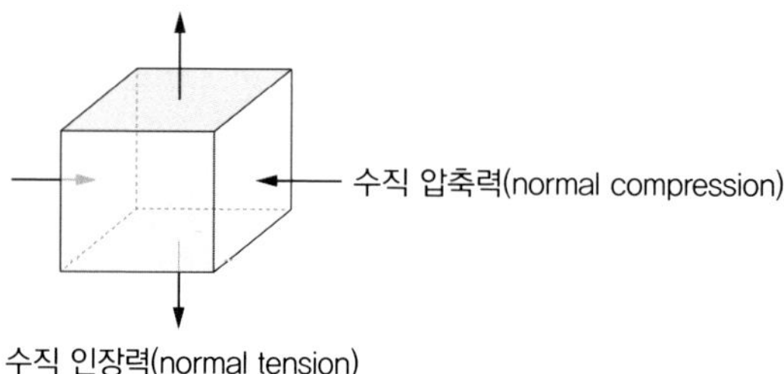

② 전단력(Shear force) : 힘의 성분이 작용하는 면에 접선력(tangential force)으로 작용(면에 평행)한다.

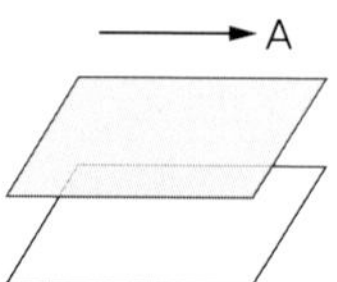

③ 수직응력(Normal stress, σ) : 응력 성분이 힘이 작용하는 면에 수직으로 작용한다.

- 수직응력 : 수직압축응력이나 수직인장응력

$$\sigma = \frac{F(t)}{A_o}$$

여기서 F : 힘, A_o : 초기 단면적

• 참응력(True stress) : 인장이나 압축 실험에서의 축방향응력(axial stress)으로, 초기 단면적 대신 순간적인 단면적에 근거를 두고 계산한다.

④ 전단응력(τ) : 수직응력과 같은 단위

$$\tau = \frac{F(t)}{A_o}$$

여기서 면적은 힘의 방향에 평행을 이룬다.

(2) 변형Deformation/Strain

① 수직변형(Normal deformation) : 시료의 절대적인 신장이나 수축을 의미한다.

② 수직변형률(Normal strain, ε) : 초기 길이(h_o)와 수직 변형($\triangle h$)의 비

$$\varepsilon = \frac{\triangle h}{h_o}$$

③ 참변형률(True strain)

$$\varepsilon_t = \pm\int_{h_o}^{h_f} \frac{dh}{h_o} = \pm Ln(\frac{h_f}{h_o}) = \pm Ln(\frac{h_o + \triangle h}{h_o}) = \pm Ln(1+\varepsilon)$$

여기서 + : 인장(tensile), − : 압축(compression)

④ 전단변형(Shear strain, γ) : 전단응력이 가해져 물체가 변형되었을 경우에 변형 각을 라디안으로 나타낸 것. 즉, 응력에 의해 처음 직각이었던 두 선들의 탄젠트 각도 변화.

$$\gamma = \frac{\triangle L}{h} = \tan\theta$$

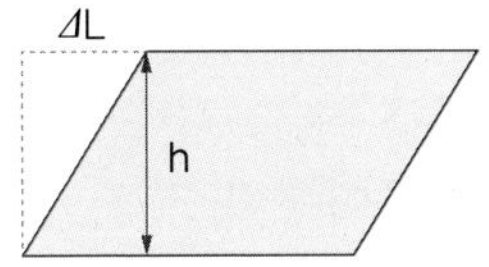

⑤ 전단속도($\dot{\gamma}$) $= \dfrac{(\frac{\triangle L}{h})}{t} = \dfrac{(\frac{\triangle L}{t})}{h} = \dfrac{v}{h}$

$= \dfrac{\text{크로스헤드 속도}}{\text{시료의 높이}}$

(3) 모듈러스Modulus

① 탄성률(Modulus of elasticity, Young's modulus, E)

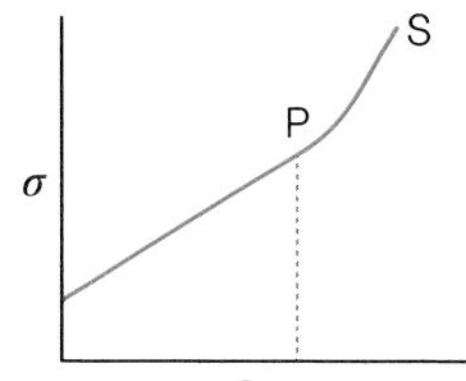

E : 수직응력/수직변형
P : 비례의 한계점
S : 불완전한 탄성률(incomplete elasticity)
P 점까지는 σ와 ε는 직선형 관계

② 전단 탄성계수(Shear Modulus, Modulus of rigidity, G)

단단함(stiffness)을 나타내며, 묘사적인 용어(descriptive term)

= 전단응력(shear stress)/전단변형(shear strain)

③ 점도(η) = 전단응력(shear stress)/전단 속도(shear rate)

(4) 푸아송비Poisson's ratio(μ)

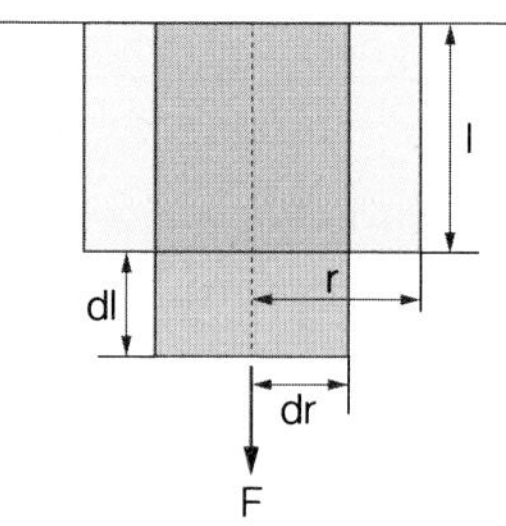

$$\mu(\text{항상 }+) = \frac{\text{횡방향 변형률(transverse strain)}}{\text{세로 변형률(longitudinal strain)}}$$

$$= \frac{\frac{-dr}{r}}{\frac{dl}{l}}$$

- 일정한 부피 변형에서($dv = 0$)의 푸아송비

부피 : $\pi r^2 \cdot l$

$dv = d(\pi r^2 \cdot l) + d(\pi r^2 \cdot l)$

$0 = 2\pi r \cdot dr \cdot l + \pi r^2 \cdot dl \quad \Rightarrow \quad 0 = 2r \cdot dr \cdot l + r^2 \cdot dl$

$-\frac{dr}{r} = \frac{dl}{2 \cdot l}$

$$\mu = \left(\frac{\frac{-dr}{r}}{\frac{dl}{l}}\right) = \frac{1}{2}$$

사과 : 0.21~0.29, 감자 : 0.45~0.49, 코르크 : 0, 나무 : 0.3~0.5, 철 : 0.3, 젤라틴 젤 : 0.5(비압축성)

∴ 고무(rubber)에 가까울수록 푸아송비는 0.5에 가까워진다.

μ=0~0.5 : 부피 증가

0.5 : 부피 변화 없다(비압축)

> 0.5 : 부피 감소

(5) 체적 탄성률Bulk modulus(K)

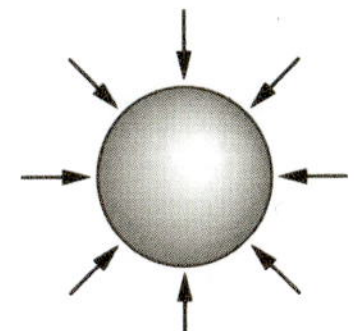

$$K = \frac{\text{압축 힘/면적}}{\text{체적 변형률}} = \frac{E}{(\Delta V/V_o)}$$

실험 시 $K = E/(\triangle V/V_o)$: 30 psig의 압력에서 30분간 유지 시 시간이 흐름에 따라 부피가 낮아지고, 그 낮아진 부피 감소를 측정하며 체적 탄성률을 계산한다.

① 체적 변형률과 선형 변형률과의 관계식

부피 $V = \pi r^2 \cdot l$

$$dV = 2\pi r \cdot l \cdot dr + \pi r^2 dl$$

$$\frac{dV}{V} = \frac{2\pi r \cdot l \cdot dr}{\pi r^2 l} + \frac{\pi r^2 dl}{\pi r^2 l} = \frac{2dr}{r} + \frac{dl}{l} \quad \cdots\cdots ①$$

$\mu = \frac{-dr/r}{dl/l} = \frac{-dr/r}{\varepsilon}$를 ①식에 대입하면

$$\frac{dr}{r} = -\varepsilon \cdot \mu \quad \cdots\cdots ②$$

② → ① $\frac{dV}{V} = \varepsilon - 2\mu\varepsilon = \varepsilon(1-2\mu)$

$\therefore \frac{dV}{V} = \varepsilon(1-2\mu)$

3차원 관점에서 $\frac{dV}{V} = \varepsilon_x + \varepsilon_y + \varepsilon_z = \frac{\sigma_x + \sigma_y + \sigma_z}{E}$

② **3차원 관점**

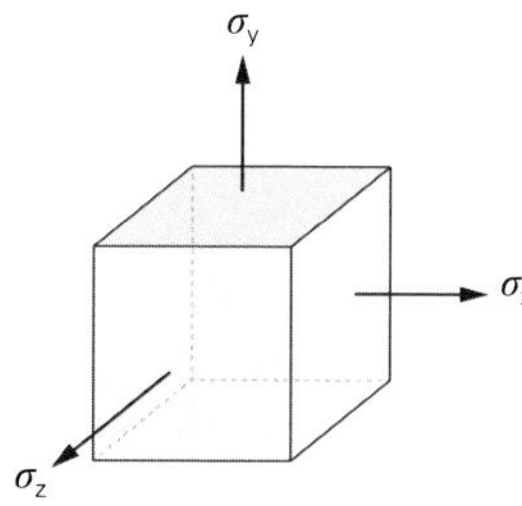

σ_y : y축을 따라 늘어나며 x와 z에 대해서는 축소

$$\mu = \frac{\text{횡방향 변형률}}{\text{세로 변형률}} = \frac{\text{x축을 따른 변형}}{\text{y축을 따른 변형}}$$

y방향의 응력에 의한 x축에 따라 일어나는 변형 $\varepsilon_x = -\mu \times \frac{\sigma_y}{E}$

z방향의 응력에 의한 x축에 따라 일어나는 변형 $\varepsilon_x = -\mu \times \frac{\sigma_z}{E}$

x방향의 응력에 의한 x축에 따라 일어나는 변형 $\varepsilon_x - \frac{\sigma_x}{E}$

$$\varepsilon_x = \frac{\sigma_x}{E} - \mu\frac{\sigma_y}{E} - \mu\frac{\sigma_z}{E}$$

$$\varepsilon_y = \frac{\sigma_y}{E} - \mu\frac{\sigma_x}{E} - \mu\frac{\sigma_z}{E}$$

$$\varepsilon_z = \frac{\sigma_z}{E} - \mu\frac{\sigma_x}{E} - \mu\frac{\sigma_y}{E}$$

$$\frac{dV}{V} = \varepsilon_x + \varepsilon_y + \varepsilon_z = \frac{\sigma_x + \sigma_y + \sigma_z}{E} - 2\mu\frac{\sigma_x + \sigma_y + \sigma_z}{E} = \frac{1}{E}(\sigma_x + \sigma_y + \sigma_z)(1-2\mu)$$

일정한 유체 정압에서 $\sigma_x = \sigma_y = \sigma_z = \sigma$

$$\therefore K = \frac{\sigma}{dV/V} = \frac{\sigma}{\varepsilon_x + \varepsilon_y + \varepsilon_z} = \frac{\sigma \cdot E}{3\sigma(1-2\mu)} = \frac{E}{3(1-2\mu)}$$

$K = \frac{E}{3(1-2\mu)}$ 감자와 버터 : 높은 K

가스를 포함한 물질 : 낮은 K

동질성과 등방성을 가진 물체에서는

$$K = \frac{E}{3(1-2\mu)} = \frac{EG}{9G-3E} = G\frac{2(1+\mu)}{3(1-2\mu)}$$

$$E = \frac{9GK}{3k+G} = 2G(1+\mu) = 3K(1-2\mu)$$

$$\mu = \frac{E-2G}{2G} = \frac{1-E/3k}{2} \text{ 이면 } \quad K = \infty,\ \mu = \frac{1}{2}$$

(6) 에너지 손실

히스테리시스 현상(hysteresis) : 탄성 물질에 힘을 가하거나 뺄 때 에너지 손실 현상을 일으킨다.

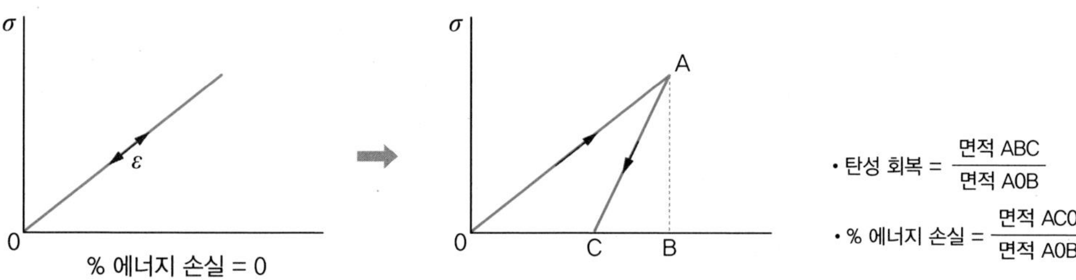

3) 객관적인 조직감 측정Objective Texture Measurement

(1) 펀치 시험Punch Test, Penetrometer

- 널리 사용함
- 펀처 : 지름 1/8 inch, 1/4 inch 프로브(probe) 사용
- 단위 : g_f/펀처 지름
- 과일이나 육가공 젤의 경도(hardness) 측정

(2) 워너-브래츨러 조직감 측정기Warner–Bratzler texturometer

- 소시지류의 경도 측정

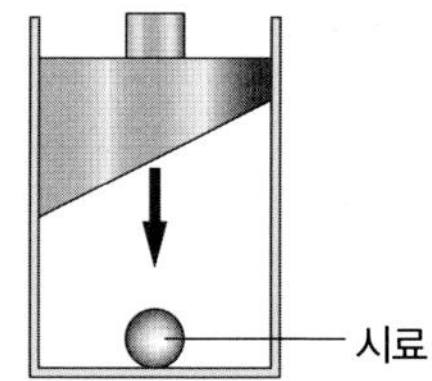

(3) 크래머 전단프레스Kramer shear press

- 박스 내 시료를 통과하는 데 필요한 힘을 측정하는 기기
- 일정한 크기를 가지고 있지 않은 콩이나 칩 종류를 측정

(4) 조직감을 측정하는 가장 유용한 기기

- Instron Universal Testing Machine (미국, 영국)
- Rheometer (일본)

실험 목적

유체 정압기를 사용하여 체적 탄성율을 측정하기 위함이다.

실험 기구

유체 정압기기, 초시계, 물을 이용하여 부피를 측정할 수 있는 기구

실험 방법

1 물이 가득 차 있는 비커에 시료를 넣고 흘러나오는 물의 무게를 측정하여 시료 부피를 측정한다.

2 유체 정압기기의 물기둥 높이에 대한 부피와의 검정 상수값(calibration constant)을 결정한다. 이미 알고 있는 물의 양을 첨가함으로써 구할 수 있다.

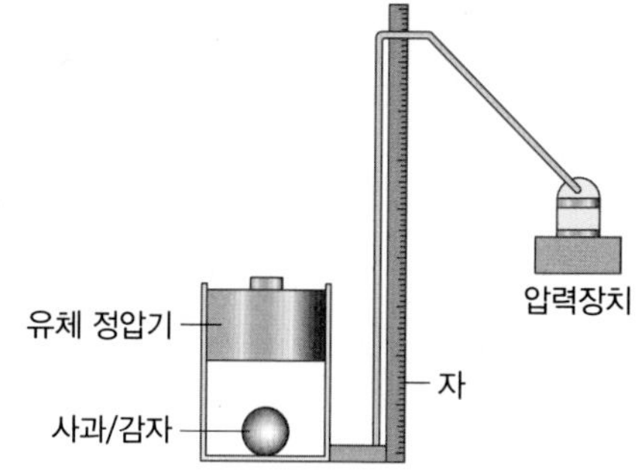

3 감자나 사과를 기구 통에 넣고 물을 가득 채운 후 완전히 닫는다. 닫은 후에 연결된 호스에 압력을 가하고 물기둥이 줄어드는 길이를 30분 동안 기록한다. 이때 부피 변화는 압력에 직접적으로 비례한다고 가정하고 측정한다.

4 기록된 시간 동안의 부피 변화를 이용하여 체적 탄성률(K)을 계산한다.

$$K = \frac{P}{\left(\frac{\triangle V}{V_o}\right)}$$

여기서 P : 가해진 압력, △V : 부피 변화, V : 초기 부피

5 시간 대 K값을 그래프에 나타낸다.

6 사과의 푸아송 비율이 0.3이라고 할 때 20초에서 평균 K값을 이용하여 영률(Young's modulus, E)을 계산한다.

7 20초에서 감자의 K값과 실린더 모양의 감자를 측정하여 구한 탄성률을 이용하여 감자의 푸아송비를 계산한다.

8 측정한 감자와 사과가 탄성력 있는 고체(rubbery solid)인지 견고한 고체(rigid solid)인지를 밝힌다.

연습문제

1 다음 문항들의 용어를 정의하면?

(1) 전단응력(shear stress)
(2) 전단변형(shear strain)
(3) 전단속도(shear rate)
(4) 참변형률(true strain)
(5) 전단 탄성계수(shear modulus)
(6) 푸아송비(Poisson's ratio)
(7) 항복응력(yield stress)
(8) 에너지 손실(energy loss)
(9) 동종 물질(homogeneous matter)
(10) 체적 탄성률(bulk modulus)
(11) 등방성 물질(isotropic matter)
(12) 겉보기 점도(apparent viscosity)
(13) 고유 점도(intrinsic viscosity)

2 체적 변형($\triangle V/V_0$)과 선형 변형(longitudinal strain, $\triangle L/L_0$) 사이의 관계를 나타내는 식을 유도하면?

3 식 $K=P/(\triangle V/V_0)$는 감자나 사과와 같은 과실류의 체적 탄성률을 구하는 데 적용한다.

(1) K값을 구하는 과정을 설명하면?

(2) $\triangle V$와 V_0를 구하는 방법을 설명하면?

(3) 사과의 체적 탄성률을 감자와 비교하면?

(4) 사과의 어떠한 구조적 특징이 감자와 다르게 체적 탄성률을 나타내는지를 설명하면?

(5) 사과와 비교할 때 감자의 K값과 푸아송값은 어느 범위에서 나타내는지를 설명하면?

(6) 영률(Young's modulus)의 값이 2×10^6 Pa이고 체적 탄성률(Bulk modulus)의 값이 3×10^6 Pa 일 때 푸아송비는?

(7) 감자를 "탄성의 고체(rubbery solid)"라고 부르는 이유는?

(8) 식품이 완전한 비압축성을 보였을 때 E/K의 값은?

4 응력/변형(stress/strain)과 힘/신장(force/elongation) 사이의 서로 다른 점 및 각각의 이득과 불이익을 논하시오. 또 수직 변형(normal strain)과 참변형률(true strain)의 차이를 논하시오.

5 실린더 모양의 감자(반지름 : 1 cm, 높이 : 5 cm)가 100 mm/min의 크로스헤드 속도(cross head speed)와 300 mm/min 차트 속도(chart speed)를 이용하여 압축되고 있다. 다음의 값들을 SI 단위로 구하면?

(1) 절단 하중(breaking load)
(2) 절단응력(breaking stress; Pa)

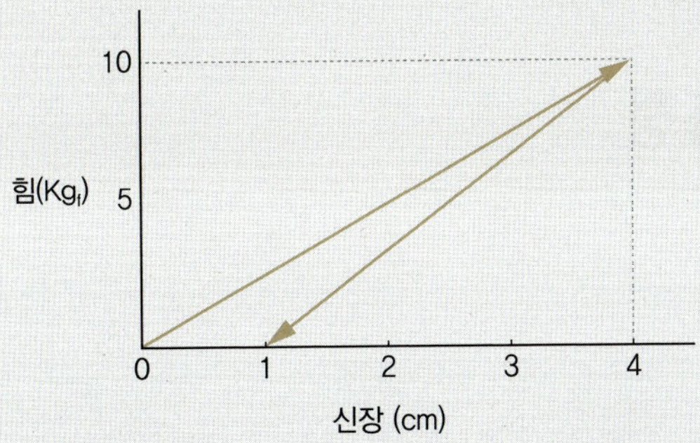

(3) 연신률(breaking elongation)

(4) 절단 변형(breaking strain)

(5) 초기 탄성률(initial modulus)

(6) 파열의 일(work of rupture)

(7) 에너지 손실(energy loss; %)

(8) 에너지 재생(energy recovery; %)

Lab 08

굽힘Bending 측정

1) 굽힘에 대한 이론

가하는 힘의 대칭으로 인해 기둥의 왼쪽 반만을 고려한다. 임의의 점 x에서의 굽힘 모멘텀(bending momentum, M)은

$$M = \frac{P \cdot x}{2} \quad \cdots\cdots ①$$

여기서 x는 왼쪽 축에서부터 거리이고, P는 적용된 힘이다.

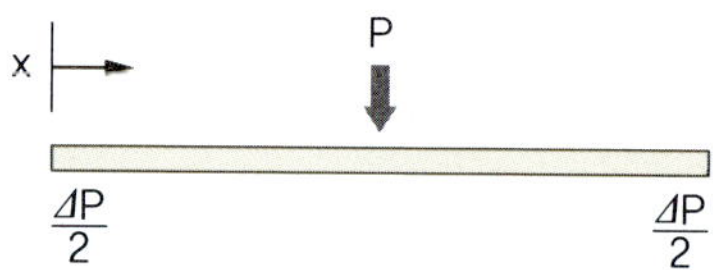

빔 축의 곡선에서의 모멘텀 식은 $E \cdot I \cdot \frac{d^2y}{dx^2} = -M$ ······ ②

여기서 y : 하향 수직 이동, E : 탄성률, I : 관성 모멘트(moment of inertia), $\frac{d^2y}{dx^2}$ = x에 대한 y의 2차도함수

①, ②로부터 $E \cdot I \cdot \frac{d^2y}{dx^2} = -\frac{P \cdot x}{2}$ 두 번 적분하면,

$$y = \frac{P \cdot x^3}{12 \cdot E \cdot I} + A \cdot x + B$$

여기서 A와 B는 적분 상수 값이며 l을 최대 굴절(deflection) 길이라고 할 때,

$x = 0$에서 $y = 0$을 나타내고 그 결과 $B = 0$ ······ ③

$x = l$에서 $\frac{dy}{dx} = 0$이고 그 결과

$$A = \frac{P \cdot l^2}{16 \cdot E \cdot I} \quad \cdots\cdots ④$$

③과 ④로부터 전체 식을 나타내면,

$$y = \frac{P \cdot l^2 \cdot x}{16 \cdot E \cdot I} - \frac{P \cdot x^3}{12 \cdot E \cdot I} y$$

최대 굴절 $\delta = y \Big|_{x=\frac{1}{2}} = \frac{P \cdot l^2 \cdot (l/2)}{16 \cdot E \cdot I} - \frac{P \cdot (l^3)}{12 \cdot E \cdot I}$

그러므로 탄성계수(Modulus of elasticity) $E = \frac{\pi R^3}{48 \cdot I \cdot \delta}$

관성 모멘트는 다음과 같이 단면적의 모양에 따라 다르게 구할 수 있다.

원 모양의 단면적 $I = \frac{\pi R^4}{4}$

사각형의 단면적 $I = \frac{b \cdot h^3}{12}$

도넛 모양의 단면적 $I = \frac{\pi(R^4 - r^4)}{4}$

막대 모양의 물체에서 파괴응력(failure stress)은 다음과 같은 식에서 구할 수 있다.

원 모양의 단면적인 경우 $\sigma_o = \frac{P \cdot l}{\pi \cdot R^3}$

사각형의 단면적인 경우 $\sigma = \frac{1.5 \cdot P \cdot l}{b \cdot h^2}$

• 관성 모멘트(Inertial moment)

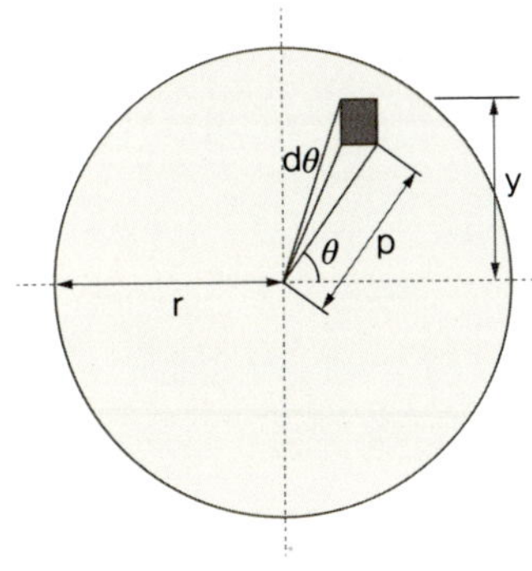

$$I_x = \int y^2 da$$

여기서 $y : \rho \cdot \sin\theta$, $da : \rho \cdot d\theta \cdot d\rho$

$$I_x = \int_0^{2\pi}\int_0^{r} \rho^2 \cdot \sin^2\theta \cdot \rho \cdot d\theta \cdot d\rho$$

$$= \int_0^{2\pi} \sin^2\theta \cdot d\theta \cdot \left(\frac{\rho^4}{4}\right)_0^r = \frac{r^4}{4}\int_0^{2\pi} \sin^2\theta \cdot d\theta = \frac{\pi r^4}{4} \text{ : 관성 모멘트}$$

- 파괴응력(Failure stress)

$M=\frac{E \cdot I}{\rho}$와 $\sigma=\frac{E \cdot y}{\rho}$ 식으로 $\sigma=\frac{M \cdot y}{I}$ 또는 $\sigma=\frac{M \cdot R}{I}$을 구할 수 있고 $I=\frac{\pi R^4}{4}$와 $M=\frac{p \cdot l}{4}$ 식을 삽입하면 굽힘 시험에서 파괴응력 $\sigma=\frac{p \cdot l}{\pi R^4}$을 구할 수 있다.

실험 목적

선택된 막대 모양의 과자를 굽힘 이론을 통하여 탄성률(modulus of elasticity)을 측정하기 위함이다.

실험 기구

레오미터, 굽힘 고정기(Bending fixture), 버니어 캘리퍼스(Vernier calipers)

실험 방법

1 레오미터의 크로스헤드 속도, 최대 힘과 차트 속도를 정하고, 굽힘 고정기를 설치하고 조절한다.
2 굽힘 고정기에 시료를 얹어 놓고 차트 기록과 함께 가운데 시료가 깨질 때까지 힘을 가한다.
3 각 시료의 단면적을 원 모양이라 가정하고 적어도 3곳을 측정하여 평균 지름을 정한다. 관성 모멘트를 결정하기 위해 각 시료의 지름에 다른 굽힘 시험을 반복하여 측정한다.
4 레오미터의 레코더로 기록한 힘–변형 그래프로부터 탄성률(pascal 단위)을 구한다.
5 변형된 시료가 깨질 때 필요한 에너지(Joul 단위)를 그래프로부터 구한다.
6 각 데이터의 표준편차 값을 계산한다.
7 이 측정을 수행함에 있어 주어진 기본 가정이 어떻게 유효한지에 대한 의견을 제시한다.
8 어떤 형태의 시료가 유용하지를 논하고, 이 측정을 하는데 있어 어떠한 시료의 성질이 필요한지를 논하시오.
9 다음 식을 이용하여 단면적이 원이나 사각형일 때의 파손 강도를 구하시오.

$$\sigma_{o} = \frac{P \cdot l}{\pi R^3}$$

$$\sigma = \frac{1.5 \cdot P \cdot l}{b \cdot h^2}$$

실험 결과

시료 번호	길이	지름	최대굽힘 힘 (N)	파손 시의 에너지(Joule)	굴절성 (Deflection)	기울기	탄성계수 (Pa)	파손응력 (Pa)
1								

(계속)

시료 번호	길이	지름	최대굽힘 힘 (N)	파손 시의 에너지(Joule)	굴절성 (Deflection)	기울기	탄성계수 (Pa)	파손응력 (Pa)
2								
3								
4								
5								

평균값 :

탄성계수(modulus of elasticity)의 표준편차 =

파손 시 필요한 에너지의 표준편차 =

파손응력(failure stress)의 표준편차 = 굽힘성

연습문제

1 탄성률(modulas of elasticity) 식 $E = P \cdot L^3/(48 \cdot I \cdot \delta)$은 관성 모멘트 I가 $\pi R^4/4$인 막대기 모양의 식품에서 굽힘(bending) 측정을 수행할 때 사용하는 식이다.

(1) 이 실험을 수행하는 데 적용된 가정들 중 3가지 정도 논하시오.

(2) E, P, L, I, δ와 R값의 정의를 내리시오.

(3) 유량계를 사용하여 굽힘 측정을 수행하였을 때 P/δ 값을 어떻게 구하는지를 논하시오. 즉, 기록하여야 하는 값들과 도표로부터 어떻게 데이터를 얻을 수 있는지 논하시오.

(4) 다음의 표는 굽힘 특징을 이용하여 구한 데이터이다. 이때 크로스헤드 속도(cross head speed) : 100 mm/min, 차트 속도(chart speed) : 300 mm/min이다. 다음의 데이터를 이용하여 아래 값들을 계산하시오.

길이(mm)	지름(mm)	힘(kg_f)	이동(mm)
60	5	0.3	5

① 탄성계수(modulus of elasticity, Pa)는?

② 파괴응력(failure stress, Pa)은? 〔$= P \cdot L/(\pi R^3)$〕

Lab 09

축방향 하중시험Axial loading Test과 헤르츠Hertz 식

1) 축방향 하중시험의 이론

식품의 조직감은 단백질이나 탄수화물의 3차원 망(3-dimensional network)으로 표출되며, 이러한 조직감은 힘으로 나타낼 수 있다. 식품의 조직감은 열을 가했을 때 유체 성분을 나타내는 흐름성(flow)과 고형 성분을 나타내는 변형성(deformation)으로 나타난다. 이때 흐름성은 점도나 속도로 측정할 수 있으며, 변형성은 응력이나 변형(strain)으로 그 특징들을 나타낸다. 이와 같은 응력과 변형성을 나타내는 방법으로는 기본적(fundamental), 경험적(empirical), 모방적(imitative) 측정방법이 있다. 기본적 측정방법은 물리적 단위로 나타내는데 힘은 kg_f, 변형은 m, 시간은 sec를 사용하며 응력, 변형, 점성, 계수(modulus) 등으로 나타낸다. 이 방법은 서로 다른 곳에서 측정하더라도 상호 데이터를 비교할 수 있으나 측정하는 데 시간이 오래 걸린다. 경험적 측정은 조직감에 실용적인 정보를 제공하고 빠른 시간 내에 측정할 수 있어 일반 식품 산업에서 가장 많이 이용하나, 시료의 크기나 힘의 정도에 따라 결과가 달리 나타나기도 한다. 펀치(punch) 시험법, 절단(cutting)시험이나 압출(extrusion) 시험 등이 이에 속한다. 모방적 측정방법은 사람이 씹는 과정을 모방하여 측정하는데 이 방법 역시 시료의 크기나 성질에 따라 다르게 나타나며, 워너-브래츨러 전단(Warner-Bratzler shear)이나 조직감 프로파일 분석(texture profile analysis, TPA)이 여기에 속한다. 물성에서 이용되는 기본적인 식은 다음과 같다.

- 수직응력(normal stress, Pa) = 압축 힘(F)/단위면적(A)
- 수직변형(normal strain) = 변형 길이(deformation)/초기 길이(L)
- 전단응력(shear stress, Pa) = 전단 힘(F′)/단위면적(A)

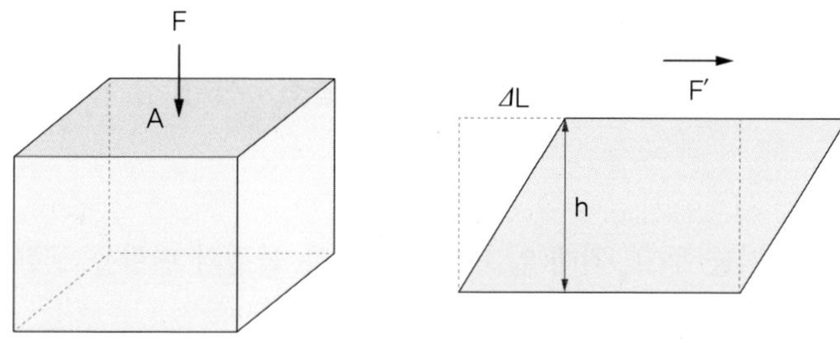

- 전단변형(shear strain) = 변형 길이(△L)/시료 높이(h)
- 전단속도(shear rate, sec^{-1}) = 변형 길이/시료 높이/시간 = 속도/높이

여기서 식품의 강성도(stiffness)를 나타내는 영률(Young's modulus)은 수직응력/수직변형이며, 식품의 경직도(rigidity)를 나타내는 전단탄성률(shear modulus)은 전단응력/전단변형으로, 식품의 점도는 전단응력/전단속도로 측정한다.

2) 몸체 간 접촉응력Contact stress between bodies(Hertz contact problem)

일반적으로 가장 간단한 고형 식품에 대한 물성 측정은 압축을 하는 방법으로 그때 시료의 모양은 사각형이나 원통형이다. 그러나 씨앗, 곡물, 달걀, 과일 등의 경우 힘을 가하는 장치가 볼록한 몸체(convex body)에 힘을 가하게 되는데, 이때 복잡한 응력 분배(complex stress distribution)가 이루어진다. 1896년 헤르츠(Hertz)가 2개의 탄성 등방성 물질들의 접촉에서 응력을 구하는 방법을 제안하였으며, 인스트론(instron)에 적용할 때 좋은 결과를 도출하였다.

(1) 가정

- 접촉하는 물질들은 동질성을 가지고 있다.
- 가해진 힘은 정지(static)되어 있다. (관성 효과 없음)
- 후크의 법칙(Hooke's law)이 적용된다.
- 접촉하는 응력은 반대 부분에서 사라진다.
- 접촉하는 물질의 곡률(curvature) 반지름은 손상되지 않으며 표면의 반지름보다 크다.
- 접촉 표면은 충분히 거칠지 않고 부드럽다. 〔접선력(tangential force)은 제거됨〕

(2) 적용되는 물질

- 탄성률을 구하기 위한 공 모양이나 타원형의 물질 : 사과, 감자, 복숭아, 포도 등

(3) 적용 식

- 접촉 면적에 근거를 두고, 최대 압축응력과 접촉 물질의 변형을 구한다.
- 힘-변형 곡선

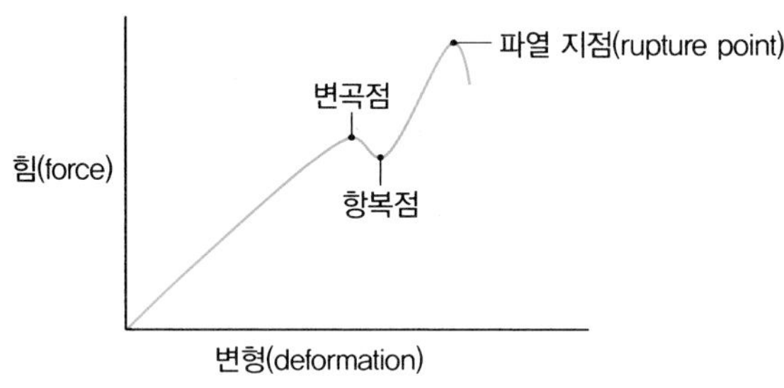

- 생물체 항복점(bioyield point) : 변형 증가가 파열 전에 힘의 감소 또는 변화를 일으키지 않은 점
- 변곡점(inflection point) : 곡선 기울기의 변화율이 0인 지점
- 탄성계수 : 아래의 식들에서 나타난 값 E

① 접촉면이 평행인 판인 경우

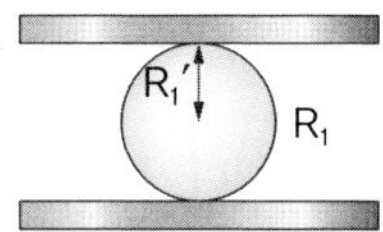

$$E=\frac{0.531F(1-\mu^2)}{D^{3/2}}\left[\left(\frac{1}{R_1}+\frac{1}{R'_1}\right)^{1/3}+\left(\frac{1}{R_2}+\frac{1}{R'_2}\right)^{1/3}\right]^{3/2}$$

여기서 D : 변형, μ : 푸아종비, R_1, R'_1 : 윗부분의 곡률 반지름, R_2, R'_2 : 아래 부분의 곡률 반지름, E : 탄성계수(Modulas of elasticity)

완벽한 구인 경우

$$E=\frac{0.531F(1-\mu^2)}{D^{3/2}}\left[2\left(\frac{2}{R}\right)^{1/3}\right]^{3/2}$$

$$E=\frac{3F(1-\mu^2)}{D^{3/2}}\left(\frac{1}{\sqrt{d}}\right)$$

② 판의 한 면만 접촉한 경우(평판)

$$E=\frac{0.531F(1-\mu^2)}{D^{3/2}}(\frac{1}{R_1}+\frac{1}{R'_1})^{1/2}$$

③ 구형 압자indenter인 경우

$$E=\frac{0.531F(1-\mu^2)}{D^{3/2}}(\frac{1}{R_1}+\frac{1}{R'_1}+\frac{4}{d})^{1/2}$$

여기서 d : 압자 지름

④ 판형인 경우

$R_1 = R'_1 = \infty$, 그러므로 $\frac{1}{R_1}$과 $\frac{1}{R'_1}$는 0 $\quad E=\frac{0.531F(1-\mu^2)}{D^{3/2}}(\frac{4}{d})^{1/2}$

- 만일 푸아송비에 오류가 있다면?
  0.3인 푸아송비를 0.4로 오류가 있었다면, (1−0.16)=0.84가 (1−0.09)=0.91 대신 사용하게 되므로 오류율은 7%가 된다.
- 헤르츠 이론은 인스트론(instron)과 같은 만능기기에서 사용할 때 좋은 결과를 산출해 내며, 관통할 경우 이동거리와 힘의 값을 쉽게 산출해 낼 수 있다.
- 곡률의 반지름은 형판(calibrate template)을 이용하여 구할 수 있다.

실험 목적

원형 그대로의 과일이나 채소에 대한 축 방향 하중 실험을 이용하여 탄성률(modulus of elasticity) 값을 구하기 위함이다.

실험 기구

레오미터, 평판과 구형 표면의 고정물(loading fixture), 버니어 캘리퍼스(Vernier calipers)

수식

실린더 모양 시료에 대한 축 방향 하중 실험 :

$$E = \frac{\sigma}{\varepsilon} = \frac{(F \cdot L)}{(D \cdot A)}$$

여기서 F : 힘, L : 길이, A : 시료 단면적, D : 변형거리

2 평판 사이에서의 공 모양의 축 방향 하중 실험

$$E = \frac{0.531 \cdot F \cdot (1 - \mu^2) \cdot \left(\frac{2}{\sqrt{D}}\right)}{D^{3/2}}$$

여기서 μ : 푸아송비, d : 구의 지름, D : 변형 거리

위의 식들은 ASAE(American Society of Agricultural Engineers) 추천식 : 농업엔지니어 연감(Agricultural Engineer's yearbook)의 ASAE R368

실험 방법

1 레오미터의 크로스헤드 속도를 20 mm/min으로 정하고 최대하중 및 차트 속도를 정한다.

2 제시된 사과나 감자를 이용하여 다음과 같이 측정한다.

① 감자의 반을 자른다. 감자의 반은 1/2″ 매그네스-테일러(Magness-Taylor) 과일 테스터기를 이용하며 압자가 접촉하는 면의 표피를 제거한다.

② 나머지 반은 평판 측정을 하며 접촉하면 면의 표피는 그대로 유지한다.

③ 평판 측정과 압축 측정에 사용하기 위해 일정 지름(cm)와 일정 높이(cm)를 가진 실린더 형의 감자시료를 제조한다.

3 다음의 표를 완성하고, 3가지 방법을 서로 비교하여 차이가 나는 이유를 논한다.

압자Indenter

지름 : __________ 곡률의 반지름 : __________

감자 번호	반지름 R_1	반지름 R'_1	압자(indenter) 지름	변곡점으로부터의 1/2 변형 거리	파손		힘(N)	변형률(kPa)
					힘(kgf)	거리(m)		
1								
2								
3								
4								
5								
6								
평균								
표준편차								
변동계수								

평판 검사Flat Plate Test

감자 번호	반지름 R_1	반지름R'_1	변형거리(D)	변형률(kPa)
1				
2				
3				
4				
5				
6				
평균				
표준편차				
변동계수				

실린더 검사Cylinder Test

감자 번호	실린더 길이	실린더 지름	힘-거리에 대한 기울기	변형률(kPa)
1				
2				
3				
4				
5				
6				
평균				
표준편차				
변동계수				

연습문제

1 감자의 곡선 표면 일부가 평평한 표면과 접촉한 곳에서 수행한 실험식이다.

$$E=\frac{0.531\ F(1-\mu^2)}{D^{3/2}}\left(\frac{1}{R_1}+\frac{1}{R'_1}\right)^{1/2}$$

(1) E, F, μ, R_1, R'_1와 D를 각각 정의하면?

(2) 이 식에 사용된 가정들을 설명하면?

(3) 위의 식을 이용하여 사과의 변형률을 얻기 위해 실험을 어떻게 수행하였는지 설명하고, 설명할 때에는 모든 측정이 어떻게 수행되었는지와 무엇이 기록되었는지를 첨부하시오.

(4) 변형률을 구하기 위하여 어떻게 R_1과 R'_1를 정하였는지를 설명하면?

(5) 위의 식에서 어떻게 D값이 정해지는지를 설명하면?

(6) 압자(indenter)를 사용한 실험에서 구한 E값의 표준편차 값이 실린더형 시료에서 구한 E값의 표준편차보다 매우 큰 이유를 설명하면?

Lab 10

조직 파괴에 대한 활성화 에너지

실험 목적

물성학적 성질에 대한 온도 효과를 나타내고, 아레니우스(Arrhenius) 식을 이용하여 수학적으로 나타내기 위함이다.

실험 방법

온도 −20℃와 20℃ 범위에서 저장한 치즈의 파손 강도를 측정하기 위해 레오미터(Rheometer)의 구성을 설치한다.

1 다음을 기록한다.

크로스헤드 속도 : ___________

차트 속도 : ___________

최대 힘 : ___________

2 각 온도에서의 최대 파손응력을 측정하고 계산한다.

3 로그(Logarithm)값의 최대 응력과 절대온도의 역수에 대한 그래프를 그리도록 한다.

4 다음과 같은 아레니우스식을 적용하여 lnA값과 활성화 에너지, E_a값을 구하도록 한다.

$$\text{Ln(응력)} = \ln A - \frac{E_a}{RT}$$

5 아레니우스형 수식이 응력과 온도 사이의 관계식을 적절하게 표현하였는지 확인한다.

6 아레니우스식은 동력학에서 온도에 대한 물질의 반응속도에 일반적으로 사용된다. E_a의 중요성과 그 의미를 논한다.

연습문제

1 치즈나 버터의 강도에 대한 온도 효과를 측정하기 위해 치즈나 버터를 다양한 온도에서 저장한 후 파손강도 실험을 수행하였다.

(1) 버터의 강도와 온도와의 관계식을 아레니우스식으로 표현하였다. 강도와 온도와의 관계를 그래프로 나타내면?

(2) 강도와 온도와의 관계식을 수식으로 나타내면?

(3) 활성화 에너지와 그래프 상의 기울기와의 관계를 설명하면?

(4) 버터의 어떤 구조적 특성이 온도 의존성을 나타내는지 논하면?

(5) 다음의 데이터를 이용하여 활성화 에너지를 구하면?

온도(°C)	파괴응력(Failure stress, Pa)
5	49×10^3
10	25×10
15	5×10^3

Lab 11
고형 식품의 파괴Physical breakdown of solid food

파손의 기준 : 고체 식품의 중요한 기계적 성질로 거시적으로 측정한다.

가정 : 동종성(homogeneous), 등방위성(isotropic), 탄성(elastic)의 성질을 가져야 한다. 변형률의 효과(strain rate effect)가 존재하므로 변형속도와 시료 규모를 설정하는 것이 필요하다.

1) 단축 압축Uniaxial compression

알고 있는 크기와 모양을 알고 있는 시료에 대해서는 단축압축시험(uniaxial compression test)이 가장 일반적이다.

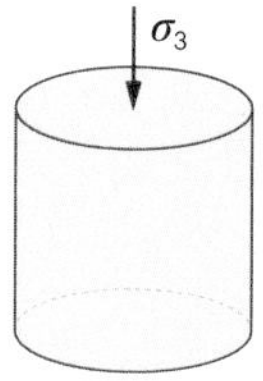

최대 압축 응력(compressive stress) : $\boldsymbol{\sigma}_{max} = \dfrac{F}{A} = \dfrac{F}{\pi R^2}$

최대 압축 변형(compressive strain) : $\boldsymbol{\varepsilon}_{max} = \dfrac{\triangle L}{L_o}$

참 압축 변형(True compressive strain) : $\boldsymbol{\varepsilon}_{true} = \displaystyle\int_{h_i}^{h_f} \frac{1}{h} dh = \ln\frac{h_f}{h_i} = \ln\frac{h_i - dh}{h_i} = \ln(1 - \boldsymbol{\varepsilon})$

푸아송비의 설정 및 용적 변화로 단축 압력에 의한 응력/변형 외에 이 측정으로 인한 전단응력/전단변형을 이끌어내기가 쉽지 않다. 이를 구한다면 실린더에 작용하는 응력은 $\boldsymbol{\sigma}_3$이며 단지 한 수직 응력(normal stress)만 존재한다. ($\boldsymbol{\sigma}_1$과 $\boldsymbol{\sigma}_2 = 0$)

$$\therefore\ \varepsilon_1 = \varepsilon_2 = -\mu\frac{\sigma_3}{E},\quad \varepsilon_3 = \frac{\sigma_3}{E}$$

최대 전단응력 : $\tau_{max} = \pm\frac{\sigma_3}{2}$ (탄성 이론에 의함)

최대 전단변형 : $\gamma_{max} = \varepsilon_3(1+\mu)$

2) 비틀림 시험Torsion test

순수한 전단응력은 비틀림 시험(torsion test)으로부터 구할 수 있다.

중앙 축(central axis)에 비틀림 모멘트(twisting moment)를 적용한다.

이득 : 같은 크기의 장력(tension), 압축(compression)과 전단응력(shear stress)의 양이 만들어지며, 식품이 가장 약한 강도를 가지는 응력에 따라 파손된다.

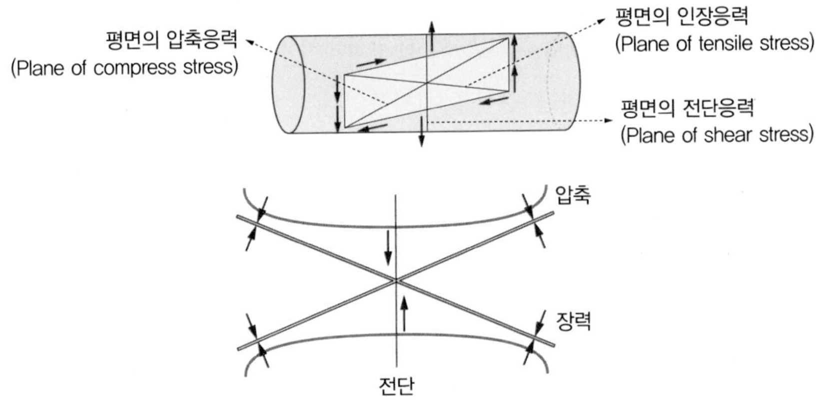

비틀림 시험을 위한 시료 : 덤벨 모양(dumbbell shape)으로 만들며 그 이유는 비틀림 모멘트(Twisting moment)가 적용되는 위치에서 불필요한 응력을 최소화하기 위함이다.

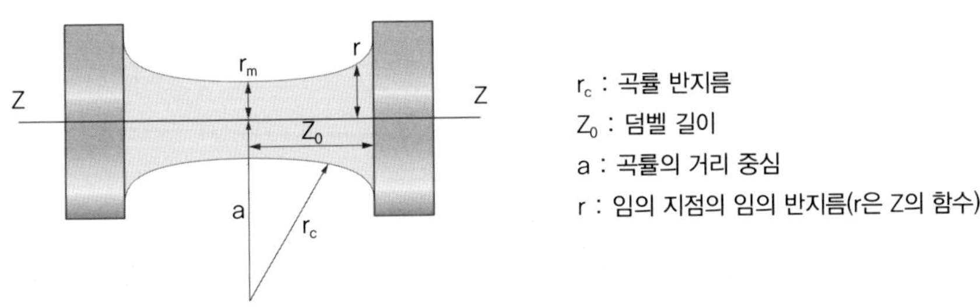

이론 : 누버(Neuber)는 " 노치스트레스의 이론(The Theory of Notch Stress)" 내에서 비

틀림 시험에 대한 이론을 "Principles for exact calculation of strength with reference to structural form and materials"에서 제시하였다.

$$\tau_{max} = K \cdot \tau \qquad \text{여기서 } K = \frac{3\left(1+\sqrt{\frac{r_{min}}{r_c}+1}\right)^2}{4\left(2+\sqrt{\frac{r_{min}}{r_c}+1}\right)}$$

τ_{max}는 최소 단면의 경계에서 일어남

τ : r_{min}을 가지고 계산한 응력이며 일정한 단면으로 가정한다. r_{min}을 가진 실린더 모양의 비틀림에서 전단응력(보통 K= 1.08일 때 r_{min} = 5 mm, K= 1.098일 때 r_{min} = 6.25)

나다이(Nadai)는 "고체의 흐름과 파괴 이론(Theory of Flow and Failure in Solids)"에서 비틀림 모멘트 (M_t)과 비틀림 각 (ψ_t)의 관계식에서 비틀림 시료의 반지름 방향 응력(radial stress) 분포도를 나타내는 수식을 제시하였다.

$$\tau = \frac{1}{2\pi r_{min}^3}\left(\psi_t \frac{dM_t}{d\psi_t} + 3M_t\right)$$

여기서 r_{min} : 최소 반지름, M_t : 비틀림 모멘트, ψ_t : 비틀림 각, τ_{max} : r_{min}에서의 전단응력

$$\tau_{max} = \frac{K}{2\pi r_{min}^3}\left(\psi_t \frac{dM_t}{d\psi_t} + 3M_t\right)$$

(i) 비틀림의 모멘트-각의 관계가 파손 전까지 선형으로 나타날 때

$$\tau_{max} = \frac{2K \cdot M_t}{\pi r_{min}^3}$$

(ii) 비틀림의 모멘트-각의 기울기가 파손에서 0으로 나타날 때 ($\frac{dM_t}{d\psi_t} = 0$)

$$\tau_{max} = \frac{3K \cdot M_t}{2\pi r_{min}^3}$$

(iii) 비틀림의 모멘트-각의 관계가 $M_t = b_1\psi + b_2\psi$, $\frac{dM_t}{d\psi_t} = b_1 + 2b_2\psi^2$이라면

$$\tau_{max} = \frac{K}{2\pi r_{min}^3}(4b_1\psi + 5b_2\psi_2)$$

전단 변형과 전단계수(shear modulus)를 구하기 위해서는 시료 구조 내의 전체 비틀림 각이 중요하다.

$$\gamma_{max} = C \cdot \psi t$$

$$\text{여기서 } C = \frac{2K}{\pi r^3_{min} Q} \text{에서 } Q = \frac{4}{\pi}\int_0^{Z_0} \frac{dZ}{a - \sqrt{(r^2_c - z^2)^4}}$$

여기서 Z_o : 6.4 mm, $Q = 8.45 \times 10^6\ m^{-3}$일 때 $r_{min} = 0.5$ cm

$Q = 3.66 \times 10^6\ m^{-3}$일 때 $r_{min} = 0.625$ cm

$$\psi_t = \frac{\text{차트 이동 단위}}{\text{차트 속도 단위}} \cdot \frac{Rev}{min} \cdot \frac{2\pi rad}{rev}$$

위의 식은 딜(Diehl)의 "단축압축에서의 선택한 과일 및 채소의 조직 파괴(Structural failure of selected fruits and vegetables in uniaxial compression)"에서 언급하였다.

따라서 전단계수(shear modulus) $= Q \cdot \frac{M_t}{\psi_t}$

조직의 응력과 변형의 계산

측정	τ_{max}	γ_{max}	σ_{max}	$\sigma_{true\ max}$	ε_{max}	$\varepsilon_{true\ max}$
실린더의 단축압축	$\pm\frac{\sigma_{max}}{2}$	$\pm\varepsilon_{max}(1+\mu)$	$\frac{F}{\pi R^2}$	$\frac{F}{\pi R^2(1+\mu)^2}$	$\frac{\triangle L}{L_o}$	$-\ln(1-\varepsilon_{max})$
비틀림(torsion) 측정						
비틀림의 모멘트-각의 관계가 파손 전까지 선형	$\frac{2K \cdot M_t}{\pi r^3_{min}}$	$\frac{2K \cdot \psi}{\pi r^3_{min} Q}$	τ_{max}	τ_{max}	$\frac{\gamma_{max}}{2}$	$\frac{\gamma_{max}}{2}$
비틀림의 모멘트-각의 관계가 2차 함수	$\frac{K}{2\pi r^3_{min}}(4b_1\psi + 5b_2\psi^2)$	$\frac{2K \cdot \psi}{\pi r^3_{min} Q}$	τ_{max}	τ_{max}	$\frac{\gamma_{max}}{2}$	$\frac{\gamma_{max}}{2}$
비틀림의 모멘트-각의 기울기가 파손에서 0	$\frac{3K \cdot M_t}{2\pi r^3_{min}}$	$\frac{2K \cdot \psi}{\pi r^3_{min} Q}$	τ_{max}	τ_{max}	$\frac{\gamma_{max}}{2}$	$\frac{\gamma_{max}}{2}$
샌드위치식 파손전단 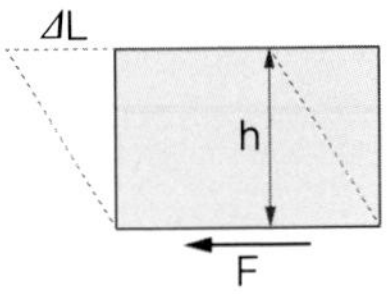	$\frac{F}{A}$	$\frac{\triangle L}{h}$	τ_{max}	τ_{max}	$\frac{\gamma_{max}}{2}$	$\frac{\gamma_{max}}{2}$

실험 목적

응력(stress)과 변형(strain)의 값으로 식품에서의 구조적 파괴를 이해하기 위함이다.

실험 기구

브룩필드 5XHBTD 점도계에 부착된 비틀림 기구, 시료 깎는 기구(specimen shaper), 시료 끝에 부착시키는 원반, 접착제, 레오미터

실험 방법 : Torsion

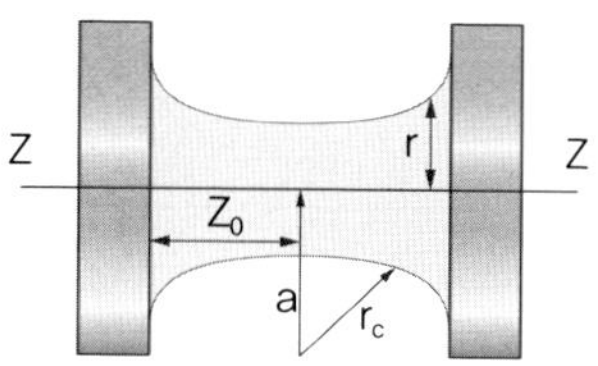

1 다음과 같은 치수로 시료 모양을 만든다.

끝 지름 : 19 mm

총 길이 : 28.7 mm

$r_{min} = 5$ mm

$Q = 8.45 \times 10^6\ m^{-3}$

$K = 1.08$

$r_c = 9.525$ mm

$Z_o = 6.36$ mm

$U = 1.25 \times 10^6\ m^{-6}$

여기서 K와 Q : 홈(notch) 꼬임계수, U : 끝부분(end) 꼬임계수

2 각 시료를 비틀림 기구에 놓고 최소 중앙 부분이 파손될 때까지 비틀어 준다. 차트 이동과 뒤틀린 힘(torque)을 기록한다. 일반적으로 2.5 rpm의 회전속도와 2 mm/sec의 차트 속도를 이용한다.

3 각 시료의 파손전단응력을 다음과 같이 계산한다.

$$\tau\,(\text{Pa}) = 1{,}580 \times \text{뒤틀린 힘(torque)}$$

4 각 시료의 파손전단변형은 다음과 같이 계산한다.

$$\gamma = 0.150 \frac{rad}{sec} \times \frac{\text{차트 이동}}{\text{차트 속도}} - (0.00848dig.)$$

5 각 시료의 파손 시 참 전단 변형을 다음과 같이 계산한다.

$$\gamma_{true} = Ln[1 + \frac{\gamma^2}{2} + \gamma(1 + \frac{\gamma^2}{4})^{1/2}]$$

실험 방법 : 축 방향 압축 Axial compression

1 교수가 제시한 실린더 형태의 시료를 만든다.

2 시료가 파손될 때까지 각 시료를 수직으로 누른다. 초기 시료의 크기, 파손 힘, 파손 시 차트 이동, 크로스헤드 속도, 차트 속도, 최대 힘(full scale force)를 기록한다.

3 각 시료의 최대 파손 변형(Maximum strain at failure)을 계산한다.

$$\varepsilon_{max} = \frac{\triangle L}{L}$$

4 각 시료의 참 수직 변형을 계산한다.

$$\varepsilon_{true\ max} = -Ln(1 - \varepsilon_{max})$$

5 각 시료의 참 전단 변형을 계산한다.

$$\gamma_{true\ max} = \pm \varepsilon_{true\ max}(1 + \nu)$$

6 각 시료의 참 수직 응력을 계산한다.

$$\sigma_{true\ max} = \frac{F}{\pi r^2(1 + \nu\varepsilon_{max})^2}$$

7 각 시료의 참 전단응력을 계산한다.

$$\tau_{true\ max} = \pm \frac{\sigma_{true\ max}}{2}$$

8 비틀림 시험과 압축 시험을 이용하여 구한 파손 응력과 파손 변형의 결과를 비교해 본다.

측정 결과 데이터

단축 압착실험 : 크로스헤드 속도 : ____________________

차트 속도 : ____________________

최대 힘(Full scale force) : ____________________

시료번호	길이(mm)	지름(mm)	파손 힘(kg)	이동거리(mm)	파손 변형
1					
2					
3					
4					
5					
	변형값 ε_{max}	전단변형 γ_{max}	응력값 σ_{max} (kPa)	전단응력 τ_{max} (kPa)	
1					
2					
3					
4					
5					

비틀림 측정 : 반지름(min) : ____________________

시료번호	뒤틀린 힘 (Dig unit)	움직인 거리 (mm)	전단응력 (kPa)	전단변형	참전단 변형
1					
2					
3					
4					
5					

연습문제

1 비틀림 시험(torsion test)에서 파손응력은 인장응력(tensile stress) 단면을 따라 파손이 일어났으며, 압축에서의 파손응력은 전단응력의 단면을 따라 파손이 일어났다.

(1) 측정한 시료의 모양에 대하여 묘사하고 그 이유를 설명하면?

(2) 압축 시료의 파손 형태를 그리면?

(3) 비틀림 측정에서 어떻게 파손되는지 설명하고, 그 파손 형태를 그리면?

(4) 비틀림 시료에서 파손되는 모습을 그리고, 이러한 모양이 생기는 이유를 설명하면?

(5) 비틀림 시험에서 사용된 다음 식에서 τ_{max}, K, φ_t, 그리고 M_t를 정의하면?

$$\tau_{max} = \frac{K}{2\pi r_{min}^3}(\psi_t \frac{dM_t}{d\varphi_t} + 3M_t)$$

(6) 위의 식 (5)를 사용하였을 때 비틀림 곡선의 토크-각(torque-angle)은 어떻게 가정하고 식을 세웠는지 설명하면?

(7) 파손까지 선형(linear)으로 나타났다면 위의 식이 어떻게 변할지 설명하면?

(8) 비틀림 시험에서 비틀림 각을 구하면?

(9) 비틀림 시험에서 모멘트를 구하면?

(10) 토종 달갈흰자는 전단형(shear type)으로 파손이 일어난 후 다시 인장형으로 파손이 일어난다. 비틀림 시료의 파손 면을 그려 보면?

(11) 어떤 조직감 프로파일 요소가 비틀림에서의 파손 전단응력과 전단변형과 관련이 있다고 생각되는지 답하면?

(12) 수분 방출이 일어나는 처음 씹힘성은 파손 전단응력과 관계가 있다. 이 관계는 긍정적 관계식인지, 부정적 관계식인지를 답하면?

Lab 12
관능평가Sensory Evaluation

1) 주관적 측정Subjective test

최종 식품의 평가는 소비자에 의해 이루어지는데 그 평가는 개인의 감각(sense)에 달려 있으며 궁극적으로 품질의 판단과 관련이 있다. 즉, 관능검사는 품질의 보장과 새로운 제품의 개발에 사용되며, 기계적 측정과 연관되어 표준화에 기여하게 된다.

관능검사의 인적 상황은 최고로 훈련된 전문가, 실험실의 패널(panel), 소비자의 반응을 결정짓는 대규모의 소비자 패널로 구성된다.

(1) 관능 측정을 위한 준비

① 측정 지역

측정 지역은 편안하고 조용하여야 하며 모든 상태가 조절되어야 한다. 시료 준비실과 측정실은 분리되어야 하며 제조한 식품의 향이나 외부 향이 측정실에 스며들지 말아야 한다. 또한 패널들은 준비실에 들어가서는 안 되며 담배나 향수 사용 등을 금해야 한다.

② 측정실 준비

개인적인 공간(booth)을 이용하여 독립적인 판단을 하게끔 해야 하며, 상호간의 의사소통은 금해야 한다. 위생 상태, 온도 조절, 환기 등이 갖추어져야 하며 책상은 흰색이나 가벼운 회색이어야 하고, 불빛은 일정하게 하여 평가하고자 하는 식품의 외관에 영향을 미쳐서는 안 된다. 일반적으로 측정은 아침 10시나 오후 3시경에 하는 것이 좋다.

(2) 측정 시료의 준비

잘 갖추어진 준비실이 필요하며 식품의 해동 및 요리시간과 온도, 물의 양, 그릇 크기,

믹서의 시간과 속도 등을 일정하게 유지하도록 한다.

시료는 주사위 모양이나, 썰거나 갈아 퓌레 상태로 다양하게 준비할 수 있으며 시료를 담는 용기는 항상 일정하도록 한다.

가끔 캐리어(carrier)가 필요할 때가 있으며(잼/크래커나 빵, 핫도그/케첩), 제공되는 온도는 일반적으로 사람이 먹는 온도로 제공되어야 한다. 특히 선호도 측정(preference test)에서 맛살류는 조직감이 온도에 매우 민감하게 나타난다. 일반적으로 뜨거운 식품은 60~66℃, 아이스크림은 -1~2℃이고 다른 식품들은 보통 4~10℃로 제공한다.

시료의 양은 액상인 경우 16 mL(0.5 oz) 이상이어야 하고 고체인 경우 변별력 측정(discriminative test)에서는 28 g(1 oz)이며, 선호도 측정에서는 그 2배 양이 필요하다. 예를 들면 플레이버드 우유(flavored milk)는 32 mL가 필요하나 더 많은 양을 제공할 경우에는 너무 달게 느끼거나 물리게 된다.

부호(coding)는 패널들에게 암시를 주지 않아야 하며 일반적으로 3자리 숫자(743, 984, ……)를 사용하며, 순서는 대비효과(contrast effect)를 막기 위해 무작위로 제공되어야 한다. 향 측정에서는 왁스 펜을 사용하도록 한다.

시료와 시료를 측정하는 사이에는 입안을 씻어내도록 하고, 다음 시료까지 3~5분 정도를 기다리도록 하며 시료에 대한 정보가 절대 패널들에게 알려져서는 안 된다.

(3) 패널 선정

패널은 관능검사를 평가하는 분석자들로 의욕, 열정과 건강성을 지녀야 한다. 최소 패널의 수는 4~5명이며 실험실 패널은 10~20명 정도가 바람직하며, 각 시료에 따라 3번 반복하는 것이 바람직하다.

패널은 금연해야 하며 검을 씹거나 담배를 피워서는 안 된다. 측정 30분 전에는 별도의 음식을 먹거나 마시는 것도 금해야 한다.

(4) 관능 측정에 영향을 미치는 요소

- 예상 오류(expectation error) : 패널들이 받은 정보에 의해 측정 결과에 영향을 받을 오류
- 자극 오류(stimulus error) : 시료에 대한 내면적 특징을 가진 경우의 오류
- 논리 오류(logic error) : 시료의 모양이 패널의 논리에 영향을 미칠 때 받는 오류로

서 건조된 노란색 감자를 패널은 산화되었다고 생각하는 오류

- 후광 효과(halo effect) : 좋은 모양의 시료에서 받는 좋은 이미지로 인한 오류
- 위치 편견(positional bias) : 삼각 측정법에서 패널들은 차이가 나는 것을 중간 시료로 선택하는 경우

2) 관능 측정의 방법

① 변별력(discriminative) 테스트 : 차이나 유사점이 있는지를 결정하는 방법

예 3점 테스트, 대응비교(paired comparison)

② 묘사(descriptive) 테스트 : 차이의 정도를 측정

예 TPA, FPA

③ 선호도(preference) 테스트 : 시료의 수락 여부를 결정하는 측정

예 기호척도법(hedonic scale rating)

(1) 변별력 테스트Discrimination test

① 3점 시험법Triangle test

공정 조건을 바꾸거나, 원료를 교체하거나 패널들을 교체할 때 사용한다. 3개의 시료 중에 한 개는 다르고 2개는 같다. 다른 것을 고르는 방법이다.

주로 목표(target)로 하는 제품에 접근하는지를 측정하는 것으로, 여러 소스류에서 많이 이용하고 있으며, 만일 차이가 없는 시료라면 다른 시료를 고르는 것이 되겠다.

예 3개의 시료 중 2개는 동일하고 한 개가 다른 경우에서 12명의 패널 중 9명이 다른 시료를 선택하였다.

코드	다른 시료 선택
314	9
628	
542	

➲ 이 결과 1% 수준에서 유의차가 있으며, 결론은 시료 사이에는 '차이가 있다'로 판명된다.

② **단순비교법**Simple-paired comparison

특정한 특징을 비교하는 데 사용한다.

예 다음 중 어느 것이 더 달게 느껴지는가? (45 Brix 액상의 설탕, 52% 전화당)

20명 중 12명이 52% 전화당을 선택하였을 때.

20명 중 15명이 5% 수준에서 유의차가 있으므로 12명은 유의차가 없으며 두 시료 간에는 차이가 없는 것으로 결론 내린다.

➲ 이 방법은 매우 적은 시료가 들고 매우 간단하나 통계 관점에서 보면 좋은 방법이 아니다. (50%)

③ **1-2점 검사법**Duo-trio test

기준물질(reference)을 선정하고(R) 2 시료 중 하나는 같고 다른 하나는 다르다. R에 대해 다른 것을 선택하게 한다.

예 16명의 패널들이 치즈에서의 메티오닌(Methionine) 0.125 ppm과 0.25 ppm를 첨가한 치즈에서 기준 치즈와 다른 것을 고르게 한다.

시료	다른 시료를 고른 패널 수
423	10
701	14

➲ 분석은 16명 중 14명이 고를 경우 1% 수준에서 유의차가 있으므로 결론은 0.125 ppm을 첨가 시 차이를 못 느끼나 0.25 ppm을 넣을 경우 차이를 느낀다.

④ **다중비교법**Multiple Comparison test

다중비교법은 기준물질의 특징(R)과 비교하여 평가하는 방법으로, 새로운 원료로 대체하거나 공정을 바꾸거나 저장하는 동안 또는 그 이후에 품질의 변화를 알아보는 방법으로, 한번에 4~5개의 시료를 조사할 수 있다.

복숭아의 견고성을 비교할 때 (시료 426 591 497 874) 기준 시료를 R로 놓고 각 시료를 테스트하며 기준 시료와의 경도를 비교하고자 한다.

패널 수 \ 시료	426(A)	591(B)	497(C)	874(D)	합계
1	5	4	4	2	15
2	8	3	5	2	18
3	6	4	4	1	15
4	3	3	4	2	12
5	5	2	3	1	11
6	7	2	5	1	15
7	4	3	2	1	10
8	7	4	1	1	13
9	4	3	2	2	11
합계	49	28	30	13	120

분산분석(Analysis of variance)

보정계수(Correction factor, CF), 제곱합(sum of square, SS), 자유도(degree of freedom, d.f.), 평균제곱(mean square, M.S.)

- 보정계수(C.F) $= \dfrac{(\text{전체 합계})^2}{\text{전체 측정 수(total \# of response)}} = \dfrac{120^2}{36} = 400$

- 제곱합, 시료(sample) $= \dfrac{\Sigma(\text{각 시료의 측정 합})^2}{\text{패널의 수}} - \text{C.F}$

$= \dfrac{(49^2+28^2+30^2+13^2)}{9} - 400 = 72.67$

- 제곱합, 감식가(judge) $= \dfrac{\Sigma(\text{각 감식가가 평가한 합})^2}{\text{각 감식가가 평가한 시료의 수}} - \text{C.F}$

$= \dfrac{(15^2+18^2+\cdots+13^2+11^2)}{4} - 400 = 13.5$

- 제곱합, 전체 $= \Sigma(\text{각각의 감식 점수})^2 - \text{C.F}$

$= (5^2+8^2+\cdots\cdots+1^2+2^2) - 400 = 118$

- 제곱합, 오류(error) = 전체 제곱합 − 시료 제곱합 − 감식가 제곱합

$= 118 - 72.67 - 13.5 = 31.83$

자유도, 시료 = 시료의 수 − 1 = 4 − 1 = 3

자유도, 감식가 = 감식가의 수 − 1 = 9 − 1 = 8

변이원 (Source of variation)	분산분석			
	자유도	제곱합	평균 제곱	F 분산비 값
시료	3	72.67	72.67/3(= 24.22)	24.22/1.33(= 18.21)
감식가	8	13.5	13.5/8(= 1.69)	1.69/1.33(= 1.27)
오류	24	31.83	31.84/24(= 1.33)	
전체	35	118		

(계속)

자유도, 전체 = 각각의 시료 − 1 = 36 − 1 = 35

자유도, 오류 = $d \cdot f_T - d \cdot f_s - d \cdot f_j$ = 35 − 8 − 3 = 24

시료 간의 차이가 존재하는가를 F 값으로 평가한다.

5% 유의차에서의 F 값 = 3(sample), 24(error) = 3.01

1% 유의차에서의 F값 = 3(sample), 24(error) = 4.72

∴ 분산비(variance ratio) F = 18.210이고 5% 유의차인 3.01과 1% 유의차인 4.72보다 큰 값을 보이므로 유의차가 존재한다. 따라서 이 시료 간의 경도에는 유의차가 존재하나 감식가 자체에는 유의차가 존재하지 않으므로 감식가(패널)들은 계속적으로 평가하는 데 유용하다.

시료 간에 유의차가 있으므로 시료 간의 차이를 비교하는 방법으로 Tukey 테스트를 사용한다.

	A	B	C	D
전체 시료 평가값	49	28	30	13
전체 시료 평가값의 평균치	5.44	3.11	3.33	1.44
평균치의 크기에 따른 배열	A(5.44)	C(3.33)	B(3.11)	D(1.44)

$$\text{시료의 표준오차(standard error, SE)} = \sqrt{\frac{\text{오류의 평균제곱}}{\text{각 시료의 수}}}$$

$$= \sqrt{\frac{1.33}{9}} = 0.38$$

최소유의차(least significant difference, LSD) = 〔4개의 시료(treatment), 24자유도〕 × SE

= 3.90 × 0.38 = 1.48

따라서 2 시료간의 차이가 1.48보다 크면 5% 수준에서 유의차가 존재한다.

A(5.44)[a]	C(3.33)[b]	B(3.11)[b]	D(1.44)[c]
A − C > 1.48	C − B < 1.48	B − D > 1.48	
A − B > 1.48	C − D > 1.48		
A − D > 1.48			
결론 : A는 B, C, D보다 경도가 높음	C는 D보다 경도가 높음	B와 C는 경도가 같지만 D보다는 경도가 높음	D는 가장 경도가 약함

3) 묘사 측정Descriptive test

고도로 숙련된 패널을 요구하며 향이나 조직감을 측정한다. 그중 조직감은 다음과 같은 특징으로 분류된다.

- **조직 프로파일 분석**TPA test : 기계적 특징, 기하학적 특징, 그 외의 특징으로 나누어진다.

(1) 기계적인 특징Mechanical characteristics

① 기본적인 척도primary parameter

- 경도(hardness) : 부서뜨리는 데 필요한 힘(Force required to rupture)
- 접착도(cohesiveness) : 부서지기 전에 변형(deformation)의 정도
- 점도 : 전단응력/전단속도로 흐름의 정도를 나타냄
- 탄력도(springiness) : 힘을 제거 후 처음 상태로 돌아가는 정도
- 부착도 (adhesiveness) : 입천장에 부착된 물질을 제거하는 데 필요한 힘. (접촉된 물질 표면 사이의 인력을 제거하는 데 필요한 일)

② 2차적인 척도Secondary parameter

- 깨짐성(fracturability) : 시료를 바스라(cracks & crumbles) 트리는 데 필요한 힘으로 낮은 정도의 접착도와 높은 정도의 경도에 비례한다.
- 씹힘성(chewiness) : 삼키기에 충분할 정도로 씹는 데 필요한 시간으로 경도, 수분 흡습이나 접착도에 비례한다.
- 점착성(guminess) : 물질이 서로 붙들고 유지하는 정도

(2) 기하학적인 특징Geometric characteristics

① 입자의 크기나 모양 : 분말, 거침성(coarse), 덩어리(lumpy)

② 입자의 배열 : 편상 조직, 기포 조직(밀크셰이크)

(3) 기타

① 식품의 수분

② 식품의 지방 성분

* TPA 측정의 경우 다음 그림과 같이 General Food의 Texturometer에 의해 기계적 측정이 가능해졌다.

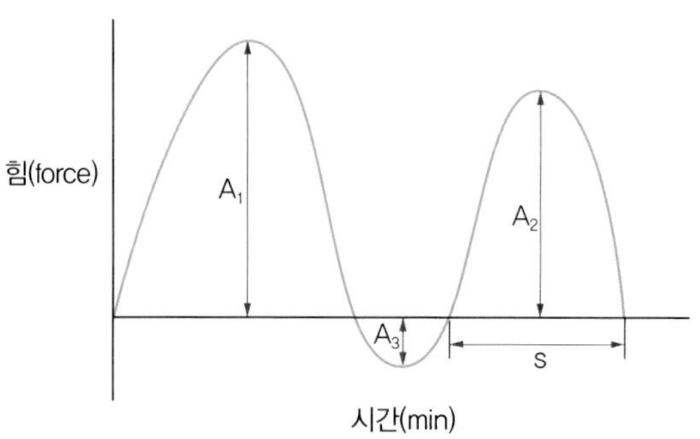

경도 : 높이 A_1,　부착도(work) : 면적 A_3,　접착도 : A_2/A_1,　탄력도(거리) : s

• 인스트론(Instron) : 일정한 속도로 움직임을 조절할 수 있고 힘-거리의 데이터를 만들어 내며 1968년 이후 기계적인 조직감을 측정하는 데 매우 널리 이용되고 있으며 산출되고 계산하는 방법은 위의 Texturometer와 같다.

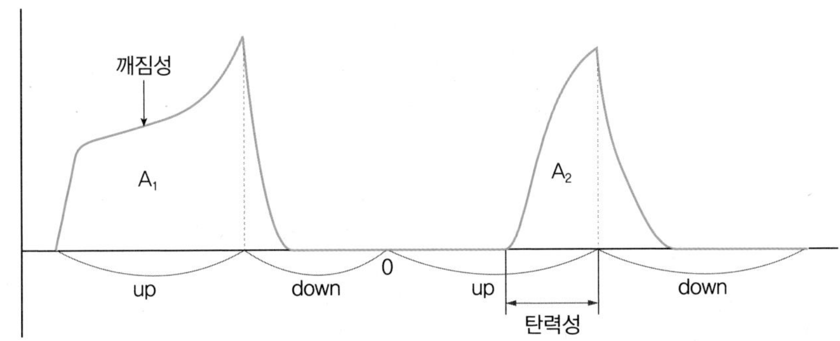

4) 선호도 측정Preference tests

(1) 단순비교법Paired comparison test

어느 것이 더 좋은가를 선택하는 것으로서 변별력 측정과 유사한다.

(2) 기호척도법Hedonic scale

일반적으로 9점 등급을 사용한다.

① 극도로 좋다(like extremely, 9 점)

② 매우 좋다(like very much)

③ 알맞게 좋다(like moderately)

④ 조금 좋다(like slightly)

⑤ 좋지도 않고 싫지도 않다(nether like nor dislike)

⑥ 조금 싫다(dislike slightly)

⑦ 알맞게 싫다(dislike moderately)

⑧ 매우 싫다(dislike very much)

분산분석은 단지 2개의 시료를 비교한다면 t-test를 하는 것이 바람직하다.

예 다음의 시료 A와 B 중 어느 것이 더 좋은가?

감식자	시료 A	시료 B	차이
1	8	6	2
2	7	7	0
3	7	6	1
4	8	7	1
5	6	6	0
6	7	6	1
7	7	7	0
8	8	7	1
9	6	7	-1
10	7	7	0
합계	71(7.1)	66(6.6)	5(0.5)

* T-test를 이용하여 선호도를 비교한다.

• 두 시료 간의 평균 차이 : 0.5(=7.1~6.6)

$$S = \sqrt{\text{제곱의 합}} = \sqrt{\text{sample of variance}}$$

$$= \sqrt{\frac{\Sigma di^2 - (\Sigma d)^2/n}{n-1}} = \sqrt{\frac{\text{각 차의 squre의 합} - (\text{전체 차이의 합})^2/n}{n-1}}$$

$$= \sqrt{\frac{2^2 + 1^2 + (-1)^2 - 5^2/10}{9}} = \sqrt{\frac{9-2.5}{9}} = 0.85$$

자유도가 10 − 1 = 9이고 5% 수준에서의 유의차를 나타내는 t값은 2.262이다. 위의 데이터를 다음 식 $\frac{\bar{d}}{(\frac{s}{\sqrt{n}})}$에 의해 계산하고 유의차를 나타내는 t값과 비교한다.

$$\frac{\bar{d}}{(\frac{s}{\sqrt{n}})} = \frac{0.5}{(\frac{0.85}{\sqrt{10}})} = 1.85$$

∴ 1.85는 2.262보다 작으므로 결론은 두 시료 간의 선호도에서는 차이가 없다.

실험 목적

파운드케이크의 관능적 측면을 비교하기 위함이다.

실험 방법

1/2″로 슬라이스한 케이크를 3/4″ × 3/4″로 자른다.

Ⅰ. 가. 혀와 입천장(palate) 사이에 시료를 놓고 다음과 같이 측정한다.

1. 표면의 매끄러운 정도 : 거침/울퉁불퉁 (rough/uneven)
2. 입자성(graininess) : 표면에 조그마한 입자가 느껴지는 정도(crumbs)
3. 촉촉함(moistness) : 시료가 얼마나 축축한 정도

나. 혀와 입천장 사이에 부분적으로 압착을 가한 후 힘을 빼고 측정한다.

1. 탄력성(springiness) : 원래의 모양으로 얼마나 빨리 복원하는 정도

Ⅱ. 치아 사이에 시료를 놓고 한 번 깨문 후 다음과 같이 측정한다.

1. 단단함(hardness) : 시료를 부수는 데 필요한 힘
2. 응집성(cohesiveness) : 시료가 부서지기 전까지 변형되는 정도
3. 보습성(moistness) : 시료가 얼마나 축축한 정도
4. 흡습성(moisture absorption) : 시료가 침을 흡수하는 정도
5. 밀집성(denseness) : 시료 단면의 빽빽함(compactness)
6. 점착성(adhesiveness) : 시료가 이빨에 남아 있는 정도
7. 거칠음(coarseness) : 시료가 조그마한 입자(grains)가 느껴지는 정도

Ⅲ. 치아 사이에 놓고 씹은 후 다음과 같이 측정한다.

1. 흡습성(moisture absorption) : 시료가 침을 흡수하는 정도
2. 점착성(adhesiveness) : 시료를 5~7회 씹은 후 입천장에 남아 있는 정도
3. 검성(gumminess) : 시료가 서로 접착하고 있는 정도
4. 입자성(graininess) : 조그만 입자가 또렷이 느껴지는 정도
5. 붕괴 후 설명(description of breakdown) : 붕괴된 상태를 묘사

Ⅳ. 여러 번 씹고 나서 삼킨 후에 다음과 같이 측정한다.

1. 목넘김(ease of swallow) : 씹은 시료가 완전히 삼키게 된 정도

2. 입안 코팅(mouth coating) : a. 유형 b. 입자

3. 치아 코팅(toothpacking) : 시료가 입안에 남아 있는 정도

강도의 정도Intensity Scale

		14점
0	감지하지 못함(not detectable)	1
)(	간신히 감지(threshold, barely detectable)	2
)(-1		3
)(-1	간신히에서 조금(barely detectable to slight)	4
)(-1		5
1	조금 감지(slight)	6
1-2		7
1-2	조금에서 적정(slight to moderate)	8
1-2		9
2	적정한 감지(moderate)	10
2-3		11
2-3	적정에서 강함(moderate to strong)	12
2-3		13
3	강한 감지 (strong)	14

조직감 프로파일Texture Profile

(파운드케이크 : 표준 샘플을 기준으로 비교)

	상업적 파운드케이크	
I. 표면(surface) :		
표면의 매끄러움(smoothness)	2	
입자성(grainness)	)(~1	
촉촉함(moistness)	1~2	
탄력성(springiness)	2	
II. 첫입(first Bite) :		
단단함(hardness)	1~2	
응집성(cohesiveness)	2	
촉촉함(moistness)	1~2	
단단함(denseness)	1~2	

(계속)

	상업적 파운드케이크	
점착성(adhesiveness)	1	
거칠음(coarseness)	)(~1	
III. 저작(mastication) :		
흡습성(moisture absorption)	2~3	
점착성(adhsiveness)	)(~1	
검성(gumminess)	1~2	
입자성(graininess)	)(~1	
붕괴 설명(description of breakdown)	5~7번 씹음으로써 전단이나 압축이 발생하고 수화현상이 일어나며 케이크의 유체나 침에 의해 삼키게 됨	
IV. 삼킨 후(after swallow) :		
목 넘김(ease of swallow)	2~3	
입안 코팅(mouth coating)		
a. 무미건조(chalky)	)(	
b. 기름진(oily)	)(~1	
치아 코팅(toothpacking)	)(~1	

실험 목적

기호척도(hedonic scale)를 이용한 측정 및 분석

이름 ________________ 날짜 ________________

재료 : 여러 종류의 마요네즈

624 시료

____________ like extremely(9)
____________ like very much
____________ like moderately
____________ like slightly
____________ neither like nor dislike(5)
____________ dislike slightly
____________ dislike moderately
____________ dislike very much
____________ dislike extremely(1)

359 시료

____________ like extremely
____________ like very much
____________ like moderately
____________ like slightly
____________ neither like nor dislike
____________ dislike slightly
____________ dislike moderately
____________ dislike very much
____________ dislike extremely

427 시료

____________ like extremely
____________ like very much
____________ like moderately
____________ like slightly
____________ neither like nor dislike
____________ dislike slightly
____________ dislike moderately
____________ dislike very much
____________ dislike extremely

867 시료

____________ like extremely
____________ like very much
____________ like moderately
____________ like slightly
____________ neither like nor dislike
____________ dislike slightly
____________ dislike moderately
____________ dislike very much
____________ dislike extremely

1 Anova table을 완성하시오. (자유도, 제곱합, 평균제곱, F값)
2 1%와 5%의 F값을 표에서 찾으시오.
3 투키 방법(Tukey's test)을 이용하여 차이를 비교하시오.
4 표준오차와 최소유의차(least square difference, LSD)를 구하시오.
5 시료 간의 최종 유의차를 비교하시오.

Lab 13

축 방향 하중Axial Loading과 펀치 시험Punch Test

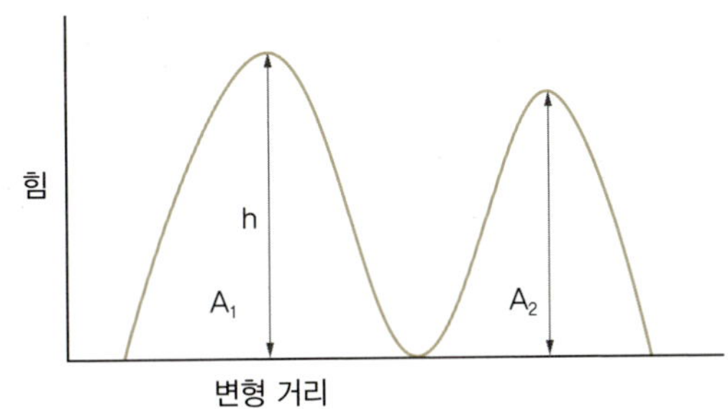

경도(hardness) : 높이 h　　　응집성(cohesiveness) : $\frac{\text{면적 } A_2}{\text{면적 } A_1}$

1) 펀치 시험Punch Test

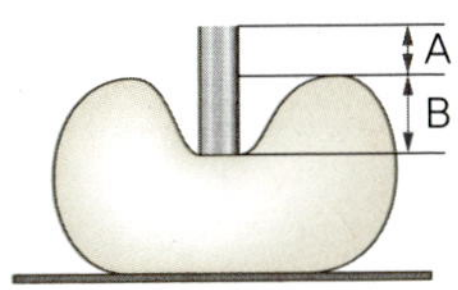

스쾃 거리(Squat distance, A)와 좁혀진 거리(pull down distance, B)는 펀치 힘과 식품의 응력/변형(stress/strain) 성질이나 강도에 영향을 받는다. 그러므로 전체 파손 변형(deformation to failure)은 파손되는 펀치 힘에 따라 다양하게 나타나며 그 영향을 받는다.

문제 : 고수분 단백질 젤은 높은 강성도(stiffness)와 낮은 변형률(deformation)을 보여 준다. (이유는 펀치 힘이 낮기 때문)

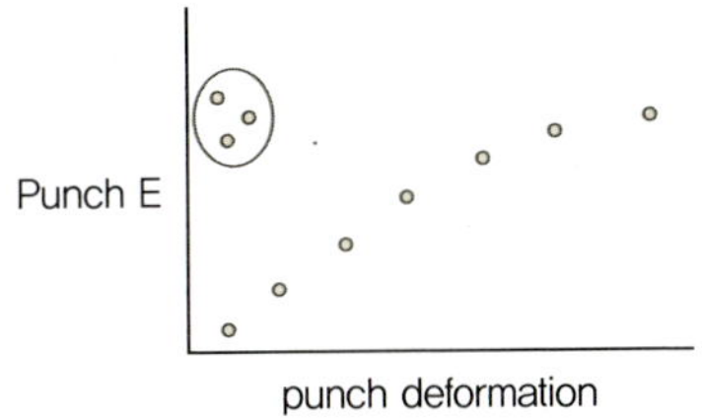

접힘 시험(folding test)에서는 고수분 단백질 젤은 매우 높은 변형률을 보여 준다.

실험 목적

축 방향 하중에 의한 식품의 응력/변형의 결정

실험 기구

레오미터(Rheometer), 캘리퍼스(vernier caliper)

사용 수식

1 실린더 모양의 시료에 대한 축 방향 하중 적용

$$E = \frac{\text{응력(stress)}}{\text{변형(strain)}} = \frac{[F \cdot L]}{[A \cdot D]}$$

여기서 F : 힘, L : 길이, A : 면적, D : 변형(deformation)

2 실린더 모양의 시료에 대한 축 방향 관통 실험

편치 힘(Punch force/플런저 지름)

3 조직 프로파일 분석(Texture profile analysis, TPA) 시험의 경도(hardness)와 응집성(cohesiveness)

실험 과정

1 10 kg의 압축 하중 셀(cell)을 사용하여 레오미터의 전체 힘(full scale force)과 크로스헤드 속도와 차트 속도를 정한다.

크로스헤드 속도 : ________________, 차트 속도 : ________________

시료 지름 : ________________, 시료 높이 : ________________

2 적절한 크기로 시료를 자른 후 지름과 높이를 측정한다.

3 적절한 변형 속도를 정하고 특정한 변형 속도까지 시료를 압착한다.

4 응력과 변형을 측정한 후 실린더 모양의 시료를 제거하고 펀치 시험과 TPA 시험을 위하여 새로운 실린더 모양의 시료를 정 장착한다.

5 펀치 시험 측정을 위하여 일정한 지름을 가진 플런저를 장착하고 시료의 중앙에 일정한 변형 속도와 일정한 거리를 두고 플러저를 시료 내로 침투시킨다. 침투하는 동안의 차트에 나타나는 힘을 측정하고 힘/플러저 지름으로 표시한다.

6 Rheometer를 이용하여 일정한 속도와 거리를 한 번 누르고 다시 같은 속도와 거리를 두 번째로 누른다. 그때 처음 일어나는 정점에서 강도(hardness)를 구

하고, 누르는 동안 생성되는 두 번째 면적을 첫 번째 면적으로 나누어 응집성(cohesiveness)값을 구하도록 한다.

7 위의 3가지 방법으로 구한 데이터를 비교한다.

실험 데이터

응력/변형	힘	응력	변형	영률
관통 측정	**펀치 힘 (1)**	**펀치 힘 (2)**	**펀치 힘 (3)**	**평균값**
조직 프로파일 분석(TPA)	**경도**	**응집**	**경도**	**응집성**

실험 관찰

1 다음의 경도(hardness), 응집성(cohesiveness), 점착성(adhesiveness)과 탄력성(springiness)을 어떻게 구하는지를 설명하시오.

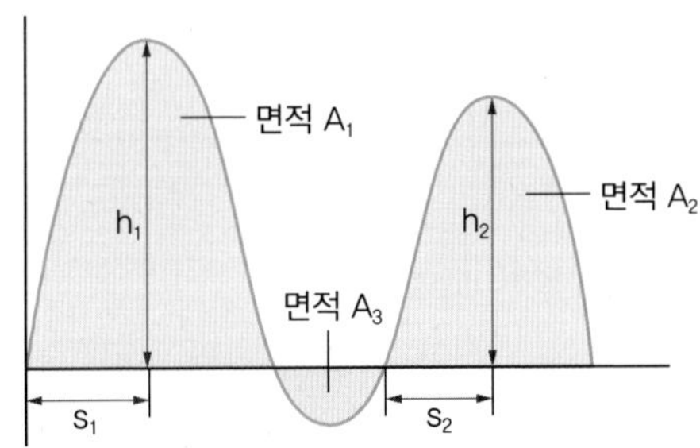

2 위의 4가지 관능평가 용어들을 정의하시오.

3 조직감 프로파일 패널(texture profile panel)에 의해 사용되었던 강도의 크기(intensity scale)를 설명하시오.

Lab 14

식품의 점탄성에 관한 모형상수

1) 점탄성Viscoelasticity 물질

주어진 힘에 대해 점성(viscous)과 탄성(elastic) 성질을 모두 나타내는 물질

- **선형 점탄성**Linear viscoelasticity : σ(응력)/ε(변형)은 단지 시간의 함수로 나타낸다. 즉 뉴턴과 후크의 탄성(elasticity)이 합쳐진 형태이다.
- **비선형 점탄성**Non-newtonian viscoelasticity : σ(응력)/ε(변형)은 시간뿐만 아니라 응력의 정도와 같은 다른 함수에도 의존성을 보인다.

선형 탄성 성분 : 스프링을 이용한 모델

선형 점성 성분 : 대시포트(dash-pot)를 사용한 모델

σ : 응력, ε : 변형, E : 탄성계수(modulus of elasticity), η : 점도계수(coefficient of viscosity)
t : 시간, τ : η/E 비, 응력완화시간(relaxation time) 또는 탄성여효시간(retardation time)

(1) 탄성 요소Elastic component

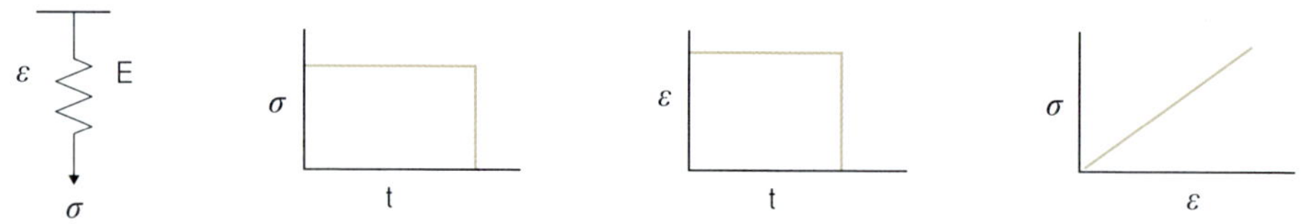

응력은 가해진 하중을 제거하면 완전하고 즉각적으로 원위치로 회복한다.

E = σ/ε : 응력이 증가함에 따라 변형값도 증가한다. 크리프(creep), 응력 완화(relaxation), 에너지 손실 등이 일어나지 않는다.

(2) 선형 대시포트dashpot 요소

• 선형 또는 비압축성 뉴턴 유체를 포함한다.

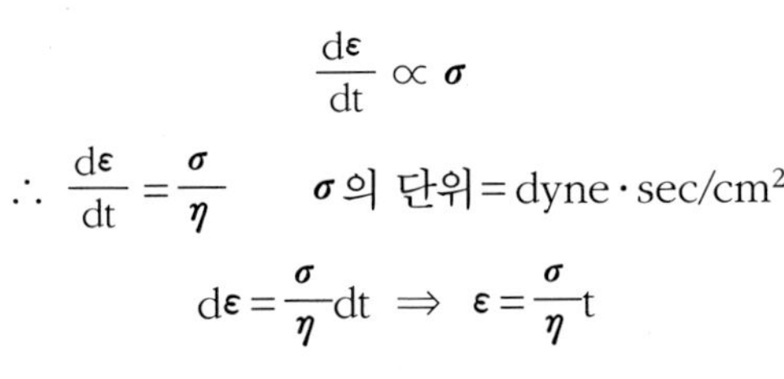

$$\frac{d\varepsilon}{dt} \propto \sigma$$

$$\therefore \frac{d\varepsilon}{dt} = \frac{\sigma}{\eta} \qquad \sigma \text{의 단위} = \text{dyne} \cdot \text{sec/cm}^2$$

$$d\varepsilon = \frac{\sigma}{\eta} dt \Rightarrow \varepsilon = \frac{\sigma}{\eta} t$$

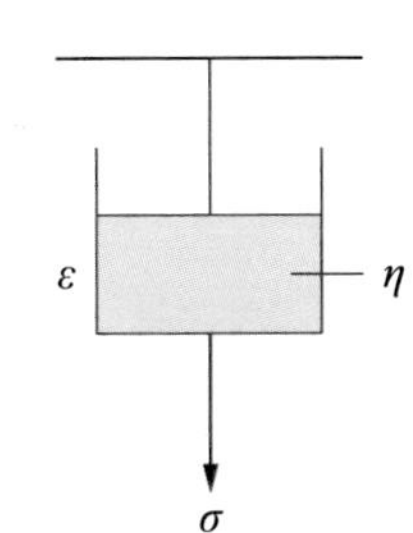

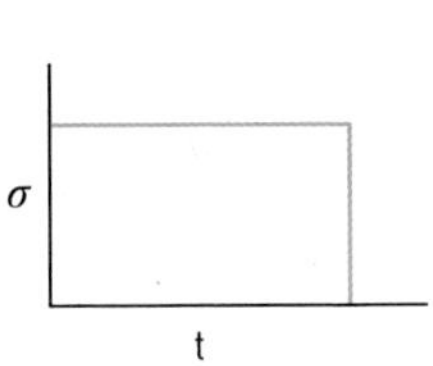

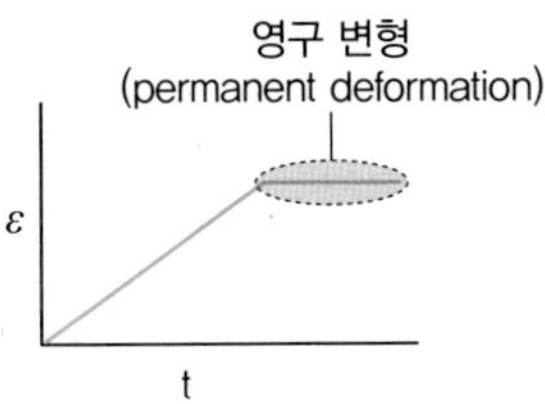

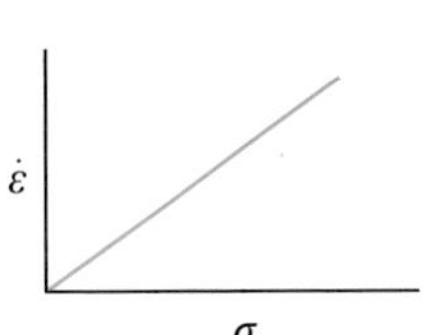

2) 조합 모델Combination model

(1) 맥스웰 모델Maxwell model

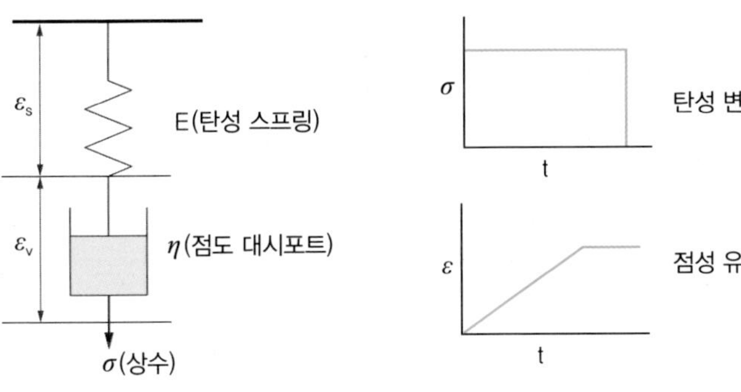

• 점성 유동 : 영원히 흐르는 경향이 있으며 응력을 유지하지 못하고 매우 천천히 감소한다. 즉 시간 t에서 힘을 제거하면 순간적 탄성 변형은 회복 수축하나 점성 유동의 부분은 영구히 회복되지 않는다. 순간 관찰에서는 완전한 탄성체로 거동하나, 오랜 시간에 동안 지켜보면 완전한 점성 유체와 같이 거동한다.

$$\varepsilon_{total} = \varepsilon_s + \varepsilon_v$$

$$\frac{d\varepsilon}{dt} = \frac{d\varepsilon_s}{dt} + \frac{d\varepsilon_v}{dt} \quad \cdots\cdots\cdots \quad Ⓐ$$

$$\sigma = E \cdot \varepsilon_1 \Rightarrow \frac{d\sigma}{dt} = E \cdot \frac{d\varepsilon_s}{dt}$$

σ : 측정에서 이 값은 정해진다: $\sigma_s = \sigma_v = \sigma$

$$\therefore \frac{d\varepsilon_s}{dt} = \frac{1}{E} \cdot \frac{d\sigma}{dt} \quad \cdots\cdots ①$$

$$\frac{d\varepsilon_v}{dt} = \frac{\sigma}{\eta} \quad \cdots\cdots ②$$

①, ② → Ⓐ

$$\frac{d\varepsilon}{dt} = \frac{1}{E} \cdot \frac{d\sigma}{dt} + \frac{\sigma}{\eta}$$

① **응력 완화 현상 테스트**Relaxation Behavior

- 정의 : 일정한 변형 하에서 물질이 변형될 때 시간에 따라 응력이 감소한다. 즉, 일정 변형을 유지할 때 응력 완화현상을 결정할 수 있다.

  즉, $\varepsilon = \varepsilon_o$ 또는 $\frac{d\varepsilon}{dt} = 0$

  $0 = \frac{1}{E} \cdot \frac{d\sigma}{dt} + \frac{\sigma}{\eta} \Rightarrow \dot{\sigma} + \sigma \cdot \frac{E}{\eta} = 0$ 간단한 선형 미분 방정식

  $\frac{d\sigma}{dt} = -\frac{E}{\eta} \cdot \sigma \Rightarrow \frac{d\sigma}{\sigma} = -\frac{E}{\eta} \cdot dt \Rightarrow \ln\sigma = -\frac{E}{\eta} \cdot t + C$

  $t = 0$일 때 $\sigma = \sigma_o = E \cdot \varepsilon_o \quad \therefore C = \ln(E \cdot \varepsilon_o)$

  $\therefore \ln\sigma - \ln(E \cdot \varepsilon_o) = -\frac{E}{\eta} \cdot t \quad (\tau = \frac{\eta}{E})$

  $\ln(\frac{\sigma}{E \cdot \varepsilon_o}) = -\frac{t}{\tau}$ 또는 $\sigma = E \cdot \varepsilon_o \cdot \exp^{-\frac{t}{\tau}} = \sigma_o \exp^{-\frac{t}{\tau}}$

  $t = 0$에서 $\sigma = E \cdot \varepsilon_o$ $\quad$ $t = \tau$에서 $\sigma = \frac{E \cdot \varepsilon_o}{e} = 0.368 E \cdot \varepsilon_o$

  $t = 2\tau$에서 $\sigma = \frac{E \cdot \varepsilon_o}{e^2}$ $\quad$ $t = \infty$에서 $\sigma = 0$

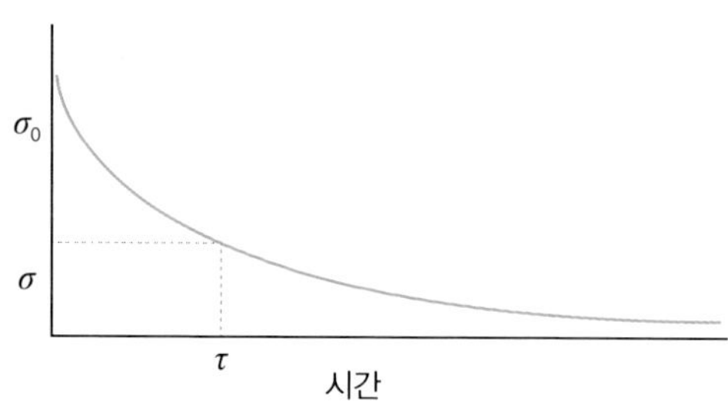

- τ(완화시간) : 초기 응력의 $\frac{1}{e}$(=0.368)만큼 응력이 감소하는 데 걸리는 시간이다.

즉, 일정한 변형 하에서 맥스웰 요소(Maxwell element)는 기하급수적으로 응력 완화가 일어나며 그 속도는 응력 완화시간(relaxation time, τ)에 의해 결정된다.

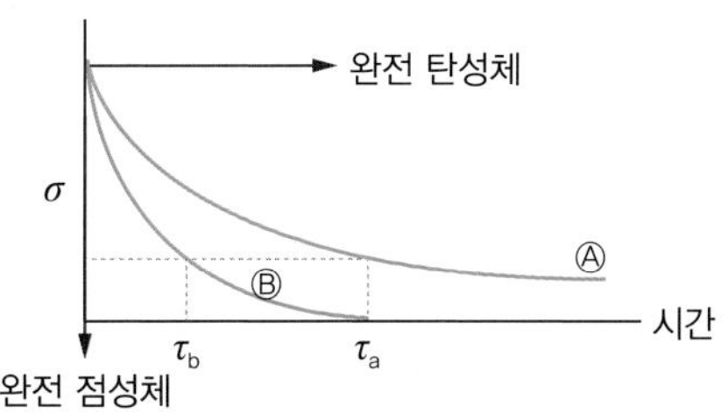

Ⓐ : 응력 완화가 천천히 일어나면서 큰 응력 완화시간을 나타내는 경우

(τ_a) : 에너지 감소가 느린 속도로 일어나며 더 많은 탄성력을 보여 줌

Ⓑ : 응력 완화가 빠른 속도로 일어나면서 작은 응력 완화시간을 나타내는 경우

(τ_b) : 에너지 감소가 짧은 시간 내에 일어나며 더 많은 점성력을 나타냄

물질이 완전히 0으로 완화되지 않는 경우를 살펴보면

$$\sigma(t) = (\sigma_o - \sigma_e)e^{\frac{-E}{\eta}\cdot t} + \sigma_e$$

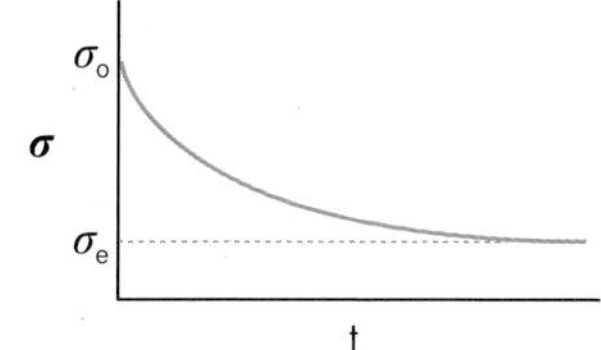

이러한 물질을 "점탄성 고체(viscoelastic solid)"라고 한다.

② 다른 조건 하에서의 맥스웰 모델 테스트Maxwell model

a. σ = 일정 = σ_o (탄성여효현상, creep behavior)

$$\frac{d\sigma}{dt} = 0$$

$$\frac{d\varepsilon}{dt} = \frac{\sigma}{\eta} \Rightarrow d\varepsilon = \frac{\sigma}{\eta}\cdot dt$$

$\therefore\ \varepsilon = \frac{\sigma}{\eta}\cdot t + C$: $t = 0$에서 $\varepsilon = \varepsilon_o = \frac{\sigma_o}{E}$

$\therefore\ \varepsilon = \frac{\sigma}{\eta}\cdot t + \frac{\sigma}{E}$: 맥스웰 모델 내에서 많은 것을 보여 주지 않음.

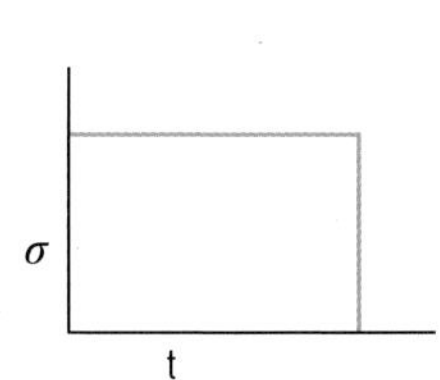

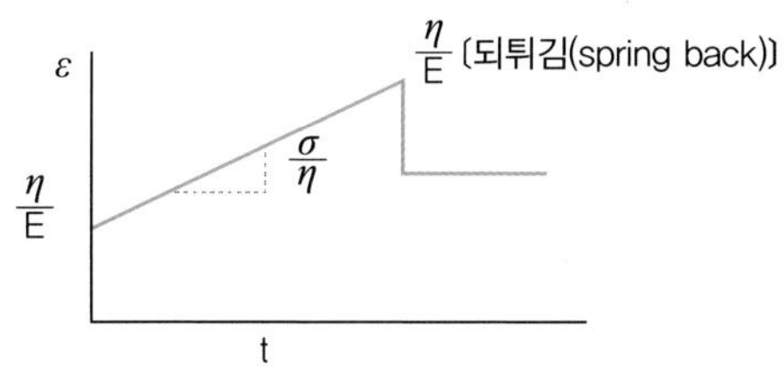

b. $\dot{\varepsilon} = \frac{d\varepsilon}{dt} =$ 일정

맥스웰 모델에서 변형 속도는 응력-변형 곡선에 영향을 미친다.

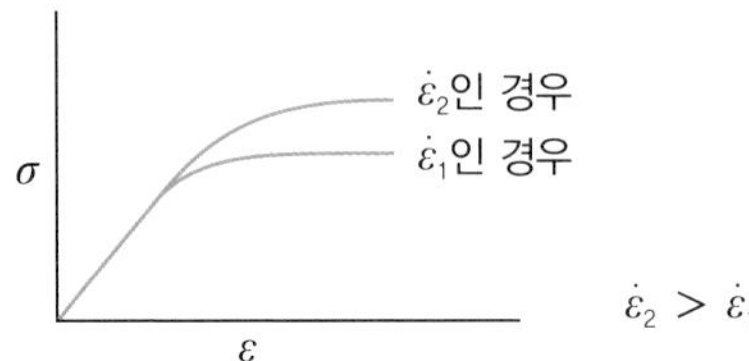

인스트론이나 레오미터를 사용하여 측정할 때와 같은 일정한 변형 속도($\dot{\varepsilon}$)를 고려해 보면,

$$\frac{d\varepsilon}{dt} = \text{일정 상수},\ d\varepsilon = C \cdot dt\text{이므로}\ \frac{d\varepsilon}{dt} = \frac{1}{E} \cdot \frac{d\sigma}{dt} + \frac{\sigma}{\eta}$$

$$C = \frac{1}{E} \cdot \frac{d\sigma}{dt} + \frac{\sigma}{\eta}$$

$$\frac{d\sigma}{dt} = CE - \frac{E}{\eta} \cdot \sigma \quad \Rightarrow \quad \frac{d\sigma}{dt} = \frac{E}{\eta}(C \cdot \eta - \sigma) \quad \Rightarrow \quad \frac{d\sigma}{C \cdot \eta - \sigma} = \frac{E}{\eta} \cdot dt$$

$$-\ln(C \cdot \eta - \sigma) = \frac{E}{\eta} \cdot t + C$$

$t = 0,\ \sigma = 0$에서 $C = -\ln(C \cdot \eta)$

$$\therefore\ \ln(C \cdot \eta - \sigma) - \ln(C \cdot \eta) = -\frac{t}{\tau}$$

$$\ln\left(\frac{C \cdot \eta - \sigma}{C \cdot \eta}\right) = -\frac{t}{\tau} \quad \Rightarrow \quad 1 - \frac{\sigma}{C \cdot \eta} = \exp^{-\frac{t}{\tau}}$$

$$\therefore\ \sigma = C \cdot \eta(1 - e^{-\frac{t}{\tau}})$$

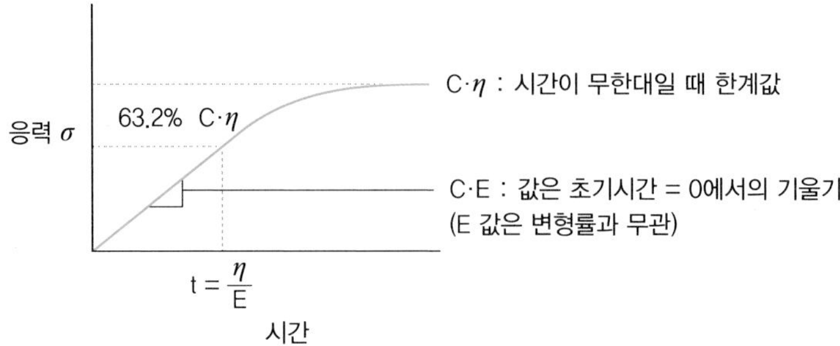

초기 식을 고려해 보고 시간 t가 0일 때 응력=0을 대입해 보면

$$\frac{d\sigma}{dt} + \frac{E}{\eta} \cdot \sigma = E \cdot C$$

기울기=0 　 커짐에 따라 기울기가 커진다.

$\therefore$ $E \cdot C = \frac{d\sigma}{dt} = E \cdot \frac{d\varepsilon}{dt} = E \cdot \dot{\varepsilon}$: 초기 기울기는 $\dot{\varepsilon}$에 무관하나 변형이 강할 때에는 기울기가 측정 속도에 따라 달라진다.

즉 $C_2 > C_1$이면 한계 응력이 되고 E값은 $\dot{\varepsilon}$가 증가함에 따라 증가한다.

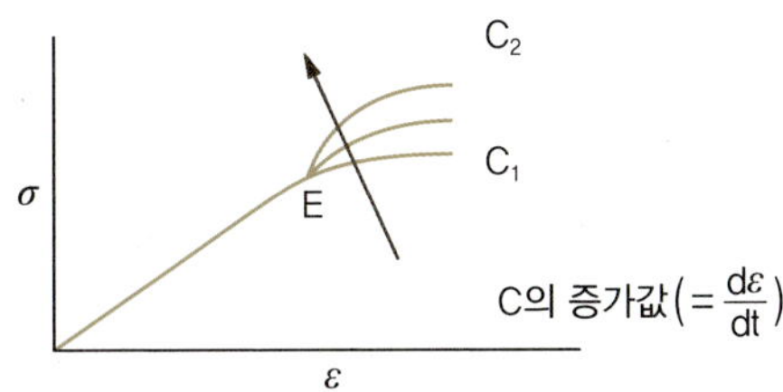

곡선의 초기 기울기는 측정 속도와는 무관하나 E값이 벗어난 지점에서부터는 측정 속도에 따라 곡선의 다양성이 나타난다.

(2) 캘빈 모델Kelvin (Voigt) model

PE 필름은 일정 하중에서 점차 신장 속도가 감소하고, 최종적으로는 정지하여 평형

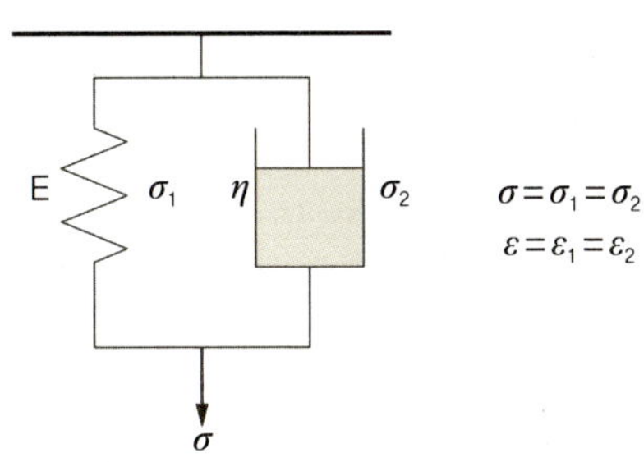

$$\sigma = E \cdot \varepsilon + \eta \cdot \frac{d\varepsilon}{dt}$$: Kelvin model의 일반적인 식

① 탄성여효 테스트Creep test(=응력 $\sigma = \sigma_o$)

$$\sigma_o = E \cdot \varepsilon + \eta \cdot \frac{d\varepsilon}{dt} \Rightarrow \frac{d\varepsilon}{dt} = \frac{\sigma_o}{\eta} - \varepsilon \cdot \frac{E}{\eta}$$

$$\frac{d\varepsilon}{dt} = \frac{E}{\eta}\left(\frac{\sigma_o}{E} - \varepsilon\right)$$

$$\frac{d\varepsilon}{\frac{\sigma_o}{E} - \varepsilon} = \frac{E}{\eta} \cdot dt \qquad (\tau_{retardation} = \frac{\eta}{E}\text{으로 놓자})$$

$$\therefore\ -\ln\left(\frac{\sigma_o}{E} - \varepsilon\right) = \frac{t}{\tau} + C$$

t=0에서 $\varepsilon = \varepsilon_o = 0, \quad \therefore\ C = -\ln\left(\frac{\sigma_o}{E}\right)$

$$\therefore\ \ln\left[\frac{\frac{\sigma_o}{E} - \varepsilon_t}{\left(\frac{\sigma_o}{E}\right)}\right] = \frac{-t}{\tau} \quad \Rightarrow \quad 1 - \frac{\varepsilon_t}{\left(\frac{\sigma_o}{E}\right)} = e^{-\frac{t}{\tau}}$$

$$\therefore\ \varepsilon_t = \frac{\sigma_o}{E} = (1 - e^{\frac{t}{\tau}})$$

t=0에서 $\varepsilon_o = 0$

t=τ_{ret}에서 $\varepsilon_\tau = (1 - \frac{1}{e})\frac{\sigma_o}{E} = 0.63\frac{\sigma_o}{E}$

t=τ 에서 $\varepsilon_{2\tau} = 0.86\frac{\sigma_o}{E}$

t=∞에서 $\varepsilon_\infty = \frac{\sigma_o}{E}$

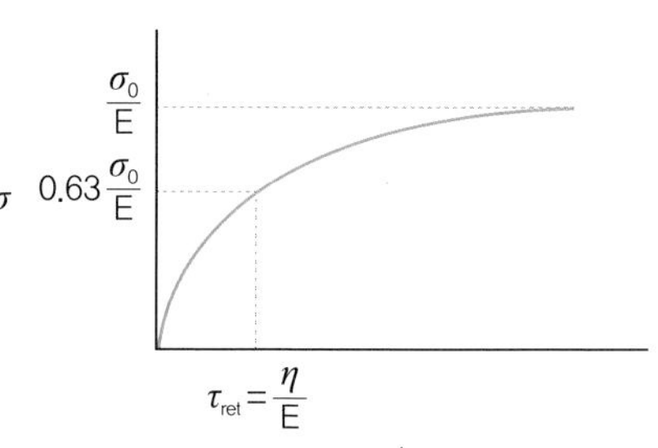

② 응력완화Relaxation 테스트

$\varepsilon = \varepsilon_o =$ 일정 $\Rightarrow \dot{\varepsilon} = 0,\ \eta\frac{d\varepsilon}{dt} = 0$

즉 $\frac{\sigma}{E} = \varepsilon + \tau\frac{d\varepsilon}{dt} \qquad \therefore\ \sigma = E \cdot \varepsilon_o$

이 모델에는 단지 탄력 효과만 존재하고 완화 기간은 없다. 따라서 좋지 않은 모델이다.

③ 일정한 변형률 테스트Instron, Rheometer

$\dot{\varepsilon} =$ 일정 $= \frac{d\varepsilon}{dt}$

$\frac{\sigma}{E} = \varepsilon = \tau_{ret} \cdot \dot{\varepsilon}_o$ 또는 $\sigma = E \cdot \varepsilon + E(\frac{\eta}{E}) \cdot \dot{\varepsilon}$

$\therefore\ \sigma = E \cdot \varepsilon + \eta \cdot \dot{\varepsilon}$

σ / 기울기 = E / $\eta \cdot \dot{\varepsilon}$ / ε

※ 이 모델은 일반적으로 인스트론을 이용한 생체적합물질(biomaterial)의 반응을 나타내는 데 적합하지 않다.

④ **일정한 응력속도 테스트**

$\dot{\sigma}$ = 일정 = $\dot{\sigma}_o$

$\frac{\sigma}{E} = \varepsilon + \tau_{ret} \cdot \dot{\varepsilon}$: 시간에 다른 미분방정식

$\frac{\dot{\sigma}}{E} = \dot{\varepsilon} + \tau_{ret} \cdot \ddot{\varepsilon}$ 또는 $\frac{d^2\varepsilon}{dt^2} = \frac{E}{\eta} \cdot \frac{d\varepsilon}{dt} = \frac{\dot{\sigma}}{\eta}$

(i) 이 식을 미분식으로 나타내면 다음과 같다.

$$B(B + \frac{E}{\eta}) = \frac{\dot{\sigma}_o}{\eta}$$

상보 함수(complementary function)는 $\varepsilon_c = K_1 e^{\frac{-E}{\eta} \cdot t} + K_2$

(ii) e^{ax}의 예외적인 경우를 사용한 해법은 다음과 같다.

$$\varepsilon_p = \frac{\frac{\dot{\sigma}_o}{\eta} \cdot e^{0x}}{B(B + \frac{E}{\eta})} = \frac{\dot{\sigma}_o}{\eta}(\frac{\eta}{E}) \cdot \frac{1}{B} \cdot e^{0x}(1) = \frac{\dot{\sigma}_o}{E} B^{-1}(1) = \frac{\dot{\sigma}_o}{E} \cdot t$$

그리고 복잡한 해법은 다음과 같다.

$$\varepsilon = \varepsilon_c + \varepsilon_p = K_1 \cdot e^{\frac{-t}{\tau_{ret}}} + K_2 + \frac{\dot{\sigma}_o}{E} \cdot t$$

t = 0에서 $\varepsilon = 0$ 따라서 $K_1 = -K_2 = -K$

$$\varepsilon = K(1 - e^{\frac{-t}{\tau_{ret}}}) + \frac{\dot{\sigma}_o}{E} \cdot t$$

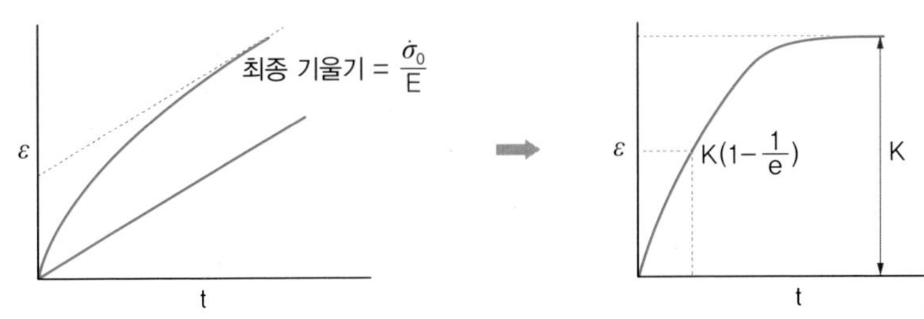

위 곡선에서 $\frac{\dot{\sigma}_o}{E} \cdot t$를 빼면 오른쪽 그래프이다.

(3) 3가지 조합Combination

$$\sigma = \sigma_1 + \sigma_2$$

$$\sigma_1 = \varepsilon \cdot E_1$$

$$\sigma_2 = \sigma - \sigma_1 = \sigma - \varepsilon \cdot E_1$$

$$\varepsilon = \frac{\sigma_2}{E_2} + \int \frac{\sigma_2}{\eta_2} dt$$

$$\therefore \frac{d\varepsilon}{dt} = \frac{1}{E_2} \cdot \frac{d\sigma_2}{dt} + \frac{\sigma_2}{\eta_2}$$

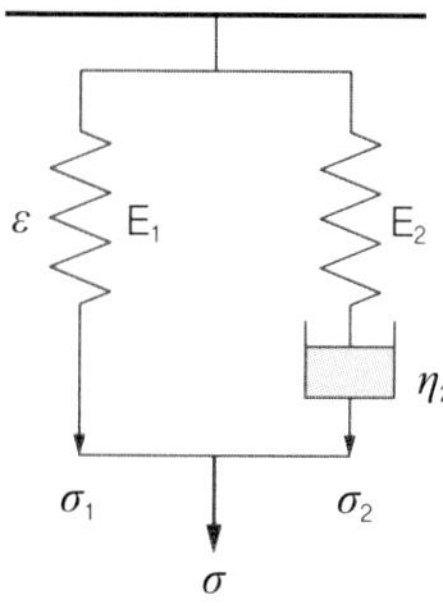

$\sigma_2 = \sigma - \sigma_1 = \sigma - \varepsilon \cdot E_1$의 값으로 표기된다.

$$\frac{d\varepsilon}{dt} = \frac{1}{E_2} \cdot \frac{d(\sigma - E_1 \cdot \varepsilon)}{dt} + \frac{\sigma - E_1 \cdot \varepsilon}{\eta_2}$$

$$\frac{d\varepsilon}{dt} = \frac{1}{E_2} \cdot \frac{d\sigma}{dt} - \frac{E_1}{E_2} \cdot \frac{d\varepsilon}{dt} + \frac{\sigma - E_1 \cdot \varepsilon}{\eta_2}$$

$$\left(\frac{E_1 + E_2}{E_2}\right)\frac{d\varepsilon}{dt} = \frac{1}{E_2} \cdot \frac{d\sigma}{dt} + \frac{\sigma - E_1 \cdot \varepsilon}{\eta_2}$$

$$\therefore \frac{d\varepsilon}{dt} = \left[\frac{1}{(E_1 + E_2)} \cdot \frac{d\sigma}{dt}\right] + \left[\frac{E_2}{(E_1 + E_2)} \cdot \frac{\sigma - E_1 \cdot \varepsilon}{\eta_2}\right]$$

① 조합 모델의 탄성여효거동Creep behavior in combination model

$$\sigma = \sigma_o \qquad \dot{\sigma} = \frac{d\sigma}{dt} = 0$$

$$\frac{d\varepsilon}{dt} = \frac{E_2}{(E_1 + E_2)} \cdot \frac{(\sigma - E_1 \cdot \varepsilon)}{\eta_2}$$

$$\frac{d\varepsilon}{(\sigma - E_1 \cdot \varepsilon)} = \frac{E_2}{(E_1 + E_2)} \cdot \frac{1}{\eta_2} dt$$

$$-\frac{1}{E_1} \ln(\sigma_0 - E_1 \cdot \varepsilon) = \frac{E_2}{(E_1 + E_2)} \cdot \frac{t}{\eta_2} + C$$

$t = 0$에서 $\varepsilon = \varepsilon_o = \dfrac{\sigma_o}{(E_1 + E_2)}$ 초기 변형은 용수철

$$\sigma = \sigma_1 + \sigma_2 = E_1 \cdot \varepsilon + E_2 \cdot \varepsilon = \varepsilon(E_1 + E_2) \qquad \varepsilon_o = \frac{\sigma_0}{(E_1 + E_2)}$$

$$\therefore -\frac{1}{E_1} \cdot \ln(\sigma_0 - E_1 \cdot \varepsilon) = \frac{E_2}{E_1 + E_2} \cdot \frac{t}{\eta_2} - \frac{1}{E_1} \ln(\sigma_0 - E_1 \cdot \varepsilon_o)$$

$$\ln\left(\frac{\sigma_0 - E_1 \cdot \varepsilon}{\sigma_0 - E_1 \cdot \varepsilon_o}\right) = \frac{E_1 \cdot E_2}{E_1 + E_2} \cdot \frac{t}{\eta_2}$$

$$\therefore \left(\frac{\sigma_0 - E_1 \cdot \varepsilon}{\sigma_0 - E_1 \cdot \varepsilon_o}\right) = e^{\frac{-t}{\tau_{ret}}}, \quad \text{여기서 } \tau_{ret} = \frac{E_1 \cdot E_2}{E_1 + E_2} \cdot \eta_2$$

$$\sigma_0 - E_1 \cdot \varepsilon = (\sigma_0 - E_1 \cdot \varepsilon_0) e^{\frac{-t}{\tau}} = \left[\sigma_0 - \frac{E_1}{(E_1 + E_2)} \cdot \sigma_0\right] e^{\frac{-t}{\tau}} = \sigma_0 \left[1 - \frac{E_1}{(E_1 + E_2)}\right] e^{\frac{-t}{\tau}}$$

$$\therefore\ E_1 \cdot \varepsilon = \sigma_0\left(1 - \frac{E_2}{E_1 + E_2}\right) \cdot e^{\frac{-t}{\tau}}$$

$$\therefore\ \varepsilon(\text{시간 t에서의 변형}) = \frac{\sigma_0}{E_1}\left(1 - \frac{E_2}{E_1 + E_2}\right) \cdot e^{\frac{-t}{\tau}}$$

t = 0에서 $\varepsilon_o = \frac{\sigma_0}{E_1}\left(1 - \frac{E_2}{E_1 + E_2}\right) = \frac{\sigma_0}{E_1 + E_2}$

t = ∞에서 $\varepsilon_\infty = \frac{\sigma_0}{E_1}$

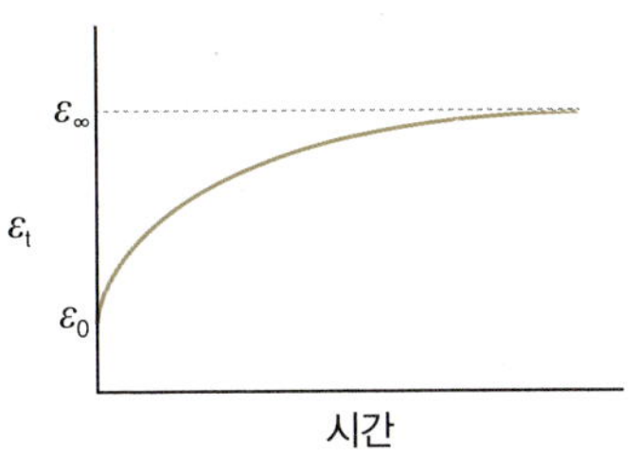

② 조합 모델의 응력완화 행동Relaxation behavior in combination model

$$\varepsilon = \varepsilon_o,\quad \frac{d\varepsilon}{dt} = 0$$

$$0 = \frac{1}{E_1 + E_2} \cdot \frac{d\sigma}{dt} + \frac{E_2}{(E_1 + E_2)} \frac{\sigma - E_1 \cdot \varepsilon}{\eta_2}$$

$$\frac{d\sigma}{dt} = -E_2 \cdot \frac{(\sigma - E_1 \cdot \varepsilon)}{\eta_2} \Rightarrow \frac{d\sigma}{(\sigma - E_1 \cdot \varepsilon)} = \frac{-E_2}{\eta_2} \cdot dt$$

$$\therefore\ \ln(\sigma - E_1 \cdot \varepsilon) = \frac{t}{\tau_2} + C \quad \text{여기서 } \tau_2 = \frac{\eta_2}{E_2}$$

t = 0에서 $\sigma = \sigma_0 = E_1 \cdot \varepsilon_o + E_2 \cdot \varepsilon_o = \varepsilon_o(E_1 + E_2)$

$$\therefore\ \ln\frac{(\sigma - E_1 \cdot \varepsilon)}{(\sigma_0 - E_1 \cdot \varepsilon_o)} = -\frac{t}{\tau_2} \Rightarrow \frac{(\sigma - E_1 \cdot \varepsilon)}{(\sigma_0 - E_1 \cdot \varepsilon_o)} = e^{\frac{-t}{\tau_2}}$$

$$\sigma - E_1 \cdot \varepsilon_o = (\sigma_0 - E_1 \cdot \varepsilon_o) \cdot e^{\frac{-t}{\tau_2}}$$

$$\sigma - E_1 \cdot \varepsilon_o = (E_1 \cdot \varepsilon_o + E_2 \cdot \varepsilon_o - E_1 \cdot \varepsilon_o) \cdot e^{\frac{-t}{\tau_2}}$$

$$\sigma - E_1 \cdot \varepsilon_o = (E_2 \cdot \varepsilon_o) \cdot e^{\frac{-t}{\tau_2}}$$

$$\therefore\ \sigma_t = \varepsilon_o(E_1 + E_2 \cdot e^{\frac{-t}{\tau_2}}) \quad \text{또는} \quad \sigma_t = \sigma_e + (\sigma_0 - \sigma_e) \cdot e^{\frac{-t}{\tau_2}}$$

t = 0에서 $\sigma_0 = \varepsilon_o(E_1 + E_2)$

t = ∞에서 $\sigma_\infty = E_1 \cdot \varepsilon_o$

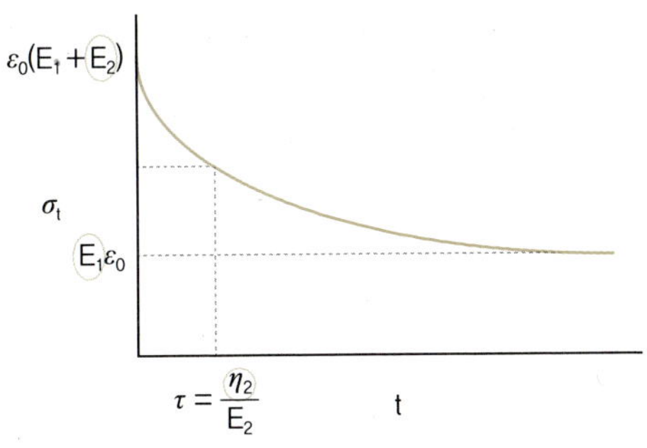

(4) 4요소 모델Four element model

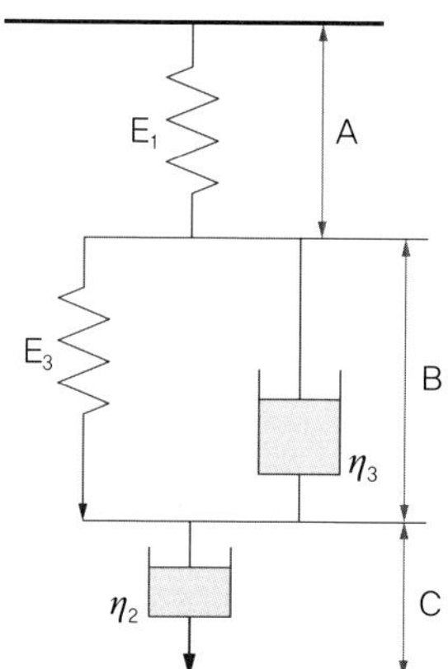

$\varepsilon = \varepsilon_A + \varepsilon_B + \varepsilon_C$

$\sigma = \sigma_A = \sigma_B = \sigma_C$

이 모델은 Kelvin과 Maxwell 모델이 연속으로 구성되어 있다.

탄성여효(A) : $\boldsymbol{\sigma}_0 = \boldsymbol{\sigma} =$ 일정 상수, $\boldsymbol{\varepsilon}_A + \boldsymbol{\varepsilon}_C =$ Maxwell creep, $\boldsymbol{\varepsilon}_B =$ Kelvin creep

Maxwell과 Kelvin strain 2식의 합을 표현하면 다음과 같다.

$$\boldsymbol{\varepsilon}(t) = \frac{\boldsymbol{\sigma}_0}{E_3}\left(1 - e^{\frac{-t}{\tau_{ret}}}\right) + \frac{\boldsymbol{\sigma}_0}{\boldsymbol{\eta}_2} \cdot t + \frac{\boldsymbol{\sigma}_0}{E_1} \quad \cdots\cdots\cdots\cdots \text{Ⓐ}$$

Kelvin의 크리프 방정식 Maxwell의 크리프 방정식

① 도표 1

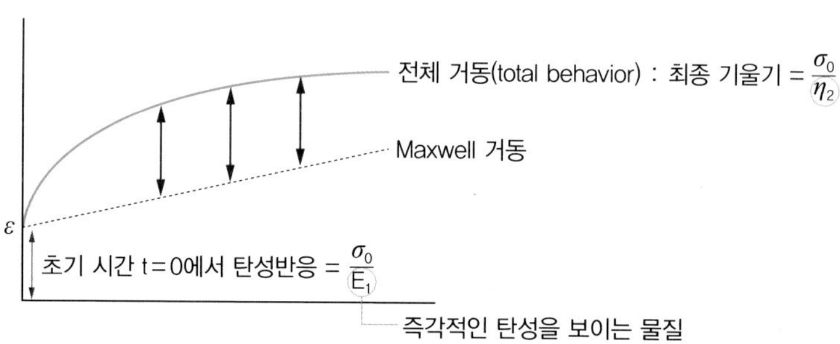

② 도표 2

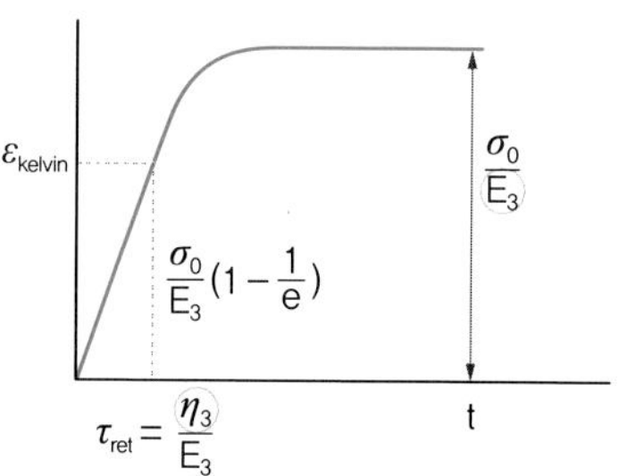

Kelvin 모델의 효과를 보기 위해 전체 항목 식에서 Maxwell 효과(dashed line)를 빼면 다음과 같은 식을 얻을 수 있다.

η_2 : 도표 1의 최종 기울기로부터 얻는다.

E_1 : 도표 1의 초기 탄성반응으로 얻을 수 있다.

E_3 : 도표 2의 점근선(asymptote)으로부터 얻을 수 있다.

η_3 : 지연시간으로부터 얻는다. ($\eta_3 = \tau_{ret} \cdot E_3$. 즉 $\varepsilon_{\tau_{ret}} = \frac{\sigma_o}{E_3}(1 - \frac{1}{e})$)

여기서 새로운 용어 "컴플라이언스(compliance)"를 소개한다. 컴플라이언스는 모듈러스(modulus)의 역수이다.

$$\text{compliance } D = \frac{1}{\text{modulus}} = \frac{\varepsilon}{\sigma} = \frac{\text{strain}}{\text{stress}}$$

앞의 Ⓐ 식은 컴플라이언스를 이용하여 다음과 같이 쓸 수 있다.

$$\varepsilon(t) = \frac{\sigma_o}{E_3}(1 - e^{\frac{-t}{\tau_{ret}}}) + \frac{\sigma_o}{\eta_2} \cdot t + \frac{\sigma_o}{E_1}$$

$$D(t) = D_3(1 - e^{\frac{-t}{\tau_{ret}}}) + \frac{t}{\eta_2} + D \quad \text{여기서 } D(t) = \frac{\varepsilon(t)}{\sigma_o}, \quad D_3 = \frac{1}{E_3}, \quad D = \frac{1}{E_1}$$

4요소 모델의 일반화된 모형〔Generalized behavior of 4 element model(Burgers model)〕

- 초기 즉각적인 탄성(instantaneous elasticity)을 보이는 물질에 유효하다.

$$\varepsilon = \varepsilon_A + \varepsilon_B + \varepsilon_C \quad \cdots\cdots ①$$

$$\sigma = \sigma_A = \sigma_B = \sigma_C \quad \cdots\cdots ②$$

$$\sigma_A = E_1 \cdot \varepsilon_A \quad \cdots\cdots ③$$

$$\sigma_B = E_3 \cdot \varepsilon_B + \eta_3 \cdot \dot{\varepsilon}_B \quad \cdots\cdots ④$$

$$\sigma_C = \eta_2 \cdot \dot{\varepsilon}_C \quad \cdots\cdots ⑤$$

① 식을 2번 미분 형태로 나타내면 다음과 같다.

$$\ddot{\varepsilon} = \ddot{\varepsilon}_A + \ddot{\varepsilon}_B + \ddot{\varepsilon}_C$$

③, ④, ⑤ 식을 $\ddot{\varepsilon}$으로 치환하는 식을 나타내면 다음과 같다.

$$\ddot{\varepsilon} = \frac{\ddot{\sigma}}{E_1} + \frac{1}{\eta_3}(\dot{\sigma} - E_3 \cdot \ddot{\varepsilon}_B) + \frac{\dot{\sigma}_c}{\eta_2}$$

$$※\ \dot{\varepsilon}_B = \dot{\varepsilon} - \dot{\varepsilon}_A - \dot{\varepsilon}_C = \dot{\varepsilon} - \frac{\dot{\sigma}}{E_1} - \frac{\sigma}{\eta_2}$$

$$\therefore\ \ddot{\varepsilon} = \frac{\ddot{\sigma}}{E_1} + \frac{1}{\eta_3}\left[\dot{\sigma} - E_3 \cdot \left(\dot{\varepsilon} - \frac{\dot{\sigma}}{E_1} - \frac{\sigma}{\eta_2}\right)\right] + \frac{\dot{\sigma}}{\eta_2}$$

다시 정리하면

$$\ddot{\varepsilon} + \frac{E_3}{\eta_3} \cdot \dot{\varepsilon} = \frac{\ddot{\sigma}}{E_1} + \frac{1}{\eta_3}\left[\dot{\sigma} + E_3 \cdot \left(\frac{\dot{\sigma}}{E_1} + \frac{\sigma}{\eta_2}\right)\right] + \frac{\dot{\sigma}}{\eta_2}$$

$$\ddot{\varepsilon} + \frac{E_3}{\eta_3} \cdot \dot{\varepsilon} = \frac{1}{E_1}\left[\ddot{\sigma} + \sigma\left(\frac{E_1}{\eta_3} + \frac{E_3}{\eta_3} + \frac{E_1}{\eta_2}\right) + \sigma\left(\frac{E_1 \cdot E_3}{\eta_2 \cdot \eta_3}\right)\right]$$

$\frac{E_3}{\eta_3} = \tau_{ret}$이므로

$$\ddot{\varepsilon} + \frac{\dot{\varepsilon}}{\tau_{ret}} = \frac{1}{E_1}\left[\ddot{\sigma} + \dot{\sigma}\left(\frac{E_1}{\eta_3} + \frac{1}{\tau_{ret}} + \frac{E_1}{\eta_2}\right) + \sigma\left(\frac{E_1}{\eta_2 \cdot \tau_{ret}}\right)\right]$$

이 식을 이용하여 일정한 응력(creep)과 일정한 변형〔응력 완화(stress relaxation)〕을 예견할 수 있고, 인스트론이나 레오미터와 같은 일정한 변위속도(displacement rate) 측정에서도 ($\ddot{\varepsilon} = 0$, $\dot{\varepsilon} = \dot{\varepsilon}_o$)를 예견할 수 있다.

이와 같은 시점에서 $\eta_2 \rightarrow \infty$인 고체 식품의 3요소 모델을 살펴보면

$$E_1 \cdot \ddot{\varepsilon} + E_1 \cdot \frac{\dot{\varepsilon}}{\tau_{ret}} = \frac{1}{E_1}\left[\ddot{\sigma} + \dot{\sigma}\left(\frac{E_1}{\eta_3} + \frac{1}{\tau_{ret}}\right)\right]$$

$\frac{1}{\tau_b} = \left(\frac{E_1}{\eta_3} + \frac{1}{\tau_{ret}}\right)$이라고 놓으면 위 식의 해법은 다음과 같은 식으로 나타난다.

$$\sigma = A + B \cdot e^{\frac{-t}{\tau_b}} + \frac{\tau_b \cdot E_1 \cdot E_3}{\eta_3} \cdot \dot{\varepsilon}_t$$

이 식은 일반적인 식이고 하중(loading) 조건에 따라 달리 나타낼 수 있다.

a. 응력 완화의 경우 : $\dot{\varepsilon} = 0$

$$\sigma = A + B \cdot e^{\frac{-t}{\tau_b}} + \frac{\tau_b \cdot E_1 \cdot E_3}{\eta_3} \cdot \dot{\varepsilon}_t$$

$t = 0$에서 $\sigma = \sigma_o$ $\quad \therefore\ \sigma_o = A + B$

$t = \infty$, $\sigma = \sigma_e$ $\quad \therefore\ \sigma_e = A,\quad B = \sigma_o - \sigma$

$\sigma_t = \sigma_e + (\sigma_o - \sigma_e) \cdot e^{\frac{-t}{\tau_b}}$: 응력완화에서의 3요소 모델식이 나오게 된다.

이 식은 평형 응력(equilibrium stress)을 가지고 있는 Maxwell 모델과 유사하나 예외적으로 다음과 같은 차이는 존재한다.

$$\frac{1}{\tau_b} = \left(\frac{E_1}{\eta_3} + \frac{1}{\tau_{ret}}\right) \text{———— (교체) ————→} \ \frac{1}{\tau_{ret}} = \frac{\eta}{E}$$

$$\therefore \ \frac{1}{\tau_b} = \left(\frac{E_1}{\eta_3} + \frac{E_3}{\eta_3}\right) = \frac{E_1 + E_3}{\eta_3} \quad \text{또는} \quad \tau_b = \frac{\eta_3}{E_1 + E_3}$$

$$\therefore \ \sigma_t = \sigma_e + (\sigma_o - \sigma_e) \cdot e^{\frac{-t(E_1 + E_3)}{\eta_3}}$$

3) 응력완화 데이타 분석을 위한 방법Some methods of data analysis

일반적인 Maxwell 모델을 나타내는 완화 스펙트럼(relaxation spectrum)을 만들기 위한 단계적 잔차변량(successive residuals) 방법이다.

(1) 분석 과정 및 방법

응력 완화 자료를 분석하기 위한 처음 과정은 Ln(응력) 대 시간 그래프를 나타내는 것이다. 이 그래프가 선형을 나타내지 않으면 하나의 Maxwell 모델로는 충분하지 않다. 기본적인 Maxwell 모델 식은 다음과 같다.

$$\therefore \ \sigma_t = \sigma_e + (\sigma_o - \sigma_e) \cdot e^{\frac{-t}{\eta}} \quad \text{또는} \quad \ln(\sigma_t - \sigma_e) = \ln(\sigma_o - \sigma_e) - \frac{t}{\tau}$$

일정한 기울기로 이 값이 직선을 나타냄

그러나 대부분의 경우 직선이 나타나지 않는 비선형(non-linear)이기 때문에, 평형으로 Maxwell 요소의 분배(array of Maxwell elements)가 필요하다.

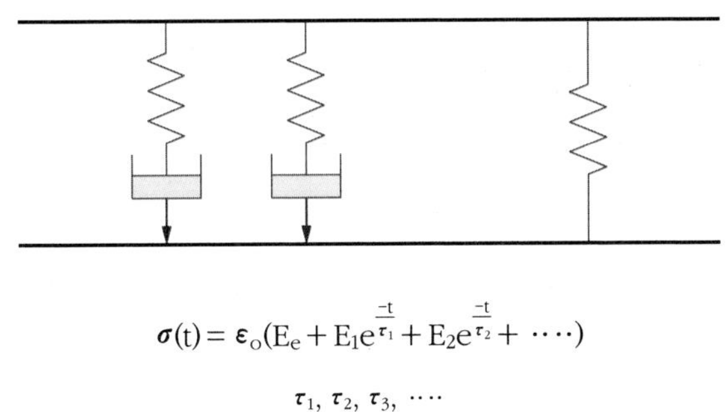

$$\sigma(t) = \varepsilon_o(E_e + E_1 e^{\frac{-t}{\tau_1}} + E_2 e^{\frac{-t}{\tau_2}} + \cdots)$$

$$\tau_1, \ \tau_2, \ \tau_3, \ \cdots$$

이것을 "완화시간의 스펙트럼(spectrum of relaxation time)"이라고 한다.

분석 방법

① Ln(stress) 대 시간의 그래프를 그린다.

② 곡선의 직선상 부분을 선택하여 다음과 같은 직선 식을 세운다.

$$\mathrm{Ln}\,\sigma(t) = \ln(E_1 \cdot \varepsilon_o) - \frac{t}{\tau_1}$$

절편으로부터 : $(E_1 \cdot \varepsilon_o)$ 값을 구한다.

기울기로부터 : $\frac{-1}{\tau_1} = \frac{\ln\sigma_1 - \ln\sigma_2}{\triangle t}$ 처음 응력완화시간 τ_1을 구한다.

③ 초기 곡선으로부터 처음 지수(exponential) 선을 빼고 남은 선을 이용하여 다시 그래프를 그린다. 2번째 지수를 얻기 위해 ②번 과정을 되풀이하고 3번째도 필요하다면 4번째 과정을 반복한다.

$$\therefore\ \sigma = \text{처음 절편}\ e^{\frac{-t}{\text{처음 기울기}}} + \text{두 번째 절편}\ e^{\frac{-t}{\text{2번째 기울기}}} + \text{세 번째 절편}\ e^{\frac{-t}{\text{3번째 기울기}}}$$

Lab 15

응력완화 시험으로부터의 모델 상수model constants

실험 목적

응력완화 자료 분석을 이용하여 3요소 고체 모델의 모형 상수를 구하기 위함이다.

실험 기구

레오미터(rheometer), 캘리퍼스(calipers)

실험 수식

3요소 고체의 완화 식은 다음과 같다.

$$\therefore\ \sigma_t = \sigma_e + (\sigma_o - \sigma_e) \cdot e^{\frac{-t(E_1+E_3)}{\eta_3}}$$

σ : 시간 t에서의 응력, σ_e : 시간 $t=\infty$일 때 평형 응력(equilibrium stress), σ_o : 초기 응력,
η_3 : 점성 요소 상수(viscous element constant), E_1 : 직렬 탄성 요소 상수(series elastic element constant),
E_3 : 병렬 탄성 요소 상수(parallel elastic element constant)

3요소 모델의 상수값(parameter)을 정하기 위해 응력완화 테스트를 실시한다.

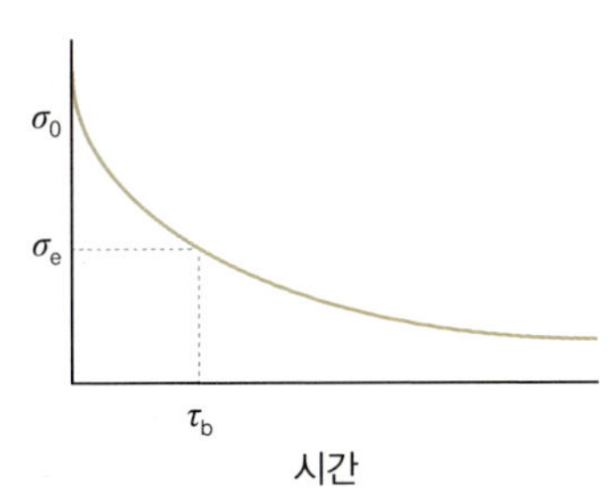

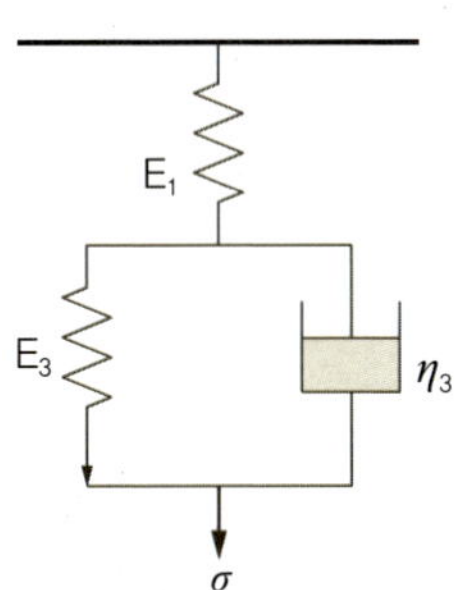

모델에서의 스프링 E_1에 의한 초기 변형은 다음과 같이 구할 수 있다.

$$\frac{\sigma_o}{\varepsilon_c} = E_1 \ (E_1\text{값을 결정})$$

2개의 스프링에 의한 평형 식은 다음과 같이 구할 수 있다.

$$\frac{\sigma_e}{\varepsilon_c} = \frac{E_1E_3}{(E_1 + E_3)} \text{ (E}_3\text{값을 결정)}$$

$\tau_b = \eta_3/(E_1 + E_3) = (\sigma_o - \sigma_e)$의 1/2.72에 도달하기 위해 필요한 시간 또는 감소의 63.2%를 이루는 데 걸리는 시간. 그러므로 τ_b를 구하고 η_3를 계산할 수 있다(η_3값을 결정).

따라서 시간에 따른 응력 σ의 감소되는 식을 구할 수 있다.

응력 완화 자료 표 Relaxation data sheet

Brand 1

시간(분)	힘(kg_f)	응력(N/m^2)	시료의 규격
0			L=
0.1			d=
0.2			
0.3			
0.4			
0.5			
1.0			
2.0			
3.0			
4.0			
5.0			
10			
15			

연습문제

1 일정한 응력 하에서 점탄성 식품은 다음과 같이 Kelvin 모델로 나타낼 수 있고 수학적으로 변형은 다음과 같은 식으로 나타낼 수 있다.

$$\varepsilon_t = \frac{\sigma_o}{E}(1 - e^{\frac{t}{\tau}})$$

(1) 요소 상수(element constant) 값으로 τ_{ret}을 구하면?

(2) 데이터로 어떻게 E값을 구하는지 설명하면?

(3) 데이터로 점성 요소 상수(viscous element constant) 값을 구하는 방법을 설명하면?

(4) 왜 응력 완화 측정이 일반적인 식을 사용한 이 모델에 부적합한지를 설명하면?

2 완화 시험(relaxation test)을 하기 위해 실린더형 소시지를 압착하였다. 차트 속도 300 mm/min, 크로스헤드 속도 200 mm/min, 절정의 힘(peak force) 200 g_f를 이용하였으며, 시료는 지름 20 mm와 높이 40 mm의 실린더형 소시지이고 30분 동안 5 mm/min의 속도로 압착하였다.

(1) 시료의 변형 값이 어떻게 계산되는지 설명하면?

(2) 응력의 계산식을 나타내면?

(3) 응력 대 시간의 그래프를 그리면?

(4) 식 $\sigma_t = \sigma_e + (\sigma_o - \sigma_e) \cdot e^{\frac{-t(E_1 + E_2)}{\eta_3}}$ 은 3요소 점탄성 고체(element viscoelastic solid)의 완화(relaxation)를 나타낸다. σ_o가 구해지는 과정을 설명하면?

(5) E_1을 구하면?

(6) σ_e을 구하면?

(7) τ_b에서 $\tau_b = \frac{\eta}{(E_1 + E_3)}$이라면 τ_b를 구하시오.

(8) 수분 함량이 각각 40%와 60%인 실린더형 소시지로 완화 시험을 하였다. 두 종류의 소시지를 완화 시험한 결과를 E(t) 대 시간으로 같은 그래프에 그리면?

(9) 15%의 수분 함량을 기본 베이스(reference)로 할 때 시간-수분의 환산 인자 a_m을 결정하는 방법은?

3 일정한 응력 하에서 고형 식품의 반응을 나타내기 위해 4요소 모델을 사용하였으며, 변형 ε(t)를 나타낸 식은 다음과 같다.

$$\varepsilon(t) = \frac{\sigma_0}{E_3}(1 - e^{\frac{-t}{\tau_{ret}}}) + \ ? \ + \frac{\sigma_0}{E_1}$$

(1) 물음표로 표시한 곳의 식을 채워 넣으면?

(2) 데이터로부터 E_1, η_2, E_3과 η_3 값을 결정하는 과정을 설명하면?

(3) 3요소 모델이 고체 식품의 대응을 실제적으로 가장 잘 나타낸다고 할 때, ε(t) 대 시간 그래프를 그리면?

(4) η_2의 값을 구하면?

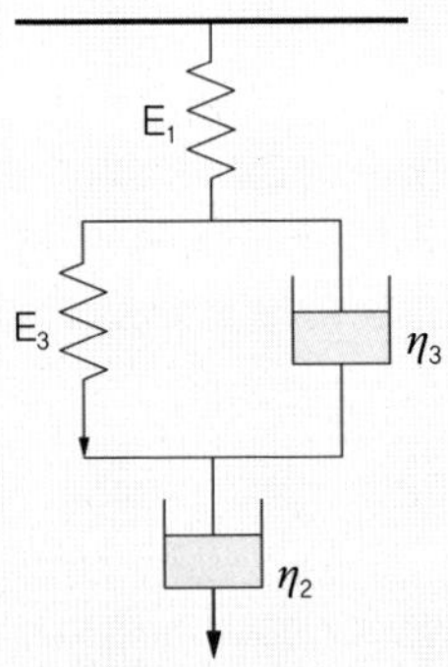

4 다음 그림은 2요소 모델들을 나타낸 것이다. 두 모델에 따른 일반적인 수식을 유도하면?

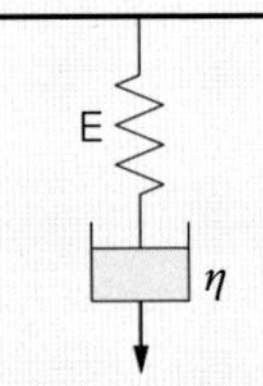

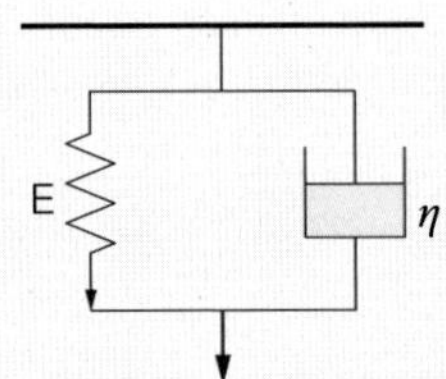

5 다음의 3요소 모델의 일반적인 식을 유도하면?

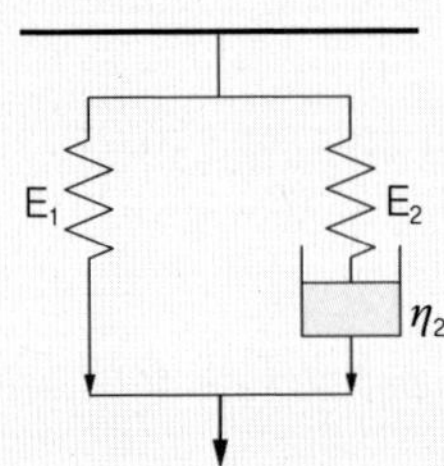

6 다음의 3요소 모델의 일반적인 식을 유도하면?

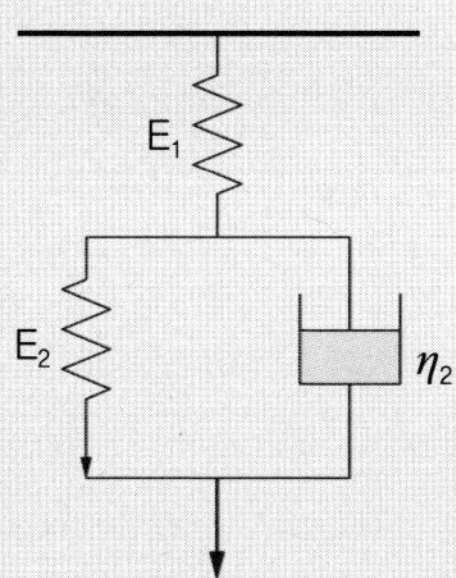

7 압축 시험을 이용하여 응력 완화 자료를 구하였다. 식품의 응력 완화 시험이 전단의 방법으로 수행되었고 동시에 2개의 시료(2 cm의 두께)에 힘이 가해졌다.

(1) 전단 변형을 계산하면?

(2) 전단 응력을 계산하면?

(3) 전단 모듈러스를 계산하면?

(4) 시간에 따른 응력의 변화를 그래프로 나타내면?

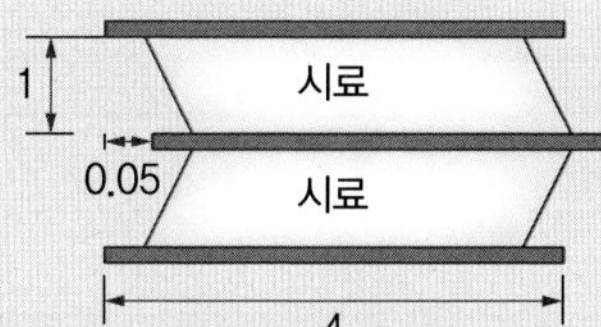

(단위 : cm)

1) 특정 형태의 테스트 결과와 다른 유형의 결과 비교

◐ 3요소 모델로 나타나는 응력완화의 경우 다음 식이 적용된다.

$$\therefore\ \sigma_t = \sigma_e + (\sigma_o - \sigma_e)\cdot e^{\frac{-t(E_1+E_3)}{\eta_s}}$$

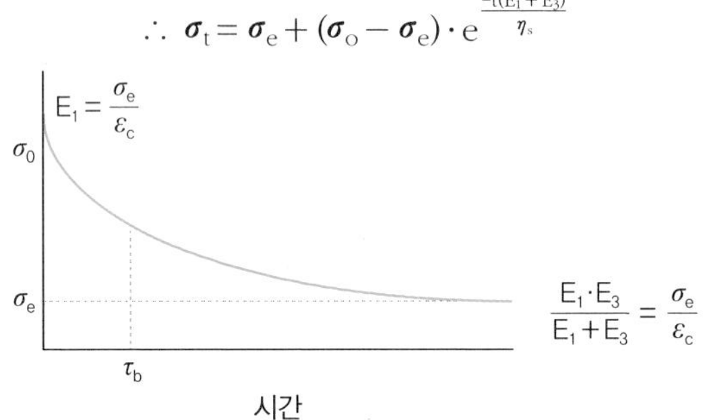

τ_b : $(\sigma_o - \sigma_e)$의 $\frac{1}{2.72}$에 도달되는 시간 또는 63.2%의 붕괴

$$\tau_b = \frac{\eta_3}{E_1 + E_3}$$

$E(t) = \frac{\sigma(t)}{\varepsilon_c}$의 그래프를 그릴 수 있다.

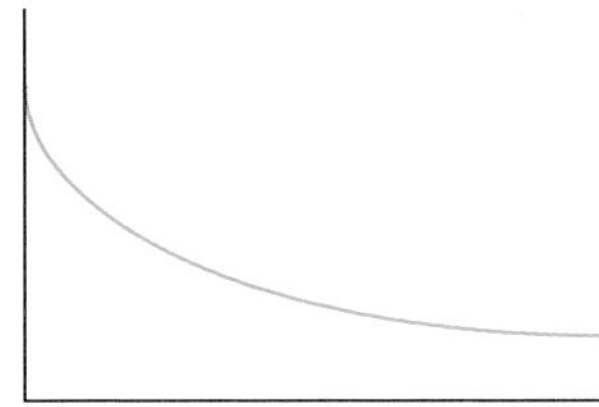

⇒ 다른 종류의 테스트에서 구해진 결과들도 이러한 형태의 그래프로 그릴 수 있다.

2) 일정한 변위속도 테스트에서 응력완화계수

◐ 일반화된 Maxwell 모델의 경우를 생각해 보자.

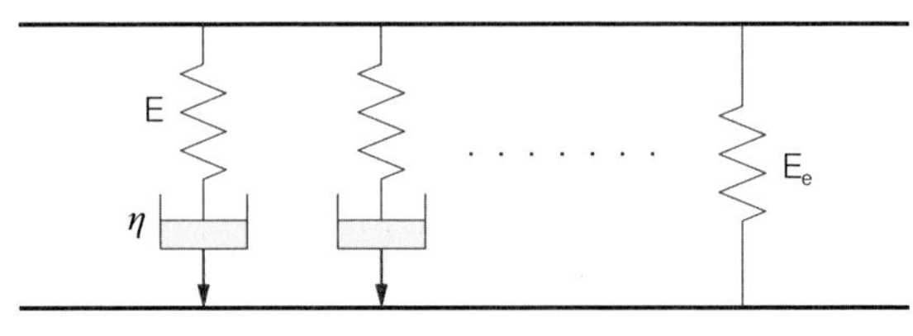

$$E(t) = E_e + E_{d_1}e^{\frac{-t}{\tau_1}} + E_{d_2}e^{\frac{-t}{\tau_2}} + \cdots$$

페리(Ferry; 1970)는 다음과 같이 계속적인 응력완화 스펙트럼(relaxation spectrum) $H \cdot dLn\tau$을 제시하였고 아래와 같은 일반적인 식을 제시하였다.

계단함수(step function)

$$E(t) = E_e + \int_{-\infty}^{\infty} H \cdot e^{\frac{-t}{\tau}} \, Ln\tau_{rel}$$

페리는 또한 일정한 변형속도 시험을 위한 식을 다음과 같이 제시하였다.

$$\sigma = \dot{\varepsilon} \int_{-\infty}^{\infty} \tau H(1 - e^{\frac{-t}{\tau}}) d\ln\tau + E_e \dot{\varepsilon} t$$

위의 식에서 ε에 대한 미분 형태는 다음으로 나타난다.

$\frac{d\sigma}{d\varepsilon} = \frac{1}{\dot{\varepsilon}} \frac{d\sigma}{dt} = \int_{-\infty}^{\infty} H \cdot e^{\frac{-t}{\tau}} \, d\ln\tau + E_e$ 식에서

E(t)로 표현

$\varepsilon = \dot{\varepsilon} t$, $d\varepsilon = \dot{\varepsilon} dt$로 나타내고 궁극적으로,

$\frac{d\sigma}{d\varepsilon} = E(t)$로 식이 나타나게 된다. 여기서 E(t)는 일정한 변위속도(displacement rate) 시험에서 구한 응력-변형(stress-strain)의 기울기이다.

Lab 16

일정한 **변위속도 시험**에서 **E(t)**의 **완화** 형태

Relaxation form of E(t) from constant displacement rate tests

실험 목적

완화 시험(relaxation test)에서 얻은 것보다 더 짧은 시간 동안의 E(t)값을 얻기 위함이다.

실험 기구

레오미터, 압축평형평판

실험 재료

소시지

실험 과정

6 변위속도(displacement rates)에서 측정하고 각각의 속도에서 2번 반복실험.

변위속도 ______________________________mm/분

각 변형 하에서의 시간 계산 ___________, E(t) 대 시간에 대한 그래프를 그리기 위한 과정을 다음과 같이 나타내도록 한다.

다음 과정은 응력/변형 비율이 각 응력값과 변형값에 독립적이라는 선형 점탄성에 근거를 두고 있다.

1단계 : 여러 변위속도에서 측정한다.

2단계 : 각 변위속도에 따른 응력 대 변형을 나타낸다.

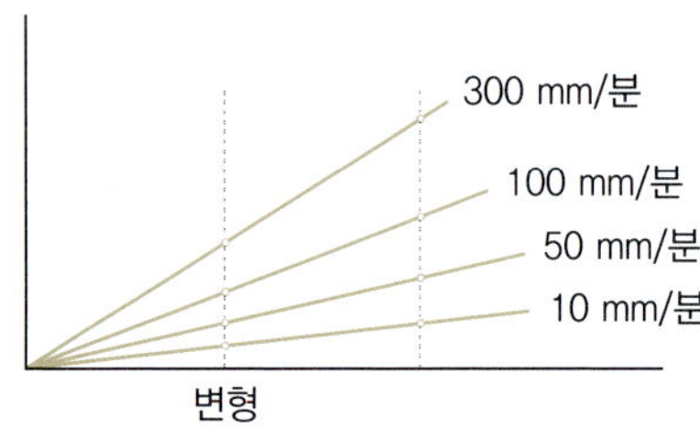

3단계 : 위 그래프에서 보이는 점은 시간을 의미하며 t = 변형/변형속도로 계산한다.

시간(sec)	응력(N/m²)	
	변형 0.1	변형 0.2
t_1 t_2 t_3		

4단계 : 다음과 같이 변형에 따른 그래프를 그린다.

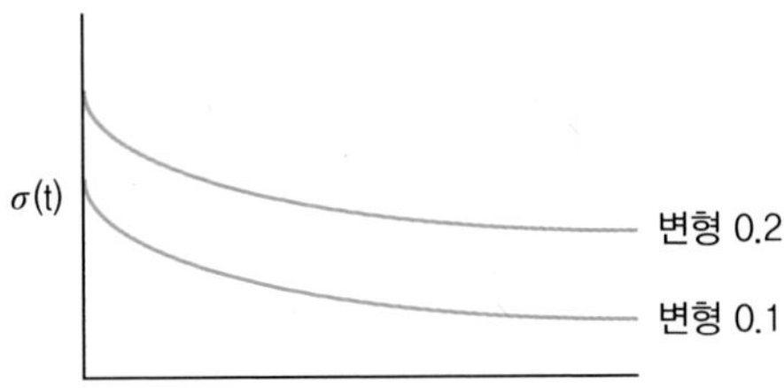

5단계 : 위 그래프에서 다음 표를 작성하고 E(t) 평균을 구한다.

시간	E(t) 0.1	E(t) 0.2	$E(t)_{ave}$

6단계 : $E(t)_{ave}$ 대 시간의 도표를 그린다.

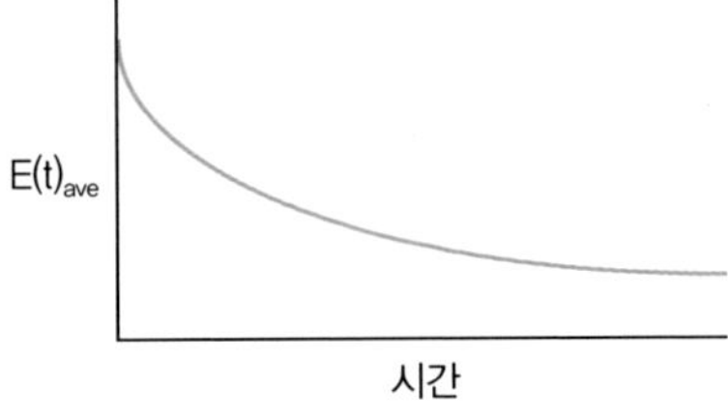

연습문제

1 E(t)의 완화 형태는 일정한 변위속도를 측정함으로써 구할 수 있다.

(1) 각 변형속도에 대해 시간을 구하는 방법은?

(2) 위에서 구한 데이터를 어떻게 E(t) 대 시간에 상응하는 그래프로 나타냈는지를 상세히 설명하면?

(3) 실제적인 완화와 일정한 변위속도 측정으로 구한 동등한 완화가 실제 차이를 보인다면 가능한 이유를 설명하시오.

2 다음 그래프는 실린더형 시료를 Rheometer를 이용하여 다양한 변위속도로 압축하는 실험을 하여 구하였다. 힘과 이동(displacement)은 응력과 변형으로 계산하였다.

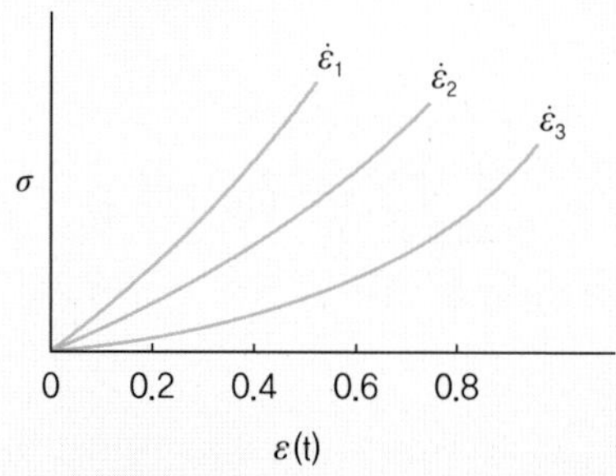

(1) 각 변형속도에서 0.2의 변형에 도달하는 데 걸리는 시간을 구하는 방법을 설명하면?

(2) 모든 변형속도로부터 응력탄성률〔relaxation modulus, E(t)〕 대 시간의 그래프를 구하는 방법을 설명하면?

3 매우 빠르게 응력이 가해졌을 때 어떻게 고형 식품이 반응하는지를 살펴보자. 치아로 압축했을 때처럼 매우 느리게 힘이 가해졌을 때에 받는 짧은 시간과 저장 기간 동안 받는 긴 시간의 상황에서 적합한 측정 기구가 없다고 가정한다. 매우 짧은 시간부터 긴 시간 동안 고형 식품의 완화를 나타내는 E(t) 대 시간의 그래프를 구하는 방법을 설명하면?

Lab 17

동적 시험Dynamic test에서의 저장 탄성률/손실 탄성률storage/loss moduli

1) 동적인 방법Dynamic method

탄성여효(Creep)나 응력 완화(stress relaxation) 측정의 경우, 점탄성 성질을 얻기 위해 많은 시간이 필요하다. 즉, 실험하는 동안 물리화학적 변화를 일으키고 실험 초기의 실제 부하나 변형을 적용할 수 없다. 이를 극복하기 위해 동적인 시험을 이용한다.

- **동적 시험**dynamic test : 시료가 시간에 따라 다양한 사인 곡선(sinusoidally)으로 응력에 의해 변형된다. 이러한 측정에서 탄성률(elastic modulus)과 기계적 감폭(mechanical damping) 값을 빈번하게 얻을 수 있다. 점탄성 물질이 변형될 때 일부 에너지는 포텐셜에너지(in spring)로 저장이 되고, 일부 에너지는 열(in viscous element)로 소멸된다. 따라서 다양한 응력이 점탄성 식품에 적용될 때 변형도 다양하게 나타나며 응력과 위상이 달리 나타난다.

  각진동수(angular frequency, ω)에서의 측정은 시간과 $1/\omega$ 값이 같기 때문에 완화나 크리프가 동일한 성질들을 만들어 낸다.

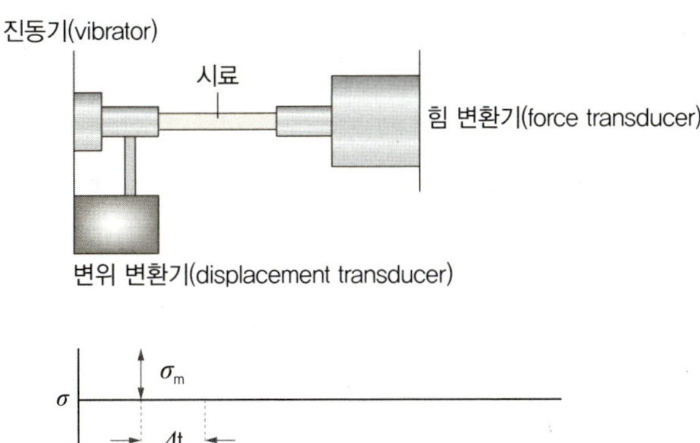

$\triangle t$: 최대응력과 최대변형이 일어나는 시점에서의 시간 간격

$$\sigma(\omega) = \sigma_m \sin\omega t = \sigma_m \sin(2\pi\nu)t$$ 〔여기서 ω(rad/sec) : 각속도〕

빈도 $\nu = \sec^{-1}$이므로 $\omega = 2\pi\nu$

위상각(phase angle, δ) $= \omega\triangle t$이므로 $\varepsilon(\omega) = \varepsilon_m \sin(\omega t - \delta)$

복합 표기법complex number notation

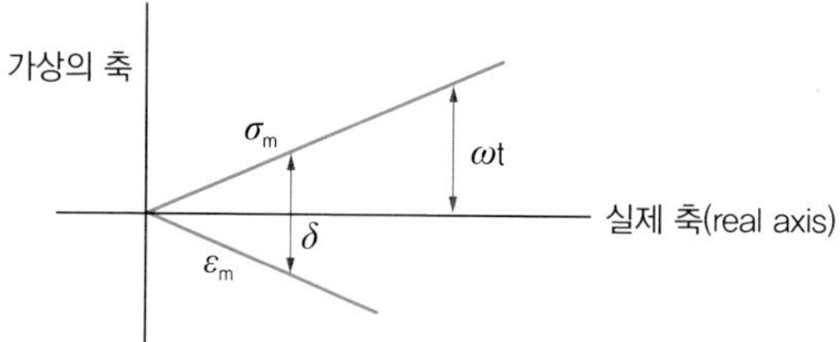

$$\sigma(\omega) = \sigma_m(\cos\omega t + i\sin x) \quad \text{또는} \quad \sigma(\omega) = \sigma_m(e^{i\omega t})$$

(Euler 공식 : $e^{ix} = \cos x + i\sin x$)

$\sigma(\omega)$에 대한 복합 형태는 $\sigma(\omega) = \sigma_m(e^{i\omega t})$으로 보여지며, 유사하게 $\varepsilon(\omega) = \varepsilon_m \sin(\omega t - \delta) = \varepsilon_m e^{i(\omega t - \delta)}$의 형태도 나타난다.

∴ 복소 주파수 의존계수(Complex frequency－dependence modulus)

$$E^{\ddagger} = \frac{\sigma(\omega)}{\varepsilon(\omega)} = \frac{\sigma_m e^{i\omega t}}{\varepsilon_m e^{i(\omega t - \delta)}}$$

$$\therefore E^{\ddagger} = |E^{\ddagger}|(\cos\delta + i\sin\delta) \quad \text{또는} \quad E^{\ddagger} = E' - E''$$

그래프로 살펴보면,

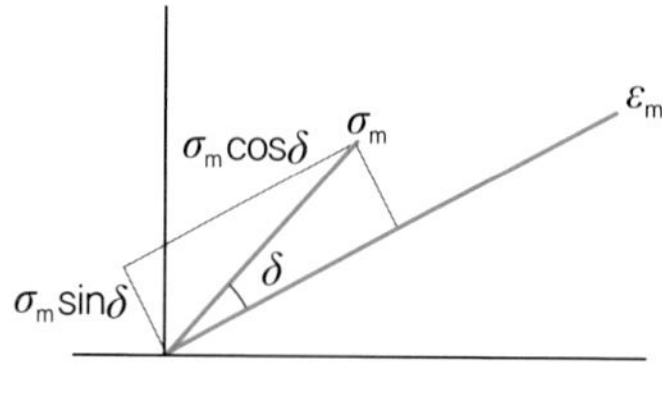

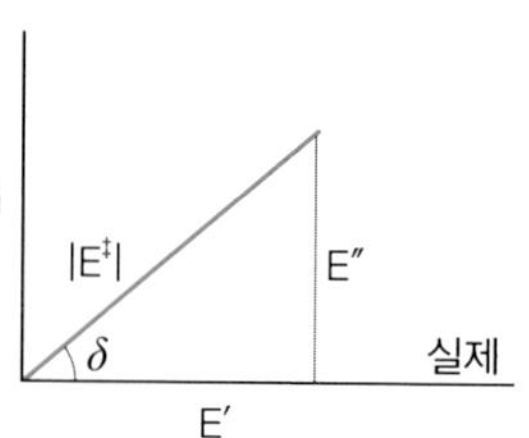

그러므로 저장 탄성률(storage modulus) $E' = |E^{\ddagger}|\cos\delta$,

손실 탄성률(loss modulus) $E'' = |E^{\ddagger}|\sin\delta$,

$\tan\delta = \frac{E''}{E'}$: 손실 탄젠트(loss tangent)는 점성과 탄성 성질의 특징들이 어떻게 나타나는지를 보여 주며, 에너지 손실 %값과 비례적으로 나타난다. 즉, 위상각=0은 $\tan\delta = 0$을 의미하며 감쇠에너지(damping energy) 손실이 얼마나 큰지를 보여 준다.

다음은 각 점탄성의 요소들과 모델들을 나타내는 복소 탄성률(complex modulus)들이다.

(1) 대시포트Dash pot 또는 점성 요소viscous element

$\sigma = \eta \cdot \frac{d\varepsilon}{dt}$ 또는 $\sigma_m e^{i\omega t} = \eta\, \varepsilon_m i\omega e^{i(\omega t - \delta)}$

$\therefore \frac{\sigma_m}{\varepsilon_m} = \eta \cdot i\omega e^{-i\delta}$

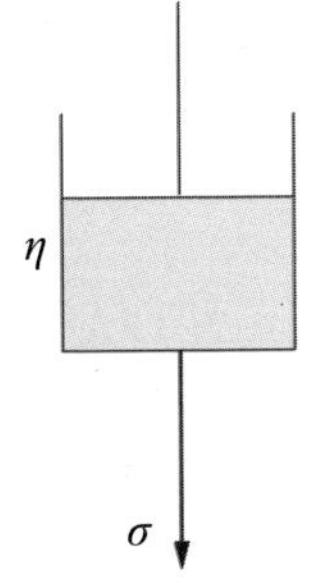

일반 항 : $\frac{\sigma_m}{\varepsilon_m} = i\eta\,\omega e^{-i\delta} \Rightarrow \frac{\sigma_m \cdot e^{i\delta}}{\varepsilon_m} = |E^{\ddagger}| e^{i\delta} = E^{\ddagger} = i\omega\eta$

또는 $|E^{\ddagger}|(\cos\delta + i\sin\delta) = E^{\ddagger} = E' + iE'' = i\omega\eta$

대시포트는 단지 이상 부분(out of phase)만 가지므로 응력과 변형은 단계적으로 90°(=90).

I

σ_m $\delta = 90°$

ε_m R

(2) 스프링Spring 또는 탄성 요소elastic element

$\sigma_m e^{i\omega t} = E \cdot \varepsilon_m e^{i(\omega t - \delta)}$ 또는 $\frac{\sigma_m}{\varepsilon_m} = E \cdot e^{-i\delta}$

$\therefore \frac{\sigma_m \cdot e^{i\delta}}{\varepsilon_m} = E^{\ddagger} = E' + iE'' = E' + 0$

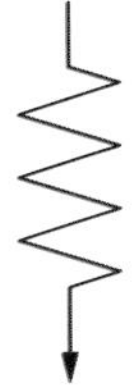

따라서 이 경우 응력과 변형은 동상(in phase, $\delta = 0$)을 나타낸다.

δ : 점성/탄성(viscous/elastic) 성분의 특성을 보여 준다.

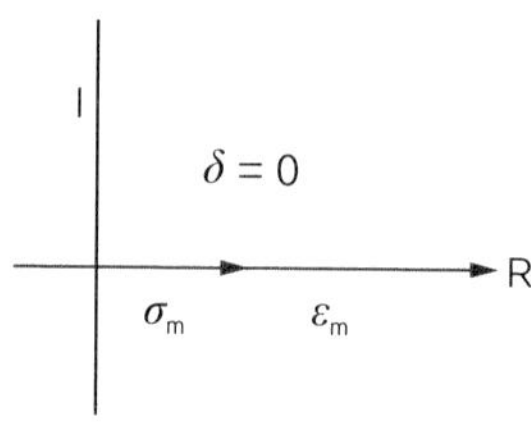

(3) 스프링Spring과 대시포트의 병행 : Kelvin

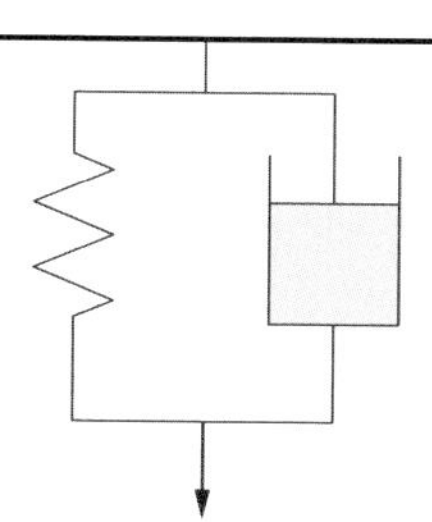

$$\sigma(\omega) = E \cdot \varepsilon(\omega) + \eta \frac{d\varepsilon(\omega)}{dt}$$

$$\sigma_m e^{i\omega t} = E[\varepsilon_m e^{i(\omega t - \delta)}] + \eta[\varepsilon_m i\omega e^{i(\omega t - \delta)}]$$

따라서 $E^{*} = \frac{\sigma_m}{\varepsilon_m} e^{i\delta} = E + i\omega\eta = E' + E''$

※ 성분(element)들이 모델에서 평행하게 보여질 때, 직접 복소 탄성률을 더할 수 있다.

(4) 스프링Spring과 대시포트 시리즈 : Maxwell

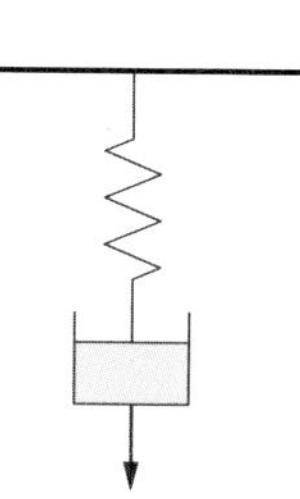

$$\varepsilon(\omega) = \varepsilon_1(\omega) + \varepsilon_2(\omega)$$

$$\sigma(\omega) = \sigma_1(\omega) = \sigma_2(\omega)$$

$$\frac{\varepsilon(\omega)}{\sigma(\omega)} = \frac{\varepsilon_1(\omega)}{\sigma(\omega)} + \frac{\varepsilon_1(\omega)}{\sigma(\omega)} \Rightarrow \frac{1}{E^{*}} = \frac{1}{E} + \frac{1}{i\omega\eta}$$

※ $\frac{\varepsilon(\omega)}{\sigma(\omega)}$는 복소 탄성률(complex modulus)의 역수이며 이것을 복소 컴플라이언스 (complex compliance) (J)라고 한다. 그러므로 $J(\omega) = \frac{\varepsilon(\omega)}{\sigma(\omega)} = \frac{1}{E} + \frac{1}{i\omega\eta} = \frac{1}{E^{*}}$

$$\frac{1}{E^{*}} = \frac{1}{E} + \frac{1}{i\omega\eta} = \frac{E + i\omega\eta}{E \cdot i\omega\eta}$$

$$\therefore E^{*} = \frac{E \cdot i\omega\eta}{E + i\omega\eta} \frac{(E - i\omega\eta)}{(E - i\omega\eta)}$$

$$E^{*} = \frac{E\omega^2\eta^2 + i\omega\eta E^2}{E^2 + \omega^2\eta^2}$$

모델에 따른 복소 탄성률은 다음 표와 같다(여기서 $Y_1 = E'$, $Y_2 = E''$로 표기됨).

모델에 따른 복소 탄성률

이름	모델(s)	complex modulus $Y(i\omega) = Y_1 + fY_2$	
		Y_1	Y_2/ω
탄성 spring	 E	E	0
점성 dashpot	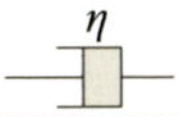 η	0	η
Maxwell 모델	 E, η	$\frac{\omega^2\eta^2 E}{E^2+\omega^2\eta^2}$	$\frac{\eta E^2}{E^2+\omega^2\eta^2}$
voigt 모델 (Kelvin)	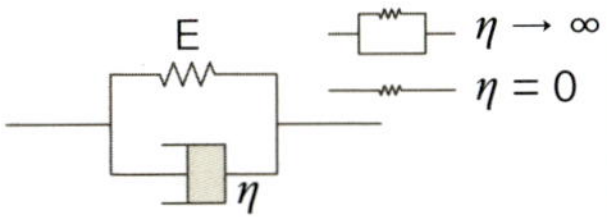 E, η; $\eta \rightarrow \infty$; $\eta = 0$	E	η
4요소 타입(I)	(a) 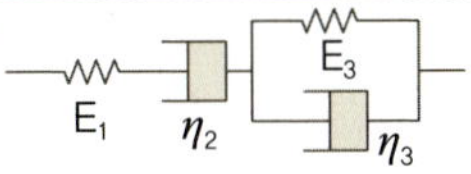 E_1, η_2, E_3, η_3	–	–
	(b) 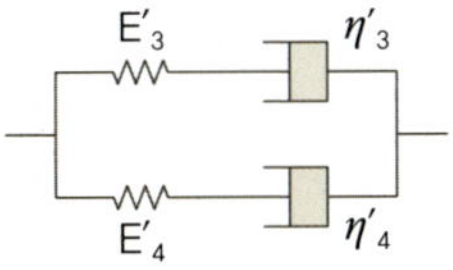 E'_3, η'_3, E'_4, η'_4	$E_3' + E_1' - \frac{E_3'^3}{E_3'^2+\omega^2\eta_3'^2} - \frac{E_4'^3}{E_4'^2+\omega^2\eta_4'^2}$	$\frac{\eta_3' E_3'^2}{E_3'^2+\omega^2\eta_3'^2} + \frac{\eta_4' E_4'^2}{E_4'^2+\omega^2\eta_4'^2}$
4요소 타입(II)	(c) 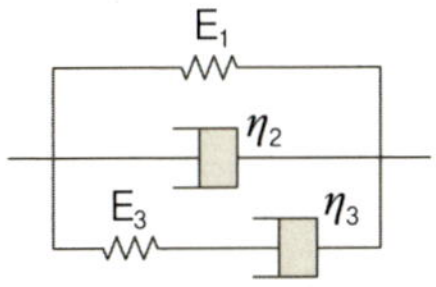 E_1, η_2, E_3, η_3	$E_1 + E_3 - \frac{E_3^3}{E_3^2+\omega^2\eta_3^2}$	$\eta_2 + \frac{\eta_3 E_3^2}{E_3^2+\omega^2\eta_3^2}$
	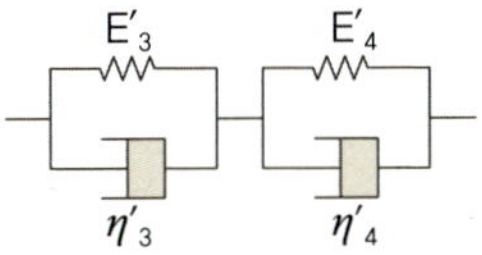 E'_3, E'_4, η'_3, η'_4	–	–

예

4요소에서 3요소 탄성 모델로 전환할 때 위 모델에서

위의 그래프 (a) $\eta_2 \rightarrow \infty$　　위의 그래프 (b) $\eta_4 \rightarrow \infty$

위의 그래프 (c) $\eta_2 \rightarrow 0$　　위의 그래프 (d) $\eta_4 \rightarrow 0$

4요소에서 3요소 점성 모델로 전환할 때 위 모델에서

위의 그래프 (a) $E_1 \rightarrow \infty$　　위의 그래프 (b) $E_4 \rightarrow \infty$

위의 그래프 (c) $E_1 \rightarrow 0$　　위의 그래프 (d) $E_4 \rightarrow 0$

실험 목적

응력, 빈도(frequency), 다른 변수들에 따른 단백질 식품의 동적·물성학적 성질을 밝히기 위함이다.

실험 기구

CVO-100 dynamic rheometer, 원뿔과 평판(cone and plate), 플라스틱 커버(젖은 스펀지), 생선 단백질

실험 방법

1 일정한 양의 시료를 원뿔(4°, 4 cm 지름)과 평판 테스트기에 놓고, 수분을 함유한 스펀지가 달린 플라스틱 커버를 위에 놓아서 측정 과정에서 시료의 수분이 증발하는 것을 막는다. 이때 원뿔과 평판 사이의 거리는 약 1,550 μm를 유지하도록 한다.

2 일정한 주파수와 온도를 설정한 후 여러 응력(100~1,000 Pa)의 범위에서 선형 점탄성 범위를 구하도록 한다.

3 졸(sol)과 젤(gel) 상태를 나타내는 주파수(frequency)에 따라 온도 25℃에서 0.01~10 Hz의 범위에서 수행하도록 한다.

4 위에서 구한 선형 점성 범위의 주파수를 이용하여 여러 온도(10~80℃), 여러 가열속도(heating rate; 1, 5, 10, 20, 30℃/min)에 따른 저장 탄성률(storage modulus), 손실 탄성률(loss modulus) 및 손실 탄젠트(loss tangent) 등을 구한다.

연습문제

1 다음 물음에 답하시오.

(1) 응력 완화 시간(relaxation time)이란?

(2) 지연시간(retardation time)이란?

(3) 컴플라이언스(compliance)란?

(4) 손실 탄젠트(loss tangent)란?

(5) 손실 탄젠트(loss tangent)를 구하는 방법은?

(6) 식품이 완전 탄성(elastic) 물질이라면 위상각(phase angle)의 크기가 뜻하는 것은?

(7) 스프링과 대시포트가 응력(Maxwell 모델)으로 구성되어 있다면, 동적 시험에서 복소 탄성률 ($E^{\dagger}$)는 어떻게 표현되는가? 계산식도 제시하시오.

(8) $E^{\dagger} = i\cos$는 어떤 모델의 복소 탄성률 값인가?

(9) 사인곡선(sinusoidal)의 동적 시험에서 복소 탄성률 $E' + iE''$의 값이 정해진다. 복소 컴플라이언스(Complex compliance) J'와 iJ''의 값을 구하는 방법은?

(10) $E' = (4 \times 10^5) + i(3 \times 10^5)$으로 나타낼 때 J'와 iJ''값은?

2 실린더형 소시지가 사인형으로 응력을 받았으며 응력($\sigma = \sigma_m \sin\omega t$)과 변형〔$\varepsilon = \varepsilon_m \sin(\omega t - \delta)$〕의 값을 구하였다. σ_m과 ε_m은 응력과 변형의 최대(peak) 값이다.

(1) 복소 탄성률의 절댓값 계산 과정을 문제의 식에서 사용한 심볼로 나타내면?

(2) 복소 탄성률 실제 부분의 계산 방법은?

(3) 복소 탄성률 가상 부분의 계산 방법은?

(4) 점성 성분에 따른 에너지 손실과 탄성 성분에 의한 저장에너지의 비율이 나타나는 과정을 설명하면?

APPENDIX

부록

1. 명명법nomenclature
2. 단위환산표
3. 반-로그그래프Semi log graph
4. 포화수증기표(SI 단위계)
5. 포화수증기표(English 단위계)
6. 과포화수증기표(SI 단위계)
7. 과포화수증기표(English 단위계)
8. 표준 강철 튜브의 치수
9. 열교환기 튜브의 치수
10. 로그 g의 함수로서의 R 값
11. 오차함수Error function 도표

1. 명명법

- ρ 밀도(density)
- μ 점도(viscosity)
- C_p 비열(specific heat)
- K 열전도도(thermal conductivity)
- H_v 포화증기의 엔탈피
- H_w 포화액체의 엔탈피
- f 마찰계수(friction factor)
- h 표면 열전달계수(surface heat transfer coefficient)
- β 열팽창계수(thermal expansion coefficient)
- D Decimal reaction time
- Z 온도 의존 요소(temperature dependence factor)
- F 가열치사 시간(thermal death time)
- j_H 지연계수(lag factor)
- f_h 온도 응답 변수(temperature response parameter)
- K_f 어는점 내림 상수(freezing point depression constant)
- C_s 습윤 비열(humid heat)
- V_H 습윤 용적(humid volume)
- T_s 습구온도(wet bulb temperature)
- K_g 물질이동계수(mass transfer coefficient)
- W_m 단분자 층에 흡착한 수분 함량
- G 질량속도(mass velocity, kg/hr/m^2)
- D 액체 수분 확산도(liquid diffusion coefficient, ft^2/hr)
- P 투과도(permeability)
- τ 전단응력(shear stress)
- γ 전단속도(shear rate)
- G 전단탄성률(shear modulus)
- Ω 각속도(angular velocity)
- τ_y 항복응력(yield stress)
- μ 푸아송비(poisson's ratio)
- K 체적 탄성률(Bulk modulus)
- I 관성 모멘트(inertial moment)
- M_t 비틀림 모멘트(twisting moment)
- ψ 비틀림 각(angle of twist)
- τ_{rel} 응력 완화시간(relaxation time)
- τ_{ret} 탄성여효시간(retardation time)
- J complex compliance

2. 단위환산표

환산 전의 단위	환산 후의 단위	환산계수
1) 길이(L)		
cm	in	0.39370
cm	ft	0.0328084
ft	m	0.3048
in	cm	2.54
m	ft	3.280340
m	in	39.3701
yd(yard)	ft	3
yd	m	0.9144
자	cm	30.30303
2) 질량(M)		
kg	lb	2.20462
lb	kg	0.45359267
t(metric ton)	kg	1,000
t(metric ton)	lb	2,204.6
돈	g	3.75
관	kg	3.75
t(long ton)	lb	2,240
t(short ton)	lb	2,000
3) 넓이(L^2)		
acre	ft^2	43,560
acre	m^2	4,046.85
m^2	ft^2	10.763915
평	m^2	3.3058
4) 부피(L^3)		
cm^3	ft^3	3.53147×10^{-5}
cm^3	gal(U.S.)	2.64172×10^{-4}
ft^3	cm^3	2.8316839×10^4
ft^3	gal(U.S.)	7.48052
ft^3	l	28.31684
gal	in^3	231
barrel	gal(U.S.)	42
in^3	cm^3	16.3871
m^3	ft^3	35.3147
m^3	gal(U.S.)	264.17
5) 시간(θ)		
h	min	60
h	s	3,600

(계속)

환산 전의 단위	환산 후의 단위	환산계수
6) 속도(L/θ)		
빛의 속도	m/s	2.997925×10^3
7) 가속도(L/θ^2)		
표준중력가속도	m/s^2	9.80665
표준중력가속도	ft/s^2	32.174048
8) 부피유속(L^3/θ)		
ft^3/s	gal(U.S.)/min(GMP)	448.83
9) 밀도(M/L^3)		
lb/ft^3	kg/m^3	16.018
lb/ft^3	g/m^3	0.016018
kg/m^3	lb/ft^3	0.062428
g/cm^3	kg/m^3	1,000
g/cm^3	lb/ft^3	62.428
10) 힘 · 무게($ML\theta^{-2}-F$)		
N(newton)	d(dyne)	1×10^5
N	lb_f	0.22481
kg_f	N	9.80665
kg_f	lb_f	2.20462
lb_f	kg_f	0.45359237
lb_f	lbl(poundal)	32.174048
lb_f	N	4.4482209
11) 압력($F/L^2=P$)		
atm	$N/m^2=Pa$	1.01325×10^5
atm	kg_f/cm^2	1.013327
atm	lb_f/in^2(psi)	14.696
atm	mmHg(0℃)=torr	760
bar	$N/m^2=Pa$	1×10^5
bar	lb/in^2	14.504
lb/in^2	$N/m^2=Pa$	6.89473×10^3
$N/m^2=Pa$	lb/in^2	1.4498×10^{-4}
12) 점도〔($M/L\theta=P\theta$) 또는 (L^2/θ)〕		
cP(centipoise)	kg/m · s=Pa · s	1×10^{-3}
cP=0.01 g/cm · s	lb/ft · h	2.4191
cP	lb/ft · s	6.7197×10^{-4}
cSt(centistoke)	m^2/s	1×10^{-6}
13) 에너지 · 일 · 열(FL=E)		
Btu	J	1,054.35
Btu	cal	251.996
Btu	lb · ft	777.64862
lb_f · ft	N · m=J	1.3558180

(계속)

환산 전의 단위	환산 후의 단위	환산계수
lb_f · ft	kg_f · m	2.138255
lb_f · ft	kW · h	3.76616×10^{-7}
J = N · m	Btu	9.4845×10^{-4}
J	W · s	1
J	kg_f · m	0.1019716
kg_f · m	Btu	9.2877×10^{-3}
kg_f · m	N · m = J	9.80665
kg_f · m	W · h	2.7420×10^{-3}
cal	N · m = J	4.184
cal_{IT}	J	4.1868
14) 일률 · 동력($E/\theta \times W$)		
HP(horse power)	lb_f · ft/s	550
HP	W = J/s = J	745.7
HP	kg_f · m/s	76.040
PS(Pferde Stärke)	kg_f · m/s	75
kg_f · m/s	W	9.80665
lb_f · ft/s	W	1.355818

15) 물의 밀도

온도		밀도		온도		밀도	
K	℃	g/cm³	kg/m³	K	℃	g/cm³	kg/m³
273.15	0	0.99987	999.87	323.15	50	0.98807	988.07
277.15	4	1.00000	1000.00	333.15	60	0.98324	983.24
283.15	10	0.99973	999.73	343.15	70	0.97781	977.81
293.15	20	0.99823	998.23	353.15	80	0.97183	971.83
298.15	25	0.99708	997.08	363.15	90	0.96534	965.34
303.15	30	0.99568	995.68	373.15	100	0.95838	958.38
313.15	40	0.99225	992.25				

16) 물의 점도

온도		점도	온도		점도
K	℃	[(Pa · s)10³ (kg/m · s)10³, or cp]	K	℃	[(Pa · s)10³ (kg/m · s)10³, or cp]
273.15	0	1.7921	323.15	50	0.5494
275.15	2	1.6728	325.15	52	0.5315
277.15	4	1.5674	327.15	54	0.5146
279.15	6	1.4728	329.15	56	0.4985
281.15	8	1.3860	331.15	58	0.4832
283.15	10	1.3077	333.15	60	0.4688

(계속)

온도		점도	온도		점도
K	℃	[(Pa · s)10^3 (kg/m · s)10^3, or cp]	K	℃	[(Pa · s)10^3 (kg/m · s)10^3, or cp]
285.15	12	1.2363	335.15	62	0.4550
287.15	14	1.1709	337.15	64	0.4418
289.15	16	1.1111	339.15	66	0.4293
291.15	18	1.0559	341.15	68	0.4174
293.15	20	1.0050	343.15	70	0.4061
293.35	20.2	1.0000	345.15	72	0.3952
295.15	22	0.9579	347.15	74	0.3849
297.15	24	0.9142	349.15	76	0.3750
298.15	25	0.8937	351.15	78	0.3655
299.15	26	0.8737	353.15	80	0.3565
301.15	28	0.8360	355.15	82	0.3478
303.15	30	0.8007	357.15	84	0.3395
305.15	32	0.7679	359.15	86	0.3315
307.15	34	0.7371	361.15	88	0.3239
309.15	36	0.7085	363.15	90	0.3165
311.15	38	0.6814	365.15	92	0.3095
313.15	40	0.6560	367.15	94	0.3027
315.15	42	0.6321	369.15	96	0.2962
317.15	44	0.6097	371.15	98	0.2899
319.15	46	0.5883	373.15	100	0.2838
321.15	48	0.5683			

17) 물의 비열(0~100℃)

온도		비열		온도		비열	
℃	K	cal/g · ℃	KJ/kg · K	℃	K	cal/g · ℃	KJ/kg · K
0	273.15	1.0080	4.220	50	323.15	0.9992	4.183
10	283.15	1.0019	4.195	60	333.15	1.0001	4.187
20	293.15	0.9995	4.185	70	343.15	1.0013	4.192
25	298.15	0.9989	4.182	80	353.15	1.0029	4.199
30	303.15	0.9987	4.181	90	363.15	1.0050	4.208
40	313.15	0.9987	4.181	100	373.15	1.0076	4.219

18) 물의 열전도도

온도			열전도도	
℃	℉	K	Btu/h · ft · ℉	W/m · K
0	32	273.15	0.329	0.569
37.8	100	311.0	0.363	0.628

(계속)

온도			열전도도	
℃	℉	K	Btu/h · ft · ℉	W/m · K
93.3	200	366.5	0.393	0.680
148.9	300	422.1	0.395	0.684
215.6	420	588.8	0.376	0.651
326.7	620	599.9	0.275	0.476

19) 포화얼음 : 수증기의 증기압과 승화열

온도			증기압			승화열	
K	℉	℃	kPa	psia	mmHg	Btu/lb_m	KJ/kg
273.2	32	0	6.107×10^{-1}	8.858×10^{-2}	4.581	1218.6	2834.5
266.5	20	−6.7	3.478×10^{-1}	5.045×10^{-2}	2.609	1219.3	2836.1
261.0	10	−12.2	2.128×10^{-1}	3.087×10^{-2}	1.596	1219.7	2837.0
255.4	0	−17.8	1.275×10^{-1}	1.849×10^{-2}	0.9562	1220.1	2838.0
249.9	−10	−23.3	7.411×10^{-2}	1.082×10^{-2}	0.5596	1220.3	2838.4
244.3	−20	−28.9	3.820×10^{-2}	6.181×10^{-3}	0.3197	1220.5	2838.9
238.8	−30	−34.4	2.372×10^{-2}	3.440×10^{-3}	0.1779	1220.5	2838.9
233.2	−40	−40.0	1.283×10^{-2}	1.861×10^{-3}	0.09624	1220.5	2838.9

3. 반-로그그래프Semi log graph

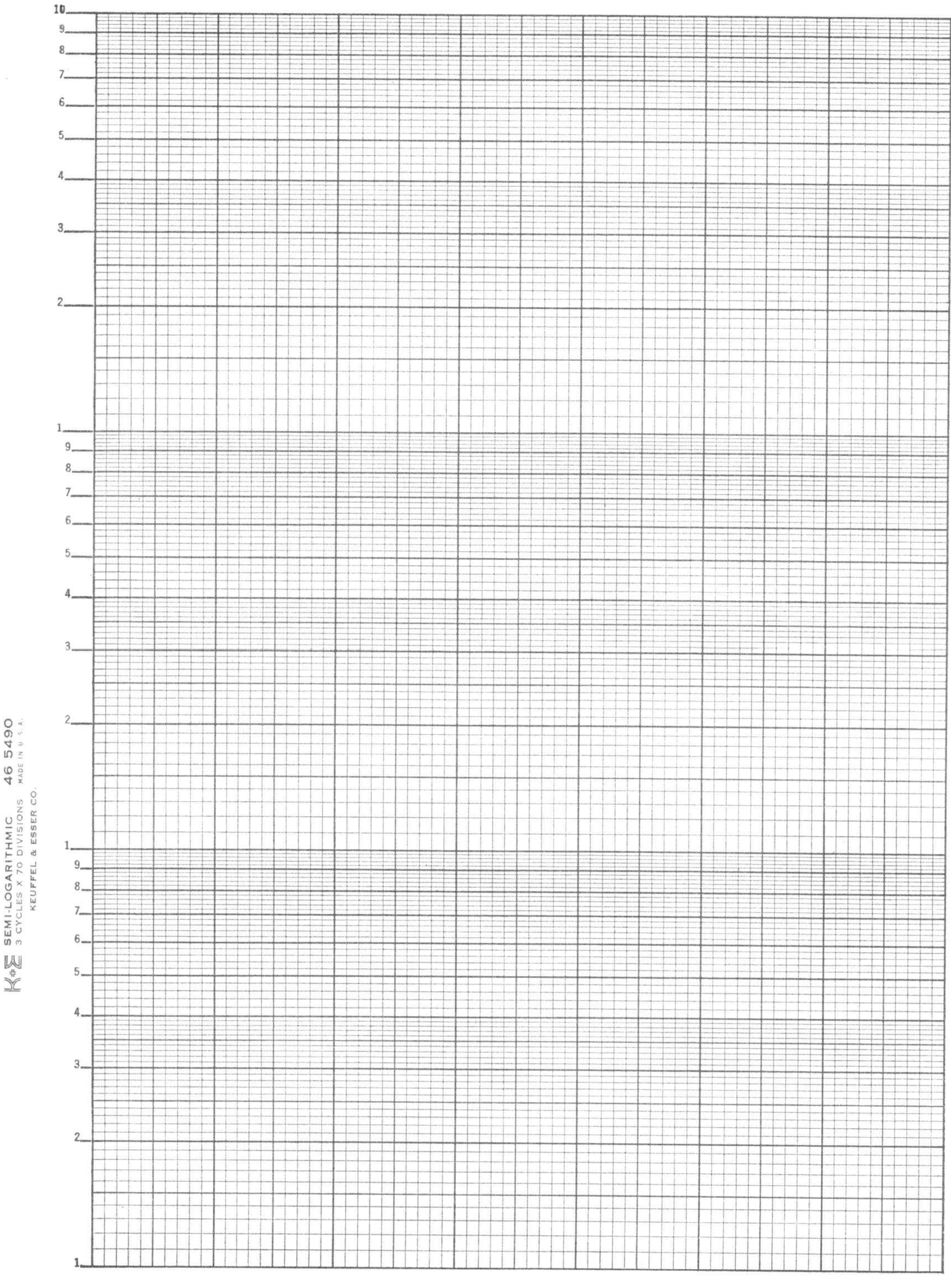

4. 포화수증기표(SI 단위계)

온도(°c)	증기압(kPa)	비용적(m³/kg)		엔탈피(kJ/kg)		엔트로피(kJ/Kg · K)	
		포화액체	포화증기	포화액체	포화증기	포화액체	포화증기
0.01	0.6113	0.0010002	206.136	0.00	2501.4	0.0000	9.1562
3	0.7577	0.0010001	168.132	12.57	2506.9	0.0457	9.0773
6	0.9349	0.0010001	137.734	25.20	2512.4	0.0912	9.0003
9	1.1477	0.0010003	113.386	37.80	2517.9	0.1362	8.9253
12	1.4022	0.0010005	93.784	50.41	2523.4	0.1806	8.8524
15	1.7051	0.0010009	77.926	62.99	2528.9	0.2245	8.7814
18	2.0640	0.0010014	65.038	75.58	2534.4	0.2679	8.7123
21	2.487	0.0010020	54.514	88.14	2539.9	0.3109	8.6450
24	2.985	0.0010027	45.883	100.70	2545.4	0.3534	8.5794
25	3.169	0.0010029	43.360	104.89	2547.2	0.3674	8.5580
27	3.567	0.0010035	38.774	113.25	2550.8	0.3954	8.5156
30	4.246	0.0010043	32.894	125.79	2556.3	0.4369	8.4533
33	5.034	0.0010053	28.011	138.33	2561.7	0.4781	8.3927
36	5.947	0.0010063	23.940	150.86	2567.1	0.5188	8.3336
40	7.384	0.0010078	19.523	167.57	2574.3	0.5725	8.2570
45	9.593	0.0010099	15.258	188.45	2583.2	0.6387	8.1648
50	12.349	0.0010121	12.032	209.33	2592.1	0.7038	8.0763
55	15.758	0.0010146	9.568	230.23	2600.9	0.7679	7.9913
60	19.940	0.0010172	7.671	251.13	2609.6	0.8312	7.9096
65	25.03	0.0010199	6.197	272.06	2618.3	0.8935	7.8310
70	31.19	0.0010228	5.042	292.98	2626.8	0.9549	7.7553
75	38.58	0.0010259	4.131	313.93	2635.3	1.0155	7.6824
80	47.39	0.0010291	3.407	334.91	2643.7	1.0753	7.6122
85	57.83	0.0010325	2.828	355.90	2651.9	1.1343	7.5445
90	70.14	0.0010360	2.361	376.92	2660.1	1.1925	7.4791
95	84.55	0.0010397	1.9819	397.96	2668.1	1.2500	7.4159
100	101.35	0.0010435	1.6729	419.04	2676.1	1.3069	7.3549
105	120.82	0.0010475	1.4194	440.15	2683.8	1.3630	7.2958
110	143.27	0.0010516	1.2102	461.30	2691.5	1.4185	7.2387
115	169.06	0.0010559	1.0366	482.48	2699.0	1.4734	7.1833
120	198.53	0.0010603	0.8919	503.71	2706.3	1.5276	7.1296
125	232.1	0.0010649	0.7706	524.99	2713.5	1.5813	7.0775
130	270.1	0.0010697	0.6685	546.31	2720.5	1.6344	7.0269
135	313.0	0.0010746	0.5822	567.69	2727.3	1.6870	6.9777
140	316.3	0.0010797	0.5089	589.13	2733.9	1.7391	6.9299
145	415.4	0.0010850	0.4463	610.63	2740.3	1.7907	6.8833
150	475.8	0.0010905	0.3928	632.20	2746.5	1.8418	6.8379
155	543.1	0.0010961	0.3468	653.84	2752.4	1.8925	6.7935

(계속)

온도(°c)	증기압(kPa)	비용적(m^3/kg)		엔탈피(kJ/kg)		엔트로피(kJ/Kg · K)	
		포화액체	포화증기	포화액체	포화증기	포화액체	포화증기
160	617.8	0.0011020	0.3071	675.55	2758.1	1.9427	6.7502
165	700.5	0.0011080	0.2727	697.34	2763.5	1.9925	6.7078
170	791.7	0.0011143	0.2428	719.21	2768.7	2.0419	6.6663
175	892.0	0.0011207	0.2168	741.17	2773.6	2.0909	6.6256
180	1002.1	0.0011274	0.19405	763.22	2778.2	2.1396	6.5857
190	1254.4	0.0011414	0.15654	807.62	2786.4	2.2359	6.5079
200	1553.8	0.0011565	0.12736	852.45	2793.2	2.3309	6.4323
225	2548	0.0011992	0.07849	966.78	2803.3	2.5639	6.2503
250	3973	0.0012512	0.05013	1085.36	2801.5	2.7927	6.0730
275	5942	0.0013168	0.03279	1210.07	2785.0	3.0208	5.8938
300	8581	0.0010436	0.02167	1344.0	2749.0	3.2534	5.7045

5. 포화수증기표(English 단위계)

온도(°F)	증기압 (Psia)	비용적(ft³/lb)		엔탈피(btu/lbm)		엔트로피(btu/lbm · °F)	
		포화액체	포화증기	포화액체	포화증기	포화액체	포화증기
32.02	0.08866	0.016022	3302	0.00	1075.4	0.000	2.1869
35	0.09992	0.016021	2948	3.00	1076.7	0.00607	2.1764
40	0.12166	0.016020	2445	8.02	1078.9	0.01617	2.1592
45	0.14748	0.016021	2037	13.04	1081.1	0.02618	2.1423
50	0.17803	0.016024	1704.2	18.06	1083.3	0.03607	2.1259
55	0.2140	0.016029	1431.4	23.07	1085.5	0.04586	2.1099
60	0.2563	0.016035	1206.9	28.08	1087.7	0.05555	2.0943
65	0.3057	0.016042	1021.5	33.09	1089.9	0.06514	2.0791
70	0.3622	0.016051	867.7	38.09	1092.0	0.07463	2.0642
75	0.4300	0.016061	739.7	43.09	1094.2	0.08402	2.0497
80	0.5073	0.016073	632.8	48.09	1096.4	0.09332	2.0356
85	0.5964	0.016085	543.1	53.08	1098.6	0.10252	2.0218
90	0.6988	0.016099	467.7	58.07	1100.7	0.11165	2.0083
95	0.8162	0.016114	404.0	63.06	1102.9	0.12068	1.9951
100	0.9503	0.016130	350.0	68.05	1105.0	0.12963	1.9822
110	1.2763	0.016166	265.1	78.02	1109.3	0.14730	1.9574
120	1.6945	0.016205	203.0	88.00	1113.5	0.16465	1.9336
130	2.225	0.016247	157.17	97.98	1117.8	0.18172	1.9109
140	2.892	0.016293	122.88	107.96	1121.9	0.19851	1.8892
150	3.722	0.016343	96.99	117.96	1126.1	0.21503	1.8684
160	4.745	0.016395	77.23	127.96	1130.1	0.23130	1.8484
170	5.996	0.016450	62.02	137.97	1134.2	0.24732	1.8293
180	7.515	0.016509	50.20	147.99	1138.2	0.26311	1.8109
190	9.343	0.016570	40.95	158.03	1142.1	0.27866	1.7932
200	11.529	0.016634	33.63	168.07	1145.9	0.29400	1.7762
210	14.125	0.016702	27.32	178.14	1149.7	0.30913	1.7599
212	14.698	0.016716	26.80	180.16	1150.5	0.31213	1.7567
220	17.188	0.016772	23.15	188.22	1153.5	0.32406	1.7441
230	20.78	0.016845	19.386	198.32	1157.1	0.33880	1.7289
240	24.97	0.016922	16.327	208.44	1160.7	0.35335	1.7143
250	29.82	0.017001	13.826	218.59	1164.2	0.36772	1.7001
260	35.42	0.017084	11.768	228.76	1167.6	0.38193	1.6864
270	41.85	0.017170	10.066	238.95	1170.9	0.39597	1.6731
280	49.18	0.017259	8.650	249.18	1174.1	0.40986	1.6602
290	57.33	0.017352	7.467	259.44	1177.2	0.42360	1.6477
300	66.98	0.017448	6.472	269.73	1180.2	0.43720	1.6356
310	77.64	0.017548	5.632	280.06	1183.0	0.45067	1.6238
320	89.60	0.017652	4.919	290.43	1185.8	0.46400	1.6123

(계속)

온도(˚F)	증기압 (Psia)	비용적(ft^3/lb)		엔탈피(btu/lb_m)		엔트로피(btu/lb_m · ˚F)	
		포화액체	포화증기	포화액체	포화증기	포화액체	포화증기
330	103.00	0.017760	4.312	300.84	1188.4	0.47722	1.6010
340	117.93	0.017872	3.792	311.30	1190.8	0.49031	1.5901
350	134.53	0.017988	3.346	321.80	1193.1	0.50329	1.5793
360	152.92	0.018108	2.961	332.35	1195.2	0.51617	1.5688
370	173.23	0.018233	2.628	342.96	1197.2	0.52894	1.5585
380	195.60	0.018363	2.339	353.62	1199.0	0.54163	1.5483
390	220.2	0.018498	2.087	364.34	1200.6	0.55422	1.5383
400	247.1	0.018638	1.8661	375.12	1202.0	0.56672	1.5284
410	276.5	0.018784	1.6726	385.97	1203.1	0.57916	1.5187
450	422.1	0.019433	1.1011	430.2	1205.6	0.6282	1.4806

6. 과포화수증기표(SI 단위계)

절대압력, kPa (포화온도, ℃)		온도(℃)							
		100	150	200	250	300	360	420	500
10 (45.81)	v	17.196	19.512	21.825	24.136	26.445	29.216	31.986	35.679
	H	2687.5	2783.0	2879.5	2977.3	3076.5	3197.6	3320.9	3489.1
	s	8.4479	8.6882	8.9038	9.1002	9.2813	9.4821	9.6682	9.8978
50 (81.33)	v	3.418	3.889	4.356	4.820	5.284	5.839	6.394	7.134
	H	2682.5	2780.1	2877.7	2976.0	3075.5	3196.8	3320.4	3488.7
	s	7.6941	7.9401	8.1580	8.3556	8.5373	8.7385	8.9249	9.1546
75 (91.78)	v	2.270	2.587	2.900	3.211	3.520	3.891	4.262	4.755
	H	2679.4	2778.2	2876.5	2975.2	3074.9	3196.4	3320.0	3488.4
	s	7.5009	7.7496	7.9690	8.1673	8.3493	8.5508	8.7374	8.9672
100 (99.63)	v	1.6958	1.9364	2.172	2.406	2.639	2.917	3.195	3.565
	H	2672.2	2776.4	2875.3	2974.3	3074.3	3195.9	3319.6	3488.1
	s	7.3614	7.6134	7.8343	8.0333	8.2158	8.4175	8.6042	8.8342
150 (111.37)	v		1.2853	1.4443	1.6012	1.7570	1.9432	2.129	2.376
	H		2772.6	2872.9	2972.7	3073.1	3195.0	3318.9	3487.6
	s		7.4193	7.6433	7.8438	8.0720	8.2293	8.4163	8.6466
400 (143.63)	v		0.4708	0.5342	0.5951	0.6548	0.7257	0.7960	0.8893
	H		2752.8	2860.5	2964.2	3066.8	3190.3	3315.3	3484.9
	s		6.9299	7.1706	7.3789	7.5662	7.7712	7.9598	8.1913
700 (164.97)	v			0.2999	0.3363	0.3714	0.4126	0.4533	0.5070
	H			2844.8	2953.6	3059.1	3184.7	3310.9	3481.7
	s			6.8865	7.1053	7.2979	7.5063	7.6968	7.9299
1,000 (179.91)	v			0.2060	0.2327	0.2579	0.2873	0.3162	0.3541
	H			2827.9	2942.6	3051.2	3178.9	3306.5	3478.5
	s			6.6940	6.9247	7.1229	7.3349	7.5275	7.7622
1,500 (198.32)	v			0.13248	0.15195	0.16966	0.18988	0.2095	0.2352
	H			2796.8	2923.3	3037.6	3.1692	3299.1	3473.1
	s			6.4546	6.7090	6.9179	7.1363	7.3323	7.5698
2,000 (212.42)	v				0.11144	0.12547	0.14113	0.15616	0.17568
	H				2902.5	3023.5	3159.3	3291.6	3467.6
	s				6.5453	6.7664	6.9917	7.1915	7.4317
2,500 (223.99)	v				0.08700	0.09890	0.11186	0.12414	0.13998
	H				2880.1	3008.8	3149.1	3284.0	3462.1
	s				6.4085	6.6438	6.8767	7.0803	7.3234
3,000 (233.90)	v				0.07058	0.08114	0.09233	0.10279	0.11619
	H				2855.8	2993.5	3138.7	3276.3	3456.5
	s				6.2872	6.5390	6.7801	6.9878	7.2338

비용적(m^3/kg) 엔탈피(kJ/kg) 엔트로피(kJ/kg·K)

7. 과포화수증기표(English 단위계)

절대압력, psia (Sat. Temp., ˚F)		온도(˚F)								
		200	300	400	500	600	700	800	900	1,000
1.0 (101.70)	v	392.5	452.3	511.9	571.5	631.1	690.7	750.3	809.9	869.5
	H	1150.1	1195.7	1241.8	1288.5	1336.1	1384.5	1433.7	1483.8	1534.8
	s	2.0508	2.1150	2.1720	2.2235	2.2706	2.3142	2.3550	2.3932	2.4294
5.0 (162.21)	v	78.15	90.24	102.24	114.20	126.15	138.08	150.01	161.94	173.86
	H	1148.6	1194.8	1241.2	1288.2	1335.8	1384.3	1433.5	1483.7	1534.7
	s	1.8715	1.9367	1.9941	2.0458	2.0930	2.1367	2.1775	2.2158	2.2520
10.0 (193.19)	v	38.85	44.99	51.03	57.04	63.03	69.01	74.98	80.95	86.91
	H	1146.6	1193.7	1240.5	1287.7	1335.5	1384.0	1433.3	1483.5	1534.6
	s	1.7927	1.8592	1.9171	1.9690	2.0164	2.0601	2.1009	2.1393	2.1755
14.696 (211.99)	v		30.52	34.67	38.77	42.86	46.93	51.00	55.07	59.13
	H		1192.6	1239.9	1287.3	1335.2	1383.8	1433.1	1483.4	1534.5
	s		1.8157	1.8741	1.9263	1.9737	2.0175	2.0584	2.0967	2.1330
20.0 (227.96)	v		22.36	25.43	28.46	31.47	34.77	37.46	40.45	43.44
	H		1191.5	1239.2	1286.8	1334.8	1383.5	1432.9	1483.2	1534.3
	s		1.7805	1.8395	1.8919	1.9395	1.9834	2.0243	2.0627	2.0989
60.0 (292.73)	v		7.260	8.353	9.399	10.425	11.440	12.448	13.452	14.454
	H		1181.9	1233.5	1283.0	1332.1	1381.4	1431.2	1481.8	1533.2
	s		1.6496	1.7134	1.7678	1.8165	1.8609	1.9022	1.9408	1.9773
100.0 (327.86)	v			4.934	5.587	6.216	6.834	7.445	8.053	8.657
	H			1227.5	1279.1	1329.3	1379.2	1429.6	1480.5	1532.1
	s			1.6517	1.7085	1.7582	1.8033	1.8449	1.8838	1.9204
150.0 (358.48)	v			3.221	3.679	4.111	4.531	4.944	5.353	5.759
	H			1219.5	1274.1	1325.7	1376.6	1427.5	1478.8	1530.7
	s			1.5997	1.6598	1.7110	1.7568	1.7989	1.8381	1.8750
200.0 (381.86)	v			2.361	2.724	3.058	3.379	3.693	4.003	4.310
	H			1210.8	1268.8	1322.1	1373.8	1425.3	1477.1	1529.3
	s			1.5600	1.6239	1.6767	1.7234	1.7660	1.8055	1.8425
250.0 (401.04)	v				2.150	2.426	2.688	2.943	3.193	3.440
	H				1263.3	1318.3	1371.1	1423.2	1475.3	1527.9
	s				1.5948	1.6494	1.6970	1.7401	1.7799	1.8172
300.0 (417.43)	v				1.766	2.004	2.227	2.442	2.653	2.860
	H				1257.5	1314.5	1368.3	1421.0	1473.6	1526.5
	s				1.5701	1.6266	1.6751	1.7187	1.7589	1.7964
400 (444.70)	v				1.2843	1.4760	1.6503	1.8163	1.9776	2.136
	H				1245.2	1306.6	1362.5	1416.6	1470.1	1523.6
	s				1.5282	1.5892	1.6397	1.6884	1.7252	1.7632

자료 : Keenan, J.H., Keyes, F.G., Hill, P.G. and Moore, J.G. Steam Tables-Metric Units. New York: John Wiley & Sons, Inc. (1969)

8. 표준 강철 튜브의 치수

Nominal Pipe Size (inch)	바깥지름		스케줄 번호	두께		내부지름		내부 단면적	
	inch	mm		inch	mm	inch	mm	ft^2	$m^2 \times 10^4$
1/8	0.405	10.29	40	0.068	1.73	0.269	6.83	0.00040	0.3664
			80	0.095	2.41	0.215	5.46	0.00025	0.2341
1/4	0.540	13.72	40	0.088	2.24	0.364	9.25	0.00072	0.6720
			80	0.119	3.02	0.302	7.67	0.00050	0.4620
3/8	0.675	17.15	40	0.091	2.31	0.493	12.52	0.00133	1.231
			80	0.126	3.20	0.423	10.74	0.00098	0.9059
1/2	0.840	21.34	40	0.109	2.77	0.622	15.80	0.00211	1.961
			80	0.147	3.73	0.546	13.87	0.00163	1.511
3/4	1.050	26.67	40	0.113	2.87	0.824	20.93	0.00371	3.441
			80	0.154	3.91	0.742	18.85	0.00300	2.791
1	1.315	33.40	40	0.133	3.38	1.049	26.64	0.00600	5.574
			80	0.179	4.45	0.957	24.31	0.00499	4.641
1¼	1.660	42.16	40	0.140	3.56	1.380	35.05	0.01040	9.648
			80	0.191	4.85	1.278	32.46	0.00891	8.275
1½	1.900	48.26	40	0.145	3.68	1.610	40.89	0.01414	13.13
			80	0.200	5.08	1.500	38.10	0.01225	11.40
2	2.375	60.33	40	0.154	3.91	2.067	52.50	0.02330	21.65
			80	0.218	5.54	1.939	49.25	0.02050	19.05
2½	2.875	73.03	40	0.203	5.16	2.469	62.71	0.03322	30.89
			80	0.276	7.01	2.323	59.00	0.02942	27.30
3	3.500	88.90	40	0.216	5.49	3.068	77.92	0.05130	47.69
				0.300	7.62	2.900	73.66	0.04587	42.61
3½	4.000	101.6	40	0.226	5.74	3.548	90.12	0.06870	63.79
			80	0.318	8.08	3.364	85.45	0.06170	57.35
4	4.500	114.3	40	0.237	6.02	4.026	102.3	0.08840	82.19
			80	0.337	8.56	3.826	97.18	0.07986	74.17
5	5.563	141.3	40	0.258	6.55	5.047	128.2	0.1390	129.1
			80	0.375	9.53	4.813	122.3	0.1263	117.5
6	6.625	168.3	40	0.280	7.11	6.065	154.1	0.2006	186.5
			80	0.432	10.97	5.761	146.3	0.1810	168.1
8	8.625	219.1	40	0.322	8.18	7.981	202.7	0.3474	322.7
			80	0.500	12.70	7.625	193.7	0.3171	294.7

9. 열교환기 튜브의 치수

바깥지름		BWG 번호	두께		안지름		내부 단면적	
inch	mm		inch	mm	inch	mm	ft^2	$m^2 \times 10^4$
5/8	15.88	12	0.109	2.77	0.407	10.33	0.000903	0.8381
		14	0.083	2.11	0.459	11.66	0.00115	1.068
		16	0.065	1.65	0.495	12.57	0.00134	1.241
		18	0.049	1.25	0.527	13.39	0.00151	1.408
3/4	19.05	12	0.109	2.77	0.532	13.51	0.00154	1.434
		14	0.083	2.11	0.584	14.83	0.00186	1.727
		16	0.065	1.65	0.620	15.75	0.00210	1.948
		18	0.049	1.25	0.652	16.56	0.00232	2.154
7/8	22.23	12	0.109	2.77	0.657	16.69	0.00235	2.188
		14	0.083	2.11	0.709	18.01	0.00274	2.548
		16	0.065	1.65	0.745	18.92	0.00303	2.811
		18	0.049	1.25	0.777	19.74	0.00329	3.060
1	25.40	10	0.134	3.40	0.732	18.59	0.00292	2.714
		12	0.109	2.77	0.782	19.86	0.00334	3.098
		14	0.083	2.11	0.834	21.18	0.00379	3.523
		16	0.065	1.65	0.870	22.10	0.00413	3.836
1¼	31.75	10	0.134	3.40	0.982	24.94	0.00526	4.885
		12	0.109	2.77	1.032	26.21	0.00581	5.395
		14	0.083	2.11	1.084	27.53	0.00641	5.953
		16	0.065	1.65	1.120	28.45	0.00684	6.357
1½	38.10	10	0.134	3.40	1.232	31.29	0.00828	7.690
		12	0.109	2.77	1.282	32.56	0.00896	8.326
		14	0.083	2.11	1.334	33.88	0.00971	9.015
2	50.80	10	0.134	3.40	1.732	43.99	0.0164	15.20
		12	0.109	2.77	1.782	45.26	0.0173	16.09

10. 로그 g의 함수로서의 R값

R	Log g	R	Log g	R	Log g	R	Log g
2.65	0.462	3.10	0.541	3.55	0.604	4.00	0.655
2.66	0.464	3.11	0.543	3.56	0.605	4.01	0.656
2.67	0.466	3.12	0.544	3.57	0.606	4.02	0.657
2.68	0.468	3.13	0.546	3.58	0.608	4.03	0.658
2.69	0.470	3.14	0.547	3.59	0.609	4.04	0.659
2.70	0.472	3.15	0.549	3.60	0.610	4.05	0.660
2.71	0.474	3.16	0.550	3.61	0.611	4.06	0.661
2.72	0.476	3.17	0.552	3.62	0.613	4.07	0.662
2.73	0.478	3.18	0.553	3.63	0.614	4.08	0.663
2.74	0.479	3.19	0.555	3.64	0.615	4.09	0.664
2.75	0.481	3.20	0.556	3.65	0.616	4.10	0.665
2.76	0.483	3.21	0.558	3.66	0.617	4.11	0.666
2.77	0.485	3.22	0.559	3.67	0.619	4.12	0.667
2.78	0.487	3.23	0.561	3.68	0.620	4.13	0.668
2.79	0.489	3.24	0.562	3.69	0.621	4.14	0.669
2.80	0.491	3.25	0.564	3.70	0.622	4.15	0.670
2.81	0.492	3.26	0.565	3.71	0.623	4.16	0.671
2.82	0.494	3.27	0.567	3.72	0.624	4.17	0.672
2.83	0.496	3.28	0.568	3.73	0.626	4.18	0.673
2.84	0.498	3.29	0.569	3.74	0.627	4.19	0.674
2.85	0.500	3.30	0.571	3.75	0.628	4.20	0.675
2.86	0.501	3.31	0.572	3.76	0.629	4.21	0.676
2.87	0.503	3.32	0.574	3.77	0.630	4.22	0.677
2.88	0.505	3.33	0.575	3.78	0.631	4.23	0.678
2.89	0.507	3.34	0.576	3.79	0.632	4.24	0.679
2.90	0.508	3.35	0.578	3.80	0.634	4.25	0.680
2.91	0.510	3.36	0.579	3.81	0.635	4.26	0.681
2.92	0.512	3.37	0.580	3.82	0.636	4.27	0.682
2.93	0.514	3.38	0.582	3.83	0.637	4.28	0.683
2.94	0.515	3.39	0.583	3.84	0.638	4.29	0.684
2.95	0.517	3.40	0.585	3.85	0.639	4.30	0.684
2.96	0.519	3.41	0.586	3.86	0.640	4.31	0.685
2.97	0.520	3.42	0.587	3.87	0.641	4.32	0.686
2.98	0.522	3.43	0.589	3.88	0.642	4.33	0.687
2.99	0.524	3.44	0.590	3.89	0.643	4.34	0.688
3.00	0.525	3.45	0.591	3.90	0.645	4.35	0.689
3.01	0.527	3.46	0.592	3.91	0.646	4.36	0.690
3.02	0.529	3.47	0.594	3.92	0.647	4.37	0.691
3.03	0.530	3.48	0.595	3.93	0.648	4.38	0.692
3.04	0.532	3.49	0.596	3.94	0.649	4.39	0.693
3.05	0.533	3.50	0.598	3.95	0.650	4.40	0.694
3.06	0.535	3.51	0.599	3.96	0.651	4.41	0.694
3.07	0.537	3.52	0.600	3.97	0.652	4.42	0.695
3.08	0.538	3.53	0.601	3.98	0.653	4.43	0.696
3.09	0.540	3.54	0.603	3.99	0.654	4.44	0.697

11. 오차함수Error function 도표

x	0.00	0.01	0.02	0.03	0.04	0.05	0.06	0.07	0.08	0.09
0.0	0.0000	0.0040	0.0080	0.0120	0.0160	0.199	0.0239	0.0279	0.0319	0.0359
0.1	0.0398	0.0438	0.0478	0.0517	0.0557	0.0596	0.0636	0.0675	0.0714	0.0753
0.2	0.0793	0.0832	0.0871	0.0910	0.0948	0.0987	0.1026	0.1064	0.1103	0.1151
0.3	0.1179	0.1217	0.1255	0.1293	0.1331	0.1368	0.1406	0.1443	0.1480	0.1517
0.4	0.1554	0.1591	0.1628	0.1664	0.1700	0.1736	0.1772	0.1808	0.1844	0.1879
0.5	0.1915	0.1950	0.1985	0.2019	0.2054	0.2088	0.2123	0.2157	0.2190	0.2224
0.6	0.2257	0.2291	0.2324	0.2357	0.2389	0.2422	0.2454	0.2486	0.2517	0.2549
0.7	0.2580	0.2611	0.2642	0.2673	0.2704	0.2734	0.2764	0.2794	0.2823	0.2852
0.8	0.2881	0.2910	0.2939	0.2967	0.2995	0.3023	0.3051	0.3078	0.3106	0.3133
0.9	0.3159	0.3186	0.3212	0.3238	0.3264	0.3289	0.3315	0.3340	0.3365	0.3389
1.0	0.3413	0.3438	0.3461	0.3485	0.3508	0.3531	0.3554	0.3577	0.3599	0.3621
1.1	0.3643	0.3665	0.3686	0.3708	0.3729	0.3749	0.3770	0.3790	0.3810	0.3830
1.2	0.3849	0.3869	0.3888	0.3907	0.3925	0.3944	0.3962	0.3980	0.3997	0.4015
1.3	0.4032	0.4049	0.4066	0.4082	0.4099	0.4115	0.4131	0.4147	0.4162	0.4177
1.4	0.4192	0.4207	0.4222	0.4236	0.4251	0.4265	0.4279	0.4292	0.4306	0.4316
1.5	0.4332	0.4345	0.4357	0.4370	0.4382	0.4394	0.4406	0.4418	0.4429	0.4441
1.6	0.4452	0.4463	0.4474	0.4484	0.4495	0.4505	0.4515	0.4525	0.4535	0.4545
1.7	0.4554	0.4564	0.4573	0.4582	0.4591	0.4599	0.4608	0.4616	0.4625	0.4633
1.8	0.4641	0.4649	0.4656	0.4664	0.4671	0.4678	0.4686	0.4693	0.4699	0.4706
1.9	0.4713	0.4719	0.4726	0.4732	0.4738	0.4744	0.4750	0.4756	0.4761	0.4767
2.0	0.4772	0.4778	0.4783	0.4788	0.4793	0.4798	0.4803	0.4804	0.4812	0.4817
2.1	0.4821	0.4826	0.4830	0.4834	0.4838	0.4842	0.4846	0.4850	0.4854	0.4857
2.2	0.4861	0.4864	0.4868	0.4871	0.4875	04878	0.4881	0.4884	0.4887	0.4890
2.3	0.4893	0.4895	0.4898	0.4901	0.4904	0.4906	0.4909	0.4911	0..4913	0.4916
2.4	0.4918	0.4920	0.4922	0.4925	0.4927	0.4929	0.4931	0.4932	0.4934	0.4936
2.5	0.4938	0.4940	0.4941	0.4943	0.4945	0.4946	0.4948	0.4949	0.4951	0.4952
2.6	0.4953	0.4955	0.4956	0.4957	0.4959	0.4960	0.4961	0.4962	0.4963	0.4964
2.7	0.4965	0.4966	0.4967	0.4968	0.4969	0.4970	0.4971	0.4972	0.4973	0.4974
2.8	0.4974	0.4975	0.4976	0.4977	0.4977	0.4978	0.4979	0.4979	0.4980	0.4981
2.9	0.4981	0.4982	0.4982	0.4983	0.4984	0.4984	0.4985	0.4985	0.4986	0.4986
3.0	0.4987	0.4987	0.4987	0.4988	0.4988	0.4989	0.4989	0.4989	0.4990	0.4990

x	0.0	0.2	0.4	0.6	0.8
1.0	0.3413447	0.3849303	0.4192433	0.4452007	0.4640697
2.0	0.4772499	0.4860966	0.4918025	04953388	0.4974449
3.0	0.4986501	0.4993129	0.4996631	0.4998409	0.4999277
4.0	0.4999683	0.4999867	0.4999946	0.4999979	0.4999992

*erf x는 erfc x = 1 − erf x의 관계로부터 계산한다.

연습문제
풀이와 정답

※ 본문에 풀이가 나오는 경우 생략한 풀이가 있습니다. 생략된 풀이는 본문을 참고해 주세요.

Lab 03

단위 및 단위환산

연습문제

1

$$\text{Btu} = \frac{252\ \text{cal}}{\ } \left| \frac{4.2\ \text{J}}{1\ \text{cal}} \right| \frac{1\ \text{kg}\cdot\text{m}^2}{1\ \text{J}\cdot\text{sec}} \left| \frac{1\ \text{lb}_\text{m}}{0.45\ \text{kg}} \right| \frac{1\text{ft}^2}{(0.3048\ \text{m})^2} \left| \frac{\text{lb}_\text{f}\cdot\text{sec}^2}{32.2\ \text{lb}_\text{m}\cdot\text{ft}} \right. = 786\ \text{lb}_\text{f}\cdot\text{ft}$$

2

$$14.7\ \text{lb}_\text{f}/\text{in}^2 = \text{밀도} \times \text{중력가속도} \times \text{높이}$$

$$= \frac{1\text{g}}{\text{cm}^3} \left| \frac{1\ \text{lb}_\text{m}}{450\text{g}} \right| \frac{2.54(\text{cm})^3}{1\ \text{in}^3} \left| \frac{32.2\ \text{ft}}{\text{sec}^2} \right| \frac{12\ \text{in}}{1\ \text{ft}} \left| \frac{\text{높이}}{\ } \right| \frac{\text{lb}_\text{f}\cdot\text{sec}^2}{32.2\ \text{lb}_\text{m.}\cdot\text{ft}}$$

$$\text{높이} = 33.64\ \text{ft} = 1{,}025\ \text{cm}$$

3

$$\frac{0.86\ \text{Btu}}{\text{lb}\cdot\text{F}} \left| \frac{252\ \text{cal}}{1\text{Btu}} \right| \frac{4.2\ \text{J}}{1\ \text{cal}} \left| \frac{1\ \text{lb}_\text{m}}{450\ \text{g}} \right| \frac{1.8^\circ\text{F}}{1^\circ\text{K}} = 3.6\ \frac{\text{J}}{(\text{g}\cdot{}^\circ\text{K})}$$

4

$$4\ \text{cP} = \frac{4\times 10^{-2}\ \text{g}}{\text{cm}\cdot\text{sec}} \left| \frac{1\ \text{kg}}{10^3\ \text{g}} \right| \frac{100\ \text{cm}}{1\ \text{m}} = \frac{0.004\ \text{kg}}{\text{m}\cdot\text{sec}} = \frac{0.004\ \text{N}\cdot\text{sec}}{\text{m}^2} = 0.004\ \text{Pa}\cdot\text{sec}$$

5

$$\frac{108\ \text{Btu}}{\text{ft}\cdot\text{hr}\cdot{}^\circ\text{F}} \left| \frac{252\ \text{cal}}{1\ \text{Btu}} \right| \frac{4.2\ \text{J}}{1\ \text{cal}} \left| \frac{1\ \text{hr}}{3600\ \text{sec}} \right| \frac{1\ \text{ft}}{0.3048\ \text{m}} \left| \frac{1.8^\circ\text{F}}{1^\circ\text{C}} \right. = 13.9\ \frac{\text{W}}{(\text{m}\cdot{}^\circ\text{C})}$$

6

$$\frac{400\ \text{mmHg}}{\ } \left| \frac{1033\ \text{cm}}{760\ \text{mmHg}} \right. = 543.7\ \text{cm}$$

$$\frac{400\ \text{mmHg}}{\ } \left| \frac{14.7\ \text{Psi}}{60\ \text{mmHg}} \right. = 7.74\ \text{Psi}$$

7

$$\frac{7\ \text{lb}}{\text{gal}} \left| \frac{0.45\ \text{kg}}{1\ \text{lb}} \right| \frac{1\ \text{gal}}{3.8\ \text{L}} \left| \frac{1\ \text{L}}{10^{-3}\ \text{m}^3} \right. = 829\ \frac{\text{kg}}{\text{m}^3}$$

$$\frac{0.5\ \text{Btu}}{\text{lb}_\text{m}\cdot{}^\circ\text{F}} \left| \frac{252\ \text{cal}}{1\ \text{Btu}} \right| \frac{4.2\ \text{J}}{1\ \text{cal}} \left| \frac{1\ \text{lb}_\text{m}}{0.45\ \text{kg}} \right| \frac{1.8^\circ\text{F}}{1^\circ\text{C}} = 2{,}116.8\ \frac{\text{J}}{\text{kg}\cdot{}^\circ\text{C}}$$

$$\frac{98\ \text{lb}_\text{m}}{\text{ft}\cdot\text{hr}} \left| \frac{0.45\ \text{kg}}{1\ \text{lb}_\text{m}} \right| \frac{1\ \text{ft}}{0.3048\ \text{m}} \left| \frac{1\ \text{hr}}{3600\ \text{sec}} \right. = 0.04\ \frac{\text{kg}}{\text{m}\cdot\text{sec}}$$

$$\frac{0.1\text{Btu}}{\text{hr}\cdot\text{ft}\cdot{}^\circ\text{F}} \left| \frac{252\ \text{cal}}{1\ \text{Btu}} \right| \frac{4.2\ \text{J}}{1\ \text{cal}} \left| \frac{1\ \text{hr}}{3{,}600\ \text{sec}} \right| \frac{1\ \text{ft}}{0.3048\ \text{m}} \left| \frac{1.8^\circ\text{F}}{1^\circ\text{K}} \right. = \frac{0.174\ \text{J}}{\text{m}\cdot{}^\circ\text{K}\cdot\text{sec}} = 0.174\ \frac{\text{W}}{\text{m}\cdot{}^\circ\text{K}}$$

8

$$\text{R} = \frac{1\ \text{atm}\cdot 22.4\ \text{L}}{1\text{g}_\text{mol}\ 273^\circ\text{K}} = 0.082\ \frac{\text{atm}\cdot\text{L}}{\text{mol}\cdot{}^\circ\text{K}}$$

$$\text{R} = \frac{\dfrac{14.7\ \text{lb}_\text{f}\ (12\ \text{in})^2}{\text{in}^2\ \ 1\text{ft}^2} \left| \dfrac{22414\ \text{cm}^3}{\ } \right| \dfrac{1\text{ft}^3}{(30.48\ \text{cm})^3}}{\dfrac{1\ \text{g}_\text{mol}}{\ } \left| \dfrac{1\ \text{lb}_\text{mol}}{450\ \text{g}_\text{mol}} \right| \dfrac{273^\circ\text{K}}{\ } \left| \dfrac{492^\circ\text{R}}{273^\circ\text{K}} \right.} = 1{,}543\ \frac{\text{lb}_\text{f}\cdot\text{ft}}{\text{lb}_\text{mol}\cdot{}^\circ\text{R}}$$

9 $$\text{레이놀즈수} = \frac{D \cdot v \cdot \rho}{\mu} = \frac{(m^2)(m/sec)(kg/m^3)}{kg/(m \cdot sec)} = \text{무차원}$$

10 $$\frac{23\ mmHg}{} \Big| \frac{1\ atm}{760\ mmHg} \Big| \frac{1.013 \times 10^2\ kPa}{1\ atm} = 3.066\ kPa$$

심화문제

1 $$\frac{1\ atm \times 22.4\ L}{1\ g_{mol} \times 273\ ^\circ K} = \frac{14.7\ Psi(22.4 \times 10^{-3}\ m^3) \times \dfrac{1\ ft^3}{(0.3048\ m)^3}}{\dfrac{1\ g_{mol}(1\ lb_{mol})}{(0.3048\ m)^3} \times \dfrac{273^\circ K(492^\circ R)}{273^\circ K}} = 10.63\ \frac{ft^3\ Psi}{lb_{mol}\ ^\circ R}$$

$$\frac{(1.013 \times 10^5\ Pa)(22.4\ m^3)}{(1\ kg_{mol})(273^\circ K)} = 8{,}312\ \frac{m^3\ Pa}{kg_{mol}\ ^\circ K}$$

2 $$\frac{36\ lbf \cdot ft}{ft \cdot hr \cdot {}^\circ F} \Big| \frac{1\ ft}{0.3048\ m} \Big| \frac{1\ hr}{3600\ sec} \Big| \frac{1.8^\circ F}{1^\circ C} \Big| \frac{32.2\ lb_m \cdot ft}{lb_f \cdot sec^2} \Big| \frac{0.45\ kg}{1\ lb_m} \Big| \frac{(0.3048\ m)^2}{1\ ft^2}$$

$= 0.08\ kg \cdot m/(sec^2 \cdot {}^\circ C) = 0.08\ W/(m \cdot {}^\circ C)$

$$\frac{36\ lb_f \cdot ft}{ft \cdot hr \cdot {}^\circ F} \Big| \frac{0.3048\ m}{1\ ft} \Big| \frac{32.2\ lb_m \cdot ft}{lb_f \cdot sec^2} \Big| \frac{0.45\ kg}{1\ lb_m} \Big| \frac{0.3048\ m}{1\ ft} \Big| \frac{1\ Btu}{1053\ J}$$

$= 0.046\ Btu/(ft \cdot hr \cdot {}^\circ F)$

3 $$\frac{30\ N}{m^2 \cdot {}^\circ C} \Big| \frac{1\ kg \cdot m}{N \cdot sec^2} \Big| \frac{(0.3048\ m)^2}{1\ ft^2} \Big| \frac{1\ lb_m}{0.45\ kg} \Big| \frac{1^\circ C}{1.8^\circ F} \Big| \frac{lb_f \cdot sec^2}{32.2\ lb_m \cdot ft} \Big| \frac{1\ ft}{0.3048\ m}$$

$= 0.35\ lb_f/(ft^2 \cdot {}^\circ F)$

4 $$\frac{8 \times 10^{-4}\ lb_m}{ft \cdot sec} \Big| \frac{0.45\ kg}{1\ lb_m} \Big| \frac{1ft}{0.3048\ m} = 1.18 \times 10^{-3}\ Pas \cdot sec = 1.18\ \text{c-Poise}$$

5 $h \cdot m/(J/sec \cdot m \cdot {}^\circ K) = 0.023(\text{무차원})^{0.3}[(J/(kg \cdot {}^\circ K)(kg/m \cdot sec)/(J/sec \cdot m \cdot {}^\circ K)]^{1/3}$

$h = J/(m^2 \cdot sec \cdot {}^\circ K)$

6 그라스호프수 = 무차원 = $(m)^3(kg/m^3)^2\ (m/sec^2)\ \beta\ ({}^\circ K)/(kg/m \cdot sec)^2$

$\therefore\ \beta = 1/{}^\circ K$

7 12 inHg : $13.6 \times 62.4\ lb/ft^3 \times (1\ ft/12\ in)^3 \times 12\ in \times g/g_c = 5.89$

절대압력 = $14.7 - 5.89 = 8.81\ lb_f/in^2 = 60{,}739.8\ Pa$

8 $20\ inHg \times 1.013 \times 10^5\ Pa/(29.92\ inHg) = 0.677 \times 10^5\ Pa$: 진공

절대압력 = $1.013 \times 10^5\ Pa - 0.677 \times 10^5\ Pa = 33.6\ kPa$

$3.567\ kPa \times 29.92\ inHg/101.3\ kPa = 1.054\ inHg$

진공압력 = 대기압 − 절대압력 = 29.92 − 1.054 = 28.866 inHg

Lab 04
물질수지 및 에너지 수지

연습문제

1

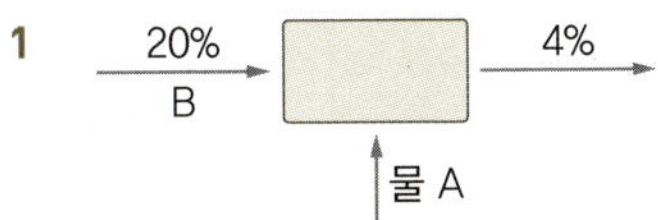

나오는 양을 1 kg으로 가정

$A+B=1$ (전체 수지)

$0.2B=0.04$ (소금의 수지)

$A=0.8$, $B=0.2$ 첨가해야 할 수분은 80%

2

$A+B=100$

$0.03A+0.4B=0.2(100)$

$A=54.05$ kg, $B=45.95$ kg

3

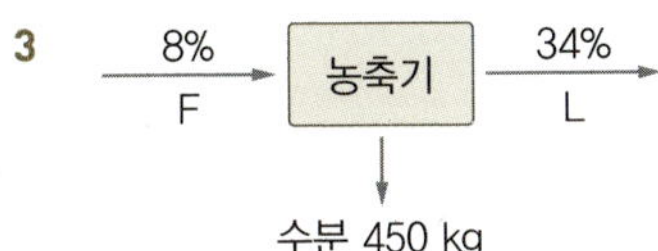

$F=L+450$

$0.08F=0+0.34L$

$F=588.46$ kg, $L=138.46$ kg

4

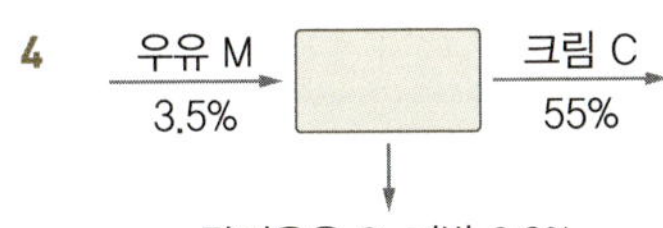

기준 : 1 kg 우유

$M=1=S+C$

$0.035=0.003S+0.55C$

$S=0.9415$ kg $=94.15\%$, $C=0.0585$ kg $=5.85\%$

5

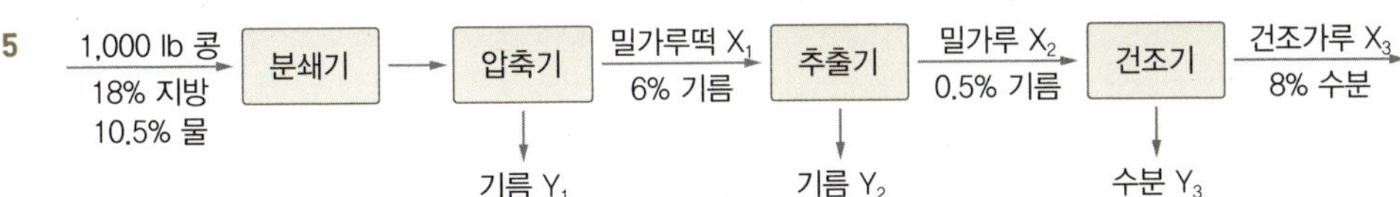

총 balance(압축기) : $1000=X_1+Y_1$

기름 수지 : $0.18(1{,}000)=0.06X_1+Y_1$

$X_1=872.3$ lb, $Y_1=127.7$ lb

총 balance(추출기) : $872.3=X_2+Y_2$

기름 수지 : $0.06(872.3)+0.005X_2+Y_2$

$X_2=824.1$ lb, $Y_2=48.2$ lb

총 balance : $1{,}000=127.7+48.2+X_3+Y_3$

수분 수지 : $0.105(1{,}000)=0.08X_3+Y_3$

$X_3=781.6$ lb, $Y_3=42.5$ lb

6

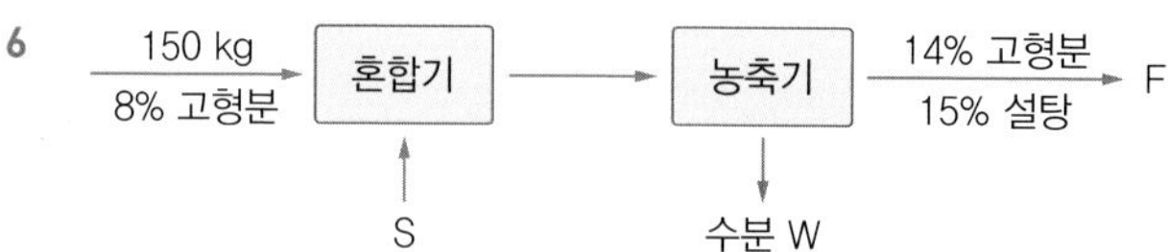

(1) $150 \times 0.08 = F \times 0.14$　　$F = 85.71$ kg

(2) $S = F \times 0.15 = 85.71 \times 0.15 = 12.86$ kg

전체 $W = 150 + 12.86 - 85.71 = 77.15$ kg

7

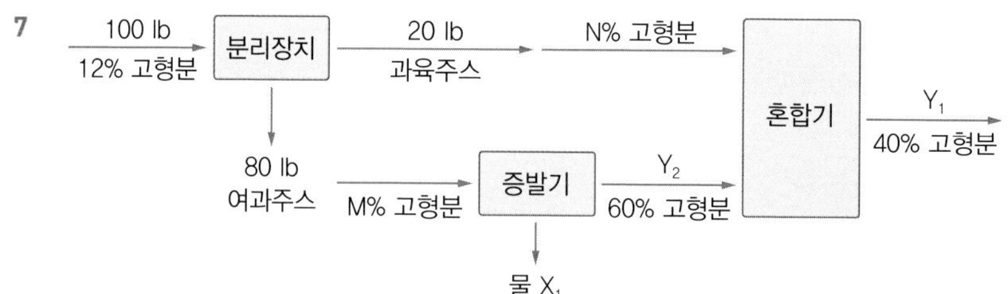

(1) 100 lb를 기준으로

Total 수지 : $100 \text{ lb} = X_1 + Y_1$

고형분 수지 : $0.12(100) = 0.X_1 + 0.4Y_1$

$X_1 = 70$ lb, $Y_1 = 30$ lb

(2)

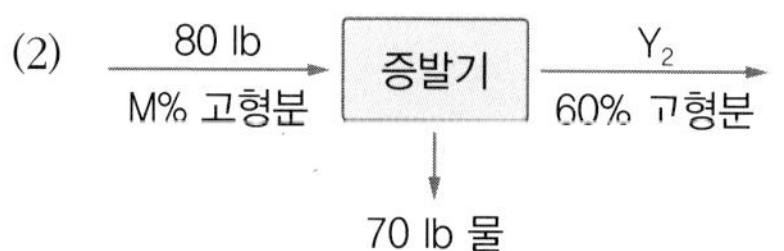

Total 수지 : $80 = 70 + Y_2$

고형분 수지 : $0.0M(80) = 0 + 0.6Y_2$

$Y_2 = 10$ lb, $M = 7.5\%$

(3)

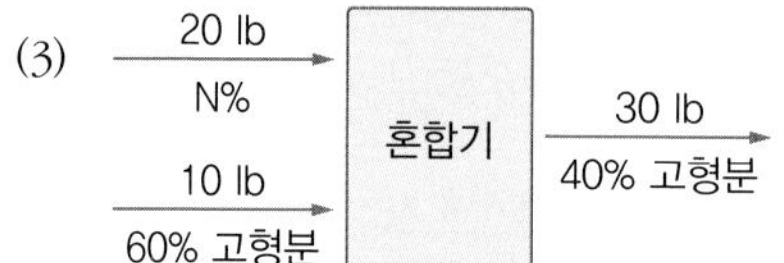

고형분 수지 : $0.0N(20) + 0.6(10) = 0.4(30)$

$N = 30\%$

연습문제

1　$Q = cm\triangle T = c'm'\triangle T'$

$8{,}000 \text{ kJ} = 4 \text{ kJ/(kg}\cdot\text{K)} \text{ (50 kg) } (T - 5^\circ\text{C})$　　$\therefore T = 45^\circ\text{C}$

2　$Q = cm\triangle T = 0.2 \text{ kg/sec} \times 4 \text{ kJ/(kg}\cdot{}^\circ\text{K)} \times (65 - 20)^\circ\text{C} = 36 \text{ kW}$

3　얻은 열량 = 잃은 열량

$3.8 \text{ kJ/(kg}\cdot{}^\circ\text{K)} \times 400 \text{ kg/3,600 sec} \times (T - 15)^\circ\text{C}$

$= 4.18 \text{ kJ/(kg}\cdot{}^\circ\text{K)} \times 0.1 \text{ kg/sec} \times (80 - 30)^\circ\text{C}$　　$\therefore T = 64.7^\circ\text{C}$

4 (1) 스팀 테이블에서 143.27 kPa의 온도는 110°C

응축 = 증발잠열 = 2,691.5 − 461.3 = 2,230.2 kJ/kg

(2) $Q = m\lambda = cm\triangle T$

$5\ kg \times 2{,}230.2 = 4 \times 50 \times \triangle T \quad \therefore\ \triangle T = 58°C$

5

313×10^3 N	kg · m	1 lb_m	0.3048 m	$lb_f \cdot sec^2$	1 ft^2
m^2	$sec^2 \cdot N$	0.45 kg	1 ft	32.2 $lb_m \cdot ft$	$(12\ in)^2$

$= 45.58\ \dfrac{lb_f}{in^2}$

Psia = Psig + 대기압 = 45.58 = Psig + 14.7

∴ Psig = 30.88 lb_f/in^2

6 248°F(120°C)에서 압력은 198.53 kPa

15 Psig	lb_f	32.2 $lb_m \cdot ft$	$(12\ in)^2$	0.45 kg	1 ft
	1 psig · in^2	$lb_f \cdot sec^2$	1 ft^2	1 lb_m	0.3048 m

= 102.685 kPa

198.53 = 102.685 + 대기압

∴ 대기압 = 95.83 kPa이므로 진공 상태를 의미

7 140°C에서 $\triangle H_{steam}$ = 2,733.9 kJ/kg

30°C에서 $\triangle H_{water}$ = 125.79 kJ/kg

∴ 제거해야 할 엔탈피 $\triangle H$ = 2,733.9 − 125.79 = 2,608.11 kJ/kg

8 (1) 1,157.1 − 198.32 = 958.78 Btu/lb

(2) 1,157.1 − 107.96 = 1,049.14 Btu/lb

9 260°F에서의 스팀 = 1167.6 × 0.8 = 934.08 Btu/lb

260°F에서의 물 = 228.76 × 0.2 = 45.75 Btu/lb

∴ (934.08 − 45.75) − 147.99 = 831.84 Btu/lb

10

20 inHg	1.013×10^2 kPa
	30 inHg

= 67.7 kPa ∴ 89°C

11 (1) 100°F ⇒ 0.9503 Psia 0.9503 = 14.7 − Vac. ∴ Vac. = 13.75 lbf/in^2

13.75 lb_f	1 atm	760 mmHg	1 cm	12 in
in^2	14.7 Psi	1 atm	10 mm	30.48 cm

= 27.99 inHg Vac.

(2)

27.99 inHg	1.013×10^2 kPa
	30 inHg

= 94.5 kPa

12 (0.7 × 1160.7) + (0.3 × 208.44) = 875 Btu/lb_m

13

250°F 수증기 X kg

100 kg, 40°F → □ → 180°F

250°F에서의 포화증기의 엔탈피 $H_v = 1164.2\ Btu/lb_m$

$$\frac{1{,}164.2\ Btu}{lb_m}\left|\frac{1{,}055\ J}{1\ Btu}\right|\frac{1\ lb_m}{0.45kg} = 2{,}729.4\ kJ/kg$$

180°F에서의 포화수분의 엔탈피 $H_w = 147.99\ Btu/lb_m$

$$\frac{147.99\ Btu}{}\left|\frac{1{,}055\ J}{1\ Btu}\right|\frac{1\ lb_m}{0.45\ kg} = 346.95\ kJ/kg$$

증기가 잃은 열량 = 식품이 얻은 열량 : $m\lambda = cm\triangle T$

$$(2{,}729.4 - 346.95)\ \frac{KJ}{kg} \times X = \frac{3.559\ kJ}{(kg \cdot {}^{\circ}K)}\left|\frac{100\ kg\ (180-40)^{\circ}F}{}\right|\frac{1^{\circ}K}{1.8^{\circ}F}$$

$\therefore$ X = 11.62 kg

14

120 kg/min, 30°C → □ → 295 kg/min, 200°C

175 kg/min, 65°C → □

X kJ/min ↑

30°C에서의 H = 125.79 kJ/kg

65°C에서의 H = 272.06 kJ/kg

200°C에서의 H = 2,793.2 kJ/kg

$120 \times 125.79 + 175 \times 272.06 + X = 295 \times 2{,}793.2$ $\therefore X = 7.6 \times 10^5$ kJ/min

15

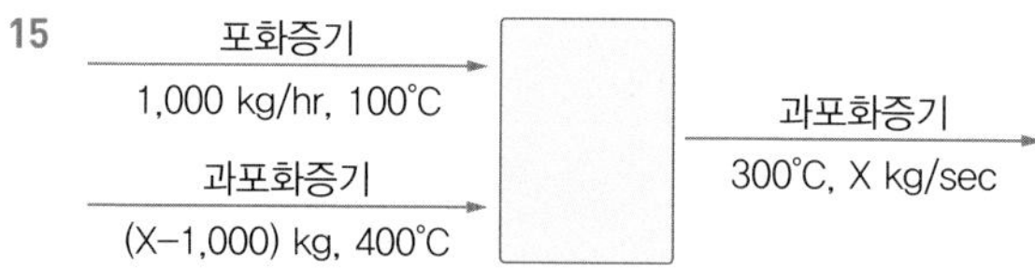

100°C 포화증기 : H = 2,676.1 kJ/kg

400°C 과포화증기 : H = 3,278.37 kJ/kg

300°C 과포화증기 : H = 3,074.3 kJ/kg

(1) $2{,}676.1 \times 1{,}000 + 3{,}278.37 \times (X - 1{,}000) = 3{,}074.3 \times X$

X = 2,951.29 kJ/kg

(2) 400°C에서의 비용적(specific volume) = 3.102 m^3/kg

400°C에서의 시간당 생성량(kg/hr) : (X − 1,000) kg/hr

1,951.29 kg/hr × 3.102 m^3/kg = 6,052.9 m^3/hr

16

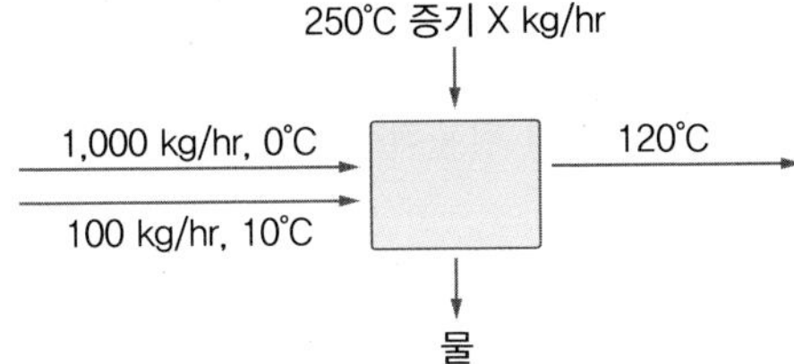

(1) 250℃에서의 비용적 = 0.05 m^3/kg　　밀도 = 20 kg/m^3

스팀히터의 용적 = $\pi r^2 h = 3.14 \times (0.6)^2 \times 1.5 = 1.7$ m^3

∴ 증기의 무게 = 1.7 m^3 × (20 kg/m^3) = 34 kg

(2) $cm\triangle T + c'm'\triangle T' = \triangle H \cdot$ (X kg/hr)

3.8 kJ/kg × 1,000 kg/hr × (120 − 0)℃ + 4.1 kJ/kg × 100kg/hr × (120 − 10)℃

= (2,801.5 − 419.04) × X kg/hr

∴ X = 210.33 kg/hr

17

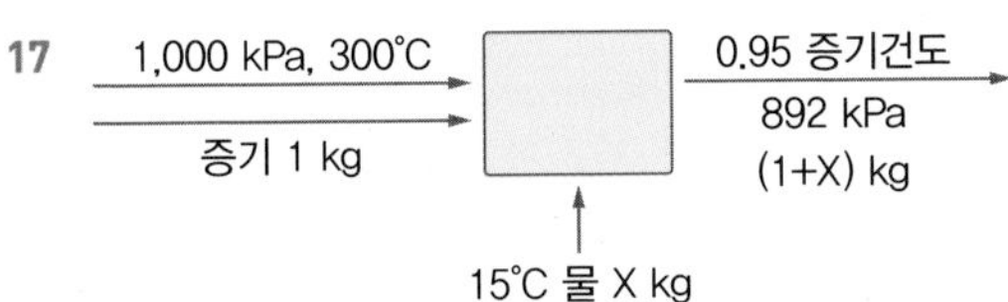

892 kPa = 175℃

0.95 증기건도의 스팀 엔탈피 H = 0.95(2,773.6) + 0.05(741.17) = 2,672 kJ/kg

300℃ 1,000 kPa 증기 = 과포화 증기 = 3,051.2 kJ/kg

3,051.2 kJ/kg × 1 kg + 62.99 kJ/kg × X kg = 2,672 kJ/kg × (1 + X) kg

X = 0.145 kg

18 $H = X(H_v) + (1 - X)H_w$

$$X = \frac{(H - H_w)}{(H_v - H_w)} = \frac{1{,}584.1 - 125.79 \times 100}{2{,}556.3 - 125.79} = 60\%$$

비용적 0.6(32.894) + 0.4(0.0010043) = 19.74 m^3/kg

심화문제

1 $P = \rho \cdot g \cdot h = 13.6\ g/cm^3 \times 981\ cm/sec^2 \times 30\ cm = 400{,}248\ dyne \cdot cm^2$

= 40.025 kPa

2 (1) $h = x \cdot h_g + (1 - x)h_{liq}$

$$x = \frac{h - h_{liq}}{h_g - h_{liq}} = \frac{1{,}584.1 - 125.79}{2{,}556.3 - 125.79} = 0.6 = 60\%$$

(2) 비용적 $= 0.6 \times 32.894 + 0.4 \times 0.0010043 = 19.74\ m^3/kg$

3 (1) $W = 부피 \times 밀도 = \frac{부피}{비용적} = \frac{\pi \cdot D^2 \cdot L}{4}$ ($\frac{1}{240^\circ F}$에서의 비용적)

$= [\frac{\pi (4\ ft)^2 (6\ ft)}{4}](\frac{1}{16.321} \frac{lb}{ft^3}) = 4.62\ lb$

(2) $Q = c \cdot m \cdot \Delta T = 8{,}100\ lb/hr \times 0.7\ Btu/(lb \cdot {}^\circ F) \times (160 - 40^\circ F) = 680{,}400\ Btu/hr$

$680{,}400 = M(1{,}160.7 \times 0.85 + 208.44 \times 0.15 - 178.14)$

$M = 810.27\ lb/hr$

4 (1) $\Delta P = (\rho_f - \rho_{주스}) \cdot h \cdot (g/g_c)$

$50 \times 10^3\ N \cdot m^2 = (1.05 \times 10^3\ kg/m^3 - \rho_{주스}) \times 0.15\ m \times 9.8\ m/sec^2$

$\rho_{주스} = 32{,}963.6\ kg/m^3$

(2) $\dot{m} = A \cdot v \cdot \rho$ 에서 $v = \frac{(4{,}000\ kg/hr)}{[\frac{\pi}{4}(3 \times 10^{-2}\ m)^2] \cdot 32{,}963.6\ kg/m^3} = 0.048\ m/sec$

5 입력 $H_v = (1{,}185.8 \times 0.9) + (290.4 \times 0.1) = 1{,}096.26\ Btu/lb$

출력 $H_v = 148\ Btu/lb$

$\Delta H = 1{,}096.26 - 148 = 948.26\ Btu/lb$

$(1{,}000\ lb/hr) \times 0.96\ Btu/lb \cdot {}^\circ F \times 90^\circ F/(948.26\ Btu/lb) = 91.1\ lb/hr$

6 $\Delta P = (P_{beer} - P_{suit}) = \rho_{beer} \cdot h \cdot (g/g_c) = 1\ atm$

$= 1.05 \times 10^3\ kg/m^3 \times 9.8\ N/kg \times 150\ m - 1.013 \times 10^5\ N/m^2 = 1{,}442.2 \times 10^3\ N/m^2$

힘 = 압력 × 면적 $= 1{,}442.2 \times 10^3\ N/m^2 \times 65\ cm^2 \times 1\ m^2/(100\ cm)^2 = 9{,}374.3\ N$

7 0.5 gal/1병 × 40병/min = 20 gal/min. $Q = Av = (\pi \cdot D^2/4)v$

20 gal	0.1337 ft³	1 min
min	1 gal	60 sec

$= (8\ ft/sec)(\pi/4)(D^2)$

$D = 0.0842\ \ ft = 1.01\ inch$

8 (1) $Q = Q' = vol./min$

(80 bottle/min)(1.5 L/1bottle) = (x bottle/min)(2 L/bottle)

x = 60병

(2) $m = A \cdot v \cdot \rho = Q_x$ 밀도

$(120\ L/min)(1.02\ g/cm^3)(10^3\ cm^3/1\ L)(1\ lb/450\ g)(60분/1\ hr) = 16{,}320\ lb/hr$

(3) $Q = A \cdot v = (120\ L/min)(10^3\ cm^3/1\ L)[(1\ ft^3/(30.48\ cm)^3](1\ min/60\ sec)$

$= (\pi \cdot D^2/4) \times 8\ ft/sec \quad D^2 = 0.0112 \quad \therefore D = 0.106\ ft$

9 1,000 kg 14% → 박피 → 920 kg 14% → 건조 → 93% 14%

박피 ↓ 8%　　건조 ↓ W

S = 140 kg, W = 860 kg

1,000 = 80 + W + P

140 = 11.2 + 0.93P　　　　P = 138.5 kg, W = 781.5 kg

$$\frac{138.5}{1,000} = 13.85\%$$

10

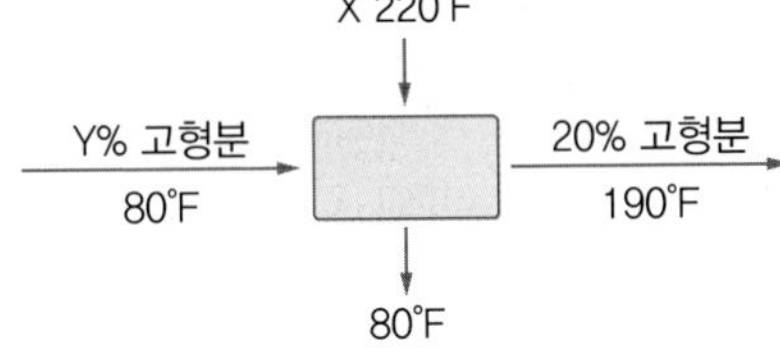

나오는 생산물을 100 lb로 가정

비열 : 0.008 × 80 + 0.2 = 0.84

(1,153 − 48)X = 0.84 × 100 × (190 − 80)　　　X = 8.362 증기

100 − 8.362 = 91.638 lb, 고형분 20 lb

$$\text{Y\% 고형분} = \frac{20}{91.638} \times 100 = 21.83\%$$

11

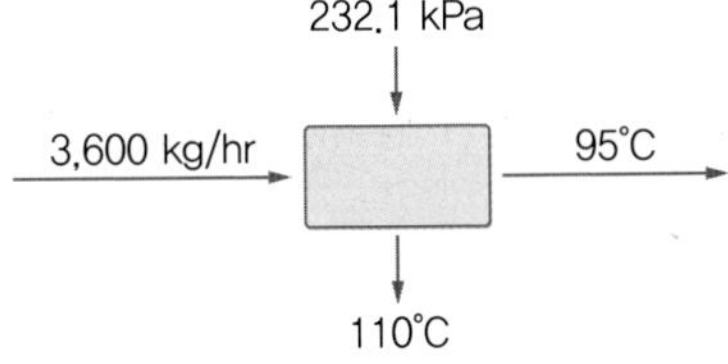

3,600 kg/hr = 1 kg/sec

1 kg/sec × 3.9 kJ/(kg · °K)(95 − 50) = X(2,713.5 − 461.30) kJ/kg

X = 0.0777 kg/sec

12 설탕 1.22X　펙틴 0.012X

과육12% S X → □ → 65% S 100 kg

↓ 수분 Y

(1) 0.12X + 1.22X + 0.012X = 65　　　X = 48.08 kg

(2) 0.012(48.08) = 0.58 kg 펙틴

(3) X + 1.22X + 0.012X − Y = 100　　　Y = 7.315 kg수분

13 F → 1차 → M → 2차 → P

W_1 W_2

F의 NaOH 양 4,000 × 0.1 = 400 kg/hr

$4{,}000 - W_1 = M$

$400 - W_1(0.1) = M(0.18)$ M = 2,222.2 kg/hr W_1 = 1,777.8 kg/hr

2차 증발기 : P = 800 kg/hr. W_2 = 1,422.2 kg/hr

14 25% $Ca(OH)_2$ 75% H_2O → 최종 슬러리

10% Na_2CO_3 90% H_2O

입구 : $Ca(OH)_2$ 몰수 : $\dfrac{100{,}000\ g \times 0.25}{74\ g/mol}$ = 338 gmol = 0.338 kgmol

H_2O kg : 100 × 0.75 = 75 kgH_2O

출구 : $Ca(OH)_2$와 Na_2CO_3는 1 : 1 결합

Na_2CO_3 0.338 kgmol = 106 × 0.338 = 35.8 kg Na_2CO_3

90% H_2O kg : $\dfrac{35.8 \times 90}{10}$ = 922.2 kg H_2O

전체 Na_2CO_3 kg = 35.8 + 322.2 = 358 kg

최종 슬러리 = 458 kg, 수분 함량 = 75 + 322.2 = 397.2 kg H_2O

NaOH : 2 × 0.338 kgmol = 0.676 kgmol = 40×0.676 = 27 kg

15 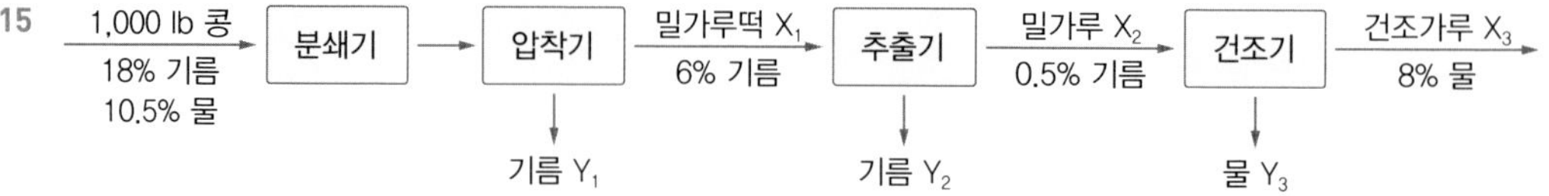

총 수지(압착기) : $1{,}000 = X_1 + Y_1$

기름 수지 : $1{,}000(0.18) = X_1(0.6) + Y_1$ $X_1 = 872.3$ $Y_1 = 127.7$

총 수지(추출기) : $872.3 = X_2 + Y_2$

기름 수지 : $872.3(0.06) = 0.005X_2 + Y_2$ $X_2 = 824.1$ $Y_2 = 48.2$

총 수지(건조기) : $1{,}000 = 127.7 + 48.2 + X_3 + Y_3$

수분 수지 : $1{,}000(0.105) = 0.08X_3 + Y_3$ $X_3 = 781.6$ $Y_3 = 42.5$

16 우유 → 2 inch 펌프 3/4 inch → 탈지 우유, 밀도 = 1.04, v_2 = ?

v_1 = 40 ft/min 3/4 inch → 크림, 밀도 = 1.01, v_3 = ?

$A_1 = \pi(2\ in/12\ ft)^2/4 = 2.18 \times 10^{-2}\ ft^2$

$A_2 = A_3 = \pi(3/4\ in/12\ ft)^2/4 = 3.07 \times 10^{-3}\ ft^2$

$\rho_1 = 1.035\ g/cm^3 \times 62.4 = 64.58\ lb/ft^3$

$\rho_2 = 64.9$, $\rho_3 = 63.02$

입량 = 출량

$m = A_1 \cdot V_1 \cdot \rho_1 = A_2 \cdot V_2 \cdot \rho_2 + A_3 \cdot V_3 \cdot \rho_3$ ………………… ①

$Q = A_1 \cdot V_1 = A_2 \cdot V_2 + A_3 \cdot V_3$………………………………… ②

$V_2 = (A_1 \cdot V_1 - A_3 \cdot V_3)/A_2$

② → ①

$A_1 \cdot V_1 \cdot \rho_1 = A_2 \cdot \rho_2 [(A_1 \cdot V_1 - A_3 \cdot V_3)/A_2] + A_3 \cdot V_3 \cdot \rho_3$

$A_1 \cdot V_1 \cdot \rho_1 = A_1 \cdot V_1 \cdot \rho_2 - A_3 \cdot V_3 \cdot \rho_2 + A_3 \cdot V_3 \cdot \rho_3$

$\therefore A_1 \cdot V_1 \cdot (\rho_1 - \rho_2) = A_3 \cdot V_3 \cdot (\rho_3 - \rho_2)$ ………………… ③

각 값을 ②와 ③식에 대입

$(2.18 \times 10^{-2}\ ft^2) \cdot (40\ ft/min) = v_2(3.07 \times 10^{-3}\ ft^2) + v_3(3.07 \times 10^{-3}\ ft^2)$

$(2.18 \times 10^{-2}\ ft^2)(40\ ft/min)(64.58 - 64.9) = v_3(3.07 \times 10^{-3}\ ft^2)(63.02 - 64.9)$

위의 식을 풀면

$v_2 = 235.7\ ft/min$, $v_3 = 48.4\ ft/min$

17

전 유 → [ ] → 탈지우유
지방 4.5% 지방 0.1%
↓
지방 X kg

탈지우유를 100 kg으로 가정

전체 질량 = 100 + X

최초 지방 함량 : (X + 0.1) kg

(X + 0.1)/(100 + X) = 0.045 X = 4.6 kg

원유의 조성 : 지방 4.5%, 수분 90.5/104.6 = 86.5%, 단백질 3.5/104.6 = 3.3%

탄수화물 5.1/104.6 = 4.9%

18 단백질 : 100 × 0.2 = 0.2(쇠고기) + 0.1(돼지고기) + 0.8(5)

지 방 : 100 × 0.2 = 0.1(쇠고기) + 0.8(돼지고기)

위 식에서 쇠고기 : 72 kg, 돼지고기 : 16 kg

수분 : 100 = 16 + 72 + 5 + 수분 함량 수분 함량 = 7 kg

19

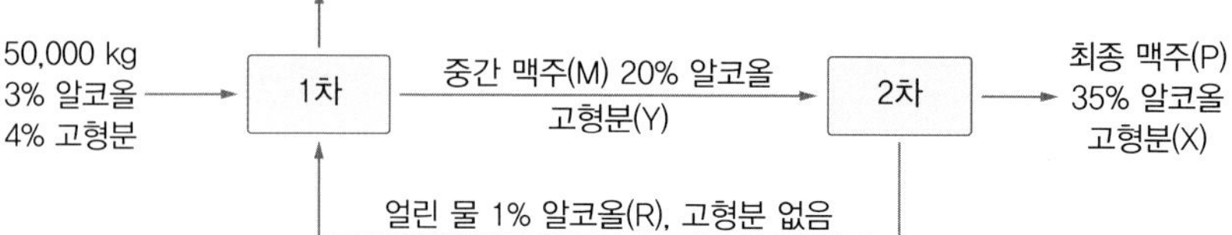

전체 수지 : $50{,}000 = I + P$

재순환 : $M = R + P$

알코올 수지 : $0.03(50{,}000) = (0.0003)I + 0.35P$

$I = 45{,}753.5$ kg/hr　$P = 4{,}246.5$ kg/hr

$0.2M = 0.35P + 0.01R$

$M = 7{,}599.1$ kg/hr　$R = 33.52$ kg/hr

고형분 수지 : $0.04(50{,}000) = 0.0003I + P \cdot X$

$M \cdot Y\% = P \cdot X\% + R \cdot 0$

$X = 46.8\%$　$Y = 26.1\%$

고형분은 I(물)에만 0.03%(= 11.7 kg/hr)가 있고 나머지는 모두 중간 맥주에 있으므로

$50{,}000 \times 0.04 - 13.7 = 1{,}986.3$ kg/hr

20

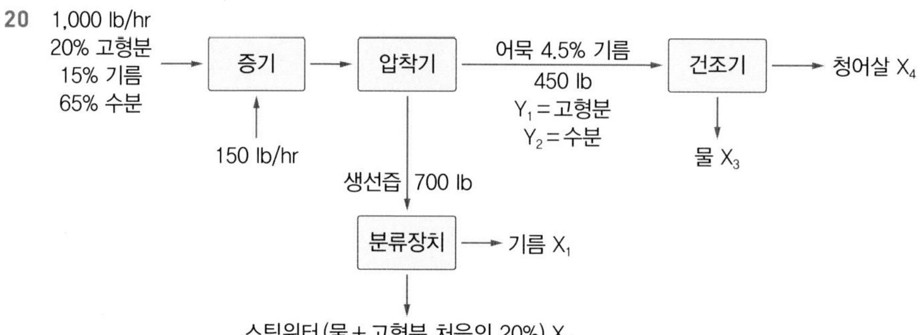

(2) 기름 : $1{,}000(0.15) = 450(0.045) + X_1$　　$X_1 = 129.75$

(3) 스틱워터 : $1{,}000 + 150 = 450 + X_1 + X_2$　　$X_2 = 570.25$

(4) 고형분 : $1{,}000(0.2) = Y_1 + 1{,}000 \times 0.2 \times 0.2$　　$Y_1 = 160$

(5) 어묵 수분 : $1{,}000(0.65) + 150 = Y_2 + 530$　　$Y_2 = 270$

(6) 생선살 : $450 = X_3 + X_4$

$450(0.6) = X_3 + 0.1X_4$　　$X_3 = 250,\quad X_4 = 200$

21

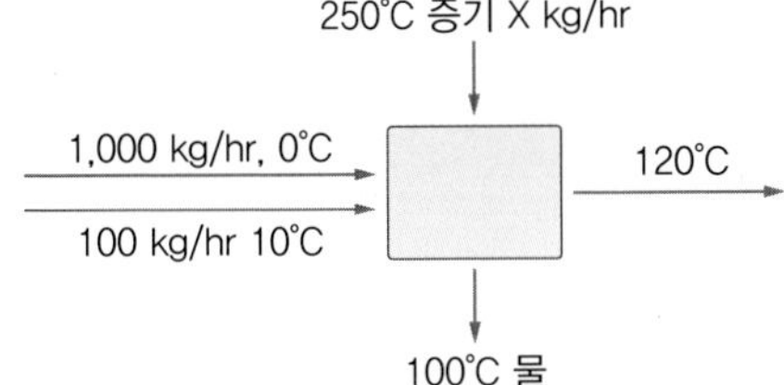

(1) 250℃에서의 비용적 = 0.05 m^3/kg　　밀도 = kg/0.05 m^3

스팀가열기의 용적 = $\pi r^2 h = 3.14 \times (0.5)^2 \times 2 = 1.57\ m^3$

∴ 증기의 무게 = 1.57 m^3 × (kg/0.05 m^3) = 31.3 kg

(2) $cm\triangle T + c'm'\triangle T' = \triangle H \cdot (X\ kg/hr)$

3.5 kJ/kg × 1,000 kg/hr × (120 − 0)℃ + 4.0 kJ/kg × 100 kg/hr × (120 − 10)℃

= (2,801.5 × 0.9 − 419.04 × 0.1) × X kg/hr

∴ X = 218 kg/hr

22 (1) 냉각장치 : 4 kJ/(kg · °K)(m)(110 − 50) = 3 kJ/(kg · °K) × 20 kg/sec × (200 − 130)

m = 17.5 kg/sec

(2) 열교환장치 : 4 × 17.5 × 60 = 20 × 3 × (T − 10)　　T = 80℃

(3) 스팀가열기 : Q_{steam} = 20 kg/sec × 3 × (200 − 80) = 7,200 kJ/sec

(4) $Q = m\Delta H$　　ΔH = (7,200 kJ/sec)/(180 kg/min) = 2,400 kJ/kg

23

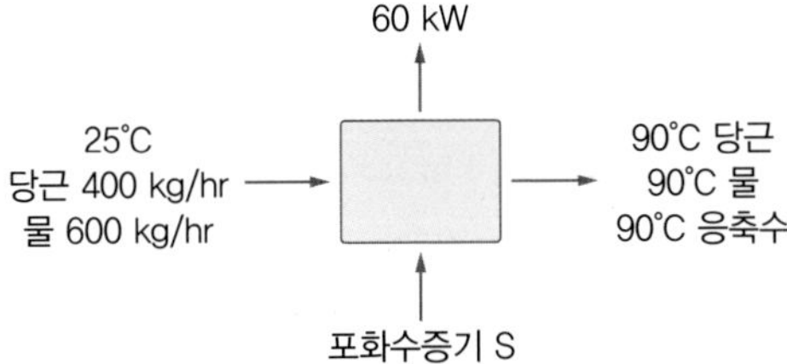

입구 : 당근의 엔탈피 + 물 엔탈피 + 포화수증기의 엔탈피

(400 kg/hr)〔4 kJ/(kg · °K)〕(25 − 0) + 600 × 104.89 kJ/kg + 2,691.5 kJ/kg × S kg/hr

출구 : (400 kg/hr)(4 kJ/kg · °K)(90 − 0) + 600 × 376.92 kJ/kg

+ 376.92 × S kg/hr + (60 kJ/sec)(3,600 sec/hr)

입구 = 출구에서 S = 208.77 kg/hr

24 $P_1 = P_o + \rho_{Hg}g(12\ inch)$　　$P_1 = P_2$

$P2 = P3 + \rho_k g(5\ inch)$　　$P_3 = P_4$

$P_4 = PA + \rho_w g(2\ inch)$

$P_o + \rho_H g(12\ \text{inch}) = \rho_k g(5\ \text{inch}) + \rho_w g(2\ \text{inch}) + PA$

$14.7\ \text{Psi} + (13.6 \times 62.4\ \text{lb/ft}^3)\ 12\ \text{in}(1\ \text{ft}/12\ \text{in})^3$

$= PA + 5 \times 62.4 \times 75 \times (1/12)^3 + 2 \times 62.4 \times (1/12)^3$

$PA = 6.97\ \text{psi}$

25 $P_{atm} + \rho_{ben} g(X + 50) = P_{atm} + \rho_{물} g(50)$

$0.9\ \text{g/cm}^3(X + 50) = 50 \qquad \therefore X = 5.56\ \text{cm}$

26

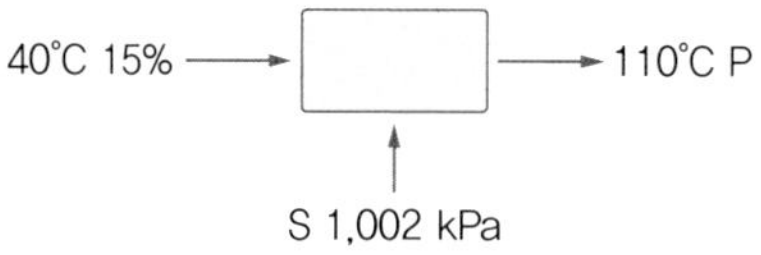

40℃ 15% → [ ] → 110℃ P

↑

S 1,002 kPa

(1) 120 kg/min = 2 kg/sec

$2 \times S = P$

$2 \times 0.15 = 0.1P \qquad P = 3\ \text{kg/sec}, \quad S = 1\ \text{kg/sec}$

(2) $3 \times 2 \times (40 - 0) + 1 \times \Delta H = 9 \times 3 \times (110 - 0) \qquad \Delta H = 2{,}730 \Rightarrow T = 140℃$

(3) $(2{,}778.2 \times X\%) + [763.22 \times (1 - X)] = 2{,}730 \qquad X = 97.6\%$

27 (1) $30 - 24.1 = 5.9$ inHg

14.7 psi : 30 inHg = x : 5.9 inHg, $\quad X - 2.891$ Psi ⇒ 140°F

(2) 증기 무게 $= \dfrac{100{,}000\ \text{Btu/hr}}{1{,}121.9 - 107.96\ \text{Btu/lb}} = 98.62\ \text{lb/hr}$

(3)

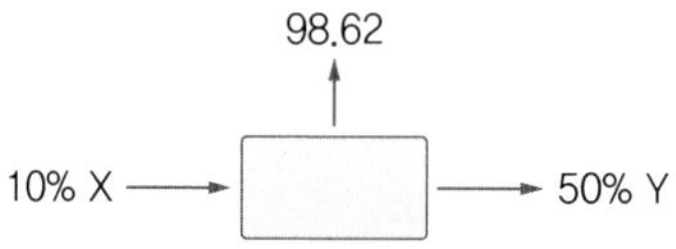

98.62

↑

10% X → [ ] → 50% Y

$X = 98.62 + Y$

$0.1X = 0.5Y \qquad X = 123.25, \quad Y = 24.65$

28 $\Delta H_{input} = (1{,}164 \times 0.85) + (218 \times 0.15) = 1{,}022\ \text{Btu/lb}$

$\Delta H_{output} = 218$

$\Delta H_{input} - \Delta H_{output} = 1{,}022 - 218 = 804\ \text{Btu/lb}$

실제로 80%가 사용 : $804 \times 0.8 = 643.2$ Btu/hr

$Q = cm\Delta T = m\Delta H$에서

$0.95\ \text{Btu/(lb} \cdot °\text{F)}m(110) = 10 \times 643.2 \qquad m = 61.6$ lb 토마토소스

29

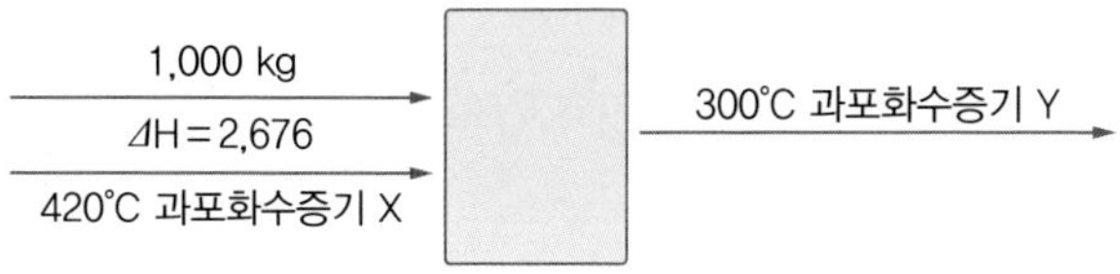

1,000 kg
ΔH = 2,676
420℃ 과포화수증기 X
300℃ 과포화수증기 Y

(1) 300℃ 과포화수증기의 엔탈피 = 3,074 kJ/kg

420℃ 과포화수증기의 엔탈피 = 3,319 kJ/kg

1,000 + X = Y

1,000 × 2,676 + X(3,319) = Y(3,074) X = 2,624, Y = 1,624 kg/hr

(2) 비용적 = 3.195 m^3/kg 1,624 kg/hr × 3.195 m^3/kg = 5,188.7 m^3/hr

30

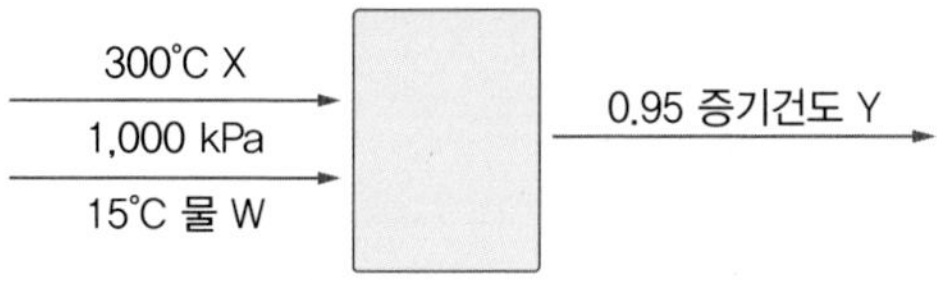

300℃ X
1,000 kPa
15℃ 물 W
0.95 증기건도 Y

1 kg을 기준으로 하면,

X + W = Y ⇒ 1 + W = Y

H_1 = 3,051.2 kJ/kg, H_2 = 62.99 kJ/kg

H_3 = 2,773.6 × 0.95 + 741.17 × 0.05 = 2,671.98 kJ/kg

(1 kg × 3,051.2) + 62.99 W = (1 + W) 2,671.98

W = 0.145 kg

31 입구 : H = (91,185 × 0.9) + (290.43 × 0.1) = 1,096.26

출구 : H = 148 Btu/lb

ΔH = 1,096.26 − 148 = 948.3 Btu/lb

사과소스 : 3,000 lb/hr × 0.96 × 90 = 259,200 Btu/hr

필요한 증기의 양 : 259,200/948.3 = 273.3 lb/hr

32 (1) $\tau = \dfrac{\Delta PR}{2L}$

(2) ΔP = 29.82 − 14.7 = 15.12 psi일 때 250℉

$\tau = \dfrac{15.12 \text{ psi} \times 2 \text{ inch}}{2 \times 10 \text{ ft} \times (12 \text{ in/ft})} = 0.126$ psi = 868 Pa

(3) m = Avρ 에서 A = $\pi(2\text{in})^2(2.54 \text{ cm/1 in})^2(1 \text{ m/100 cm}) = 8.1 \times 10^{-3} \text{ m}^2$

v = 10 ft/sec(0.3048 m/1 ft) = 3.048 m/sec

ρ = 1/spe.vol. = $[13.826 \text{ ft}^3/\text{lb})(1 \text{ lb}/0.45 \text{ kg})(0.3048 \text{ m/1 ft})^3]^{-1} = 1.15 \text{ kg/m}^3$

m = $8.1 \times 10^{-3} \text{ m}^2 \times 3.048 \text{ m/sec} \times 1.15 \text{ kg/m}^3 = 0.028$ kg/sec

(4) 250°F에서 응축 시 $\triangle H = 1{,}164 - 218.6 = 945.4$ Btu/lb

그러므로 나오는 열량은 $m \cdot \triangle H = (0.028 \text{ kg/sec})(945.4 \text{ Btu/lb})$

단위를 환산하면 62.1 kJ/sec

33 $P = \rho gh \Rightarrow 30 \text{ psig} = 62.43 \text{ lb/ft}^3 \times (1 \text{ ft}/12 \text{ in})^3 \times h_{물}$ $\quad h_{물} = 833.3$ in

$P = \rho gh \Rightarrow 30 \text{ psig} = (0.88 \times 62.43 \text{ lb/ft}^3) \times (1 \text{ ft}/12 \text{ in})^3 \times h_{물}$ $\quad h_{우유} = 943.6$ in

34 (1) $A = \pi r^2 = \pi [2 \text{ in} \times (0.0254 \text{ m}/1 \text{ in})]^2 = 8.107 \times 10^{-3} \text{ m}^2$

$v = 15 \text{ ft/sec} = 4.572 \text{ m/sec}$

$C = 1/0.8919 \text{ m}^3/\text{kg} = 1.121 \text{ kg/m}^3$

$m = Av\rho = 0.0415$ kg/sec

(2) 100°C에서 $\Delta H = 2{,}706.3 - 419.04 = 2{,}287.26$ kJ/kg

$Q = m\Delta H = 0.0415 \times 2{,}287.26 = 94.92$ kJ/sec

35 $\Delta P = 40{,}000$ Pa, 파이프의 지름 $= 2 - 0.4 = 0.016$ m, $L = 6$ m

$Q = 6 \text{ L/min} = 10^{-4} \text{ m}^3/\text{sec}$

$v = Q/(\pi D^2/4) = 10^{-4}/(\pi 0.016^2/4) = 0.498$ m/sec

$$\eta = \frac{\pi R^4 \cdot \triangle P}{8LQ} = \frac{\pi (0.008 \text{ m})^4 (40{,}000 \text{ Pa})}{8 \times 6 \text{ m} \times 10^{-4} \text{ m}^3/\text{sec}}$$

$= 0.107 \text{ Pa} = 1.07$ Poise

36 (1) 일정 힘에 대해 거리와 속도의 그래프를 그리면 선형을 보이므로 전단속도가 일정한 값이고 그 유체는 뉴턴 유체

(2) $\tau = -\eta(dv/dh)$에서 $4{,}500 \text{ dyne/cm}^2 = -\eta[(78-30)/(0-0.8)]$

$\eta = 75 \text{ g/(cm} \cdot \text{sec)} = 75 \text{ poise} = 7{,}500 \text{ c-poise} = 5.08 \text{ lb/(ft} \cdot \text{sec)}$

37 $\eta_{kinematic} = 4 \times 10^{-5} \text{ m}^2/\text{sec} = \eta_{점도} \times$ 밀도

Poiseuille 식 $Q = \pi R^4 \cdot \triangle P/(8\eta L)$에서 $\triangle P = (8\eta L)\pi R^2 \cdot v/(\pi R^4) = 32L\eta v/D^2$

$m = Av\rho$ 에서 $v = m/(A \cdot \rho) = m/(\pi D^2 \rho/4) = 4m/(\pi D^2 \cdot \rho)$이므로

$\triangle P = 32L\eta \cdot 4 \text{ m}/[D^2(\pi D^2 \rho)]$

$D^4 = 32 \times 0.5(4 \times 10^{-5})(3 \times 10^{-3})(4)/(5 \times 10^5 \times 3.14)$ $\quad D = 0.0015 \text{ m} = 0.15$ cm

38 $$\frac{\eta_{용액}}{\eta_{물}} = \frac{(\rho t)_{용액}}{(\rho t)_{물}}$$

$$\eta_{용액} = \frac{(0.01 \text{ Pa} \cdot \text{sec}) \times (0.984 \times 271)}{(1 \times 342)} = 7.8 \times 10^{-3} \text{ Pa} \cdot \text{sec}$$

40 (1) $\tau = \frac{M}{2\pi R_b^2 h} = \frac{70\ \text{dyne}\cdot\text{cm}}{2\pi\cdot 4\ \text{cm}^2\cdot 10\ \text{cm}} = 0.028\ \text{Pa}$

(2) $\eta = \frac{70\ \text{dyne}\cdot\text{cm}}{4\pi\times 10\ \text{cm}\times 30\times(2\pi/60)}\left[\frac{1}{(0.02\ \text{m})^2}-\frac{1}{(0.06\ \text{m})^2}\right]\frac{1\ \text{N}}{10^5\ \text{dyne}}$

$= 394.4\times 10^{-5}\ \text{Pa}\cdot\text{sec}$

41

길이	시간	%Y	%(a－Y)
0	0	0	100
25	5	5	95
50	10	9.5	90.5
⋮	⋮	⋮	⋮
400	80	55.2	44.8

(1) %(a－Y)와 시간의 그래프를 그리면 기울기 -0.01, 절편 4.6 $R^2 = 0.999$ 선형으로 나타나 1차 반응속도이다.

(2) 120 sec × 5 cm/sec = 600 cm

42 $\text{Ln}K_1 = \frac{2{,}140.4}{T} - 2.59$

$\text{Ln}K_2 = \frac{-3{,}744.67}{T} + 4.42$

$\frac{2{,}140.4}{T} - 2.59 = \frac{-3{,}744.67}{T} + 4.42$ $\quad T = 893.5\,^\circ\text{K}$

43 (1) $\text{Ln}(A/A_o) = -kt$에서 $\text{Ln}(10/20) = -2\times 10^{-3}\ t$ $\quad t = 346.6$초 $= 5.78$분

(2) $\text{Ln}(K_1/K_2) = Ea/R(1/T_2 - 1/T_1)$

$\text{Ln}(K_1/2\times 10^{-3}) = (20{,}000/2)(1/353 - 1/393)$

$K_1 = 0.0357\ \text{sec}^{-1}$

(3) $\text{Ln}(A/20\ \text{cal/mol}) = -0.0357\times 6\ \text{sec}$ $\quad A = 16.14\ \text{kcal/mol}$

$16.14/20 = 80.7\%$

44 LnK 대 1/T의 그래프를 그리면,

기울기 -12,019.76, 절편 37.94, $R^2 = 0.999$

$E_a/R = 12{,}019.76$에서 $E_a = 99{,}932.3\ \text{J/(K}\cdot\text{mol)}$

45 $\text{Ln}\left(\frac{K_1}{K_2}\right) = \frac{E_a}{R\left(\frac{1}{T_2} - \frac{1}{T_1}\right)}$

$\text{Ln}\left(\frac{428\times 10^{-6}}{20\times 10^{-6}}\right) = \frac{E_a}{8.314\left(\frac{1}{293} - \frac{1}{313}\right)}$

$E_a = 116{,}701$ J/mol $= 27{,}786$ cal/mol

46 $A = \pi(3\ \text{in})^2/4 = 7.07\ \text{in}^2, \quad \rho = 0.92 \times 62.3 = 57.4\ \text{lb/ft}^3$

$m = Av\rho = 7.07 \times 0.5 \times (1/144) \times 57.4 = 1.4\ \text{lb/sec}$

$A = \dfrac{1.4\ \text{lb/sec}(144)}{3\ \text{ft/sec} \cdot 57.4\ \text{lb/ft}^3} = 1.17\ \text{in}^2 = \pi(D\ \text{in})^2/4$

D = 1.22인치 이상이어야 한다.

47 레이놀즈수 = 1,500 = $Dv\rho/\eta = 2\ \text{cm} \cdot v \cdot (0.95\ \text{g/cm}^3)$에서 $v = 394.7$ cm/sec

$\Delta P = (\rho_g - \rho)(g/g_c)h$

$\Delta P = (8LQ\eta)/(\pi R4) = 32L\eta v/D^2 = 32 \times 50 \times 10^{-2} \times 1000 \times 394.7/4$

$= 1.58 \times 10^6\ \text{g/(cm} \cdot \text{sec}^2)$

$1.58 \times 10^6\ \text{g/(cm} \cdot \text{sec}^2) = (13.6 - 0.95) \times 980.1 \times$ 높이 h

h = 1.27 m

48

유량속도(cm^3/sec)	ΔP(dyne/cm^2)	τ N/m^2	dr/dv
107.5	50.99×10^{-4}	1.446×10^{-6}	7.91×10^{-5}
67.83	42.03×10^{-4}	1.329×10^{-6}	7.68×10^{-5}
50.89	33.07×10^{-4}	1.192×10^{-6}	4.99×10^{-5}
⋮	⋮	⋮	⋮

log τ 대 log(dr/dv)의 기울기 = 0.4898, 절편 = −3.840

n값과 C값을 구하면 n = 0.4898, C = 0.000145

토마토케첩은 의소성 유체(0.4898)이며 점조도 지수 = 0.000145 Nsec/m^2

Lab 05
유체의 정력학과 동력학

연습문제

1 $A \cdot V \cdot \rho = A' \cdot V' \cdot \rho' =$ 일정에서

$v_2 = D_1^2/D_2^2 \times v' = (8/1)^2 \times 1\ ft/sec = 64\ ft/sec$

베르누이식에서 $p_1/\rho_1 + v_1^2/2g_c = p_2/\rho_2 + v_2^2/2g_c$

$(30\ lb_f/in^2)(1\ ft^3/62.4\ lb_m)(12\ in/1\ ft)^2 + (1\ ft/sec)^2(1/2)(sec^2 \cdot lb_f/32.2\ ft \cdot lb_m)$

$= p_2/\rho_2 + (64\ ft/sec)^2(1/2)(sec^2 \cdot lb_f/32 \cdot 2\ ft \cdot lb_m)$

$69.2 + 0.016 = p_2/\rho_2 + 63.6$

$p_2 = (5.61\ lb_f \cdot ft/lb_m)(62.4\ lb_m/ft^3)(1\ ft/12\ in)^2$

$\therefore\ p_2 = 2.43\ psi$

2 $\Delta h \cdot g/g_c + \Delta v_2/2g_c + \Delta p/\rho = 0$ (대기압에 노출, 밀도 및 압력 동일)

$\Delta h = 5\ ft,\ \ v_1 = 0$(탱크 표면의 속도 v_1은 거의 무시할 정도로 작음)

$5g/g_c + (-v_2^2/2g_c) = 0$

$v_2^2 = 10 \cdot g$

$v_2 = (10 \times 32.2)^{1/2} = 18\ ft/sec$

3 $v_1 =$ 유량/단면적 $= (100\ gal/min)(0.1337\ ft^3/1\ gal)(1\ min/60\ sec)$

$[1/(\pi \cdot 1.5\ in^2)(144\ in^2/1\ ft^2)] = 4.54\ ft/sec$

$\Delta h \cdot g/g_c + \Delta v_2/2g_c + \Delta p/\rho = 0$ (높이 차이가 없음)

$p_1/\rho_1 + v_1^2/2g_c = p_2/\rho_2 + v_2^2/2g_c$ ·· ①

물질수지로부터 $A_1 \cdot V_1 = A_2 \cdot V_2$에서 $v_2 = A_1/A_2 \times v_1$ ················ ②

② → ①　$p_2 = p_1 + \rho_2/2g_c\ (v_1^2 - v_2^2) = p_1 + \rho_2 \cdot v_1^2/2g_c\ (1 - A_1^2/A_2^2)$

$$p_2 = 10\ psi + \frac{(62.4\ lb/ft^3)(4.54\ ft/sec)^2(1\ ft^2/144\ in^2)}{2\ (32.2\ ft \cdot lb_m/(lb_f \cdot sec^2)}\left[1 - \frac{(\pi \cdot 1.5\ in)^2}{(\pi \cdot 1\ in)^2}\right]$$

$= 9.96\ lb/in^2$

$v_2 = A_1/A_2 \times v_1 = (4.54\ ft/sec)(1.5\ in)^2/(1\ in)^2 = 10.22\ ft/sec$

유량 Q_2도 10.22 ft/sec의 속도에 2인치 단면적을 곱하면 100 gal/분

4 (1) $\Delta P = 0.1\ m$ 알코올 $= (0.8\ g/cm^3)(980\ cm/sec^2)(10\ cm) = 7{,}840\ dyn/cm^2 = 784\ Pa$

(2) $A_1 = \pi(0.6\ m)^2/4 = 0.2826\ m^2$　$V_1 = Q/A_1 = (6\ m^3/sec)/0.2826\ m^2 = 21.23\ m/sec$

(3) $\frac{P_1}{\rho_1}+\frac{v_1^2}{2g_c}=\frac{P_2}{\rho_2}+\frac{v_2^2}{2g_c}$ 에서

$$\frac{P_1-P_2}{\rho}=\frac{v_2^2-v_1^2}{2}=\frac{Q^2}{2}(\frac{1}{A_2^2}-\frac{1}{A_1^2})=\frac{v_1^2}{2}[(\frac{A_1}{A_2})^2-1]$$

(4) $\frac{784\ N/m^2}{1.246\ kg/m^3}=[\frac{(21.23\ m/sec)^2}{2}]=[(\frac{A_1}{A_2})^2-1]$

$(A_1)^2=3.792(A_2)^2$에서 $A_2=A_1/1.947$

$A_2=0.5136A_1=0.5136(0.2826)$

$A_2=\frac{\pi D^2}{4}=0.145$

$\therefore\ D_2=0.43\ m$

5 (1) $\frac{P_1}{\rho_1}+\frac{v_1^2}{2g_c}+h_1\frac{g}{g_c}=\frac{P_2}{\rho_2}+\frac{v_2^2}{2g_c}+h_2\frac{g}{g_c}$ 에서

$v_2=\sqrt{2g(h_1-h_2)}=\sqrt{2\times32.2(20\ ft)}=35.9$ ht/sec

$Q=A_2V_2=[\pi(2\ in/12)^2/4](35.9)=0.783\ ft^3/sec$

(2) $V_A=V_B=V_C=V_D$ $A_AV_A=A_2V_2$ $D_A^2V_A=D_2^2V_2$

$V_A=(D_2/D_A)^2\cdot V_2=(2\ in/4\ in)^2\times35.9=8.973$ ft/sec

$\frac{P_1}{\rho_1}+\frac{v_1^2}{2g_c}+h_1\frac{g}{g_c}=\frac{P_2}{\rho_2}+\frac{v_2^2}{2g_c}+h_2\frac{g}{g_c}$ 에서

$P_2=(h_1\quad h_2)(g/g_c)\rho+P_1-(v_2^2/2g_c)\cdot\rho$

1과 A : $P_2=23\ (ft\cdot lb_f/lb_m)\times62.4\ lbm/ft^3\times1\ ft^2/144\ in^2+14.7\ psi$

$$\frac{-8.973^2\ ft^2/sec^2\times62.4\ lb_m/ft^3}{2\times32.2\ lb_mft/lb_f\cdot sec^2}\times\frac{1\ ft^2}{144\ in^2}$$

$=24.12$ psi

1과 B : $P_B=20\ ft\times62.2\times(1/144)+14.7$

$$\frac{-8.973^2\ ft^2/sec^2\times62.4\ lb_m/ft^3}{2\times32.2\ lb_mft/lb_f\cdot sec^2}$$

$=22.82\ psi=P_D$

1과 C : $P_C=14.7-\frac{8.973^2\ ft^2/sec^2\times62.4\ lb_m/ft^3}{2\times32.2\ lb_mft/lb_f\cdot sec^2}\times\frac{1\ ft^2}{144\ in^2}$

$=14.16$ psi

6 레이놀즈수$=\frac{Dv\rho}{\eta}$에서 $v=\frac{1{,}500(50\times10^{-2})}{2\ cm\times0.95\ g/cm^3}=394.7$ cm/sec

$Q=\frac{\pi R^4\Delta P}{8L\eta}$에서 $\Delta P=\frac{8L\eta Q}{\pi R^4}=\frac{8L\eta v\pi R^2}{\pi R^4}=\frac{32L\eta v}{D^2}$

$\Delta P=32(50\times10^{-2})(1000)(394.7)/4\ cm^2=1.58\times10^6\ g/(cm\cdot sec^2)$

$\Delta P=(\rho_w-\rho)h\cdot g/g_c$에서 $h=1.58\times10^6/[(13.6-0.95)/980]=127$ cm

7 

(1) $A_1V_1 = A_2V_2$에서 $V_2 = (A_1/A_2)V_1 = (D_1/D_2)^2 \cdot V_1$

$V_2 = (0.08/0.04)^2 \times 1.6 = 6.4$ m/sec

$P_2 = (V_1^2 - V_2^2)\rho/2 + P_1 = (1.6^2 - 6.4^2)1{,}000/2 + 180 = 160.8$ kPa

(2) $V_2^2 = V_1^2 + (P_1 - P_2)/\rho$에서 $V_2^2 = 1.6^2 + 2(180 - 50)1{,}000/1{,}000 = 262.56$

$V_2 = 16.27$ m/sec

$A_1V_1 = A_2V_2$에서 $D_1^2/V_1 = D_2^2 \cdot V_2$

$D_2^2 = 0.08^2 \times 1.6/16.2 = 0.000632$ m^2

$D_2 = 0.0251$ m

8 (1)

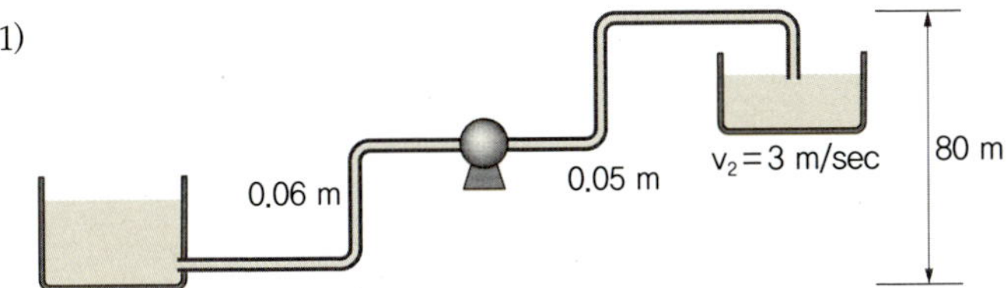

(2) 레이놀즈수 $= 0.05(3 \text{ m/sec})(1{,}000)/3 \times 10^{-4} = 5 \times 10^5$ ∴ 난류

(3) $V_s = V_d(D_2/D_1)^2 = 3 \times (0.05/0.06)^2 = 2.08$ m/sec

(4) $\frac{P_1}{\rho_1} + \frac{v_1^2}{2g_c} + h_1\frac{g}{g_c} + W_p = \frac{P_2}{\rho_2} + \frac{v_2^2}{2g_c} + h_2\frac{g}{g_c}$ 에서

$3^2/2 + 9.8 \times 80 \text{ m} = W_p \quad W_p = 788.5$ J/kg

$\dot{m} = [\pi(0.05)^2/4](3)(1{,}000) = 5.89$ kg/sec

$W_s = 788.5 \times 5.89 = 4{,}644.3$ J/sec

(5) $\frac{P_1}{\rho_1} + \frac{v_1^2}{2g_c} + h_1\frac{g}{g_c} + W_p = \frac{P_2}{\rho_2} + \frac{v_2^2}{2g_c} + h_2\frac{g}{g_c}$ 에서

$\Delta P/1000 + (3^2 - 2.08^2)/2 = W_p = 788.5$

$\Delta P = 786.2$ kPa

9 $\Delta P = \rho \cdot g \cdot h = (1000 \text{ kg/m}^3)(9.81 \text{ m/sec}^2)(0.06 \text{ m}) = 588.6 \text{ N/m}^2$

$\triangle P = (32\eta \cdot v \cdot L)/D^2$에서 $588.6 = 32(1.13 \times 10^{-3} \text{ Pa}\cdot\text{sec})v(0.3 \text{ m})/(0.002\text{m})^2$

$v = 0.217$ m/sec

$Q = \frac{\pi D^2 v}{4} = \frac{3.14(0.217)(0.002)^2}{4} = 7 \times 10^{-7} \text{ m}^3/\text{sec}$

레이놀즈수 $= \frac{D \cdot v \cdot \rho}{\eta} = \frac{(2 \times 10^{-3})(0.223)(875)}{1.13 \times 10^{-3}} = 345.3$

심화문제

1 $t = vol/Q$

$vol = \pi D^2 \cdot h/4 = (\pi 2^2)2/4 = 6.28\ m^3$

$Q = A \cdot v = (\pi D^2/4)v = [\pi(0.025)^2/4](4\ m/sec) = 1.96 \times 10^{-3}\ m^3/sec$

$\therefore\ t = 6.28/1.96 \times 10^{-3} = 3{,}204\ sec = 0.89\ hr$

2 질량 : $50{,}000\ L \times 1{,}120\ kg/m^3 = 56{,}000\ kg/7\ hr = 8{,}000\ kg/hr$

8,000 kg/hr → [ ] → 탈지우유 (8,000−X)
→ 크림 X

$8{,}000 \times 0.05 = 0.5X + (888 - X) \times 0.005$

X= 크림 = 7,273 kg/hr, 탈지우유 = 72,737 kg/hr

3 2 in 면적 = $0.022\ ft^2$, 3 in 면적 = $0.049\ ft^2$, 1.5 in 면적 = $0.0122\ ft^2$

밀도 = $0.887 \times 62.4 = 55.35\ lb/ft^3$

(1) A와 B : $m = (30\ gal/min)(0.1337\ ft^3/1\ gal)(1\ min/60\ sec)(55.35\ lb/ft^3)$

$= 3.7\ lb/sec$, C의 $m = 1.85\ lb/sec$

(2) $v = Q/A = 2.717\ ft/sec$

4 $P = P_o + \rho \cdot g \cdot h = 763\ mmHg(1.013 \times 10^5\ Pa)/(760\ mmHg) = \rho(6.57\ m)(9.8\ N/kg)$

$\therefore\ \rho = 1{,}579.5\ kg/m^3$

$\Delta P = (\rho_m - \rho_w)h_m \cdot g = (1{,}579.5 - 1{,}000)\ kg/m^3(21 \times 10^{-2}\ m)(9.8\ N/kg) = 1{,}192.6\ N/m^2$

$= 8.95\ mmHg$

5 $\Delta P = 6 \times 10^3\ Pa = 32\ \eta Lv/(g_c D^2)$

$= 32(13.2 \times 10^{-2})[(1\ kg/1{,}000\ g)(100\ cm/1\ m)(18\ m)v]/D^2$

$v = 789.1D^2\ m/sec$

레이놀즈수 $= \dfrac{789.1(D^2)(D)998}{13.2 \times 10^{-2}} = 2{,}100$

$D^3 = 3.59 \times 10^{-5} m^3$ $D = 0.033$ m보다 작아야 한다.

6 $\Delta P = (\rho_m - \rho_w)h_m \cdot g/g_c$에서 $\Delta P = (1{,}600 - 1{,}000)0.085 \times 9.8 = 499.8\ kg/m \cdot sec^2$

$= 499.8\ Pa$

Lab 07

파이프의 표면마찰

연습문제

1 $A = \frac{\pi D^2}{4} = \frac{\pi(3.5\times 10^{-2})^2}{4} = 9.6\times 10^{-4}\ m^2$

$v = \frac{Q}{면적} = \frac{(50\times 10^{-3}\ m^3/min)(1\ min/60\ sec)}{9.6\times 10^{-4}\ m^2} = 0.868\ m/sec$

$레이놀즈수 = \frac{(0.035\ m)(0.868\ m/sec)(1{,}028\ kg/m^3)}{2.12\times 10^{-3}\ kg/(m\cdot sec)}$
$= 1.47\times 10^4$

$\varepsilon/D = 0.0005\ ft(30.48\ cm/1\ ft)/3.5\ cm = 0.00435,\quad \therefore f = 0.0072$

$h_f = 4\cdot f\cdot(L/D)v^2/2g_c = 4\times 0.0072\times(200\ m)(0.868\ m/sec)^2/2 = 55.97\ m^2/sec^2$

이 마찰 손실을 보정하려면 유체 1 kg당 55.97 J의 에너지를 공급해야 한다.

유압 강하(ΔP) $= 55.97\ m^2/sec^2\times 1{,}028\ kg/m^3 = 57.5\ kN/m^2$

2 $v = \frac{(50\ L/min)(10^{-3}\ m^3/1\ L)(1\ min/60\ sec)}{\pi(0.0254)^2/4} = 1.645\ m/sec$

$레이놀즈수 = \frac{(1{,}000)(1.645)(0.0254)}{0.002} = 2.1\times 10^4$

$\varepsilon/D = 0.00015/12 = 0.0018\quad \therefore f = 0.0076$

$\triangle P/\rho = 70{,}000/1{,}000 = (2\cdot v^2\cdot L\cdot f)/D = 2(1.645)^2L(0.0076)/(0.0254)$

$L = 43.2\ m$

3 $v = Q/A = 1.533\ ft/sec$, 레이놀즈수 = 1,659 층류

$마찰\ 손실 = \frac{32\cdot v\cdot L\cdot \eta}{\rho\cdot g_c\cdot D} = \frac{32(26)(0.000677)(1.533)(1{,}000)}{(1.836\times 62.4)(32.2)(2/12)} = 8.426\ lb_f\cdot ft/lb_m$

$\frac{P_1}{\rho_1} + \frac{v_1^2}{2g_c} + h_1\frac{g}{g_c} + nW_{pump} = \frac{P_2}{\rho_2} + \frac{v_2^2}{2g_c} + h_2\frac{g}{g_c} + h_{wf}$에서

$\frac{(10-0)(144)}{1.836\times 62.4} + 10 + \frac{(1.533)^2}{2\times 32.2} + 8.426 = 0.7W_p$

$W_p = 44.3\ lb_f\cdot ft/lb_m$

$m = Q\cdot\rho = (0.006685)(1.836)(62.4)/2 = 3.83$

$Hp = 44.3\times 3.83/550 = 0.308\ hp$

심화문제

1 $v = \frac{Q}{A} = \frac{1\ L/day\times(10^{-3}\ m^3/1\ L)(1\ day/24\ hr)(1\ hr/3{,}600\ sec)}{\pi(0.2\ mm)^2(1\ m/10^3\ mm)^2} = 0.092\ m/sec$

20℃ 물의 점도 : 1.005×10^{-3} Pa·sec, 밀도 = 998.2 kg/m^3

$$\text{레이놀즈수}=\frac{0.4\times10^{-3}\times0.092\text{ m/sec}\times998.2}{1.005\times10^{-3}\text{ Pas}\cdot\text{sec}}=36.55\text{ 층류}$$

$$\therefore f=\frac{16}{\text{레이놀즈수}}=0.438$$

$$\frac{P_1}{\rho_1}+\frac{v_1^2}{2g_c}+h_1\frac{g}{g_c}+nW_{pump}=\frac{P_2}{\rho_2}+\frac{v_2^2}{2g_c}+h_2\frac{g}{g_c}+h_f$$

$$h_f=\frac{2Lv^2f}{g_cD}=\frac{2L(0.092)^2(0.438)}{0.4\times10^{-3}}=18.54\text{ L}$$

$$\frac{-100\times10^3}{998}+\frac{(0.092)^2}{2}+18.54\text{ L}=0\qquad\therefore L=5.4\text{ m}$$

2 Q = 1,000 gal/min = 2.228 ft^3/sec

$A=\pi D^2/4=\pi(2/12)^2/4=0.0218\text{ ft}^2$

$$\frac{P_1}{\rho_1}+\frac{v_1^2}{2g_c}+h_1\frac{g}{g_c}+nW_{pump}=\frac{P_2}{\rho_2}+\frac{v_2^2}{2g_c}+h_2\frac{g}{g_c}+h_f$$

$$\frac{(85+15\text{ lb}_f/\text{in}^2)144}{62.4\text{ lb}_m/\text{ft}^3}+0+0=\frac{(15\text{ lb}_f/\text{in}^2)144}{62.4\text{ lb}_m/\text{ft}^3}+10+\frac{(102.2)^2}{2\times32.2}+h_f$$

$\therefore h_f=24\text{ lb}_f\cdot\text{ft/lb}_m$

3 $$\frac{P_1}{\rho_1}+\frac{v_1^2}{2g_c}+h_1\frac{g}{g_c}+nW_{pump}=\frac{P_2}{\rho_2}+\frac{v_2^2}{2g_c}+h_2\frac{g}{g_c}+h_f$$

$v=(0.01\text{ m}^3/\text{sec})/[\pi(0.1)^2/4]=1.27\text{ m/sec}$

레이놀즈수 = $[(0.1\text{ m}\times1.27\text{ m/sec})\times1,000\text{ kg/m}^3]/(1\times10^{-3}\text{ Pa}\cdot\text{sec})=1.27\times10^5$

a. straight pipe의 마찰 손실 :

$\varepsilon/D=45.7\times10^6\text{ m}/0.1\text{ m}=0.000457\qquad\therefore f=0.005$

$h_f=2\cdot f\cdot\Delta L\cdot v^2/(D\cdot g_c)=[2\times0.0005\times58(1.27)^2]/0.1=9.355\text{ J/kg}$

b. 2 elbow의 마찰 손실 : $h_e=v_1^2/(2g_c)=2\times0.75\times1.27^2/2=1.21\text{ J/kg}$

c. 수축의 마찰 손실 : $K_c=0.55(1-A_2/A_1)=0.55\qquad h_c=0.55(1.27^2/2)=0.444$

d. 확대의 마찰 손실 : $K_e=(1-A_1/A_2)=1\qquad h_e=1(1.27^2/2)=0.806\text{ J/kg}$

총 마찰 손실 : 11.815 J/kg

$W_p=v_2^2/2+(h_2-h_1)+h_f=(1.27)^2/2+10\times9.8+11.815=111.83\text{ J/kg}$

$m=Q\cdot\rho=0.01\text{ m}^3/\text{sec}\times1,000\text{ kg/m}^3=10\text{ kg/sec}$

$W_s=W_p\text{x}m=111.83\text{ J/kg}\times10\text{ kg/sec}=1.12\text{ kW}$

$\therefore$ 50% 효율이므로 $W_s=\dfrac{1.12}{0.5}=2.24\text{ kW}$

4 (1) A−B : $nW_p = \frac{\Delta P}{\rho} + \frac{\Delta v^2}{2g_c} + \frac{\Delta h \cdot g}{g_c} + \Delta h_f$

$A = \pi(1.5 \times 10^{-2})^2/4 = 0.000177\ m^2$

$v = m/A\rho = 0.371\ kg/sec/(0.000177\ m^2)(1.92\ m/sec \times 1.09 \times 10^3\ kg/m^3)$

$= 1.92\ m/sec$

$\frac{3 \times 10^4 \times 10^3\ Pa}{1.09 \times 10^3\ kg/m^3} + \frac{(1.9)^2}{2} + (-10\ m) \times 9.8 + h_f = 0.75W_p$

$28{,}571 + 22.05 - 98 + 2f\Delta L_{eq}v^2/(D \times g_c) = 0.75\ W_p$

매끈한 관 : 레이놀즈수 = 16,522, $f = 0.07$, $L_{eq} = 15m$, $D = 0.015\ m$에서

$W_p = 380.35\ J/kg$

$m = 0.371\ kg/sec$

$W_s = 380.35 \times 0.371 = 14.1\ kW$

(2) 전체 에너지 수지를 세우면 $nW_p = \frac{\Delta P}{\rho} + \frac{\Delta v^2}{2g_c} + \frac{\Delta h \cdot g}{g_c} + \Delta h_f$

$\frac{95 \times 10^3}{1.05 \times 10^3} + \frac{(1.72)^2}{2} + 9.8(-10) + h_f = 0.75 \times 380.35$

$h_f = 28{,}532\ J/kg$

total $h_f = 2 \times 0.007 \times (1.92)^2(15 + 25 + L_{eq}) = 28{,}532$

$L_{eq} = 8{,}252.6\ m$

5 (1) $\Delta P = \rho \cdot g \cdot h = 1{,}000(9.8)(0.06) = 588\ N/m^2$

$\Delta P = 32\eta vL/D^2$에서 $588 = 32 \times 0.0013 \times v \times 0.3/(2.22 \times 10^{-3}\ m)^2$

$v = 0.267\ m/sec$

레이놀즈수 $= \frac{(2.22 \times 10^{-3}\ m)(0.267)(875)}{1.13 \times 10^{-3}} = 459$

(2) $Q = v \cdot (\pi D^2/4) = (0.267)[\pi(2.22 \times 10^{-3}\ m)^2/4] = 1 \times 10^{-6}\ m^3/sec$

(3) $f = 16/$레이놀즈수 $= 16/459 = 0.0349$

$\Delta P = 2f \cdot \rho v^2L/D = (2 \times 0.0349 \times 875 \times 0.3 \times (0.267)^2/(2.22 \times 10^{-3}\ m) = 588$

6 $v_2 = \frac{Q}{A} = (0.5 \times 10^{-3})[\frac{\pi(0.02)^2}{4}] = 1.59\ m/sec$

레이놀즈수 = $0.02(1.59)(900)/0.001 = 28{,}620$

$\varepsilon/D = 0.001$ 무디도표에서 $f = 0.007$

$h_f = \frac{2Lv^2f}{g_cD} = \frac{2(0.007)(1.59)^2(40)}{0.02} = 70.8$

$(h_1 - h_2)\ 9.81 = (1.59)^2/2 + 70.8$

$\Delta h = 7.34\ m$

7 $\frac{P_1}{\rho_1}+\frac{v_1^2}{2g_c}+h_1\frac{g}{g_c}+nW_{pump}=\frac{P_2}{\rho_2}+\frac{v_2^2}{2g_c}+h_2\frac{g}{g_c}+h_f$

$$P_{통}=\frac{v_2^2\cdot\rho}{2g_c}+\frac{g\cdot h\cdot\rho}{g_c}+\rho(\frac{2f\cdot L_{eq}\cdot v^2}{g_cD})=\frac{g\cdot\rho\cdot h}{g_c}+\frac{\rho v^2}{2g_c}(1+\frac{4f\cdot L_{eq}\cdot v^2}{D})$$

$Q=vA=\frac{\pi D^2}{4}$에서 $v=\frac{4Q}{\pi D^2}$이므로

$$P_{통}=\frac{g\cdot h\cdot\rho}{g_c}+\frac{\rho\cdot 16Q^2}{2g_c\pi^2D^4}(1+\frac{4f\cdot L_{eq}\cdot v^2}{D})=\frac{g\cdot\rho\cdot h}{g_c}+\frac{8\rho}{g_c\pi^2D^4}(1+\frac{4f\cdot L_{eq}\cdot v^2}{D})$$

8 $v=2.5$ ft/sec

레이놀즈수 $=(3/12\ ft)(2.5\ ft/sec)(52\ lb/ft^3)/(3.4\times10^{-4}\times6.77)=14{,}119.4$

$\varepsilon/D=(\frac{0.00015\ ft}{3\ in})(\frac{12\ in}{1\ ft})=0.0006$ $f=0.007$

$K_f=0.9\times2+5.6+2.6=10$ $K_c=0.4(1-A_2/A_1)=0.4$

$\therefore\ h_f=[(2.5)^2/(2\times32.2)][(4\times0.007\times450)/(3/12)+10+0.4]=5.9$

9 $\frac{P_1}{\rho_1}+\frac{v_1^2}{2g_c}+h_1\frac{g}{g_c}+nW_{pump}=\frac{P_2}{\rho_2}+\frac{v_2^2}{2g_c}+h_2\frac{g}{g_c}+h_f$에서

$v=(0.005\ m^3/sec)/[\pi(0.1023)^2/4]=0.6083$ m/sec

20°C에서 물 $\rho=0.998\ g/cm^3$, $\eta=1.005\times10^{-3}$ Pa·sec

레이놀즈수 $=(0.1023\ m\times0.6083\ m/sec\times998\ kg/m^3)/(1\times10^{-3}\ Pa\cdot sec)=6.18\times10^4$

a. 선형파이프의 마찰 손실 :

$\varepsilon/D=0.000046/0.1023\ m=0.00045$ $f=0.0054$ $\Delta L=80$ m

$h_f=2f\Delta Lv^2/(D\cdot g_c)=2\times0.0054\times80\ m\times0.6083^2/0.1023=3.125$ J/kg

b. 2 엘보의 마찰 손실 : $h_e=v_1^2/(2g_c)=2\times0.75\times0.6083^2/2=0.298$ J/kg

c. 축소에서의 마찰 손실 : $K_c=0.55(1-A_2/A_1)=0.55$ $h_c=0.55(0.6083/2)^2=0.102$

d. 확대에서의 마찰 손실 : $K_e=(10A_1/A_2)=1$ $h_e=1(0.6083/2)^2=0.185$ J/kg

총 마찰 손실 : $3.125+0.298+0.102+0.185=3.69$ J/kg

$W_p=v_2^2/2+(h_2-h_1)+h_f=0.6083^2/2+15\times9.8+3.69=150.88$ J/kg

$m=Q\cdot\rho=0.005\ m^3/sec\times998\ kg/m^3=4.99$ kg/sec

$W\times m=151.88\ J/kg\times4.99\ kg/sec=752.9$ W

10 $v=\frac{Q}{A}=\frac{0.2\ m^3/sec}{\pi(0.2)^2/4}=6.37$ m/sec

(1) 레이놀즈수 $=\frac{0.2\ m\times6.37\ m/sec\times1{,}000}{1.005\times10^{-3}\ Pa\cdot sec}=1.27\times10^6$

(2) $\frac{\varepsilon}{D}=(\frac{0.00015\ ft}{0.2\ m})(\frac{0.3048\ m}{1\ ft})=0.00023$ ∴ 마찰계수 $f=0.0036$

(3) $\frac{P_1}{\rho_1}+\frac{v_1^2}{2g_c}+h_1\frac{g}{g_c}+nW_{pump}=\frac{P_2}{\rho_2}+\frac{v_2^2}{2g_c}+h_2\frac{g}{g_c}+\frac{2f\cdot L_{eq}\cdot v^2}{D}$에서

$15\ m\times 9.8=(6.37)^2/2+3\times 9.8+[2\times 0.0036\cdot L_{eq}\ (6.37)^2]/0.2$

전체 $L_{eq}=66.42$이고 이보다 작아야 $Q=0.2\ m^3/sec$를 유지.

(4) 3개 90° 엘보 : $L_{eq}/D=35$ $\quad L_{eq}=35\times 0.2\ m\times 3=21\ m$

1개 45° 엘보 : $L_{eq}/D=17$ $\quad L_{eq}=17\times 0.2=3.4\ m$

1개 글로브 밸브 : $L_{eq}/D=300$ $\quad L_{eq}=300\times 0.2=60\ m$

이음쇠에 의한 $L_{eq}=84.4\ m$

(5) $L_{eq}=9\times 0.20\ m=1.8\ m$ $\quad$ 총 $L_{eq}=1.8+21+3.4=26.2\ m$

$\therefore\ 66.42-26.2=40.22\ m$ 필요

11 (1) a. $v^2/2g_c=0$

b. $v_1=\frac{1.2\ lb/sec}{(1\times 62.4)\times[\frac{\pi(1)^2}{4}](\frac{1\ ft}{12\ in})^2}=3.527\ ft/sec$

$\frac{v_1^2}{2g_c}=\frac{3.5272}{2\times 32.2}=0.193\ lb_f\cdot ft/lb_m$

동력$=0.193\times 1.2=0.2316\ lb_f\cdot ft/sec$

c. $v_2=\frac{1.2\ lb/sec}{(1\times 62.4)\times[\frac{\pi(1.5)^2}{4}](\frac{1\ ft}{12\ in})^2}=1.568\ ft/sec$

동력$=1.568^2/(2\times 32.2)\times 1.2=0.046\ lb_f\cdot ft/sec$

d. b와 같음

(2) a. $1\ lb_f/lb_m\times 24\ in(1\ ft/12\ in)=2$, 동력$=2\times 1.2=2.4\ lb_f\cdot ft/sec$

b. $=0$

c. $=0$

d. $10\times(1/12)\times 1.2=1\ lb_f\cdot ft/sec$

(3) a. $\frac{P_1}{\rho_1}+\frac{v_1^2}{2g_c}+h_1\frac{g}{g_c}=\frac{P_2}{\rho_2}+\frac{v_2^2}{2g_c}+h_2\frac{g}{g_c}$

$\frac{P_1}{1\times 62.4}+\frac{30}{12}=\frac{P_2}{1\times 62.4}+\frac{3.527^2}{2\times 32.2}$

$P_2-P_1=143.95\ lb_f/ft^2\simeq 1\ psi$

펌프 입구 압력 $p_2=14.7+1=15.7\ psi$

b. $\frac{P_1}{\rho_1}+\frac{v_1^2}{2g_c}+h_1\frac{g}{g_c}=\frac{P_2}{\rho_2}+\frac{v_2^2}{2g_c}+h_2\frac{g}{g_c}$

$\frac{P_1}{1\times 62.4}+\frac{1.568^2}{2\times 32.2}=\frac{P_2}{1\times 62.4}+\frac{3.527^2}{2\times 32.2}+\frac{10}{12}$

$(P_1-14.7)/62.4=0.988$ $\quad P_1-14.7=0.428\ lb_f/in^2$ $\quad P_1=15.128\ psi$

(4) $nW_p = \frac{\Delta P}{\rho} + \frac{\Delta v^2}{2g_c} + \frac{\Delta h \cdot g}{g_c}$에서

$0.6W_p = (3.527^2 - 0)/(2 \times 32.2) + (10 - 30)(1/12)$ $W_p = -2.456\ lb_f \cdot ft/lb_m$

$hp = -2.456 \times 1.2\ lb/sec/550 = -0.005\ hp$

(5) $nW_p = \frac{\Delta v^2}{2g_c} + \frac{\Delta h \cdot g}{g_c} + \Delta h_f$에서

$0.6W_p = 3.527^2/(2 \times 32.2) + (10 - 30)1/12 + 30$

$W_p = 47.544 \times 1.2/550 = 0.104\ hp$

12 (1) $v = \frac{Q}{A} = (4/\pi)(60\ gal/min)(231\ in^3/gal)(1\ ft/12\ in)(1\ min/60\ sec)(1/1.87\ in)^2 = 7\ ft/sec$

레이놀즈수 $= (1.87\ in)(7\ ft/sec)(9.8\ lb/gal)(1\ gal/3785.4\ cm^3)(30.48\ cm/1\ ft)^2$

$(0.54\ cm/1\ in)/0.004\ (lb/ft \cdot sec) = 19{,}992 \fallingdotseq 20{,}000$이므로 난류이다.

(2) 레이놀즈수 = 20,000, $\varepsilon/D = (0.00015\ ft/1.87\ in)(12\ in/1\ ft) = 0.00096$ $\therefore f = 0.007$

$L = 150\ ft + 3\ elbow(= 4\ ft/elbow) = 162\ ft$

$h_f = \frac{2f \cdot L \cdot v^2}{g_c D} = \frac{2(0.007)(162\ ft)(7\ ft/sec)^2}{(32.2 \times 1.87\ in)(1\ ft/12\ in)}$

$= 22.14\ lb_f \cdot ft/lb_m$

(3) $\frac{P_1}{\rho_1} + \frac{v_1^2}{2g_c} + h_1 \frac{g}{g_c} + nW_{pump} = \frac{P_2}{\rho_2} + \frac{v_2^2}{2g_c} + h_2 \frac{g}{g_c} + h_{wf}$에서

$W_p = 9/12 + 7^2/(2 \times 32.2) + 22.14 = 23.65\ lb_f \cdot ft/lb_m$

13 $v = Q/A = (4/\pi)(60\ gal/min)(231\ in^3/gal)(1\ ft/12\ in)(1\ min/60\ sec)(1/1.87\ in)^2$

$= 7\ ft/sec$

레이놀즈수 $= \frac{(1.87\ in)(7\ ft/sec)(9.85\ lb/gal)(1\ gal/231\ in^3)(12\ in/1ft)^2}{0.004\ lb/(ft \cdot sec)}$

$= 20{,}000$

$\varepsilon/D = (0.00015\ ft/1.87\ in)(12\ in/1\ ft) = 0.00096$ $\therefore f = 0.0085$

$h_f = \frac{2f \cdot L \cdot v^2}{g_c D} = \frac{2(0.0085)(162\ ft)(7\ ft/sec)^2}{(32.2 \times 1.87\ in)(1\ ft/12\ in)}$

$= 26.9\ lb_f \cdot ft/lb_m$

$\frac{P_1}{\rho_1} + \frac{v_1^2}{2g_c} + h_1 \frac{g}{g_c} + nW_{pump} = \frac{P_2}{\rho_2} + \frac{v_2^2}{2g_c} + h_2 \frac{g}{g_c} + h_f$에서

$W_p = 9/12 + 72/(2 \times 32.2) + 26.9 = 28.4\ lb_f \cdot ft/lb_m$

$m = (60\ gal/min)(9.85\ lb/gal) = 591\ lb/min$

$W_s = m \cdot W_p = 279.74\ lb_f \cdot ft/sec = 0.51\ hp$

$\therefore$ 1 hp는 충분하다.

14 $$\frac{P_{atm}}{\rho_1}+\cancel{\frac{v_1^2}{2g_c}}+h_1\frac{g}{g_c}+nW_{pump}=\frac{P_1}{\rho_2}+\frac{v_2^2}{2g_c}+\cancel{h_2\frac{g}{g_c}}+\frac{2fLv^2}{D}$$

레이놀즈수 $= 0.05\times 8\times 1{,}300/0.06 = 8{,}606$, $f = 0.008$

$P_{atm}/1{,}300 + 3\ \text{m}\times 9.8 + 0.73\times 20{,}000\ \text{J/sec} = P_1/1{,}300 + 8^2/2 + 2\times 6.5\times 8^2\times 0.008/0.05$

$(P_1 - P_{atm})/1{,}300 = 579.3\ \text{Pa}$ $(P_1 - P_{atm}) = 753{,}090\ \text{Pa}$

$P_1 = 854.4\ \text{kPa} = P_2$

두 펌프 사이에서의 베르누이 식은 다음과 같다.

$$\cancel{nW_p}=\frac{\Delta P}{\rho}+\cancel{\frac{\Delta v^2}{2g_c}}+\cancel{\frac{\Delta h\,g}{g_c}}+\frac{2\cdot f\cdot L_{eq}v^2}{g_cD}$$ 에서

$(854.4 - 387)\times 10^3/1{,}300 = 2\times 0.008\times L_{eq} = 8^2/0.05$

$L_{eq} = 17.6\ \text{m}$

15 비용/년 = 동력비용 + 초기 비용/40년

a. 동력비용 : (50원/kW·hr)(365×24 hr/1 yr) = 438,000원/(yr·kW·hr) × P

$$\cancel{\frac{P_1}{\rho_1}}+\cancel{\frac{v_1^2}{2g_c}}+\cancel{h_1\frac{g}{g_c}}+nW_{pump}=\cancel{\frac{P_2}{\rho_2}}+\cancel{\frac{v_2^2}{2g_c}}+h_2\frac{g}{g_c}+h_f$$

$nW_p = h_2g/g_c + h_f$

동력 $W_s = (175 + h_f)m.\ 1\ \text{hp}/(n\cdot 550\ \text{lb}_f\cdot\text{ft/sec})\ (0.7457\ \text{kW}/1\ \text{hp})$

$m = (3{,}000{,}000\ \text{gal}/24\ \text{hr})(0.1337\ \text{ft}^3/1\ \text{gal})(1\ \text{hr}/3{,}600\ \text{sec})(63\ \text{lb/ft}^3) = 292.5\ \text{lb/sec}$

동력비용 $= (175 + h_f)(292.5\ \text{lb/sec})1\ \text{hp}(0.7457\ \text{kW}/1\ \text{hp})\times \left[\frac{438{,}000\text{원}/(\text{kW}\cdot\text{yr})}{0.8\times 550}\right]$

$= 219{,}746(175 + h_f)$원/yr

b. 초기 비용 : 길이 = 2 mile = 10,499 ft

총 비용/yr = $219{,}746(175 + h_f) + 10{,}499$ ft(X원)/ft/40 yr

10인치 관 : $v = Q/A = 8.516$ ft/sec, 레이놀즈수 $= 4.3\times 10^5$, $\varepsilon/D = 0.00018$

$f = 0.0039$

$$h_f=\frac{2f\cdot L\cdot v^2}{g_cD}=\frac{2(0.0039)(10{,}499\ \text{ft})(8.516)^2}{10\times 2\times 32.2/12}=221.3$$

총비용/yr = 219,746 (175 + 221.3) + 10,499 ft(80원)/ft/40 yr

$= 8.7\times 10^7$원/yr

12인치 관 : $v = Q/A = 5.91$ ft/sec, 레이놀즈수 $= 3.58\times 10^5$, $\varepsilon/D = 0.00015$

$f = 0.0039$

$$h_f=\frac{2f\cdot L\cdot v^2}{g_cD}=\frac{2(0.0039)(10{,}499\ \text{ft})(5.91)^2}{10\times 32.2/12}=88.83$$

총비용/yr = 219,746 (175 + 88.83) + 10,499 ft(120원)/ft/40 yr

$= 5.8\times 10^7$원/yr

그러므로 12인치 관이 더 경제적이다.

16 (1) L = 175 ft, Q = 275 gal/min = 0.61 ft^3/sec

$$\frac{P_1}{\rho_1}+\frac{v_1^2}{2g_c}+h_1\frac{g}{g_c}+nW_{pump}=\frac{P_2}{\rho_2}+\frac{v_2^2}{2g_c}+h_2\frac{g}{g_c}+h_f$$

50 $lb_f/in^2(144\ in^2/ft^2)/(62.4\ lb_m/ft)+0.231$

$= 15\ lb_f/in^2(144\ in^2/ft^2)/(62.4)+2^2+h_f$

$h_f = 59\ lb_f \cdot ft/lb_m$

(2) $v = Q/[\pi(D)^2/4] = (0.61\ ft^3/sec)/[\pi(D)^2/4] = 0.778/D^2$

$v = 0.778/D^2$ 또는 $v^2 = 0.604/D^4$

(3) $h_f = 59 = \frac{2f \cdot L \cdot v^2}{g_c D} = \frac{2f \cdot (0.777/D^2)^2 \cdot 175\ ft}{32.2D}$

$[2fL/(g_c D)](0.604/D^4) = 5.9$ $f/D^5 = 8.987$

(4) 레이놀즈수 = D · v(62.4)/0.000672 = 92,857 Dv

(5)~(7) 2.64 inch (0.220 ft) 파이프가 적절한 지름

호칭 치수(in)	파이프 지름(ft)	v	레이놀즈수	ε/D	마찰계수 f	D^5	f/D^5
2	0.172	26.3	420000	0.0087	0.0049	15.1×10^{-5}	32.5
2.5	0.206	18.3	350000	0.0048	0.0048	371×10^{-5}	12.9
3	0.265	11.9	281000	0.0006	0.0047	108×10^{-5}	4.35
	0.220	16.05	328000	0.00068	0.00475	51.5×10^{-5}	9.2

17 $Q = 50\ L/min = 8.33\times10^{-4}\ m^3/sec$

$A = 5.067\times10^{-4}\ m^2$

$v = Q/A = 1.645\ m/sec$

레이놀즈수 = $(0.0254\times1.645\times1{,}000)/(2\times10^{-3}) = 2.09\times10^4$

$\varepsilon/D = (0.00015)(12) = 0.0018$ $\therefore f = 0.0074$

$\Delta P/\rho = 70\times10^3/1{,}000 = 2\times1.645^2\times L\times0.0074/(0.0254)$

$L = 44.4\ m$

18 4 inch 파이프 ⇒ $A = 0.087\ ft^2$ $v = 2.53\ ft/sec$

2 inch 파이프 ⇒ $A = 0.022\ ft^2$ $v = 10\ ft/sec$

4 in에서의 마찰 손실 : 레이놀즈수 = $(0.333)(2.53)(62.4)/2.33\times10^{-4} = 2.26\times10^5$

$\varepsilon/D = 0.00015/0.333 = 0.00045$ $\therefore f = 0.0047$

$h_f = 2(2.53)^2(0.00047)(20)/(2\times32.2\times0.333) = 0.112\ lb_f\cdot ft/lb_m$

2 in에서의 마찰 손실 : 레이놀즈수 = $(0.167)(10)(62.4)/2.33\times10^{-4} = 4.47\times10^5$

$\varepsilon/D = 0.00015/0.167 = 0.00089$ $\therefore f = 0.0048$

$h_f = 2(10)^2(0.00048)(185)/(2\times32.2\times0.167) = 33\ lb_f\cdot ft/lb_m$

4 in 엘보 : $0.75\times(v^2/2g_c)=0.75(2.53)^2/(2\times 32.2)=0.075$

2 in 엘보 : $0.75\times(v^2/2g_c)=0.75(2)(10)^2/(2\times 32.2)=2.33$

4 in에서 2 in로 수축 : $0.4=(v^2/2g_c)=0.4(10)^2/(2\times 32.2)=0.62\ lb_f\cdot ft/lb_m$

총 마찰 손실 $=36.137\ lb_f\cdot ft/lb_m$

$$\frac{P_1}{\rho_1}+\frac{v_1^2}{2g_c}+h_1\frac{g}{g_c}+nW_{pump}=\frac{P_2}{\rho_2}+\frac{v_2^2}{2g_c}+h_2\frac{g}{g_c}+h_f$$

$(h_1-h_2)g/g_c=$ 높이 $H=10^2/(2\times 32.2)+36.137=37.69\ lb_f\cdot ft/lb_m$

높이 $H=37.69$ ft

19 $PV=WRT/M$ $\rho=W/V=PM/RT=(29\times 1\ atm)/(0.082\times 293)=1.2\ kg/m^3$

$\Delta P=(20/100)(100-1.2)(9.81)=1.96\times 10^3$ Pa

$$v=\sqrt{\frac{2\times 1.96\times 10^3}{1.2}}=57.15\ m/sec$$

20 (1) $\beta=6/15=0.4$. 수은 밀도 $=13{,}600\ kg/m^3$, 기름 밀도 $=878\ kg/m^3$

$$v=\frac{C}{\sqrt{1-\beta^4}}\sqrt{\frac{2g\cdot h_m(\rho_m-\rho)}{\rho}}=\frac{0.61}{\sqrt{1-0.1^4}}\sqrt{2\times 9.8\times\left(\frac{13{,}600}{878}-1\right)\times 0.1}=3.29\ m/sec$$

$$\text{레이놀즈수}=\frac{(0.06)(3.29)(878)}{4.1\times 10^{-3}}\times 10^{-3}=42{,}272 \qquad \therefore \text{난류}$$

(2) $m=Av\rho=[\pi(0.06)^2/4]\times 3.29\times 878=8.17\ kg/sec$

21 (1) $P_a-P_b=\dfrac{g\cdot h_m(\rho_m-\rho)}{g_c}$ $v=\dfrac{C}{\sqrt{1-\beta^4}}\sqrt{\dfrac{2g_c(P_a-P_b)}{\rho}}$

$$\therefore v=\frac{C}{\sqrt{1-\beta^4}}\sqrt{\frac{2g\cdot h_m(\rho_m-\rho)}{\rho}}=\frac{0.6}{\sqrt{1-0.1^4}}\sqrt{\frac{2\times 32.2\times 1.5/12\times(1.1-1)}{62.4}}=0.54$$

(2) $A=\pi D^2/4=\pi(0.1)^2/144/4=5.45\times 10^{-5}\ ft^2$

$Q=vA=0.54\ ft/sec\times 5.45\times 10^{-5}\ ft^2)=3\times 10^{-5}\ ft^3/sec$

$\therefore$ 마찰 손실 $=\Delta P/\rho$ 에서 $[(P_a-P_b)/\rho]\,(Q\cdot\rho)/550=(0.78\ lb_f/ft^2\times 3\times 10^{-5}\ ft^3/sec)/550$

$=4.17\times 10^{-8}$ hp

Lab 11
열전도도 측정

연습문제

1 (1) $Q = \dfrac{A\Delta T}{(\dfrac{x_1}{k_1}+\dfrac{x_2}{k_2}+\dfrac{x_3}{k_3})} = \dfrac{100(80-20)}{(\dfrac{3/12}{0.04}+\dfrac{1/12}{0.05}+\dfrac{1/12}{0.02})} = 496.4\dfrac{Btu}{hr}$

(2) $1\ kW = \dfrac{50원 \mid 24\ hr \mid 30일}{hr \mid 1\ day \mid 1\ month} = 36{,}000원$

$\dfrac{496.4\ Btu \mid 252\ cal \mid 4.2\ J \mid 1\ hr}{hr \mid 1\ Btu \mid 1\ cal \mid 3{,}600\ sec} = 145.94\ J/sec = 0.1459\ kW$

∴ 5,252원

(3) $496.4 = \dfrac{0.04\times 100\ ft^2 \times \triangle T}{3\times 1/12}$

$\triangle T = 31 = T - 20 \quad \therefore T = 51°F$

(4)

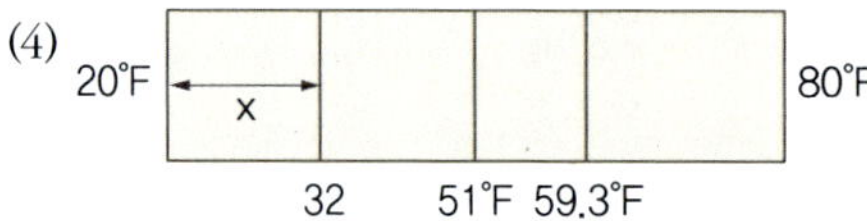

$496.4 = (32-20)\times 100\times 0.04/(x/12) \qquad x = 1.16\ inch$

(5)

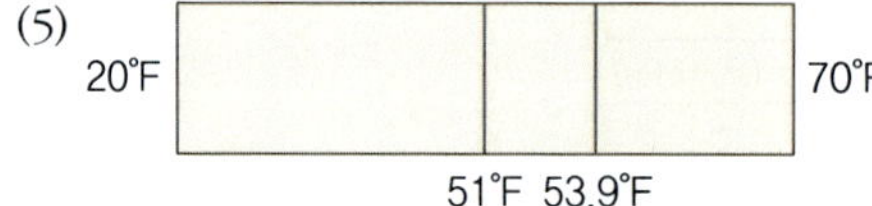

$496.4 = (70-59.3)\times 100\times 0.02/(x/12) \qquad x = 0.517\ inch$

2

300°K	K=0.8	K=0.04	K=0.15	250°K
	70 mm	100 mm	12 mm	

(1) $Q = UA\triangle T$에서

$\dfrac{1}{U} = \dfrac{x_1}{k_1}+\dfrac{x_2}{k_2}+\dfrac{x_3}{k_3} = \dfrac{12\times 10^{-3}}{0.15}+\dfrac{100\times 10^{-3}}{0.04}+\dfrac{70\times 10^{-3}}{0.8}$

$U = 0.395\ W/(m^2\cdot °K)$

$Q/A = 0.395\ W/(m^2\cdot °K)\times 50°K = 18.75\ W/m^2$

(2) $18.75 = (0.15)(T-259)/(12\times 10^{-3}) \qquad T = 251.5°K$

(3) $18.75 - (273-251.5)\times 0.04/x \qquad$ x = 코르크 오른쪽으로부터 45.86 mm

3 (1)$A_{lm} = \dfrac{0.2199 - 0.1571}{\ln(\dfrac{0.2199}{0.1571})} = 0.1867$

$$\frac{Q}{L} = \frac{k \cdot A_m \cdot \Delta T}{\Delta r} = \frac{50 \times 0.1867 \times 0.5}{0.01} = 466.6\ \frac{W}{m}$$

(2) $r = 0.025 \quad r_2 = 0.035 \quad r_3 = 0.065 \quad k_1 = 50 \quad k_2 = 0.2$

$A_1 = 2\pi L r_1 = 0.1571\ m^2 \quad A_2 = 0.2199\ m^2 \quad A_3 = 0.4084\ m^2$

$A_{lm} = 0.1867 \quad A'_{lm} = 0.3045$

$$Q = \frac{70 - 25}{(\dfrac{0.035 - 0.025}{50 \times 0.1867}) + (\dfrac{0.065 - 0.035}{0.2 \times 0.3045})} = 91.15$$

4

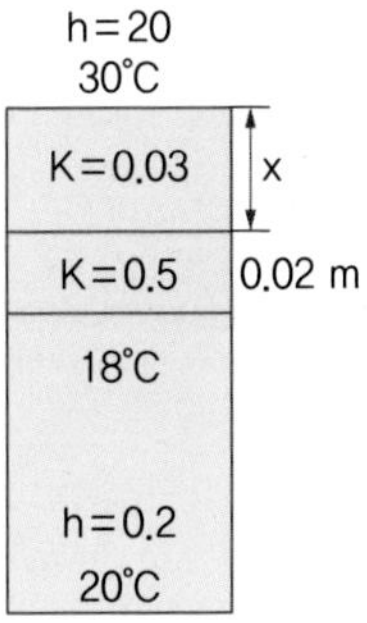

h=20 30℃
K=0.03 (x)
K=0.5 (0.02 m)
18℃ h=0.2 20℃

$$\frac{1}{U} = \frac{1}{0.2} + \frac{x}{0.03} + \frac{0.02}{0.5} + \frac{1}{20}$$

$$= 5.09 + 33.33X$$

면적 A와 Q가 일정하므로

$$\frac{\Delta T}{\dfrac{1}{U_1}} = \frac{\Delta T}{\dfrac{1}{U_4}} \qquad \frac{30 - 20}{5.09 + 33.33X} = \frac{20 - 18}{\dfrac{1}{0.2}}$$

$X = 0.59\ m$

Lab 12
비정상 상태에서의 열전달

연습문제

1 평판 $V = (1)(2)(0.005) = 0.01\ m^3$

$A = 2(1)(2) + 2(1)(0.005) + 2(2)(0.005) = 4.03\ m^2$

비오트수 $= \frac{x}{K} = \frac{(6)(0.0025)}{207} = 0.00007 < 0.1$

$\frac{21 - 40}{21 - 230} = \exp(\frac{6 \times 4.03t}{2{,}707 \times 0.01 \times (0.9 \times 1{,}000)})$

$t = 2{,}436\ sec = 40.6\ min$

2 비오트수 $= \frac{h \cdot x}{K} = \frac{5 \times 0.04}{4} = 0.005$

$A = (\pi \times 0.08 \times 0.2) + 2(\frac{\pi}{4} \times 0.82^2) = 0.06$

$V = \frac{\pi}{4}(0.08)^2 \times 0.2 = 0.001$

$\frac{\bar{T} - 20}{(-20) - 20} = \exp(\frac{-5 \times 0.06 \times 3{,}600}{2 \times 10^3 \times 1{,}000 \times 0.001})$

$\therefore \bar{T} = -3.3°C$ ∴ 1시간 후에 아이스크림은 녹지 않는다.

3 실린더에서

$m = \frac{0.83}{(4{,}540)(0.035)} = 0.005 \approx 0$

$n = 0$

$x = \frac{\alpha \cdot t}{x_1^2} = \frac{(2.007 \times 10^{-7})(2700)}{(0.035)^2} = 0.442$

$Y_x = 0.13$

무한 평판에서

$m = \frac{0.83}{(4{,}540)(0.006)} = 0.03 \approx 0$

$n = 0$

$x = \frac{\alpha \cdot t}{y_1^2} = \frac{(2.007 \times 10^{-7})(2{,}700)}{(0.006)^2} = 0.151$

$Y_y = 0.9$

$Y_{xy} = 0.13 \times 0.9 = 0.117 = (115.6 - T)/(115.6 - 29.4)$ $T = 105.5°C$

4 (1) 비오트수 $= \frac{h \cdot x}{K} = \frac{(2)(2/12)}{10} = 0.033$

$$\frac{T-400}{80-400}=\exp\left(\frac{-2\times\frac{3}{2\ ft/12}\times 1\ hr}{200\times 1.5}\right)$$

$T=116.16°F$

(2) 비오트수 $=\frac{h\cdot x}{K}=\frac{(4{,}500)(2\ ft)}{60}=150$

$m=\frac{1}{150}\cong 0 \quad n=0$

$\frac{(364-400)}{(40-400)}=0.1 \quad$ x축 $=0.3$

$0.3=\frac{\alpha\cdot t}{x_1^2}=\frac{k}{\rho\cdot C_p}\frac{t}{x_1^2}$

$t=\frac{0.3\times 100\times 1.5\times 4}{60}=3\ hr \quad$ ∴ 9시에 시작해야 한다.

심화문제

1 (1) $1\ kW\cdot hr=\frac{10^3\ J\cdot hr}{sec}\left|\frac{3{,}600\ sec}{1\ hr}\right|\frac{1\ Btu}{1{,}055\ J}=3{,}412.3\ Btu$

$Q=\frac{0.05\ Btu}{hr\cdot ft\cdot °F}\left|\frac{1{,}000\ ft^2}{1\times 1/12\ ft}\right|\frac{(70-30)}{}=24{,}000\ Btu/hr$

전기값 : $\frac{24{,}000\ Btu}{hr}\left|\frac{2.93\times 10^{-4}\ kW\cdot hr}{1\ Btu}\right|\frac{10원}{1\ kW\cdot hr}\left|\frac{24시간}{1일}\right|\frac{30일}{1달}=50{,}630원$

(2) $Q=\frac{1{,}000\ ft^2\times(70-30)}{(1/12/0.05+3/12/0.02+1/12/0.05)}=2{,}526\ Btu/hr \Rightarrow 5{,}329원$

2 (1) $r_1=0.75\ in=1.905\ cm \quad r_2=0.95\ in=2.413\ cm$

$A_{lm}=(2.413-1.905)2\pi L/Ln(2.413/1.905)=13.5 \quad A_i=0.1196$

$\frac{1}{U_i}=\frac{1}{h_i}+\frac{A_i\Delta r}{A_{lm}\cdot k}+\frac{A_i}{h_oA_o}=\frac{1}{1{,}000}+\frac{0.01905\ln(2.413/1.905)}{20}+\frac{1.905}{2.413\times 10}=0.08017$

$U_i=12.47$

$Q=U_i\cdot A_i\cdot\Delta T=12.47\times 2\pi\times(1.905\times 10^{-2})(1)(110-10)=149.2\ W/m$

(2) $Q=c\cdot m'\cdot\Delta T=m\cdot\lambda(2{,}691.5-461.3)m=149.2 \qquad m=0.067$

$m'=[149.2/(2{,}230.2\times 1{,}000)]\times 3{,}600\ sec/1\ hr=0.24\ kg/hr$

(3) $r_3=2.413+2.587=5\ cm$

$\frac{1}{U_o}=\frac{5}{1.905\times 1{,}000}+\frac{0.05\ln(2.413/1.905)}{20}+\frac{0.05\ln(5/2.413)}{0.05}+\frac{1}{10}=0.8318$

$U_o=1.2 \quad Q=1.2\times 2\pi(0.05)(1)\ (110-10)=37.68$

절약한 에너지 $=149.2-37.68=111.52\ W/m$

$1kW=\frac{100원}{1\ hr}\left|\frac{24\ hr}{1일}\right|\frac{30일}{1달}=72{,}000원 \qquad$ ∴ 8,029원 절약

3 파이프 : $A_{lm} = \dfrac{\pi(8-6/12)}{Ln(8/6)} = 1.819\ ft^2$

단열제 : $A_{lm} = \dfrac{\pi(12-8/12)}{Ln(12/8)} = 2.581\ ft^2$

(1) $Q = \dfrac{300}{\left(\dfrac{1/12}{20\times 1.819} + \dfrac{2/12}{0.04\times 2.581}\right)} = 185.56\ Btu/hr$

(2) $185.56 = (400-T)\cdot 20\cdot \dfrac{1.819}{(4-3)}\cdot\dfrac{1}{12} \Rightarrow T = 399.57$

$185.56 = (T-100)\cdot 0.04\cdot\dfrac{2.581}{(6-4)}\cdot\dfrac{1}{12} \Rightarrow T = 399.57$

4 $R_1 = 5.98\ m,\ A_1 = 2\pi L\times 5.98 = 37.55\,L,\ R_2 = 5.99\ m,\ A_2 = 37.62\,L$

$R_3 = 6\ m,\ A_3 = 37.68\,L,\ A_{lm} = (37.62\,L - 37.55\,L)/Ln(37.62/37.55) = 37.58\,L$

$A_{lm_2} = 37.65\,L$

$Q = \dfrac{50-15}{\dfrac{0.01}{0.8\times 37.58\,L} + \dfrac{0.01}{45\times 37.65\,L}} = 103{,}389\,L$

$103{,}389\,L = \dfrac{T-15}{\dfrac{0.01}{45\times 37.65\,L}}$

$T = 15.61^\circ C$

5 $r_i = 1.05/(12\times 2) = 0.044\ ft,\quad r_o = 0.055\ ft$

(1) $\dfrac{1}{U_o} = \dfrac{r_o}{h_i\cdot r_i} + \dfrac{1}{h_o} + \dfrac{\Delta r\cdot r_o}{k\cdot\dfrac{r_o-r_i}{\ln(r_o/r_i)}} + \dfrac{r_o}{h_{di}\cdot r_i} + \dfrac{1}{h_{do}}$

$\dfrac{1}{U_o} = \dfrac{0.055}{100\times 0.044} + \dfrac{1}{200} + \dfrac{0.011(0.055)}{26\cdot\dfrac{0.011}{\ln(0.055/0.044)}} + \dfrac{1}{500} + \dfrac{0.055}{1{,}000(0.044)}$

$U_o = 47.13\ Btu/(hr\cdot ft^2\cdot {}^\circ F)$

(2) $\dfrac{1}{U_i} = \dfrac{r_o}{h_o\cdot r_o} + \dfrac{1}{h_i} + \dfrac{\Delta r\cdot r_i}{k\cdot\dfrac{r_o-r_i}{\ln(r_o/r_i)}} + \dfrac{r_i}{h_{do}\cdot r_o} + \dfrac{1}{h_{di}}$

$\dfrac{1}{U_i} = \dfrac{0.044}{200\times 0.055} + \dfrac{1}{100} + \dfrac{0.011(0.044)}{26\cdot\dfrac{0.011}{\ln(0.055/0.044)}} + \dfrac{1}{1{,}000} + \dfrac{0.044}{500(0.055)}$

$U_i = 58.9\ Btu/(hr\cdot ft^2\cdot {}^\circ F)$

6 $Q = \dfrac{(T_i - T_o)}{\left(\dfrac{1}{h_iA_i} + \dfrac{\Delta r}{k_{파이프}\cdot A_{lm파이프}} + \dfrac{\Delta r_{절연체}}{k_{절연체}A_{lm절연체}} + \dfrac{1}{h_oA_o}\right)}$

$h_o = 0.5(70-45)^{1/4} = 1.118\ Btu/(hr\cdot ft^2\cdot {}^\circ F)$

$Q/A = h_o \cdot \Delta T = 1.118(70-45) = 27.95$ Btu/(hr · ft²)

외부 면적 기준 : $Q = U_o \cdot A_o \cdot \Delta T$

$$Q/A_o = 27.95 = \frac{70-15}{\left(\frac{\Delta r \cdot A_o}{0.025 \cdot A_{lm}} + \frac{1}{1.118}\right)}$$

$\Delta r = 0.044$ ft $= 0.528$ inch

7 (1) 40 psia = 276 kPa에서의 온도는 267.25°F, $D_1 = 1.61$ in, $D_2 = 1.9$ in,

$K = 45$ W/(m · °K) = 26 Btu/(ft · hr · °K)

$$Q = \frac{267.25-80}{\left(\frac{\pi(1.61)(1)(10)(1500)}{12}\right) + \left(\frac{\pi(1.9)(10)(3)}{12}\right) + \left(\frac{\mathrm{Ln}(1.9/1.6)}{2\pi(10)(26)}\right)} = 2{,}730 \text{ Btu/hr}$$

(2) Q = 404 Btu/hr

(3) $m = \frac{2{,}730}{933.7} = 2.92\ lb_m/hr$ $\qquad m = \frac{404}{933.7} = 0.4\ lb_m/hr$

8 $\Delta T = 397 - 293 = 104°K$

실린더의 옆면적 : $\pi DL = \pi(0.076)(0.12) = 0.0286\ m^2$

실린더 윗면면적 : $\pi D^2/4 = \pi(0.076)^2/4 = 0.0045\ m^2$

옆 면적의 $h = 1.37(\Delta T/L)^{1/4} = 1.37(104/0.12)^{1/4} = 7.43$ W/(m² · °K)

위 면적의 $h = 1.32(\Delta T/L)^{1/4} = 1.32[(104/(0.9\times0.096)]^{1/4} = 8.24$ W/(m² · °K)

옆 면적의 $Q = hA\Delta T = 7.43(0.0286)(104) = 22.099$

위 면적의 $Q = hA\Delta T = 8.24(0.0045)(104) = 3.856$

∴ 전체 열전달 Q = 25.95

9 (1) $R = \frac{1}{2} + \frac{1.7\times10^{-3}}{14.2} + \frac{0.1}{0.034} + \frac{x}{0.043} + \frac{0.0127}{0.043} + \frac{1}{5}$

$= 3.67 + 23.25x$

$\frac{\Delta T}{R} = \frac{32-29}{1/5} = \frac{32+40}{3.67} + 23.25x \qquad x = 0.0486$ m 코르크

(2) $Q = hA\Delta T = 5x(24 + 18\times2 + 12\times2)\times3 = 1{,}260$ W

10 (1) $r_1 = 0.805$ in $= 2.0447$ cm, $h_i = 5.7$

$r_2 = 0.95$ in $= 2.412$ cm, $h_o = 11{,}400$

$$\frac{1}{U_o} = \frac{2.413}{2.044(11{,}400)} + \left(\frac{0.02413}{45}\right)\ln\left(\frac{2.413}{2.0447}\right) + \frac{1}{5.7}$$

$\Rightarrow U_o = 5.694$

$A_o = 2\pi \cdot L \cdot r_2 = 2\pi(2.413)\times10^{-2}\times1\ m = 0.1516\ m^2$

$Q = U \cdot A_o \cdot \Delta T = 5.6937\times0.1516\times(130-15) = 99.27$ W/m

(2) $r_3 = 2.413 + 5 = 7.413$

$$\frac{1}{U_o} = \frac{2.0417}{2.044(11,400)} + (\frac{0.07413}{45})\ln(\frac{2.413}{2.0447}) + (\frac{0.07413}{0.07})\ln(\frac{7.413}{2.413}) + \frac{1}{5.7}$$

$\Rightarrow U_o = 0.7328$

$A_o = 2\pi \cdot L \cdot r_3 = 2\pi(0.07413) \times 1\ m = 0.4658\ m^2$

$Q = U \cdot A_o \cdot \Delta T = 0.7328 \times 0.4658 \times (130 - 15) = 29.25\ W/m$

에너지 절약 : $99.27 - 39.25 = 60\ W/m \times \dfrac{3{,}600\ sec \mid 24\ hr \mid 30\ day}{1\ hr \mid 1\ day \mid 1달} = 155.5\ MJ$

11 벽 : $1/U = 1/8 + 1/20 + 2 \times (0.003/0.15) + 0.15/0.015 + 0.04/0.04 = 11.215$

$U = 0.089,\ Q = U \cdot A \cdot \Delta T = 0.089(3 \times 4 \times 4)(30 - 0) = 128.4\ W$

천장 : $Q = 0.089(2 \times 3)(30 - 0) = 24.03\ W$

바닥 : $1/U = 1/8 + 0.1/1 + 0.003/0.3 = 0.235 \quad U = 4.255$

$Q = 4.255(3 \times 3)(10 - 0) = 382.95\ W$

공기 출입 :

$$Q = c \cdot m \cdot \Delta T$$
$$= 1{,}000\ J/kg \times (30 - 0) \times \frac{1.013 \times 10^5\ N/m^2(1\ m^3/1\ hr) \times 29}{8.314 \times (30 + 273)} \times \frac{1\ hr}{3{,}600\ sec} \times \frac{1\ kg}{1{,}000\ g}$$
$$= 9.72$$

식품 : $Q = \dfrac{(1\ kg)[3{,}000\ J/(kg \cdot {}^\circ K)](30 - 0^\circ C)}{5\ hr \times \dfrac{3{,}600\ sec}{1\ hr}} = 5\ W$

전체 $Q = 550.1\ W$

12 (1) $T_f = \dfrac{(T_w + T_b)}{2} = \dfrac{(400 + 100)}{2} = 250^\circ F$

$250^\circ F$에서 공기의 밀도 $= 0.0559\ lb/ft^3$, 비열 $= 0.242\ Btu/(lb \cdot {}^\circ F)$, 점도 $= 0.0227\ cP$

$K = 0.0192\ Btu/(hr \cdot ft \cdot {}^\circ F)$, 점도 $= 0.0227\ cP = 0.055\ lb/(ft \cdot hr)$

$$그라스호프수 = \frac{L^3 \cdot \rho^2 \cdot g \cdot \beta \cdot \Delta T}{\mu^2}$$
$$= \frac{(1\ ft)^3(0.056\ lb/ft^3)(32.2\ ft/sec^2)[1/(460 + 250)](300)(2{,}600)^2}{[0.055\ lb/(ft \cdot hr)]^2}$$
$$= 1.763 \times 10^8$$

$$프란틀수 = \frac{C_p \cdot \mu}{K} = 0.242 \times \frac{0.056}{0.0192} = 0.693$$

(그라스호프수 · 프란틀수) $= 1.763 \times 10^8 \times 0.693 = 1.222 \times 10^8 \quad \therefore a = 0.59,\ n = 1/4$

$(h \cdot D)/K = 0.59(1.222 \times 10^8)^{1/4} = h \cdot 1/0.0192 \quad h = 1.19\ Btu/(hr \cdot ft^2 \cdot {}^\circ F)$

(2) $Q = h \cdot A \cdot \Delta T = 1.19 \times 1 \times (400 - 100) = 357\ Btu/hr$

(3) $h = 0.28\ (\Delta T/L)^{1/4} = 0.28\ (300/1)^{1/4} = 1.165\ \text{Btu/(hr}\cdot\text{ft}^2\cdot{}^\circ\text{F)}$

$Q = 1.165 \times 1 \times 300 = 349.5\ \text{Btu/hr}$

13 (1) 비오트수 $= h\cdot x/K = 2(1/12)/25 = 0.0066$

$A/V = (4\pi R^2)/(4/3\pi R^3) = 3/R = 3/(1/12) = 36$

$$\frac{\bar{T} - 250}{800 - 250} = e^{\frac{-2\times 36t}{490\times 0.11}} = e^{-1.336} = 0.2629 \qquad \therefore\ \bar{T} = 394.6^\circ\text{F}$$

(2) $Q = \rho\cdot C_p\cdot V(T_i - T_o)\exp^{\frac{-hAt}{\rho C_p V}}$

$$= 490 \times 0.11 \times \frac{4\pi}{3} \times (\frac{1}{12})^3(800-250)(1-\exp^{\frac{-2\times 36\times 1}{0.11\times 490}}) = 52.9\frac{\text{Btu}}{\text{hr}}$$

14 $C_p = 0.46\ \text{Btu/(lb}\cdot{}^\circ\text{F)}$, 밀도 $= 0.82 \times 62.4\ \text{lb/ft}^3$, $K = 0.073\ \text{Btu/(hr}\cdot\text{ft}\cdot{}^\circ\text{F)}$

속도 $V = \dfrac{14{,}300\ \text{lb}}{\text{hr}} \Big| \dfrac{1\ \text{hr}}{3{,}600\ \text{sec}} \Big| \dfrac{\text{ft}^3}{0.83\times 62.4\ \text{lb}} \Big| \dfrac{4}{\pi(1.049/12\ \text{ft})^2} = 12.94\ \text{ft/sec}$

레이놀즈수 $= (12.94\ \text{ft/sec})(1.049\ \text{ft}/12)(62.4\times 0.82\ \text{lb/ft}^3)/[45.7\times 10^{-4}\ \text{lb/(ft}\cdot\text{sec)}]$

$= 12{,}670$

프란틀수 $= \dfrac{C_p\cdot\mu}{K} = 0.46\times 45.7\times 10^{-4}\times 3600/0.073 = 103.7$

$h_i = \dfrac{0.023\times 0.073}{1.049/12}(1.26\times 10^4)^{0.8}(103.7)^{1/3} = 172\ \text{Btu/(hr}\cdot\text{ft}^2\cdot{}^\circ\text{F)}$

$$\frac{1}{U_i} = \frac{1}{172} + \frac{1\times 1.049}{1{,}500\times 1.315} + \frac{\frac{1.049}{12\times 2}\text{Ln}\frac{1.315}{1.049}}{0.073} = 0.1416$$

$U_i = 7.06\ \text{Btu/(hr}\cdot\text{ft}^2\cdot{}^\circ\text{F)}$

$Q = C_p\cdot m\cdot\Delta T = UA\Delta T_{lm}$

$= 0.46\times 14{,}300\times(190-95) = 7.06\times\pi\times 1.049/12\times L\times[(145-50)/\text{Ln}(143/50)]$

$\therefore\ L = 3{,}623.6\ \text{ft}$

15 (1) 레이놀즈수 $= (\dfrac{1.049}{12})(\dfrac{14{,}300}{0.82\times 62.4\times 0.06})(\dfrac{0.82\times 62.4}{6.8\times 2.42}) = 12{,}700$

프란틀수 $= (\dfrac{0.046\times 6.8\times 2.42}{0.073}) = 104$

$h_i = \dfrac{0.023\times 0.073}{1.049/12}(12{,}700)^{0.8}(104)^{0.33} = 170.6\ \text{Btu/(hr}\cdot\text{ft}^2\cdot{}^\circ\text{F)}$

(2) $\dfrac{1}{U_i} = \dfrac{1}{170.6} + \dfrac{1}{1{,}500} + \dfrac{1.049}{13.15} + \dfrac{0.275\times 0.011}{0.073\times 0.31})$ $\qquad U_i = 7.1$

(3) $Q = W\cdot C_p\cdot dt = U_i\cdot A_i\cdot\Delta T_{lm}$

$(14{,}300)(0.46)(95) = (7.1)(0.2745L)[(145-50)/\text{Ln}(145/50)]$ $\qquad\therefore\ L = 3{,}590\ \text{ft}$

16 (1) 비오트수 $= \frac{h \cdot x}{k} = \frac{h(0.622)(0.5)(1/12)}{140} = 0.000185\ h$

레이놀즈수 $= (\frac{0.622}{12})(\frac{0.05}{0.3 \times 10^{-3}})(60) = 518$

프란틀수 $= \frac{C_p \cdot \mu}{K} = \frac{1 \times 0.3 \times 10^{-3} \times 3{,}600}{140} = 0.0077$

넛셀수 $= \frac{h \cdot D}{K} = \frac{h(0.622/12)}{140} = 1.86(Re)^{1/3}(Pr)^{1/3}(D/L)^{1/3}(\frac{\mu_b}{\mu_o})^{0.14}$

$\frac{h(0.622 \times 0.5/12)}{140} = 1.86(518)^{1/3}(0.0077)^{1/3}[0.622/(5 \times 12)]^{1/3}(\frac{1}{2})^{0.14}$

$\therefore$ h = 1578, 비오트수 = 0.292 (내부 저항이 없다고 가정)

$\frac{\bar{T} - 80}{180 - 80} = e^{\frac{-1{,}578(2)(1\ hr/3{,}600\ sec)(\pi DL)}{60(1)(\pi D^2 L/4)(1/12)}} = e^{-1.1275}$ $\therefore \bar{T} = 112.3$

(2) $Q = C_p \cdot m \cdot \Delta T = C_p \cdot \rho \cdot V \cdot A \cdot \Delta T = 1(60)(0.05) \times x\pi(0.622/12)^2/4 \times (180 - 112.3)$

$= 1{,}542$ Btu/hr

17 $\frac{1}{U_o} = \frac{1}{300} + \frac{0.13(1.32)}{1.164 \times 12 \times (26)} + \frac{1.32}{1.80 \times 1.02} = 0.0107$

$A_{lm} = (1.32 - 1.02)/\ln(1.32/1.02) = 1.164$

$\frac{1}{U_i} = \frac{1}{180} + \frac{0.13(1.32)}{1.164 \times 12 \times (26)} + \frac{1.02}{300 \times 1.32}$ $U_i = 116.95$

$Q = 1{,}000 \times 1 \times (100 - 50) = 2{,}200 \times 0.5 \times (120 - T)$ $T = 75°F$

$\Delta T_{lm} = (25 - 20)/\ln(25/20) = 22.4$

$A_o = Q/(U_o \cdot T_{lm}) = 50{,}000/(91.8)(22.4) = 23.7\ ft^2$

$A_i = Q/(U_o \cdot T_{lm}) = 50{,}000/(116.95)(22.4) = 19.7\ ft^2$

18 (1) 넛셀수 $= \frac{h \cdot D}{k} = 0.023(\frac{DV\rho}{\mu})^{0.8}(\frac{C_p \cdot \mu}{k})^{0.333}[1 + (\frac{L}{D})^{0.7}]$

$\frac{h \cdot D}{k} = 0.023(\frac{\frac{1.049}{12} \times 50 \times 0.063}{1.4 \times 10^{-5}})^{0.8}(\frac{0.242 \times 1.4 \times 10^{-5}}{0.0168})^{0.333}[1 + (\frac{0.0168}{1.049/12})^{0.7}]$

h = 12.12

(2) $Q = W \cdot C_p \cdot \Delta T_{air} = V \cdot \rho \cdot A \cdot \Delta T_{air} = h \cdot A \cdot \Delta T_{lm}$

$(50\ ft/sec)(0.063)\{\pi[1.049/(2 \times 12)^2] \times 0.242(T - 60)\}$

$= (12 \times 12)[\pi(1.049/12)(2\ ft)(1\ hr/3{,}600\ sec)][(210 - 60) - (210 - T)/\ln(150/210 - T)]$

T = 204°F

19 표면에서의 얻는 열 = 스팀에서의 열손실

$m \cdot C_p \cdot dT/dt = U \cdot A \cdot (T_f - T_o)$

$$\int_0^t dt = \frac{m \cdot C_p}{U \cdot A}\int_{T_i}^{\bar{T}} \frac{dT}{T_o - \bar{T}}$$

$$t = \frac{m \cdot C_p}{U \cdot A}\ln\left(\frac{T_o - T_i}{T_o - \bar{T}}\right) \Rightarrow \frac{40}{60} = \frac{m \cdot C_p}{U \cdot A}\ln\left(\frac{212-70}{212-190}\right) \qquad \frac{m \cdot C_p}{U \cdot A} = 0.358\ \text{hr}$$

$$\therefore\ U = \frac{(2{,}000\ \text{lb})(1)\ \text{Btu}/(\text{lb} \cdot {}^\circ\text{F})}{0.358\ \text{hr} \times (\pi/12)(40\ \text{ft})} = 53.4\frac{\text{Btu}}{\text{hr} \cdot \text{ft}^2 \cdot {}^\circ\text{F}}$$

$$\frac{1}{U} = \frac{1}{h_o} + \frac{\Delta r \cdot D_o}{k \cdot D_{lm}} + \frac{D_o}{h_i \cdot D_i}$$

$$\frac{1}{53.4} = \frac{1}{h_o} + \frac{(0.072/12)(1/12)}{(220) \cdot \left(\frac{(1-0.856)/12}{\ln(1/0.856)}\right)} + \frac{1}{2{,}000 \times 0.856}$$

$h_o = 55.2$

(1) h가 2배라면 110.4 $U_o = 103.4$

$t = (40)(53.1/103.4) = 20.7$분

(2) $\ln[(300-70)/(300-190)] = 0.737 : \ln[(212-70)/(212-190)] = 1.865$

$t = 40(0.737/1.865) = 15.8$분

20 (1) 넛셀수 $= \frac{h \cdot D}{k} = 2 + \left(\frac{DV\rho}{\mu}\right)^{1/2}\left(\frac{C_p \cdot \mu}{k}\right)^{1/3}$

$$= 2 + 0.6\left(\frac{0.5 \times 0.002 \times 3{,}600}{0.05}\right)^{1/3}\left(\frac{(0.5/12) \times 10 \times 50}{0.002}\right)^{1/2} = 256.4$$

$h(0.5/12)/0.05 = 256.4 \quad h = 307.7\ \text{Btu}/(\text{hr} \cdot \text{ft}^2 \cdot {}^\circ\text{F})$

(2) 비오트수 $= 256.4$ 내부 저항이 있다. $n = 0,\ m = 0$

$$\frac{\bar{T} - T_o}{T_i - T_o} = \frac{100-60}{400-60} = 0.11$$

$$\frac{\alpha \cdot t}{x_1^2} = \frac{0.05 \cdot t}{50 \times 0.5 \times (0.25/12)^2} = 0.3 \qquad t = 0.065\ \text{hr} = 234\ \text{sec}$$

(3) $\frac{100-60}{400-60} = e^{\frac{-307.3 \times 3 \cdot t}{50 \times 0.5 \times (0.25/12)}} \qquad t = 0.00124\ \text{hr} = 4.46\ \text{sec}$

21 X방향으로 열전달 : $m = 0,\ n = 0$ $\alpha = \frac{k}{\rho \cdot C_p} = \frac{0.5}{1{,}070 \times 3{,}300} = 1.42 \times 10^{-7}\ \text{m}^2/\text{sec}$

$$x축 = \frac{\alpha \cdot t}{x_1^2} = \frac{1.42 \times 10^{-7} \times 220 \times 60}{0.05^2} = 0.75$$

$$Y축 = 0.02 = \frac{\bar{T} - 116}{20 - 116} \qquad \bar{T} = 114.08^\circ\text{C}$$

Y방향으로 열전달 : $m = 0,\ n = 0$ $Y = 0.15$

$$x = \frac{(1.42 \times 10^{-7})(220)(60)}{0.15^2} = 0.083$$

$Y = 0.9$

$$0.9 \times 0.02 = \frac{\bar{T} - 116}{20 - 116} \qquad \bar{T} = 114.3^\circ\text{C}$$

22 $\alpha = 4.15 \times 10^{-2}$ cm²/sec, $T_o = 30$°C, $T_i = 930$°C, $\bar{T} = 300$°C, R = 2.5 cm, r = 1 cm

$$Y = \frac{\bar{T} - T_o}{T_i - T_o} = \frac{300 - 30}{930 - 30} = 0.3$$

$m = 0$, $n = \dfrac{x}{x_1} = \dfrac{1}{2.5} = 0.4$, $\quad \dfrac{\alpha \cdot t}{{x_1}^2} = 0.2$에서 $\dfrac{4.15 \times 10^{-2} \cdot t}{2.5^2}$

t = 30.12 sec

23 비오트수 = hx/k = 150 × 0.5/0.25 = 300

(1) (40 − 35)/(90 − 35) = 0.091 거니-루리 그래프로부터 x축 = 0.32

시간 t = 16.74 hr

(2) $\dfrac{k \cdot t}{\rho \cdot C_p \cdot {r_1}^2} = \dfrac{0.25(24)}{(0.9)(62)(0.5)^2} = 0.430$

$0.032 = \dfrac{\bar{T} - 35}{90 - 35}$ $\qquad \bar{T} = 36.8$°F

24 비오트수 = (0.5)(0.5)/25 = 0.01 내부 저항 무시.

$\dfrac{\bar{T} - 35}{65 - 35} = \exp^{\frac{-0.5(3.14)(10)}{60(1)(0.52)}} = 0.6$ $\qquad \therefore \bar{T} = 53.14$°F 먹을 수 없다.

25 $\alpha = \dfrac{k}{\rho \cdot C_p} = \dfrac{0.197}{9.98 \times 2.3 \times 1{,}000} = 8.6 \times 10^{-8}$

x축 : $\dfrac{\alpha \cdot t}{{x_1}^2} = \dfrac{(8.6 \times 10^{-8})(5 \times 3{,}600)}{(0.025)^2} = 2.48$

$m = \dfrac{k}{h \cdot x_1} = \dfrac{0.197}{8 \times 0.025} = 0.985 \simeq 1$

(1) 표면 : n = 1, $Y = 0.13 = \dfrac{25 - T}{25 - 4}$에서 T = 22.27°C

(2) 표면 15 cm 지점 : $x = x_1 - 0.15 = 0.1$, $\quad n = \dfrac{0.1}{0.25} = 0.4$

$Y = 0.175 = \dfrac{25 - T}{25 - 4}$에서 T = 21.3°C

26 기름의 흐름속도 :

5 gal	0.1337 ft³	52 lb	60 sec
min	1 gal	ft³	1 hr

= 2,085 lb/hr

물의 흐름속도 :

10 gal	0.1337 ft³	62.4 lb	60 min
min	1 gal	1 ft³	1 hr

= 5,005.7 lb/hr

2,085 × 0.55 × (250 − 120) = 5,005.7 × 1 × ΔT, $\quad$ ΔT = 29.8°F

∴ 물의 배출온도는 70 + 29.8 = 99.8°F

(1) 병류식 70 ⟶ 99.8 $\qquad \Delta T_{lm} = (180 - 20.2)/\ln(180/20.2)$

250 ⟶ 120 $\qquad = 73$

$$A = \frac{Q}{U\Delta T_{lm}} = \pi DL = \frac{1490{,}77.5}{(105)(73)} = 19.45\ \text{ft}^2 = \frac{\pi 1.5}{12}$$

$L = 49.55$

$\therefore$ 49.55/12 = 4.1개의 튜브

(2) 항류식 $70 \longrightarrow 99.8$ $\qquad \Delta T_{lm} = (150.2 - 50)/\ln(150.2/50)$

$128 \longleftarrow 250$ $\qquad = 91$

$$A = \frac{Q}{U\Delta T_{lm}} = \pi DL = \frac{149{,}077.5}{(105)(91)} = 15.6\ ft^2 = \frac{\pi 1.5}{12}$$

$L = 39.75$ $\quad \therefore$ 39.75/12 = 3.3개의 튜브

27 (1) $U_o = \dfrac{1}{\left[\dfrac{1}{300} + \left(\dfrac{0.133/12}{26}\right)\dfrac{1.315}{1.182} + \dfrac{1.315}{180 \times 1.049}\right]} = \dfrac{1}{0.0107}$ $\qquad U_o = 93.12$

(2) $Q = 1{,}000(1)(100 - 50) = 2{,}200(0.5)(115 - T) = 50{,}000$ $\qquad T = 69.5°F$

$$\Delta T_{lm} = \frac{(115 - 100) - (69.5 - 50)}{\ln\left(\dfrac{115 - 100}{69.5 - 50}\right)} = 17.2°F$$

$$A = \frac{Q}{U \cdot A \cdot \Delta T_{lm}} = \frac{50{,}000}{(93.12)(17.2)} = 31.22\ ft^2$$

길이 $= 31.22/\pi(1.315/12) = 90.7$ ft

28 (1) $(0.6)(3.89)(50 - 10) = 1\ (4.1)(80 - T)$에서 $T = 57.2°C$

(2) $\Delta T_{lm} = \dfrac{(57.2 - 10) - (80 - 50)}{\ln\dfrac{47.2}{30}} = 38$

(3) $Q = UA\Delta T_{lm} = U\pi DL\Delta T_{lm} = (0.6)(3.89)(40) = 93.86$

(4) $\Delta T_{lm} = \dfrac{(80 - 10) - (57.2 - 50)}{\ln\dfrac{70}{7.2}} = 27.6$

$$L = \frac{93.36 \times 1{,}000}{\pi(0.1)(27.6)(1{,}800)} = 5.98\ m$$

29 $Q = cm\Delta T = 8{,}000$ lb/hr

$0.55(100 - 70) = 132{,}000$ Btu/hr

(1) 병류식 : $\Delta T_{lm} = \dfrac{(180 - 20)}{\ln\dfrac{180}{20}} = 73$

$132{,}000 = \dfrac{73 \times 100 \times \pi \times 3}{(4 \times 12) \times L}$ $\qquad L = 92.1$ ft. $\quad \therefore$ 파이프 8개 필요

(2) 항류식 : $\Delta T_{lm} = \dfrac{(50 - 150)}{\ln\dfrac{50}{150}} = 91$

$132{,}000 = \dfrac{91 \times 100 \times \pi \times 3}{(4 \times 12) \times L}$ $\qquad L = 73.7$ ft. $\quad \therefore$ 파이프 7개 필요

Lab 13
가열살균

연습문제

1 $D = \dfrac{t_2 - t_1}{\log(\frac{N_o}{N})} = \dfrac{6-1}{\log(\frac{5.05 \times 10^6}{5.6 \times 10^4})} = 3.06$

$K = \dfrac{2.303}{D} = \dfrac{2.303}{3.06} = 0.753\ min^{-1}$

2 그래프에서 D = 14분

$t = D \cdot \log(\frac{N_o}{N})$ $\quad\quad \log N_o - \log N = \frac{t}{D}$

$\log N = \log N_o - \frac{t}{D}$

$\log N = \log 800 - \frac{t}{14}$의 식

3 $\log N = \log 10 - \frac{3}{1.5}$ $\quad\quad N = 0.1$ spore/can

4 그래프에서 Z = 10.7°F

5 총 L값 = 2 $\quad \therefore F_o = 2 \times 2 = 4$분.

6 반로그그래프를 이용해서 D값과 온도를 그리면 1 log cycle에서 Z = 10°C

$Z = \dfrac{(T_{ref} - T)}{(\log D_T - \log DT_{ref})} = \dfrac{108-104}{(\log 31.9 - \log 12.7)} = 10$

$10 = (124 - 121)/(\log D_{121} - \log 0.32)$

$\log D_{121} = 0.3 + \log 0.32$

$\therefore D = 0.638$분

7

시간(분)	온도(°F)	치사율(L)	시간(분)	온도(°F)	치사율(L)
0	120	-	40	247.8	0.755
10	195	0.00088	50	250	1
20	239.5	0.261	60	188	0.00036
30	244.5	0.495			

$F = \int L \cdot \Delta t = 10\,(0.00088 + 0.261 + 0.495 + 0.755 + 1 + 0.00036) = 25.12$

정규 그래프에서 면적 = $(36 \times 0.5) + (5 \times 0.5) + (8 \times 0.5) = 24.5$분

8 $F = \int L \cdot \Delta t = 2 \times (0.0024 + 0.023 + 0.1 + 0.23 + 0.359 + \cdots\cdots + 0.215 + 0.0077) = 15.26$분

정규 그래프에서 면적 = 14.9분

9 반로그그래프에서 온도와 시간에 대한 그래프를 그리면 1 log cycle에서 $f_h = 20$분

$j_H = (247 - 67)/(247 - 100) = 1.22$

심화문제

3 (1) $Ln(\frac{C_o}{C}) = kt$에서 $Ln(\frac{60}{100}) = -5 \times 10^{-4} \cdot t \quad t = 1{,}021.6 \text{ min}$

(2) $Ln(\frac{k_{T1}}{5 \times 10^{-4}}) = \frac{-2{,}000 \text{ cal/mol}}{2 \text{ cal/mol} \cdot {}^\circ K}(\frac{1}{393} - \frac{1}{353}) \quad k_{T1} = 8.94 \times 10^{-3} \text{ min}^{-1}$

4 $n = 99.999\% = 10^{-5}$

$F = nD$에서 $1.1 = 5D \quad D_{250} = 0.22$분 $F_o = 12D = 2.64$

$\therefore F_{275} = 2.64 \times 10^{\frac{250-275}{18}} = 0.1077$분

5

절대온도 T(°K)	1/T	D(분)	K(min^{-1})	Ln K
395	0.002532	7.79	0.2956	-1.219
397	0.002519	4.35	0.5294	-0.636
399	0.002506	2.50	0.9212	-0.082

온도와 D 값을 그래프로 그리면 Z = 8.4℃

6 Lnk 대 1/T의 그래프를 그리면 기울기 = $-E_a/R = -47{,}231$

$\therefore E_a = 392$ kJ/mol

7 (1) 126℃에서 D = 2.5 min, Z = 8.4℃, $m = \log(N_o/N) = 8$

$F_o = 2.5 \times 8 = 20, \quad F_{120} = 20 \times 10^{\frac{126-120}{10}} = 79.6$분

(2) $Q_{10} = \frac{k_{T1}}{k_{T2}} = \frac{D_{T1}}{D_{T2}} \qquad Z = \frac{T_2 - T_1}{\log D_{T1} - \log D_{T2}}$

$\therefore Q_{10} = 10^{\frac{T_2 - T_1}{Z}} = 10^{\frac{10}{Z}} = 10^{\frac{10}{8.4}} = 15.5$

(3) $E_a = \frac{2.303(R \cdot T_1 \cdot T_2)}{Z} = \frac{2.303(8.314 \times 395 \times 397)}{8.4} = 357.4$ KJ/mol

주어진 온도의 범위에 따라 그 값이 달라진다.

8

시간	온도	1/TDT	L
0	195	0.0001	0.00088
10	210	0.003	0.006
20	220	0.0108	0.0215
30	235	0.0733	0.147
40	240	0.139	0.278
50	195	0.0001	0.00088

시간 대 1/TDT, 시간 대 L값을 그래프로 그리고 각 시간에 따라 면적을 구하면,

(1) ~20분까지 면적 : 0.0692, ~30분까지 면적 : 0.4205, ~40분까지 : 1.0615

∴ ~35분까지 면적 : 0.525

그러므로 35분까지 총합이 1이 되므로 35분

(2) ~20분까지 면적 : 0.1398, ~30분까지 면적 : 0.8425, ~35분까지 : 1.05

∴ 총 ~35분까지 면적 : 2가 되므로 35분

9 $F_o = F_T 10^{\frac{111-121}{10}} + F_{120} 10^{\frac{120-121}{10}}$ $10 = 6 \times 0.1 + F_{120} \times 0.794$

$F_{120} = 11.84$ min

10

log K	1/T	D(=1/K)
-3.09	0.00264	2,808.5
-2.92	0.00263	1,915
-2.65	0.00261	1,037.4
-2.39	0.00259	559
-2.12	0.00257	303

(1) logK 대 1/T의 그래프에서, 기울기 -13,785 활성화 에너지 = 114.6 kJ/mol

(2) 온도 105에서 116℃의 범위에서 D값은 303에서 2,898.5

(3) 위의 log D값과 온도의 그래프에서 1 log cycle을 나타내는 온도, Z값은 11.3℃

11 (2) Z 값은 11.5℃와 8℃

(3) 이 균은 순수한 배양체가 아니거나, 다른 온도에서 다르게 작용하는 균이다.

12 (1) F = (90.008 + ⋯ + 0.221) × 10 = 5

(2) 40분까지 0.256, 50분까지 0.62, 60분까지 1.15

그러므로 60분

13 (2) $F_{process} = (0.000464 + 0.006 + \cdots + 0.774 + 0.858) \times 5 = 16.56$분

(3) 열 침투곡선을 그리면 $f_h = 23$분, $j_H = 1.14$

(4) $T_r = 250°F$, $T_i = 150°F$이므로

$U = F^z_{Tr} = F_o 10^{\frac{250-250}{18}} = 10 \text{ min}$ $\qquad f_h/U = 2.3$

$\text{Log } g = 0.383, \quad g = 2.415$

$\therefore\ t_B = 23 \log \frac{1.14(250-180)}{2.415} = 35$분

14 $f_h = 30$분, $j_H = 1.0$, $D_{250°F} = 1.2$분, $T_i = 150°F$, $T_r = 250°F$, $F_o = 6$분

$U = F^z_{Tr} = F_o 10^{\frac{250-Tr}{18}} = 6 \times 10^{\frac{250-250}{18}} = 6$분

$f_h/U = 30/6 = 5, \quad \log g = 0.742 \quad g = 5.521$

$\therefore\ t_B = 30 \log \frac{1.0(250-150)}{5.521} = 37.74$분

$37.74 = 30[\log(248-150) - \log g]$

$\text{Log } g = 0.733, \quad f_h/U = 4.88, \quad U = 30/4.88 = 6.148$

$6.148 = F_o \times 10^{\frac{259-248}{14}}, \quad F_o = 4.42$분

$F_o = D \log(\frac{N_o}{N})$에서 $4.42 = 1.2 \log\frac{50}{N}$, $N = 0.01$

∴ 100개 중 1개가 변패가 일어날 확률

15 $D_{250} = 93$분, $Z = 20°F$

D는 280°F ($Z = 18°F$) $= 3 \times 10^{(250-280)/18} = 0.0646$분

280°F에서 살균 공정시간 $= 5D = 5(0.0646) = 0.323$분

280°F에서 0.323분과 동등한 250°F에서의

살균 효과$(Z = 20) = (0.323)\ 10^{\frac{280-250}{20}} = 10.214$분

$F_o = D_o(\log N_1 - \log N_2)$에서 $10.214 = 3(\log 100 - \log N_2)$에서 $N_2 = 0.04$

∴ 변패 확률 = 4/100 = 0.04

16 $F_o = nD = 12 \times 0.24 = 2.88 \quad F_{115} = 2.88 \times 10^{\frac{121-115}{10}} = 11.5$분

17 f_h값은 레토르트 온도와 냉점과의 온도차를 1/10으로 줄이는 데 소요되는 시간으로 온도 응답 변수이다. 이 값이 작을수록 열 침투속도는 빨라지며, 통조림 내의 온도가 빠르게 상승한다.

18 $t_B = 30 = 20 \log \frac{1.4(250-150)}{g}$

$g = 8.854, \quad \log g = 0.947$

$\frac{f_h}{U} = 9.7 \quad U = \frac{20}{9.7} = 2.06 = F_o = 10^{\frac{250-250}{18}}$

$\therefore$ 미생물의 $F_o = 2.06$

19 (1) $j_H = 1.4.$ $\log g = -100/40 + \log 1.4(240-40)$

$\log g = -0.053 \quad g = 0.89 \quad R = 1.251$

$U = 40/1.251 = 31.97 \quad F_o = 31.97 \times 10^{\frac{240-250}{18}} = 8.9$

(2) 노모그래프에서 $g = 0.9$ $F_o = 9.0$

Lab 14
식품 냉동

연습문제

1 설탕의 질량 = 0.15 + (0.12 × 0.55) = 0.216 g

63 : 21.6 = 1,000 : x   x = 342.9

x mol + 342.9/342 : 1.0

$\Delta T = -1.86 \times 1 = -1.86°C$

2 10°C에서의 엔탈피 = 370 kJ/kg

-20°C에서의 엔탈피 = 40 kJ/kg

(1) 냉동 부하 = 50 kg(370 − 40) = 15,500 kJ

(2) 수분이 80%, -20°C에서의 동결률은 92%이므로 92 (80/100) = 73.6%

(3) 비동결률은 100 − 20 − 73.6 = 6.4%

3 우유 $Q = cm\Delta T = 1{,}000\ kg \times 3.8\ kJ/(kg \cdot °K) \times (20 - 4) = 60{,}800\ kJ$

물 $Q = cm\Delta T = 1{,}000\ kg \times 4\ kJ/(kg \cdot °K) \times (20 - 4) = 64{,}000\ kJ$

물이 더 많은 냉동톤을 필요로 한다.

4 $t = \frac{\lambda \cdot \rho}{T_f - T_i}\left(\frac{d^2}{8K} + \frac{d}{2h}\right) = \frac{250{,}000 \times 1{,}500}{-2-(-30)}\left(\frac{0.6^2}{8 \times 5} + \frac{0.6}{2 \times 40}\right) = 45.36\ sec$

5 (1) $Q = 4\{5 - (-2) + 200 + 1.5[-2 - (-10)]\} = 240\ kJ/kg$

$Q = 3{,}000\ kg\ (8 \times 3{,}600\ sec) \times 240\ kJ/kg = 25\ kW$

(2) $t = \frac{200{,}000 \times 950}{-2-(-30)}\left(\frac{0.02^2}{8 \times 2} + \frac{0.02}{2 \times 30}\right) = 2{,}431\ sec = 40.5$분

6 $h_1 = 29$, $h_2 = 79$, $h_3 = 89$

(1) Q = 25 ton × [(12,000 Btu/hr)/1 ton] (1 hr/60 min) = m(79 − 29)

m = 100 lb/min

(2) 25 ton × 50 = 1,250 ton

(3) $COP = \frac{(79-29)}{(89-79)} = 5$

(4) $hp/ton = \frac{4.71}{(5 \times 1.14) \times 25} = 20.65$

(5) 25 ton (89 − 29) = 1,500

7 $(\frac{k}{\rho \cdot C_p})(\frac{\alpha \cdot t}{x_1^2}) = \frac{(1 \times 4)}{(1.5 \times 0.29 \times 3^2)} = 1.02$

비오트수 $= \frac{h \cdot x}{K} = \frac{(100 \times 3)}{1} = 300$

$m = 0.5 \quad n = 0$

$\frac{40 - T}{40 - 0} = 0.12 \quad T = 35.2°F \quad$ ∴ 녹는다.

8 (1) $Q = 1{,}000$ kg {[30 × 1 kcal/(kg·°C) + 80 + 10 × 0.5 kcal/kg]} = 115,000 kcal

(2) $Q = U \cdot A \cdot \Delta T_{lm}$ 115,000 = 20 W/(cm²·°K) × A × 10°K × 4.2 J/cal A = 241.5 m²

심화문제

5 냉동 부하 : 50 kg × (330 − 28) = 15,600 kJ/kg

동결률 = 97 × 75/100 = 72.75%

비동결률 = 2.25%

6 젖당의 질량 = 0.14 + (0.12 × 0.5) = 0.2 $g/g_{아이스크림}$

20%의 어는점 내림에 관여하는 성분 0.2 $g/g_{아이스크림}$: 0.64 = x : 1,000

x = 312.5 g = 312.5/340 = 0.919 mol

∴ $\Delta T = -1.86 \times 0.919 = 1.7$ 동결점 : −1.7°C

7 (2) 액체 : x, 기체 : 1 − x

30 Btu/lb = 10x + 60(1 − x) x = 60%, 기체 = 40%

(3) 60 − 30 = 30 Btu/lb, 30 Btu/lb × 10 lb/min = 300 Btu/min

(4) 응축기 90 = x + 30 x = 60 Btu/lb × 10 lb/min = 600 Btu/min

(5) 60 + x = 90, x = 300 Btu/min = 18,000 Btu/hr

$\frac{18{,}000 \text{ Btu/hr}}{2{,}545 \text{ Btu/hr/hp}} = 7.07 \text{ hp}$

8

−2°C
20°C → 4°C
−2°C

(1) $Q = UA\Delta T_{lm} = 1{,}000 \times 20 \times (22 - 6)/\ln(22/6)$

$= 246{,}289.7$ J/sec

$Q = cm\Delta T = 4{,}000 \cdot m \cdot (20 - 4)$

위의 식에서 m = 3.848 kg/sec

(2)

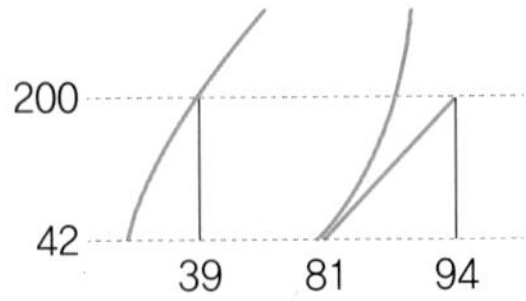

COP = $\frac{(81-39)}{(94-81)}$ = 3.23

(3) 응축기 부하(condenser duty) 94 − 39 = 55 Btu/lb

(4) ton = (246,289.7)/(12,000 Btu·hr × 1 hr/3,600 sec × 1,055 J/1 Btu) = 70 ton

(5) 70 ton × 12,000 Btu/hr = m(81 − 39) Btu/lb

m = 333.3 lb/min

(6) hp/ton = $\frac{4.715}{(\gamma \cdot \text{COP})} = \frac{4.715}{(3.23 \times 1.14)}$ = 1.28 hp/ton

1.28 hp/ton × 70 ton = 90 hp

(7) 331.3 lb/min × (94 − 39) Btu/lb = 1 Btu·(lb·°F) × m × (90 − 60)°F

m = 611 lb/min

9 (1) $12 \text{ min} \times \frac{1 \text{ hr}}{600 \text{ min}} = \frac{\lambda \cdot \rho}{-5-(-55)}\left(\frac{0.06 \text{ m}}{2 \times h} + \frac{0.06\text{m}^2}{2 \times 16}\right)$

여기서 밀도 = 0.1 kg/(π·D²L/4) = 0.1 kg/〔π·(0.1m)²0.06 m/4〕 = 212.3 kg빵/m³

잠열 = 4 × 1.5 × (−35 + 55) = 120 kJ/kg냉매

120 kJ/kg냉매 × 0.5 kg냉매/kg빵 = 60 kJ/kg빵

대입하여 풀면 h = 53.57 kJ/(m²·K·hr)

(2) $\frac{1}{U} = \frac{1}{h} + \frac{x}{k} + \frac{x'}{k'} = \frac{1}{53.57} + \frac{0.002}{0.02} + \frac{0.002}{0.01} = 0.3189$

U = 3.138

$t = \frac{212.3 \times 60}{-5-(-55)}\left(\frac{0.06 \text{ m}}{2 \times 3.138} + \frac{0.06 \text{ m}^2}{2 \times 16}\right) = 2.49 \text{ hr}$

(3) ① 식품의 초기 온도 무시, ② 최종 온도 무시하고 냉동기의 냉매 온도만 고려

10 (1) $t = \frac{280 \text{ kJ/kg} \times 1{,}000 \text{ kg/m}^3}{-2-(-20)}\left(\frac{0.3 \text{ m}}{6 \times 22} + \frac{0.3 \text{ m}^2}{24 \times 1.2}\right) = 53{,}077 \text{ sec} = 15 \text{ hr}$

(2) 3 m/min × 53,977 sec × 1 min/60 sec = 2.7 km

(3) 1 마리/0.6 m = 1.67 마리/m, 1.67 마리/m × 3 m/min = 5 마리/min

각각의 닭 무게 = 0.014 m³ × 1,000 kg/m³ = 14 kg, ΔH = 280 kJ/kg

제거 잠열 = 280 kJ/kg × 14 kg/마리 × 5 마리/min × 1 min/60 sec

= 326.7 kJ/sec

냉동 톤 = 326.7 kJ/sec × 1 RT/(12,000 Btu/hr × 1,055 J/Btu) × 3,600 sec/1 hr

= 92.9 RT

11 (1) $Q = C_p m\Delta T + m \cdot \lambda + C_p{}' m\Delta T'$

$$= \frac{3{,}000\ \text{kg}\{4\times[5-(-2)]+200+1.5[-2(-10)]\}}{8\ \text{hr}(3{,}600\ \text{sec}/1\ \text{hr})} = 25\ \text{kW}$$

(2) $t = \frac{950\times 200{,}000}{-2-(-30)}\left(\frac{0.02\ \text{m}}{2\times 30}+\frac{0.02\ \text{m}^2}{8\times 2}\right) = 2{,}431\ \text{sec} = 40.5$분

12 (1) 비오트수 $= hx/K = 20\times 0.03/0.3 = 2$ (내부 저항이 있다고 가정)

$$\frac{k}{\rho C_p}\cdot\frac{t}{x^2} = \frac{\frac{0.3\ \text{J}}{\text{sec}\cdot\text{m}\cdot{}^\circ\text{K}}\cdot 2\ \text{hr}\left(\frac{3{,}600\ \text{sec}}{1\ \text{hr}}\right)}{\frac{800\ \text{kg}}{\text{m}^3}\times\frac{4{,}000\ \text{J}}{(\text{kg}\cdot{}^\circ\text{C})}\cdot(0.03\ \text{m})^2} = 0.75$$

$m = 0.5,\quad n = 1$

Gurney-Lurie 그래프에서 0.03. $0.03 = (5-T)/[5-(-20)]$

$\therefore\ T = 4.25^\circ\text{C}$

(2) $(5-0)/[5-(-20)] = 0.2,\quad m = 0.5,\quad n = 0$

$0.5 = 0.3\times t\times 3{,}600/[800\times 4{,}000\times(0.03)^2] = 1.33\ \text{hr}$

13 벽 : $1/U = 1/10 + 1/40 + 0.02/0.1 = 0.325\quad U = 3.08$

$Q = 3.08\times(4\times 0.5)\times 32 = 197.12\ \text{W}$

천장 : $1/U = 1/10 + 1/40 + 0.02/0.1 = 0.325\quad U = 3.08$

$Q = 3.08\times 1\times 32 = 98.65\ \text{W}$

바닥 : $1/U = 1/10 + 0.01/0.4 = 0.125\quad U = 8$

$Q = 8\times 1\times 10 = 80\ \text{W}$

쇠고기를 32°C에서 0°C로 5시간 동안 냉장 시 : $m = 500\ \text{kg},\ C_p = 3{,}000\ \text{J/(kg}\cdot\text{K)}$

$Q = 500\times 3{,}000\times 32/(5\times 3{,}600) = 2{,}667.4\ \text{W}$

총 손실되는 열량 : $197.12 + 98.65 + 80 + 2{,}667.4 = 3{,}042.4\ \text{W}$

1 ton = 12,000 Btu/hr × 1 hr/3,600 sec × 1,055 J/1 Btu = 3,516 W이므로

필요한 ton은 3,042.4/3,516 = 0.87 ton

Lab 15
식품의 건조 특성

연습문제

1 (1) 절대습도 $H_a = 0.038$ kgH_2O/kg 건조공기

상대습도 %RH = 12.5%

습윤공기 비열 $C_s = 0.24 + 0.45H_a = 0.2571$ kcal/(kg 건조공기 · ℃)

습윤공기의 용적 $V_H = 1.06$ m^3/kgDA

$= [22.4(80+273)/273](1/29+0.038/18)$

이슬점(dew point) = 36℃

엔탈피 = 184 kJ/kg 건조공기

(2) 비용적 = 1.06 m^3/kgDA

건조공기의 무게 = 100 m^3/1.06 m^3/kgDA = 94.33 kg 건조공기

증기의 무게 = 94.33 kgDA × 0.038 kgH_2O/kg 건조공기 = 3.585 kgH_2O

변화한 절대습도 = (3.585 + 0.03)/94.33 = 0.0383 kgH_2O/kg 건조공기

2 24℃, 70%RH : 0.013 kgH_2O/kgDA $\Delta H = 58$ kJ/kgDA $V_H = 0.86$ m^3/kgDA

30℃, 90%RH : 0.024 kgH_2O/kgDA $\Delta H = 92$ kJ/kgDA $V_H = 0.89$ m^3/kgDA

각각의 기체를 1 : 1로 섞는다면 27℃ 83%RH

제거해야 할 물의 양 0.024 − 0.013 = 0.011 kg/kgDA

냉각된 공기의 조성 1/0.86 m^3/kgDA × 1,000 m^3 × 5번/hr = 5,814 kgDA/hr

시간당 제거해야 할 물의 양 : 5,814 kgDA/hr × 0.011 kg/kgDA = 64 kgH_2O/hr

3 100% 건량 기준 제품 3,000 lb

$\frac{x}{(3{,}000-x)} = 1 \quad x = 1{,}500 \text{ lb}$

제품의 고형분 무게 = 3,000 − 1,500 = 1,500 lb

건조 초기 : $300\% = \frac{Z}{1{,}500 \text{ lb}} \quad Z = 4{,}500 \text{ lb}$

건조 초기 무게 4,500 lb + 1,500 lb = 6,000 lb

건조 초기 부피 $\frac{6{,}000 \text{ lb}}{50 \text{ lb/ft}^3} = 120 \text{ ft}^3$

식판 1개의 부피는 $\frac{3 \times 4 \times 1}{12} = 2 \text{ ft}^3$

∴ 60개의 식판이 필요

4 (2) 초기 수분 24.7%(w·b)

초기 무게 4.944 g 중 수분 $24.7 = x/4.944 \times 100$ $x = 1.22$ kg, 고형분 = 3.724 kg

건조시간	수분 함량(kg 수분/kg 고형분)
0	0.3276 = (1.22/3.724)
0.4	0.3091 = (4.875 − 3.724)/3.724
0.8	0.291
1.4	0.2648
2.2	0.2302
3.0	0.2302
4.2	0.1799

평균 항률속도 = (0.0976 kg수분/kg고형분)/2.1 hr = 0.04648 (kg수분/kg고형분)/hr

0.04648 (kg수분/kg고형분)/hr × 3.724 kg고형분 = 0.173 kg수분/hr

(3) $M_e = 5\%$ $M_c = 10\%$

$$\frac{3.724\ \text{kg 고형분} \times (0.2302 - 0.05)\ \text{kg수분/kg고형분}}{0.173\ \text{kg수분/hr}} \ln\left(\frac{0.2302 - 0.05}{0.1 - 0.05}\right) = 4.97\ \text{hr}$$

∴ 총시간 = 2.1 + 4.97 = 7.07 hr

5 초기 수분 함량 : 100 lb × 1.5 = 150 lb 임계 수분 함량 : 100 lb × 0.15 = 15 lb

- 항률 시 제거해야 할 수분 무게 150 − 15 = 135 lb

  건구온도 150°F, 10% RH → 습구 온도 = 89°F

  $$\frac{dw}{dt} = \frac{hA(T_a - T_w)}{\lambda} = \frac{50 \times 3 \times (150 - 89)}{970} = 9.4\ \text{lb/hr}$$

  항률시간 = 135 lb/9.4 lb/hr = 14.3

- $W_f = 0.06$ $W_c = 0.15$ $W_o = 0.05$ $R_c = 9.4$

  $$\text{시간 } t = \frac{100 \times (0.15 - 0.05)}{9.43} \ln\left(\frac{0.15 - 0.05}{0.06 - 0.05}\right) = 2.44$$

  총시간 14.3 + 2.44 = 16.74 hr

6 $$\text{절대습도} = \frac{18}{29}\left(\frac{2.4}{101.3 - 2.4}\right) = 0.015\frac{\text{kgH}_2\text{O}}{\text{kgDM}}$$ 상대습도 = (2.4/3.2) × 100 = 75%

심화문제

3 $$a_w = \frac{80/18}{80/18 + 20/342} = 0.9870 \qquad a_w{}' = \frac{60/18}{60/18 + 20/342} = 0.9661$$

4 스팀 테이블(steam table)에서 26.7℃의 포화압력은 3.5 kPa,

절대습도 $H_a = \dfrac{0.622 \times 2.76}{101.3 - 2.76} = 0.0174$ kgH_2O/kg 건조공기

포화습도 $H_s = \dfrac{0.622 \times 3.5}{101.3 - 3.5} = 0.0222$ kgH_2O/kg 건조공기

상대습도 $\%RH = \dfrac{P_a}{P_s}100 = \dfrac{2.76}{3.5} \times 100 = 78.8\%RH$

5 초기 수분 : $4.5 = \dfrac{x}{10 - x}$, $x = 8.18$ kg수분, 1.82 kg고형분

최종 수분 : $0.2 = \dfrac{y}{1.82 + y}$, $y = 0.455$ kg수분

제거해야 할 수분의 양 = (8.18 − 0.455) kg수분/1.82 kg고형분

= 4.245 kg수분/kg고형분

6 (1) 초기 수분 = 6,000×0.25 = 1,500 kg건조고체 = 4,500 kg

수분 함량 = 1,500/4,500 = 33.3%(db)

최종 수분 = x/(4,500 + x) = 0.1 x = 500 kg

수분 함량 = 500/4,500 = 11.1%

(2) 제거해야 할 수분 함량 4,500 − 500 = 4,000 kg

7 절대습도 $H_a = \dfrac{18(2.85)}{29(101.3 - 2.85)} = 0.018$ kgH_2O/kg 건조공기

포화습도 $H_s = \dfrac{18(6)}{29(101.3 - 6)} = 0.039$ kgH_2O/kg 건조공기

상대습도 $\%RH = \dfrac{2.85}{6} = 47.5\%$

습윤공기용적 $V_H = 0.897$

습윤공기 비열 $C_s = 1.005 + 1.88 \times 0.018 = 1.039$ kJ/(kg·K)

엔탈피 $= (1.005 + 1.88H_a)T + 2{,}500H_a = 366$ kJ/kgDA

8 80%MC 212°F 10%MC 1 lb 식품으로 가정

초기 : 수분의 양 = 1×0.8 = 0.8 lb, 고체의 양 = 0.2 lb

최종 : 수분의 양 = 10%(wb) 건조 후의 최종 무게 = 0.2222 lb

제거된 수분의 양 = 1 − 0.2222 = 0.7778 lb

총에너지 $= m \cdot \lambda = 0.7778$ lb × 971 Btu/lb × 1/1 lb = 755.24 Btu/lb

식품의 경우 $Q = cm\Delta T = 0.9 \times 1 \times (212 - 70) = 127.8$ Btu/lb

∴ 총 에너지 = 755.24 + 127.8 = 883.04 Btu/lb

9 (1) $H_a = 0.018$ kgH_2O/kg 건조공기, 이슬점 = 23℃

$V_H = 22.4(335/273)(1/29 + 0.018/18) = 0.975$ m³/kgDA

$V_H = 0.975$ m³/kgDA, RH = 13%

(2) $\frac{19.5 \text{ m}^3\text{/sec}}{0.975 \text{ m}^3\text{/kgDA}} = 20$ kgDA/sec

$C_s = 0.24 + 0.45H_a = 0.2481$ kcal/(kg·℃)

$Q = 0.2481$ kcal/(kg·℃) × 20 kgDA/sec × (104 − 62)℃ = 208.4 kcal/sec

(3) 104℃에서의 절대습도 = 0.018, 포화습도 = 0.046

90% 포화이므로 $H_{out} = 0.046 = 0.9 = 0.0414$ kgH_2O/kg 건조공기

(4) 증발되는 수분 양 : (0.0414 − 0.018) × 20 kgH_2O/kg 건조공기 = 0.468 kgH_2O/sec

10 32°F, 40%RH ⟶ [150°F] ⟶ 100°F, 50%RH
85°F, 40%RH ⟶ [150°F] ⟶ 105°F, ?RH

겨울철 : 32°F, 40%RH ⟶ 0.0015 lbH_2O/lbDA

100°F, 50%RH ⟶ 0.02 lbH_2O/lbDA

∴ 0.02 − 0.0015 = 0.0185 lbH_2O/lbDA, 12.3 ft³/lbDA

여름철 : 85°F, 40%RH ⟶ 0.01 lbH_2O/lbDA

105°F, ?%RH ⟶ 14.5 ft³/lbDA

겨울철 속도 : (0.02 − 0.0015) lbH_2O/lbDA × $\frac{1 \text{ ft}^3\text{/hr}}{12.3 \text{ ft}^3\text{/lbDA}}$

= 0.0015 lbH_2O/hr

여름철 속도 : (x − 0.01) × 1/14.5 = 0.0015

x = 0.03175 lbH_2O/lbDA

∴ 습구도표에서 105°F, $H_a = 0.03175$ ⇒ %RH = 70%

11 (1) T = 65°F, 3%RH에서 절대습도 = 0.0038 lbH_2O/lb 건조공기, $V_H = 13.5$ ft³/lbDA

건조공기의 무게 = 6,000 ft³/13.5 ft³/lbDA = 444.4 lbDA

수증기의 무게 = 0.0038 lbH_2O/lb 건조공기 × 444.4 lbDA = 1.69

(2) 습구 도표에서 16%RH, 0.0045 lbH_2O/lb 건조공기, 90°F

(3) 16%RH, 90°F에서 $V_H = 13.95$

건조공기의 무게 = 12,000 ft³/13.95 ft³/lbDA = 860 lbDA

수증기의 무게 = 0.0045 lbH_2O/lb 건조공기 × 860 lbDA = 3.866

0.05 ft³ × 62.4 = 3.12 lb

∴ 절대습도 = $\frac{(3.866 + 3.12)}{860}$ = 0.008 lbH_2O/lb 건조공기, 온도 = 72°F

12 $t=\frac{0.4-0.15}{(\frac{dw}{dt})}=\frac{0.25}{(\frac{dw}{dt})}$ $t=\frac{0.15-0.02}{(\frac{dw}{dt})}\ln\frac{0.15-0.02}{0.1-0.02}=\frac{0.063}{(\frac{dw}{dt})}$

$\frac{0.25+0.063}{(\frac{dw}{dt})}=120$분, $(\frac{dw}{dt})=0.00261$

$\therefore\ t=\frac{0.15-0.02}{0.00261}\ln\frac{0.15-0.02}{0.04-0.02}=93.2$분

전체 시간 t = 120 + 93.2분 = 213.2분

13 80℃, 10%RH에서 33℃

건조 초기 : 900 kg(150%건량) : 고형분 360 kg, 수분 540 kg

항률 시 제거할 수분 = 540 − 72 = 468 kg

임계 수분량 20% = x/360, x = 72 kg

$\frac{dw}{dt}=\frac{500\ kJ/(hr\cdot m^2\cdot ℃)\times 4\ m^2\times(80-33)℃}{2{,}000\ kJ/kg}=47\ kg/hr$

∴ 468/4.7 = 9.96 hr

총 건조시간 = 14 − 9.96 = 4.04 hr

$\therefore\ 4.04\ hr=\frac{360\times(0.2-0.02)}{47}\ln\frac{0.2-0.02}{M_f-0.02}$, $M_f=0.03$ ∴ $M_f=3\%$

14 $\frac{a_w}{X_e(1-a_w)}=\frac{1}{X_m\cdot C}+\frac{C-1}{X_m\cdot C}\cdot a_w$

a_w	$\frac{a_w}{X_e(1-a_w)}$
0.1	1.852
0.2	2.976
0.3	4.286

그래프를 그리고 기울기로부터 구하면,

단분자층의 수분 $X_m=0.0507$ kgH_2O/kg 건조 고형분

15 75°F, 68%RH에서 절대습도는 0.0125 lbH_2O/lb 건조공기

115°F에서 비용적 = 14.8 $ft^3/lbDA$, 0.0125 lbH_2O/lb 건조공기

115°F에서 건조공기의 무게 = (72,000 m^3/min)/14.8 $ft^3/lbDA$ = 48,648 lbDA/hr

증기의 무게 = 48,648 lbDA/hr × 0.0125 lbH_2O/lb 건조공기 = 608.1 lb/hr

$Q_{water}=6.0.1\times 0.45\times(115-75)=10{,}946$ Btu/hr

$Q_{air}=48{,}648\times 0.24\times(115-75)=467{,}027$ Btu/hr

∴ 총 열량 = 477,973 Btu/hr

16 $\frac{dw}{dt} = 50\ lb/hr$

임계점에서 제거되는 수분의 양 = 300 − 150 = 150 lb

항률 건조시간 = 150/50 = 3시간

감률 건조시간 $t = \frac{500(0.3-0.04)}{47}\ \ln\frac{0.3-0.04}{0.08-0.04} = 4.87$시간

∴ 총 건조시간 = 3 + 4.87 = 7.87시간

17 공기가 절대습도 0.03과 150°F에서 들어갈 때 비용적 = 16.2 ft^3/lbDA

공기에 의한 수분 습득 양 = 0.05 − 0.03 = 0.02 lbH_2O/lb 건조공기

150 lb 수분을 전달하는 데 필요한 공기무게 = $\frac{150\ lbH_2O}{0.02\ lbH_2O/lb\ \text{건조공기}}$ = 7,500 lb 건조공기

시간당 공기의 부피 = 16.2 ft^3/lbDA × 7,500/lb 건조공기/3 hr = 40,500 ft^3/hr

18 속도 = 2.5 ft/sec = 9,000 ft/hr

질량속도 G = 밀도 × 속도 = 32 lb/ft^3 × 2.5 ft/sec = 80 lb/ft^2 · sec = 288,000 lb/ft^2 · hr

$W_e = 0,\ W = 0.02,\ W_o = 0.2,\ W_c = 0.09,\ h = 0.37G^{0.37} = 38.74$

$$\therefore\ t = \frac{\rho \cdot d \cdot \lambda}{h(T_a - T_s)} \cdot (W_o - W_f) + \frac{\rho \cdot d \cdot \lambda (W_c - W_e)}{h(T_a - T_s)} \ln\frac{(W_c - W_e)}{(W - W_e)}$$

$$= \frac{\frac{120\ lbDM}{ft^3} \times (\frac{2}{12} \times \frac{1}{2}\ ft) \times 1{,}050\ \frac{Btu}{lb}}{38.74\frac{Btu}{ft^2 \cdot hr \cdot {}^\circ F}(120-80)^\circ F}\left[(0.2-0.09) + 0.09\ \ln\frac{0.09}{0.02}\right] = 1.66\ hr$$

19 고형분 = 500 kg, 수분 양 = 300 kg, 수분(db) = 0.6 kg수분/kg고형분

$dW/dt = 50\ kgH_2O/(hr \cdot m^2)$, $W_c = 0.3$ EMC = 0.05

(1) 8%까지 수분 제거 :

0.6에서 0.3까지 걸리는 시간 : t = 0.3 × 500/50 = 3시간

0.3에서 0.08까지 걸리는 시간 : $t = \frac{500(0.3-0.05)}{50}\ \ln\frac{0.3-0.05}{0.08-0.05} = 5.3$시간

∴ 전체 시간 = 8.3 시간

(2)

500 kg(W = 0.6) → [150°F] → 0.03 kg H_2O/kg DA

0.015 kg H_2O/kg DA → [150°F] → 0.08 kg H_2O

$500 \times 0.6 + 0.015 \times G = 0.03G + 0.08 \times 500$

G = 17,333 kg

$V_H = 22.4(\frac{273+65}{273})(\frac{1}{28.9} + \frac{0.015}{18}) = 0.981\ \frac{m^3}{kg}$

열풍 = 17,333 kg × 0.981 m^3/kg = 17,400 kg/hr

20 임계 수분 함량 CMC = 20%d·b 평형 수분 함량 EMC = 2%d·b

(1) $A = 35\ ft^2$, $h = 35\ Btu/(hr \cdot ft^2 \cdot F)$

초기 수분 함량 = 수분/고형분 = 1.5 수분 = 1.5(고형분)

전체 양 = 수분 함량 + 고형분 = 2.5 고형분 = 2,000 lb

고형분 양 = 800 lb, 수분 양 = 1,200 lb

임계 수분점에서 수분 양 = 0.2 = 수분 양/800에서 수분 양 = 160 lb

여기까지 제거해야 할 수분의 양 = 1,200 − 160 = 1,040 lb

(2) 180°F와 10%RH에서 습구온도 = 106°F

$$(\frac{dW}{dt})_c(\frac{lbH_2O}{hr}) = \frac{h \cdot A(T_a - T_s)}{\lambda} = \frac{35 \times 35 \times (180 - 106)}{970} = 93.45$$

항률 건조기간에서 시간 $= \frac{(1,200 - 160)}{93.45} = 11.13$시간

감률 건조시간 = 14 − 11.13 = 2.87시간

(3) $t = \frac{800(0.2 - 0.02)}{93.45} \ln\frac{0.2 - 0.02}{M_f - 0.02}$에서 $M_f = 4.8\%$

21 항률 : $(\frac{dW}{dt})_c(\frac{lbH_2O}{hr}) = \frac{h \cdot A(T_a - T_s)}{\lambda} = K_gA(H_s - H_a)$

$k_g = 4h = 240\ (lb_m/ft^2 \cdot hr)$

$$A = (\frac{4}{12} \times \frac{12}{12 \times 2}) + (\frac{4}{12} \times \frac{10}{12 \times 2}) + (\frac{10}{12} \times \frac{10}{12 \times 2}) = 2.89\ ft^2$$

습구도표에서 70°F, 80%RH에서 절대습도 $H_a = 0.0125\ lbH_2O/lb$ 건조공기

가열 시 180°F, 4%RH에서 포화습도 $H_s = 0.034\ lbH_2O/lb$ 건조공기

$$\therefore \frac{dW}{dt} = 240\frac{lb}{ft^2hr} \times 2.89\ ft^2 \times (0.034 - 0.0125)\frac{lb_mH_2O}{lb\ \text{건조공기}} = 14.9\frac{lb_mH_2O}{hr}$$

$$\text{감률} : \frac{d\overline{W}}{dt}(\frac{lbH_2O}{lb \cdot hr}) = \frac{-D\pi^2}{4d^2}(W - W_e) = \frac{0.8530\frac{ft^2}{hr} \cdot \pi^2}{4(\frac{1}{3}ft)^2}(0.15 - 0.05)\frac{lbH_2O}{lb} = 1.89$$

22 (2) 90% 습량 : 24 × 0.9 = 21.6 수분, 24 × 0.1 = 2.4 고형분으로 계산된다.

그래프로부터 임계 수분 함량 = $4.5\ kgH_2O/kg$ 건조 고형분

$$\frac{4.5\frac{kgH_2O}{kgDM}}{20\text{분}} \times 2.4\ kgDM = 0.54\ kgH_2O/min$$

(3) $M_e = 0$, $M_f = 0.4\ kgH_2O/kgDM$

$$t = \frac{2.4\ kgDM \cdot 4.5\ kgH_2O/kgDM}{0.54\ (kgH_2O/min)} \times \ln\frac{4.5 - 0}{0.4 - 0} = 48.4\text{분}$$

Lab 06

비뉴턴 페이스트의 점도 측정

연습문제

1 (1) Cannon Fenske 점도계

(2) 일정 높이까지 용매/용액을 넣고 각각 내려오는 시간을 측정 후 각 용액의 밀도를 액체 비중계(hydrometer)를 이용하여 측정한다.

(3) 시간 및 밀도

(4) 상대점도와 비점도를 구하고, 최종적으로 Y축에 비점도/농도, X축에 농도를 그래프에 그린 후 절편으로부터 고유점도를 구한다.

고유점도$[\eta] = \lim_{c \to 0} \frac{\eta_{sp}}{c}$

(5) $\eta = \frac{\pi \cdot R \cdot L^4 \Delta P}{8Q \cdot L}$에서 $\Delta P = \rho \cdot g \cdot h$, Q = volume/t를 넣고 정리하면

상대점도$= \frac{\eta_{용액}}{\eta_{용매}} = \frac{\rho_{용액} \cdot t_{용액}}{\rho_{용매} \cdot t_{용매}}$

2 (1) RPM, Full scale 토크, 스핀들의 높이와 지름, 컵의 지름, 힘

(2) 각속도(rad/sec) = rpm(분당 회전속도) × $2\pi/60$

운동량(momentum) = τ(전단응력)/($2\pi \cdot R_b^2 \cdot h$)

(4) $\eta = \left(\frac{M}{4\pi \cdot h \cdot \Omega}\right)\left(\frac{1}{R_b^2} - \frac{1}{R_c^2}\right)$

(5) $\log \Omega = \log \left(\frac{\frac{n}{2}\left[1-\left(\frac{R_b}{R_c}\right)^{\frac{2}{n}}\right]}{C^{\frac{1}{n}}}\right) + \frac{1}{n}\log \tau_w$

↓ 절편　　↓ 기울기

그래프를 그리고 절편으로부터 C값을 구한다.

(6) $\sqrt{\tau} = \sqrt{\tau_y} + M\sqrt{\gamma}$의 식과 같이 루트값을 취한 후 절편으로부터 항복응력을 구한다.

(7) 파워 법칙 식 : $\tau = K\dot{\gamma}^n$　　$\log \tau = \log K + n\log \dot{\gamma}$

Herschel-Bulkley 모델 식 : $\tau = \tau_y + K\dot{\gamma}^n$

(8) 유사 가소성 액체의 그래프

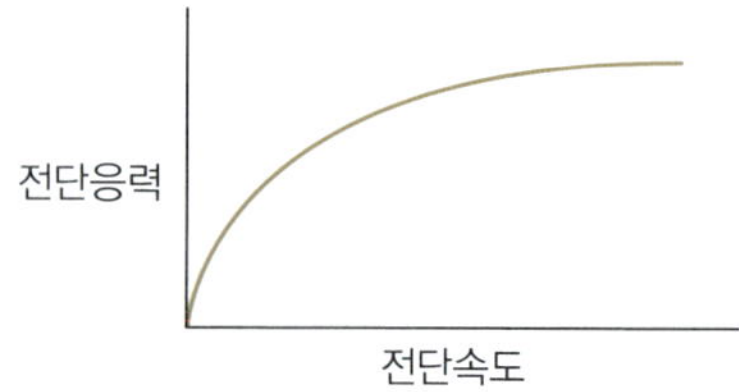

(9) 튜브 점도계 : 전단응력 $=\frac{\triangle P \cdot R}{2L}$ 전단속도 $=\frac{4Q}{\pi R^3}$

회전 점도계 : 전단응력 $=\frac{M}{2\pi \cdot R^2 \cdot h}$ 전단속도 $= r(\frac{dw}{dr})$

(11) Newtonian 유체에 적용

(12) $\frac{50\ kg_f \cdot sec}{cm^2} \Big| \frac{9.8\ N}{1\ kg_f} \Big| \frac{(100\ cm)^2}{(1\ m)^2} = 4.9 \times 106\ Pa \cdot sec$

3 (1)

각속도 Ω	log Ω	M(N·m)	M_y	전단응력(τ)	항복응력(τ_y)	log($\tau - \tau_y$)
0.052	-1.284	3.33×10^{-4}	3×10^{-4}	26.66	24.02	0.4216
0.105	-0.979	3.63×10^{-4}		29.06		0.7024
0.262	-0.582	4.24×10^{-4}		33.94		0.9965
0.523	-0.281	4.92×10^{-4}		39.38		1.1864
1.047	-0.020	5.75×10^{-4}		46.03		1.3426
2.093	-0.321	6.85×10^{-4}		54.83		1.4887

(2) 기울기 : 1.4941, n = 0.67 C = 5.267

(3)

전단속도	점도(Pas·sec)
0.3563	7.4095
0.9323	5.3829
2.5751	3.8523
4.9488	3.1038
8.4707	2.5984
14.001	2.2001

$\tau = 5.267(\dot{\gamma})^{0.67} + 24.02$

5 (1) $(-\frac{dv}{dr})_w = \frac{4Q}{\pi \cdot R^3}$

(2) $b = \frac{d \log 4Q/\pi R^3\ (=\text{전단속도})}{d \log \triangle PR/2L\ (=\text{전단응력})}$

(3)

크로스헤드 속도 (mm/min)	$\triangle PR/(\pi \cdot R^2)$	log(전단응력)	$4Q/\pi \cdot R^3$	log(전단속도)
5	573.4	2.758	8.53	0.931
20	1,433.6	3.156	34.13	1.533
50	2,408.4	3.382	85.33	1.931
100	3,899.3	3.591	170.67	2.232
200	6,594.4	3.819	341.33	2.533

(5) $b = \frac{d\log(\text{전단속도})}{d\log(\text{전단응력})} = 1.5293$

Lab 07

체적 탄성률 측정

연습문제

2 체적 변형률과 선형 변형률과의 관계식

부피 $V = \pi r^2 \cdot l$

$dV = 2\pi r \cdot l \cdot dr + \pi r^2 dl$

$$\frac{dV}{V} = \frac{2\pi r \cdot l \cdot dr}{\pi r^2 \cdot l} + \frac{\pi r^2 \cdot dl}{\pi r^2 \cdot l} = \frac{2dr}{r} + \frac{dl}{l} \quad \cdots\cdots\cdots\cdots ①$$

$\mu = \frac{-dr/r}{dl/l} = \frac{-dr/r}{\varepsilon}$ 를 ①식에 대입하면

$$\frac{dr}{r} = -\varepsilon \cdot \mu \quad \cdots\cdots\cdots\cdots ②$$

② → ① $\frac{dV}{V} = \varepsilon - 2\mu\varepsilon = \varepsilon(1-2\mu)$

$\therefore \frac{dV}{V} = \varepsilon(1-2\mu)$

3 (1) 시료의 초기 부피를 아르키메데스 원리에 의해 구하고 수압을 이용하여 일정한 압력을 가하며(V_o) 그 압력에 의해 줄어드는 시료의 부피($\triangle V$)를 시간에 따라 구한다.

(3) 체적 탄성률은 감자가 사과보다 더 크다.

(4) 사과의 경우 조직 내에 공기가 많이 산재해 있어서 압력에 의한 부피 변화가 크게 나타난다.

(5) 감자의 경우 푸아송비는 0.484 정도, 사과의 경우는 0.33 정도가 나온다.

(6) $E = 2\times 10^6$, $K = 3\times 10^6$일 때 $K = E/[3(1-2\mu)]$에서 푸아송비 $\mu = 0.39$

(7) 감자의 푸아송비는 0.484이고 E/K의 값이 0.095 정도이므로 탄성력의 고체 범위라고 본다.

(8) 완전 비압축성일 때 $E/K = 0$

4 응력(stress)은 일정한 면적에서 힘의 변화를 나타내고 변형(strain)의 경우는 일정한 길이에서 변화된 길이를 나타내므로 실제적인 조직의 변화를 특징지으며, 어느 곳에서나 비교가 가능하지만 숙련과 더불어 많은 시간이 필요하다.

반면 힘/신장은 측정하기가 매우 간편하나 시료의 크기나 모양에 따라 달리 나타나서 조직 변화를 정확히 예측하기 힘들다.

수직 변형은 초기 면적이나 초기 길이를 기준으로 구하지만, 참변형률은 각 시점의 변화하

는 길이를 이용하여 구하게 된다.

5 (1) 10 kg_f

(2) $\dfrac{10\ kg_f \mid 9.8\ N \mid}{\mid 1\ kg_f \mid \pi \cdot (0.01m)^2} = 312\ kPa$

(3) 4 cm

(4) 0.8

(5) 312/0.8 = 390 kPa

(6) 10 kg_f × 4 cm/2 = 20 kg_f · cm = 1.96 N · m

(7) 25%

(8) 75%

Lab 08
굽힘 측정

연습문제

1 (1) Stress는 strain에 비례한다(완전 탄성체)

모든 변형은 회복된다.

시료는 동질성과 등방성을 가진다.

Compressive 힘과 tensile 힘은 같다.

(3) $\frac{P}{\delta}$ = 굽힘 힘/파손되는 데 꺾인 길이(deflection)를 의미하며 기울기에서 구한다.

(4) $E = \dfrac{P \cdot l^3}{48 \cdot I \cdot \delta} = \dfrac{0.3\ kg_f(\frac{9.8\ N}{1\ kg_f}) \times (0.06\ m)^3}{48\left[\frac{\pi \cdot (0.0025\ m)^4}{4}\right](0.005\ m \times \frac{100}{300})} = 258{,}869.8\ N/m^2$

파괴응력 $\sigma_o = \dfrac{P \cdot l}{\pi \cdot R^3} = \dfrac{0.3\ kg_f(\frac{9.8\ N}{1\ kg_f}) \times (0.06\ m)}{\pi \cdot (0.0025\ m)^3} = 3{,}595.4\ N/m^2$

Lab 09
축방향 하중시험과 헤르츠식

연습문제

1 (4) R_1 = 위의 접촉면 작은 원의 반지름 = H/2

R'_1 = 자체의 굴곡에 따른 원의 반지름 + $(H^2 + L^2/4)/2H$

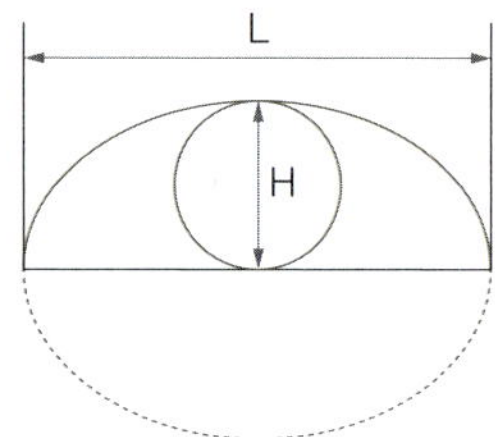

(5) D = deformation = Chart reading × (cross-head speed/chart speed)

(6) 압자를 이용한 경우 감자의 표면에 완전 접촉이 이루어지지 않으며 수식에 나오는 R_1, R_2 값에 따라 에러가 많이 나올 수 있다. 반면 실린더형의 경우는 접촉면과 피스톤의 속도, 모양 등이 일정하게 작용하므로 오차가 적다.

Lab 10
조직 파괴에 대한 활성화 에너지

연습문제

1 (5) $E_a/R = -8,223$ $E_a = -68.4$ kJ/mol

Lab 11
고형 식품의 파괴

연습문제

1 (1) 시료의 모양은 덤벨 모양이고, 한 곳에서의 파손이 일어나며 순수한 전단응력을 구할 수가 있다.

(2)

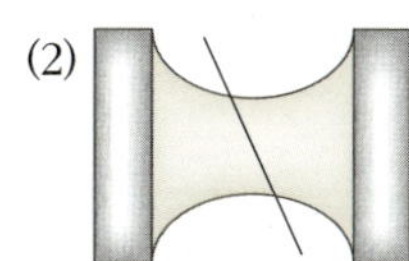

Tension type 파손

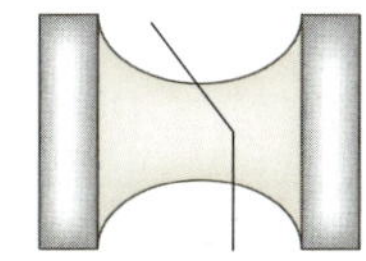

Tension 그리고 shear type 파손

(7) $\tau_{max} = \dfrac{2K \cdot M_t}{\pi r^3_{min}}$

(8) 비틀림각(angle of twist) = 길이 L의 축이 비틀림 모멘트를 걸었을 때 다른 쪽 축의 끝에 각도가 생기면서 비틀리게 된다.

비틀림 각도 = (Chart travel unit/chart speed)(Rev/min)(2π rad/rev)

(9) 비틀림 모멘트(twisting moment) = 힘×길이

(11) Hardness는 파손 전단응력과, cohesiveness는 파손 전단변형과 관계가 있다.

(12) 수분이 많은 경우 파손 전단 응력과 부정적 관계식이 적용된다.

Lab 15
응력완화 시험으로부터의 모델 상수

연습문제

1 (1) 초기 변형(strain)값의 $(1-1/e)$에 도달되는 데 필요한 시간으로 구한다.

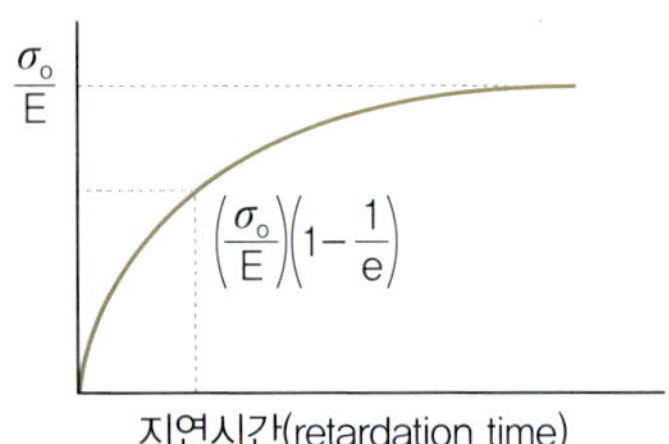

(2) 최종적인 변형에 도달하는 값을 추론하여 Y축에서 E값을 구한다.

(3) 지연시간(retardation time) $= \eta/E$이므로 1번에서 구한 값에서 점성 성분을 구한다.

(4) 이 모델에는 단지 스프링 효과만 존재하고 relaxation 항(term)은 존재하지 않기 때문에 적합하지 않다.

2 (1) 시료의 높이와 지름을 잰 후 레오미터에서의 변형 길이 설정을 mm로 맞춘다. 크로스헤드 속도와 차트 속도, full scale 힘을 조정하여 누른 후 일정 시간 동안의 응력완화를 관찰한다.

(2) 응력 $= \frac{F}{A} = \frac{0.2\ kg_f \times 9.8\ N/kg_f}{[\pi \cdot (0.02\ m)^2]/4} = 6.24\ kPa$

(3)

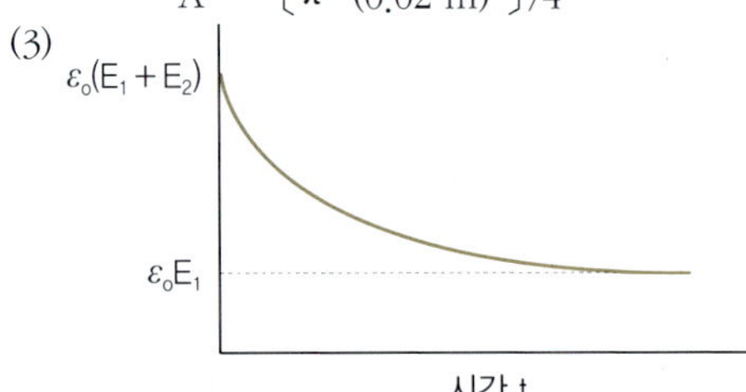

(4) 초기 응력완화 그래프에서 $\varepsilon_o(E_1+E_2)$에서부터 초기 응력을 구한다.

$\therefore\ \sigma_t = \sigma_e + (\sigma_o - \sigma_e) \cdot e^{\frac{-t(E_1+E_3)}{\eta_3}}$ 에서

σ_o는 초기 시간 $t=0$에서의 응력으로 초기 힘에서 단면적을 나누어 구한다.

(5) 응력이 평형에 도달되는 ε_oE_1에서 E_1을 구한다.

시간 t가 무한대로 가서 평형 응력에 도달했을 때의 Y축 값이 $E_1(\varepsilon_o)$이므로 여기서 E_1 값을 구한다.

(6) 응력이 평형에 도달되었을 때의 평형응력을 Y축에서 구한다.

(7) 초기 응력의 1/e만큼 응력이 감소하는 데 걸리는 시간으로, 이미 구한 E_1과 E_2를 구하고 그 초기값의 1/e이 되는 시간을 구한다.

(8)

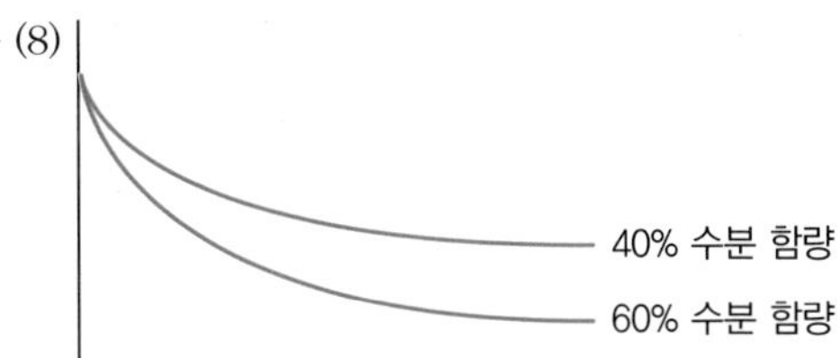

(9) 응력완화 데이터로부터 시간-온도 중첩이론을 적용한다. 즉, 여러 수분 함량을 이용하여 측정한 응력완화 값을 임의의 기준 수분 함량(15%)을 기준으로 좌우 수평 이동을 시키고 이때 환산 인자 a_m은 다음 식에 의해 구한다.

$$a_m = \frac{t}{t_{ref}}$$

여기서 t_{ref}는 이동시킨 후의 시간 변화를 나타내며 t는 임의 설정 수분 함량에서의 시간을 뜻한다. 이와 같은 수분 함량과 이동 인자들 간의 관계는 선형으로 나타나게 된다.

3 (1) $\frac{\sigma_0}{\eta_2} \cdot t$

(4) Total behavior를 그림으로 나타내면 다음과 같다.

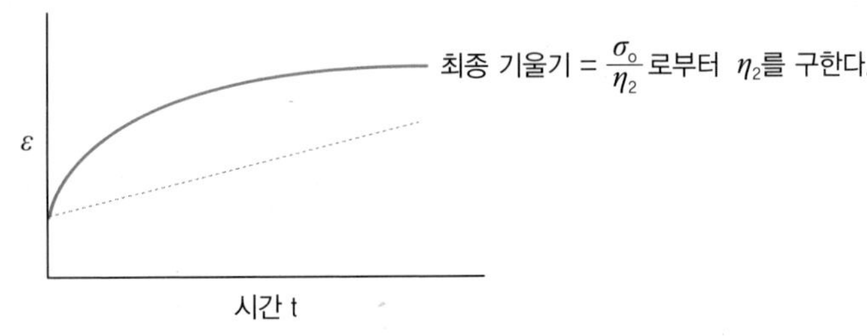

4 본문 내용을 참조한다.

5 본문 내용을 참조한다.

6 본문 내용을 참조한다.

7 (1) 전단 변형 = 0.05/1 = 0.05

(2) 전단 응력 = 20 N/2×10^{-4} m^2 = 100,000 Pa

(3) 100,000 Pa/0.05 = 2,000 kPa

Lab 16
일정한 변위속도 시험에서 E(t)의 완화 형태

연습문제

1 (1) 시간 $= \frac{\text{변형}}{\text{변형속도}} = \frac{\varepsilon}{\dot{\varepsilon}}$

(2) 각 변위속도에 따른 응력 대 변형을 나타내고 시간 t = 변형/변형속도에서 구한다. 변형에 따른 그래프를 시간에 대하여 나타내고 평균 E값을 구하여 다시 그래프를 그린다.

(3) 변위속도에 따른 응력완화는 그 범위가 매우 한정적이고 제한적이라 일반적으로 구하는 응력완화에서 사용한 변위속도와 맞추기가 쉽지 않다. 또한 측정하는 시간도 제한적이라 차이를 보일 수 있다.

2 (1) $t = \frac{0.2}{\dot{\varepsilon}}$에 대입해 계산한다.

(2) 실험 자료를 참고한다.

3 가해지는 힘의 크기와 속도로 압축속도를 정하고 치아로 빠른 압축 및 긴 저장 기간 동안의 긴 시간의 응력 변화와 상호관계에 적용할 수 있다. 일반적으로 큰 압축속도를 이용하여 응력 변화를 측정할 때 좀 더 정확한 조직 내부의 응력 변화를 예측하게 되고, 시료의 낮은 조직 강도에 따라 점차 압축속도를 낮게 사용하여야 한다.

Lab 17
동적 시험에서의 저장 탄성률/손실 탄성률

연습문제

1 (6) 완전 탄성체라면 응력(stress)과 변형(strain)이 동위상(in phase)에 있으며 δ값이 0이다.

(7) $\frac{1}{E^{\ddagger}} = \frac{1}{E} + \frac{1}{i\omega\eta} = \frac{E + i\omega\eta}{E \cdot i\omega\eta}$

$\therefore\ E^{\ddagger} = \frac{E \cdot i\omega\eta}{E + i\omega\eta}\ \frac{(E - i\omega\eta)}{(E - i\omega\eta)} = \frac{E\omega^2\eta^2 + i\omega\eta E^2}{E^2 + \omega^2\eta^2}$

(8) 대시포트(dash pot) 또는 점성 성분의 복소 탄성률 값이다.

(9) 복소 컴플라이언스 $= \frac{\varepsilon(\omega i)}{(\omega i)} = \frac{1}{E} + \frac{1}{i\omega\eta} = \frac{1}{E^{\ddagger}}$

2 (2) $E' = |E^{\ddagger}|\cos\delta$

(3) $E'' = |E^{\ddagger}|\sin\delta$

(4) 위의 식에서 $\frac{E''}{E'} = \tan\delta$

참고문헌

김공환. 식품공학 2판, 라이프사이언스 (2015)

변유량. 현대 식품공학, 지구문화사 (2002)

Singh, P.R., and Erdogdu, F. 전국식품공학교수 협의회 편역. 컴퓨터를 활용한 식품공학 (Computer-based Food Engineering Practice), 수학사 (2009)

전국식품공학교수 협의회. Food Quality Control, 수학사 (2016)

Bennett, C.O., and Myers J.E. Momentum Heat, and Mass Transfer. 2nd ed. McGraw Hill Book Company. (1962)

Blanshard, J.M, and Lillford, P. Food Structure and Behavior. Academic Press. (1987)

Bourne, M.C. Food Texture and Viscosity. Academic Press. (1982)

Bueche, F. Physical Properties of Polymers. Robert E. Krieger. (1979)

Chang, R. Physical Chemistry for the Chemical and Biological Sciences. University Science Books. (2000)

Charm, S.E. The Fundamental of Food Engineering. 2nd ed. The AVI Publishing Company (1971)

Coulson, J.M, and Richardson, J.F. Chemical Engineering. vol 5. Pergrmon Press. (1979)

DeMan, J.M., Voisey P.W., Rasper V.F., and Stanley D.W. Rheology and Texture in Food Quality. The AVI Publishing Company (1979)

Dickinson, E. Food Poylmers, Gels and Colloids. The Royal Society of Chemistry. (1991)

Eisenberg, D., and Crothers D. Physical Chemistry with Applications to the Life Sciences. The Benjamin/Cummings Publishing Company. (1979)

Ferry J.D. Viscoelastic Properties of Polymers. John Wiley & Sons. (1980)

Geankoplis, C.J. Transport Processes and Unit Operations. 2nd ed. Allyn and Bacon. (1983)

Harper, J.C. Elements of Food Engineering. The AVI Publishing Company. (1979)

Harwalkar, V.R. Thermal Analysis of Foods. Elsevier Applied Science. (1990)

Keenan, J.H., Keyes, F.G., Hill, P.G. and Moore, J.G. Steam Tables-Metric Units. New York: John Wiley & Sons, Inc. (1969)

McAdams, W.H. Heat Transmission. 3rd Edition. McGraw-Hill Book Company. (1954)

Mark, J.E. Physical Properties of Polymers. American Chemical Society. (1984)

McCabe, W.L., and Smith, J.C. Unit Operation of Chemical Engineering. 3rd ed. Tower Press. (1976)

Mohsenin, N.N. Physical Porperties of Plant and Animal Materials. Gordon and Breach Science Publishers. (1984)

Mordfin, L. mechanical Relaxation of Residual Stresses. ASTM. (1916)

Nash, W.A. Strength of Materials. 2nd ed. McGraw Hill Book Company. (1972)

Park, J.W. Surimi and Surimi Seafood. 2nd ed. Taylor & Francis. (2004)

Rao, M.A., and Rizvi, S.S. Engineering Properties of Foods. Marcel Dekker. (1986)

Sherman, P. Food Texture and Rheology. Academic Press. (1979)

Singh, R.P., and Heldman, D.R. Introduction to Food processing, Academic press (1984)

Spiegel, M.R. Fourier Analysis. McGraw Hill Book Company. (1974)

Steel R.G.D., and Torrie, J.H. Prinicples and Procedures of Statistics. 2nd ed. McGraw Hill Book Company (1980)

Tanner, R.I. Engineering Rheology. Clarendon Press. (1988)

Toledo, R.T. Fundamentals of Food Process Engineering 2nd ed. Van Nostrand Reinhold. (1991)

Watson, E.L., and Harper, J.C. Elements of Food Engineering. 2nd ed. Van Nostrand Reinhold Company (1987)

Welty, J.R., Wicks, C.E., and Wilson, R.E. Fundamentals of Momentum, Heat, and Mass Transfer. 3rd ed. John Wiley & Sons. (1984)

Whitaker, J.R. Principles of Enzymology for the Food Sciences. Marcel Dekker. (1972)

White, F.M. Fluid Mechanics. McGraw Hill Book Company (1986)

Whorlow, R.W. Rheological Techniques. John Wiley & Sons. (1980)

찾아보기

영문

저자 소개

김병용
현재 경희대학교 식품생명공학과 교수
연세대학교 식품공학과 학사
노스캐롤라이나주립대학교 식품과학과 석사
노스캐롤라이나주립대학교 식품과학과 박사

백무열
현재 경희대학교 식품생명공학과 교수
연세대학교 식품공학과 학사
연세대학교 식품공학과 석사
매사추세츠대학교 식품과학과 박사

윤원병
현재 강원대학교 식품생명공학과 교수
경희대학교 식품공학과 학사
오리건주립대학교 식품과학과 석사
위스콘신대학교 기계공학과 석사
위스콘신대학교 바이오 시스템 공학과 박사

김현석
현재 경기대학교 식품생명공학과 교수
경희대학교 식품공학과 학사
경희대학교 식품공학과 석사
아이다호대학교 식품과학과 박사

최현욱
현재 전주대학교 바이오기능성 식품학과 교수
경희대학교 식품공학과 학사
경희대학교 식품생명공학과 석사
워싱턴주립대학교 식품과학과 박사

서동호
현재 전북대학교 식품공학과 교수
경희대학교 식품생명공학과 학사
경희대학교 식품생명공학과 석사
경희대학교 식품생명공학과 박사

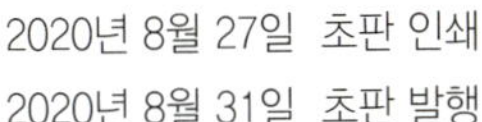

2020년 8월 27일 초판 인쇄
2020년 8월 31일 초판 발행

저 자 김병용 · 백무열 · 윤원병 · 김현석 · 최현욱 · 서동호

발행인 이 영 호
발행처 **수 학 사**
06653 서울특별시 서초구 효령로 263
출판등록 1953년 7월 23일 No.16-10
전화번호 02) 584-4642(代) 팩스 02) 521-1458
http://www.soohaksa.co.kr
디자인 북큐브

정가 27,000원

ISBN 978-89-7140-731-8 93570